红萍的应用技术研究

黄毅斌　刘　晖　应朝阳　徐国忠　主编

中国农业科学技术出版社

图书在版编目（CIP）数据

红萍的应用技术研究／黄毅斌等主编．—北京：中国农业科学技术
出版社，2017.10
ISBN 978 - 7 - 5116 - 2508 - 3

Ⅰ. ①红…　Ⅱ. ①黄…　Ⅲ. ①蕨类植物 - 研究　Ⅳ. ①Q949.36

中国版本图书馆 CIP 数据核字（2016）第 023899 号

责任编辑　　李　雪　徐定娜
责任校对　　李向荣

出 版 者　　中国农业科学技术出版社
　　　　　　北京市中关村南大街 12 号　邮编：100081
电　　话　　（010）82105169（编辑室）　（010）82109702（发行部）
　　　　　　（010）82109709（读者服务部）
传　　真　　（010）82109707
网　　址　　http://www.castp.cn
经 销 者　　各地新华书店
印 刷 者　　北京科信印刷有限公司
开　　本　　787 mm×1 092 mm　1/16
印　　张　　39.5
字　　数　　1 024 千字
版　　次　　2017 年 10 月第 1 版　2017 年 10 月第 1 次印刷
定　　价　　68.00 元

《红萍的应用技术研究》

编 委 会

主　　任：刘中柱　翁伯琦　唐龙飞

副 主 任：黄毅斌　刘明香　应朝阳　王义祥

主　　编：黄毅斌　刘　晖　应朝阳　徐国忠

参编人员：林永辉　郭燕玲　邓素芳　李艳春　韩海东

　　　　　陈志彤　钟珍梅　罗旭辉　王成已　陈　恩

　　　　　李春燕　杨有泉　陈　斌　郑向丽　王俊宏

　　　　　刘明香　唐龙飞　王义祥　姚宇红　黄秀声

　　　　　陈敏健　李振武　冯德庆　陆　烝　林忠宁

　　　　　陈钟佃

红萍的特性与利用
（代序）

作为世界上最早养殖和利用红萍的国家，红萍作为水生绿肥、饲料或饵料在中国传统农业体系中已有几千年的历史。早在公元 540 年，贾思勰所著的《齐民要术》中就有红萍的记载，明朝末期以来，东南沿海许多地方府志都有红萍作为稻田肥料的记述。从地域而言，红萍最早是由福建、浙江、广东传播到南方各省，因此在长江流域以南的中国稻区，都有养殖利用红萍的历史习惯。随着红萍新品种的育成和越夏越冬技术的研究改进，红萍的利用区域已过长江、跨黄河、越长城，北抵东北的松花江畔，西临西北的秦岭山麓。

一、红萍的特性

红萍也称绿萍、红浮萍等，在植物分类上属槐叶萍目、满江红科、满江红属（*Azolla spp.*）。"满江红"，也是著名的词牌名之一，传唱最广的是岳飞的《满江红·怒发冲冠》。词牌"满江红"，可能来源于夏秋季节的红萍在花青素作用下呈现出绯红的颜色。

红萍起源于晚白垩纪之前（约 5 800 万年前），是具有生物固氮功能的蕨类和藻类的共生体，蕨类为其叶腔中生存的鱼腥藻（*Anabeana azollae*）提供碳水化合物，鱼腥藻则可将空气中的氮气吸收并转化为有机态氮，进而合成氨基酸和蛋白质。因此，红萍在贫瘠的水质条件下仍能繁殖生长。

红萍的最佳生长温度为 15 ~ 28℃、湿度 65% ~ 85%、光强 6 000 ~ 12 000 lx，最佳生长条件下，3 ~ 4 d 可以产量翻倍；红萍固氮能力强，固氮量在 150 ~ 450 kg N/（hm² · 年），固氮效率高于大豆、三叶草等豆科植物。红萍具有很强的富集钾的能力（红萍含 K 1.99% ~ 2.56%），水稻吸收水体中钾的峰值为 8 mg/kg、临界浓度为 2 mg/kg，而红萍的峰值为 0.85 mg/kg、临界浓度为 0.1 mg/kg，即红萍可以吸收并富集水稻无法利用的钾。红萍光合作用高效，红萍由蕨和藻两种不同植物组成，拥有各自不同的光合色素，可以在较大光域范围内进行光合作用。红萍营养全面，适口性好，干物质含粗蛋白 25% ~ 35%、粗脂肪 2.5% ~ 3.1%、粗纤维 7% ~ 11%，还含有钾、钙、硫、硒、钼等矿质元素。

二、红萍的综合利用

红萍在生产中的应用已取得巨大的经济、社会和生态效益。新中国成立以来，红萍作为水生绿肥在全国推广，1977 年，红萍的养殖面积已达 7 万亩[*]，1978 年以后，红萍的应用面积不断扩大并日趋多样化，1980 年起，"稻—萍—鱼"等红萍综合利用模式得到大面积推广，至 20 世纪 90 年代中期，全国每年推广"稻—萍—鱼"模式达百万亩，新增稻谷 6 000多万公斤，新增产值 2 亿多元。90 年代后期至今，红萍的应用领域扩展到"稻—萍—鱼、稻—萍—鸭、稻—萍—螺—蟹"等生态农业模式。据不完全统计，目前约有生态农业 100多万亩，每亩新增经济效益 400 多元，共新增收入 4 亿多元。

（1）稻田绿肥。红萍作为稻田肥料，主要作为基肥，共有两种方式：①利用冬闲田养萍，每亩投放 200 ~ 250 kg 萍母，翌年春繁后可亩产鲜萍 3 000 ~ 4 000 kg，水稻插秧前倒萍作为基肥使用；②在早稻田套养红萍为晚季水稻供肥，早稻插秧后放入红萍养殖，每亩放萍量为 150 ~ 200 kg，早稻收割后，红萍翻压入土作为晚稻的肥料，每亩可产鲜萍 1 500 ~2 000 kg。

（2）禽、畜、鱼的绿色饲料。红萍营养丰富、个体适中（仅 1 ~ 2 cm²），是猪、鸭、鱼的优质绿色饲料，可以提高产品质量、降低生产成本，可为有机禽、畜、鱼产品生产提供廉价的饲料源。

（3）稻—萍—鱼、稻—萍—鸭生态农业模式。中国传统的稻作体系，一直将红萍作为肥料来源，20 世纪 80 年代以来，研究发展出的"稻—萍—鱼""稻—萍—鸭"生态农业模式，不但增加了稻田的产出，而且可以减少 50% ~ 70% 的化肥和农药使用。而在有机稻米生产中，可以将红萍作为全部的肥料来源。①稻—萍—鱼生态农业模式：在养鱼占地 10%情况下，保持水稻产量，节约肥料、农药 70%，鱼产量 300 ~ 400 kg/亩。②稻—萍—鸭生态农业模式：每亩放养 15 ~ 30 只鸭子，经过连续 3 年以上的种养，可实现不使用化肥和农药，达到有机稻米生产标准。

（4）减少温室气体，控制水体污染。大气中的甲烷（CH_4）有 20% ~ 30% 来自稻田农业生产的排放，而研究发现，稻—萍—鱼模式 CH_4 的排放量比常规稻田减少 34.6%。另外，红萍对养殖水体中铵态氮和总磷的去除率为 38.90% 和 38.43%。

（5）作为太空生命生态保障系统（CELSS）的核心生物部件。红萍的生长特性适合于在 CELSS 中的应用。①生长迅速，增殖天数为 3 ~ 5 d。②可以进行湿润养殖，解决太空的失重问题。③非常强的吸收 CO_2 和释放 O_2 能力，在立体叠层养殖情况下，可占较小的空间为宇航员供氧。④用于宇航员尿液净化，是可再利用的生物部件。⑤可加工成沙拉等食品，也可养鱼等，可形成食物链循环。

（6）可作为中药原料。作为中草药，红萍可益气补血，扶正解毒，主治气血两虚症。以红萍为主要原料的"安多霖胶囊（阿多拉）"是抗癌辅助药，获得卫生部的"准"字号认证，已大量生产，取得显著的经济效益。

此外，由于红萍是一种萍藻共生的水生蕨类植物，具有共生固氮能力，是良好的固氮植物研究材料，同时又是蕨类藻类共生的模式植物，所以也是很好的植物共生研究材料。

---

[*] 1 亩 ≈ 667 m²，1 hm² = 15 亩，全书同。

三、红萍的种质资源

由于大部分红萍资源在自然条件下不产生生殖器官（孢子果）或无齐全的雌雄生殖器官，因此，红萍种质资源主要依靠营养体培养的方式进行保存。位于福建省农业科学院的国家红萍种质圃，是由农业部批准建立的目前世界上收集品系最多的红萍资源圃，拥有在全球收集到的 6 个大种共 505 个红萍品系，建立茎尖组培、温室水培和网室土培的三级长期保存体系。国家红萍种质圃的建设，为我国未来的红萍研究与应用奠定了良好的基础。

今年是国家红萍资源中心成立 30 周年，本书汇编了红萍研究中心科研人员撰写的相关论文，以之纪念。感谢福建省农业科学院农业生态研究所及原福建省农业科学院红萍研究中心全体同事为本书的编写所付出的心血，感谢唐龙飞研究员的指导和帮助。本书的相关研究和出版得到国家绿肥产业技术体系（CARS－22）、农业部作物种质资源保护和利用（红萍种质资源收集、编目与利用）项目、福建省科技计划项目（2016R1016－1）、国家红萍种质圃（福州）、农业部福州农业环境科学观测实验站、福建省丘陵地区循环农业工程技术研究中心、福建山地草业工程技术研究中心、福建省农业科学院重点科技创新团队（STIT2017－1－9）的资助。另外，本书的出版还得到福建省"百千万人才工程"人选培养资金和福建农业科学院出版基金的资助。在此，向给予本书顺利出版提供帮助的领导、同事和相关单位致以衷心的感谢！

黄毅斌、翁伯琦
2017 年 7 月

目　　录

第一章　红萍的品种选育与良种繁育

第二章　红萍的病虫害及防治技术

第三章 稻田养萍与利用

第四章 稻—萍—鱼生态模式

第五章　红萍与空间生命生态保障系统

第六章　红萍的其他应用

第一章
红萍的品种选育与良种繁育

我国红萍育种概况及其展望

唐龙飞　郑德英

（福建省农业科学院红萍研究中心，福州 350013）

摘　要：本文回顾了我国红萍养殖、品种引进及红萍种质改良等方面的先期研究。较详细地介绍了福建省农业科学院红萍研究中心在红萍种质改良与育种方面（包括有性杂交育种、萍藻重建共生体、辐射诱变育种、回交育种等）所作出的努力。对回交萍优良株系 MH3－1 的种性特征作了描述。未来红萍育种应注意选育饲饵料型、耐盐型、高富集型的红萍品种，在上述已采用的红萍育种方法基础上再结合抗虫基因导入、原生质体杂交融合以及基因电击法等技术，可望使红萍育种取得更有效的成果。

关键词：红萍育种；种质资源改良；概况与展望

红萍（*Azolla*，即满江红）是较早为中国劳动人民所认识和利用的水生植物。有关红萍形态与若干用途的记述可见于《齐民要术》《本草纲目》等著名的古代典籍中（Chu LC，1979）。在长期的劳动实践中，中国农民逐渐认识了红萍在稻田中具有生长迅速、肥效高、易于养殖管理等优点，并用它作为水稻生产中的绿肥。浙江省温州，福建省长乐、闽侯，江苏省震泽、蒲庄，湖南省湘西和广西壮族自治区武鸣等地是我国养殖、利用红萍较早的地方（刘中柱，等，1989）。另外，中国农民在利用红萍作为猪、鸡、鱼、鸭等畜鱼禽饲饵料方面也积累了丰富的经验（魏文雄，等，1986；Chu LC，1979）。由于长期的闭关自守，20 世纪 70 年代前，我国稻田养用的红萍均系本地萍品系（*Azolla pinnata* var. *imbricata*）。尽管 20 世纪 60 年代中期全国养萍面积发展到 7 万亩，但由于本地萍种性的缺陷，在稻田中生长的时间短，年生物产量不能满足水稻生产的需要。加之自 20 世纪 70 年代以来我国化肥产量剧增，化肥在农田中大量使用，红萍的养殖受到了冲击。驯化、培育出具有繁殖速度快、品质好、抗性强、田间生长周期长的红萍品种已成为农牧业生产上的迫切需要。70 年代中后期，我国开始进行红萍种质资源征集、保存与利用的研究。中国科学院植物研究所首先从德国引进蕨状满江红（俗称细绿萍，*A. filiculoides*）具有抗寒性强、起繁强度低、长速快等特点，该萍种首先在浙江温州等地养殖以后推广全国进行大面积生产应用，取得良好效果。福建省农业科学院从国际水稻研究所、国际原子能机构以及凯特林实验室等单位引进了七大种、几十个株系的萍种，从中筛选出具有抗热、耐荫能力强的高抗性品种卡洲满江红（*A. caroliniana*）在我国的福建、湖南、浙江等地及菲律宾大面积推广。这些在分类上归属三膘亚属的红萍品种在大田生产上表现出许多优于中国本地萍的种性，为红萍的育种准备了丰富的基因材料。

1 我国先期红萍品种改良的尝试

红萍既可无性繁殖，又有有性世代。多数红萍可在其生长的某一时期产生性繁殖器官——孢子果。随着杂交技术被普遍用于农作物的育种，20 世纪 70 年代中后期，红萍研究人员也开始试用这一技术进行红萍品种的改良。实验首先集中于易产孢子果的红萍品种上。1979 年，江苏徐州地区农业科研人员用蕨状满江红分别和洋州萍（*A. rubra*）及湖北当阳萍（*A. pinnata*）进行杂交，大孢子果的萌发率为 2% ~ 10%。同年，湖北当阳县红萍研究所也用蕨状满江红与湖北当阳萍、山东郯城萍（*A. pinnata*）以及日本满江红（*A. japonica*）进行正、反交，获得 121 个单株苗。1985 年，福建省宁德地区农科所也获得几个当地萍与蕨状满江红杂交的品系。此外，浙江省农业科学院、广东省农业科学院也相继开展了红萍有性杂交育种的尝试。然而，由于缺乏行之有效的鉴定手段，对上述杂种苗的真伪性还难以分辨，对杂种的生物学特性亦缺乏系统的资料描述。因此，该阶段宣布所育出的新萍种还不能被确认。

2 红萍种质改良与育种的新努力

福建省农业科学院红萍研究中心自 1985 年 3 月成立以来，把萍种的引进、利用与改良工作作为重点。经过多年研究取得了进展，培育出一些新萍种，并已在生产上推广应用。

2.1 红萍有性杂交育种

1986 年，魏文雄等人用小叶萍（*A. microphylla*）为母本、细绿萍为父本进行杂交，筛选出四株种性较好的杂交株系。采用脂酶同功酶谱生化分析、表皮毛细胞数及小孢子果泡腔块钩毛横隔数等形态学鉴别及其他生理指标的测定，证实了所获得的红萍杂交苗的可靠性（魏文雄，等，1986）。研究还表明，不同杂交组合之间的亲和性有很大差异，有些孢子果组合，如以细绿萍为母本，小叶萍为父本的杂交后代几乎全是白化苗与褪绿苗，有的还出现不同程度的畸形苗。之后，他们又取得了以墨西哥萍（*A. mexicana*）为母本、细绿萍为父本的杂种后代。在生产上，选育出种间杂交新品种杂交榕萍 1 – 4 号（经品种审定后正式定名为"榕萍 1 号"），在福建、湖南、浙江、东北三省以及内蒙古等省区推广 5 万公顷（1 公顷 = 10 000平方米，全书同）。并已被国际水稻研究所以及巴西、印度等 8 个国家引种。

2.2 萍藻重建共生体

1987 年，林沧、刘中柱等发现，采用切除大孢子果顶端的囊群盖和漏斗状膜的方法可以彻底清除大孢子果内所含的鱼腥藻源，由这种去顶孢子果萌发而成的幼苗将发育为无藻萍。在此基础上，他们寻找到合适的重组时期将带异源或同源鱼腥藻的囊群盖移接于去顶孢子果上，实现了萍藻交换并重新组成共生体的目的，建立起新的蕨藻共生体（林沧，等，1988）。经用特异性强、灵敏度高的红萍体内鱼腥藻单克隆抗体检测，证明这种重建的萍藻共生体内的鱼腥藻确系人工外源引入的藻种。这是世界上第一个有确切证据证明萍藻重建共生体试验成功的报道。

由于红萍蕨体内鱼腥藻的转换，使重组体的某些生理特性产生变化。试验表明，将抗热小叶萍的体内鱼腥藻重组到抗寒的蕨状满江红后，该重组萍提高了抗热的性能。另外，重组萍吸收外离子的能力也有了显著的变化。采用萍藻重建共生体方法育成的新种（*Afma* 1035）已成为红萍育种上的新材料，并被引种到国际水稻研究所、比利时鲁汶大学及日本三重大学生物系等国外科研单位。

2.3　红萍辐射诱变育种

1988 年，郑伟文等利用 Co^60 – γ 射线对红萍孢子果及茎尖材料进行了 1 000 ~ 1 500 伦琴剂量的照射。取得了一批小叶萍、重组萍的变异株系，其中，以小叶萍辐照的突变株 088 萍表现最好，它具有耐热性强、耐盐及耐低磷等特点。在福建省的气候条件下能不需特殊降温措施而自然越夏，在 0.6% 盐浓度的营养液中能继续生长，能在 0.3 mg/kg P_2O_5 溶液中连续生长三周仍不出现缺磷症状。该品种作为国际土壤肥力评价试验网红萍分网的供试品种，被引种到印度尼西亚等东南亚国家，在当地表现较好。

2.4　红萍回交育种及其后代种性特征

1990 年，郑德英、唐龙飞等发现，虽然种间杂交萍仅产生雄性孢子果，且小孢子败育率高达 87.4% ~ 99.5%，但仍有部分正常可育、具有授精能力的小孢子，只要选择适当的受体材料和合适的杂交时期，就可以利用它进行杂交得到新的杂种后代。他们选用耐热性强的小叶萍为母本，用繁殖速率高、品质好的种间杂交榕萍 1 – 4 号小孢子进行回交，在调整了适当的授精时期后，取得了回交的后代。经过室内外系统筛选比较，选育出具有耐热性强，在大田繁殖快的优良株系。红萍回交育种的成功，使人们能有意识地强化某些萍种的优良性能（如抗热、吸收力强、高蛋白质含量等），从而培育出更适合人类需要的新萍种。通过两年的回交试验与系统选育，获得了 1 株回交萍的优良品系（MH3 – 1），其主要性能如下。

2.4.1　抗热性强

室内极限耐热试验表明，在每天中午 42 ~ 45℃ 水温中处理 5 小时、夜温 28 ~ 30℃ 下连续生长 6 d，该品种增产 5%，参试小叶萍、榕萍 1 – 4 号、MH3 – 3 以及 088 萍均减产，减幅在 6% ~ 63%。1991 年 7 月 8 日至 8 月 20 日的夏季高温期，对 12 种红萍进行田间小区测定，MH3 – 1 萍在参试的所有三膘亚属红萍中居首位，其生物量翻番时间为 4.8 ~ 7.7 d。

2.4.2　耐盐性好

在 6 种红萍（卡洲萍、杂交榕萍 1 – 4 号、MH3 – 1、088 萍、澳洲羽叶萍和斯里兰卡羽叶萍）耐盐性对比试验中，MH3 – 1 萍表现最佳。在 0.4% 盐浓度下生长 10 d，10 g 萍体增至 43.2 g，在 0.6% 盐浓度下可增到 20.9 g，居参试各萍种之首。经过耐盐诱导（即在 0.6% 盐浓度培养液中预培两周后进行其他耐盐试验），MH3 – 1 可进一步提高耐盐性，在 0.8% 盐浓度下能保持持续增长的趋势，甚至在 1.0% 盐浓度下仍能生长。

2.4.3　生物量大

MH3 – 1 萍的适长温度范围广，在短期低温（ – 5℃ 左右）或高温（45℃ 左右）的逆境中，萍体的生理代谢没有受到破坏性影响，产量测定中都未减产。因此，在福建的自然气候条件下，全年生物累积量高，在稻田养殖的时期长。

由于该品种的上述优点，目前已被引种到福建省的长泰、福清、建宁、邵武、建阳、福州郊区、南平，浙江省的杭州、温州，湖南省的长沙、常德以及山西省的太原等地的稻田、鱼塘中养用。人工育成的红萍改良种在生产上发挥出越来越大的作用，红萍育种的潜在意义与效益被更多的人所认识和了解。

3 未来红萍育种工作的设想

近几年来，我们虽已育出一些在农牧业生产上有价值的红萍新品种（系），但现有的萍种仍不能满足迅速发展的大农业需要。在不放弃杂交育种的前提下，采用现代生物技术进行红萍的种质改良工作已势在必行。

3.1 红萍育种工作的策略

随着传统农业向现代农业转化的进程加快，单纯利用红萍作为稻田绿肥已难以被农民所接受。因此，新一代红萍育种目标应考虑农牧业生产上多层次利用和综合效益，注意培育饲饵料型、耐盐型及高富集型红萍品种。

3.1.1 饲饵料型品种

这种红萍应是固氮力强、蛋白质含量高、周年生物累积量多、品质好的品种。它可作为稻—萍—鱼耕作体系中的重要能量与物质生产者，即先利用红萍固定空气中的氮，吸收水体中水稻不能利用的微量无机营养生产蛋白质等供作鱼的饵料，再以鱼粪、萍体残渣等形式加到土壤中腐解并被水稻吸收利用。它也可先充当禽畜配合饲料中的主要或重要成分，"过腹"后再以畜禽排泄物形式"还田"。具体的品种选择标准为：年固氮量超过 500 kg/hm² （鲜重），粗蛋白含量在25%以上，年生物累积量达到150 000 kg/hm² （鲜重），木质素含量低于40%。

3.1.2 耐盐型品种

这种红萍可用作滨海滩涂和盐碱地改良的先锋植物。它既可以吸收海滩围垦地中过多的盐分达到脱盐的目的，又可因地制宜地充当沿海丘陵红壤地的绿肥，起到改良土壤的作用。具体的品种选择标准为：在 0.6% 盐浓度下能正常生长繁殖，经过两周耐盐预培养，在0.8% ~1.0%盐浓度的溶液中能持续增长，年生物积累量达100 000 kg/hm² （鲜重）。

3.1.3 高富集型品种

这种红萍有比其他品种更强的吸收能力，在水液中生长迅速。它可作为对锗、硒等某种元素或含多种重金属元素的工业废水富集的植物。从而用它作初始原料加工、作物特殊肥料、净化和处理污水等。

3.2 探索红萍育种的有效途径

从近年来红萍育种的结果可以看出，通过有性杂交育种可选择到吸收力强、生物量多和品质好的品种；通过辐射诱变可以选择抗不良环境，如抗热、耐盐，耐低磷的变异体。这些育种技术仍要继续采用。然而，当今生物技术发展迅速，并已显示出越来越大的成效。在未来红萍育种中应给予结合使用。

3.2.1 抗虫基因导入

夏季高温季节，病虫害可导致红萍的覆灭；而鳞翅目害虫是其主要虫害根源。目前，红萍种质资源中没有发现能天然抗虫的品种。将外源抗虫基因导入萍体就成为迫切的需要。目前，我国及国外一些科研单位已能将毒素蛋白基因转移到某些质粒载体甚至植株体内。这种技术若能在红萍上取得成功，将使红萍抗虫性大为增强，大大延长在大田中的养用时间，使红萍生物量积累大幅度增加。

3.2.2 原生质体融合技术

红萍有性杂交受萍种产生性器官能力的制约，原生质体融合（即体细胞杂交技术）将扩大红萍各品种间成交的范围，甚至与其他物种进行远缘杂交。目前，国际上已有报道通过红萍原生质体培养获得生长至几十个细胞的细胞团（Redford K, *et al*, 1987），继续探索，诱导形成愈伤组织并转化成植株是可望获得成功的，它将是未来红萍育种的有效手段之一。

3.2.3 基因电击转导法 （gene – electromanipulation）

是将特定的基因或基因组通过电击嵌合插入受体物种而形成新的品种的方法。它已在蛙类、烟草等育种上获得成功。可以利用它将一些远缘不亲和基因转导入红萍，可望取得全新的红萍品种。

红萍育种工作起步不久，已经有了可喜的进展。随着高新技术在红萍育种上的运用，一些对农牧业生产和对人类生活健康有益的新品种将会培育成功，使红萍这颗在中国传统农业生产中起过卓越贡献的明珠在未来持久农业的发展中大放异彩。

参考文献

[1] 林沧，刘中柱，郑德英，等. 无藻满江红（Anabena – free Azolla）和满江红鱼腥藻（Anabaena azollae）重建共生体 [J]. 中国科学：化学生物学农学医学地学，1988 (7)：700 – 708.

[2] 刘中柱，等. 中国满江红 [M]. 北京：农业出版社，1989. 3 – 4.

[3] 魏文雄，金桂英，章宁. 红萍有性杂文研究初报 [J]. 福建农业学报，1986 (1)．

[4] Chu LC. Use of azolla in rice production in China [C]. In：Nitrogen and Rice. Edited by IRRI. Phillippines，1979，376 – 394.

[5] Redford K，MD Berliner，JE Gates，*et al*. Protoplast induction from dporophyte tissues of the heterosporous fern Azolla [J]. Plant Cell Tissue & Organ Culture. 1987，10 (10)：187 – 196.

【原文发表于《福建农业学报》，1993，8 (1)：40 – 44，由陈志彤重新整理】

生物技术在满江红研究中的应用

唐龙飞

（福建省农业科学院红萍研究中心，福州 350013）

摘　要： 满江红是起源于后白垩纪的水生蕨类与固氮蓝藻的共生体，已在中国与东南亚各国养殖与利用达数百年之久。20 世纪 70 年代"有机农业"的兴起，使人们更加重视满江红的研究与利用。作者回顾了 20 世纪 80 年代中期以来福建省农业科学院红萍研究中心利用单克隆抗体、扫描电镜、密度梯度离心、显微操作与有性杂交育种等生物技术所进行的红萍体内鱼腥藻分类鉴定、萍藻重建共生体、红萍体内鱼腥藻的体外培养和红萍有性杂交育种等方面的研究成果，并简述了国际同行的相关研究工作。

关键词： 生物技术；满江红；满江红体内鱼腥藻；研究；应用

满江红，俗称红萍、绿萍等。它是水生蕨类植物与固氮蓝藻结合形成的共生生物[1,2]。起源于远古的后白垩纪，现存的种包括三膘红萍亚属（*Euazolla*）的蕨状满江红（*A. filiculoides*）、小叶满江红（*A. microphylla*）、墨西哥满江红（*A. mexicana*）和卡洲满江红（*A. caroliniana*）4 个种与九膘红萍亚属（*Rhizosperma*）的尼罗满江红（*A. nilotica*）和羽叶满江红（*A. pinnata*）2 个种[3]。由于满江红在水田生态环境中具有生长迅速、生物量大、固氮效率高、耐贫瘠等优点，它已被中国和东南亚各国农民用作稻田绿肥与畜禽鱼饲饵料达数百年之久[4]。20 世纪 70 年代，在全球兴起的"有机农业"，以及 80 年代以来提出并实施的"生态农业"，促使人们对满江红这一水生环境中的蕨 – 藻共生生物进行了更深入细致的研究与探索。生物技术的不断发展与提高，为红萍基础研究提供了广阔的空间与获得成功的可能性。本文报道在红萍基础研究中应用单克隆抗体、扫描电镜观察、连续密度梯度离心、显微操作以及有性杂交育种等生物技术的具体实例，并简单介绍 20 世纪 90 年代以来国内外有关红萍研究中生物技术的应用情况。

1　满江红体内鱼腥藻单克隆抗体的制备与应用

由英国科学家 Milstein 和 Kohler（1976）创立的单克隆抗体技术具有特异性强，可在体外连续、大量地制备与生产等优点[5]，已经迅速应用于医疗诊断、医药生产、轻工产品制备等重要领域。从 1986 年开始，我们将它应用于满江红及其体内鱼腥藻（*Anabaena azollae*）的分类与鉴定研究上[6]，该研究主要包括以下几个方面。

1.1 红萍体内鱼腥藻分离提纯与免疫 BALB/C 小白鼠

采用 1.2 ~ 2.5 mol 连续蔗糖密度离心法，在 15 000 r/min 下离心 60 min，可将红萍体内鱼腥藻压榨粗提液中的红萍体内鱼腥藻与红萍叶绿体、碎屑等分开[7]。用 0.2 mL 含 1×10^7 个细胞的鱼腥藻与其催化剂的抗原每隔 2 周免疫 BALB/C 小白鼠 3 次，即可获得含红萍体内鱼腥藻抗体的免疫鼠。

1.2 免疫鼠 B 淋巴细胞与同系鼠骨髓瘤细胞融合及阳性单克隆杂交瘤细胞系的建立

免疫鼠 B 淋巴细胞从其脾脏中游离出来后，以 2 : 1 比率与同系 BALB/C 鼠的骨髓瘤细胞在含 35% 聚乙二醇（PEG）、5% 二甲基亚枫的 HAT 培养基中作用 1 min，即可产生融合细胞。经扩繁后有限稀释培养于 24 孔或 96 孔平板，分别检测各平板单孔中的培养液与红萍体内鱼腥藻的间接萤光反应（IFA）。筛选出对红萍体内鱼腥藻具阳性反应的杂交瘤细胞株，经再次扩繁、有限稀释及 IFA 测定后，即可获得既可在体外连续继代培养又能分泌针对某一红萍体内鱼腥藻抗原决定簇产生阳性反应的阳性杂交瘤细胞系。

1.3 红萍体内鱼腥藻单克隆抗体在红萍分类与体内鱼腥藻鉴定上的应用

用我们建立起来的 40 个红萍鱼腥藻单克隆抗体细胞系对来自 6 个种、140 个品系的红萍体内的鱼腥藻进行一年四季的跟踪测定，证明红萍体内鱼腥藻细胞表面抗原在一年四季中的稳定性，并可将各种萍的体内鱼腥藻分为 4 个抗原类型，即蕨状满江红 – 洋州满江红（A·f 变种）– 卡洲满江红，小叶满江红 – 墨西哥满江红，羽叶满江红 – 覆瓦状满江红（A·p 变种）和尼罗满江红。这个结果与红萍亲缘性的 DNA 分析几乎是一致的[8]。应用红萍体内单克隆抗体 C_{16}（对来自蕨状满江红的体内鱼腥藻呈阳性反应，来自小叶满江红体内鱼腥藻呈阴性反应）可确切地鉴别人工重建的红萍—鱼腥藻共生体的体内鱼腥藻来源，对萍—藻重组的成功提供了有力的证据[9]。它还应用于杂交红萍的鱼腥藻鉴定，证实杂交萍的体内鱼腥藻全部来源于母本植株[6]。

2 无藻满江红和满江红鱼腥藻重建共生体

满江红是蕨 – 藻的共生生物，它必须证实共生物的 Koch 假说，即满江红体内鱼腥藻确实是来源于红萍体内，它能在体外单独培养并可重新感染蕨体形成共生关系，而被接进去的藻确实是原先分离出来的红萍体内鱼腥藻。用人工方法进行无藻满江红与满江红鱼腥藻（ $Anabaena – free\ Azolla$ ）共生体重建，或不同种间满江红及其共生藻的交换，是许多研究者多年来的夙愿[10]。它包括无藻萍的获得，满江红鱼腥藻的分离与培养，无藻萍与满江红鱼腥藻共生关系的建立。经过前期的研究实践与资料分析，我们确定了采用满江红有性繁殖器官——孢子果进行重组的途径。其主要依据是：在孢子果成熟期，其体内红萍鱼腥藻是以休眠孢子形式集中于囊群盖顶端或漏斗状膜内[11]。鱼腥藻孢子与红萍大孢子同步萌发并转移于红萍孢子苗茎尖部位，进一步分化成丝状体后进入红萍叶腔，形成共生关系[12]，该研究主要包括两项内容。

2.1　无藻满江红的获得

采用切除满江红大孢子果顶端的漏斗状膜和囊群盖方法可彻底清除红萍体内鱼腥藻[13]。经扫描电镜追踪观察，这种方法处理的孢子果在萌发期间，其孢子果萌发孔、浮膘、茎尖、子叶等部位均未观察到红萍鱼腥藻孢子。该种红萍孢子苗形成植株后需补充氮源才能正常生长，并且无固氮能力。但可正常形成有性繁殖器官——红萍孢子果。该孢子果也可正常发芽形成植株，其体内仍不存在能固氮的鱼腥藻[14]。

2.2　无藻满江红与满江红体内鱼腥藻重建共生体的关键技术

由于在重建共生关系的初始阶段，无藻满江红与满江红鱼腥藻不是统一的整体，它们之间的发育没有同步。因此，如何调整共生体蕨藻之间的同步发育就成为萍藻重组的关键技术。其具体方法是，同种或异种的红萍孢子果在同一植物生长箱中以 4 000 lx、18℃/24℃（夜/日）、90% 湿度培养 7~8 d，待孢子果浮膘张开，出现绿点时，将受体萍的孢子果囊群盖及漏斗状膜切除（形成无藻萍），将给体萍孢子果囊群盖取下（其囊群盖顶端红萍鱼腥藻孢子已开始萌动）移植于受体萍的孢子果顶端，并充分接触。处理后的孢子果在上述植物生长箱中继续培养形成红萍孢子苗，继而长成具有红萍体内鱼腥藻的植株。用扫描电镜追踪萍藻重组处理孢子果发育的整个过程，只有在两者同步发育时才能形成正常植株。该种植株用乙炔还原法测定具有固氮酶活性，红萍体内鱼腥藻单克隆抗体检测证实其体内鱼腥藻来源于给体红萍植株。无藻满江红与红萍体内鱼腥藻重建共生体获得成功，其成功率为 10%[10]。

3　红萍体内鱼腥藻的离体培养

自 1873 年 Strasburger 发现满江红体内存在鱼腥藻以来，人们对其在红萍体内的作用，以及萍藻之间的共生关系一直抱有极大的兴趣，并试图将其分离出来进行纯培养[15]。20 世纪 30 年代以来，人们对红萍体内鱼腥藻的分离与培养进行了不懈的努力。其主要方法有辗压提取法、微管抽吸法、酶消化法和梯度离心法[16]。分离培养成功的报道有：Vouk 和 Welisch（1931）、Huneke（1933）、Tuzimura（1957）、Shen（1960）、Venkadaraman（1962）、白克智（1979）和郑伟文（1982）等；不成功报道有：Singh（1977）、Peters（1976）、Hill（1975）、Lang（1965）、Bortels（1940）和 Des（1913）等。随着生物技术日新月异的发展，研究者发现上述方法分离的红萍体内鱼腥藻后代在细胞表面抗原、DNA 序列等方面与刚从红萍叶腔中分离的红萍体内鱼腥藻有明显差异而与自生鱼腥藻等相同。这种现象被解释为共生型蓝藻在向自生型蓝藻过渡中发生了质的变化。我们注意到在所有上述红萍体内鱼腥藻的分离方法中都无法确切排除体外自生蓝藻的污染，而且分离的鱼腥藻是否与红萍叶腔中的鱼腥藻同源也无从监测。在我们的研究中采用了显微操作技术直接从叶腔内获取培养物并用红萍体内鱼腥藻单克隆抗体 C_{16} 追踪红萍鱼腥藻在体外培养的全过程，以保证其纯度的可靠性，它主要包括以下内容。

3.1　红萍叶腔内的鱼腥藻分离

新鲜萍体材料用 0.525% 次氯酸钠与 0.05% 吐温 80% 表面消毒 1 min，10% 双氧水漂洗

3 min 后用无菌水洗去药物，在立体解剖镜下取茎尖往下第 4～10 张叶片，用尖嘴镊从叶腔基部顶开叶腔（注意不让器具接触裸露的体内鱼腥藻），用消毒过的尖嘴镊直接夹出叶腔内的鱼腥藻菌落，并悬浮于 pH 值是 7.4 的磷酸缓冲液，从 15 张叶片叶腔中夹取的鱼腥藻菌落接种于一个血清瓶或试管的培养基中。

3.2 红萍体内鱼腥藻离体培养条件的探讨

研究发现，分离藻在黑暗条件下培养 4～6 d 可有效防止光漂白作用。其后在 30℃、10 000 lx 光照培养箱中，红萍分离藻在添加 10 mmol 果糖，0.05% 酪蛋白水解物，30 mg·kg－1NaNO$_3$ 的 Allen－Arnon 培养基上，在 1% O$_2$、99% N$_2$ 环境中能保持最长的存活期（183 d）。在这种培养条件下，经显微镜定点监测蓝藻的藻丝体，10 d 增长 6.25%，用显微摄影技术拍摄到离体鱼腥藻末端新长出藻丝体的证据。在离体培养后期藻丝体出现鱼腥藻的厚垣孢子。用红萍体内鱼腥藻单克隆抗体 C$_{16}$ 定期检测培养不同天数的离体红萍体内鱼腥藻，尽管离体藻的生长状况不同，均证实其纯度的可靠性。说明在漫长的体外培养期间，离体藻的细胞表面抗原并没有发生任何改变。在离体鱼腥藻与自生的柱孢鱼腥藻和项圈藻对碳、氮营养需求的比较实验中，两种自生藻可在无氮 BG－11 和 Allen－Arnon 培养基上连续传代培养，而在培养基中添加有机碳、氮源后却迅速死亡，保绿期下降至 3～6 d。与此相反，在无氮 BG－11 和 Allen－Arnon 培养基上离体红萍体内鱼腥藻仅能存活 21～22 d，而在添加有机碳、氮源后却提高到 83 d。说明在长期的离体培养情况下，红萍体内鱼腥藻的生理营养代谢仍保持共生藻的特性[17]。该研究表明寻求更适合的培养条件（趋同于红萍叶腔环境）是获得红萍体内鱼腥藻在离体情况下连续培养的必要条件。

4 有性杂交技术在红萍育种上的应用

有性杂交育种是人工创造作物新品系的重要途径，该方法已被应用于作物育种达数十年之久。至 20 世纪 70 年代末，有性杂交方法才被用于满江红的育种上。但由于缺乏行之有效的鉴定技术，红萍杂交种的真伪无法确定[18]。红萍有性杂交育种真正成功的报道始见于 1986 年[19]，主要的技术包括雌孢子果的去雄、单苗培植与杂种鉴定技术。1990 年，我们采取回交育种的方法获得红萍回交 3 号优良品种，具有繁殖快、抗热性强、生物量大、品质好等特点，至今仍是福建省红萍的当家品种[20]。

4.1 红萍雌孢子果的去雄与杂交育苗

选择成熟、未受育的雌孢子果作母本材料，在立体解剖镜下剥离附于孢囊上的同系雄孢子果泡胶块，称为去雄。去雄后的雌孢子果在湿润的滤纸上与父本材料的泡胶块混合并转移于植物光照培养箱中培育，在 28℃、1 000 lx 条件下培养 10～14 d，即可长出绿苗，将单株幼苗转移于含 40 mg/kg 微量氮源的培养液中继续光照培养并控制霉菌的感染，25～30 d 后即能获得红萍成苗。

4.2 红萍有性杂交苗的鉴定

采用酶学鉴定结合红萍后代繁殖器官（泡胶块钩毛横隔数，大孢子果外周壁）、营养器官（叶表皮毛、叶色分布）形态学观察，以及繁殖器官的有性分析（小孢子果的可育性，大孢子果的发生率）可有效判别红萍杂交苗的真伪。满江红植株的同工酶谱带分析表明，杂交萍后代应同时具有父母本萍的同工酶主带。其生物学特征（包括营养器官与繁殖器官）一般介于父母本萍之间，如雄孢子果泡胶块钩毛横隔数，墨西哥满江红常见频率为 7 ~ 9，小叶萍为 2 ~ 3，不管哪一种萍为父本材料，其杂交后代的钩毛横隔数均介于它们之间[21]。叶表皮毛细胞形态，大孢子果（如果有的话）外周壁等形态分析均证明了这一点。至于生物量、品质和抗逆性等综合性状由于杂交后代的杂种优势则有可能优于双亲[22]，如回交萍3 号的周年生物量、夏季产量、粗蛋白含量、抗热性等都明显超过双亲，显现了杂种优势的特征。

5 20 世纪 80 年代以来国际同行的相关研究

在国际方面，由于满江红 – 满江红体内鱼腥藻一直是生物固氮基础研究的一个重要方面，许多先进技术都能较快地应用于该共生体系的研究之上。因此，在其萍藻共生关系[2]、生物学形态与分类地位方面[3]做了大量工作。近十几年来生物技术，特别是分子生物学技术的快速发展与完善，使红萍研究更趋向定量与精细。例如，20 世纪 80 年代在红萍分类方面多采用扫描电镜观察红萍有性繁殖器官[23,24]及同工酶谱代分析法[25]，其限制因素为某些品种不产生有性繁殖器官以及各品种同工酶谱在一年四季中的波动性。而 90 年代后所采用的染色体分析[26]、DNA 杂交技术[27]以及 PCR 扩增技术[8]对红萍各品种间的分类学地位能给出更确切的测量与定位。在红萍育种方面，80 年代中期主要采取的有性杂交育种技术[28]，虽也创造一些新的品种，但这个工作在国外仅停留在理论研究之上，并没有出现用于农业生产的杂交萍品种。从红萍原生质体形成再生植株的途径也曾探索过[29]，但最终并未形成有效的愈伤组织。因此，要使红萍研究能更深入进行，并取得在理论研究与生产实践上的成效，诸如基因分析、DNA 重组、原生质体再生植株等生物技术的潜力还有待于进一步开发。

6 小结

本文所列举的实例表明了生物技术在红萍研究中所发挥的作用与具有的巨大潜力。随着分子生物学的进一步发展，DNA 重组及鉴定技术也必然会渗透到红萍研究的领域之中，它必定会使满江红这个古老而具有广阔应用前景的生物发出更灿烂的光彩。

参考文献

［1］ 吕书缨，陈克增，沈志豪，等 . 稻田绿肥——满江红生物学特性研究 ［J］. 中国农业科学，1963（11）：35 – 40.

［2］ Peters G A，Mayne B C. The *Azolla*，*Anabaena azollaere* lationship Ⅱ. Localization of nitrogenase activity as assayed by acctylene reduction ［J］. Plant Physiol，1974b（53）：820 – 824.

［3］　Tan B C，Payawal P，Watanabe I，*et al*. Modern taxonomy of *Azolla*：a review［J］. Philippine Agriculturist. 1986（69）：491－512.

［4］　Liu C C. Use of *Azolla* in rice production in China［C］. In：Nitrogen and Rice. Edited by IRRI. Phillippines，1979：376－394.

［5］　程由铨，林天龙，李怡英，等. 应用单克隆抗体快速诊断鸡新城疫［C］. 中国畜禽传染病——全国畜牧兽医生物技术讨论会论文专辑，1988. 79－81.

［6］　刘中柱，程由铨，唐龙飞，等. 满江红鱼腥藻单克隆抗体的制备和应用研究［J］. 中国科学（B辑），1989（1）：44－52.

［7］　杨苏，唐龙飞，宋铁英，等. 蔗糖密度梯度离心提取满江红体内鱼腥藻方法的研究［J］. 南平师专学报，1998，17（4）：19－22.

［8］　Benoit V C，Watanabe I，Van Hove C，*et al*. Genetic diversity and phylogeny analysis of *Azolla* based on DNA amplification by arbitrary primers［J］. Genome，1993（36）：686－693.

［9］　唐龙飞，程由铨，郑德英，等. 单克隆抗体荧光标记物 C16－FITC 对萍藻重组体的鉴定［J］. 福建农业科技，1988（2）：27－28.

［10］　林沧，刘中柱，郑德英，等. 无藻满江红（*Anabaena－free Azolla*）和满江红鱼腥藻（*Anabaena azollae*）重建共生体［J］. 中国科学（B辑），1988（7）：700－708.

［11］　何国藩，柯玉诗，林月婵. 对红萍成熟大孢子果的电镜扫描与研讨［J］. 中国农业科学，1984（1）：28－30.

［12］　叶锈珍. 鱼腥藻与满江红大孢子果长成幼孢子体的共生关系的形态学观察［J］. 植物学报，1983，25（2）：192－194.

［13］　郑德英，林沧，唐龙飞，等. 萍藻重组研究 I. 无藻萍的获得及其验证技术［J］. 福建省农科院学报，1987，2（2）：42－47.

［14］　Lin Chang，Watanabe I. A new method for obtaining *Anabaena－free Azolla*［J］. New Phytologist，1988（108）：341－344.

［15］　唐龙飞，刘中柱，渡边岩. 红萍共生藻的体外培养［J］. 福建省农科院学报，1991，6（2）：25－32.

［16］　刘中柱，郑伟文. 满江红鱼腥藻的分离［M］. 中国满江红. 北京：农业出版社，1989，175－176.

［17］　Tang LF，Watanabe I，Liu CC. Limited multiplication of Symbiotic Cyanobacteria of *Azolla* spp. on artificial media［J］Appl. Environ Microbiol. 1990（56）：3623－3626.

［18］　郑德英，唐龙飞，章宁，等. 满江红有性杂交研究及其鉴定［J］. 作物学报，1994，20（6）：701－709.

［19］　魏文雄，金桂英，章宁，等. 红萍有性杂交研究初报［J］. 福建省农科院学报，1986，1（1）：73－79.

［20］　郑德英，唐龙飞，章宁，等. 回交满江红 3 号（MH3－1）若干抗逆特性研究［J］. 福建省农科院学报，1994，9（2）：21－27.

［21］　唐龙飞，陈坚，章宁，等. 小叶满江红与墨西哥满江红杂交后代有性器官（孢

子果）形态分析 ［J］．福建省农科院学报，1996，11（3）：54－59．

［22］　唐龙飞，郑德英．我国红萍育种概况及其展望 ［J］．福建省农科院学报，1993，8（1）：40－44．

［23］　Dunham D G, Fowlex K. Taxonomy and species recognition in Azolla Lam ［C］. In: *Azolla* Utilization. Proceedings of the Workshop on *Azolla* Use, China. IRRI, Los Banos. 1985, 7－16.

［24］　Calvert HE, Perkins S K, Peters G A. Sporocarp structure in the heterosporous water fern *Azolla* Mesican Presl ［J］. Scanning Electron Microscopy, 1983（3）：1 433－1 510.

［25］　Zimmerman W J, Lumpkin T A, Watanabe I. Isozyme differentiation of *Azolla* Lam ［J］. Euphytica, 1989a（42）：163－170.

［26］　Stergianou KK, Fowler K. Chromosome numbers and taxonomic implications in the fern genus *Azolla*（Azollaceae）［J］. Plant Systematics & Evolution, 1990, 173（3）：223－239.

［27］　Plazinski J, Zheng Q, Taylor R, *et al.* DNA probes show genetic variation in cyano－bacterial symbionts of the *Azolla* fern and a closer relationship to free－living *Nostoc* strains than to free－living *Anabaena* strains ［J］. Applied & Environmental Microbiology, 1990, 56（5）：1 263－1 270.

［28］　Do VC, Watanabe I, Zimmerman WJ, *et al.* Sexual hybridization among *Azolla* species ［J］. Canadian Journal of Botany, 2011, 67（12）：3 482－3 485.

［29］　Redford K, Berliner MD, Gates JE, *et al.* Protoplast induction from sporophyte tissues of the heterosporous fern *Azolla* ［J］. Plant cell, Tissue and Organ culture, 1987（10）：187－196.

【原文发表于《福建农业学报》，1999，14（增刊）：201－206，由陈志彤重新整理】

满江红有性杂交研究及其鉴定

郑德英　唐龙飞　章　宁　陈　坚

（福建省农业科学院红萍研究中心，福州350013）

摘　要：本研究进行了69个不同组合的满江红有性杂交，有18个组合萌发出苗，其中三膘亚属内种间杂交占13个，三膘亚属与九膘亚属间杂交占5个，而九膘亚属与三膘亚属间杂交和九膘亚属内种间杂交，均未取得成功。对杂交幼苗作脂酶同功酶分析，证实确系杂种后代。

杂种满江红（重组细绿满江红）自交，绿苗率高。应用杂种满江红（重组细绿满江红、杂交榕萍）作父本，小叶满江红为母本，也取得较高的绿苗率，而以杂种满江红（重组细绿满江红）为母本，小叶满江红为父本，效果不好。这其间出现了部分或大部分的白化苗或黄绿苗，其机理和成因有待进一步探明。

应用杂交方法，可以提高满江红抗热能力。发现杂交苗的蕨藻发育存在3种情况，这为进一步研究萍藻共生关系在理论上和实践上都有一定意义。

关键词：满江红；三膘亚属；九膘亚属；有性杂交；萍藻共生关系

满江红（*Azolla*）是一种蕨藻共生体，具有固氮功能，适应性广、繁殖快，是一种高产优质的肥料、饲料和饵料。多年来，随着人们对生物固氮研究的深入和满江红在农牧渔业上的推广应用，满江红新品种的选育已显得愈来愈迫切需要。当前用于农牧业生产的满江红品种均来自天然野生种，而现有的满江红天然种源又存在一定的局限性，不能适应生产上的要求。采用杂交育种技术，培育出广谱抗虫、强抗逆性或高氮低木质素的高产品种，将大大促进农牧渔业的发展，把满江红的应用价值提高到新的水平。

在国内，福建宁德农科所、江苏省徐州地区农科所、湖北当阳红萍研究所曾于20世纪70年代尝试过满江红有性杂交研究，并获得一些杂交苗（刘中柱，等，1989；姜荣贵，1985），但由于缺乏有效的鉴定手段而未被证实。福建省农业科学院红萍研究中心于1986年开始这项研究，取得了小叶满江红（*A. microphylla*. IRRI Ac. 4018）与细绿满江红（*A. filiculoides* Lam IRRI Ac. 1001）和墨西哥满江红（*A. mexicana* IRRI Ac. 2001）与小叶满江红的有性杂交后代，并以同功酶鉴定了杂交苗（魏文雄，等，1986）。在国外，国际水稻研究所于1985年开始研究，进行了细绿满江红、小叶满江红、墨西哥满江红与澳大利亚羽叶满江红（*A. pinnat var. pinnata*. IRRI Ac7001）之间的杂交试验，获得了小叶满江红与细绿满江红的杂交后代。菲律宾大学红萍研究室也取得了以小叶满江红、墨西哥满江红为母本，细绿满江红为父本的杂交组合后代，并进行了个别回交试验。目前，满江红杂交苗都仅限于三膘亚属之中，并且，以细绿满江红为母本的多数杂交组合，其后代

90% 以上为白化苗，杂交苗的成苗率也极低。我们在上述基础上，进一步探索研究，并初步取得具有成效的结果。本文报道了满江红的部分杂交试验及其后代的某些特性，以供有关方面与专家们参酌指正。

1 材料与方法

1.1 实验材料

选择性状优良，产孢性能好的三膘亚属与九膘亚属满江红品系 15~20 种。养殖选好的满江红并诱导结孢，精选孢子果。取以下满江红大小孢子果进行正反交（段炳源，等，1979；柯玉诗，等，1981；广东师范学院生物系固氮生物研究组，1977；陈扬春，1985；施燕如，等，1985）。

细绿满江红（文中简称 A）；小叶满江红（简称 B）；墨西哥满江红（简称 C）；卡洲满江红（A. carolinia IRRI Ac. 3001）（简称 D）；榕萍为小叶满江红与细绿满江红的杂交种（简称 BA）；重组细绿满江红为小叶满江红鱼腥藻移入无藻的细绿满江红共生腔中，形成共生体并可正常繁殖（简称 Ab）；回交满江红为小叶满江红与榕萍的杂交种（简称 BBA）。

1.2 方法

选取成熟、健壮、干净的雌雄孢子果进行不同组合杂交。杂交后孢子果培养于盛有蒸馏水的口径 6 cm 培养皿中，置于培养室，待小苗长出 3~5 片叶后细心移出，以 IRRI 红萍培养液培养（程景福，等，1978；Watanabe I, *et al*, 1989），继而转入土培。对成苗进行形态学观察及生理生化分析与鉴定，杂交苗最后经人工选择，以期获得性能优异的人工新红萍品系。

2 结果和分析

2.1 满江红有性杂交试验

2.1.1 亚属内与亚属间有性杂交结果的比较

有性杂交试验进行了 54 批次，69 个不同组合配比，2.6 万粒大孢子果。从总体来看，在不同杂交组合中，有 18 个组合萌发出苗。杂交试验包括三膘亚属内杂交（3×3 膘）、三膘与九膘亚属间杂交（3×9 膘）、九膘与三膘亚属间杂交（9×3 膘）、九膘亚属内杂交（9×9 膘），其中，3×3 膘能出苗，以细绿满江红、重组细绿满江红、墨西哥满江红、小叶满江红等为母本，父本为细绿满江红、小叶满江红、墨西哥满江红等，18 个不同组合试验，有 13 个组合能萌发出苗。在 3×9 膘中，有的能出苗，但为黄绿苗与畸形苗。而 9×3 膘、9×9 膘的不同组合均未见萌发成苗（表1）。其原因除亚属间亲和差外，九膘大孢子果不够成熟、数量太少也影响杂交的成功率。

表 1　诱导满江红有性杂交萌发概况

类别（膘）	组合种类（种）	出苗组合（种）	雌孢子果（粒）	出苗株数		
				白化苗	黄绿苗	绿苗
3×3	18	13	10 996	180	114	112
3×9	29	5	762		16	
9×3	21		792			
9×9	1		50			

2.1.2　与杂种满江红再杂交结果的比较

杂交需要选择品质好抗性强的亲本进行搭配，但其双亲亲和力却有着很大差别。从表 2 看出，以重组细绿满江红为母本，墨西哥满江红为父本的杂交组合其后代全部为白化苗；以小叶满江红为父本的杂交组合其后代有大量的白化苗和黄绿苗，也有部分绿苗；而以小叶与墨西哥满江红为母本，以杂种满江红的榕萍为父本的杂交组合其后代却出现了大量的绿苗，仅杂有少量的白化苗，大大地改善了杂交效果。

表 2　不同亲本组合杂交情况

组合	雌孢子果（粒）	浮膘张开（粒）	出苗株数		
			白化苗	黄绿苗	绿苗
B×BA	900		2	/	40
C×BA	352	203	1	/	9
Ab×C	100	64	12	/	
Ab×B	2 200	1 096	45	40	5
Ab×B	1 774	892	18	9	22
A×C	200		8	/	/
A×B	450	104	/	4	7

在以萍藻交换的重组细绿满江红（母本）与小叶满江红（父本）的杂交试验中，虽然出苗数量多，但苗的质量较差，白化苗及黄绿苗占绝大多数（表 3、表 4）。在幼苗的培养过程中，一部分黄绿苗或浅绿苗逐渐白化枯死，有的可转为绿苗。而重组细绿满江红自交时，却得到很高的绿苗率（表 3）。

表 3　重组细绿满江红与小叶满江红杂交组合出苗状况

组合	雌孢子果（粒）	出苗株数			白化苗黄绿苗
		白化苗	黄绿苗	绿苗	总苗（%）
Ab×B	200	45	40	5	94.4
Ab×Ab	400			72	0
Ab×B	1 774	18	9	22	55.1
Ab×Ab	400		9	68	11.7

表4 重组细绿满江红与小叶满江红的杂交萌动概况

实验序号	雌孢子果（粒）	浮膘张开（粒）	白化苗	黄绿苗	绿苗	含鱼腥藻萍体数
1	100	39	1	4		0
2	100	33	4	7		0
3	100	45	9	5		1
4	100	33	1	1		0
5	100	52	10	18	1	8
6	100	49	13	10	1	2
7	100	58		3		
8	100	51	9	2		
9	100	62	12	10	1	2
10	100	54	1	1		
11	100	60	11	4		2
12	100	57		11		
13	100	34	6	2		2
14	100	32	5	18		
15	100	38	9	17		3
16	100	39		9	1	1
17	100	40				
18	100	30	3	21		1
19	100	72	24	23	1	9
20	100	46	14	8		7
CK	100	53			21	21

2.1.3 回交试验

满江红的回交试验是我国满江红有性杂交中未曾开展过的工作。从已进行的回交试验看，榕萍雄配子能再与其父本（细绿满江红）或母本（小叶满江红）雌配子杂交，出现白化苗与绿苗，并得到同功酶谱的确实证明，这说明了尽管杂种满江红的雄孢子果大部分败育，但少数还是具有受精能力的（表5）。

表5 不同回交组合出苗状态

日期（月.日）	组合	雌孢子果（粒）	白化苗	黄绿苗	绿苗	出苗率（%）
5.17	B×BA	100	2	/	2	4
5.18	B×BA	800	/	/	38	4.75
7.31	B	200	/	/	4	2
7.31	A×BA	200	2	3	1	3
8.16	Ab×BA	200	8	/		3.07
8.16	Ab	100	/	/	12	12

2.1.4 应用杂交方法，可以提高满江红抗热性

用小叶满江红与榕萍杂交，取得抗热性能好的满江红种群。其在田间夏季比较养殖中，均比父母本的生长率高得多，表现为产量高，增殖1倍（倍殖）所需天数短（表6）。全年的总生长量也居首位（表7）。

表6 夏季满江红生长速度比较

品系	7月8—18日			7月18—29日		
	产量（g）	繁殖系数	倍殖天数	产量（g）	繁殖系数	倍殖天数
D	1 120	0.086 8	8.0	1 194	0.084 8	8.2
B	1 802	0.134 4	5.1	1 626	0.112 8	6.1
BA	1 748	0.131 3	5.3	1 603	0.111 5	6.2
BBA	2 020	0.145 8	4.8	1 812	0.122 7	5.6
品系	7月29—8月5日			8月5—20日		
	产量（g）	繁殖系数	倍殖天数	产量（g）	繁殖系数	倍殖天数
D	805	0.076 9	9.0	996	0.050 1	13.8
B	1 042	0.113 7	6.0	1 420	0.073 7	9.4
BA	992	0.106 7	6.5	1 383	0.072 0	9.6
BBA	1 045	0.114 1	6.0	1 808	0.089 8	7.7

试验数据为3次重复平均值，夏季水温最高达42℃，小区面积1.8 m²

表7 1991年几种满江红总产量比较

品种（品系）	总产量（g）	测产天数	平均产量（g/d）	折合亩产（kg/年）
D	9 410	91	103.4	13 975.5
B	8 445	77	109.6	14 813.5
BA	10 012	91	110.0	14 867.5
BBA	12 667	91	139.2	18 814.2

2.2 满江红有性杂种的萍藻共生关系的初步观察

在有性杂种苗中常有绿苗、白化苗和黄绿苗。白化苗有的叶片边缘有紫红色，多数为白色。白化苗的共生腔中有的没有鱼腥藻侵入共生，有的有藻侵入。在正常的绿苗中也存在着满江红与鱼腥藻共生的不协调现象，一般无藻共生的幼苗生长缓慢，长成蜈蚣状。杂交苗在满江红与鱼腥藻共生和形态颜色上都有分离，共有3种情况：①有性苗无藻，呈现无藻满江红状态（表4）；②有的有性杂种苗靠茎尖的外围部分绿色有藻，内围靠萍体主茎周围的中心部分黄绿色无藻，形成两层相间，经过一段养殖，外围生长迅速不断繁殖逐渐扩大转绿，内围无藻逐渐枯黄，最后无藻部分被取代形成全绿萍体；有的有性杂种苗萍体几个分支有藻，几个分支无藻，主茎无藻分支有藻，这可能是有性过程中性状的变异，有性杂种苗萍体与鱼腥藻两者发育不同步出现共生失误所致；③有性杂种苗为绿色萍体，始终保持有藻。这

3 种情况在回交试验中均有存在。这些萍体在形态上,往往有 2 种株型,一种株型较紧密,根尖弯曲,似细绿满江红,但主茎较长,有的长达 27 ~ 33 片叶才出现分支;另一种类似小叶满江红,株型较松散,主茎较短,4 ~ 7 片叶开始分支,根直。在叶色上,细绿满江红呈现紫红色,小叶满江红却偏黄色,紧形的杂种苗叶尖有紫红色,松形的杂种苗叶尖有的有紫红,有的白色。

2.3 满江红有性杂种的同功酶鉴定

不同种满江红的谱带有明显的差别,它们各自都有其比较稳定的主要带,从图 1 可见,细绿满江红标志带较低,小叶满江红标志带稍高,有两条相距较近的基本带,并在两条基本带之间还有许多小带,杂种后代具有父母双亲的基本带,说明杂交满江红具有父母双亲的遗传物质,因为酶是基因表达的产物。从图 2 还看到,有的杂种苗除了双亲酶谱带外,在中带区还有以前未曾见到的杂交带,这就为选种提供遗传物质基础。

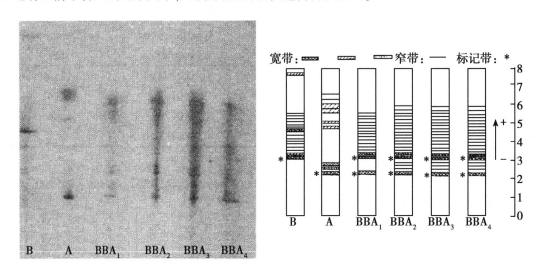

图 1　杂交苗与父母本的脂酶
同功酶谱 (照片图);同功酶谱 (示意图)

3　讨　论

由于气候优越,长期自然选择结果,我国温暖地区满江红均以无性繁殖方式繁衍后代。据田间调查,田间满江红多形成小孢子果,而少发现大孢子果。在山东地区由于气候寒冷,郯城的满江红是以孢子果形式越冬,该地区的满江红结了许多大小孢子果。近年来,又从国外引进结孢率高的细绿满江红等不同满江红亚属及种,这就为满江红杂交提供了物质基础。

本试验是以种间或亚属间进行远缘杂交,势必出现了双亲配子不亲和现象,如 3 膘×9 膘中,虽能出苗,却为黄绿苗与畸形苗;更由于 9 膘孢子果不够成熟,故以 9 膘亚属为母本的杂交组合均未出苗,有待今后加以改进;只有在 3 膘亚属内种间杂交,才有一定结果。但组合不同,双亲亲和力也不同。如重组细绿满江红×墨西哥满江红的组合其后代全为白化苗,更改其父本为小叶满江红,却能出现少量绿苗后代。再更改小叶满江红 (或墨西哥满江红)

为母本，以榕萍为父本却出现了喜人的结果，这意味着：①小叶满江红的亲和力较强；②以亲和力强的种为母本将起着更好的效果，说明了在杂交组合中选择母本比选择父本更为重要。母本除了在配合过程中具有更多的遗传物质外，还有先期的蒙导作用。

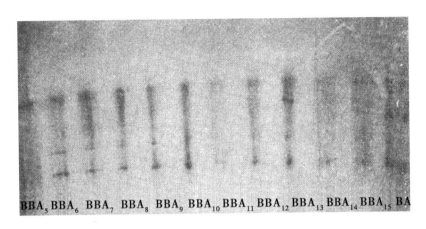

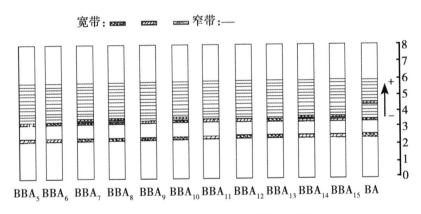

图 2　杂交苗（B×BA）的同功酶谱（照片图）
杂交苗（B×BA）的同功酶谱（示意图）

水稻、硬粒小麦的花药离体培养中，也经常出现白化苗（孙敬三，等，1977；孙敬三，等，1974；朱至清，等，1979），这和我们以满江红种间杂交产生大量白化苗，有着异曲同工的效果。但由于后者缺乏细胞学观察，其白化苗产生机理尚待探明。

在同功酶分析中，杂种苗出现了新酶谱带，这就为杂种苗新的性状出现提供可能。满江红的许多性状中以繁殖速度、固氮能力、抗寒性、抗热性为重要的经济性状，它直接影响着满江红的肥效及其增产效果。在温暖地区，越冬不成问题。抗热性将成为满江红关键性的经济性状，它制约着其他各种经济性状。如果一种抗热性差的满江红种到了较高温度条件下倒萍时，其体内势必含氮量低，产量也低，使满江红肥效显著下降。故此，提高满江红抗热性成为首要课题。我们应用杂交方法，以小叶满江红与榕萍杂交，取得抗热性能好的满江红种群，这将有可能应用于生产实践中。

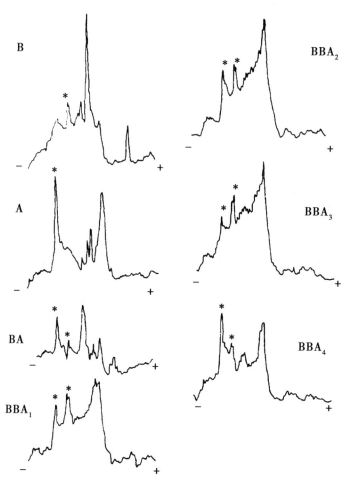

图3 杂交苗与父母本的脂酶同功酶谱（凝胶扫描图）

*：标记带 mark band

参考文献

［1］ 陈扬春．满江红［M］．北京：科学出版社，1985.43 - 90.

［2］ 程景福，徐声修，王素珍．满江红的孢子果和孢子果育苗［J］．Journal of Integrative Plant Biology，1978（1）．

［3］ 段炳源，张壮塔，柯玉诗，等．红萍有性繁殖研究（一）——红萍结孢与萍种种性和环境条件的关系［J］．广东农业科学，1979，2：23 - 27.

［4］ 广东师范学院生物系固氮生物研究组．红萍的孢子果和有性繁殖［J］．华南师范大学学报（自然科学版），1977（1）：119 - 134.

［5］ 姜荣贵．红萍有性杂交初探．福建农业，1985（10）：11 - 12.

［6］ 柯玉诗，张壮塔，刘禧莲，等．细满江红孢子果的采收与贮藏［J］．广东农业科学，1981，3：29 - 31.

［7］ 刘中柱，郑伟文．中国满江红［M］．北京：农业出版社，1989.232－429.

［8］ 施燕如，彭科林．红萍孢子果出苗过程及出苗条件的研究［J］．湖南农业科技，1985，（1）．

［9］ 孙敬三，王敬驹，朱至清．水稻白化苗质体的亚显微结构［J］．中国科学，1974，（6）：627－634.

［10］ 孙敬三，吴石君，朱至清，等．水稻白化花粉植株可溶性蛋白质的电泳分析［J］．Journal of Genetics and Genomics，1977（4）．

［11］ 魏文雄，金桂英，章宁．红萍有性杂交研究初报［J］．福建农业学报，1986（1）．

［12］ 朱至清，王敬驹，孙敬三，等．硬粒小麦（Triticum durum Desf.）白化花粉植株的诱导及其倍性的初步观察［J］．Journal of Integrative Plant Biology，1979（3）：295－296.

［13］ Watanabe I，Chang Lin，Teresita Santiago－ventura. Responses to high temperature of the Azolla － Anabaena association，determined in both the fern and in the cyanobacterium［J］．New Phytol，1989，（4）111：625－630.

【原文发表于《作物学报》，1994，20（6）：701－709，由陈志彤重新整理】

红萍有性杂交研究（综述）[*]

魏文雄　金桂英　章　宁　林崇光　陈　坚

（福建省农业科学院红萍研究中心，福州 350013）

红萍生长迅速，是一种有潜力的植物蛋白源、能源和生物氮钾源。迄今为止，人们利用的红萍均为当地野生萍，或引进外来野生种稍加驯化后使用。这些野生种已越来越满足不了生产发展的需要。为了利用世界丰富的红萍种质资源，创造出更符合人类需要的新品种，有性杂交是一种有效的途径。因此，国内外有关学者与研究人员十分关注红萍的有性过程，进行有性杂交的尝试，希望有朝一日通过有性杂交培育红萍新品种得以实现。早在 1907 年，Pfeiffer W. M. 即已研究红萍孢子果的分化，1991 年 Hanning E. 发表了有关红萍孢子果泡胶块的结构等文章。国内在 20 世纪 70 年代末，在全国掀起一个有关红萍有性繁殖与有性杂交研究的高潮。广东省农业科学院土肥所、浙江省农业科学院土肥所、江苏徐州地区农科所、湖北丹阳红萍研究所，以及福建宁德地区农科所等均先后进行了探索，提出了一些报告；菲律宾大学、国际水稻所等也均进行了尝试，但由于红萍有性器官微小，加上雌雄混生，成熟期交错，对孢子休眠期及杂交过程掌握不住，有性幼苗生长缓慢，病害较烈，尤其没有找到有效的鉴别真假杂种的手段，因此，他们的研究无法肯定自己取得的有性苗是否是真杂种，未见报导通过杂交取得红萍杂种优良株系与品种。

我们在前人研究的基础上，经过 3 年的努力，解决了去雄、杂交及杂交苗培育的方法；建立起了以酯酶同功酶分析、植物学和生物学分析相结合的快速准确鉴定技术；探索和总结了亲本及杂种后代的一些重要遗传特点；并选育出几个有特色的杂交株系交付生产中试应用，使红萍通过有性杂交人工培育新品种成为现实。"结束了人类完全依赖（红萍）野生种的时代"（渡边岩博士语，1987 年国际红萍培训班）。现将研究结果综述于下。

1　杂交方法与杂交苗的培育

1.1　人工去雄与雌孢生活力鉴别的标准

由于红萍雌雄孢子果混生，成熟期交错，加上孢子果细小，因此，如何去雄是一难题。目前使用的如热汤浸杀、酒精浸洗、表面活性剂消毒等理化方法，都必须严格掌握剂量临界值，因为红萍大小孢子外面的保护层均较薄，较难掌握，因此，用什么标准来判断处理后大孢子果的生活力是一重要问题。在红萍有性繁殖中，通常认为浮膘能张开即是有生活力。经

---

[*]　参加研究的还有张逸清、陈凤月以及叶国添等同志。

我们用表面活性剂进行消毒与不消毒对比（表1），结果表明，两者浮膘张开率接近，而消毒的自交组合出苗率降低25%～77%，正反交的杂交组合出苗率均为零；而不消毒的杂交组合出苗率与相应父本萍自交组合相当。可见浮膘能否张开与大孢子的生活力没有直接关系。

表1　表面消毒去雄对浮膘张开及出苗率的影响

处理	组合	浮膘张开率（% ±δ_{n-1}）	出苗率（% ±δ_{n-1}）
消毒	A×A	39.0 ±1.41	3.0 ±4.24
	B×B	37.0 ±15.56	10.0 ±5.66
	A×B	42.0 ±11.31	0
	B×A	36.0 ±2.83	0
	A	45.0 ±2.83	0
	B	54.0 ±39.6	0
不消毒	A×A	50.0 ±5.66	4.0 ±2.83
	B×B	27.0 ±12.73	43.0 ±1.41
	A×B	9.0 ±7.07	40.0 ±5.66
	B×A	37.0 ±4.24	3.0 ±4.24
	A	33.0 ±12.73	0
	B	46.0 ±0.49	0

A = 东德细绿萍；B = 小叶萍（巴拉圭26）

1.2　杂种的纯度和单株系培育的成功率

强调取得高的杂种纯度，尤其对初次研究红萍有性杂交的人特别重要。不少研究者由于纯度低，真假混杂，导致工作失败。提高杂种纯度主要应保证用于杂交的雌雄孢子纯度高（去雄彻底，雌孢子未天然受精等），同时，还应促进杂交时间短，出苗迅速，培养环境不易污染等。抓好上述各个环节，1986年9个批次试验，我们一共投入大孢子果7 259粒，共取得1 136株杂交苗，经鉴定后，只发现一株假杂种苗，杂种纯正度达到99%以上。

杂交苗的出苗率因组合而异，平均出苗率在20%左右（0～51.3%）。

红萍的有性苗，特别是种间杂种的苗，在萌发生长的初期十分娇弱缓慢，常易遭受病、虫、藻的侵害而死亡。必须精心培育，有的组合必须采用"特护"措施。不少研究者对一些组合因培育不出单株系而失败。我们目前平均成苗率可达28%左右（1.0%～100%）达到适用。

综上所述，如由投入的雌孢子果来计算，得到杂交株系的成功率平均在5.6%。

2　真假杂种的鉴别技术

纵观国内外的研究报告，他们没有注重或未找到有效地鉴别杂种真假的方法与途径，因此，他们无法正确评价自己工作的结果，针对这一障碍，我们建立起了以酯酶同功酶分析，植物学与生物学分析相结合的快速准确鉴定技术。

2.1 酯酶同功酶谱分析

由于酶是基因表达的产物，用同功酶分析可以探索个体或品种间的亲缘关系，鉴别真假杂种等，近年在育种上得以广泛应用。Robbin C. M（1981）曾成功地应用酯酶同功酶分析鉴别了北美一个铁角蕨与根叶过山蕨的自然杂交新种。我们通过近 50 个品系红萍的多批次的同功酶分析，最后证明酯酶同功酶分析在红萍上比较稳定，尽管谱带的数量及强度依季节等而有变化（图 1），但各种之间均各自有一至几条主要的带是比较稳定的，很有代表性，可用以鉴别。通过对杂交株系及亲本萍谱带的扫描分析（图 2），可以看到，多数杂交株系的谱带呈父母本互补形式，明显兼具了父母双亲的主要带。另外，有的株系则出现了父母所没有的杂交带，如图 2 中的 BA3 – 1 – 2 及 AB3 – 中 – 1。这些谱带变化将可给杂种后代的筛选提供很好的早期分析筛选线索。

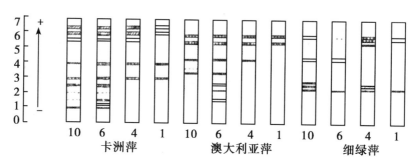

图 1　三种萍一年四季酯酶同功酶的变化

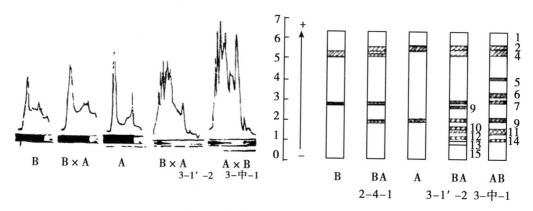

图 2　红萍酯酶同功酶谱的比较

2.2 植物学分析

这是育种上的常规分析方法。但在红萍杂交研究中必须抓住红萍那些比较稳定和明确的植物学特征。经观察，我们认为目前至少有如下 4 个方面可作鉴别依据：

（1）叶色变化。我们抓住小叶萍巴拉圭 26（B）较老龄的营养叶在逆境下会显黄——黄褐色，东德细绿萍（A）营养叶在逆境下易全面出现深紫色的特点，进而观察到所有 B×A 的杂交株系在逆境下，中心营养叶（较老龄叶）会显玫瑰红色的特点（不同株系色泽深浅有不同），这样，在田间我们一眼就可以认出有特色的杂交萍。

（2）生态型。B萍只具平面浮生型，而A萍具有平面浮生，斜生及直立三种生态型，而它们的杂交后代则具有平面浮生与斜生两型，但不会直立。这一性状稳定而易观察。

（3）表皮毛形态。在显微镜下我们发现小叶萍与细绿萍的表皮毛有明显不同，后经电镜扫描确认，小叶萍的表皮毛均由基细胞和毛细胞两个细胞组成，而细绿萍的表皮毛为单个细胞组成，没有明显的基细胞。而它们杂交的后代，在同一片叶上往往具有这两种类型以及中间型的表皮毛。

（4）泡胶块上的钩毛。雄孢子果泡胶块上的钩毛形态及其内的横隔状态是红萍分类的重要标志。小叶萍的钩毛较细小，钩毛内由根到梢均匀分布3～5个横隔。细绿萍钩毛较粗壮，内部多数没有横隔，少数有横隔的则多半分布在靠近锚状钩一端的颈部，只有一个横隔。小叶萍×细绿萍的杂种钩毛整个形态像父本，内部横隔则多样化，既有完全无隔或只1横隔在颈部像父本的，也有具1～2个横隔并分布在钩毛的中上部或中部的中间性状。

上述几个方面的植物学特征都是比较稳定而可靠的，可作为直观辨别的根据。

2.3　生物学特性的分析

这方面的分析既可作为鉴别，又可作为筛选的根据。

2.3.1　对温度的适应能力

对温度的适应能力可通过人工极端温度处理及电导测定迅速作出判断。例如，墨西哥萍（下称M萍）耐热、极端怕冷，在福州不能自然越冬，而细绿萍耐寒而极端怕热，在福州地区难以自然越夏。以M为母本取得的杂交株系，在形态上多数表现母本显性，难以观察，但它们往往兼具父母对温度逆境的抵抗力。它们可耐-4℃长期冰冻而不死，夏季可耐高温而生长。小叶萍（B）也是较抗热而怕冷的，以B为母本细绿萍（A）为父本，取得的一些杂交系，表现既可耐-4℃冰冻，又可抗45℃高水温达4～5个h（表2）。

表2　红萍在敞开系统高水温中的抗热性试验

萍种	45℃处理时数（小时）	A值	B值	C值	渗出率（%） B/C×100%	渗出率（%） $\frac{B-A}{C-A}×100\%$	实测死亡率（%）
卡洲萍	2	46	143	1 839	7.8	5.4	14.0
	4	89	143	〃	7.8	5.8	66.0
	5	82	1 119	〃	60.8	59.0	88.0
小叶萍	2	47	173	1 865	9.3	6.9	13.0
	4	83	435	〃	23.3	19.8	57.01
	5	194	1 439	〃	77.2	74.5	86.0
C_2	2	27	90	1 415	6.4	4.5	3.0
	4	37	258	〃	18.2	16.0	50.0
	5	82	842	〃	59.5	57.0	85.0

（续表）

| 萍种 | 45℃处理时数（小时） | A 值 | B 值 | C 值 | 渗出率（%） | | 实测死亡率（%） |
					B/C×100%	$\dfrac{B-A}{C-A}$ ×100%	
C₃	2	35	103	1 653	6.2	4.2	3.0
	4	54	258	〃	15.6	12.8	50.0
	5	100	752	〃	45.5	41.9	73.0
C₄	2	20	48	1 153	4.2	2.5	4.0
	4	18	108	〃	12.2	10.4	49.0
	5	18	659	〃	57.2	56.5	63.0

注：1. 表内 A、B、C 值均为电导率（un-1/cm），为三次重复平均值；

     2. A 值：高水温处理前在室温 34.4℃下测的电导率；

     3. B 值：高水温处理后于常温下培养 6 小时后的电导率；

     4. C 值：红萍受高水温处理完全死亡后 6 小时测的电导率；

     5. 死亡率：为处理后常温培养七天后计算生产点实测数据；

     6. 选择 45℃是多年养萍实践中认为夏季水温的危险临界温度

2.3.2 耐荫力、耐盐力、抗病虫力等

可根据父母本的特点对耐荫力、耐盐力、抗病虫力等进行相应的抗性测定，其表现一般比较明显，以判定杂种株系的真假优劣。

3 红萍种间杂交的遗传表现特点

3.1 亲本选择对杂交成功率的影响

不同的亲本组合及正反交后代的遗传表现，直接影响到红萍有性杂交的成功率。不少杂交组合后代出现畸形苗，过去的研究中时有报道，但均未作深入的分析。我们以东德细绿萍（A）与巴拉圭 26 小叶萍（B）进行正反交，发现凡以 B 萍为母本的杂交一代均为正常的绿苗（表 3）。它们分别自交时，B 萍 F_1 均未出现白苗，而 A 萍 F_1 平均有 14.3% 为白化苗，其他为正常的绿苗。可见 A 萍雌配子缺少某些控制叶绿素合成的因子。这一结果在 A 萍与 M 萍进行正反交时得到很好的重演。以 A 萍与印度萍（九膘）杂交出现的完全为白化苗。

表 3　正反交 F_1 代苗状态的变化

| 组合 | 第1批（株） | | 第2批（株） | | 第3批（株） | | 平均白、绿苗比 |
	白苗	绿苗	白苗	绿苗	白苗	绿苗	
A×A	1	6	1	27	9	27	0.179±0.148
A×B	20	17*	9	11*	11	21*	0.800±0.385
B×B	0	20	0	12	0	48	/
B×A	0	3	0	9	0	22	/

*均为浅黄色或淡绿色；或子叶淡绿，真叶白色等不同程度的缺绿苗

3.2 种间杂交对杂种一代育性的影响

（1）不论 B×A 或 M×A，它们在杂种一代均保持了父母本能大量结孢的特点。但结孢时期有变化。

（2）它们结孢在雌雄比上有很大的变化。不论 B×A 或 M×A 的所有株系，至今都没有找到雌孢子果，只产生大量的雄孢子果。

（3）通过双重孢粉染色观察，它们雄孢子果内的小孢子多数呈皱缩状（染成绿色），为明显的败育现象，败育率达 87%～99.5%（表4）。因株系而异。可见种间杂交不亲和，育性降低之严重。

（4）它们每一泡胶块上发育的小孢子数目明显减少，比各自的亲本少 2～3 倍。而饱满的小孢子直径却明显大于亲本萍的小孢子。

表4 几种红萍小孢子的育性观察

红萍种或杂种	圆形孢子数（粒）			皱粒孢子数（粒）	总孢子数（粒）	圆粒与皱粒之比（圆/皱）	败育率（%）	每一泡胶块含有孢子数（粒/块）
	红色	绿色	合计					
小叶萍（B）	258	1 122	1 380	0	1 380	1 380/0	0	14.53
C_2	5	49	54	376	430	1/6.96	87.4	5.97
C_3	7	19	26	224	250	1/8.62	89.6	4.39
C_4	11	25	36	362	398	1/10.0	90.95	7.51
C_3-2-1	0	4	4	549	553	1/137.1	99.3	7.09
细绿萍（A）	335	292	627	0	627	327/0	0	10.11
mA1-1-10	21	0	21	264	285	1/12.6	92.6	4.45
mA1-2-3	0	2	2	371	373	1/185.5	99.5	3.69
mA1-5-20	1	10	11	623	634	1/56.6	98.3	6.89
墨西哥（m）	263	232	495	0	495	495/0	0	8.39

3.3 杂交与共生关系

红萍是蕨藻共生体。通过杂交我们看到，多数杂交苗保持正常的共生体状态（包括绿苗与白苗），但也有少数失常，生长成缺乏固氮能力的蜈蚣状的无藻萍。这些萍经精心培养，有的会在某些枝上恢复正常共生，再发展成迅速生长的正常萍。

借助红萍鱼腥藻单克隆抗血清鉴定，证明所有的 F_1 株系共生腔中的藻，均属母本藻的血清型，而不会来自父本。包括上述起初共生失误以后又恢复正常共生的株系（表5）。

表5 有性苗共生藻的单克隆抗体鉴定*

组合	单克隆抗血清	反应	备注
A_{0-0-1}	A系共生藻抗血清	＋＋＋	栽培种无性系
B_{0-0-1}	A系共生藻抗血清	－－－	栽培种无性系
$A×A_{3-2-2}$	A系共生藻抗血清	＋＋＋	A自交正常株系

组合	单克隆抗血清	反应	备注
$A \times A_{3'-2-2}$	A 系共生藻抗血清	+ + +	A 自交失误株系
$A \times A_{3-3-1}$	A 系共生藻抗血清	+ + +	A 自交失误株系
$B \times A_{3-1'-2}$	A 系共生藻抗血清	− − −	B×A 失误株系
$B \times A_{3-1'-1}$	A 系共生藻抗血清	− − −	B×A 失误株系
$A \times B_{3-4-1}$	A 系共生藻抗血清	+ + +	A×B 失误株系

*该反应得到唐龙飞，郑琦等同志的支持和协助，特此致谢

3.4 亲本与杂种苗遗传表达的关系

3.4.1 显性与不完全显性

不同的亲本组合，F1 代的遗传表达十分不同。如前所述，B×A 在萍体色泽、生态型、钩毛横隔等方面均表现出不完全显性；而 M×A 萍体色泽为淡紫红，生态型也多为平面浮生型（在生长最佳时期也出现斜立型），主要表现母本显性性状，这些可作为进一步的遗传分析的重要形态特征。

3.4.2 兼具双亲特点与超亲现象

在杂种株系中进行筛选，可以发现不少株系在某些重要性状上兼具双亲特点，已如前述对温度的耐受性等。另外，有的株系还表现出明显的超亲现象。例如，细绿萍与小叶萍的耐荫能力均较差，稻底套养往往在抽穗封行后就腐烂消亡。卡洲萍耐荫能力较好。它在日平均光强 3 000 lx 以上，可保持一定增长量，日平均光强在 2 000～3 000 lx 时，它可以忍受，增长成负值，但不会发病消亡。而 B×A 中的榕萍 1－4 号，在日平均光强为 2 000～3 000 lx 时，仍可保持一定的增长量，其增长率相当于卡洲萍在日平均 4 300 lx 光强下的增长率。可见期耐荫力明显超亲。但它耐强光能力下降。

4 红萍种间杂交在生产中的应用与前景

4.1 杂种优势的利用

由于红萍具有强大的无性繁殖能力，因此，可以立即利用筛选到的 F1 代优良株系于生产，充分利用它种间杂交的杂种优势。由于种间杂种不结雌孢子果，雄孢子果也严重败育，可以不用担心它自交分离，在生产中可以保持一个比较稳定的群体，这就为红萍杂交育种提供了快速见效益的途径。

4.2 "榕萍" 1~4 号的特点

它是由几百个 B×A 株系中筛选出来的 4 个株系。它们的共同特点是株型、色泽相似，均抗寒耐热，但程度上有不同，其中，1 号生长的速度最快，1 号、2 号抗寒力较强，3 号、4 号抗热力较强，1 号、3 号纤维素含量大大低于亲本，2 号、4 号纤维素含量较高，4 号蛋

白质含量远高于亲本（表6），它们对鱼的适口性以2号、4号最好，1号最差。因此，将它们混合成一个群体，可以互相补充，在不同季节可以互相保护，成为一个良好的群体，对养殖利用是有利的。它们的年增产量比亲本增产25%～27%（统一防治病虫害的情况下）或40%～48%（不防治病虫害情况下）。比多抗品种卡洲萍增长2成左右（表7）。在北京、吉林等北方地区试验，由于它在七月高温时生长不会停顿，6个月的180 d生长期中均可旺盛生长，因此比当地原来推广的细绿萍平均增产30%以上。可望成为北方推广的十分有希望的新品种。分析每个月的生物量，在福建气候下最高峰是在4—5月。它的蛋白质品质，必需氨基酸除蛋氨酸外，含量均超过卡洲萍，与鱼粉相当（表8）。可见它是一个抗性强、生长快、品质好的新品种，目前已被建阳地区列为优先推广的绿肥新品种。

表6　红萍基本营养成分分析*

萍种	纤维素（%）	全氮（%）	粗蛋白（%）
C_1	14.885	3.814	23.838
C_2	18.120	3.436	21.475
C_3	13.890	3.896	24.350
C_4	17.120	4.187	26.169
小叶萍	17.150	2.846	17.788
细绿萍	17.450	3.837	23.981
卡洲萍	17.750	3.651	22.819

*1987年3月取样

表7　不同红萍在田间综合抗逆试验中产量的表现

萍种	防治病虫害（吨/亩）			不防治病虫害（吨/亩）		
	早季 4/21至7/8	晚季 8/4至11/5	合计	早季 4/21至7/8	晚季 8/4至11/5	合计
C_1	7.24	2.87	10.10	6.90	2.59	9.48
C_2	6.26	1.99	8.25	6.34	2.04	8.37
C_3	6.01	2.19	8.20	6.74	2.57	9.31
C_4	6.26	1.95	8.21	5.52	2.55	9.01
卡洲萍	6.27	2.37	8.64	5.52	2.40	7.91
小叶萍	5.25	2.80	8.06	4.54	2.74	7.28
细绿萍	5.82	1.07	6.89	5.16	0.95	6.11
本地萍	4.60	1.94	6.55	2.67	1.80	4.47

表8　红萍等蛋白质质量分析*

氨基酸	种类				
	银合欢叶	杂交红萍	卡洲萍	肉	鱼粉
天门冬氨酸	9.79	10.50	9.96		
苏氨酸	4.61	5.54	5.12	4.6	4.2

（续表）

氨基酸	种类				
	银合欢叶	杂交红萍	卡洲萍	肉	鱼粉
丝氨酸	5.45	4.88	5.29		
谷氨酸	11.82	12.67	16.72		
脯氨酸	9.94	7.77	5.81		
甘氨酸	5.54	6.28	5.42		
丙氨酸	5.94	8.86	5.83		
胱氨酸	2.03	2.46	2.18		
缬氨酸	5.72	6.75	5.83		
甲硫氨酸	2.16	0.73	4.65		
异亮氨酸	4.02	4.79	4.55	3.3	4.6
亮氨酸	8.93	9.23	8.42	12.5	7.3
酪氨酸	2.26	2.14	2.14		
苯丙氨酸	1.89	4.05	3.99	4.6	4.0
赖氨酸	6.51	6.16	5.05	8.3	7.0
色氨酸	—**	—**	—**	1.3	1.2
组氨酸	1.41	1.84	1.29	2.1	2.7
精氨酸	4.91	5.36	5.56	7.5	5.0

* 表内数据指每百克蛋白质中的氨基酸含量；** 未分析

原文载于内部资料《红萍研究论文集及资料汇编1985—1988（下册）》，第18～26页，由陈志彤重新整理

满江红三膘亚属种及种间
杂种雄性育性初步研究

金桂英　陈坚　唐龙飞

（福建省农业科学院红萍研究中心，福州 350013）

摘　要：报道满江红三膘亚属（Euazolla）4 个种——蕨状满江红（*Azolla filiculoides*）、小叶满江红（*A. microphylla*）、墨西哥满江红（*A. mexicana*）和卡洲满江红（*A. Caroliniana*）小孢子育性特点；卡洲满江红 2 个品种，其他 3 个种及种间杂种 F_1 代小孢子育性特点。影响小孢子育性的两个主要因素是外界环境条件和遗传因素。讨论了小孢子育性研究对满江红物种划分的意义。

关键词：满江红；三膘亚属；种和杂种；小孢子育性；影响因素

满江红又名红萍，是一种水生蕨类植物，它能固氮、富钾和净化水质等，在我国养殖历史悠久。多年来许多学者先后开展了满江红三膘亚属种有性杂交研究，但对亲本及杂种雄性育性的研究却未见较为详细的报道。此外，在物种划分上，按传统分类法，研究者依据生殖器官和营养器官的特征进行分类，但存在争议[1]。从遗传学角度看待物种，物种的真正界限是生殖隔离[2]。旨在为满江红进一步育种和三膘亚属某些种的划分提供依据，进行了本研究。

1　材料与方法

1.1　供试材料

满江红三膘亚属（*Euazolla*）4 个种和种间杂种：①蕨状满江红（*Azolla filiculoides* Lam）中的东德细绿萍（East Germany）代号为 F；②小叶满江红（*Azolla microphylla* Kaulfuss）中的巴拉圭 26［*Paraguay*（26）］代号 B；③墨西哥满江红（*Azolla. mexicana* Presel）中的加利福尼亚萍（*A. California*）代号为 M；④卡洲满江红（*Azolla caroliniana* Willd）中的俄亥俄州萍（*A. Ohio*）和福州萍（*A. Fuzhou*）；⑤组合 B×F 杂种 F_1 代及其反交后代，组合 M×F 杂种 F_1 代及其反交后代，组合 M×B 杂种 F_1 代。

1.2　方法

1.2.1　成熟小孢子果的采集

小孢子果分别采集于 1989 年、1997 年、1999 年。为比较不同环境条件下的小孢子育性，蕨状满江红于同年 6 月份分西和南两个朝向采集，其余各种均于南面采集，小叶满江红和卡洲满江红分两季（6 月和 12 月）采孢，墨西哥满江红于不同年份的 8 月份采孢。为比较亲本和杂种小孢子育性，于同年同季节取材。养萍期间采用统一的肥水管理。

1.2.2 小孢子染色和镜检

在解剖镜下用针挑破小孢子囊壁，取出泡胶块于载玻片上（小孢子被埋在泡胶块蜂巢状的小窝上），用孢粉染色新技术（陈家瑞，1987）染色压片，一定时间后镜检并统计各类小孢子数目。根据小孢子形态和着色状况将小孢子育性分成以下类型：①典败型——小孢子畸形并皱缩，壁绿色；②圆败型——小孢子圆形，壁绿色或无色；③染败型——小孢子圆形，细胞质浅红色或只部分着色；④可育型——小孢子圆形，细胞质深红色。

2 结果与分析

影响植物雄性育性的因素主要有遗传和外界环境条件，这在水稻[3]、棉花[4]和大豆[5]等作物中有过报道，这两个因素同样影响满江红三膘亚属种及杂种雄性育性。其中的典败型是最典型的败育类型，发生在小孢子发育早期，圆败和染败分别发生在中期和晚期[6]。

2.1 外界环境条件的影响

不同环境条件下，植物的雄性育性会发生转换，育性的转换有时是量变式的，有时是质变式的[3]。表 1 看出，小叶满江红冬、夏两季，蕨状满江红同年夏季不同朝向及墨西哥满江红不同年份同一季节小孢子 3 种类型败育率变化状况有相似之处，即 3 种满江红典败率为零或较低，染败率都为零，圆败率有较大的差异。这些结果表明，3 种满江红小孢子发育早期和晚期对外界环境不敏感，而发育中期则敏感。另外，从表 1 还看出，冬季南面环境比夏季南面更适合小叶满江红小孢子的发育；夏季南面环境比西面更适合蕨状满江红小孢子发育。卡洲满江红小孢子育性与上述 3 种满江红有类似之处，还有其特殊性——冬、夏两季均有较高的染败率，冬季南面环境比夏季南面环境更适合其小孢子发育。总之，在不同环境下，满江红的小孢子育性会发生转换，而且这种转换是量变式的。

表 1　4 种满江红不同环境下雄性育性的调查

种名	时间（位置）	总小孢子数	小孢子败育类型			
			典败率（%）	圆败率（%）	染败率（%）	总败育率（%）
蕨状满江红	1999.6（西）	627	0	46.57	0	46.57
	1999.6（南）	2 648	4.58	4.04	0	8.62
小叶满江红	1999.6（南）	1 380	0	81.30	0	81.30
	1999.12（南）	2 640	0.95	2.42	0	3.37
墨西哥满江红	1997.8（南）	495	0	46.87	0	46.57
	1999.8（南）	2 132	4.65	19.28	0	23.93
卡洲满江红	1999.12（南）	2 460	0	51.26	46.06	97.31
	1999.6（南）	1 829	6.19	35.81	57.52	99.52

2.2　遗传因素的影响

2.2.1　种的育性差异和卡洲满江红品种间育性差异

上述分析表明，蕨状满江红、小叶满江红和墨西哥满江红小孢子育性有共性，卡洲满江红却有特殊性，这可能是种的遗传性引起的。相同的环境条下（同年同季同朝向）不同种小孢子育性却有很大的不同，如1999年冬季小叶满江红和卡洲满江红的圆败率差异很大，分别为2.42%和51.29%；同年夏季南面蕨状满江红和卡洲满江红圆败率也有明显差别，分别为4.04%和35.81%。这些现象说明不同种满江红发育中期的小孢子对外界环境的敏感性有差异。卡洲满江红两品种在相同的环境下各类型败育率也有很大差别，特别是两品种染败率间及典败率间差异更为显著（表2）。这可能是品种间基因型不同造成的。

表2　卡洲满江红不同品种雄性育性比较

来源品种	时间	总小孢子数	小孢子败育类型			
			典败率（%）	圆败率（%）	染败率（%）	总败育率（%）
美国俄亥俄州	1999.6	1 829	6.19	35.81	57.52	99.52
中国福州	1999.6	2 550	41.18	44.00	14.39	99.57

2.2.2　种与杂种育性差异

从表3看出，在外界环境相同的条件下，组合B×F和M×F杂种F₁代与亲本小孢子育性区别明显，特别表现在典败率上，三亲本B、F和M典败率均为零，而组合B×F达92.65%，组合M×F高达97.50%。这表明两组合杂种两套染色体不同源，减数分裂时不能正常配对，形成的小孢子染色体不平衡，因而败育。组合M×B杂种典败率仅1.5%，与亲本接近。这是因为该杂种两套染色体同源性强，减数分裂时绝大多数能正常配对，形成的小孢子染色体绝大多数是正常的。

表3　三膘亚属种及种间杂种F₁代雄性育性

种与杂种	总小孢子数	小孢子败育类型			
		典败率（%）	圆败率（%）	染败率（%）	总败育率（%）
蕨状满江红（F）	827	0	3.01	0	3.01
B×F	1 631	92.65	5.95	0	98.60
小叶满江红（B）	1 450	0	75.20	0	75.20
M×F	1 305	97.50	1.00	0	98.50
墨西哥满江红（M）	720	0	36.51	0	36.51
M×B	2 865	1.50	12.04	26.19	39.73

注：①表中数据为3个或3个以上株系的平均值；②种和杂种小孢子果采集时间为1989.6；③组合F×B和F×M杂种F₁代为淡绿苗和白化苗，不能成活未列入

综合上述的分析可看出，在相同的环境下满江红三膘亚属种小孢子育性存在差异，同一种满江红不同品种以及种与杂种之间小孢子育性差异均可能是由遗传差异造成的，某一个种

或品种的小孢子育性则是遗传因素和外界环境相互作用的结果。

3 讨 论

小孢子育性对满江红物种划分具有一定的意义。和大多数植物一样,以往满江红的分类是依据生殖器官和营养器官的特征,但从遗传学角度看待物种,物种的概念应当是同一物种个体之间具有相同的基因,可以自由交流遗传物质,因而在形态和生理方面是近似的。属于不同物种个体之间不能自由交流遗传物质,它们在形态、生理等方面一般都有明显的差异[2]。其中特别强调是否可以自由交流遗传物质,所以生殖隔离才是物种的真正界限。组合 B×F 和 M×F 杂种 F$_1$ 代不结雌孢子果,只结雄孢子果,但小孢子高度不育。这种现象表明蕨状满江红与小叶满江红、蕨状满江红与墨西哥满江红存在生殖隔离,它们分别是性质不同的两个种。组合 M×B 杂种 F$_1$ 代可以产生大量的雌、雄孢子果,而且小孢子大部分可育,可以认为墨西哥满江红与小叶满江红之间不存在生殖隔离,可视为同种。另外,蕨状满江红小孢子果泡胶块上钩毛粗壮,绝大多数无横隔,少数近钩端有一横隔;小叶满江红和墨西哥满江红钩毛都较细窄,前者有 3 ~ 7 个横隔,后者有 0 ~ 3 个横隔,两者钩毛形态较接近而与蕨状满江红差别较大。在生物学特性方面,小叶满江红和墨西哥满江红也较接近,而与蕨状满江红相反。例如,前二者抗高温能力较强,而后者耐寒性强。这些生物学特性的异同面也进一步说明上述种的划分的正确性。分析结果表明,卡洲满江红与小叶满江红、墨西哥满江红和蕨状满江红比较小孢子育性有特殊性,来源于美国俄亥俄州的品种育性特点类同于组合 M×B 杂种,即较低的典败率和一定比例的染败,而来源于福州的品种却有较高的典败率和一定比例的染败。这些现象暗示卡洲满江红不是原种,而可能是天然杂种,关于这点 D. G. Dunham 和 K. Fower[7] 有同样看法。

参考文献

[1] 刘中柱,郑伟文. 中国满江红 [M]. 北京:农业出版社,1988.

[2] 杨光锐. 遗传学 [M]. 合肥:安徽教育出版社,1985.

[3] 叶执芝,曹家树. 植物雄性不育分子机理 [J]. 植物生理学通讯,2000,6(2):176 – 181.

[4] 王志农,姜茹琴. 棉属海岛棉×拟似棉 F1 不育性研究 [J]. 遗传学报,1997,24 (4):368 –372.

[5] Britten ZJ. 遗传因素与温度相互作用对杂种大豆减数分裂和育性影响 [J]. 乔春贵译. 国外遗传与育种,1985 (1):46 –48.

[6] 蔡旭. 植物遗传育种学 [M]. 北京:科学出版社,1989.

[7] Dunhum DG, Fowler F. Taxonomy and species recognition in Azolla Lam [A]. In:Azolla Utilization, Edited by IRRI Philippines [C]. 1987:7 – 16.

【原文发表于《福建农业学报》,2003,18 (1):56 –58,由陈志彤重新整理】

回交萍3号的育种及其应用前景

唐龙飞　刘中柱

（福建省农业科学院红萍研究中心，福州 350013）

摘　要： 以杂交满江红榕萍1号（细绿满江红×小叶满江红）为父本，以小叶满江红为母本进行满江红的回交试验，获得大量绿苗和少量白化苗。经同工酶谱鉴定比较、形态观察、生理生化分析确定为杂种后代，并经过室内外抗逆性筛选和品质分析，从数量较多的该组合杂交后代中筛选出1株性状优良的回交苗，定名为回交萍3号（MH3-1）。本文介绍了回交萍3号在农牧业生产上的应用效果，并分析了其在未来有机农业生产中的应用前景。

关键词： 回交满江红；培育；抗逆性筛选；应用前景

满江红（俗称红萍，*Azolla*）是一种水生蕨类植物与固氮的蓝细菌共生的联合体。由于它能在营养相对贫瘠的水面快速繁殖，几百年来中国和东南亚等国家的稻农把它养殖于水田生态环境中作为有机绿肥利用[1]。

20世纪70年代以来，由于满江红在中国农业与畜牧业上的应用更趋广泛，对红萍品种的改良摆在人们的议事日程上，广东、湖北、江苏及福建的一些农业研究机构曾先后进行了红萍有性杂交育种试验，但均未获得有确凿证据的杂种后代[2,3,4]。1986年福建省农科院红萍研究中心开始进行红萍有性杂交研究，培育出榕萍1号杂交种，并作了科学的验证[5]。采用满江红品种采用回交方法进行育种的实验始于1990年，它是通过杂种子代和亲本材料重复杂交获得优势杂种后代的方法，可改良现有品种的某些缺点或不符合要求的性状。本文报道了满江红回交试验的部分结果并对回交萍3号（MH3-1）的应用前景进行初步分析。

1　满江红的回交育种试验概况

采用榕萍1号（小叶满江红×细绿满江红）的雄孢子分别与小叶满江红（*A. microphylla*）、细绿满江红（*A. filiculoides*）或重组细绿满江红的雌孢子果进行杂交，从11批次5个不同回交组合的4030粒雌孢子果配对中，获得回交满江红杂交苗102株。实验表明，榕萍1号（杂交满江红品系）雄配子能与其母本或父本植株所产生的雌孢子果重复杂交（即回交），产生绿苗或白化苗，经过筛选，从中得到性状优良的回交萍后代[6]。这说明尽管榕萍1号仅产生雄孢子果，而且其小孢子的败育率高达95.6%[5]，但少数小孢子仍具有授精能力（表1）。杂种经同工酶谱鉴定比较、形态观察、生理生化分析后获得确定，并从大量的小叶满江红×榕萍1号组合的后代中筛选出1株农艺性状最佳的回交萍品系，定名为回交萍 3 号（MH3 - 1）[7]。

表 1　采用榕萍 1 号雄孢子配对的满江红不同回交组合出苗情况

编号	组合	孢子果数（粒）	出苗株数			出苗率（%）
			白化苗	黄绿苗	绿苗	
1	小叶满江红 × 榕萍 1 号	100	2	/	2	4
2	小叶满江红 × 榕萍 1 号	800	/	/	38	4.75
3	小叶满江红（对照）	200	/	/	4	2
4	细绿满江红 × 榕萍 1 号	200	2	3	1	3
5	重组细绿满江红 × 榕萍 1 号	200	8	/	/	3.07
6	重组细绿满江红（对照）	100	/	/	12	12

注：重组细绿满江红为小叶满江红鱼腥藻重新组入无藻细绿满江红叶腔而形成新的满江红组合

2　回交萍 3 号的生长速率及若干抗逆性测定

经过多年室内及田间的反复筛选测定，证明回交萍 3 号具有杂种优势强、繁殖速率高、适生温度范围广、周年生物累积量大、品质好、耐盐、抗热等优良性状，已逐步取代原有当家满江红品系，被广泛养殖于稻田和池塘的生态系统[8,9]。

2.1　生长速率测定

采用卡州满江红（A. caroniliana）、小叶满江红、榕萍 1 号、回交萍 3 号测定其夏季生长速率和全年生物量，回交萍 3 号平均夏季倍殖天数（生物量增加一倍所需时间）为 6.03 天，全年生物累积量为 282.21t/hm² （18 814.2kg/Mu），均居参试品种之首（表 2、表 3）。

表 2　几种满江红品系夏季生长速率比较

满江红品系	7月8—18日			7月18—29日			7月29—8月4日			8月5—20日		
	产量（g）	繁殖系数	倍殖天数	产量（g）	繁殖系数	倍殖天数	产量（g）	繁殖系数	倍殖天数	产量（g）	繁殖系数	倍殖天数
卡州满江红	1 120	0.086 8	8.0	1 194	0.084 8	8.2	805	0.076 9	9.0	996	0.050 1	13.8
小叶满江红	1 802	0.134 4	5.1	1 626	0.112 8	6.1	1 042	0.113 7	6.0	1 420	0.073 7	9.4
榕萍 1 号	1 748	0.131 3	5.3	1 603	0.111 5	6.2	992	0.106 7	6.5	1 383	0.072 0	9.6
回交萍 3 号	2 020	0.145 8	4.8	1 812	0.122 7	5.6	1 045	0.114 1	6.0	1 808	0.089 8	7.7

注：试验数据为 3 次重复的平均值；夏季田间小区最高水温 42℃；小区面积 1.8m²

表 3　几种满江红品系周年生物累积量比较

满江红品系	小区总产量（g）	测产天数	折合亩产（kg）	折合公顷产量（t）
卡州满江红	9 410	91	13 975.5	209.63
小叶满江红	8 445	77	14 813.5	222.20
榕萍 1 号	10 012	91	14 867.5	223.01

（续表）

满江红品系	小区总产量（g）	测产天数	折合亩产（kg）	折合公顷产量（t）
回交萍 3 号	12 667	91	18 814.2	282.21

2.2 室内抗热性测定

将小叶满江红、榕萍 1 号、回交萍 3 号等待测定品种置于室内的统一大水浴槽中，模仿田间极端温度出现时间，在每天的上午 10 点至下午 3 点把水温升到 42～45℃培养 5 小时，该实验进行 6 天以测定各参试萍种的耐极端高温能力。结果表明，回交萍 3 号的生物产量经过处理后仍保持正增长，而其它三个参试萍种均为负增长，显示回交萍 3 号具有很强的抗热能力（表 4）。夏季田间小区的比较中，回交萍 3 号表现为生物产量高、倍殖天数短、生长速率高（表 2）也间接地证明其抗热性强的特性。

表 4 几种满江红品系室内抗热测定结果

满江红品系	实验前萍重（g）	实验后萍重（g）	生长势	比实验前增减（%）
小叶满江红	2.0	0.74	+ -	-63
榕萍 1 号	2.0	1.04	+	-48
回交萍 3 号	2.0	2.10	+ + +	+5
回交萍 3 - 3 号	2.0	1.73	+ +	-13.5

注：每日中午前后 42～45℃处理 5 小时，夜温 28～30℃；各处理数据为 3 个重复测定的平均值

2.3 耐盐力测定

采用 NaCl 浓度分别为 0.4%、0.6%、0.8% 的红萍培养液对参试各萍种进行浅盘培养以测定满江红品种的耐盐能力。回交萍 3 号在含同浓度 NaCl 的红萍培养液中生长表现比其他品种好，生物产量高。当在 0.4% NaCl 浓度下生长时，它比原始接种量高出 3 倍多，其耐盐浓度达 0.6% 以上（图 1）。

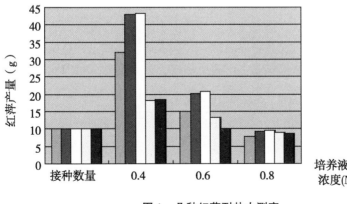

图 1 几种红萍耐盐力测定

3　回交萍3号的应用前景分析

由于回交萍3号的温度适应性广、抗热能力强，以及在稻田生态环境下繁殖速率高，该品系被广泛应用于家庭养殖业与稻—萍—鱼体系中[10]，取得较好的效益（表5、表6）。回交萍3号于1993年获得福建种子审查委员会颁发的"新品种证书"，得到进一步的推广应用。对几种满江红的品质的测定揭示回交萍3号具有粗蛋白含量高、粗纤维低和木质素高（表7）以及一些种类的必需氨基酸（蛋氨酸、苏氨酸、亮氨酸、苯丙氨酸、异亮氨酸等）含量高的特点（表8）。满江红能与水稻植株和谐共生，因此，中国农民有在稻田养殖红萍培肥地力的习惯，南方的稻农很早以来就有养萍喂家畜、家禽和养鱼的传统[11]。当今人们已逐步认识到单纯使用化肥进行农业生产不仅造成地力衰退、土壤板结，而且会污染环境、降低产品品质。随着有机农业的兴起，红萍在稻田生态环境中的重要性正逐步凸显出来。由日本研发的"稻—萍—鸭"共作体系已经在其本土、中国、菲律宾、越南和印度尼西亚推广3000公顷以上，它很好地利用满江红的生物固氮特性、能在水面生态环境迅速繁殖以及富含矿物质营养等特点，使有机农业生产有了一个很好的发展模式，也为红萍能在未来有机农业生产中发挥作用提供了一个很有说服力的例子。

表5　回交萍3号饲养肉猪、蛋鸭、草鱼的经济效益比较

动物种类	喂养回交萍3号效果		饲喂50公斤回交萍3号效益			比喂猪效益增加（％）
	红萍饲养量（公斤）	增加肉产量（公斤）	增加产量（公斤）	产品收购价（元）	创造产值（元）	
肉猪	750	15.0	1.0	2.25	4.50	—
蛋鸭	200	6.25	1.56	2.20	6.87	52.7
草鱼	20	0.5	1.25	3.00	7.50	66.7

注：福州市仓山镇万里村养殖专业户调查资料

目前，回交萍3号已成为福建省主要的当家满江红品种，它不仅可以作为稻田传统的有机绿肥，而且为迅速发展的农村家庭养殖业提供了廉价的饲料源和矿质营养源。随着人民生活水平的逐步提高，以及人们对食品安全重要性认识不断深入，有机食品会逐渐在人们的生活中占据主要地位，传统的有机农业将逐渐融入现代农业，形成一种新型的有机农业生产模式。红萍的养殖与利用也会重新被农业生产者所重视，为新型的有机农业服务。

表6　稻—萍—鱼模式与常规稻田的化肥用量和水稻、鲜鱼的产量

年份	处理	鲜萍用量（t/hm²）	化肥用量（kg/hm²）			水稻产量（t/hm²）			鲜鱼产量（t/hm²）
			N	P₂O₅	K₂O	早稻	晚稻	总产	
1990	稻—萍—鱼模式	30	75	75	68	5.9	5.1	11.0	5.40
	常规稻田	—	225	223	203	4.9	5.2	10.1	—
1991	稻—萍—鱼模式	30	75	75	40	6.7	4.8	11.5	8.20
	常规稻田	—	149	251	158	6.3	4.5	10.8	—

（续表）

年份	处理	鲜萍用量（t/hm²）	化肥用量（kg/hm²）			水稻产量（t/hm²）			鲜鱼产量（t/hm²）
			N	P₂O₅	K₂O	早稻	晚稻	总产	
1992	稻—萍—鱼模式	30	51	51	46	5.8	6.6	12.4	9.80
	常规稻田	—	149	251	158	5.2	4.7	9.9	—
1993	稻—萍—鱼模式	30	51	51	40	6.3	5.6	11.9	10.70
	常规稻田	—	149	251	158	5.2	5.8	11.7	—

（化肥用量表头中 P₂O₅ 以 P_2O_5、K₂O 以 K_2O 表示）

表7 几种满江红品系饲料成分分析

满江红品系	粗蛋白（%）	粗纤维（%）	木质素（%）
榕萍1号	27.85	7.67	30.81
回交满江红3号	28.29	7.06	31.13
小满江红	28.99	7.42	33.51
细绿满江红	25.30	7.96	42.98

表8 几种满江红主要氨基酸含量比较

满江红品系	氨基酸含量（%）										
	天冬氨酸	蛋氨酸	赖氨酸	亮氨酸	苏氨酸	苯丙氨酸	异亮氨酸	胱氨酸	脯氨酸	丙氨酸	酪氨酸
细绿萍	1.2545	0.2604	0.5600	1.0699	0.6684	0.6127	0.5827	0.1373	0.2625	0.8109	0.3787
小叶萍	1.0635	0.1560	0.3564	0.9301	0.5380	0.5251	0.4803	0.1129	0.2105	0.6843	0.3327
榕萍1号	1.2631	0.1426	0.6004	1.0907	0.6383	0.6003	0.5861	/	0.2468	0.8016	0.4008
回交3号	1.3096	0.2645	0.5956	1.1449	0.7047	0.6479	0.5920	0.1150	0.2609	0.8764	0.4042

由于回交萍3号体内多酚氧化酶含量较低，虽然可适当提高它作为饲料的适口性，但对抵抗昆虫的危害能力和耐阴性产生一定负面影响[12]，因此，在与水稻共作时，建议水稻秧苗要采用"宽窄行双龙出海"插秧方式，以提高稻行间的光照强度和通风能力；夏季高温期间进行田间害虫的防治是回交萍3号能否"越夏"并进行周年利用的关键。只要掌握了红萍生长规律和栽培技术要点，回交萍3号将很快被从事有机农业生产的农民所接受，并产生很好的经济效益。

参考文献

［1］ Liu. C. C. Use of *Azolla* in rice production in China［C］. In：Nitrogen and Rice, Edited by IRRI, Philippines, 1979：376 - 394.

［2］ 段炳源，等，1979. 红萍有性繁殖研究（一）——红萍结孢与萍种种性和环境条件的关系［J］. 广东农业科学，(2)：23 - 27.

［3］ 唐龙飞，等，1993. 我国红萍育种概况及其展望［J］. 福建农科院学报，8

（1）：40－44.

[4]　姜荣贵.1985.红萍有性杂交初探［J］.福建农业（10）：11－12.

[5]　魏文雄，等.1986.红萍有性杂交研究初报［J］.福建农科院学报，1（1）：73－79.

[6]　郑德英，等.1994.满江红有性杂交研究及其鉴定［J］.作物学报，20（6）：701－709.

[7]　郑德英，等.1994.回交满江红3号（MH3－1）若干抗逆特性研究［J］.福建农科院学报，9（2）：21－27.

[8]　叶国添，等.1994.调控稻田人工生物圈及其新耕作体系研究Ⅱ.建宁基点及泰宁联系点连续五年中试结果与效益分析［J］.福建农科院学报，9（2）：13－20.

[9]　邱鹤龄.1993.应用回交萍3号饲养猪、鸭、鱼的效果［J］.福建畜牧兽医，（4）：36－37.

[10]　唐龙飞，等.2000.稻田高效、低耗、低污染的持续农业模式研究［J］.中国农业科学，33（3）：60－66.

[11]　刘中柱，郑伟文.1989.中国满江红［M］.北京：中国农业出版社.232－302，

[12]　唐龙飞等.1999.不同光照条件下四种满江红（*Azolla*）品系体内多酚氧化酶活性的变化［J］.植物生理学报，25（1）：98－102.

【原文为英文，发表于《福建农业学报》，2004，19（2）：68－72，
由唐龙飞重新整理翻译为中文】

满江红孢子果空间诱变效应的研究
Ⅰ.高空条件对不同品系满江红
孢子果生长发育的影响

郭文杰[1]　鲁雪华[1]　林　勇[2]　陆培基[3]　刘中柱[3]
（1. 福建省农业科学院生物技术中心，福州350003；
2. 福建省农业科学院土壤肥料研究所，福州350013；
3. 福建省农业科学院红萍研究中心，福州350013）

摘　要：研究了高空条件对不同品系满江红孢子果诱变的效应，结果表明：高空处理对不同品系满江红孢子果的萌发率有明显的影响，但未出现遗传变异的突变体。经生育期观察，高空处理的19号满江红品系生长速率明显提高，且表现出一定的耐荫性。可望利用高空诱变作为满江红品种改良的有效手段。

关键词：满江红；孢子果；空间诱变；效应

满江红俗称红萍，是一种固氮蓝藻和水生蕨类共生的植物，在农业上常作为绿肥应用[1]。近年来，满江红已广泛应用到饲料、饵料上[2,3]。随着我国满江红育种方法的不断创新，已培育出大量新品种（系）。由于受种质资源的限制，要想从常规育种上获得耐热、耐荫、耐寒的品种，还有一定的难度，因此需要采用新的育种手段。我国利用空间诱变育种进行了500多个植物、微生物品种的搭载试验，并经地面选育获得了大量的新品种（系）和新的种子资源[4~7]。据此，我们观察了满江红孢子果经高空气球搭载后的诱变情况，现将观察结果报道如下。

1　材料与方法

1.1　供试满江红孢子果品种

①小叶满江红4018；②细绿满江红；③04；④19。其中③、④均为经高空处理的满江红孢子果返地后经大田培育第2代自然结孢的孢子果。

1.2　孢子果处理

将上述品种（系）各分成2份，用滤纸包好，外用布袋封好，一份留地面作为对照，另一份于1999年9月放置于高空气球的吊篮中随气球升空，高空气球在海拔32~35 km高度飘停4 h。在此高度的大气结构为：气温234~257°K，空气密度 1.971×10^{-2} ~ $4.505 \times$

10^{-3} kg/m^3，压力 1. 3222 ~ 6. 519 Pa[8]，在 33. 8 km 高度的地磁刚度（GV）为 9. 4 m/s^2，辐射流强度为 0. 6 e/m^2 · s[9]。

1.3 孢子果萌发试验

取经高空处理的孢子果小叶满江红 4018（代号小叶 H）、细绿满江红（代号细绿 H）、04（代号 04H）、19（代号 19H）与留地对照孢子果（小叶 CK、细绿 CK、04CK、19CK）各 5 份，每份 300 粒，于 1999 年 10 月 28 日浸泡 12 h 后均匀排列于内垫湿滤纸的培养皿内，在常温条件下观察其萌发情况，并计算萌发率。2000 年 11 月 2 日又按同样的方法培养，计算其萌发率。

1.4 满江红萍体生长速率测定

经 2 周预培养，取供试品系孢子果萌发发育的萍体各 1. 0 g 接种于含 300 mL IRRI 红萍营养液[10]的白瓷钵（直径 11 cm）里。放置在网室内培养，光照时间 12 h/d，生长温度白天 20 ~ 25℃、夜间 16 ~ 18℃，试验第 4 d 换营养液 1 次，第 7 d 收获萍体，测定生物量。

1.5 光照强度对满江红生物量的影响测定

经 2 周预培养，取供试品系孢子果萌发发育的萍体各 1. 0 g 接种于含 300 mL IRRI 红萍营养液的白瓷钵（直径 11 cm）里。置室内荧光灯照射下，分 3 组处理：一组白瓷钵用一层尼龙网覆盖；一组白瓷钵用 2 层尼龙网覆盖；一组不用尼龙网覆盖，直接置于灯光下培养（光强为 7 000 lx），生长温度控制在 25℃/18℃（日/夜），光照时间 12 h/d。试验第 4 d 换营养液 1 次，第 7 d 收获萍体，测定生物量。

2 结果与分析

2.1 高空处理对孢子果萌发的影响

1999 年 10 月 28 日做了 4 个品系孢子果的萌发试验。从图 1 可见，不同品系孢子果萌发率存在明显的差异，同一品系高空处理与对照相比萌发率均有下降，而只有 04H 品系萌发率比对照略高一些。但值得注意的是 19 品系，无论是高空处理还是对照，其萌发率均明显高于其他品系。

2.2 存放时间对孢子果萌发的影响

2000 年 11 月 2 日做了存放 1 年后孢子果的萌发试验，与 1999 年的萌发情况相比较。从图 2 可见，随着存放时间的延长，孢子果萌发率均有所下降，其中细绿萍在 2000 年无论辐射品种还是 CK 品种的萌发率均为 0；但 19 品系的孢子果经贮藏 1 年后，其萌发率无论是高空处理还是对照都优于其他品系。

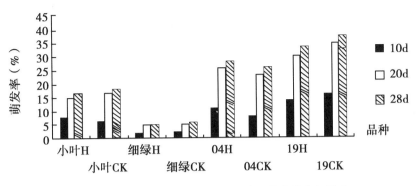

图1 高空处理对不同品系满江红孢子果萌发率的影响

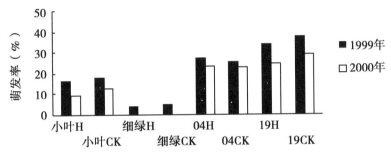

图2 存放时间对满江红孢子果萌发率的影响

2.3 高空处理对满江红生长速率的影响

2.3.1 相同光照条件下满江红生长速率的比较

满江红萍体的生长和无性繁殖与温度、光照、湿度、营养、土壤和群体密度均有密切关系，其中光照是不可缺少的条件之一。满江红需要光才能进行光合作用，生产用于细胞合成的有机碳架及能源，光既是满江红光合作用的能量来源，同时又是满江红鱼腥藻固氮作用的能量来源。因此，许多研究者常以满江红的生物量来表征其对光照的反应能力[10]。从表1可以看出，相同条件下，不同品系的满江红其生长速率有明显差异；同一品系的满江红经高空处理后孢子果发育的萍体的生长速率唯有19H比留地对照19CK要高得多，表现出显著性差别（$P < 0.05$），而其他品系高空处理与留地对照的生长速率没有太大差异（$P > 0.05$）。

表1 相同光照条件下不同品系满江红萍体生长速率比较

处理	初始接种量（g）	最终生物量（g）	生长速率（%）	差别显著性比较
小叶 H	1.0	2.19 ± 0.15	119	$P > 0.05$
小叶 CK	1.0	2.28 ± 0.17	128	
细绿 H	1.0	2.01 ± 0.21	101	$P > 0.05$
细绿 CK	1.0	2.09 ± 0.19	109	
04H	1.0	2.18 ± 0.13	118	$P > 0.05$
04CK	1.0	2.12 ± 0.16	112	

（续表）

处理	初始接种量（g）	最终生物量（g）	生长速率（%）	差别显著性比较
19H	1.0	2.54 ±0.16	154	$P<0.05$
19CK	1.0	2.31 ±0.18	131	

注：试验放置在日平均气温 16~25℃ 的自然光照条件网室内，7 d 后收获萍体，取 6 组数据的平均值

2.3.2 不同光照条件对满江红生长速率的影响

试验进一步探讨了在不同光照条件下，高空处理与留地对照各品系的萍体随着光照强度的减弱，其生长速率变化的情况。从表 2 可见，经强、中、弱光处理 7 d 的萍体其生物量存在明显的差异，强光均有利于满江红萍体的生长，随着光照的减弱，供试品系的生物量也随之减少。在弱光条件下，满江红 19 品系表现出明显的耐荫性，其中经高空处理的 19H 其生长速率明显高于对照 19CK，表现出较显著的差异（$P<0.05$）；其他的三个品系在弱光下耐荫性都不如 19H 品系，各品种 H 与 CK 之间都没有显著性差别（$P>0.05$）。而且经高空处理的品种的生物量比对照反而更低，小叶满江红萍体甚至还出现霉腐病症状，使增长率出现负值，说明弱光抑制了它们的生长。

表 2 不同光照条件下各满江红品系萍体生长速率比较

处 理	初始接种量（g）	强 光		中 光		弱 光		差别显著性比较
		最终生物量（g）	生长率（%）	最终生物量（g）	生长率（%）	最终生物量（g）	生长率（%）	
小叶 H	1.0	2.15 ±0.14	115	1.53 ±0.17	53	0.95 ±0.06	−5	$P>0.05$
小叶 CK	1.0	2.22 ±0.19	122	1.59 ±0.22	59	0.97 ±0.08	−3	
细绿 H	1.0	2.42 ±0.19	142	2.05 ±0.14	105	1.03 ±0.17	3	$P>0.05$
细绿 CK	1.0	2.31 ±0.16	131	1.96 ±0.10	96	1.08 ±0.11	8	
04H	1.0	2.27 ±0.15	127	1.88 ±0.11	88	1.18 ±0.08	18	$P>0.05$
4CK	1.0	2.21 ±0.22	121	1.61 ±0.18	61	1.21 ±0.16	21	
19H	1.0	2.62 ±0.17	162	2.28 ±0.21	128	1.47 ±0.09	47	$P<0.05$
19CK	1.0	2.35 ±0.11	135	2.19 ±0.16	119	1.31 ±0.16	31	

注：置于室温 25℃/16℃（日/夜）的温室内，光照 12 h/d，7 d 后收获萍体，取 6 组数据的平均值

3 结 论

从试验结果来看，高空处理对满江红孢子果的萌发及生长发育都有一定的影响。但不同品系的满江红受影响有一定的差异，试验的 4 个品系中，只有 1 个品系（04）经高空处理的孢子果萌发率有所提高，它是原来经过高空搭载返地后自然生长再次结孢又进行搭载的材料；其次利用满江红对光照的反应能力体现出其生物量的变化而间接了解高空处理对不同品系满江红生长速率的影响，结果发现高空处理具有强烈的影响，其中，19H 生长速率明显提高，表现出一定的耐荫性（它也是经高空搭载返地后自然生长再次结孢又进行搭载的材料）。本试验再次说明空间环境条件确实在起一定的作用，但究竟哪些因素起主导作用，目前尚不清楚，只能认为是否由于受高空微重力、不同能量的宇宙射线辐射等环境条件的综

合影响的结果[11]。为了进一步了解高空处理对满江红生长发育的影响，我们将继续进行不同光照条件对满江红体内多酚氧化酶活性变化的研究。本试验的结果初步发现，不同品系满江红孢子果对高空条件的反应不同，两次送往高空的材料比一次送往的有较明显差异。所以，利用高空条件进行诱变，同样可望给满江红育种开辟一条新的途径。

参考文献

[1] 王士卓. 满江红在我国农业上的应用 [J]. 土壤通报，1980 (6)：45 - 47.

[2] 温州市农科所，温州市农业局，温州市饲料公司. 细绿萍干粉配合饲料喂养肉用鸡试验初报 [J]. 第四次全国红萍科研协作组会议资料，1984.

[3] 黄毅斌，李桂芬，柯碧南. 红萍作为饵料的研究 [J]. 土肥建设，1986 (6)：76 - 79.

[4] 闫文义，孙光祖. 春小麦空间诱变效果的研究 [J]. 空间科学学报，1996，16 (增刊)：108 - 113.

[5] 徐云远，贾敬芬，牛炳韬. 空间条件对 3 种豆科牧草的影响 [J]. 空间科学学报，1996，16 (增刊)：136 - 141.

[6] 邓立平，郭亚华. 空间诱变在甜椒育种中的应用 [J]. 空间科学学报，1996，16 (增刊)：125 - 131.

[7] 陈芳远. 利用卫星搭载进行高空诱变育种 [J]. 广西农业大学学报，1992 (增刊)：94 - 97.

[8] 人造地球卫星环境手册编写组. 人造地球卫星环境手册 [M]. 北京：国防工业出版社，1997. 223.

[9] 任国考，周寅藻，黄庆荣，等. 高能铁核 (E > 4Ge V/N) 与铝核作用截面积的测量 [J]. 高能物理与核物理，1984，8 (6)：664 - 667.

[10] 刘中柱，郑伟文. 中国满江红 [M]. 北京：农业出版社，1989，191 - 192.

[11] 梅曼彤. 空间诱变研究的进展 [J]. 空间科学学报，1996，16 (增刊)：148 - 151.

致谢：本研究得到唐龙飞研究员的大力支持，特此致谢！

【原文发表于《江西农业大学学报》（自然科学版），2002，24 (4)：489 - 492，由陈志彤重新整理】

满江红孢子果空间诱变效应的研究Ⅱ.空间条件对不同品系满江红耐荫性的影响

鲁雪华[1]　卞祖良[2]　郭文杰[1]　陈　敏[2]

（1. 福建省农业科学院生物技术中心，福州 350003；

2. 福建省农业科学院红萍研究中心，福州 350013）

摘　要：研究了高空条件对不同品系满江红孢子果诱变的效应，结果表明，高空处理对不同品系满江红孢子果的生长发育有明显的影响[1]，在生物学观察测定的基础上引入生化测定方法，探讨不同光照条件下经高空处理与留地对照满江红 3 个品系体内多酚氧化酶（PPO）活性变化趋势。其结果再次表明，光照影响各满江红品系的生长速率，随着光照强度的减弱，各品系的生长速率都下降，但在低光照下，经高空处理的 19 H 品系其体内 PPO 活性明显高于其他品系，同样的也比留地对照的同一品系 19 CK 高 13.8%，充分说明经高空处理后的 19 H 品系耐荫性得到明显提高，初步论证了以高空诱变作为满江红品种改良手段是可行的。

关键词：满江红；生物量；吸光度；多酚氧化酶；耐荫性；空间诱变；效应

满江红（俗称红萍）是一种体内含共生固氮蓝藻的水生蕨类植物，是我国传统的绿肥与饲料作物（刘中柱，等，1989）。随着我国满江红育种方法的不断创新，已培养出大量新品种（系）。由于受种质资源的限制，要想从常规育种上获得耐热、耐荫、耐寒的品种，还有一定的难度，我们过去进行过 Co60 辐射也未得到变异株，因此需要探索新的育种手段。我国利用空间诱变育种进行了 60 多种 500 多个品种植物、微生物种子的搭载试验，并经地面选育获得了大量的新品种（系）和新的种子资源（闫文义，等，1996；徐云远，等，1996；陈芳远，1992）。据此，我们从 1999 年 9 月也进行了满江红孢子果高空气球搭载，并观察了高空处理对不同品系满江红生长发育的影响（郭文杰，等，2002）。除了按常规生物学观察测定法了解不同光照对不同品系满江红生长发育的影响外，还引入生化测定方法探讨不同光照条件下，满江红各品系体内多酚氧化酶活性与耐荫性的关系，并利用高空处理的材料与地面对照的材料进行比较分析，以探讨空间条件对满江红各品系耐荫性影响的程度，现将试验结果报道如下。

1　材料与方法

1.1　供试满江红品种（系）

试验采用满江红 3 个品系，即小叶满江红 4018，杂交满江红 04，杂交满江红 19（其中 04、19 均为经高空处理的孢子果返地后经大田培养第 2 代自然结孢的孢子果）。

1.2　孢子果处理

将上述品种（系）的孢子果各分为 2 份，用滤纸包好，外用布袋封好，一份留地对照，另一份于 1999 年 9 月放置于高空气球的吊篮中随气球升空。高空气球在海拔 32 ~ 35 km 高度飘停 4 h。在此高度的大气结构为：气温 234 ~ 257°K，空气密度 4.505×10^{-3} ~ 1.971×10^{-2} kg/m^3，压力 1.322 2 ~ 6.519Pa（人造地球卫星环境手册编写组，1997），在 33.8 km 高度的地磁刚度（GV）9.4 m/s^2，辐射流强度为 0.6 $e/m^2 \cdot s$（任国考，等，1984）。

1.3　孢子果萌发试验

取经高空处理的孢子果小叶满江红 4018（代号小叶 H），04（代号 04H）、19（代号 19H）与留地对照孢子果（小叶 CK、04CK、19CK）各 800 粒，分别浸泡 12 h 后均匀排列于内垫湿滤纸的培养皿内，在常温条件下进行萌发。

1.4　满江红各品系的生物量测定

取 1.3 方法中供试品系孢子果萌发长成的萍体，经 2 周预培养，称取各品系 1.0 g 接种于含 300 mL IRRI 红萍营养液（刘中柱，等，1989）的白瓷钵里（直径 11 cm）。室内荧光灯照射，做 3 组对照，一组白瓷钵用一层尼龙网覆盖；一组白瓷钵用二层尼龙网覆盖；一组不用尼龙网覆盖，直接在灯光下培养。光照度为 5 000 ~ 7 000 lx，光照时间 12 h/d，生长温度 25℃/18℃（日/夜），试验第 4 d 换营养液一次，第 7 d 收获萍体测定生物量。

1.5　满江红体内 PPO 活性的测定

1.5.1　酶液提取

被测定的萍体材料即是 1.4 小节中的萍体最终收获量。取每个品系萍体，用滤纸吸干，精确称取 0.5 g，放在小研磨中加蒸馏水 1 mL 研磨，将研碎物移入离心管中，用 1 mL 蒸馏水洗涤研磨，合并洗涤液于离心管中，置离心机中以 3 000 r/min 转速离心 5 min，离心后取上清液作供试酶液的测定，放在冰箱中待测。

1.5.2　试液配制

配制（1:1）混合液（混合液为 0.05 mol/L、pH 值为 6.8 的磷酸缓冲液和 0.02 mol/L 的邻苯二酚溶液）。

1.5.3　PPO 活性测定

按朱广廉 1990 年方法（1990），倒入 3 mL 混合液于比色皿中，快速吸取 10μL 上清液于混合液中反应，2 min 后在分光光度计上读取吸光度，以每分钟吸光度变化值表示酶活性大小。

2 结果与分析

2.1 光照强度对供试品系生物量的影响

在 3 种不同光照强度下培养 7 d 的 3 种不同品系满江红生物量及生长率测定结果列于表1。可以看出，随着光照强度的减弱，各品系生物量总体呈下降趋势，其中在强、中光照下各品系间生长速率差异不大，而在弱光照下，小叶 H 与小叶 CK、04H 与 04CK 品系之间生物量增长率差异不明显（$P > 0.05$），而 19 品系在弱光处理 7 d 后生长率仍在 25% 以上，且19H 与 19CK 品系之间生物量增长率差异明显（$P < 0.05$）。但小叶满江红生长率却出现负值，说明小叶品系不耐荫，这是因为在弱光条件下，部分萍体出现烂萍，从而使生长率出现负值。前人研究证明满江红的光合作用与光强关系密切，施定基等人（施定基，1981a，1981b）用光饱和点的指标来测定光合作用的效果，我们则用生物量的差异来了解光强强度的影响，进而间接了解光合作用的效果。

表1 不同光照处理各满江红品系生长速率测定

处　理	初始接种量（g）	强　光		中　光		弱　光		差别显著性比较
		最终生物量（g）	生长率（%）	最终生物量（g）	生长率（%）	最终生物量（g）	生长率（%）	
小叶 H	1.0	2.15 ± 0.14	115	1.53 ± 0.17	53	0.95 ± 0.06	−5	$P > 0.05$
小叶 CK	1.0	2.22 ± 0.19	122	1.59 ± 0.22	59	0.97 ± 0.08	−3	
04H	1.0	2.27 ± 0.15	127	1.88 ± 0.11	88	1.18 ± 0.08	18	$P > 0.05$
04CK	1.0	2.21 ± 0.22	121	1.61 ± 0.18	61	1.21 ± 0.16	21	
19H	1.0	2.62 ± 0.17	162	2.28 ± 0.21	128	1.47 ± 0.09	47	$P < 0.05$
19CK	1.0	2.35 ± 0.11	135	2.19 ± 0.16	119	1.31 ± 0.16	31	

注：每种处理做 10 次重复取其平均值，出现负号是因为在弱光下，部分萍体出现霉斑，使萍体产量降低

2.2 不同光照处理对供试满江红各品系 PPO 活性影响

2.2.1 不同光照处理下供试满江红反应液的吸光度

以往对满江红耐荫性评定多局限于生物量测定，本试验则在生物学测定基础上，引进生化测定方法，探讨体内多酚氧化酶（PPO）活性与耐荫性的关系。表2 说明在不同光照处理下供试满江红反应液的吸光度读数，按照朱广廉（1990）的方法，吸光度的变化值可用以下公式换算成酶活性的大小，即 PPO = OD/反应时间 × 萍体鲜重（PPO – 多酚氧化酶活性，OD – 吸光度读数）。

表2 不同光照处理下供试满江红品系反应液的吸光度

处理	强光/OD 值	中光/OD 值	弱光/OD 值
小叶 H	1.25	1.48	1.72
小叶 CK	1.31	1.57	1.70
04H	1.44	1.64	1.82
04CK	1.34	1.63	1.99
19H	1.58	1.89	2.15
19CK	1.38	1.52	1.99

注：每种处理做 10 次重复取其平均值

2.2.2 不同光照处理对供试满江红品系 PPO 活性的影响

从图1可看出，吸光度 OD 值换算成 PPO 活性大小后，对强、中、弱光处理 7 d 的结果表明：①随着光强的减弱，供试品系体内 PPO 活性呈上升趋势。这表明在连续处于弱光与黑暗下生长 7 d 的萍体体内多酚氧化酶活性提高了。②在同一光照强度下，经高空处理的 19H 品系体内 PPO 活性比对照 19CK 高，差别较明显，且在各供试品系中其活性最高，而其他品系高空处理与对照萍体体内 PPO 活性差别不明显。

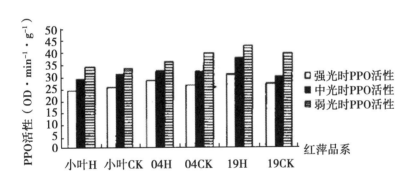

图1 不同光照处理对供试满江红品系 PPO 活性影响

2.2.3 不同光照处理下供试满江红品系生物量与 PPO 活性关系

为了更好表达不同光照处理下供试满江红品系生物量与体内 PPO 活性关系，结合表1、表2 的测定结果，应用统计学分析将有关数字列于表3。

表3 供试满江红品系生物量与体内 PPO 活性关系

处 理	强 光		中 光		弱 光	
	生物量（Y_a）	PPO	生物量（Y_b）	PPO	生物量（Y_c）	PPO
小叶 H	2.13	27.0	1.48	29.6	0.94	35.2
小叶 CK	2.19	28.2	1.52	31.4	0.97	34.0
04H	2.24	29.4	1.82	32.8	1.11	36.4

（续表）

处　理	强　光		中　光		弱　光	
	生物量（Y_a）	PPO	生物量（Y_b）	PPO	生物量（Y_c）	PPO
04CK	2.16	28.0	1.57	32.6	1.18	37.8
19H	2.59	30.8	2.24	37.8	1.46	43.0
19CK	2.38	25.6	2.16	30.4	1.25	37.8

注：每种处理做 10 次重复取其平均值 $Y = -0.9420 + 0.0767X$（$Y_c = Y$，$PPO_a = X$），$r = 0.8798$；$Y = -1.0508 + 0.0597X$（$Y_c = Y$，$PPO_c = X$），$r = 0.9269$；$Y = 0.8869 - 0.0146X$（$[(Y_a - Y_c)/Y_a] \times 100\% = Y$，$PPO_a = X$，$r = -0.7041$；$Y = 0.9426 - 0.0123X$ $[(Y_a - Y_c)/Y_a] \times 100\% = Y$，$PPO_c = X$，$r = -0.8033$

从表 3 结果表明，供试满江红同一品系生物量随着光强减弱而减少，PPO 活性随光强减弱而上升。统计分析表明，在弱光下，各供试满江红品系生物量（Y_c）与体内 PPO 活性的相关性最高（$r = 0.9269$）。这可能是在光能不足情况下，萍体产生生理生化反应，促使体内 PPO 浓度上升。从表 3 还发现，在弱光下，PPO 活性高的品系（如杂交满江红 19）其生物量显著高于 PPO 活性低的品系，在同一品系 19 中，经高空处理的 19H 品系其 PPO 活性为 43.0，而 19CK 的 PPO 活性为 37.8，高空处理 19H 的 PPO 活性要比对照 19CK 的高 13.8%。以此推断经高空处理后 19H 其萍体内部有发生某种变化，而使体内 PPO 活性与生物量都比对照 19CK 要高，其他供试品系无论是经高空处理的还是留地对照的，体内 PPO 活性与生物量的变化均不明显。

3　讨　论

本试验采用生物学观察和测定结合生化测定方法说明满江红各品系在不同光照处理下体内生物量及 PPO 活性变化趋势。从供试的各品系测定结果表明，只有在弱光条件下各供试品系间的差异才达到统计学上显著水平，某些品系经高空处理后有助于提高体内生物量及 PPO 活性。

唐龙飞等人（1999）曾较详细地阐述过满江红的耐荫力可作为筛选优良满江红品系的一个重要生理指标，由于以往对满江红耐荫力评定多局限于生物量测定，而对不同光照条件下生理生化的变化了解甚少，他们认为用测定萍体多酚氧化酶（PPO）活性作为判定满江红耐荫性的生化指标是可行的。我们的试验也说明了满江红耐荫性与其体内多酚氧化酶（PPO）活性明显相关。安利佳等人（1996）认为多酚氧化酶是普遍存在于植物体内的一种生理防御性酶类，当植物机体受病菌、虫害损伤时，其体内 PPO 活性被激活，催化植物体内酚类物质产生具有生物毒性的醌类物质，有效阻止病虫的危害，因而体内 PPO 浓度较高的品种抗病能力相对较强。在正常光照下，满江红萍体生长快，能量较充足，其叶片表面细胞结构正常，具有较强的自身防御体系，其体内重要的防御性酶如 PPO 活性只要维持在一定相对低的水平就足够了。而在光能不足情况下，出于自我保护机制，萍体产生生理反应，增加其体内 PPO 活性。在这种情况下，其萍体生物量高，更证实 PPO 是满江红体内重要的防御性酶类。由此可见，体内 PPO 活性高的品系更具抗性，它在弱光下具有阻止病虫害损伤萍体的功能，因此表现为耐荫。

试验初步证实了经高空处理的某些品系，耐荫性得到明显提高，为利用高空诱变作为满江红品种的改良提供了有效的手段。

参考文献

安利佳，姜长阳 . 1996. 植物组织培养导论［M］. 沈阳：辽宁师范大学出版社，208 – 215.

陈芳远 . 1992. 利用卫星搭载进行高空诱变育种［J］. 广西农业大学学报，（增刊）：94 – 97.

郭文杰，鲁雪华，林 勇，等 . 2002. 满江红孢子果空间诱变的研究 – Ⅰ空间条件对不同品系满江红孢子果生长发育的影响［J］. 江西农业大学学报，22（4）：489 – 492.

刘中柱，郑伟文 . 1989. 中国满江红［M］. 北京：农业出版社，191 – 192.

人造地球卫星环境手册编写组 . 1997. 人造地球卫星环境手册［M］. 北京：国防工业出版社，223.

任国考，周寅藻，黄庆荣，等 . 1984. 高能铁核（E > 4Ge V/N）与铝核作用截面积的测量［J］. 高能物理与核物理，8（6）：664 – 667.

施定基，李佳格 . 1981. 满江红和蕨类满江红固氮作用和光合作用的研究［J］. 植物学报，23（4）：306 – 315.

施定基 . 1981. 满江红光合作用特性的研究［J］. 植物生理学报，7（2）：113 – 120.

唐龙飞，钟红梅，陈 坚 . 1999. 不同光照条件下 4 种满江红（*Azolla*）品系体内多酚氧化酶活性的变化［J］. 植物生理学学报，25（1）：98 – 102.

徐云远，贾敬芬，牛炳韬 . 1996. 空间条件对 3 种豆科牧草的影响［J］. 空间科学学报，16（增刊）：136 – 141.

闫文义，孙光祖 . 1996. 春小麦空间诱变效果的研究［J］. 空间科学学报，16（增刊）：108 – 113.

朱广廉，钟海文 . 1990. 植物生理学实验［M］. 北京：北京大学出版社，37 – 40.

致谢：本研究得到福建省农科院红萍研究中心唐龙飞研究员、徐国忠副研究员的支持和帮助，特此致谢！

【原文发表于《江西农业大学学报》（自然科学版），2002，24（6）：833 – 837，由陈志彤重新整理】

红萍杂交新品种——"榕萍1-4号"的特点与养殖利用技术

红萍有性杂交课题组

（福建省农业科学院红萍研究中心，福州 350013）

1 来源和意义

"榕萍1-4号"是我们通过有性杂交培育出来的一个优良新品种。它的母本是小叶萍（*A. microphylla* KIf），父本是细绿萍（*A. filiculoides* Lam）。

我们知道，红萍繁殖迅速，在适宜的环境下，每3~5 d产量就可以翻一番。它具有光合、固氮放氮和富集钾的能力，农村利用稻田、鱼塘等浅水面繁育它，既不争地，又可就地取得优质的植物蛋白，是良好的饵（饲）料，也是农村低成本的氮、钾肥和有机肥。因此，发展红萍是农村发展畜、禽和养鱼等饲养业，以及农业改土、增产、降低成本促进生态良性循环重要一环，不过，迄今为止，人们利用的红萍均为当地野生种，或引进国外或外地的野生种，稍加驯化后使用。由于这些野生种存在这样或那样的缺点，往往给养萍工作带来困难。例如，福建省在20世纪70年代以前，养萍多是利用本地的野生种，俗称"三角萍"。这些萍生长快，能固氮，品质好。但是它多半怕冷，冬春生长困难或缓慢，它比较耐热，夏天生长快，但又由于它病虫害严重，耐强光和避荫能力弱，因此，夏季养殖中出现大起大落，有时连种也保不住。70年代后期引入东德细绿萍，它抗寒，个体大，生长迅速，蛋白质含量高。在福建省冬春可以大量繁殖，单位面积产量高。但由于它怕热，霉腐病较重。在福建省稻田中到进入六月份往往就消亡，越夏保种成了一大难关，秋冬繁殖往往由于缺乏萍母而无法实现。群众反映"保种一年用萍一季"费工太多，1980—1984年，我们从众多的野生萍种中筛选出具有广谱抗性的卡洲萍，该萍耐寒、耐热、耐荫，对多种病虫害有较好的抗性，因而周年生长比较均衡，保种容易，不少地方如福州、建宁、邵武等地一旦放萍以后，就可连年自然繁殖，不必人工留种。自该萍推广后，养萍解决了保种和费工大的问题，并实现了早稻田套养为晚稻供肥，为晚季就地提供有机肥的愿望，并为稻萍鱼田的饵料来源延长了半个月至一个月，在应用中群众反映，该萍个体小，春天生长速度不够快等还感不尽如人意。特别随着生产的发展，红萍日益由绿肥转化成饵（饲）料，人们要求过腹还田，对红萍的品质、供应期等提出了更高的要求，这就要求进行人工育种，创造新类型。

由于红萍有性器官很小，营养生长与生殖生长与常见的种子植物大小不同，因此，过去也曾有过不少研究者进行红萍有性杂交的尝试，但结果均未能证实自己得到的有性后代是真杂种还是假杂种，也没能取得明显遗传变异的株系。我们在前人研究的基础上，改进了杂交方法建立了以酯酶同功酶谱分析为主，结合植物学和遗传学的鉴定体系，取得了种间远缘杂交的真正杂种，经过筛选，从1个组合中选出4个各具特色的优良株系，利用红萍可以无性快速繁殖传代的特点，经过2年的小试和中试，证明它性状优良、稳定，杂种优势强，具有好的生产性能，遂于1987年命名为"榕萍1－4号"，今试推广于生产。

2 主要的植物学和生物学特点

2.1 植株形态

它的株型，大小及根系形态与细绿萍相近，个体较大，但有如下几点不同。

2.1.1 色泽

在正常生长时，榕萍1－4号为翠绿色，腹叶乳白色带玫瑰红色。当遇强光，或高温，或低温时，在整朵中心会出现玫瑰红色。而细绿萍在正常生长时为深绿色，腹叶常紫红色，当遇强光或高温或低温时，整朵萍从边缘开始出现紫红—暗紫红色。它的母本小叶萍在这种情况下，在整朵萍的中心老叶呈现黄—黄褐色。

2.1.2 生态型

细绿萍的整株形态往往随着它的生存环境中的密度而有变化，较稀时为"平面浮生型"，密度加大时出现"斜生型"。如密度再大，它可直立生长成为"直立型"。小叶萍无论多大密度均为"平面浮生型"，而"榕萍1－4号"介于两者之间，不太密时为"平面浮生型"，密度加大后可呈"斜生型"。但是，它不会产生直立型的生态型。

2.1.3 表皮毛形态

小叶萍表皮毛由2个细胞构成，即有一个明显的基细胞和一个毛细胞，它的毛细胞为长卵圆形，横垂于基细胞之上。而细绿萍的表皮毛为单细胞构成，它由表皮细胞间隙中直接伸长，毛型为橄榄型，较短而直立。而"榕萍1－4号"介于两者之间，多数表皮毛为2个细胞构成。唯毛细胞较短，较直立。另外，它也具有由单一细胞构成的表皮毛形如父本。

2.2 结孢习性和孢子特性

"榕萍1－4号"的母本均具有良好的结孢习性，雌雄比正常，小叶萍主要在秋、冬结孢，结孢时间很长，细绿萍主要在5月下旬到6月下旬结夏孢，结孢量大，结孢时间集中。杂交萍也继承了能量大结孢的能力，但也有明显的不同。

（1）在结孢时期上一年有2次大量结孢，在福州地区如秋天的11月和春天的3月，在这期间，结孢量大，结孢时间集中，结孢期间营养生长衰弱，萍体显红色。一个月后结孢期过即恢复正常生长。

（2）雌雄比上有很大变化，杂种萍至今没有找到过雌孢子果，结的大量红色的孢子果均为雄孢子果。通过观察并发现，这些雄孢子果内部的小孢子也多数皱缩呈败育状态，败育率在98%～99%，可见种间杂种不亲和，育性降低之严重。

（3）每一泡胶块上的小孢子数明显减少，比母本少2～3倍，而饱满的小孢子的直径则显著大于亲本萍的小孢子。

（4）泡胶块上钩毛形态象父本，钩毛的柄较肥大，而内部的横隔则介于父母本之间。小叶萍钩毛内由根到梢均匀分布 3～5 个横隔。细绿萍多数钩毛没有横隔，少数有横隔的则多半分布在靠近锚状钩一段的茎部，只有一个横隔，而"榕萍 1－4 号"钩毛内横隔多样化，既有完全没有横隔或只一个横隔在茎部象父本的，也具有 1～2 个横隔，分布在钩毛中上部或中部的，表现出了父母本的中间性状。

2.3 对环境的适应能力

2.3.1 对温度的适应能力

温度往往是红萍正常生长的抑制因子，细绿萍抗寒力强，冬季可耐 －5℃以下的低温，在冬春水温达 5℃时就可起繁。最适宜生长温度为 20℃左右，当进入夏季水温有时达 35℃时，它就停止生长，养分消耗而死亡，因此，细绿萍在福建自然露地过冬没什么问题，生长繁殖（在闽东）的黄金季节是三、四、五月份，进入六月份就开始死亡。夏天如不采取特殊保种措施就很难越夏，而小叶萍正相反，它畏寒耐热，在福建省，尤其在闽北冬季生长极差，容易死亡，春天要到四月份才有一定的产量，但在夏秋越夏较易，可以保持一定的增长量。

我们针对这一特点，以上述两种萍杂交而筛选出的榕萍 1－4 号兼具了父母本的耐寒耐热特点。它可忍耐 －5℃以下时间的冰冻而不死亡，它的起繁温度在 5℃以下，因此，在福州地区即使在冬天（1－2 月）只要气温回暖即有一定的增长量。它的最适宜温度在 20～22℃。但是，它在夏秋也和母本一样越夏容易，并保持一定的增长量，据室内极端高水温耐性测定表明，它在 45℃水温下 5 h，仍可保持一定的存活量，抗热性与卡洲萍相当或超过。可见它对温度有了较广泛的适应能力。

2.3.2 耐荫能力和抗病力

红萍耐荫能力的好坏，关系到它在稻田或莲田等套养的能力，同时，红萍的耐荫力还与它抗霉腐病的能力相关联，往往不耐荫的品种在弱光下易发霉烂，甚至迅速蔓延绝产。

从现已掌握的资料来看，细绿萍、小叶萍耐荫能力均较差，稻底套养，往往在抽穗封行以后就腐烂消亡。卡洲萍耐荫能力较好，它在日平均光强 3 000 lx 以上时，还可保持一定的增长量，日平均光强 2 000～3 000 lx 时，它可以忍受，增长成负值，但不会发病消亡，仍可保持正常的鲜绿萍群体。经在邵武等地的实际试验，"榕萍 1－4 号"在相同的条件下，当平均光强降低到 2 000～3 000 lx 时，它不但不会发病，而且仍可保持一定的增长量，其增长率可相当于卡洲萍至平均光强 4 300 lx 下的增长速度，可见其耐荫抗病能力超过卡洲萍，（图 1）当水稻采用 6×4 寸插秧时。稻株封行以后稻株底部水面的日平均光强常常降低到 3 000 lx。

2.3.3 抗虫能力

根据福州及邵武田间小区调查，"榕萍 1－4 号"抗萍丝虫及两螟（萍螟，萍灰螟）的能力比小叶萍和细绿萍强，与卡洲萍相近，对两螺（椎实螺、偏卷螺）的抗性与卡洲萍相近或不如，高于或等于小叶萍及细绿萍。

2.3.4 在田间综合条件下一年四季产量的变化

了解一种萍在田间一年四季中生物量消长的状况，对它们采取相应的管理措施和安排红

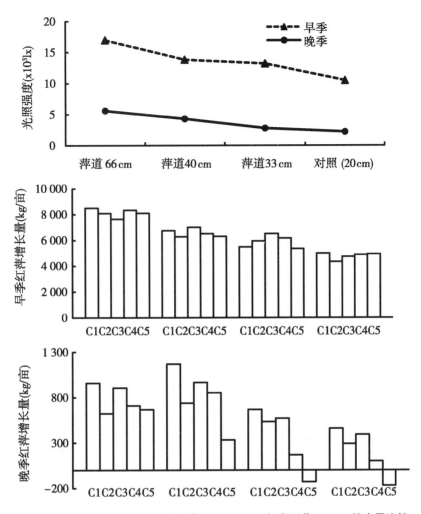

图1 在水稻不同栽植密度下杂交萍（C1－C4）与卡洲萍（C5）的产量比较

萍的利用是十分重要的。下面介绍的数据是田间小区直接暴露在阳光下的生态环境中的产量变化，表1为早晚季的统计分析。

表1 不同萍种在田间综合条件下的产量比较

萍　种	防治病虫害处理（t/亩）			防治病虫害处理（t/亩）		
	早季4～7月	晚季8～11月	合计	早季4～7月	晚季8～11月	合计
榕萍1－4号	7.88	2.85	10.13	7.87	2.97	10.84
卡洲萍	6.22	2.96	9.18	6.18	2.98	9.16
小叶萍	5.26	3.3	8.56	4.53	3.2	7.73
细绿萍	6.77	1.68	8.45	5.8	1.51	7.31

　　由表可以看出，当处于有人工防治病虫害情况下，"榕萍1－4号"早季比母本小叶萍增产49.8%，比卡洲萍增产26.7%，比处于最适它生长季的父本（细绿萍）仍增产

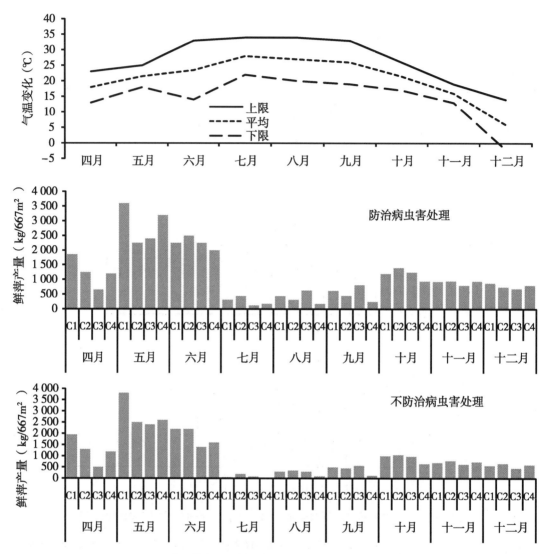

图2 几种红萍在田间养殖条件下不同处理的生长变化情况

16.4%，如处于不防治病虫害情况下，则比小叶萍增产73.4%，比卡洲萍增产27.5%，比细绿萍增产35.7%，可见杂种萍抗病虫以及适应综合环境的能力远高于父母本，并且也高于具广谱抗性的卡洲萍。

从晚季看，"榕萍1-4号"的产量略低于母本小叶萍和卡洲萍。看来它耐遮力强于已如前述，但在这直接暴露秋天强光干燥气候下的杂种萍不能完全发挥它的生长优势。因此，晚季的养殖以在稻田的环境下，尤其9月以后，产量必可超过上述两种萍。

纵观两季总产量，在防治病虫害情况下，杂种萍比亲本萍产量增加25.4%~27%；在不防治病虫害情况下，增加40.2%~8.3%，比卡洲萍增产近2成。

如分析每个月的生物量看，杂种萍生长的最高峰是4—6月（福建气候），第二高峰期是10—12月（同上）。同时冬夏可在田间自然保种越冬越夏，不必采取特殊的保种措施。

2.4 杂种萍的品质

根据初步的品质分析如表2，由表可以看出，榕萍1-4号纤维素含量明显低于父母本之间，高于卡洲萍，木质素含量介于父母本之间，高于卡洲萍，全氮量及粗蛋白含量略高或相当于父本，但比母本高出近50%，也比卡洲萍高。

表2 几种红萍基本营养成分分析

萍 种	纤维素（%）	木质素（%）	全氮（%）	粗蛋白（%）
榕萍1-4号	15.298	48.989	3.966	24.786
小叶萍	17.150	49.010	2.846	17.788
细绿萍	17.450	47.049	3.837	23.981
卡洲萍	11.750	44.132	3.651	22.819

*1987年3月取样

至于它蛋白质的质地也是比较好的。从其氨基氨酸分析结果看（表3），杂交萍在8种必需氨基酸含量中，除色氨酸未分析外，达到和超过卡洲萍，特别可贵的赖氨酸、亮氨酸和组氨酸有较大幅度的增长，分别比卡洲萍超过22%、9%、42.6%，可见杂交萍不但蛋白质含量提高，而且蛋白质也是好的。它8种必需氨基酸的含量，有5种达到或超过鱼粉的蛋白，可见它的饲用价值是很好的，但它的蛋氨酸含量特低，有待查明。

表3 红萍等蛋白质质量分析

种类	银合欢叶	杂交红萍	卡洲萍	肉	鱼粉	种类	银合欢叶	杂交红萍	卡洲萍	肉	鱼粉
天冬氨酸	9.79	10.50	9.96			甲硫氨酸	2.16	0.73	4.65		
苏氨酸	4.61	5.54	5.12	4.6		异亮氨酸	4.02	4.79	4.55	3.3	4.6
丝氨酸	5.45	4.88	5.29			亮氨酸	8.93	9.23	8.42	12.5	7.3
谷氨酸	11.82	12.67	16.72			酪氨酸	2.26	2.14	2.14		
脯氨酸	9.94	7.77	5.81			苯丙氨酸	1.89	4.05	3.99	4.6	4.0
甘氨酸	5.54	6.28	5.42			赖氨酸	6.51	6.16	5.05	8.3	7.0
丙氨酸	5.94	8.86	5.83			色氨酸	***	***	***	1.3	1.2
胱氨酸	2.03	2.46	2.18			组氨酸	1.41	1.84	1.29	2.1	2.7
缬氨酸	5.72	6.75	5.83			精氨酸	4.91	5.36	5.56	7.5	5.0

*表内数据指每百克蛋白质中的氨基酸含量；**未分析

2.5 稻—萍—鱼田养萍

稻—萍—鱼立体农业模式改善了田间生态环境，更充分地利用太阳能，大大地增加了稻田的产出。红萍在这儿起了关键的作用，因为它作为食物链的一环，这一环的存在使整个的良性循环得以运转。

在稻—萍—鱼田养萍应该了解生物之间的相互关系。春天鱼小，食量小，而这时正是红萍生长最快的季节，本田红萍是水田鱼所消费不了的，这时应捞出贮存。进入夏季，特别7、8月份，鱼的食量大增，而这时高温、强光、干旱又制约了红萍的生长。这时，本田萍体的生长速度赶不上鱼的消耗，往往很快被吃光。因此，这时最好在旁边应有未养鱼的稻田、莲田或茭白田等作为红萍繁殖田，不断捞来补充，还应投放春天晒干或青贮的红萍或经加工做成的配合饲料来满足鱼的需要。

2.6 垅畦栽田套养红萍

垅畦栽如配合上养红萍，就会发挥更好的效益，无萍的垅畦栽是不完善的生态环境。垅畦造成的地形起伏能为养萍创造优良的环境，使红萍更可以发挥优势。①垅畦栽插秧后在沟中放萍，控制低水位，则既可让垅畦背部土温升高、促进稻秧生长，并且免除了萍压稻秧的现象。②平时由于水位升降的变化，垅面或畦面可湿生红萍，这时鱼主要取食沟中的萍，畦面上的萍得以保存、可保证田中萍母不断。③红萍的生长可降低夏季的土温和水温。丰富食物来源，给稻田创造良好的生境（已如前述）。

2.7 莲田、茭白田等水面放养红萍

创造又一类型立体生态模式，更加充分地利用阳光和土地，也改善了田中的小环境。由于莲、茭的夏季遮阴度大，必须放养耐荫的杂交萍和卡洲萍。也由于它们的覆盖，降低了小环境的温度和暴烈的阳光和干旱，给红萍创造了好环境。反过来，红萍的覆盖，保持水温不过高，也有利于藕及茭白的生长。

2.8 坑塘河沟养萍

由于坑塘河沟水体较深，水质较薄，风浪较大，对红萍的生长均有影响。一般养殖时间以春秋两季易成功，夏季由于水体温度高，夜间散热慢，水温高。红萍呼吸消耗大，生长速度慢，加上水体中鱼类取食活跃，往往不易增殖。在这些水体中养红萍应注意几个特点：①初放萍时应用竹竿或草把等将萍圈在一定的小范围内，让它们能定居增殖，以免风浪吹飘会大大影响红萍生长速度。圈的范围可随红萍的生长而逐渐加大。②当红萍旺盛生长时，在养鱼池要用竹竿等限制红萍生长范围，留出一定的自由水面，有利鱼类自由呼吸，以免造成鱼类缺氧。③要往水体中施以人粪尿等有机肥，提高水的肥度，既有利红萍生长，也有利于浮游生物的繁殖。

2.9 晚季套养红萍

这一养殖方式的关键是早稻收割后要保护好田间萍母。由于在早稻田稻底生长的红萍已适应于早稻后期荫蔽弱光、高湿的环境，早稻收割瞬间将红萍暴露在强光、高温、干旱下，加上收割时的机械损伤，会使大量红萍死亡。但是，事实证明，只要我们注意采取如下2点措施，杂交萍及卡洲萍还是会顽强地存活下来，并繁殖开的。①收割后及时向田中放水，让红萍得到水分。②施基肥或追肥时，宜在傍晚温度低时，并且用量要少，特别是化肥，如尿素这时只要每亩施用5 kg，就足以杀死红萍，并促进杂藻和青萍大爆发，造成红萍消亡。所以，化肥宜做为追肥，晚一些施用才好。③或待进入9月后，再从稻田或莲田处引来萍母

养殖。

2.10　冬闲田湿生养萍

冬闲田如果未加利用，可以用湿生养殖的方式养杂交萍或细绿萍。这样一个冬季既可得到 5 000 kg 的鲜萍（折合 400~500 kg 干萍，可得到 100 kg 粗蛋白），又可保证土壤氧化还原垄位等理化性状与晒垄田相近。据我们测，利用湿生养殖方式养萍，其萍下的土壤氧化还原电位与晒垄田相近，远高于浸水田。湿生养殖的具体做法是：晚稻田如有套养红萍，可在收割后向田中放水，轻耙一次，是原来贴泥生长的萍母浮起散开，任其自由生长，待入冬前红萍即已覆盖田面，这时逐渐放水落干，让红萍贴泥生长，入冬以后如遇旱冬。可适当轻浇几次水，保持土壤有一定湿度。如为烂冬，应挖沟做好排水工作，不让田间积水。这样红萍根系扎入土中生长。田间呈现数层红萍叠生状态，成为一片翠绿，或玫瑰红色的绒毡般的人造草场。可"收割"，也可放牧，是冬季牛、羊、猪和鸡、鹅、鸭的好青饲料。

2.11　冬浸田养萍

不少山区有大面积的冬浸田未加利用，让一冬天照射到该田地上的日光能白白浪费，并且还往往滋生杂草。如果在秋收后即放水养萍，让整个水面覆满红萍，既可为冬春供给充足的青饲料，还可为春天提供充足萍母和基肥。由于秋收后放萍，入冬已长满，冬季根本不用管理，这是省工又有收获的好路子。

2.12　污水净化养殖

城镇或工厂排出的污水是重要的污染源之一。如将这些水引入适当的河沟或坑塘，或废弃地，适当筑堤留水，形成浅层水面，用以养萍，这样既可以净化污水，防止土壤和河道受污染，同时又可得优质有机肥（如为工厂污水应分析萍体有害金属含量后，再确定取舍）。这是由于红萍具有较强的富集金属离子和具一定的耐盐能力。萍种上宜选用细绿萍和杂交萍。

3　福建省养萍中常见的主要病虫害及其防治

福建省养萍中常发生的可导致毁灭性危害的虫害有伊尼诺摇蚊、荷溢管蚜、萍灰螟，萍螟和两螺（萝卜螺和扁卷螺）。

3.1　伊尼诺摇蚊

主要以其幼虫啃食红萍，由于幼虫灰白—红—红褐色，虫体细长如丝，十分活跃，弹游水中，故称萍丝虫。它在福建省一年可达 12~16 代，世代重迭，虫口密度大，对红萍生长危害极大。主要防治措施：

（1）药物防治，①新区可撒 3% 呋喃丹，2.5~3.5 kg/亩，老区应更换药物。如 D45% 双硫磷，采用 1/2 万浓度，保留 2cm 水层，亩用量 0.55 kg。②5% 溴氰菊酯粉剂，采用 1 mg/kg 浓度，保留 2cm 水层，亩用量 0.22 kg。③茶籽饼，预先捣碎，2 倍于饼量温水浸泡 24h，将滤液稀释成 10%，均匀泼施，萍田保留 2cm 寸水层，亩用饼量 3~4 kg。

（2）紫外线灭蚊灯诱捕。

（3）生物防治，B.t.i 菌液（苏云金杆菌以色列变种，孢子数平均 13 亿/mL 采用 200 mg/kg 水体浓度喷施或夏秋每隔 3~4 d 喷 1 次或在有虫斑时喷。

此外，速繁避虫，湿生养殖；夏秋少分萍，减少成虫与水面接触产卵机会，抑制虫口增长等也有一定效果。

3.2　荷溢管蚜

常在冬春危害萍田，尤其是抗寒性强，枝叶大较疏松的萍体，如细绿萍和杂交萍的斜生型萍体。防治上应勤分萍、保持萍体为平而浮生型，利用湿润养殖田灌水闷杀。保护天敌，适当药物防治。

3.3　萍灰螟

主要幼虫危害，它啃食嫩叶并吐丝将啃碎的茎叶结成一条条虫道，长的可达 19~20 cm。

防治上可点灯诱蛾，5 月底发生时，及时倒萍，切断食物来源减轻为害。药剂可用敌百虫、敌敌畏等防治。它的天敌有鱼、蛙、蚂蚁、蜘蛛、寄生蜂等，应加以保护和利用。

3.4　萍螟

也是幼虫危害，啃食嫩叶，吐丝将碎茎叶缀合成虫包，幼虫匿居其中，夜间带上包迁动，所以傍晚是喷药杀灭的好机会，可喷双硫磷或 1605 以及杀螟菌等。还可点灯诱蛾。保护地及新放萍地应清除杂草，因它是杂食性，常潜居其中。

3.5　萝卜螺和扁卷螺

以前人们习惯上称萝卜螺为椎实螺，但正确名称应为萝卜螺。养萍田排水口大最密集，夏秋老萍区螺害极重，每日繁殖量不敷取食量，春季取食萍的根、枝，叶尤其生长点后引起萍霜腐而清亡。主要防治措施。①设竹篓于排水口捕之或萍田放鸭食之。②药物防治，亩用 3~4 kg 茶籽饼，捣碎，加温水 50 kg 浸泡后滤液冲稀 1 倍喷施。或亩用 3~4 kg 饼粉处理萍地，一天后排去田水，再放萍。③湿生养殖。

在防治萝卜螺同时，可兼防治扁卷螺。

福建省养萍中常发生的病害主要是霉腐病。是一种水生真菌引起的。它的发生往往与萍体衰弱，或因光照过弱，加上高温高湿，或萍体过度密集等诱发。开始往往有一发病中心，如不注意就会迅速蔓延，以致整群毁灭。所以要及时捞除发病萍块，及时分萍、拍萍。抑制霉菌发育，选用耐荫抗病萍种等加以防治。

另外，肥害与药害也常发生，特别在高温强光下撒施尿素等氮肥造成的尿中毒或氨中毒，危害严重，常常造成倒萍绝产，这在养萍过程中应努力避免。

此外，杂萍杂藻危害有时也十分严重，特别在夏季高温强光易发生。防止办法是增加放萍密度，让红萍迅速占领水面空间，向萍面喷施或撒施磷肥，促进红萍生长，排挤杂萍杂藻。避免向水中施用氮肥及磷肥，以免杂萍杂藻爆发生长。

　　总之，红萍生长繁殖快，但它身体含营养成分高，躯体嫩弱，也易遭受各种病、虫、藻的危害。我们养殖中要顺应它的要求，充分发挥红萍生长快速的特点，发展其群体，压倒外界恶劣的环境因子，就可以取得养萍的丰产和成功。

【原文载于内部资料《红萍研究论文集及资料汇编1985—1988（上册）》，
第37～45页，由钟珍梅重新整理】

杂交萍稻田套养的耐荫性初试

林崇光[1]　黄介成[2]　郑有铨[3]　陈坚[1]　杨健康[3]

（1. 福建省农业科学院红萍研究中心，福州 350013；2. 邵武市农业局，南平 354000；3. 邵武市畜牧水产局，南平 354000）

稻田养萍常常使用野生萍种，由于耐荫性较差，随着稻苗生长，田间荫蔽，光照减弱，再遇阴雨，病虫害猖獗，易导致自然"倒萍"。20 世纪 70 年代稻田推行宽窄行"双龙出海"插秧套养，延长红萍的生长期，获得了稻萍双高产。同时，在选出耐荫性较强的卡洲萍的基础上，红萍中心科技人员又研究出新的杂交萍 C 系列，为了考察其耐荫能力，我们于 1987 年在邵武市李源村进行与卡洲萍的比较试验。

1　材料与方法

供试早稻为 78130；晚稻为日本 2 号品种。杂交萍为 C_1、C_2、C_3、C_4 和对照卡洲萍（简称 Ca）。

试验设 5 种萍道宽度（表 1），每小区萍道条数和稻行数相同而面积不同（70～345 cm^2），每种萍道放养等量供试各萍种。

早季，7～10 d 用内径为 1 089 cm^2 的木框测产，每区测 5 点，沥干计量后，按每亩 150 kg 放回原萍作继续观察用。

晚季，采用内径为 1 089 cm^2 的塑料纱方框，各萍种称重 50 g 直接放养于框内，套在不同萍道的稻田中，框外也套养同品种红萍，按时计算框内红萍量。早晚季均在分蘖盛期后测定各萍道的光照和温度。

2　结果分析

2.1　水稻产量效应

经早晚季验收的稻谷产量结果表明：在相同面积情况下，以 33 cm 萍道的最高，60 cm 萍道居次，66 cm 萍道的与常规插秧的产量相近，产量最低。因此，要夺取稻、萍、鱼三高产，采用 33 cm 萍道较为切合实际（表 1）。

表1　不同萍道的水稻农艺性状和产量

萍道宽度（cm）	季别	基本苗（万/亩）	有效穗（万/亩）	穗实粒数	结实率（%）	千粒重（g）	亩产（kg）	年亩产（kg）
66（亩1.6万丛）	早季	14.1	20.5	87.7	96.4	24.7	371.3	749.8
	晚季	5.6	21.6	149.4	90.0	26.8	378.5	
60（亩1.74万丛）	早季	17.2	23.3	88.3	94.7	24.7	444.5	859.6
	晚季	5.2	24.4	142.3	90.4	26.6	415.1	
49（亩2万丛）	早季	16.6	21.2	86.1	93.5	25.0	402.1	826.5
	晚季	6.4	24.2	141.2	94.3	26.6	424.4	
33（亩2.67万丛）	早季	21.6	30.0	87.0	90.4	24.6	404.3	939.2
	晚季	10.2	33.7	135.1	93.2	27.0	534.9	
20×13（亩2.5万丛）	早季	21.3	26.3	80.8	90.2	24.6	364.5	769.8
	晚季	7.5	23.3	121.2	90.3	26.4	405.3	

2.2　红萍生物量效应

试验结果表明：在萍道20～60 cm，各参试萍种（品系）的生物量是随萍道宽度的加大而增加，而萍道60 cm红萍平均生物量开始高于66 cm。因此，对建立"稻、萍、鱼共生体系"的供萍基地，笔者认为采用60 cm宽的萍道是最合适的，其产萍量最高，不仅C_1亩产达1万kg，其余萍种（品系）繁殖量也在9 000 kg以上（表2）。

表2　同一萍道内不同萍种（品系）产量差异比较（1987年早晚季合计）

（单位：kg/亩、cm）

萍道（cm）	各参试萍种（品系）平均产量（SLC检验）					各萍种合计的平均产量（kg/亩）
	C_1	C_2	C_3	C_4	Ca	
66	9 988**	8 966**	9 244**	9 221**	8 571**	9 189
60	9 839**	9 670**	9 496**	9 548**	9 130**	9 537
49	8 548**	7 462*	8 413**	7 969**	7 260**	7 930
33	6 986*	7 227*	7 633**	7 104*	5 823*	6 955
20×13	6 555	6 131	6 217	6 156	5 314	6 075

2.3　杂交萍的耐荫能力

经早晚季测定，红萍生物量大致是随着萍道缩小而减少。但由于各参试萍种（品系）的耐荫性不同，其生物量也有差异。如杂交萍C_3在33 cm萍道中两季生物量每亩高达7 633 kg，C_2和C_4也都在7 000 kg以上；而在20 cm×13 cm常规插秧处理区，杂交萍C_1两季总生物量亩产最高为6 555 kg，C_3亩产为6 217 kg居次，这说明在生产上采用33 cm萍道时，应套养C_3品系可获得稻萍双高产，而采用常规插秧时，应套养C_1较为理想，同时还可看出在所有参试品系中C_1的耐荫性最强。即使在常规插秧稻底的荫蔽度最大条件下，其繁殖能力仍居首位，表现顺序为：早季，$C_1 > C_4 > C_2 > C_3 > Ca$；晚季，$C_1 > C_3 > C_2 > C_4 > Ca$。各品系比较结果见表3。

表3　各参试萍种（品种）在不同萍道宽度内产量比较（1987年早晚季合计）

（单位：kg/亩）

参试萍种或品系	萍道宽度内各萍种产量				
	66	60	49	33	20 × 13
C_1	9 988 **	9 834 **	8 548 **	6 986 **	6 555 **
C_2	8 966	9 670 *	7 463	7 227 **	6 131 *
C_3	9 244 *	9 496	8 413 **	7 633 **	6 217 **
C_4	9 221 *	9 544 *	7 969 *	7 104 **	6 156 **
Ca	8 571	9 130	7 261	5 823	5 314

注：Ca为对照萍，** 为LSD检验在 $P=0.01$ 水平上差异显著；* 为LSD检验在 $P=0.05$ 水平上差异显著

又据早晚季田间观察，在萍道33 cm和常规插秧两个处理区，分蘖盛期至抽穗期稻底日平均光照分别仅为2 233 lx和2 762 lx，杂交萍 C_1、C_2、C_3、C_4 和Ca萍均无霉腐病发生，而晚季却发现卡洲萍萍体变薄、变小，而杂交萍未发生，这可能也与耐荫性有关。

3　结　语

由于杂交萍在稻田套养中表现萍体肥壮又厚，萍色翠绿，繁殖力强，产量高，具有超过卡洲萍的耐荫、抗霉腐病能力的趋势。所以，是今后生产上，提供"垄畦栽和平栽稻—萍—鱼"稻田套养供作鱼饵料和普通稻田大面积套养供肥而又能获得萍稻双高产的有希望的红萍良种。

【原文发表于《福建农业科技》，1990（4）：19－20，由钟珍梅重新整理】

建立"榕萍1-4号"萍母繁育
基地及其养殖技术

陈凤月

（福建省农业科学院红萍研究中心，福州 350013）

"榕萍-4号"是通过有性杂交培育出来的一个优良新品种。它繁殖速度快，鲜萍产量高，生产周期短，周年可以养殖，是一种高产优质的禽畜的饲料和鱼类的饵料，同时，也是农村低成本的氮、钾肥和有机肥。

1 建立萍母繁育基地的重要性

建立好萍母繁育基地是保证新萍种推广不衰的关键性措施。它可就地繁育萍种，有利于集中管理，加速繁殖，既可留种、保种且能及时供应优质萍母种源。同时，减少长途调运，降低生产成本，防止萍种混杂，有利于开展试验示范，加强技术指导，保证养、用萍生产的发展。

2 建立萍母繁育基地应注意的问题与技术

2.1 地点的选择

夏、秋季萍母田应选择在通风凉爽、排灌方便、无洪水冲刷、最好有冷泉水灌溉的田块，冬、夏季节萍母田须选水源充足、管理运输方便的坐北朝南、避风向阳、阳光充足的田块较为适合，同时还注意就地轮换更新（3~5年轮换一次），以便为萍母繁殖提供良好的环境条件。

2.2 萍母田的整地和土壤消毒

萍母田必须预先耕翻晒白，耙烂，整平，然后再根据田块的形状和面积大小，田块较大，可整成2~2.3 m宽，5~6 m长的畦。四周畦埂宽22~26 cm，高出水面16 cm左右，便于田间管理。萍畦与萍畦间要开排灌水沟，田块四周要开好边沟。每畦都要有单独的进出水口，水口要用竹篾做成栅栏，以防萍体流失。整地前要清除杂草、杂物，杜绝病虫害和杂藻来源，整地后亩进行土壤消毒，杀死病菌和病害。而后进行施肥，放萍养殖。

2.3 分萍放萍

适时分萍有利于萍体的生长和繁殖，否则萍体生长过于拥挤，萍层密集重叠过厚，下层叶片缺光少气，萍体细弱，易引起枯黄腐烂。分萍一般以萍体在水面上呈现皱褶斜立，萍层重叠一层半至两层，每亩鲜萍产量在 1 000 ~ 1 200 kg 开始分萍最为合适。但分萍技术性较强，应掌握好时机。冬季和早春，应选择在晴暖天气进行，夏、秋季应选择在阴雨天或晴天傍晚时进行。春、秋、冬季萍母繁殖田，每亩放萍 400 ~ 500 kg，夏季 300 ~ 350 kg。

要做到集中放养，放满一丘再放另一丘，以萍体铺满水面为准，防止开"天窗"。如果萍种不足，应在田间筑埂间隔。分萍前萍母田要先灌深水（6 ~ 7 cm），便于捞萍和放萍。分萍时，应从萍田的一侧开始，逐步向前捞萍，全田捞走 1/2 ~ 2/3，留下萍母继续繁殖。捞萍后要及时放萍，放萍后需轻轻拍萍，使萍体均匀铺满水面，然后即把田水排浅，保留 3 ~ 5 cm 水层，如水源缺乏或干旱季节，灌水放萍后，不必排水。放萍分萍视萍体生长情况，结合追肥，以磷肥为主，配合施氮钾肥。促进萍体速生快繁。萍母田可分三级。一级田的任务是保种、保纯，提供健壮的种源。二、三级田为扩大养殖时大量提供萍母，其管理严格程度不如一级田。

2.4 萍母田的施肥管理

2.4.1 施 肥

萍母田要求快繁多繁萍种，必须施用人粪尿、猪牛粪和过磷酸钙等作为基肥。追肥应根据气温高低、萍体长势和土壤肥力状况而定。气温在 10℃ 以下，应以氮、钾肥为主配合磷肥，气温在 10 ~ 15℃ 应以磷肥为主配合钾、氮肥，气温在 15 ~ 30℃ 时，生长繁殖速度最快，固氮能力强，应以磷肥为主，配合施钾肥，施少量氮肥，当气温达到 35℃ 以上时，生长速度缓慢，繁殖能力下降，则增施氮肥，配合施磷肥。当萍叶呈暗紫红色，萍体细小，叶片单薄，则表明生长缓慢，宜增施磷肥，氮、磷、钾肥的比例应以 2：3：2（按有效成分计算，下同）为宜，萍叶片全面绿色，则生长旺盛，不必施氮肥，磷钾比例以 2：1 为宜。

2.4.2 方 法

腐熟的人粪尿、牛粪、鸡鸭粪等，宜做基肥。人粪尿如泼施做追肥，不宜过浓。冬季气温较低，施用草木灰可保温防冻。

无机氮肥以硝酸铵最好，其次是硫酸铵，碳铵、尿素做追肥易烧萍体，施用要小心。磷肥以过磷酸钙、钾肥以硫酸钾较好。

在秋冬季，做萍面喷施的硫酸铵、硝酸铵、硫酸钾、氯化钾、尿素、碳铵，一般用 1% ~ 2% 溶液，过磷酸钙用 2% ~ 3% 的溶液，磷酸二氢钾用 0.3% ~ 0.5% 溶液。夏季高温期间则用 1% 过磷酸钙溶液，磷酸二氢钾为 0.1% ~ 0.2%，傍晚喷施，以防肥害。

2.5 萍母田的水管措施

杂交萍根系细长，其有湿生的特性。在水田里繁殖萍母，采用浅水养萍，使萍根着泥，减少漂动，利于加速繁殖和有利吸收养分，增强抗逆力。也不利于萍丝虫、藻类的生长发育，同时，亦能促进水稻早生快发。一般保持 1.6 cm 左右的水层。在田的水口垫上平石或砖头，同时设置栅栏，让多余的田水排掉。

2.6　萍母田的病、虫、藻害防治

福建省红萍的虫害主要有萍摇蚊、萍螟、萍灰螟、萍象甲、蚜虫以及萝卜螺等，病害主要是霉腐病。

在早晨露水未干前或傍晚巡视萍田，如发现萍面有大量蛾子和萍丝虫的成虫（摇蚊）飞翔时，即表明萍螟、萍灰螟或萍丝虫已经发生，如看到有许多带着露珠的虫丝，把萍叶缀成虫槽，萍体颜色从青绿变成红褐色，这说明萍灰螟已大量发生为害，萍叶被卷成粒状虫苞，萍量显著减少，则是萍螟幼虫发生为害的结果，萍体厚度变薄，并呈现支离破碎，萍色变暗红，是萍丝虫大量发生为害的症状。或捞起的萍体握于掌心，稍待片刻放开观察，如有萍丝虫，可见到淡红色虫体在手掌上蠕动。或在萍母田附近装设黑光灯，观察萍螟、萍灰螟、萍丝虫的成虫盛发高峰期。

萍丝虫、萍螟、萍灰螟、蚜虫的防治，可向萍面喷施甲胺或敌百虫 1 000 倍液，亩用药液 50 ~ 60 kg。如用动力喷雾器则亩用药液 100 kg 左右。或每亩撒施 3.5 ~ 4 kg 呋喃丹均有良好的防治效果。

萝卜螺每亩用茶籽饼 3 ~ 4 kg，先用火烤后捣碎成粉状，加水 25 kg 浸泡一夜，再加水 150 kg 搅拌过滤喷施于萍田，可兼治萍丝虫。

观察害虫的成虫高峰期后一星期内施药防治，连续 2 ~ 3 次，基本上可以控制虫情。如果霉腐病发生，应立即捞除发病中心的萍体，并用托布津 1 000 倍液喷施。萍在水面上稀疏的情况下，适宜藻类的滋生繁衍。藻类大量发生后，藻丝缠绕萍根，阻碍萍体的增殖。晴天藻类光合产气上浮，会将萍体顶离水面被晒干。因此萍田要放满萍体，以抑制藻类的生长。对易滋生藻类的萍田，放萍前应将土壤晒白后，再灌水溶田。

此外，要规划好萍母田的布局，设专人专职管理，以保证在推广杂交萍时能及时充足地供应萍母。

【原文发表于《福建农业科技》，1991（5）：39 – 40，由钟珍梅重新整理】

回交满江红3号（MH3－1）
若干抗逆特性研究

郑德英　唐龙飞　章　宁　陈　坚　余　辉

（福建省农业科学院红萍研究中心，福州350013）

摘　要： 以杂种榕萍1号为父本，以榕萍1号原母本小叶满江红为母本进行回交. 获得回交满江红3号（MH3－1），脂酶同功酶谱等鉴定为真杂种。其抗热能力和耐盐性均比父母本及其他满江红为高，品质好，繁殖速度快，适用于我国南方晚季和滨海盐士开发利用。回交满江红3号较其他萍种在细胞内超氧化物歧化酶和过氧化物酶均有大幅度提高。是回交满江红3号免受盐害的生理基础之一。

关键词： 满江红；三膘亚属满江红；有性杂交

我国养殖满江红历史悠久，然而，对满江红有性繁殖和有性杂交的真正研究还在于20世纪70年代末期。广东省农业科学院土肥所、湖北省当阳红萍研究所、江苏省徐州地区农科所及福建省宁德地区农科所等曾先后进行了探讨（刘中柱，等，1989；姜荣贵，1985），并获得一些杂交苗，但都由于缺乏有效的鉴定手段而未被证实。1986年，福建省农业科学院红萍研究中心开始有性杂交的尝试，培育出榕萍1号，并以同功酶作了鉴定（刘中柱，等，1989；魏文雄，等，1986）。在国外，1985年国际水稻研究所、菲律宾大学红萍研究室开始这项研究，获得了小叶满江红（母本）与细绿满江红（父本）的杂交后代。但采用回交育种方法获得优良满江红杂种尚未见报道。回交是两个品种杂交后子代再和双亲之一重复杂交，它是杂交方式之一。采用回交法可以作为改良现有良种的个别缺点或某些不符合要求的性状的有效手段。在杂种优势利用方面，可以进行雄性不育特性的转育或给父本品种（系）导入某些标志性状。为此，近年来。采用加强回交以期定向选育具某些特性的回交株系。本文报道满江红回交试验的部分结果及回交满江红3号（即MH3－1）的优良特性。

1　材料与方法

1.1　材　料

以榕萍1号（Rongping No.1系小叶满江红与细绿满江红的杂交种）为父本，以榕萍1号原来父母本细绿满江红（Azolla filiculoides Lamarck）和小叶满江红（Azolla microphylla Kaulfuss）之一为母本进行回交。

1.2　方　法

1.2.1　杂交与幼苗培育

选取成熟、饱满的雌雄孢子果（段炳源，等，1979；章宁，等，1992；湖南省农科院土肥所，1981；广东师范学院生物系固氮生物研究组，1977）。经过精心去雄去杂，将去雄的大孢子果与用作父本的泡胶块均匀混合，进行不同组合的回交。杂交处理的孢子果铺展成一薄层，培养于盛有蒸馏水的培养皿（口径 6 cm）中，置于培养室内，温度 18~28℃，光照 8 000~15 000 lx。小苗长出 3~5 片叶后细心移出，以含有 40 mg/kg 硝酸铵的 IRRI 液培养（Watanabe I, et al, 1989），待长大成苗转入土培（陈扬春，1985；温州地区农科所土肥组，1979；吕书缨，等，1980）。并注意进行形态学观察、生理生化分析鉴定与筛选，最后去劣留异存优，以期获得新类型。

1.2.2　抗热与耐盐的筛选

采用参试满江红在同一的适宜生长条件下预培两星期后实验，注意观察记载生长情况，测定生物量。红萍繁殖系数以公式 $k = \dfrac{1}{t_2 - t_1} \ln \dfrac{ct_2}{ct_1}$（k = 繁殖系数；$t_1$ = 放萍时间；t_2 = 测产时间；ct_1 = 放萍量；ct_2 = 测产量；ln = 自然对数）计算（刘中柱，等，1989；章宁，等，1992）。盐浓度以海水配制。

1.2.3　脂酶同功酶的测定

采用聚丙烯酰胺垂直平板凝胶电泳，凝胶制备为吴少伯（1979）的配制方法，间隔胶 4%，分离胶 9%，电泳 4~5h，染色采用脂酶染色法。凝胶扫描用岛津双波长分光光度计（魏文雄，等，1986）。

1.2.4　过氧化物酶（POD）活性测定

采用聚丙烯酰胺凝胶电泳分析（吴少伯，1979）。

1.2.5　超氧化物歧化酶（SOD）活性测定

按 Rober 等方法进行，酶活性单位采用抑制 NBT 光化还原 50% 为 1 个酶活性单位（章宁，等，1992；Stewart RRC, et al, 1980）。

1.2.6　氨基酸分析

用日立 835 – 50 型氨基酸自动分析仪测定。

1.2.7　粗蛋白等常规分析

采用农业化学常用分析方法测定。

2　试验结果

2.1　满江红回交试验概况

1990 年采用回交方法，进行了榕萍 1 号与母本小叶满江红或父本细绿满江红的回交试验。从 11 批次 5 个不同回交组合配比 4 030 粒雌孢子果中，获得回交后代 102 株。回交苗经形态观察、生理生化分析，筛选出回交萍3号。试验表明，榕萍1号雄配子能再与其母本或父本的雌配子杂交，出现绿苗与白化苗，并能得到性状优良的回交后代，这说明了尽管杂种满江红的雄孢子果内部的小孢子大部分皱缩败育，但少数还是具有受精的能力（表1）。

表1 不同回交组合出苗状况

日期（月.日）	组合	雌孢子果数（粒）	出苗株数			出苗率（%）
			白化苗	黄绿苗	绿苗	
5.17	小叶满江红×榕萍1号	100	2	—	2	4
7.31	小叶满江红×榕萍1号	800	—	—	38	4.75
7.31	小叶满江红（对照）	200	—	—	4	2
5.18	细绿满江红×榕萍1号	200	2	3	1	3
8.16	重组细绿满江红×榕萍1号	200	8	—	—	3.07
8.16	重组细绿满江红（对照）	100	—	—	12	12

注：重组细绿满江红为小叶满江红鱼腥藻移入无藻的细绿满江红共生腔形成的共生体

2.2 回交满江红3号的鉴定

2.2.1 脂酶同功酶谱分析

目前，脂酶同功酶的分析方法是一种快速准确鉴别满江红不同种或杂种的有效手段，不同种满江红的谱带有明显的差别，它们各自都有其比较稳定的主要带。从图1可见，细绿满江红标志带较低，小叶满江红标志带稍高，有两条相距较近的基本带，回交满江红3号具有父母双亲的基本带，确为真杂种。

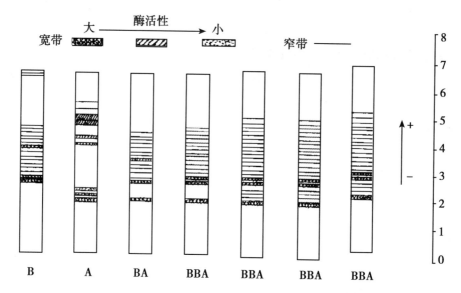

图1 回交满江红3号与父母本的脂酶同功酶谱

B 小叶满江红；BA 榕萍1号；A 细绿满江红；BBA 回交满江红3号

2.2.2 形态学观察

回交满江红 3 号与榕萍 1 号一样吗，能产生雄孢子果，雌孢子果尚未见到，而小叶满江红均有雌雄孢子果。小叶满江红雄孢子果泡胶块上的钩毛横隔数均匀分布 3 ~ 5 个横隔，榕萍 1 号钩毛横隔数多样化，其中，0 ~ 1 个占 84.2%。从钩毛横隔数聚类分析表明，回交满江红 3 号的钩毛偏向小叶满江红（母本），钩毛横隔数多为 2 ~ 4 条，明显超过榕萍 1 号（父本），见图 2。

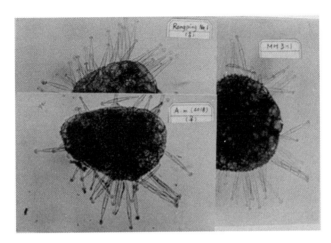

图 2 回交满江红 3 号与父母本的钩毛横隔数比较

2.3 回交满江红 3 号的抗逆特性

经过不断筛选测定，回交满江红 3 号不同回交组合出苗状况状优良，杂种优势强，优于目前当家品种，具有繁殖速度快、适应范围广、周年生物累积量大、抗热、耐盐、品质好等特点，适合于稻田和池塘等水面养殖。

2.3.1 抗热性好

采取室内抗热试验，每天在水温 42 ~ 45℃下培养 5h，抗热性较好的为回交满江红 3 号，生物学产量位居参试当家萍种的首位（表 2）。在夏季田间小区比较中，回交满江红 3 号生长好，生物学产量高，生长速度快，倍殖天数短，在参试的三亚膘属满江红中，回交满江红 3 号抗热性最强。试验室测试与田间比较结果一致（表 3）。在大田生产中，回交满江红 3 号的全年总产量也最高（表 4）。

表 2 满江红室内抗热试验测定结果

品系	始重（g）	终重（g）	生长势
小叶满江红	2.0	0.74	+ −
榕萍 1 号	2.0	1.04	+
回交满江红 3 号	2.0	2.10	+ + +
回交满江红 3 – 3 号	2.0	1.73	+ +

注：每日中午 42 ~ 45℃水温 5 小时，夜温 28 ~ 30℃；试验生长时间为 6 d；每个处理数据为 3 个重复测定的平均值

表3 夏季满江红生长速度比较

品系	7月8~18日			7月18~29日			7月29日至8月5日			8月5~20日		
	产量（g）	繁殖系数	倍殖天数	产量（g）	繁殖系数	倍殖天数	产量（g）	繁殖系数	倍殖天数	产量（g）	繁殖系数	倍殖天数
卡洲满江红	1 120	0.086 8	8.0	1 194	0.084 8	8.2	805	0.076 9	9.0	996	0.050 1	13.8
小叶满江红	1 802	0.134 4	5.1	1 626	0.112 8	6.1	1 042	0.113 7	6.0	1 420	0.073 7	9.4
榕萍1号	1 748	0.131 3	5.3	1 603	0.111 5	6.2	992	0.106 7	6.5	1 383	0.072 0	9.6
回交满江红3号	2 020	0.145 8	4.8	1 812	0.122 7	5.6	1 045	0.114 1	6.0	1 808	0.089 8	7.7

注：试验数据为3次重复平均值，夏季水温最高达42℃，小区面积1.8 m²

表4 1991年几种满江红总产量比较

品种（品系）	总产量（g）	测产天数	折年亩产（kg）
卡洲满江红	9 410	91	13 975.5
小叶满江红	8 445	77	14 813.5
榕萍1号	10 012	91	14 867.5
回交满江红3号	12 667	91	18 814.2

2.3.2 耐盐力强

盆养满江红耐盐对比试验表明，在不同盐浓度下，回交满江红3号表现突出，长势最好，生物学产量高于其他满江红，耐盐浓度达0.6%（图3）。经过耐盐锻炼的回交满江红3号，其耐盐能力可望进一步提高。

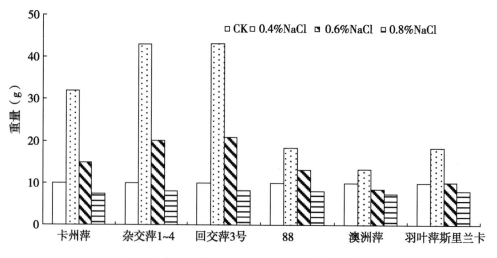

图3 各种红萍品系在不同盐浓度的生长情况

室内试验也表明，在不同盐浓度下培养，在酶活性方面，细胞内保护酶也与不同盐浓度胁迫有相关性。满江红在盐的胁迫下，细胞内超氧化物歧化酶、过氧化物酶发生变化，耐盐力强，酶活性呈升高趋势（章宁，等，1992）。从图4、图5看出，在盐胁迫下，回交满江红 3 号酶活性大幅度升高，而卡洲满江红略有上升，这可能是回交满江红 3 号比卡洲满江红具有更强的耐盐能力的生理基础。

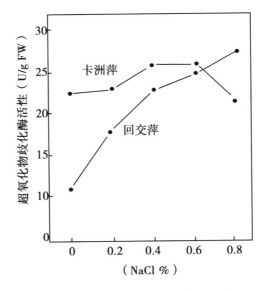

图 4 不同盐浓度处理 8 d 后超氧化物歧化酶化酶（SOD）活性

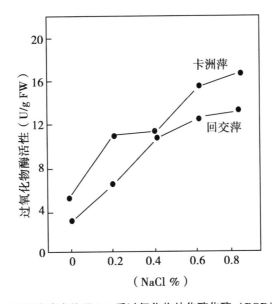

图 5 不同盐浓度处理 8 d 后过氧化物歧化酶化酶（POD）活性

2.3.3 品质分析

对几种满江红的品质作了初步分析。表 5 说明，回交满江红 3 号粗蛋白含量明显高于福建当家萍种卡洲满江红，纤维素明显低于卡洲满江红与细绿满江红。木质素比卡洲满江红和细绿满江红高。

表5 几种满江红品质分析

品系	粗蛋白（%）	纤维素（%）	木质素（%）
回交满江红5号	26.649	7.267	42.174
回交满江红3号	21.043	8.330	44.804
卡洲满江红	17.985	10.217	41.824
小叶满江红	23.154	11.583	42.267

从回交满江红3号全氨基酸的分析结果（表6）看，其蛋白质含量较高，品质较好。在18种氨基酸含量中，除了色氨酸未分析外，仅胱氨酸略低于细绿满江红，缬草氨酸、赖氨酸略低于榕萍1号，其余氨基酸含量都高于细绿满江红、小叶满江红、榕萍1号，高于父母本，尤其是蛋氨酸、苏氨酸、赖氨酸、亮氨酸、苯丙氨酸、异亮氨酸等必需氨基酸有较大幅度的增长。回交满江红3号比小叶满江红与榕萍1号增长率分别为：蛋氨酸增长69.55%与85.48%，苏氨酸增长30.99%与10.40%，亮氨酸增长23.09%与4.97%，苯丙氨酸增长23.39%与7.93%，异亮氨酸增长23.25%与1.00%。赖氨酸与缬草氨酸，回交满江红3号比小叶满江红增长67.12%与20.91%。鉴于以上品质分析结果，回交满江红3号作为饲（饵）料远比其他满江红为好。

表6 几种满江红氨基酸含量比较

氨基酸种类	氨基酸含量（%）			
	细绿满江红	小叶满江红	榕萍1号	回交满江红3号
天门冬氨酸	1.254 5	1.063 5	1.263 1	1.309 6
苏氨酸	0.668 4	0.538 0	0.638 3	0.704 7
绿氨酸	0.679 9	0.532 6	0.650 4	0.730 6
谷氨酸	1.494 5	1.522 7	1.535 0	1.637 3
脯氨酸	0.262 5	0.210 5	0.246 8	0.260 9
甘氨酸	0.743 8	0.613 1	0.728 9	0.788 6
丙氨酸	0.810 9	0.684 3	0.801 6	0.876 4
胱氨酸	0.137 3	0.112 9	—	0.115 0
缬草氨酸	0.685 4	0.589 0	0.801 7	0.712 5
甲硫蛋氨酸	0.260 4	0.156 0	0.142 6	0.264 5
异亮氨酸	0.582 7	0.480 3	0.586 1	0.592 0
亮氨酸	1.069 9	0.930 1	1.090 7	1.144 9
酪氨酸	0.378 7	0.332 7	0.400 8	0.404 2
苯丙氨酸	0.612 7	0.525 1	0.600 3	0.647 9
赖氨酸	0.560 0	0.356 4	0.600 4	0.595 6
色氨酸	—	—	—	—
组氨酸	0.202 2	0.176 4	0.224 4	0.237 8
精氨酸	0.710 7	0.562 2	0.688 7	0.798 6

3　讨论与建议

应用回交方法，可以提高满江红的抗热能力，使满江红越夏以进行晚季利用成为可能，因此，抗热性能的好坏，成为衡量满江红品种价值重要标志之一。据江苏盐城试验（刘中柱，等，1989），满江红脱盐培肥速度快，改良重盐土取得良好效果。而回交满江红3号兼有抗热和耐盐能力，建议将该优良新品系试作我国南方晚季利用萍种，并在滨海盐土试种。

参考文献

陈扬春.1985. 满江红［M］. 北京：科学出版社.43－90.

段炳源，张壮塔，柯玉诗，等.1979. 红萍有性繁殖研究（一）——红萍结孢与萍种种性和环境条件的关系［J］. 广东农业科学（2）：23－27.

广东师范学院生物系固氮生物研究组.1977. 红萍的孢子果和有性繁殖［J］. 华南师范大学学报（自然科学版）（01）：119－134.

湖南省农业科学院土肥所.1981. 蕨状满江红周年产孢规律的研究［J］. 湖南农业科学（3）：19－20.

姜荣贵.1985. 红萍有性杂交初探［J］. 福建农业（10）：11－12.

刘中柱，郑伟文.1989. 中国满江红［M］. 北京：农业出版社.232－302..

吕书缨，严孟荀.1980. 细绿萍孢子果育苗若干问题的研究［J］. 中国土壤与肥料（2）：40－43.

魏文雄，金桂英，章宁.1986. 红萍有性杂交研究初报［J］. 福建农业学报，1（1）：73－79.

温州地区农业科学所土肥组.1979. 满江红孢子果的形态、形成以及接合子萌发过程和幼苗营养特性的观察［J］. 浙江农业科学（4）：13－18.

吴少伯.1979. 植物组织中蛋白质及同功酶的聚丙烯酰胺凝胶盘状电泳［J］. 植物生理学通信（1）：30－33.

章宁，陈坚，魏文雄，等.1992. 在盐胁迫下红萍超氧物岐化酶 SOD 及叶肉细胞亚显微结构的变化［J］. 福建农业学报（01）：41－48.

Stewart RRC，Bewley JD. 1980. Lipid Peroxidation associated with acceletated aging of Soybean Axes［J］. Plant Physiology，65（2）：245－248.

Watanabe I，Lin C，T Santiago－Ventura. 1989. Responses to high temperature of the Azolla‐Anabaena association，determined in both the fern and in the cyanobacterium［J］. New Phytologist，111（4）：625－630.

【原文发表于《福建农业学报》，1994，9（2）：21－27，由钟珍梅重新整理】

卡洲满江红抗逆性研究

魏文雄　陈风月　陆培基　郑伟文　金桂英
（福建省农业科学院红萍研究中心，福州 350013）

在红萍生产中，越冬问题主要是冻害，而越夏问题则较复杂。就福建省看来，除湿热害外，还有病虫害、苔藻害，简称红萍越夏“三害”。因此，单有耐高温而无多抗性的萍或品系，在夏季高温阶段往往易遭“三害”而覆灭。为闯过越夏难关，解决晚稻用肥。近年来，福建省不少地区或科研单位刻苦攻关，并陆续有成功的报告，但技术尚嫌烦琐，除虫治病花工较大，农民不易接受，大面积越夏仍有困难。由此看来选育多抗性的红萍萍种（或萍系），采用简单易行的技术，可能是红萍大面积越夏的关键之一。本文概述卡洲满江红的抗逆性、生产性及其在生产上应用的前景。

卡洲满江红（*Azolla caroliniana*）原分布于南北美洲，分类上属于三膘满江红亚属，与羽叶满江红同科同属不同亚属，与细满江红（细绿萍）同亚属异种。该萍种于 1978 年由福建省农业科学院刘中柱同志从国际水稻研究所引入培植试养。经过一段时间的观察，发现卡洲满江红对不良环境有较强的耐受性，在引进的 80 多个红萍品系（其中，国外品系 15 个）中名列前茅。1979—1980 年，我们从 80 多个品系中选择了细绿萍（较抗寒、繁殖快、产量高）、孟加拉萍（较抗热、繁殖快）、广西玉林萍（在福州地区表现抗热性强、繁殖快）、溪萍绿（福建宁德地区所由野生萍选育成的，较抗热，为福建省养殖面积较大的，有代表性的地方良种），分别在自然环境和人工环境中与卡洲满江红进行耐热性、抗霉、抗螺能力、繁殖速度、周年产量、固氮活性等一系列的对比试验。1980 年，我们把卡洲萍研究的初步结果在福建省农业科学院和地区所土肥专业学术年会上作了介绍，1981 年 1 月在武汉市全国农口生物固氮协会上作了汇报，1981 年 2 月，整理成正式材料，提交全国绿肥协作组织会议。1981 年起，我们在福州市郊楼下大队，福清县新局、首溪、音溪大队进行较大面积的试养，与此同时，还同一些地区农科所开展协作研究。今年又在去年的基础上，进一步扩大中试面积和室内鉴定。几年来的研究结果都表明，卡洲满江红抗逆性较全面，是一有希望的越夏、越冬萍种，也是红萍育种的良好材料。

1　对温度的适应性

温度是影响红萍生长繁殖的主要因子。南方地区夏季高温给红萍大面积越夏带来严重困难。细绿萍冬春繁殖快，产量高，但进入 5 月中旬生长减缓，不耐热易感病虫害，晚稻田难以利用。据我们观察，卡洲满江红在福州地区一年四季均能生长繁殖，特别是在炎夏还能保持一定的生长速度。为验证其对高温的适应能力，我们于盛夏期间（8 月）在田间进行卡洲萍、细绿萍和溪萍绿固氮酶活性昼夜测定。发现卡洲萍日固氮活性降幅较小，并易恢复回升。如图1所示，卡洲萍在水温40℃，光强16万lx下，开始4h内，其固氮活性有一个上升峰，水温上升至43℃2h后，固氮活性下降，4h后降至最低点，但仍可保持一定的活性；在夜间无光的条件下，也可保持一定的固氮活性，并随水温下降而固氮活性逐渐回升，到次日清晨，随光强增大，固氮活性明显上升。而溪萍绿在水温40℃时固氮活性很低，细绿萍几乎无活性，第二天也很难恢复。

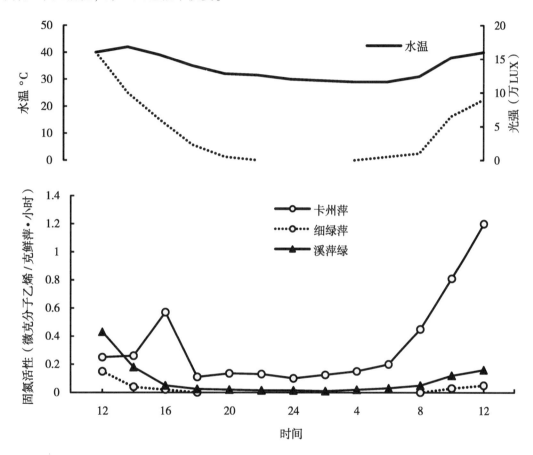

图1　三种红萍固氮活性的周期变化

　　在室内进行的极端高水温恒温试验表明，卡洲萍对极端高水温的耐受性也较强，在41℃，它可连续耐受6h萍体不破碎，且存微量增殖，其老根大量脱落，可能是一种保护性反应，新根根尖发黑，但易恢复。在45℃时，其生长状况仍优于抗热性较强的孟加拉萍。尽管其保存率不如广西玉林萍等更抗高温的品系，但在持续时间不超过3h的情况下，卡洲萍恢复生机的能力比孟加拉萍等强（表1）。

　　在自然状况下，当长期经受强光高温影响时，它萍体变小，颜色紫红，生长减慢，但久晒不死，且不易被病虫害为害，一遇阴雨即能恢复生机，迅速发根、增殖。而玉林萍等在逆境中往往"三害"并发，枯焦烂死。福清县新局大队1981年夏季日平均水温30.9℃时，卡洲萍日增殖量为80 kg/亩，而细绿萍趋于消亡。福清城头公社首溪大队8月12日在晚稻田放养卡洲萍1.2亩（亩放萍量300 kg）到9月15日扩大到3.5亩，亩增萍量900 kg，平均日增殖量 25.5 kg。福清县宏路公社洋梓大队 8 月 10 日放养卡洲萍 300 kg/亩，至 9 月 10 日扩大到 4 亩，亩增萍量 900 kg，日增殖量 30 kg。这些都说明卡洲萍在高温季节仍能生长繁殖。

一般抗热性萍种往往不耐低温，冬季生长停滞，如玉林萍、孟加拉萍、溪绿萍等。为了进一步考察卡洲满江红的耐寒力，我们把上述各种萍置于琼脂平板上，放在 2℃ 冰箱中保存 10 d，卡洲萍和细绿萍体正常，而孟加拉、玉林和溪绿萍则不同程度冻死。大面积养殖及田间小区、水泥池的对比试验亦证明卡洲萍的耐寒力较强，其起繁温度也在 5℃ 左右，这表明卡洲萍确是一种温度适应范围较广的萍种。

2 耐荫能力

光照是红萍生长必不可少的条件，其光合、固氮作用随光强变化而有波动。在稻田套养红萍，随着稻苗长大，田间荫蔽度增大，小气候变劣，往往使红萍生长受阻、霉烂，遇阴雨天气，往往绝产。据我们观察，卡洲萍有一定的耐荫能力，在 3 000 ~ 6 000 lx 可保持相近的增长量。在日平均温度 30℃ 的高温下仍能在 3 000 lx 以下的弱光中生存（表 2）而玉林萍等当光强降至 6 000 lx 时，产量即锐减；光强更低，便迅速死亡。

表 1　几种红萍对极端高温耐受性的实验

萍种	处理时间（小时）	死亡率（%）	新生萍占总萍体的面积（%）	状态
卡洲	1	15	80	处理过程中老根大量脱落
	2	20	75	一周后迅速生长
	3	47.5	40	
	4	90	20	萍体脆裂，生长受到抑制
孟加拉	1	25	50	
	2	45	25	
	3	60	15	处理六天后未见新根生长
	4	85	10	
玉林	1	5	40	处理六天后长出新根，叶色渐浓
	2	5	42.5	
	3	10	37.5	
	4	10	30	
溪绿萍	1	3	65	
	2	3	57.5	
	3	5	53	处理六天后长出新根
	4	10	45	

卡洲萍的耐荫能力在生产实践中也得到印证。1981 年福州市郊建新公社楼下大队 10 亩宽窄行稻底养萍田，虽然水稻生长后期封行荫蔽，且经过烤田，卡洲萍仍能正常生长，早稻收割后，稻田行间的卡洲萍象一层绿地毯，萍叶嫩绿，萍体肥厚，平均亩产萍 875 kg。福清县西队也有类似情况，割稻后收残留卡洲萍 750 kg/亩。卡洲萍的这种耐荫能力启示我们采取一种新的养萍方式，即在早稻田宽行中放养卡洲萍，待早稻收割后，可翻压作晚稻基肥，

耙田后浮起的少量萍体亦可作为萍母在晚稻田套养作追肥。这个设想今年（1982）正在实验验证中。

表2　不同红萍耐荫能力比较

生态	实验地点环境			萍种	放萍量（g/钵）	收萍量（g/钵）
	光照	日均气温（℃）	日均水温（℃）			
田菁下	自然直射光照25 h 日均光强2.13万lx	29.5	31.5	卡洲	3	3.5
				溪萍绿	3	1.9（部分烂）
				玉林	3	4.25
豆株下	自然直射光照1.5 h 日均光强0.83万lx	29.5	30.5	卡洲	3	3.1
				溪萍绿	3	2.15（部分烂）
				玉林	3	1.1
封行稻株下	自然直射光照0 h 日均光强0.35万lx	28.8	30.0	卡洲	3	0.38
				溪萍绿	3	0（烂完）
				玉林	3	0
空田	自然直射光照10 h 日均光强6.3万lx	31.3	33.5	卡洲	3	3.1
				溪萍绿	3	3.45
				玉林	3	5.75

3　抗虫、螺的能力

萍丝虫、萍灰螟、椎实螺是福建省红萍生产上的主要害虫。夏季高温期间，萍体衰弱，害虫乘虚而入，为害猖獗，造成减产，甚至绝产。以往由于缺乏抗虫较强的品系，尽管采取多种措施，仍收效不大，这也是红萍越夏花费大，耗能多，成本高的重要原因。如前所述，象孟加拉萍、玉林萍和溪萍绿等较抗热的品系，抗虫性差，大面积越夏困难多。我们在田间小区，鉴定圃、水泥池和室内分别进行了卡洲满江红抗虫能力观察鉴定，发现在同样条件下其虫口密度、虫口增长率及萍受害程度均比上述品系低，产量则较高。

3.1　椎实螺

从10个红萍品系对螺害的抵抗能力来看，大体可分为3个类型：①感螺型（S型），即在同一的环境椎实螺首先取食此类萍；②中等感螺型（M型）在同一环境中椎实螺吃完上一类萍后，再集中为害这一类；③较抗螺型（R型）椎实螺为害较慢、较轻。卡洲萍属于较抗螺型。田间小区自然调查结果（表3）也证明了这一点（详细资料另文报告）。

表3　不同萍种抗椎实螺能力比较

萍种	小区面积（m²）	放萍量（g）	收萍量（g）	增长率（%）	螺数（个）	卵块（块）
卡洲萍	2	850	1 200	41	26	3
孟加拉萍	2	”	1 300	53	108	26
玉林萍	2	”	700	−18	102	56

3.2 萍灰螟

从 10 个品系人工放虫或自然产卵观察结果看，大体也可分为上述 3 种类型，卡洲萍亦属较抗型（见表 4）。

表 4 受萍灰螟危害的几种红萍产量消长

品系 \ 产量 \ 日期	10/7	10/17	10/19	10/
卡洲萍	5.0	4.1	3.8	3.1
小叶萍	5.0	3.6	3.3	2.9
Bankok	5.0	4.3	3.7	1.6
杭州萍	5.0	4.7	3.2	1.1
细绿萍	5.0	3.2	1.7	1.0
ChangMai	5.0	2.9	2.0	0
玉林萍	5.0	2.4	2.4	0

注：实验容器为面积 0.024 ㎡ 的结晶面，每皿用塑料纱网隔成 4 个等面积的扇形格，每格放一种供试品系（5 g）每皿均设一卡洲萍为对照，重复 4 次，其余参试品系随机排列重复 2 次

3.3 抗萍丝虫

水泥池进行的对比试验表明（见表 5），卡洲萍的虫口密度最低，萍增比率最高，而孟加拉萍、玉林萍和溪萍绿则虫口增长率高，且萍产量远不如卡洲萍。

表 5 不同萍种抗萍丝虫能力比较试验

萍种	放萍量（g）	收萍量（g）	增长率（%）	初始虫口密度（只/m²）	收获时虫口密度（只/m²）	虫口增长率（%）
卡洲萍	1 500	3 216	114	1 586.3	2 792.5	76.0
孟加拉萍	1 500	2 716	81	665.0	2 774.4	187.5
玉林萍	1 500	2 200	47	1 718.9	6 351.0	269.5
坪萍绿	1 500	2 633	76	772.0	6 278.5	709.4

注：实验在水泥池进行，水池面积 2.5 m²，各处 3 次重复，随机排列

4 抗霉腐病能力

这是卡洲萍突出特点之一，它与卡洲萍耐荫能力强相辅相成。试验表明，霉腐病的发生与光强有密切关系，一般在强光下即使人工接种也不易发病，弱光下发病较严重。高温、梅雨季节，红萍也易感霉病，往往在几天内全面霉烂。我们通过人工接种病原试验发现，弱光对发病的影响超过高温的影响。田间和室内试验都证明，卡洲萍对霉腐病不敏感，从表 6、表 7 可见，在气温湿度正常的情况下，它在自然光、半光照、2 000 lx 和黑暗中均不发病或发病率最低，而玉林等大多霉烂。在宽窄行双龙出海稻田套养不同萍种的对比试验也表明，

细绿萍在 22 d（6 月 9~30 日）内，发病率达 100%，溪绿萍为 58.4%，而卡洲萍未发生霉烂。有趣的是，卡洲萍不易感霉腐病，但群众反映翻压入土后腐解速度并不慢，这在生产上是很有意义的。

表6　不同光照（黑暗）条件下的几种萍的发病情况[*]

处理 \ 发病率 \ 萍种	卡洲萍	溪萍绿	广西玉林萍	孟加拉萍
半光照（自然光 6h/d）	0	30	91.0	95
弱光照 1 500~2 000 lx	10	95	100	100
黑暗	30	90	100	100

[*]试验于 1980 年 9 月间进行，温度、湿度正常，表中数字为 3 个重复的平均值

表7　不同萍种抗病力田间观察

萍种	放萍量（g）	接种病萍量（g）	发病率（%）			最终产量（g）
			7 月 28 日	8 月 4 日	8 月 11 日	
卡洲萍	45	3	0	0	0	70
印度萍	45	3	5	10	50	31
广西玉林萍	45	3	1	10	50	47

5　伴生苔藻少

在福建省，稻田中以绿藻为主的苔藻不仅与红萍争夺养分、空间，而且缠绕萍体，遇上一场暴雨就沉没水底，无法上浮而死亡，有的把红萍顶上空间而晒死，有的影响水的 pH 值加上高温不利红萍生长，为越夏之一害。

在红萍品系保存圃及田间常看到卡洲萍养殖区水清藻少，藻害较轻。用抗热性较强的 5 个品系接种含有苔藻的天然水的试验证明，不论培养液比浊度，含藻干重及红萍产量，卡洲萍均优于孟加拉萍、坪绿、玉林萍和墨西哥萍。LSD 达到显著至极其显著级（表8），这说明卡洲萍有一定的抑制苔藻能力。

表8　几种红萍抗藻能力的比较

红萍品种	观测项目		
	比浊度（%）	萍干重（g）	萍产量（g/皿）
卡洲萍	9.1	0.23	6.2
孟加拉萍	12.1[*]	0.28[**]	6.1
溪萍绿	13.6[*]	0.285[***]	5.6[***]
玉林萍	15.3[**]	0.286[***]	5.5[***]
墨西哥萍	21.5[**]	0.42[***]	4.9[***]

[*]表示已卡洲萍为基础的 LSD 测定

6 周年产量、固氮量均较稳定

1979—1980 年，通过田间小区、水泥池及盆钵等 3～14 次重复试验表明（表9），在春，秋、冬三季卡洲萍产量与细绿萍（细绿萍在秋季因虫、螺为害产量受影响）不相上下，而夏季明显高于细绿萍。与溪萍绿相比，卡洲萍在夏季的增长率比溪萍绿高，达到显著级别。据福清县首溪大队在双龙出海养萍田测定，1981 年 6 月 12 日至 7 月 8 日，27 d 中卡洲萍亩增殖量为 1 875 kg，平均增殖量 69 kg。据福清县新局大队 1981 年 6 月 15 日至 7 月 15 日在空田测产，30 d 亩产卡洲萍 3 489.5 kg，平均日增殖量 116.5 kg，福清洋梓大队的试验结果也基本相似。这与上面谈到的卡洲萍在高温阶段增殖力较稳定是一致的。

表9 卡洲满江红与两种红萍四季增长率的比较

项 目	卡洲满江红			
	春（3—5 月）	夏（6—8 月）	秋（9—11 月）	冬（12—次年 2 月）
细萍绿	+0.97 ($t=0.1958$ $<t_{0.1}=2.920$)	—** ($t>0.0001$)	-9.1 ($t=1.4117<t_{0.1}=2.920$)	0.8 ($t=0.1864<t_{0.1}=1.771$)
溪萍绿	+16.2 ($t=1.6619<t_{0.1}=2.920$)	+76.8* ($t=2.6764>t_{0.05}=2.365$)	+30.2$^{(*)}$ ($t=2.1082—t_{0.1}=2.133$)	+106.7* ($t=4.9248>t_{0.10}=4.032$)

注：①该表数字包括大田，水泥池级盆钵的试验综合，重复在 3～14 次
②（*）接近显著，* 显著，** 极显著，*** 极极显著

我们在田间进行的卡洲萍、细绿萍、溪绿萍一年四季固氮活性昼夜测定的结果表明（见表10），尽管不同季节 3 个萍种的日固氮量各有高低，但一年四季平均固氮量在统计学上却无显著差异。从一年四季间或春季一昼夜间固氮活性的变异状况看（表11），卡洲萍的固氮活性的变异系数都是最低的。供测试的无病虫害的健壮萍体尚且如此，那么在自然条件下，卡洲萍由于其抗逆性强，产量和固氮活性稳定，一年总固氮量必然比易感病虫害的细绿萍、溪绿萍高。

表10 不同萍种不同季节的固氮量 （mgN/g 鲜萍/h）

季节	卡洲萍	细绿萍	溪萍绿
春	0.203	0.168	0.210
夏	0.065	0.005	0.019
秋	0.185	0.287	0.269
冬	0.125	0.149	0.102
合计	0.578	0.609	0.591
平均	0.145	0.152	0.148
变量分析	无显著差异		

表11　不同萍种固氮活性变异状况比较

比较范围	萍种	S	C.V	备注
一年四季间	卡洲萍	6.7	43.2%	测定期间平均温度变幅为14~31.1℃
	细绿萍	12.4	76.2%	
	溪萍绿	11.6	73.3%	
春季昼夜间	卡洲萍	0.407	44.4%	测定期间日温度变幅为16.50~32℃
	细绿萍	0.456	60.5%	
	溪萍绿	0.567	60.8%	

卡洲萍的这种固氮量和产量稳定性与它较耐热、耐荫，较抗虫，抗霉腐病等有密切的关系，虽然它爆发生长力不如细绿萍、玉林萍等，而抗热力也不如一些萍种，但它的多抗性、稳定性在生产上仍有利用价值，是解决红萍越夏，晚稻用肥有希望的萍种。

卡洲萍的优势是在不良环境（高温、高湿，光照较差，病虫猖獗）中表现出来的，是在其他萍种同时存在时表现出来的，在持续高温或萍种单一的情况下，卡洲萍生长也会受到一定程度的危害，也需采取必要的农业措施。良种要配合良法。因此卡洲萍大面积越夏还要适当管理，才能充分发挥其优势，这也是当前止需深入研究的问题。

【原文载于内部刊物《土肥建设》，1982（4）：108-116，由钟珍梅重新整理】

卡洲满江红夏季繁殖力与多抗性初步观察

陈家驹　柯碧南　程云聪　陈金辉　程文铸

（福建省农业科学院土壤肥料研究所，福州 350013）

1　多抗性萍种在越夏上的意义

在我国南方地区，红萍大面积越夏始终是红萍养殖上的一个技术难关，直至目前，大面积越夏成功的经验尚少。

福建省自从引进耐寒性较强的细绿萍（A. filiculoides）以后，改变了过去养殖地方萍种（A. pinanta）的冬保为冬繁局面，对提高冬春季的产量和发展冬养春用，起了积极的促进作用。然而，细绿萍的抗热性差，且易感霉腐病、蚜虫等病虫害，每当到了高温多雨和虫害盛发的夏季，不易养殖成功而自然死亡，细绿萍的越夏保种成为需重点解决的技术环节。3 年多来，我们通过试验，摸索出池框法（代号 PF 法）、湿养等几种越夏技术，使得每年夏季都成功地保住了一定面积和数量的细绿萍，尤以池框法，其技术成功程度已能做到比较顺利地使细绿萍在越夏期间较快地繁殖，可是，这种办法适合小面积应用，夏季田间大面积养殖仍然缺乏省工省本的过硬办法。

关于夏季红萍容易死亡的原因是多方面的，不单纯是一个高温因素影响，夏季的强光也给红萍直接造成损害，高温加上高湿环境，使红萍容易发生霉腐病，夏季虫、螺、藻和杂萍的孳生繁育，都给夏萍生长造成重重障碍，指望通过某项技术措施来全部解决这些障碍因素，不论技术上或实际应用上难度都比较大，所以，选育以抗热抗病虫为主要目标的多抗性萍种，将是解决越夏和晚季大田养殖的一个捷径。

1979—1980 年，福建省农业科学院土肥所对保存的 80 多个国内外的红萍品系进行初步品观结果，认为卡洲萍（A. Caroliniana）的抗逆性较全面并名列前茅。1980 年晚季，在莆田林峰基点也进行了初步观察，对其抗逆性有相同的认识。今年，在土肥所统一设计下，正式进行品观比较，参试品系有卡洲萍、细绿萍、孟加拉萍、广西玉林萍和莆田本地萍 5 个，以莆田萍做对照，分别在露田小区、宽窄行稻底套养和空地池框法养殖等三种不同环境条件下进行比较，以鉴定其在不同环境下的繁殖力和抗逆性能，现将夏季阶级的初步观察结果整理如下。

2　夏季繁殖力测定

卡洲满江红原产地在北美的东部和加勒比海地区，经夏繁力测定表明（表1），卡洲萍与参试的其他 4 个品系对比，它具有较强的耐热和抗逆境能力。

表 1 几个品系越夏期繁殖力测定

品系名称	露田小区养殖		宽窄行稻底套养		池框法养殖	
	5/25—7/30 70 d 总增殖量（kg/亩）	对比%	5/25—7/10 48 d 总增殖量（kg/亩）	对比%	5/25—7/30 65 d 总增殖量（kg/亩）	对比%
卡洲萍	3 617.5	951.0	1 917.5	675.2	1 895	27.5
细绿萍	1 274	308.5	752.5	265.0	1 185	17.2
孟加拉萍	2 797	735.0	933.5	328.7	7 730	112.1
广西玉林萍	2 171	570.5	220.5	77.6	5 215	75.6
莆田本地萍	380.5	100.0	284	100.0	6 895	100.0

注：池框法每隔 5 d，露田与稻底套养均隔 10 d 测产 1 次，每次测产将增殖部分拿掉，放入原量萍母 500 kg/亩

在炎夏阳光直射的露田条件下养殖，70 d 养殖期中共收萍测产 7 次，亩总增殖萍量合计为 3 617.5 kg，居参试品系的首位，其增殖量是莆田萍的 9.5 倍，也高于玉林萍和孟加拉萍，细绿萍与卡洲萍相比则显得大为逊色，细绿萍的增殖量仅及卡洲萍的 1/3，在小气候环境闷热，湿度增大，日照时数比露田少的宽窄行双龙出海稻底套养，5 个参试品系的繁殖力表现规律与露田大体相似，亦以卡洲萍的增殖量居首位，48 d 养殖期中收萍测产 5 次，卡洲萍亩增殖量总计为 1 912.5 kg，其增殖量是莆田萍的 6.7 倍、细绿萍的 2.5 倍，孟加拉萍的 2 倍，玉林萍在稻底套养下的增殖力与卡洲萍相比差距更大，玉林萍颜色鲜绿，萍丝虫严重，增殖量最低。

表 1 数据系各期增殖量重复平均数的总和，在总产统计中遇到减产时用增殖量去扣补，故体现不出产量发展变化过程和增减产情况，为了能反映出各品系在越夏期间的生长变化过程，我们将露田第Ⅱ重复 5 个品系每期测产数据做成系列图（图 1）。

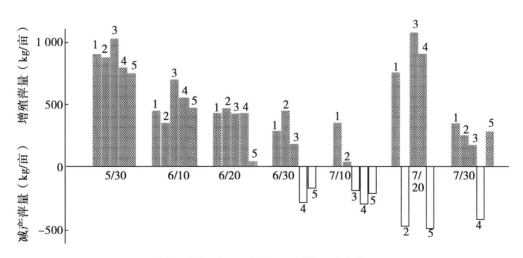

图 1 露田小区不同品系夏季繁殖力比较

1——卡洲萍 2——细绿萍 3——孟加拉萍 4——广西玉林萍 5——莆田萍

从图 1 可以看出，5 月 20 日放萍至 5 月 30 日第一期测产，这时已进入初夏，往后随气温增高"三害"加重，各品系的增殖量的总的趋势是逐趋下降（虽不同品系间升降幅度略有差异），至 6 月底，首先是玉林萍和莆田萍出现部分死亡而减产，再往后，到了 7 月上旬的小暑季节，玉林萍和莆田萍继续死亡减产，孟加拉萍也开始出现死亡减产，细绿萍前一期还能增殖，到了这时已基本处于保产状态（10 d 每亩仅增殖 12.5 kg）。7 月 10 日测产后连续下了几场雨，夏暑暂消，部分尚未死亡的孟加拉和玉林萍的余萍，趁气候稍为凉爽的时机恢复生机并迅猛增殖（10 d 内亩增殖量达 955 kg 和 817.5 kg，可见该两品系不抗热），可是，细绿萍和莆田萍在前段走下坡路后却一蹶不振，到这时候已全部死光（补放了萍母），再往后，进入大暑，正常年景，大暑前后是极热的天气，各萍种将面临更严重的考验，但是今年大暑前后正遇 7、8 号台风而有连续几天的阴雨凉爽天气，这才使得几个品系幸而度过大暑高温且还有增殖，然而玉林萍由于前一期猛发色绿而招来更多摇蚊在其产卵，到了 7 月底被害几近覆没。

上述 4 个品系在越夏考验中都出现衰亡过程，唯独卡洲萍却稳健生长，任凭气候变迁"三害"猖獗，却立于不败之地并以稳定的繁殖力增殖萍体，从而表现了卡洲萍不仅较耐热而且对不良条件具有较广泛的抗逆性能。

有趣的是，在优良环境条件下，参试的 3 个 *A. Pinnata* 品系葱郁竞长，而卡洲萍却并不因为环境条件优越而提高其繁殖力。我们的池框法养殖是放在半日照、通风良好，少虫螺侵害的优越条件下进行的比较观察，在夏季 65 d 养殖期中，测产 13 次（隔 5 d 一期），总增殖量以孟加拉萍最高（亩增 7 730 kg）莆田萍第二（亩增 6 895 kg）、玉林萍第三（亩增 5 215 kg）、卡洲萍第四（亩增 1 895 kg）、细绿萍仍最低亩增 1 185 kg），若以莆田萍的增殖量为 100%，则卡洲萍和细绿萍在良境下的繁殖力仅为莆田萍的 27% 和 17%。

3 多抗性测定

萍体增殖量是外界环境条件综合作用的集中反映。卡洲萍在夏季逆境下越夏，其繁殖力能居于群首，和它具有多种抗逆境性能分不开。

3.1 虫害发生量观测

萍丝虫和萍螟虫是红萍的两种毁灭性害虫。卡洲萍比其他品系含有较多的红色花青素，在阳光照射下它经常保持鲜红的萍色，这一特性可能是多种品系同一地养殖情况下，使有趋绿性的萍螟和萍摇蚊较少在其上产卵的原因，因此，卡洲萍的虫口密度较其他萍种为低（表2），表现出相对地较抗虫。据我们观察，萍丝虫亩发生量达到 800 万条左右，即可产生虫倒萍。越夏期间多次测定中，未发现卡洲萍的虫口密度有超过临界指标者（最高虫量为584 万条/亩）其他参试萍种都曾出现超过临界值，最高虫量在孟加拉萍上曾达到 2 937 万条/亩，莆田萍达 1 502 万条/亩，玉林萍达 1 325 万条/亩，细绿萍达 899 万条/亩。因而在试验观察中间，其他 4 个品系都曾现过全区性死萍现象而卡洲萍无发生。

表 2　田间虫害发生量测定

品系名称	萍丝虫（万条/亩）		萍螺灰复螟（万条/亩）	备注
	露田小区	宽窄行套养		
卡洲萍	118.5	37.3	0	萍丝虫露田时间是 6/20、6/30、7/10，宽窄套养时间是 6/9、6/19、6/29，为 3 期测定的平均值 "两螟" 是露田小区 5/24 3 次重复平均值
细绿萍	247.3	423.9	0	
孟加拉萍	455.3	140.9	3.18	
玉林萍	470.7	603.3	3.36	
莆田萍	699.1	265.6	2.16	

3.2　螺害发生量观测

通常危害红萍的螺害有椎实螺和扁卷螺。螺害发生严重也能招致毁萍，轻则减产。据宽窄行稻底套养测定（表 3），椎实螺除莆田萍外，其他 4 个参试品系中以卡洲萍为最少，而扁卷螺在参试 5 个品系中，以卡洲萍为最少，螺害发生量的原因有待进一步探讨。（露田小区间用大田埂隔开，每区单独用竹管引水灌溉，螺源受隔离，因此测定结果不能反映田间实际情况）。

表 3　田间螺害发生量测定

品系名称	露田小区（万/亩）		宽窄行稻底套养（万/亩）		备注
	椎实螺	扁卷螺	椎实螺	扁卷螺	
卡洲萍	0	11.3	28.1	9.7	
细绿萍	0	17.0	110.5	36.4	
孟加拉萍	0	10.8	36.3	27.9	测定期同表 2
玉林萍	0	10.8	36.3	21.3	
莆田萍	0	25.8	8.5	56.5	

3.3　霉腐病发生情况观察

高温、高湿、弱光和有枯死萍存在是导致红萍霉腐病发生和传染的媒介。夏季稻底套养提供了发病的环境。观察结果，在 5 个参试品系中，除卡洲萍外，其他各品系均不同程度发生霉腐病，以细绿萍和玉林萍较严重（图 2），卡洲萍则表现出较高的抗病力和对霉腐病的不敏感性，在稻底套养中，田间观察无发现过有霉腐现象，由于对霉腐菌不敏感，故相对湿度大些对萍体生长有利，干燥对其生长反而不利。

此外，观察中还感到养殖卡洲萍的稻田水层比较清彻，兰藻青苔较少，这些都是较为奇特的现象，也是卡洲萍较其他品系能顺利越夏的不可分割的原因。

4　小　结

大面积红萍越夏是养萍技术上尚未完全解决的难关。选育抗热抗病虫性为主的多抗性萍种是解决越夏问题的一个捷径。

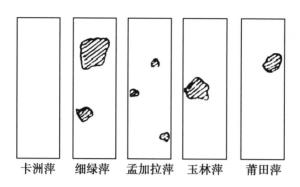

卡洲萍　　细绿萍　　孟加拉萍　　玉林萍　　莆田萍

图2　宽窄行稻底套养霉腐病发生情况

（图示小区内病萍有无及烂萍斑块的大小，1981年6月19日）

经初步鉴定，卡洲萍具有较广泛的抗逆性能。在炎热夏季田间逆境下的繁殖力居于细绿萍、孟加拉萍、广西玉林萍和莆田本地萍之首，后4个品系在越夏期间经不起考验都出现死亡过程，卡洲萍不但无死亡且一直以稳定的繁殖力增殖，在良境下卡洲萍的繁殖力居中等；卡洲萍的萍丝虫、萍螟虫，椎实螺、扁卷螺的发生量较少，在稻底套养也无霉腐病发生；养卡洲萍的水层苔藻也较少，水质清彻是夏季和晚季稻田套养很有希望的一个优良萍种。

【原文载于内部资料《红萍研究论文及资料汇编（1978—1984）》，第103～107页，由钟珍梅重新整理】

卡洲萍周年繁殖力与抗逆性研究

林崇光[1]　朱春添[2]　林金兰[2]　郑金仙[2]

(1. 福建省农业科学院土肥所，福州 350013；

2. 莆田城郊新溪二队科技组)

福建省农业科学院土肥所引进的卡洲萍经红萍室试养，认为卡洲萍周年繁殖速度与含氮量都较稳定，抗逆性也较强，可能成为套养的一个良种。

为了进一步验证卡洲萍的良种表现，我们在 1980 年试养基础上，又于 1981 年 5 月—1982 年 4 月在莆田新溪基点进行了卡洲萍、细绿萍、莆田萍和孟加拉萍、广西玉林萍等萍种（或品系）周年繁殖力与抗逆性的试验。现将当地养殖面积较大的 3 种萍的试验结果介绍如下。

1　卡洲萍的繁殖力和含氮量

经过 1981—1982 年度的周年试验，再次表明了卡洲萍对不良环境有较强的忍受性，抗逆性较全面，无论在盆钵或田间均表现一致的结果。从卡洲萍全年总增殖鲜萍看，盆钵的折合亩产为 12 368.5 kg，比莆田萍亩产 6 151.5 kg 高 1 倍以上，比细绿萍高 7.7%，田间（空田）亩产为 24 053.5 kg，比莆田萍亩产 8 920 kg 高 1 倍半以上，比细绿萍高 4.6%，年总增殖量居首位。在高温炎热的夏季，卡洲萍月总增殖量虽趋下降，但产量比较平稳，周年繁殖曲线峰不如细绿萍和莆田萍那么突出。在试验期间，发现卡洲萍不管在长时间晴天，炎热的阳光直射或台风暴雨，或连续几天的阴雨后转晴，每次测产都有增殖，只是增殖量大小而异，而其他萍种常因气候变化，病虫猛发，出现死萍或减产的现象（表1、图1）。

表1　周年繁殖力测度比较　　　　　　　　（单位：kg/亩）

实验类别	参试萍种	1981 年					
		5 月	6 月	7 月	8 月	9 月	10 月
		气温：23.2℃ 变幅：15.6～26℃	气温：26.7℃ 变幅：18～28.8℃	气温：29.9℃ 变幅：26～32.1℃	气温：29.5℃ 变幅：26.5～32.8℃	气温：28.2℃ 变幅：24.3～31.3℃	气温：24.1℃ 变幅：14.7～27.7℃
		月增殖萍	月增殖萍	月增殖萍	月增殖萍	月增殖萍	月增殖萍
盆钵	卡洲萍	1 618	442.5	945.5	908	1 203	847.5
	细绿萍	1 514	237.5	713.5	166.5	363.5	720.5
	莆田萍	898.5	−184	−6	776	424.5	286

（续表）

田间	卡洲萍	1 910	2 565	2 300	790	700	2 250
	细绿萍	1 040.5	2 202.5	-1 085	780	750	3300
	莆田萍	593.5	1 980	-1 205	450	612.5	2 600

1982 年						周年总值殖量	
11 月	12 月	1 月	2 月	3 月	4 月		
气温：19.4℃ 变幅：11.8～22.1℃	气温：14.4℃ 变幅：7.9～18℃	气温：11.5℃ 变幅：7.4～15.6℃	气温：11.4℃ 变幅：8.3～17.9℃	气温：14.9℃ 变幅：9.1～20.9℃	气温：17.6℃ 变幅：12.6～22.2℃	kg/亩	对比增减（%）
月增殖萍	月增殖萍	月增殖萍	月增殖萍	月增殖萍	月增殖萍		
1 529.5	774	1 618	357	1 577.5	648	12 368.5	201.1
1 702.5	1 354.5	105	198	2 434	1003	11 486.5	186.7
1 525	534	263.5	50.5	1 020.5	518	6 151.5	100.0
3 000	2 650	2 113.5	1 200	2 025	2550	24 053.5	269.7
3 275	2 025	3 008.5	1 950	3 075	2550	22 988.5	257.7
3 650	1 550	3 375	1 050	3 600	2100	8 920	100

注：（1）盆钵4月30日开始，盆放萍量44 g。（2）田间（空田）5月10日开始，小区0.04亩，放萍量2 kg。（3）每5～10 d测产1次。全区捞起称重，繁殖部分取出，如遇减产则重新补足原萍量。（4）7、8、9月份水温系自测，7月月均水温30℃，变幅26～34.5℃，8月月均水温31.9℃，变幅27.6～34.1℃，9月月均水温29.4℃，变幅25.1～33.3℃

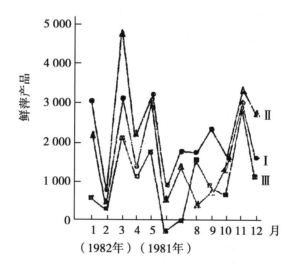

Ⅰ卡洲萍；Ⅱ细绿萍；Ⅲ莆田萍

图1　三萍周年养殖的繁殖动态（盆栽）

据每10 d或30 d取样测定各种萍的鲜萍含氮量，虽然卡洲萍在夏季高温期间略低于细绿萍和莆田萍，年总平均含氮量略低于细绿萍，但相对稳定些，尤其莆田萍各月变幅更加显著（图2）。

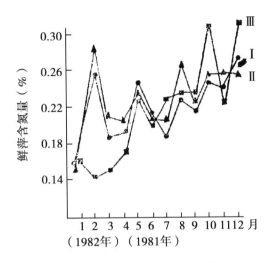

Ⅰ卡洲萍；Ⅱ细绿萍；Ⅲ莆田萍

图2　三萍周年鲜萍含氮量动态变化

2　卡洲萍的抗逆性

红萍的生物量的增殖速度是内外因素综合作用的集中表现。卡洲萍的周年繁殖力和含氮量之所以较平稳，这与它具有较抗病、虫、螺害，较耐高温、高燥和耐寒有密切关系，在试验期间，我们发现卡洲萍当长期经受高温、强光或高氮肥（尿素、碳铵亩施折纯氮5 kg以上做基肥，但作追肥表施会全部倒萍）的影响时，它具有较强的忍受性，只是萍体变小，萍色变紫红，生长减慢，但其基尖仍具有生活力，不易遭病、虫、螺为害，遇上阴天、阴雨即能恢复生机，迅速发根，生长繁殖。据我们在春末夏初观测：1 g重的碎卡洲萍茎尖数达852个，经过9～15 d即有50%以上恢复到正常的萍体大小。

萍丝虫、萍螟、萍灰螟（简称"一虫两螟"）是红萍越夏越秋期间的主要虫害，稍不注意，便造成毁灭性倒萍。据每隔5～10 d检查各参试萍种的"一虫两螟"的发生量，发现卡洲萍的萍丝虫虫口密度比其他萍种低，即使6—7月份每亩也不超过100万，在夏秋高温高燥期间亦无倒萍现象。而"两螟"不管是盆钵或空田都未发生。但细绿萍、莆田萍抗性较差。莆田萍6月份萍丝虫每亩发生量高达240万～612万，而6、7、10月份"两螟"田间发生量每亩达20万以上，接近倒萍临界指标。红萍螺害主要有稚实螺和扁卷螺。据调查，卡洲萍在试验期间发生螺害比其他萍种少（表2）。

表2　虫、螺害发生量测定　　（单位：万/亩）

类别	萍种	萍丝虫			萍螟、萍灰虫			椎实螺			扁卷螺		
		最高月份	发生量	平均	最高月份	发生量	平均	最高月份	发生量	平均	最高月份	发生量	平均
盆钵	卡洲萍	6、7	84	39	—	—	—	—	—	—	9、12	15～60	22.5
	细绿萍	6、10	180	72	—	—	—	6、11	10～36	10.8	6、12	60～84	27
	莆田萍	6	612	132	6、7	4、8	3、6	5、11	30～72	55.8	6、10	48～50	30.0

（续表）

类别	萍种	萍丝虫			萍螟、萍灰虫			椎实螺			扁卷螺		
		最高月份	发生量	平均	最高月份	发生量	平均	最高月份	发生量	平均	最高月份	发生量	平均
田间	卡洲萍	7	100	27.5	—	—	—	10	50	50	9、12	20～30	6.26
	细绿萍	7、10	180	37.5	—	—	—	10	110	10.8	9、10	40～120	15
	莆田萍	6、10	240	78.5	6、7、10	42.6	22.4	5、11	50～190	25	9、10	105～110	20.4

注：本试验头2个月5 d查虫1次，后为10 d查虫1次

卡洲萍对抗霉腐病能力也较强。据几年来观察，夏季高温高湿、高荫蔽以及久不分萍造成萍体覆盖重叠而枯死是导致霉腐病发生的重要原因，特别是夏季雷阵雨、台风暴雨或连续下雨几天后，再晴天，在强光炎热高湿情况下最易发生霉腐病，稍不注意将造成全面霉烂而倒萍。经1981—1982年的周年试验表明，细绿萍、莆田本地萍以及其他萍种都有这样现象，尤其细绿萍在5、6、7、8月份更为严重，只有卡洲萍没有发生过，确有较强的抗霉腐病能力。另外，卡洲萍还具有耐厚积特点，在田间堆积几层厚而没有发生霉腐病，且越下层萍体越绿，尤其冬季和夏初季节。

卡洲萍对青苔、藻类的抗逆力也较强，施高氮肥的情况下，也能抵御苔藻的繁衍；但是在高温盛夏季节，若是田水中氮素浓度较高，苔藻生长繁殖特别快，苔藻也会抑制卡洲萍的生长。因此，在炎热的夏季，要减少氮肥用量，保持田间有足够萍量，避免开天窗，即可克服苔藻蔓延为害。病苔藻发生量见表3。

表3 霉腐病、苔藻发生量测定

为害类别	试验类别	萍种	季节		
			春（3—5月）	夏（6—8月）	秋（9—11月）
霉腐病	盆钵	卡洲萍	0	0	0
		细绿萍	+	+ + +	+ + +
		莆田萍	+ +	+ + +	+ +
	田间	卡洲萍	0	0	0
		细绿萍	+ +	+ + +	+ + +
		莆田萍	+ +	+ +	+ +
苔藻	盆钵	卡洲萍	+	0	+
		细绿萍	+ +	+ +	+ +
		莆田萍	+ + +	+ +	+ +
	田间	卡洲萍	+	0	+
		细绿萍	+ +	+ +	+
		莆田萍	+ + +	+ +	+ + +

注：（1）标号、霉腐病发生率、苔藻杂生率如下所示：0：无发病，基本无杂生；+：发病面积10%以下，杂生率10%～20%以下；+ +：发病面积20%～30%，杂生率20%～30%；+ + +：发病面积30%～40%，杂生率30%～40%

（2）冬季，只有莆田萍有轻微霉腐病和苔藻，其他萍种均未出现

3　结　语

试验结果表明，卡洲萍确实具有较全面的抗逆性和较好的生产性，是一种有希望的越夏越秋、晚稻田套养供肥和越冬的良好萍种。

【原文发表于《福建农业科技》，1984，（03）：6-8，由钟珍梅重新整理】

卡洲满江红抗性研究的田间验证
I. 早稻田套养为晚稻田供肥

叶国添

（福建省农业科学院红萍研究中心，福州 350013）

为在较大面积的田间综合条件下验证卡洲萍抗逆能力的可靠性，同时也为晚稻增辟肥源，扩大红萍养用季节探索道路，特在 1981 年小面积早稻田稻底套养成功的基础上，1982年又在福清县阳下公社新局大队等进行较大面积的实验。早稻总面积为 70.8 亩，其中连片对比田 20 亩。

早稻选用 "749" 品种。插秧规格：套养田用宽狭行双龙出海 [（14 + 5 + 8 + 5） /4寸×2.5 寸，1 寸≈3.3 cm，下同] 无萍田用 5 寸×5 寸。基肥套养田除插秧前倒萍 2 200 kg/亩外，加施碳铵 6.25 kg/亩，氯化钾 4 kg/亩，过钙 7.5 kg/亩；无萍田则施碳铵 21.25 kg/亩，氯化钾 4 kg/亩，过钙 7.5 kg/亩。追肥套养田施复合肥 （含 N. P. K 各 15%） 15 kg/亩，无萍田施复合肥 2 kg/亩。其他管理相同。

晚稻选用 "桂朝二号"。套养田秧用 （11 +5） /2 寸×2.5 寸，无萍田 5 寸×5 寸。基肥套养田翻压早季稻低存留萍 745 kg/亩及过钙 4 kg，无萍田多追硫铵 4 kg/亩，氯化钙 2.5 kg/亩并结合多耕田 1 次。其他基、追肥及其他管理相同。结果如下。

1　卡洲萍生长情况

冬天放萍时是以卡洲萍与细绿萍混养。到整地插秧时，平均每亩产鲜萍 2 223.5 kg。整地倒萍后，每亩自然浮起的萍 400 kg 左右，留作套养萍母。随水稻生长蒙蔽，气温上高，细绿萍逐渐消亡。待早稻收割时田间可存留鲜萍 745 kg/亩，几乎全部为卡洲萍。晚稻田整地倒萍后，自然浮起的萍较少 （50 ~ 100 kg/亩），在晚稻田稻底自然生长。待晚稻收割后，田间平均存鲜留萍 18 kg/亩。也几乎全是卡洲萍，可作冬作物基肥及母萍。据调查，在早稻生长期间自然倒萍量约 1 442.5 kg/亩。晚稻生长期间自然倒萍量约 890 kg/亩。这样一年一亩地产萍量为 5 976 kg，如扣除萍母约 5 000 kg/亩。其中卡洲萍约占 3 500 kg，自然生长分布在四季。

2　水稻生长情况及花工与成本

早季套养田比无萍田增产 29.3% （375 kg/290 kg），晚季套养田比无萍田增产 12.6%（477 kg/423.5 kg），早稻田由于整地前养萍多花工，但中耕除草可省 1 遍，合算起来每亩只多花 20.3 个（7.12/6.82），晚稻田则每亩省 1 个工（9.52/10.52）（中耕除草工）。可见，从早稻插秧后套养正式开始至晚稻收获。这期间在养殖卡洲萍上基本不花工，而每亩增收了近 500kg 萍，并为克服晚稻自耕自种提供了途径。晚稻由于以卡洲萍作基肥少施了化肥，每亩降低了成本 1.16 元（20.85/22.01 元）。

以上结果可见，卡洲萍由于对温度较广的适应性，能耐荫湿，较抗病虫，因此可在稻底正常生长，自然繁衍，这就为养萍用萍提供了更多的选择余地。

【原文载于内部资料《红萍研究论文及资料汇编（1978—1984）》，
第 116～117 页，由钟珍梅重新整理】

第二章

红萍的病虫害及防治技术

红萍主要虫害及防治

姚宇红　陆培基　徐国忠　林永辉

（福建省农业科学院红萍研究中心，福州 350013）

在我国南方，夏秋之间红萍容易死亡，原因是多方面的，其中以萍丝虫、萍灰螟和萍螟的危害最重。

1　害虫的识别及其为害症状

1.1　萍丝虫

萍摇蚊的幼虫，生活在水中。幼龄虫体乳白色，后转黄白色，体长 0.1~0.5 mm；老龄虫体由淡红色转为红色，体长 1.5~5.0 mm。幼虫用唾液腺分泌物裹黏有机残体碎屑营缀管状虫巢，黏附在萍体腹面。取食时将头伸出巢外食害萍体。受害的绿色萍体变成暗绿色转红色；红色萍体变暗红色。严重时萍体变碎，萍群变稀，甚至只剩下少量残体。

1.2　萍灰螟

低龄虫为暗灰色转灰黄色，体长 0.6~2.0 mm，老龄虫灰绿色转褐绿色，体长为 3.0~11.0 mm。幼虫在萍体背面筑巢并嚼食茎尖与叶片。其筑巢特点是虫在前进时头左右摆动，并吐丝将背叶连接起来，待丝干燥收缩后，即形成线状虫巢。虫巢长数厘米至 20 多厘米。危害严重时虫巢间连成网状，几天之内将萍田毁灭。

1.3　萍　螟

刚孵出的幼虫体透明，老龄幼虫头小，棕色转黑色，虫体较肥大，黄白色转乳白色。尾部略黑。幼虫咬断萍体，吐丝，连接在萍体碎片的腹面，待丝干燥收缩后，若干萍体碎片腹面围绕虫体四周形成虫巢（亦称虫苞）。老龄幼虫的虫苞呈粒状，长可达 10.0~15.0 mm，危害严重时，萍面上可见大量分散的葵花籽状的虫苞。

2　防治方法

2.1　物理防治

2.1.1　用 40 目的透明网罩将萍体与外界隔开。此法可有效防治 3 种虫的危害，且省工、省时。适用于红萍资源保存和引种时少量萍母的扩大繁殖，以及需长期密集养殖的试验。

2.1.2　湿养。萍丝虫在水中筑巢、转移和产卵。让红萍在湿润的土地上生长，使萍丝虫失去了赖以生存的生活环境，达到防治的目的。

2.1.3　黑光灯诱杀。这种方法对 3 种虫均有效。

2.2　药物防治

2.2.1　将萍母装入塑料网袋中，用甲胺磷 500 倍液与 3% 呋喃丹 2 000 倍液的混合稀释液浸没 5 min，取出后，置阴处半小时，再进行放养。

2.2.2　大田萍螟、萍灰螟可用甲胺磷 1 000 倍液喷雾，喷后 15 ~ 20 min，幼虫出现中毒症状，爬出虫巢。

2.2.3　大田萍丝虫用 3% 呋喃丹颗粒剂撒施于萍面，每公顷 60 kg。施药时，田中保持 3 cm 的水层，如降低水层厚度，可酌量减少用药量。

2.2.4　用敌杀死 3 000 倍液喷雾，防治萍灰螟、萍螟效果甚佳。喷药 5 min 后幼虫即爬出虫巢。该药对畜禽毒性较小，适用于作饲料的红萍。该药对萍丝虫也有一定的防效，但应防止单独连用，以免引起虫的抗药性。

2.3　生物防治

2.3.1　用苏云金杆菌以色列变种（Bti）防治萍丝虫效果良好。当大田水体药剂浓度达到 20 mg/ kg 时，幼虫死亡率可达 98%；Bti 菌液药效优于呋喃丹，在萍体受害严重时，更显其优越性。该药不产生抗药性，对畜禽、鱼类毒性低。

2.3.2　当绿色红萍与红色红萍同时存在时，萍螟成虫产卵趋向红色萍体，萍灰螟趋向绿色萍体，利用萍螟、萍灰螟的这种趋色性可同时分片养殖萍色不同的 2 种红萍，当 1 种虫发生危害时，只有部分萍田受害，以减少用药成本。

2.3.3　选用斜生型或直立型的红萍品种可以减轻萍丝虫的危害，斜生型品种其茎尖大多不贴于水面，而萍丝虫主要危害红萍贴于水面的部分，虫害发生时，大多茎尖能有效地保存下来，危害高峰过后，萍群又能很快恢复发展起来。

3　防治时期

　　3 种虫发生时来势凶猛，3 ~ 4 d 即毁掉萍田，因此防治要及时。一旦发现 2 ~ 3 cm 长的萍灰螟虫巢时，应立刻防治。萍螟在每平方米有 10 粒老龄虫苞时防治，由于萍螟粒小，且虫苞外表颜色与萍色相同，观察时常会疏忽。可在萍田里插上几根贴有白硬纸片的竹竿，纸片上部高出水面 15 cm，下部插入水中。由于萍螟向空中弹射粪便，白纸片会粘上黑色粪便，据此即可施药。萍丝虫的防治时间以每克鲜萍有幼虫 20 头为准。在大田中主要看萍色。当萍群中呈分散的圈状色变暗时检查，用手握紧少量变色萍数分钟，幼虫在加热和压力的作用下会爬出虫巢，发现有虫就要立即施药。

【原文发表于《福建农业科技》，1996（05）：29 - 29，由姚宇红重新整理】

红萍的病虫害及其防治

徐国忠

（福建省农业科学院红萍研究中心，福州 350013）

1 萍灰螟

俗名连丝虫。属鳞翅目螟蛾科（图1）。长江中下游以南各省均有分布。是绿萍的首要害虫。以初孵幼虫取食嫩芽。6、7月盛发期往往几天内吃光绿萍。

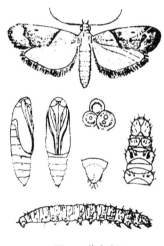

图1 萍灰螟

1.1 特征和症状

雌蛾体长 6～7 mm，翅展 14～18 mm，色土黄，体光滑，腹部具 5 个体节，每节末端茸毛极短，腹膨大。雄蛾体长 5～6 mm，翅展 12～13 mm，黑褐如枯草色，腹部具 6 个体节，每节末端披有茸毛。雌雄翅膀闭合时呈黑褐色，中部有黑白相间的"×"形条纹。翅膀 2 对，前翅革质，披有鳞片、灰色花纹，后翅膜质，白色，不披鳞片，左右翅脉异纹。翅膀里缘与后缘具 1 列茸毛。卵圆形或椭圆形，直径 0.1～0.29 mm，表面光滑，初产时乳白色，后转淡黄色或橙黄色，单粒，具黏性。老熟幼虫长约 8～11 mm，背黄绿色，腹黄色。体躯分头、胸、腹 3 部，头部眼区附近两块骨化，呈三角形，色黄褐，上长 1 对大复眼；胸部的前胸节背板骨化，有裂缝，分左右两块；腹部具 10 个体节，第 3～6 节各有 1 对腹足，第 10 节有 1 对臀足。除骨化节外，每节背观均有前部与后部之分，前部背面、侧面，后部背面各有气门 1 对。气门黑色，上长 1 根刚毛。雌蛹较大，长 6～7 mm，宽 2 mm；雄蛹较小，长 5

mm，宽 1.5 mm。雌雄蛹褐色，眼点，头和翅芽色深，为褐黑色。初孵幼虫集结在卵块附近，取食邻近的小叶片，叶片被毁后，幼虫即迁移扩散；孵后第 3 d，体长仅 2 mm 的 2 龄幼虫即开始吐丝，将萍叶两边向内卷曲起来，隐匿其中嚼食；至第 4 d，所有的 3 龄幼虫都卷叶取食，此时其为害加剧；第 5 d，体长 5 mm 的幼虫呈乳白色，间部变为黄色，食量大增，为害程度更加重；第 6 d，体长 7 ~ 10 mm 的 5 龄幼虫，背黄绿，性猛烈，虫类有芝麻大，圆杆状，此时为暴食期，如不及时防治，2 ~ 3 d 后，整丘满江红将被毁掉。

1.2　发生规律

川西平原一年发生约 9 代，长江以南地区 10 代左右，广东中部 13 ~ 14 代。福建省闽候地区 9 ~ 10 代。虫态历期长短受季节、气温、水温，食物及农药的影响而差异悬殊。因而产生世代重叠现象。在大田或水塘里，往往可同时看到各种不同的虫态。一个世代历期 20 d 左右时，卵期 4 ~ 5 d，纳虫期 8 ~ 11 d，蛹期 4 ~ 8 d，成虫寿命 1 ~ 4 d。成虫飞翔能力强，趋光。经室内观察，成虫羽化时间于 6 月份多在下午 7 时 30 分左右；10 月份提前到下午 5 ~ 6 时。其羽化率 6 月份为 77%，8 月份为 75.5%；雌雄比为 1 : 0.45 ~ 0.55。羽化后当晚交配，次日产卵。萍灰螟产卵时对满江红叶色有所选择。当一片萍体有红绿两色萍群存在时大部分萍灰螟趋向红色萍体上产卵，若无红色萍体，亦可在绿色萍体上产卵。雌蛾的产卵量受雌雄搭配的影响。孤雌也能产卵，但多不完善，8 只雌蛾平均遗卵多至 188 粒，实行雌雄搭配，16 只雌蛾平均遗卵 58 粒。雌雄组合的幼虫都在成虫羽化后第 6 d 孵化，其孵化数为 1 对蛾平均孵化 169 条幼虫。卵多产生在新生的同化叶与吸收叶之间。少数产于顶芽幼叶之间，幼虫的生长发育取决于温度和食物。气温 28.7℃ 左右，幼虫期平均 8.8 d；气温降至 21.5℃，幼虫期延长到 16.4 d。初孵化幼虫集结在卵块附近，取食邻近的小叶片，"挖"通了许多虫道，叶片被毁后，幼虫即迁移扩散，2 龄幼虫开始吐丝，将萍叶两边向内卷曲起来，隐匿其中嚼食，3 龄幼虫都卷向取食，为害加剧，4.5 龄幼虫食量最大。

1.3　防治方法

①农业防治。在暗夜，点灯诱杀成虫，并查清虫情，据此及时倒萍，切断食料；合理轮作。②生物防治。利用天敌蛙类、蚂蚁、蜘蛛捕食萍灰螟；6 ~ 7 月放养瘤姬蜂和绒茧蜂，或用每毫升含 0.3 亿苏云金杆菌的 201 和 7404 两个菌株再配以 5 000 倍液磷胺混施。③化学防治。对低龄幼虫 200 倍的甲六粉、毒杀芬，800 倍的亚胺硫磷、稻丰散，1 000 倍液的速灭虫、螟铃硫脲、倍硫磷，防治效果都在 80% 以上。5 500 倍液的磷胺、甲胺磷、1605 乳剂、双硫磷、巴丹，药效可达 100%。对于老龄幼虫用 1 000 倍液的磷胺、巴丹、双硫磷，防治效果都在 90% 以上。1 000 倍液的敌杀死、大灭菊脂，防治效果在 98% 以上。

2　萍褐摇蚊

幼虫称红丝虫。属双翅目摇蚊科。在红萍体下水中活动，咬食萍根或萍叶。红萍受害呈紫褐色，无根，衰弱离散，生长停滞。严重时变黑褐色腐烂而死亡。

2.1 特征和症状

成虫体长 4 ~ 5 mm，茶褐色。胸部背面有 3 条棕褐色纵条斑，腹部淡青色。翅膜质透明，翅上有很淡的灰褐色斑纹，并有 1 个小黑点。卵长椭圆形，长约 0.26 mm；宽约 0.1 mm。初产黄白色，后呈淡棕黄色，几百粒多行排列在卵囊中。幼虫体红褐色，长 7 ~ 8 mm，前胸和腹部末节各具有假足 1 对，蛹体暗红色，前胸背侧各有 1 丛白色绒毛状呼吸器。

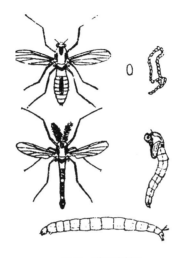

图 2 萍褐摇蚊

2.2 发生规律

在日平均温度 26 ~ 27℃或水温 27 ~ 28℃时，需 17 ~ 21 d 完成 1 代。成虫多在夜间活动，有趋光性。幼虫活动于红萍底下，用咬碎的萍根、萍叶在萍下或叶腋间缀成筒状虫苞，以头胸部伸出筒外取食。有时也能离开虫苞，游动水中，取食萍根。幼虫有群集性，在水底做筒状泥巢。老熟幼虫在巢中化蛹。蛹在水面能缓慢地游动。

2.3 防治方法

每 0.11 m² 有虫 50 头时应施药。每亩用茶子饼 3 ~ 4 kg，捣碎，放入 50 kg 温水中。经 3h，滤去残渣喷雾；或在放萍前，每亩泼浇浸出液 150 kg 左右，1 d 后再放萍。

3 萍螟

俗称红萍虫、卷叶虫。属鳞翅目螟蛾科拟螟亚科（图 3）。有褐萍螟 *Ngmphula* turbata Buther 和黑萍螟 *Ngmphula enixalis* Swinhoe 2 种。除为害满江红外，亦可为害青萍、槐叶萍、鸭舌草等。福建、广东、广西、江西、浙江、四川等省区均有分布。

3.1 特征和症状

褐萍螟雌蛾体长 8 mm，翅展 16 ~ 20 mm；雄蛾体长 6 mm，翅展 16 mm 左右。全躯带翅

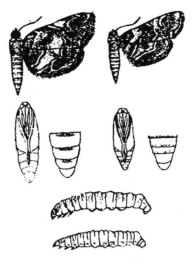

图3 萍螟

外形呈等边三角形，体背和翅膀黄褐色至褐色，翅脉异纹，披有鳞片。前翅亚外缘线、外横线、中横线之间淡黄褐色，外横线与中横线中部相距较宽。后翅前缘有一褐色圆纹斑。黑萍螟较褐萍螟略小，雌蛾体长7 mm，雄蛾体长5 mm，体背和翅膀黑褐色。前翅斑纹复杂，不如褐萍螟清晰，有4条白色波浪状横纹，外横线与中横线中部较接近，中部前方有2个肾形斑，后方有1个圆形座；后翅接近前缘处有1橙黄色圆形纹，近外缘有3个橙黄色纹。卵椭圆形，长0.33 mm，宽0.2 mm。初产时乳白色，后变黄白色，单粒上覆黏液。幼虫圆筒型，刚孵出的幼虫体透明，8 d后体乳白色，头棕色，后转黑。老熟幼虫体长分别为11~13 mm（褐萍螟）和10 mm（黑萍螟）。头的两侧下方具6个侧单眼，呈半环形排列，下面的膜质突上有圆锥形三分节的触角，胸分前、中、后3个体节，每节有1对胸足。前胸背面色深，两侧下方有气门，褐萍螟前胸盾，每侧刚毛6根，黑萍螟8根，腹部有10个体节，第3~6节各有1对腹足，第10节具1对臀足。黑萍螟的蛹较小，雌蛹体长6~6 mm，雄蛹体长4.5~6 mm，第5~7腹节的背面无刻纹；褐萍螟雌蛹体长8~9 mm，雄蛹体长6.5~7.5 mm，棕色，第5~7腹节背面中央近前缘处具刻纹。1龄幼虫不营巢即潜入叶内取食，1只蛾产的卵孵成的幼虫可在2~3 d毁灭9 cm²的满江红；2龄幼虫利用8~11片满江红小叶卷捆成巢，基腹部留巢内，头部伸出取食；3龄以上幼虫便利用整强萍体营巢，食量大增；5~6龄幼虫食量最大，为害最烈。萍螟潜伏在萍叶下面，先取食萍根并将萍体缀合成巢，此时满江红的同化叶向外，吸收叶向内，缀成粒状巢穴。远看萍群表面散布有花生米粒状的虫苞。

3.2 发生规律

浙江1年发生7~10代，以6~7月份发生最多，为害最烈。川西平原黑萍螟1年发生约7代。在广东省1年发生11~12代。黑萍螟和褐萍螟均有世代重叠现象。福建省福清县（闽东南）1年发生7代，均有盛发期。3月底至4月初为越冬代盛发期；5月下旬为第1代盛发期；6月中旬至7月初为第2代盛发期；7月上旬至7月下旬，8月下旬，9月下旬，10月下旬至11月初分别为第3~6代。各代盛发期一般达15 d左右，长的达20多d，第2代与第 3 代互相连接长达 40 多天。从各代发蛾量来看，以第 3 代为最大，其次是第 6 代。幼虫出现的高峰均在各代虫盛发期之间，一般 0.111 m^2 幼虫密度达 2～3 只，7 月上旬至 7 月下旬初，幼虫密度很大，0.111 m^2 高达 40～50 只。其次是 11 月上旬，幼虫密度 0.111 平蛾高峰期在 7 时和 9 时。日照缩短，羽化时间相应提前。雌蛾数量一般为雄蛾的 2.4～3.6 倍，且有一雄多配现象，在 1:1 的雌雄组合中，雄蛾寿命不超过 8 d，而在 6-1 的组合中，雄蛾寿命达 10 d。在孤雌饲养的情况下，一只雌蛾平均怀卵 175 粒，在雄蛾刺激下，则达 283粒。羽化后第 1 d，卵全部连成条卵带；第 2 d，有短卵带，也有散生卵；至第 4 d 卵已全部成熟。两种萍螟产卵及卵的孵化均需要水生环境。如将卵暴露于空气中，即使气温很高，相对湿度达饱和状态也未见孵化。卵的孵化于下午 1～6 时进行，下午 2～3 时孵化最盛。萍螟幼虫一般蜕皮 5～6 次，以 5 次居多。1 龄幼虫不营巢即潜入叶间取食；2 龄幼虫利用 8～11片满江红小叶卷捆成巢，其腹部留巢内，头部伸出取食；3 龄以上幼虫便能利用整张萍体营巢，食量增大，5、6 龄幼虫食量大增，为害最烈。幼虫在化蛹前停止取食，滞留巢内吐丝作茧，后虫体变粒变短，约过半天，蜕下最后 1 次皮即由圆筒形变成纺锤形。

3.3　防治方法

（1）预测预报。当灯下或萍面发现大量蛾子 3～4 d 后，早上经常查看萍色。萍面若稍现乌灰色，可能有萍螟幼虫为害，应立即分萍检查。若发现有几张小叶粘连成像芝麻大小的小虫苞，用手拉开即可见萍螟幼虫。1 龄幼虫体无色透明；2 龄幼虫头部及前胸盾褐色，体呈淡黄绿色，半透明；3 龄以后的幼虫体呈灰绿色带黄色。应掌握在 3 龄以前防治。

（2）农业防治。利用此虫越冬场所专一的特点，冬季处理遗落在溪、塘、湖、沟等处的散落绿萍，以压低越冬幼虫数量；及时倒萍，早稻田倒萍一般应在 5 月底至 6 月上旬进行，连作晚稻倒萍在 9 月上旬。6、7 月绿萍越夏阶段，成虫盛发，扑灯雌蛾多未产卵，点灯诱杀可消灭大批成虫。

（3）生物防治。亩用杀螟杆菌粉剂 0.5 kg，对水 50 kg 喷雾，防效可达 90% 以上。

（4）化学防治。可用 25% 滴滴涕乳油 300 倍液和 25% 滴滴涕乳油以及 90% 晶体敌百虫的混合液（2:1:1 000）；或 50% 马拉松乳剂、50% 杀螟松乳剂、50% 倍硫磷乳剂 2 000 倍液，或磷胺、巴丹、敌杀死 1 000 倍液喷雾。下午或傍晚喷药效果显著。

4　椭圆萝卜螺（*Radix swinhoei* H. Adams）

属软体动物门腹足纲肺螺亚纲基眼目椎实螺科。除为害绿萍外，还可为害多种水生植物。江苏、浙江、福建、台湾、广东等省均有发生。幼螺和成螺都能吞食萍根和萍叶，尤其喜食嫩芽。受害萍体缺根，茎叶离散。发生严重，几天内能将整塘绿萍吃光。

4.1　特征和症状

成螺贝壳长椭圆形，壳高约 20 mm。壳薄，光滑，稍透明有细纹，壳面淡褐色或茶褐色。螺层较长，不甚膨大，一般有 3～8 个螺层，大多为右旋，壳顶长。头宽大丽扁平。日在头的腹面，内生齿舌，触角扁平三角形，位于头的两则，眼着生在触角基部，外观似 1 黑点。卵圆形，呈数行排列于透明胶质长形卵囊中，卵囊一般长 15～20 mm，最长可达 40 mm

左右。每一卵囊含卵 120 粒左右。

4.2 发生规律

一年发生代数不清楚。以成螺在水边土缝中、结冰的植物下或土层中越冬。抗寒力强，天气转暖即活动。除冬季外，其他季节都能产卵繁殖，以水温在 15~20℃ 时最为适宜。卵期长短与水温有关，水温在 16~17℃ 时需 14~15 d，当水温升达 22~23℃ 时仅露 9~10 d，夏季温度适宜时生长很快，2 个月左右即可达性成熟。交配 4~7 d 后开始产卵。有逆水上游的习性，故在水稻田或萍床流水进出口处聚集最多。

4.3 防治方法

（1）利用此螺逆水上游的习性，在水田或萍田口装设竹篱拦截，捕捉杀灭。把新鲜的冬瓜皮、西瓜皮、南瓜皮或坏甘薯切成小块，用麻线拴连，于傍晚撒放萍田内，次晨收集，曝晒杀灭。（2）每亩用茶子饼 5~6 kg，浸泡喷雾。也可在放养绿萍前 1~2 d，每亩稻田用茶子饼浸出液 150 kg 泼浇。

【原文发表于《农林病虫草害防治百科》，中国商业出版社（北京）1994：150－154，由徐国忠重新整理】

萍丝虫生物学特性与防治的研究
I . 摇蚊的形态特征

陈家驹[1]　柯碧南[1]　程云团[2]　程锦腾[2]

（1. 福建省农业科学院土肥所，福州 350013；2. 莆田土肥基点科技组）

萍丝虫的成虫称萍摇蚊。因它们生活在萍田，有的种类幼虫是植食性的，取食红萍直成为红萍的害虫，故生活在萍田里的摇蚊幼虫统称萍丝虫，其成虫统称萍摇蚊，它们均属双翅目，摇蚊科（Tendipendidae）。

据我们在莆田、福州等闽东南沿海地区调查，并经与三明、龙溪、龙兴等地（市）农科所土肥室同志的调查结果核对，初步认为福建省萍田里常见的萍摇蚊种类有 4 种，据广东农业科学院土肥所请中国科学院西北高原生物研究所和武汉水生生物研究所颜京松、王基琳、叶沦江、王士达等同志对这 4 种进行鉴定，定名为依尼诺多足摇蚊（幼虫暂称拟红丝虫、成虫俗称二带萍摇蚊）、细长摇蚊（俗称幼虫为红丝虫、成虫为褐萍摇蚊）、溪流摇蚊（俗称幼虫亦为红丝虫、成虫为绿萍摇蚊）、三带环足摇蚊（俗称幼虫为白丝虫、成虫为黄萍摇蚊）。

本文着重简述伊摇蚊的各虫态特征，其他 3 种萍摇蚊择其要点进行比较，以供鉴别、对照。

1　依尼诺多足摇蚊（*Polypedilu millinoense* Hauber）的虫态特征

该种属摇蚊亚科，多摇蚊属，各类虫态特征比较见表及图 1～图 5。

1.1　卵

卵粒长椭圆形，极轴 0. 15 mm、赤道 0. 05 mm，每卵囊有卵 57～300 粒，平均 142 粒，初产卵粒单个成有排列在胶质卵囊内，黏附在水下萍体上，漂浮在水中，卵囊吸水膨涨后成透明胶质球状，球径在 1～2 mm 间，此时卵粒即无规则散布在囊球内。初产卵粒无色，随着孵化而变为黄棕、棕褐色。

1.2　幼　虫

初孵幼虫体长 0. 1～0. 2 mm，1 龄期 0. 5 mm，乳白色，2 龄期 1～1. 5 mm，黄白略带红色，3 龄期长 2～3 mm，此时头胸黄绿色，腹部淡红色，食道褐绿色，4 龄期长 4～5 mm；头胸黄绿色，腹部红色加深。

头纵长，近扁椭圆形，半骨化，眼点 1 对，黑色，触角 5 节，触角叶达第 5 节未端，环

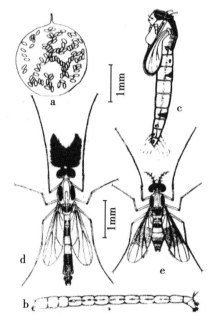

a.卵囊；b.幼虫；c.蛹；d.成虫（♂）；e.成虫（♀）

图1　伊尼诺多足摇蚊

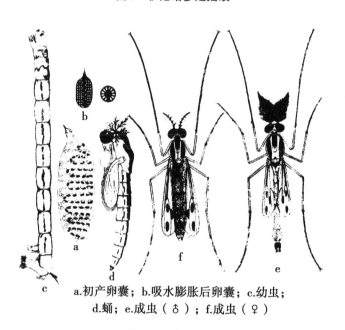

a.初产卵囊；b.吸水膨胀后卵囊；c.幼虫；
d.蛹；e.成虫（♂）；f.成虫（♀）

图2　细长摇蚊

器位于基节中部，4龄幼虫A.R为1.25；口器近似咀嚼式，大颚1对镰刀形，相向作水平运动，大颚具端齿1个、颚齿1个、缘齿3个，均黑色；下唇齿扳具16个黑色齿，中齿1对长而粗钝，第1侧出齿；第2侧齿与中齿等高、自第3侧齿起依次向外侧变短；副下唇域扳折扇形，上具放射影线纹；肛上乳突各具8根刚毛；无侧、腹鳃，肛门附近有2对指状尾

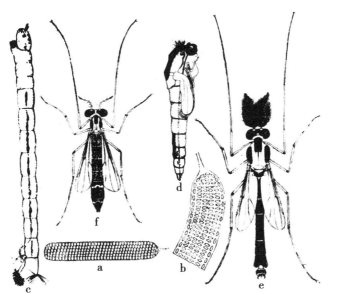

a.初产卵囊；b.吸水膨胀后卵囊；c.幼虫；d.蛹；e.成虫（♂）；f.成虫（♀）

图3 溪流摇蚊

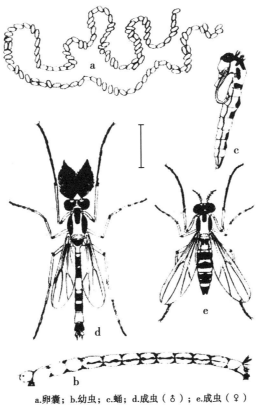

a.卵囊；b.幼虫；c.蛹；d.成虫（♂）；e.成虫（♀）

图4 三带环足摇蚊

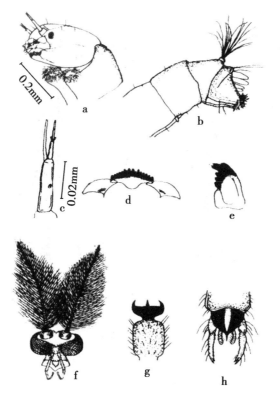

图5　伊尼诺多足摇蚊各部特征

鳃，尾鳃中间有一收缩点，上有2根后仰的刚毛。

前原足1对，瘤状，基部愈合，可前后伸缩，足端具多条钩状毛。

腹末原足1对，长漏斗形，长度与第8腹节相当，可向后伸直也可向前弯曲与腹部平行，足端具多个刀形瓜钩，用以躯体攀缘附着。

1.3　蛹

为被蛹，长2.8～4.3 mm，平均3.5 mm。头胸暗绿色，腹部棕黄色，接近羽化时蛹色变暗，有银灰色光泽。雌虫蛹色更深。翅芽达第3腹节。前胸背侧左右有1对六分叉白色鹿角状海绵质呼吸角伸出背板。第8腹节两侧长出一些长度0.6 mm的褐色弯形刚毛，并有黏稠质丝状物联成扇形尾鳍。利于在水中做子了态运动。

1.4　成　虫

雄蚊体长3～3.5 mm，翅比腹短，外形似蜻蜓。胸部黄棕色，腹部浅黄绿色；复眼黑色，左右不相遇；口器退化，仅留附肢；触角13节，鞭节基部各节棕白相间，A·R为1.42，鞭节环生褐色长毛；中胸盾片有左右2条橘黄色斑块，小盾片半月形，绿黄色，后盾片复盖腹部第1节，上有2块楔形棕褐色斑块；腹部第2节背扳有2个外斜的橄榄形的棕褐色短斑块，第3、6腹节有棕褐色环带，色环中央不相遇；第7、8腹节棕色。第7节背板有左右2条棕褐色牛角形色条，第8节有两条外斜的棕褐色分，其余各节均黄绿色，无色斑；

雄外生殖器基部三角形；抱握器向后伸，基节与端节外沿有许多毛，尾针暗色细长，腹附器上有许多倒钩毛；前翅膜状，透明无色斑，翅膜与全身都披有细毛，后翅特化为平衡棍，黄绿色，翅脉简单，只有 CR_1、Rs、MA、Cu_1、Cu_2 明显，Sc 和臀脉弱，径中黄脉 r—m 不特别增粗。

前足长，停息时举起，从胫节开始折向头部上前方，并时常摇动故称摇蚊。各足跗节约 5 节，胫节远端有一鳞状距和 2 根刚毛，第一跗节长，L·R 为 2.28，第 5 剧跗节末端有一对爪，爪垫窄，爪间突状针。

表 1　3 种萍摇蚊虫态特征比较　　　　　　　　　　　　　（单位：mm）

项　目		细长摇蚊（Tendipes atteau - atus Walker）	溪流摇蚊（Tendipes riparius Meigen）	三带环足摇蚊（Cricotopus trif - asciatus Panzer）
科、属		摇蚊亚科，羽摇蚊属	摇蚊亚科，羽摇蚊属	直突摇蚊亚科，环足摇蚊属
卵	卵粒大小	0.23×0.1	0.29×0.12	0.15×0.05
	卵囊形状	圆筒状	扁带状	细长管状
	卵囊排列	12～14 粒 1 行，沿筒壁成弓形	5～6 粒 1 行，垂直带而弓形	单粒或双粒成单行
幼虫	4 龄体长	10～11	10～11	4～5
	体色	水红	水红	黄白
	眼点	2 对	2 对	1 对
	触角、肛上乳突刚毛	5 节，触角叶与末次节平各 7 根	5 节，触角叶与末次节平各 7 根	5 节，融角叶与末次节平各 7 根
	腹腮	侧腹腮 1 对、腹腮 2 对	侧腹腮 1 对、腹腮 2 对	无侧、腹腮
	肛腮	2 对	2 对	2 对
	大颚	端齿 1、颚齿 1、缘齿 3	端齿 1、颚齿 1、缘齿 3	颚齿 1、缘齿 4
	下唇齿板	15 个齿，中齿与第 2 侧齿等高	15 个齿，中齿小于第 2 侧齿	13 个齿，中齿粗大。第 2 侧齿小
	副下唇齿板	折扇形，有放射影线纹	折扇形，有放射影线纹	
蛹	体长	7～8	6～8	3～3.5
	体色	红褐	暗棕红	黄褐
	呼吸角	各 1 丛白色绒毛状	各 1 丛白色绒毛状	各 6 根刚毛状
雄成虫	体长	4.5～5.5	4.5～5.5	2.5～3
	体色	棕褐	黄绿	棕黄
	触角	11 节	11 节	11 节
	前足比	1.9	1.8	
	前足胫端	无距，2 根刺状毛	无距	1 黑色短距
	翅横脉	径中横脉加粗似褐点	径中横脉加粗似褐点	径中横脉不加粗
	翅膜色斑	有三色斑	无	无
	质片色斑	棕褐品字形斑	棕黄褐品字形斑	棕褐品字形斑
	小盾片	棕绿色	绿色	棕褐色
	后盾片	桔黄色	棕黄色	棕褐色

雌蚊体长 1.7～2.5 mm，翅端部超过腹部，外形似蝇类。体色比雄蚁深，腹部粗壮，末端渐小，第 2 腹节背板有 2 个外斜三角形棕褐色斑块，第 3、6 腹节背板有 2 块楔形暗棕褐

色斑带，中央不相连，第7、8节色稍暗，无雄蚊那样的色条，其余各节黄绿色，无色斑带，第9、10节退化为1对尾须。融角5节，基节较粗色暗，2、3、4节中部膨大成球形，浅棕绿色，末节细长，色较暗，各节长有稀疏短褐色毛。

雌蚊独特的特征是前翅中部是淡蓝色色带，两端透明，Cu_1与Cu_2间的翅沿有20根较长的细毛，其他特征与雄蚊相似。

【原文载于内部刊物《土肥建设》，1983（5）：117~124，由罗旭辉、王其芳重新整理】

萍丝虫生物学特性与防治的研究 Ⅱ. 伊尼诺多足摇蚊的生活习性 及对红萍的危害

陈家驹[1] 陈世余[1] 程云聪[2] 柯碧南[2] 程锦腾[2]

(1. 福建省农业科学院土壤肥料研究所，福州 350013；

2. 莆田土肥基点科技组)

伊尼诺多足摇蚊（下简称伊摇蚊）幼虫（称拟红丝虫），是植食性的水生昆虫，它主要取食红萍，是红萍的毁灭性害虫，而萍田常见的褐、绿萍摇蚊（幼虫都俗称红丝虫）幼虫是腐食性的，黄萍摇蚊（幼虫俗称白丝虫）的幼虫是杂食性的，它们对红萍一般不构成毁灭性威胁，为了节省篇幅，本文主要报告伊摇蚊的有关生物特性的研究结果，只在必要时才顾而言他。

1 生活年史

根据 1979—1980 年的田间点灯诱蚊，室外大的（900 mm × 900 mm × 1 500 mm）、小的（500 mm × 500 mm × 500 mm）养虫笼饲养观察（图 1），同时配合室内饲养和田间调查观察等多方面研究结果互相验证，伊摇蚊在闽东南的莆田地区年可发生 16 个世代。若以 2 个成虫高峰间期做为 1 个世代历期，则春季成虫于 3 日初开始羽化至翌年 1 月中下旬的末代羽化高峰结束，其间经历的 16 个世代，其各代成虫高峰期分别为：第 1 代 3 月中旬末，第 2 代 4 月中旬末、第 3 代 5 月中旬初、第 4 代 6 月上旬初、第 5 代 6 月中旬末、第 6 代 7 月上旬初、第 7 代 7 月中旬末、第 8 代 8 月初、第 9 代 8 月中旬、第 10 代 9 月初、第 11 代 9 月中旬、第 12 代 9 月底、第 13 代 10 月下旬、第 14 代 11 月上旬末、第 15 代 12 月上旬、第 16 代元月下旬（表 1）。

图 1 室外大小养虫笼

表1　伊摇蚊年发生世代与各代历期（1979—1980年灯下观测用笼饲校准）

代　别	成虫高峰间期（月/日）	各代历期（d）	代均温（℃）	代均相湿（%）
第1代	1/22～3/19	57	12.3	77.5
第2代	3/20～4/18	30	16.8	78.0
第3代	4/19～5/12	24	21.5	82.4
第4代	5/13～6/3	22	23.5	84.3
第5代	6/4～6/19	16	25.0	86.3
第6代	6/20～7/1	12	27.1	85.1
第7代	7/2～7/18	17	28.4	81.5
第8代	7/19～8/2	15	28.5	80.0
第9代	8/3～8/15	13	28.2	81.6
第10代	8/16～9/1	17	28.0	80.3
第11代	9/2～9/16	15	27.2	78.2
第12代	9/17～9/30	14	25.6	76.3
第13代	10/1～10/25	25	23.1	71.6
第14代	10/26～11/9	15	20.8	65.2
第15代	11/10～12/7	28	17.1	69.3
第16代	12/8～1/21	45	12.5	72.6

　　第16代为越冬代，该代卵孵出的幼虫经过越冬后于来年3月羽化，所以，实际上，第1代成虫是越冬代的幼虫羽化而来的。

　　各代历期长短与温度、食料等生态环境条件密切相关，其中，温度对发育期长短的影响表现有线性规律（见图2）。夏季*高温阶段1代历期最短仅12 d，而冬季最长达57 d。

　　温度越高代期越短，相反则长。从年发生趋势看，开春后随着气温回升各代历或逐渐缩短，至晚季后随气温下降历期又延长。但是，地处亚热带海洋性气候的莆田县，夏秋季节时有台风暴雨天气，在台风暴雨特殊气候过程内有短期的降温凉爽过程，因而整个夏季发生的9个世代中各代历期长短有波浪性变化。根据我们在莆田的室内外观察结果综合来看，春季平均1个世代历期为34.3 d、夏季历期为14.8 d、秋季历期为27.1 d、冬季历期为52.8 d。

　　由于温度条件对世代发育有密切的相关性，故不同地区气候条件不同，伊摇蚊的年发生代数会随即发生变化。在同一个地区内，年发生代数在一般正常年景会比较固定，但据我们饲养和田间调查得知，越冬幼虫一般虫龄较高，冬季或早春阶段，只要有连续5～6 d平均日均温超过13.5℃的阶段性暖天出现，老熟幼虫即可很快发育为成虫，所以，如遇暖冬年景，在莆田，伊摇蚊冬天尚可繁殖1代（即年发生17个世代）。在一个地区内，各代历期长短，不同年份也会发生变化，它取决于当年四季的温度条件变化，所以，不同年份各代成虫高峰期可能提前也可能推后，为了提高防治效果，击中要害，各地需要开展自己的测报

　　*　四季划分标准以5 d滑动平均气温稳定通过10℃和22℃始终日为界线，<10℃为冬季，>22℃为夏季，10～22℃为春、秋季，则莆田县的四季时间（月/日），春季为2/25～5/27，夏季为5/28～10/11，秋季为10/12～12/30，冬季为12/31—2/24。

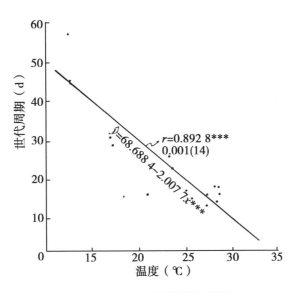

图 2 温度与世代历期的相关性

工作。

关于各代虫量的年发生规律，从莆田灯下成虫的诱捕量来看（图3）：冬春季节受低温影响虫量很少，每夜只诱捕到几百只，1—2 月间几乎无蚊扑灯，所以，每年第 1、2 两代的虫量较低，以后随着温度升高，繁殖率提高，到 5 月中旬至 6 月上旬达盛发高峰，6 月上旬是 1 年中发生量最多的时候，平均每夜一盏 15 瓦紫外灯诱加到的伊摇蚊达 43 000 多只，以后进入夏季高温期，受高温和早稻收割前的田间排水烤田等生态条件发生改变的影响，虫量下降，至晚稻插秧后水田复灌水，又提供了繁殖场所，虫量又复回升，到了 9 月份，酷暑渐逝，虫量急剧上升，至 9 月中下旬，出现 1 年中的第 2 个盛发期，9 月下旬至 10 月上旬，受寒露风影响，虫量下降，至 10 月下旬的小阳春天气时虫量又上升，到了 11 月上旬出现第 3 个盛发期，此时，最高一夜灯下蚊量达 2 万多头。从伊摇蚊的生活年史和发生分布规律的观测结果不难看出：一年中以第 3 代（5 月中旬）、第 4 代（6 月上旬）和第 11 代（9 月中旬）第 12 代（9 月末）、第 13 代（10 月下旬）成虫量大，其后代孵出的幼虫对红萍的危害性也大，5、6 月和 9、10 月两个盛发期，分别给红萍的越夏和越秋造成困难。为了使红萍安全越夏和越秋，在防治策略上必须狠抓盛发期前的治虫工作。到了 11 月上旬的第 14 代，虽然灯下虫量是一年中的第 2 位，然而，11 月中旬已是晚秋季节，北方冷空气频繁南下，气温明显下降，后代的繁殖率受影响故到了 11 月中下旬的第 15 代，灯下虫量大幅度下降，红萍被害程度也较轻，加上晚秋气温有利于细绿萍生长，故晚季放养细绿萍到了这个时候才能不太花力气又能较快地繁殖起来。

2 虫态历期

各虫态历期，不同季节不一样。夏季 1 个世代历期 13～16 d 情况下，其卵期一般 1.5～2 d，幼虫期 9～11.5 d、蛹期 2 d、成虫和命期 3～5 d；秋冬一个世代历期 45～65 d 情况下，卵期 4～21 d、幼虫期 38～41 d、蛹期 2～3 d，成虫寿命期反而只有 0.5～2 d。

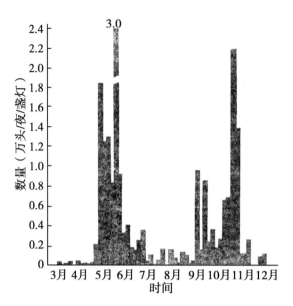

图3 伊摇蚊发生量年分布规律

各虫态历期长短同样受温度与食料等生态条件的密切影响，就以卵孵化速度来看：如2月7日摇蚊产卵后要经21 d才能全部孵化完全，孵出幼虫突破卵囊尚要经历3 d，而在夏季，完成这个过程只需2～3 d时间。

兹举5月31日晚上8时摇蚊产卵后饲养1个世代为例绘成的各虫态历期，如表2所示。

表2　伊尼诺多足摇蚊各虫态历期（月/日）

月/日	发育进度																			
	5/31	6/1	6/2	6/3	6/4	6/5	6/6	6/7	6/8	6/9	6/10	6/11	6/12	6/13	6/14	6/15	6/16	6/17	6/18	6/19	6/20
各虫态历期	+(♀)	●	●																		
				—	—	—	—	—	—	—	—	—	—	—							
															△	△					
																	+	+	+	+	+

注：●卵，—幼虫，△蛹，+成虫

3　生活习性

3.1　成虫期

3.1.1　羽　化

成虫羽化大多在傍晚，白昼很少。夏秋季节多在18～22时羽化，以18～19时为羽化高峰；冬春季节多在17～20时羽化，以17～18时为羽化高峰。

在外田里，初羽化的成虫爬在萍面上静憩15～30 min，待其触角和翅翼干爽后即能飞遁（♀蚊此时腹部逐渐收缩变短），这期间如遇惊扰或劲风吹刮等亦能促使它提前飞逸。静憩期间是蚂蚁、青蛙等天敌猎获的良好时机。

3.1.2 扑 灯

成虫怕阳光，白昼多在稻叶、树叶背面或杂草丛中等暗处潜伏，黄昏出来活动，夜间对电光有趋光性，对紫外光有较强的趋光性。一般羽化后半小时即能扑灯，扑灯高峰出现在傍晚，夏秋季节多在 19~20 时，图 4 可见到夏季 19 时的扑灯量是当夜总扑灯量的 52.1%，20时占 13.3%，22 时占 9.5%，以后至翌晨扑灯蚊量很少。

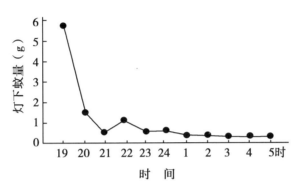

图 4 夜间灯下蚊量分布

3.1.3 交 配

羽化后的成虫大多在当晚或次晚交配。成虫白天在暗处潜伏，每到黄昏且无风时刻，或白昼暴雨将临的闷热阴沉天气，成虫即成群飞舞于离地面 1.5~2 m 高的空间寻找配偶（此现象称之谓"婚飞"）雌雄蚊交上尾后即向地面坠落，落在阻挡物上停留 1~6 min 后 ♂ 蚊先飞逸，♀ 蚊爬行片刻后也他去。田间观察得知，自然交配的最低临界温度是 14.6℃，尽管冬季低温，只要有临界以上的温度出现并且无风和无阳光直射，潜伏的成虫即能婚飞交配。交配与湿度关系不明显，婚飞的高潮期在黄昏，交配后当晚或次晚产卵。

成虫虽有"婚飞"交配的习性，但室内外人工养虫均能获得继代成功。我们用高 1.5 m、长宽各 0.9 m、体积为 1.2 m³ 的养虫笼放进带虫萍，羽化第 1 代成虫 4 616 只，第 2 代有成虫 7 754 只，连续养至第 6 代尚有成 2 524 只，当蚊量不多时加入发育进度相同的带虫萍即可做到全年饲养。我们还在有罩的盆钵内饲养，可继代 3 代，甚至在有罩的烧杯内饲养也能继代，这现象说明伊摇蚊的繁殖力相当强，同时也给人们研究它的规律性提供了方便。

3.1.4 产 卵

交配后临产卵的 ♀ 蚊性较急燥，一般只做短距离飞翔，降落萍面后边爬行边用前足探测适宜产卵的场所，一旦选择到理想的地方后即将腹端翘起，产卵器随即产出白色的卵囊并迅速将腹部末端伸入水下，把卵囊黏附在红萍的吸收叶、茎秆或萍根上，完成整个产卵过程只需 1 min 左右，产卵后成虫变得不活泼。

产卵与光线也有关，室内接扑灯 ♀ 蚊观察结果，有 63% 于当晚产卵，且大部分产于接蚊后的 1 h 之内，次昼仅占 12%，次晚占 25%（表 3）。

表 3　光线与伊摇蚊（♀）产卵的关系

接蚊数（头）	产卵囊总数（个）	历时与产卵囊数（个）		
		当夜	次昼	次夜
20	16	10	2	4
占%	100	63	12	25

注：接蚊时间 6 月 6 日 21 时

伊摇蚊选择产卵场所，似对红萍有专一的趋向性，是受红萍色泽或气味的引诱，尚不清楚。调查过小青萍和槐叶萍（均杂萍）很难找到拟红丝虫存在，室内将扑灯的怀卵♀蚊接进有小青萍的培养管，会对伊摇蚊"抑产"很长时间，当无可奈何后才被逼产下卵，然而，孵出的幼虫不取食小青萍并相继死亡。此外，观察还明白，不同生态型萍体对伊摇蚊的产卵引诱力也不同，观察得知，伊摇蚊产在羽叶红萍（*A. Pinnata*）的卵比细叶红萍（*A. Filiculoides*）的多；同为细叶红萍，产在平面浮生型的卵比直立浮生型或层叠状木耳萍的多，所以，一丘田内养殖不同萍种，常常可见到我国地方萍种的被害程度比细绿萍重。

3.1.5　寿　命

成虫寿命夏长冬短，相差甚大。夏季自然羽化的成由寿命最长可达 7 d（168 h），冬季最短还不到 2 d（46 h），众数为 4 d（平均 97.8 h），其中，♂寿 4.9 d（117.5 h）、♀寿 3.8 d（92.3 h），♂比♀寿命长约 1 d。有了几天的寿命期，使之羽化后遇到不良天气仍会有机会寻找到配偶。当然，如遇连续低温阴雨的坏天气，成虫自然死亡率就高，实践中也感觉得出来雨季后伊摇蚊的发生量下降的现象存在。

扑灯成虫的历史状况复杂，寿命相差更大，但总的来说比自然羽化的短，最长只 3.5 d，最短的只 0.6 d，众数为 1.8 d，与自然羽化相反，扑灯的雄蚊寿命比雌蚊寿命短 3.6 h 时。

产卵后的♀蚊已完成了"传宗接代"任务而生命短暂，对 34 只产卵♀蚊观察结果，41%在产后 1 d 之内死亡、2 d 时死亡率达 65%，最短的产卵后只活了 12 个小时。

尽管寿命期有长短，但整个成虫期都不进食。影响成虫寿命长短的条件除了与温度直接相关外，幼虫期的营养状况关系也颇密切，如幼期的营养不良，成虫期寿命缩短。

3.1.6　性　比

从田间放罩捕捉当天羽化的成虫和取带虫萍回室内养殖到羽化出成虫，结果都是♀多于♂；人工接蚊产卵到羽化成虫，却♂多于♀，♂占 63%，♀只占 37%。从 32 次不同方法观察的自然羽化性比总的来说还是♀多于♂，♀占 55%，♂占 45%（表 4）。

表 4　伊摇蚊自然羽化的性比

观察方法	观察次数	观察日期	蚊数（头）		♂：♀（%）
			♂	♀	
萍田放罩捕捉当晚羽化成虫	14 次	3/11～6/26	448	563	44：56
取带虫萍室内养殖羽化成虫	13 次	8/2～8/4	42	64	40：60
卵孵出幼虫饲养得成虫	5 次	5/31～7/24	45	26	63：37
合计与平均	32 次	3/11—8/4	535	653	45：55

紫外灯下诱捕的扑灯成虫性比，除春天（3月份）♂多于♀外，其余各月均♀多于♂，全年来看亦是♀多于♂。据154次灯下取样检测结果平均性比♀占78%、♂占22%（见表5）。

表5 灯诱伊摇蚊的成虫性比

项目	月份										年平均
	3	4	5	6	7	8	9	10	11	12	
检测天数	10	12	20	26	22	14	14	25	7	4	154
♂（%）	65	49	31	13	23	35	27	16	28	11	22
♀（%）	35	51	69	87	77	65	73	84	72	89	78

3.1.7 扑灯带卵率

灯诱♀蚊带卵率为57.6%，以夏季带卵率最高，为66%（表6）。

表6 扑灯诱伊摇蚊的带卵率

季节	接蚊数（头）	查卵终时（h）	产卵囊总数（个）	带卵率（%）
春季	121	35.4	67	55.3
夏季	56	45.3	37	66.0
秋季	7	48.0	2	28.5
合计与平均	184	40.0	106	57.6

3.1.8 产卵量

扑灯♀蚊每只产卵数在57~300粒，平均172.4粒/囊（表7）。

表7 扑灯诱伊摇蚊的产卵量

卵囊编号	1	2	3	4	5	6	7	8	平均（粒/囊）
每囊卵粒数	57	153	160	124	196	300	149	240	172.4

3.2 卵 期

3.2.1 孵 化

每只♀蚊只产1个卵囊且1次产完。初产卵囊为胶质透明的白色小点，在水中逐渐膨大成直径1~2 mm球状囊，囊有一蒂，使卵囊黏附在萍体上面而悬于水中。卵粒短椭圆形，无规则地排列在囊内。初产卵粒无色或略带淡黄色，随着孵化卵壳与原生质出现空间、原生质变色，胚胎形成直至卵内出现幼虫蠕动，破出卵壳，兹举6月6—8日的一次孵化过程的观察（图5）。完成整个孵化过程春季需65.7 h，夏季需40.8 h（夏季最短只需33 h），秋季需83.3 h，冬季需480 h，年平均为81 h，孵期长短与温度高低成正相关（表8）。

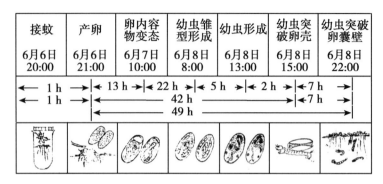

图5 伊摇蚊卵孵化过程（孵期日均温24℃）

表8 不同季节与温度对伊摇蚊卵孵化进度的影响

季节	试验次数	历期（h）			孵期日均温（℃）
		接蚊－产卵	产卵－孵化	孵化－破囊	
春季	8	2.0	65.7	0.7	22.2
夏季	7	0.4	40.8	2.0	25.5
秋季	2	8.0	83.3	—	16.8
冬季	1	10.0	480.0	72.0	11.5
平均	18	2.6	81.0	—	22.3

初孵幼虫在卵囊内以卵囊胶状物为营养，经过一段时间后幼虫才突破囊壁进入水体，从孵出至破囊，短的只40 min，冬天会在囊内生活3 d后才破囊而出。同一卵囊不同卵粒孵化速度不同，对9个卵粒的孵化速度观察结果可知（表9），仅9粒卵孵化快慢即相差1.5 h，整个卵粒快慢竟相差达7 h，冬季则差异更大。例如，1月10日产的卵囊，在孵期温度11.5℃情况下，经历了15 d才孵出第1条幼虫，至最后1粒卵孵完，头尾相差达27小时。幼虫孵出快慢差异是造成世代重迭的原因之一。

表9 伊摇蚊卵孵化速度的差异（孵期日均温23.5℃）

号序	接蚊时间	产卵时间	幼虫孵出时间	历时（h）
1	5月17日22时	5月17日23时	5月19日12：00点	37：00
2	同上	同上	″12：00点	37：10
3	同上	同上	″12：48点	37：48
4	同上	同上	″12：48点	37：48
5	同上	同上	″13：00点	38：00
6	同上	同上	″13：02点	38：02
7	同上	同上	″13：12点	38：12
8	同上	同上	″13：30点	38：30
9	同上	同上	″13：30点	38：00

3.2.2 孵化率

对402个卵粒观察结果，在卵期日均温24℃条件下，伊摇蚊卵的孵化率为82.3%（见表10）。在人工饲养下羽化的♀蚊未经交配也能产卵，但所产的卵粒不能孵出幼虫。

表10 伊摇蚊卵的孵化率（孵期日均温24℃）

观察卵粒数（个）	其中			孵化率（%）	备往
	孵出幼虫数（个）	卵变态未孵数（个）	无变态卵数（个）		
402	331	69	2	82.3	经36 h充分孵化后观察
占%	82.3	17.2	0.5		

3.3 幼虫期

3.3.1 取食与发育

突破卵囊后的幼虫起初爬在附近的萍体上并活动在萍根、红萍吸收叶与同化叶的两叶间隙层，不久就进入水体分散活动，初孵稚虫虫体极小，长只有0.1~0.2 mm，体粗比头发还细，尚不及红萍的根毛粗大，口器亦不发达，故稚虫多在水中弹游并以水中溶解性的有机物为营养；孵后2 d幼虫达1龄期，此时虫体长约0.5 mm，体粗已有根毛的2倍大，这时即能开始取食红萍的根毛和幼嫩的生长点，并开始能营巢；脱皮后进入2龄期，虫体发育加快，此时幼虫仍为乳白色，食道淡棕色，孵后第4~5 d达2龄，体长1~1.5 mm，此时的幼虫普遍在萍体和萍根上筑巢并食害红萍，红萍受害的程度在田间已能用目测直观地判断出来；孵后第6~8 d达3龄，体长2~3 mm，进入3龄期开始，幼虫腹部转为淡红色，食道海绿色，此时幼虫多潜居巢穴内，很少在水中活动，3龄期幼虫的食量剧增，对红萍有造成"虫倒萍"的威胁；孵后9~11 d达4龄，腹部红色加深，头胸为黄绿色，体长4~5 mm，3龄末到4龄初是幼虫的暴食期，未加防范，在三五天内可把完整的一丘红萍毁掉。4龄末的幼虫体壁增厚，节间凹陷明显，此时幼虫体长达到充分程度，一般为5~5.5 mm，往后进一步发育是胸节增粗、色泽变淡，幼虫更老熟时停止进食，开始进入预蛹。

有人观察到初孵幼虫能钻入红萍的顶芽体内造成隧道取食萍体，我们通过整个幼虫期的反复观察也未发现幼虫有这种现象，但它会趴在吸收叶与同化叶间隙层中活动并在缝隙里筑巢。田间观察还发现一个令人十分惊讶的现象，即幼虫不仅在水下的萍体上筑巢，还能把巢营高筑在翘高水面的细绿萍枝叶上，这一现象无疑地给治虫带来困难。

3.3.2 营巢与脱皮

如前所述，幼虫具有营巢的特性，一般在孵后2 d即会筑巢。巢有两部分，起先构筑的是居住巢，系用幼虫唾腺分泌物裹粘有机残体碎屑营筑管状虫巢，而后在居巢的任一端再延伸出去缀成透明的行动巢管，是觅食和排便的通道，透明巢管除一端开口外，在管壁适当部位还开有侧口，便于幼虫根据需要而将体躯伸出巢外活动。除了取食外，其余时间幼虫大多在巢内并用前后伪足攀住巢壁使身体做间断的波浪式抖动，这种抖动似是它们的一种固有的生物本能。幼虫在巢内还可来回上下活动，取食时将头胸部伸出巢外食害巢营周围的薄冰，巢管长度与方向随着食料情况而移动越捅越长，通常一个巢管的长度平均为13 mm左右，为了取食需要最长的可达 46 mm，超过虫体的 9 倍。当出巢活动的幼虫受到惊扰时即迅速缩回巢内潜藏，尤其老熟幼虫很少离巢在水体中活动。由于全变态昆虫的蛹期是身体各种器官构造发生剧烈变化的阶段，因而需要有一个相适应的巢穴来完成这一变化过程，所以，成蛹之前的虫体如果离开巢穴，发育就会受影响并且很容易死亡，我们曾观察到 4 龄末期的幼虫离巢后 8 h 死亡、预蛹出巢 1.5 h 后死亡、蛹未成熟过早离巢则不会羽化，经 6 h 后亦死亡，其他红丝虫、白丝虫的情况亦然。相反，它们在巢内者即能正常完成发育进程，可见，虫巢是幼虫生长发育必不可少的安全掩蔽所，那么，为了提高防治措施的效果，看来采取拍萍、搅动萍体等破坏虫巢的措施是相当必要的。

研究得知，伊摇蚊的幼虫发育经历 4 个龄期同时要脱去四次皮，脱皮是在巢内进行的，每脱 1 次皮虫龄增大 1 龄，最后 1 次脱皮后即变成蛹。观察中还发现，前三次脱皮后幼虫还会离开旧巢，重建新巢，但四龄后期则不再筑巢，老熟幼虫就在旧巢内化蛹。

幼虫独居巢穴，一巢不宿二主，如有外面第二者进入，巢主会毫不留情地与之斗殴，直至把它驱赶。

3.3.3 越 冬

野外在 1 月中旬以前可收获到成虫，自 1 月中旬—3 月初，找不到成虫，然而，这期间在冬季老萍母田里拟红丝虫却随时顺手可得，从而证明伊摇虫是以幼虫虫态越冬，越冬幼虫栖息场所是越冬萍母田。越冬幼虫是每年最后一代成虫的子嗣，所以，在有周年养萍的地方，整年食料不断，给萍丝虫的繁殖提供了有利的条件，因而这样的地方萍丝虫的发生量和危害程度也特别重，而第一年养殖红萍的新区，萍丝虫的危害很轻。

由于世代重迭，越冬幼虫存在各种不同的虫龄，在闽东南的莆田县冬季较温暖，越冬期间幼虫处于不完全休眠状态，它的活动随冬天气候变化而变化，福建省冬季有"三寒四温"的气候特点，在几天回暖期内，幼虫即会进食并危害萍体。但越冬幼虫的死亡率比较高，例如，我们于 11 月 22 日室内孵化两个卵囊得 100 条幼虫，经过 42 d 养殖后只活下 1 条；2 月 26 日我们从田间取回 10 条 2～3 龄期的幼虫做越冬观察，经 21 d 养殖后只 1 条成虫羽化，其余 9 条因各种原因相继死亡（表 11）。

表 11 越冬期幼虫成活率观察

编号	接虫		死亡		备注
	时 间	虫 龄	经历时间	虫 龄	
1	2 月 26 日	3 龄初	3.6 d	3 龄初 – 中	
2	”	2 龄初			21.6 d
3	”	3 龄初	3.6 大	3 龄初 – 中	变成虫
4	”	3 龄初	18.0 d	蛹期	
5	”	2 龄初	2.3 d	2 龄初 – 中	
6	”	3 龄初	3.6 d	3 龄初 – 中	
7	”	2 龄中	21.0 d	蛹羽化前	
8	”	3 龄初	5.0 d	3 龄中	
9	”	3 龄初	3.6 d	3 龄初 – 中	
10	”	3 龄中	13.4 d	预蛹期	

3.4　蛹　期

4龄的老熟幼虫停止进食后进入预蛹，预蛹脱掉最后1次皮后变蛹。幼虫发育到了预蛹，中胸特别膨大并显出色斑，后胸到腹部的第1~2节处有黑色纵条纹，在20℃情况下经过15~16 h，预蛹长出呼吸角和翅芽，发育成蛹。预蛹前的幼虫体长达充分程度，进入蛹期后体长逐渐缩短，颜色变暗，成蛹时长2.5~3.5 mm，色暗褐光亮。

蛹在巢内活动性减弱，在20℃条件下，预蛹变成蛹要经历40 h。蛹成熟后才离开巢穴，时而浮出水面时而沉入水下做孑孓式运动。成蛹在水中停留时间不长，一般只半小时左右，快的只几分钟即羽化成成虫，整个蛹期需2~3 d。

成虫羽化时，先是在蛹的胸部背板产生T字形裂缝，而后成虫的头部先钻出缝隙，接着腹部脱蛹壳。完成羽化过程只需3~5 min。初羽化成虫爬在萍面上静待羽翼干爽后就飞逸而去。

4　食性和对红萍的危害性

关于萍丝虫的食性，国内已见的报道看法不太一致，尤期对黄萍摇蚊幼虫（白丝虫）食性的看法比较混乱。多数资料认为拟红丝虫是植食性的，红丝虫是腐食性的，但也有的认为红丝虫的食性与拟红丝虫一样，都是植食性的。对白丝虫食性看法的分歧也大，有的认为以植食为主，它能取食红萍，还会危害其他水生植物如青萍，有的认为它是杂食性的，只偶然啃食萍体，它和绿摇蚊的幼虫相似，能在污水沟内繁殖、取食藻类和腐殖质。所以，搞清萍丝虫的食性，以便区分红萍的真正敌害，为准确地采取防治措施，无疑地是一件重要的工作，基于上述原因，我们也对这个问题进行了一些观察。

表12的结果可见：夏秋季节在有萍田里放网罩13次，每次1昼夜，累计捕捉到从萍田里羽化出来的各种摇蚊377只，其中，伊摇蚊241只，占总捕获量的64%；黄萍摇蚊97只占25.7%；褐萍摇蚊8只，占2.1%，绿萍摇蚊2只，占0.5%；其他昆虫29只占7.7%。在无红萍稻田里放5次，累计捕获到各种昆虫41只，其中，伊摇蚊没有出现，黄萍摇蚊占20%、褐萍摇蚊占7.7%、绿萍摇蚊占4.6%，67.7%为其他昆虫。

表12　不同场所网罩捕获的昆虫种类与数量

场所	种类	放罩次数	成虫种类与数量（只/罩/d）					合计
			伊摇蚊	褐摇蚊	绿摇蚊	黄摇蚊	其他昆虫	
有萍田	老萍母田	2	120	1	0	3	5	129
	常规插秧养萍田	4	27	5	2	93	8	135
	双龙出海养萍田	7	94	2	0	1	16	113
	小计	13	241	8	2	97	29	377
	占%		64.0	2.1	0.5	25.7	7.7	100.0

（续表）

场所	种类	放罩次数	成虫种类与数量（只/罩/d）					合计
			伊摇蚊	褐摇蚊	绿摇蚊	黄摇蚊	其他昆虫	
无萍田	双龙出海稻田	5	0	5	3	13	20	41
	双龙出海水浮莲	1	0	0	0	0	11	11
	池塘养水葫芦	1	0	0	0	0	13	13
	小计	7	0	5	3	13	44	65
	占%		0	7.7	4.6	20.0	67.7	100.0

通过以上观察，可以得到以下几条认识。

（1）伊摇蚊是红萍田里昆虫的优势种，其数量比有萍田或无萍田里其他各种羽化的昆虫总量还要多。在无红萍的稻田里无伊摇蚊出现，说明伊摇蚊的生活场所有专一的选择性，红萍的存在与伊摇蚊的分布有密不可分的联系。

（2）褐绿两种萍摇蚊不论有萍田或无萍田都或多或少存在，且无萍田里这两种昆虫所占的比例均比有萍田里高，说明它们的分布场所与红萍的有无没有必然的关系。

（3）黄萍摇蚊田间发生量仅次于伊摇蚊而居于第2位，有时（如常规稻田套养红萍）甚至超过伊摇蚊。黄摇蚊在有萍或无萍稻田里都有出现，但有萍田比无萍田出现的数量多，说明它的生活场所并不取决于红萍的有无，但有萍田里有机腐殖质丰富，招引了更多的黄摇蚊在其中繁殖。

此外，我们还对灌水沟、浅沼池塘和有腐烂有机质的积水缸等场所进行过调查，在这些地方有红丝虫存在，白丝虫也偶尔出现，唯独很难找到伊摇蚊的幼虫。红丝虫在这些地方大多在泥面筑巢栖息，它们利用腐烂有机物为食料而正常生长发育。经多方观察证明红丝虫是腐食性的底栖水生昆虫，和国内大多数研究者的结论相同，为了节省篇幅，不打算在这里多费笔墨。

如上所述，黄萍摇蚊的发生量相当可观，它的食性问题又分歧较大，为此，我们对此问题在室内进一步做了饲养观察，表13的观察结果表明，白丝虫论其食性是属于杂食性昆虫，但在通常情况下，只要有泥土和红萍残落根等有机腐殖物质条件下它就能正常生长发育而不取食活的植物体，只有在没有泥土等腐植物质条件下，白丝虫为了维持其生命活动所需的能量，才被迫取食少量萍根等新鲜植物体而使红萍受到轻度的危害，但它的危害性比起拟红丝虫那是小巫见大巫，如处理3（表13）所示，在无土条件下，黄萍摇蚊生活了2个世代，培养缸内红萍的萍根受到破坏，而还不致造成毁萍局面。

白丝虫的这一特性反映了黄萍摇蚊在其演化过程中为了适应环境的变化在食性上产生了分化，但这种分化却相当单调，同科的小青萍它就不能利用，如处理2可见，在放养小青萍缸内，由于青萍的老根很少脱落，随着虫体发育，泥面半腐殖物质逐渐减少，因食料关系影响到虫体生长，故到了第31 d尚未见黄萍摇蚊的继代成虫出现，尽管如此，它也不取食小青萍。在无泥土情况下白丝虫才会轻度危害红萍，然而，这种现象在大田生产上实际是不存在的，所以，白丝虫对红萍生长并不构成严重的威胁，几年来的生产实践也多次表明，在白丝虫盛发期，田间红萍并不因之受到毁灭。

本观察同时还进一步验证了拟红丝虫是植食性的昆虫，在没有泥土的情况下只要有红萍存在它就能很好地生长发育。拟红丝虫对红萍的危害性相当严重，在室内玻璃缸饲养下、生活1个世代发生2次虫倒萍，更有甚者，我们在室外0.81 m²的养虫笼里饲养拟红丝虫，在6—7月夏季期间，1亩虫口密度在807万多头时，生活1个世代历期15 d内发生3次虫倒萍，除去卵期和蛹期，幼虫期平均3~4 d即可吃掉整丘的红萍，假如没有及时采取防治措施，让这些害虫继续繁殖下去，按各种自然繁殖系数计算，则1亩有虫萍田繁生出来的后代幼虫有3亿5千多万条，将使44亩红萍遭受破坏，虽然这是一理论计算数字，但并不凭空虚构，多年来实践反复表明，越过夏天的红萍到了秋季即难逃覆灭之灾。研究了拟红丝虫的发生特性和食性后，才使我们明白原因的所在，所以，要充分认识繁殖力强、专食红萍、危害性大的拟红丝虫对红萍的危害，才能够在晚季养萍中有足够的思想警惕去采取适当的防范措施。

表13　白丝虫与拟红丝虫的食住观察

处理编号	接蚊种类	饲养条件	接蚊日期（月/日）	虫体发育与红萍生长情况					
				第11 d	第15 d	第18 d	第24 d	第28 d	第31 d
1	黄萍摇蚊	红萍＋土	5/31	白丝虫3龄期众虫泥面筑巢萍体正常	见成虫萍体正常	成虫5只萍体正常发出新根	继代幼虫3龄期萍体正常新根粗状	成虫2只萍体仍正常	成虫3只萍体仍正常
2	黄萍摇蚊	小青萍＋土	5/31	白丝虫3龄期众虫泥面筑巢小青萍正常	见成虫小青萍正常	成虫4只并有继代幼虫小青萍正常新根多	继代幼虫3龄期小青萍正常	幼虫4龄无成虫小青萍仍正常	同左
3	黄萍摇蚊	红萍无土	5/31	白丝虫3龄期众虫脱落老根上筑巢萍体正常	未见成虫众萍正常。少数新根弯曲少而短	成虫3只，众萍正常，少数萍根受食害	继代幼虫3龄众萍正常，少数萍根受食害	成虫3只萍尚存无根	同左
4	伊摇蚊	红萍无土	5/31	拟红丝虫3龄期众虫萍体上筑巢萍体受害	见成虫萍体严重受害	成虫58只萍被吃光1次加萍	继代幼虫3龄期萍又吃光2次加萍	成虫17只萍又被吃光3次加萍	成虫24只萍又被吃光4次加萍

注：本试验用9 cm口径玻璃缸，缸口加纱布罩，5月31日20时接蚊，当晚产卵，6月2日8时全部孵出，6月4日每处理接入3个卵孵出的1龄期幼虫150~200条，萍种溪萍绿，重复3次

【原文载于内部资料《红萍研究论文及资料汇编（1978—1984）》，第70~84页，由罗旭辉、王其芳重新整理】

萍丝虫生物学特性与防治的研究
Ⅲ. 萍丝虫防治的研究

陈家驹[1]　柯碧南[1]　程云聪[2]　程锦腾[2]

（1. 福建省农业科学院土肥所，福州 350013；2. 莆田土肥基点科技组）

Ⅱ报的食性研究表明，萍丝虫的主要防治对象是拟红丝虫，其次是白丝虫。

1977—1982 年，我们用物理、农业、药物和生物防治等多种方法进行防治试验。本文着重介绍化学药物和植物性药物的部分试验结果。

1　化学药物防治试验

1.1　呋喃丹

几种常规化学药剂比较试验表明（见表1）；6 种参比药剂在水体含原药浓度万分之一时，萍丝虫的死亡率均不高，当浓度提高到万分之二时，处理后48 h，倍硫磷、六六六混合剂，稻丰散，西维因和呋喃丹的萍丝虫死亡率均是 100%；毒杀酚，亚胺硫磷的死亡率均为80%。可见，论杀虫率，用万分之二浓度，6 种药剂均有高效，但除西维因和呋喃丹外，其他四种药剂处理后96 h 的红萍均出现药害，时久后均死萍。从药剂价资和效残期看，使用呋喃丹较合算。施药前应先排水，使田间水层降低到 0.5 寸后，亩用原药 2.2 kg 效果较好。

表1　几种化学药剂对拟红丝虫的死亡率与红萍生长的影响

药剂名称	1/10 000 24 h 死亡率（%）	48 h 死亡率（%）	1/5 000 48 h 死亡率（%）	96 h 红萍生
3% 倍硫磷六六六混合粉	50	90	100	药害
25% 亚胺硫磷液剂	30	70	80	药害
50% 稻丰散液剂	40	100	100	药害
50% 毒杀酚乳剂	60	80	80	药害
25% 西维因粉剂	30	100	100	正常
3% 呋喃丹颗粒	70	100	100	正常
清水（CK）	0	0		正常

注：供试萍种为莆田野生萍，1/10 000、1/5 000指水体含原药浓度，处理时间 1978 年 9 月 23 日，试期日均温 26.5 ~ 27.4℃

1.2　双硫磷

卫生防疫部门认为用双硫磷杀灭蚊幼是理想药剂，1979 年，我们对 45% 双硫磷的药效测定结果表明（表2），双硫磷也是一种适宜防治萍丝虫用的高效低毒药剂。当 1 寸水层含原药浓度万分之一时，95 h 后低龄虫死亡率达100%，高龄虫死亡率为90%；含药浓度降为二万分之一时，低龄虫死亡率降为80%，高龄虫死亡率降为60%。对红萍生长安全性看（表3），浓度在万分之二以下均无药害，浓度达到千分之一时（折亩用药量22 kg），有轻度药害。生产上可采用二万分之一的浓度，施药前保留半寸水层，则亩用药量只需 0.55 kg。

表 2　双硫磷不同用量与拟红丝虫的死亡率

水体浓度（倍）	亩用量（kg）	死亡率（%）					
		经 20 h		经 34 h		经 95 h	
		低龄虫	高龄虫	低龄虫	高龄虫	低龄虫	高龄虫
1/10 000	2.2	0	0	100	70	100	90
1/20 000	1.1	0	0	60	60	80	60
1/30 000	0.75	0	0	20	10	60	40 *
1/40 000	0.55	0	0	20	50	50	70
清水	0	0	0	0	0	0	0 **

注：* 有60% 羽化为成虫　** 有90% 羽化为成虫，处理时间 1979 年 5 月 11—16 日，试期日均温 22 ~ 23℃

表 3　双硫磷不同用量对莆田萍生长的影响

水体浓度（倍）	亩用量（kg）	5 d 后红萍生长
1/1 000	22	轻度药害
1/5 000	4.4	正常
1/10 000	2.2	正常
1/40 000	0.55	正常
1/60 000	0.365	正常
清水	0	正常

注：试验时间为 1979 年 5 月 6—11 日，试期日均温 21.5 ~ 23.1℃

1.3　溴氰菊酯

溴氰菊酯被誉为第 3 代农药中的佼佼者。1980 年，我们用上海农科院土保所提供的含量5% 的溴氰菊酯白色粉剂，进行药效试验，结果表明：溴氰菊酯是防治萍丝虫的理想药物，其主要优点是对红萍安全无毒。当水体含溴氰菊醋有效成分 1 mg/kg 时（折 1 亩 1 寸水层需用5% 粉剂 0.44 kg），萍丝虫的死亡率为 71.5%，5 mg/kg 达80.6%，15 mg/kg 时达 87.0%；从红萍安全性来看，浓度高到 15 mg/kg，细绿萍无药害表现。经相关与回归测定，施药量与萍丝虫死亡率和细绿萍产量成正相关，相关系数显著和比较显著（见图 1）。鉴于浓度从 1 mg/kg 提高到 5 mg/kg 和 15 mg/kg，死亡率也只提高 9.1 和 15.5%。而用药量却要相应地提高 5 倍和 15 倍，因此，从经济效益考虑，可使用 1 mg/kg 浓度，施药前田中保留半寸水层，亩用原药 0.22 kg 即可。

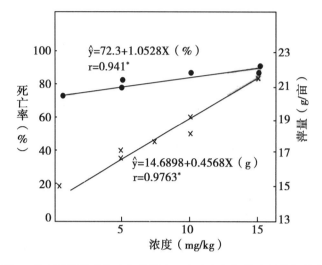

图1　溴氰菊酯施药浓度与萍丝虫死亡率和细绿萍产量的相关关系

2　茶籽饼的药效鉴定

茶籽饼干品含有 8.78% 茶皂素（Theas aponin），还含有 15.94% 的粗蛋白质（折合氮 2.5%）使用茶籽饼可收到治虫与营养的双重效益。1979—1980 年，我们做了不同用量对萍丝虫死亡率与红萍生长影响的室内外鉴定。结果表明：萍丝虫死亡率 50% 的亩施饼量为 6 kg，用量提高到 7~8 kg，死亡率也提高到 75% 左右，施饼量达 9 kg，死亡率才达到 100%。然而，随着用饼量增加，受虫害衰弱的细绿萍因药害而死萍的比例也增加，如亩施饼 6 kg，药害萍占 5%，施饼 9 kg 药害萍达 70%。后来用健壮萍做室内进一步测定也表明：施饼量与细绿萍产量成反相关（见图2）。然而，在茶饼量亩用 5~15 kg 范围内，处理后第 5 d，细绿林虽表现出不同程度的药害，可是，试验结束时（计 16 d），不同用饼梯度级的总萍量都较处理初期增加了，15 kg 的增 1 倍，10 kg 的增 1.3 倍，5 kg 的增 2 倍，其增殖量虽比不施饼的对照（增 2~4 倍）低，但毕竟还是都增殖了，说明壮萍在施饼初期有药害，但过后又能逐渐恢复。田间试验的结识趋势相同（图2），而且，田间的药害反应比室内轻，这可能与光、热、土壤酶等对皂素的分解作用有关，说明田间用药的危险性小些。

从室内和田间试验结果看来，我们认为：只要加强测报，在虫害未达防治指标时即施药并控制水层，减少用饼量，茶籽饼是可以用的。施饼时田间保持半寸水层时，施饼量控制在每亩 3~4 kg 范围，既可杀虫，又可保萍。不过使用的菜籽饼应是无生霉变质的好枯饼，并预先经过捣碎，2 倍于饼量的温水浸泡 24 h，再将滤液稀释成 10% 的液体均匀泼施，施后结合拍萍或喷水等辅助措施，以破坏虫巢，减轻药害，提高杀虫效果。

此外，我们还进行速繁避虫、湿养御虫、良种抗虫等农业防治、也收到了良好效果。物理和生物防治将另文报道。

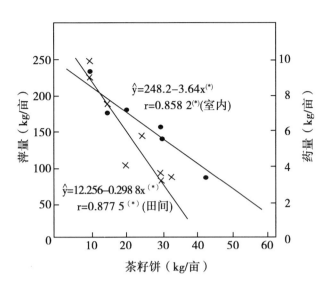

图2　茶籽饼施用量与细绿萍产量的相关关系

【原文载于内部资料《红萍研究论文及资料汇编（1978—1984）》，
第 138 ~ 141 页，由罗旭辉、王其芳重新整理】

萍丝虫的生物学特性与防治的研究
Ⅳ. 应用紫外线灭蚊灯诱捕萍摇蚊的效果

陈家驹[1]　陈世余[1]　程云聪[2]　柯碧南[2]　程锦腾[2]

（1. 福建省农业科学院土肥所，福州 350013；2. 莆田土肥基点科技组）

1　药物治虫遇到的问题

在Ⅱ报的研究中已阐明，伊尼诺多足摇蚊的幼虫（拟红丝虫）是植食性的水生昆虫，它取食红萍，是红萍的一种毁灭性虫害，它在闽东南地区年发生 16 个世代，不仅年发生代数多，发生量大，而且世代严重地重迭，高峰期紊乱，使得药剂防治难于击中要害；幼虫 2龄期以后，随着体内血红素增加而色泽变红，此后对高温、水质污浊和缺氧等水体不良环境的忍耐力增强，老龄幼虫对药物的抗药性也增强，而且抗药性还有遗传积累的现象；拟红丝虫还具有筑巢的特性，当水体条件恶化时（加施药剂），幼虫会躲在巢内而不取食，拒避药物对它的毒杀作用，虫巢形成了一个天然的"保护壳"、如Ⅲ报所述，我们虽已筛选出几种比较高效的药物，但由于萍丝虫具有特殊的生物特性而使得药物治虫的效果比其他农作物害虫的防效低。

药物在田间防治萍丝虫效果低的另外一个特殊原因乃由于幼虫是生活在水体中危害红萍，如果用通常在作物的常用药剂浓度（例如千分之一）喷射田间后被水层稀释成了 20 万倍（1 亩地 1 寸水层有 2 万 2 千 kg 水），所以，任凭喷药，害虫却安然无恙。实践中常常出现这种情况，由于喷药不见效则加大药剂浓度和增加喷药的次数，结果招致虫死红萍也药害死亡的不堪后果。

正由于实践中发生这些问题，促使我们从其他途径来探寻综合防治的办法，应用紫外光诱捕是物理防治措施中效果比较好的一种。

2　紫外线灭蚊灯诱捕萍摇蚊的效果

萍丝虫的成虫为摇蚊，摇蚊的复眼结构对一定波长的光线有很强的趋光性，根据这一生物特征，起先，我们试验用黑光灯诱捕。在萍田附近安装了一盏电源用锌空电池组，灯管为 3W 的黑光灯，自 1979 年 5 月 19 日至 9 月 22 日，连续点灯诱虫近 4 个月，从抽样检测所诱捕的萍摇蚊种类与数量结果来看（见表 1），所获蚊量不多，其中对红萍危害性最大的伊尼诺多足摇蚊，在夏秋盛发期平均每夜只诱到 25 头，在盛发高峰期的 5 月，每夜平均也只诱到 110 头，而发生量低的月份，每夜平均在 5 头以下，说明效果不理想。

表1　黑光灯诱捕萍摇蚊抽样检测结果

月份	点灯日期	抽样检测天数	抽样日诱捕量总和（头）					平均每夜诱捕量（头）	
			伊摇蚊	褐蚊	绿蚊	黄蚊	4种蚊小计	伊摇蚊	4种蚊
5月	12-31	15	1 643	—	—	41 655	43 298	110	2 887
6月	1-30	22	217	443	305	1 601	2 566	10	117
7月	1-31	24	110	85	112	17	324	5	14
8月	1-31	18	10	91	1 615	0	2 716	1	95
9月	1-12	11	271	94	57	7	429	25	39
合计平均		90 d	2 251	713	2 089	43 280	48 333	25	537

注：表内平均头数，小数点四舍五入

　　上海嘉定县南翔镇除害灭病办公室与有关单位联合研制了一种紫外线灭蚊灯用于诱捕普通家蚊取得良好效果，我们得悉后向嘉定县引来了该灯，自1979年9月12日开始至1980年9月，在莆田县林峰基点点灯10个月（1—2月因冬季低温，扑灯蚊量很少而停闭），从抽样检测结果来看（表2），平均每夜诱捕到各种摇蚊类昆虫13 g、50 757头，其中四种萍摇蚊有19 842头，对红萍危害性最大的伊摇蚊有6 294头，而在5月的盛发期，最多一夜一盏灯诱到伊摇蚊59 881头。若以同一时期（5—9月）进行对比，黑光灯平均每夜只诱到伊摇蚊25头，而紫外灯每夜平均诱捕7 455头，紫外灯诱捕量为黑光灯的298倍。

表2　紫外线灭蚊灯诱捕摇蚊类昆虫抽样检测结果

月份	点灯日期	抽样检测天数	每夜平均总量		其中：4种萍摇蚊数量（头/夜）					其他摇蚊类昆虫（头/夜）
			g	头	伊摇蚊	褐蚊	绿蚊	黄蚊	4种蚊小计	
3月	18-30	10	3.0	12 373	308	21	447	209	985	11 388
4月	4-30	12	5.6	20 977	349	1	402	1 666	2 418	48 559
5月	5-31	23	38.0	116 457	10 226	1 394	5 359	69 493	86 471	29 986
6月	1-29	26	16.1	45 943	11 771	1 086	1 779	4277	18 913	27 030
7月	1-31	22	5.6	16 123	1 656	405	264	43	2 367	13 756
8月	1-31	14	13.9	41 390	1 193	22	564	2 000	3 779	37 611
9月	17-30	13	11.5	139 427	12 427	1 700	1 151	2 252	17 530	121 897
10月	3-31	25	4.2	24 313	4 184	487	338	485	5 494	18 819
11月	1-21	7	7.5	40 957	12 747	573	533	557	14 410	26 547
12月	6-15	4	2.2	9 581	972	124	90	24	1 209	8 372
合计与平均		10个月 156	13.0	50 757	6 294	695	1 410	11 577	19 842	30 979

注：早稻于7月15日开始排水放干田，晚稻于8月初插秧稻田又灌水，10月下旬小阳春天气，11月初小阳春天冷空气明显侵入低温持续

　　萍丝虫的危害给红萍越秋设置了巨大障碍，这是几年来反复被实践验证了的客观事实。

表3 的观察数据计算结果可见，9 月每夜平均可诱到伊摇蚊 12 427 头，Ⅱ报观测已阐明按伊摇蚊扑灯性比♀蚊占 78%，带卵率 57.6%，产卵量 172.4 粒/头和卵孵化率 82.3% 折算，则秋季点一盏紫外灯，每夜所诱捕的伊摇蚊量相当于给后代减少 79.21 万条拟红丝虫的虫口量（表3），若按全年平均诱捕量折算，每夜可减少后代 40.1 万条拟红丝虫对红萍危害，不难看出，长期点灯诱蚊，收到的效果是良好的。灯诱成虫的办法尤其适合于消灭像萍摇蚊这类世代重迭、峰期紊乱的害虫应用。据田间实地调查也验证了效果（见表4），在紫外线灯光有效范围内的双龙出海养萍田里，每平方尺萍体只有拟红丝虫 18 条，而灯光影响不到的双龙出海养萍田里每平方尺萍体有拟红丝虫 219 条，相差 12 倍。从表5 田间放罩捕捉当晚从萍田内羽化的成虫量也可看出，距灯 200 m 的萍田伊摇蚊的羽化量比距灯 15～40 m 的萍田多 1～3 倍。

表3 1盏灯1夜可减少后代的虫口量计算

观察所行几种指标		减少后代的虫口量计算	
伊摇蚊扑灯性比♂：♀ = 22：78		折捕到♀蚊	9 693 头
伊摇蚊扑灯带卵率	57.6%	有带卵♀蚊	5 583 头
扑灯伊♀蚊产卵量	172.4 粒/头	有卵粒总数	96.75 万粒
卵孵化率	82.3%	可孵出幼虫	79.21 万条

注：9 月每夜诱捕伊摇蚊 2 427 头

表4 紫外灯对田间虫口的影响

取样地点	光线可及度	拟红丝虫数量	
		（条/尺²）	（条/亩）
距灯 50 m	可 及	18	108 000
距灯 150 m	有障碍物阻挡	219	1 314 000

表5 紫外灯离萍田远近对田间成虫羽化量的影响

对比组	萍田离灯距	田间4蚊羽化量（头/罩）				4蚊小计
		伊摇蚊	褐摇蚊	绿摇蚊	黄摇蚊	
第1组	双龙出海养萍田距 200 m	166	0	0	0	166
	双龙出海养萍田距 40 m	40	0	0	1	41
第2组	双龙出海养萍田距 200 m	238	25	1	0	264
	双龙出海养萍田距 15 m	112	6	0	1	119

注：网罩面积 40 cm×40 cm，表内数字系当晚罩捕获内的数量

另据抽样检测得知（见表6）：扑灯的昆虫种类以双翅目的蚊、蝇、蠓、虻等昆虫数量最大，其次为半翅目的叶蝉、飞虱、椿象等，这两目昆虫多数为人畜和农作物的害虫，然而，也有少量的鞘翅目昆虫，其中如瓢虫等益虫也被诱捕。

萍摇蚊扑灯量除受世代发生影响外，还受气候影响而波动较大，如 9 月 24 日夜间雷阵雨将临，天气闷热，扑灯数量达 28 g，其中有伊摇蚊 2.24 万头，而次夜突然冷空气侵袭伴

随着刮 2~3 级东北风，灯下虫量猛降为 2.1 g，只诱到伊摇蚊 8 757 头；又如，10 月 15 日至 18 日，连续 4 d 强冷空气影响并刮北风，则无虫扑灯，而 10 月 20 日寒流过去，气温回升，当夜灯下由量迅增为 6.9 g，诱到伊摇蚊 5 382 头。点灯诱杀措施受气候因素影响效果不稳定，说明单靠点灯措施不能尽收杀蚊效果，在点灯的同时还需要配合其他防治措施，才能确保红萍的生长安全，收到防治的预期目的。

表 6　紫外灯诱捕的昆虫种类检测（9 月 17 日样品）

昆虫种类	数量（头/夜）	占（%）	备注
伊尼诺多足摇蚊	4 814	11.1	
褐萍摇蚊	949	2.2	
绿萍摇蚊（大）	170	0.4	
绿萍摇蚊（小）	1 356	3.1	
黄萍摇蚊	237	0.5	当夜虫量为 16.95 g
其他①双翅目蚊、蝇、蠓、虻等	34 375	79.1	
②半翅目叶蝉、飞虱、椿象等	645	1.5	
③鞘翅目部出等	136	0.3	
④膜翅目蚁等	746	1.8	
合计	43 428	100	

3　紫外线灭蚊灯的结构与性能

试验所用的紫外线灭蚊灯上要有引蚊用的 15 W 紫外线灭菌灯管一支（上海金光灯具厂产品），吸蚊用的仪表风扇一套（电动机功率 22 W，转速 2 000 r/min，风量 9 m³/min，上海自缝公司上电二厂产品），集蚊用的普通纱布网袋 1 只，附属构件有 15 W 紫外线灯管的镇流器及电器开关一套，装灯用的铁皮圆桶和 1 只带帽顶盖及扁铁支撑脚等。

该灯所用的紫外灯管光波长为 2 537 A，电磁波频率为 $7.5 \times 10^{14} \sim 5 \times 10^{16}$ 赫兹。据认为，应用紫外灯诱捕蚊虫之所以诱捕率高可能与该灯发出的电磁波频率与蚊子翅翼的振动频率有较好的亲和引力有关，当蚊子被诱引扑近灯管时，被反转的风扇向下气流吸入网装而束手就擒。耗电量相当于 40 W 灯泡，出售价每架 50 元（包括配件）。从 1 年的试验结果，我们感到该灯可做为消灭萍摇蚊和其他农林害虫的一种有效工具推广应用。

【原文载于内部资料《红萍研究论文及资料汇编（1978—1984）》，第 141~145 页，由罗旭辉、王其芳重新整理】

B.t.i防治萍丝虫效果研究

陆培基　林沦

（福建省农业科学院土肥所，福州 350013）

　　萍丝虫是红萍的主要害虫，在福州地区年繁殖 14～15 代，危害严重时，亩虫口密度达 2 000 万～4 000万头，3～4 d 就能将红萍毁灭。夏季，世代周期为 15～18 d，田间常表现世代交替。因此，它是红萍越夏及保种的主要障碍。目前，用呋喃丹农药防治，药效日渐下降，对老龄幼虫的杀灭效果更差，所以，急需寻找出高效低毒的农药来替代它。1983—1984年，我们用 B.t.i 生物农药防治萍丝虫已收到良好效果。B.t.i 是苏云金杆菌以色列变种的简称，学名为 B. thuringiensis Var. israelensis。

1　材料与方法

　　试验分 4 个方面进行，选用广州微生物所生产的 B.t.e. 菌液，毒力测定是将菌液稀释成五种浓度，分装在培养皿中，各放入 3～4 龄幼虫 20～30 头，24 h 后计其死、活虫数等。网室和田间试验用药浓度都是 200 mg/kg，前者在 2.5 m² 的水泥池中放养红萍，定期测产，每天查虫一次，当处理池内每克萍有 10 头以上萍丝虫时，据池中的水量，计算所需的菌液，然后，将菌液稀释 100 倍，泼施在萍面上。后者在大田中进行，小区面积较大。处理组每 10 d 施药 1 次，然后，定期测产、查虫等。B.t.i 与呋喃丹杀虫效果比较是以健萍露天液培，人为增加外界虫源，B.t.i 和呋喃丹的浓度也均为 200 mg/kg，当萍体遭到严重危害时，施药、查虫。

2　结果与讨论

2.1　B.t.i 对萍丝虫的致死效应试验

　　结果表明，B.t.i 液为 5 mg/kg 时，萍丝虫死亡率达 30.1%，当浓度提高到 25 mg/kg 时，萍丝虫的死亡率明显上升到 79.2%（表1）。生物统计结果表明，B.t.i 菌液对萍丝虫的半致死剂量 LD50 为 12.4 mg/kg。

表 1　B.t.i 液对 3～4 龄萍丝虫杀灭效果

B.t.i 液（mg/kg）	受试萍丝虫（头）	24 小时后死亡（头）	死亡率（%）
5.0	176	53	30.1

（续表）

B.t.i 液（mg/kg）	受试萍丝虫（头）	24 小时后死亡（头）	死亡率（%）
10.0	172	83	48.2
15.0	188	98	52.1
20.0	197	123	62.4
25.0	192	152	79.2
CK	158	5	3.2

注：校正死亡率应把死亡率栏内数字各减去 3.2% 即得

2.2　B.t.i 的灭虫效果试验

试验观察表明，对照组红萍在 8 月、10 月下旬两次遭受萍丝虫的为害最烈，虫量达到高峰的时间短，而且来势猛。但在 9 月却出现 20 多天的无虫期，可能由于红萍被萍丝虫为害后，萍体破碎，萍色紫红，而萍摇蚊有趋绿性，纷集于相邻的绿色萍体上产卵，致使处理组的虫量上升，这样，客观上保护了对照组的红萍。

试验还表明，当萍丝虫为害时，水体中含有 200 mg/kg B.t.i，24 h 后，萍丝虫的死亡率达 63%，3 ~ 4 d 后达到 90% 以上，每次施药后，虫口密度都出现一个波谷，8—9 月波谷狭；10 月下旬波谷较宽，如以每克鲜萍含虫 10 头作为防治指标，8—9 月波谷距离约为 10 ~ 12 d，10 月下旬 16 d 左右。因此，在夏季萍丝虫猖獗时，应每隔 10 d 施药 1 次，可以避免红萍受害。我们在 8 月 29 日对虫口密度进行调查表明，当每克鲜萍有 22 头萍丝虫时，萍面可明显看出受害的虫斑。施药 3 d 后，虫口密度下降到 2 头多。在生产中，当出现虫斑时，立即施药，当可取得明显的效果。

施药试验表明，不同水层深度都有显著效果。但为了节约用药量，应用时，可采用薄水施药为宜。

B.t.i 与呋喃丹的药效比较，呋喃丹是当前防治萍丝虫最常用的药物，但在实践中发现，呋喃丹的药效日渐下降，特别是当萍体受虫害变色时，过量使用呋喃丹收效仍甚微。

试验表明，当无虫，健壮的绿色萍体在外加虫源的影响下，萍体含虫量逐步增加，试验开始后 9 d，虫口密度开始上升，13 d 后，虫口密度达到每克鲜萍带虫 40 头左右，此时，虫体已达危害最甚的龄期，造成萍体变暗绿色、变碎，处理组与对照组情况基本一致。当施药 3 d 后查虫，对照组与呋喃丹组虫量仍迅速上升，对照组每克萍含虫达 101 头，呋喃丹组含虫数虽比对照组少，但也达 83 头，两者萍体均遭受严重危害，而 B.t.i 组的含虫量则急剧下降，每克萍仅含虫 1.3 头，萍体茎尖呈鲜绿色，出现生长的趋势。施药后 7 d 进行测产，前 2 个处理，红萍基本被吃光，无法测产，而 B.t.i 组仍有 27.2 g 的产量。

由此可见，B.t.i 对萍丝虫，特别对老龄幼虫防治效果明显优于呋喃丹。B.t.i 对水生动物毒性较低，据我们试验，200 ~ 250 mg/kg 的 B.t.i 液不会致鲤鱼、草鱼、尼罗罗非鱼死亡，且其对萍体生长无害，不会使虫产生抗药性，不污染环境。制造工艺简单，成本低。在目前，红萍越来越多地作为饲料和饵料的情况下，更显示其优越性。

【原文发表于《福建农业科技》，1985，（03）：28，11，由罗旭辉、王其芳重新整理】

萍螟、萍灰螟择食性与产卵选择性探讨

陆培基　林永辉　徐国忠

（福建省农业科学院红萍研究中心，福州 350013）

　　萍螟、萍灰螟是红萍夏、秋季节主要的虫害，虫情发生来势猛。如不及时防治，几天内就会使萍田毁灭。经过长期观察我们发现萍螟、萍灰螟对不同种的红萍为害程度是不同的。为此，研究成虫的产卵特点以及幼虫的摄食性，将有助于红萍育种选材和虫害的防治。

1　材料与方法

1.1　参试红萍

　　一种是以萍色呈绿色为基调的小叶萍、斯里兰卡萍、澳大利亚羽叶萍、回交萍 3 号。另 1 种是萍色呈红色为基调的卡洲萍、088。均为无虫的红萍材料。

1.2　择食性比较

　　将小叶萍、卡洲萍、斯里兰卡萍、澳大利亚羽叶萍分别称取 10 g，放入结晶皿中培养。每皿放入 10 头萍螟或萍灰螟 3 龄幼虫。用透明网罩与外界隔开，定期观察。

1.3　产卵选择性比较

　　实验室观察：定量称取小叶萍、卡洲萍、斯里兰卡萍，澳大利亚羽叶萍，分别置于结晶皿中培养。3 次重复，随机排布。收集的萍螟或萍灰螟的蛹放置实验区中间，实验区用透明网罩与外界隔开。蛹在其间羽化后自然产卵。

　　大田观察：将面积为 1 000 m² 的田塬用小田埂均分隔成两块，分别养殖绿色的回交萍 3 号与红色的 088 品种。放萍前，萍母用 0.2% 甲胺磷与 0.05% 呋喃丹混合液浸没消毒，以杀死萍母所带的幼虫。养殖期间不打农药。当发生虫害严重为害时，在小田埂两侧各 0.5 m 处用 30 cm × 25 cm 搪瓷盆从水中向上托起红萍，查虫。

2　结果与分析

2.1　择食性比较

　　萍螟、萍灰螟对 4 个红萍品种都会为害，斯里兰卡萍（简称斯萍）为害最重，澳大利亚羽叶萍（简称澳萍）则明显较轻，卡洲萍，小叶萍次之（表1）。而且，萍螟、萍灰螟对4种萍的为害情况基本相同。可见，虫对不同品种的红萍喜食程度是不同的。

表1　萍灰螟择食性比较

虫类	产量（g）			
	小叶萍	卡洲萍	斯萍	澳萍
萍灰螟	2.4	2.1	0.6	5.2
萍螟	0.7	0.7	0.3	4.5

2.2　产卵选择性比较

结果表明（见表2）萍螟产卵对颜色有强烈的选择性。紫红色的卡洲萍被全部吃光，而其他3种绿色萍为害较轻。但三者之间有所差别。小叶萍受害程度比澳萍轻得多。然而，在表1中萍螟对小叶萍为害都比澳萍严重多。这可能与这2种萍的绿色程度不一有关。小叶萍呈鲜绿色，澳萍为褐绿色，萍螟更喜欢在偏褐绿色的萍上产卵。

表2　萍螟、萍夹螟产卵选择性比较

虫类	产量（g）			
	小叶萍	卡洲萍	斯萍	澳萍
萍灰螟	2.6	0	0	18.1
萍螟	15.8	0	9.1	10.9

萍螟的产卵趋色性在大田试验中也可以明显地看到（表3）。尽管取样点距离分界线只有0.5 m，在红色的088品种中，查到的全部是萍螟。而在绿色的回交3号品种中，只查到极少量的萍螟幼虫。在实验室观察中，萍灰螟产卵对颜色似乎没有选择性，这和陈扬春观察到萍灰螟趋向红色萍体上产卵的结果不一致。在大田观察中，发现萍灰螟产卵不但不趋红，反而对绿色萍休有强烈的趋向性（表3）。这种现象在长年的观察中也多有见到。至于实验室与大田观察的不一致，其原因尚待探讨。

表3　萍螟、萍灰螟产卵选择性现案　　　　　　　（头/m²）

红萍品种	萍色	萍螟		萍灰螟	
		幼虫	蛹	幼虫	蛹
088	红	1 680	213	0	0
回交萍3号	绿	27	0	1 343	160

在表2里对萍灰螟的试验中还可以看到澳萍的产量大大超过其他两种绿色的红萍。这种产量的差异，用择食性来解释显然是不够的。我们认为，这可与产卵选择性有关，也就是说，萍灰螟对不喜欢吃的红萍，其产卵也少，原因尚符探讨。

【原文发表于《福建农业科技》，1994，（01）：17，由罗旭辉、王其芳重新整理】

二种防治萍螟、萍灰螟的高效低毒农药

陆塔基　徐国忠　林斯钦

（福建省农业科学院土肥所，福州 350013）

红萍的虫害主要有 3 种：萍丝虫、萍灰螟和萍螟。在 6—10 月，几天之内可造成毁灭性危害。目前，防治这些害虫的常用农药是呋喃丹、敌百虫、甲胺磷，这些药物毒性较大。使用不当可能危及人畜的安全。随着红萍越来越多地用于饲料和饵料，迫切需要筛选高效、低毒、低残效的农药。我们试用敌杀死、大灭菊脂两种高效、低毒农药防治萍灰螟、萍螟取得良好的效果。

取大龄萍螟幼虫连同虫苞一起放入处理盒中，16 h 后，以每亩 60～75 kg 药量喷雾，施药后 20 min，部分萍螟幼虫开始爬出虫巢，呈现兴奋痉挛等中毒症状。5 d 后，查虫，结果如表 1。敌杀死与大灭菊脂对萍螟的杀虫效果可达 90% 左右。从设计的 3 个处理来看，1/1 000 浓度和 1/3 000 浓度的灭虫效果无显著差异。红萍尽管受萍螟 16 h 的危害，打药后，仍可取得一定的产量，对照红萍组几乎被吃光。

直接摄取萍灰螟的大龄幼中放入处理盒中，20 min 左右就产生新虫苞，进行喷雾施药。5 d 后，查虫，结果如表 2。显示敌杀死和大灭菊脂对萍灰螟的防治效果可达 100%。药剂稀释 3 000 倍，仍可取得满意的效果。

据报道，甲胺磷农药的大鼠急性口服 LD50 为 30 mg/kg，敌杀死的大鼠急性口服 LD50 为 138.7 mg/kg。敌杀死的毒性仅甲胺磷的 1/4，甲胺磷施药常用浓度为 1/1 000，而敌杀死、大灭菊脂的使用浓度可为 1/3 000。毒性可进一步下降。用喷药 24 h 的红萍喂饲家鸡，5 d 后，未见有中毒症状。

综上所述，敌杀死、大灭菊脂是防治萍螟、萍灰螟的高效、低毒、低残留农药。适用于作饲料用的红萍。喷雾施用浓度为 1/3 000，亩用量为 60～75 kg。

表 1　两种新药对萍螟的防治效果

观测项目	敌杀死									大灭菊脂									对照		
	1/1 000			1/2 000			1/3 000			1/1 000			1/2 000			1/3 000					
	1	2	3	1	2	3	1	2	3	1	2	3	1	2	3	1	2	3	1	2	3
虫死亡率(头)	14	16	15	10	15	15	19	12	15	17	17	17	15	16	17	12	16	15	2	3	0
虫未死数(头)	0	0	0	0	0	0	0	0	0	0	0	0	1	0	0	1	1	0	2	5	5
虫变蛹数(头)	2	2	2	5	0	0	2	1	1	1	0	2	2	0	1	3	0	0	15	10	44

（续表）

观测项目	敌杀死									大灭菊脂									对照		
	1/1 000			1/2 000			1/3 000			1/1 000			1/2 000			1/3 000					
	1	2	3	1	2	3	1	2	3	1	2	3	1	2	3	1	2	3	1	2	3
产量（g）	11	9	12.5	11.5	10.1	10.3	8.8	11	10.3	8.8	5.8	9	7.8	8.2	8.7	9.5	9	9.5	2.6	1.9	0.9
放入虫总数（头）	45			40			46			51			48			43			5		
虫总死亡数（头）	51			45			50			54			52			48			56		
虫死亡率（%）	88.2			88.9			92			94.4			92.3			89.6			8.9		

表 2 两种新药对萍灰螟的防治效果

观测项目	敌杀死									大灭菊脂									对照		
	1/1 000			1/2 000			1/3 000			1/1 000			1/2 000			1/3 000					
	1	2	3	1	2	3	1	2	3	1	2	3	1	2	3	1	2	3	1	2	3
虫死亡率（头）	27	13	20	17	16	18	—	19	18	17	18	18	19	15	16	16	19	19	1	1	3
虫未死数（头）	0	0	0	0	0	0	—	0	0	0	0	0	0	0	0	0	0	0	3	6	4
虫变蛹数（头）	1	0	0	0	0	0	—	0	0	0	0	0	0	0	0	0	0	0	17	17	17
产量（g）	11.5	12.3	11.2	11.4	11.6	11.5	—	11.4	11.4	11.7	11.5	11.3	11.0	11.8	11.8	10.7	11.5	11.0	4.2	6.0	8.2
放入虫总数（头）	54			51			37			53			50			54			5		
虫总死亡数（头）	55			51			37			53			50			54			69		
虫死亡率（%）	98.2			100			100			100			100			100			7.2		

【原文载于内部刊物《土肥建设》，1987，6：90 - 91，由罗旭辉、王其芳重新整理】

满江红的螺害研究
I．萝卜螺的生物特征与对红萍的危害

陈家驹

（福建省农业科学院土肥所，福州 350013）

20 世纪 60 年代中期，我国一些养殖满江红（下称红萍）有经验的地方，指出椎实螺会危害红萍并把它列为红萍的害虫之一。然而，就在同期或更在后。红萍螺害问题并没有得到一些红萍养殖者的共同认识。至 1987 年，Watanabe 文章也只提到有鳞翅目和双翅目的红萍害虫。红萍是否存在螺的危害？这是引起本人兴趣研究这个问题的原因。

1 萍田的害螺种类

据 1980—1984 年在莆田、福州等地调查研究，红萍田里常见的数量较多的螺类有椎实螺科（Lymnaeidae）萝卜螺属（Radix）和土蜗属（Galba）的动物；扁卷螺科（Plenorbidae）旋螺属（Gyraulus）的凸旋螺（G. convexiusculus）；角螺科（Hydrobiidae）沼螺属（Parafossarulns）的纹沼螺（P. striatulus）。有的材料把扁卷螺与椎实螺同列为红萍的害虫，淡水软体动物书上也指出凸旋螺、纹沼螺会危害水生绿肥水浮莲、凤眼莲的培育。据我们观察，除萝卜螺外，生活在萍田里的上述几种螺类动物，它们以水体中的藻类、水生维管束植物和腐殖物质为主要食料，对正在生长繁殖的红萍来说一般不构成真正的威胁，故不把它们当做红萍的害螺看待。

据我们调查鉴定，在闽东南地区，萍田里常见的萝卜螺有耳萝卜螺（R. auricularia）和斯氏萝卜螺（又称椭园萝卜螺 R. swinhoei），它们的分类学地位属软体动物门、腹足纲、肺螺目、椎实螺科、萝卜螺属中的 2 个种。因椎实螺科中另有一椎实螺属（Lymnaea）动物，如静水椎实螺，个体有 6 cm 大，它们只分布于我国的黑龙江及新疆北部地区，为免于混淆起见；故通常红萍文章中所谓的椎实螺，正确名称应为萝卜螺。

2 萝卜螺的形态特征

具有一个右旋式贝壳，福州捕获到个体最大的耳萝卜螺壳高 21 mm、宽 15 mm，壳口高 18 mm，宽 13 mm；斯氏萝卜螺壳高 22 mm、宽 12.0 mm、壳口高 15.0 mm、宽 11 mm。壳薄略透明，壳面深灰褐色或淡褐色，有细的生长纹，螺层 4 个，无厣。头部扁平宽大，前端为吻，左右伸展呈裂叶状。口位于吻前端腹面，有一肌肉发达的红色口球，有颚片及齿舌带构造，舌由多行左右搭列小齿组成，齿舌的排列、数目与形状是分类的主要依据。口球即是食害红萍的器官，口球内接食道、胃、肠。触角宽扁呈三角形。眼位于触角基部内侧（见图1）。宽大而多肌肉的足位于身体的腹面，与头部、内脏、壳轴相连接，是运动的器官。内脏被贝壳所掩盖，有外套膜包果软体分。在足和内脏囊间由外套膜的皱壁形成的空腔称外套腔，是进行水和空气交换的地方，壁上分布有稠密的血管网，起着肺的作用，肺孔开口于身体的右侧、肛门的前方。

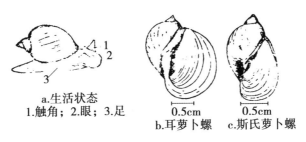

a.生活状态
1.触角；2.眼；3.足

0.5cm 　　　 0.5cm
b.耳萝卜螺　　c.斯氏萝卜螺

图1　萝卜螺的外部形态（引自刘月英图）

耳萝卜螺体螺层特别膨大，螺旋部短而尖锐，壳口向外扩张呈耳状，外缘薄易碎，轴缘略扭转呈"S"形；斯氏萝卜螺螺层较均匀膨大，螺旋部稍长，体螺层不如耳萝卜螺膨大，壳口不特别向外扩张，上狭下宽大呈椭圆形，内缘肥厚，外缘亦薄易碎，轴缘扭转较强烈。两种萝卜螺的螺旋部高度均小于壳口高度，此乃区别于椎实螺属动物的一大特征（见图1-b、图1-c）。

3　繁殖与发育

是卵生动物，雌雄同体但异体授精，卵被胶状透明的卵囊包围，卵囊香肠状，内有卵粒38～120个不等，成3～4行排列。卵纵径1.2 mm，横径0.8 mm，卵粒无色，脐黄色。卵囊长可达24 mm。卵囊黏附在萍体上或其他水生植物、砖瓦、岩石或泥底等固着物上。卵产后一般经24 h开始分裂，胚胎发育速度与水温高低正相关，据我们养殖，在闽东南自然室温下，春季历时16～17 d，初夏13～14 d，盛夏9～10 d发育成幼螺。兹举1980年9月3日观察的斯氏萝卜螺产下的卵囊内胚胎发育过程如图2。

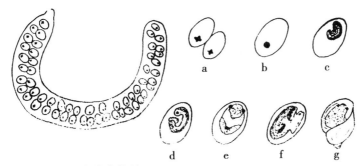

左图：卵粒在中内分布状况；
右图：a-产后48 h；b-65 h；c-90 h；d-98 h；e-152 h；f-208 h；g-237 h成幼螺

图2　萝卜螺卵内胚胎发育进程

初生幼螺很小，约 0.5 mm 长，体呈卵圆形，壳极薄易碎。由于卵囊黏附在萍体上和幼螺很小，故容易通过萍体带螺和流水而传播。初生幼螺以腐殖物质为食料，经 8 d 亦对红萍不会食害。在夏季约经 2 个月才达性成熟，又可交配产卵，所以萝卜螺的繁殖速度很快，但它是鱼类、鸭禽和其他肉食性昆虫天敌的食料，故在自然环境中，由于食物链的存在，不致于使它不受限制地繁殖。

4 生活习性与对红萍的危害

萝卜螺的适应性强，广泛生活在各种不同环境的水体内，在福建省各地的河流、溪流、湖泊、水库、池塘、沟渠以及积水洼地和稻田，均可找到它们存在。对水质的肥瘦、含盐、pH 值的适应力也较宽，但以水草丰盛、水质肥沃的水体分布密度较高。养殖红萍的水体，由于有机腐殖物质的食料丰富，更是吸引它们聚集和繁殖的场所。常看到在萍田排水口的下方密聚着萝卜螺，它们逆水而上，使萍田的螺量较其他水体为多。据我们调查，随着红萍养殖时间越长，螺量密度越高。从表 1 可见半年期萍母田亩螺数变动在 1.1 万 ~23.5 万个，平均为 11 万多个，二年期萍母田的螺量变动在 18.1 万 ~87.3 万个，平均 52 万多个，老萍田比短期萍田的密度高 5 倍。

据我们测定，一个成熟的耳萝卜螺 1 d 平均可取食 0.1349 g 莆田萍。每朵三角形发育健壮的莆田萍平均 0.06 g，则 1 个成螺 1 d 约吃掉 2.2 朵红萍（见表 2）。

根据上述螺量和食量测定表明：新萍田亩发生螺数在 10 万个左右，每天受螺害失萍量每亩 15 kg 左右，而老萍田亩发生螺数在 50 万个左右，每天失萍量 70 kg 左右。据我们对 10 个田块四季红萍生长速度的 74 次测定，春季亩日繁殖量平均为 116 kg、夏季为 50 kg、秋季为 36 kg、冬季为 60 kg。可见，害螺聚集的老萍田，夏秋两个季节每天繁殖的红萍不敷害螺取食。春季虽然红萍的繁殖速度超过其取食量，但值得指出的是，萝卜螺采食红萍时采用它的口球卷吞萍的根、枝、叶，尤其喜食幼嫩的生长点，由于它是浮游在水面轮换取食，造成萍体会根断、枝残、叶被解体，后未被取食的萍体不久也就腐烂死亡，烂萍又引起霉腐病的传播蔓延，如此恶性循环，更致红萍于死地。从这个侧面不难理解，为什么每到夏秋季节，红萍就自然死亡。难道对害螺还能掉以轻心吗？

表 1 红萍养殖期长短与螺量的关系

萍田种类	调查田块号	螺数（个/m²）	折亩数（万个）
半年期萍母田	1	342	22.8
	2	99	6.6
	3	17	1.1
	4	353	23.5
	5	41	2.7
	6	234	15.6
	7	95	6.3
	平均	168.7	11.25

（续表）

萍田种类	调查田块号	螺数（个/m²）	折亩数（万个）
	1	711	47.4
	2	756	50.4
	3	860	57.4
	4	639	42.6
	5	995	66.4
	6	1193	79.6
	7	332	20.1
	8	319	21.3
	9	608	40.6
	10	581	38.8
	11	1039	69.3
	12	554	36.9
	13	869	57.9
	14	275	18.3
二年期萍母田	15	756	50.4
	16	635	42.4
	17	1278	85.2
	18	1309	87.3
	19	1143	76.2
	20	1049	69.9
	21	783	52.8
	22	769	51.3
	23	815	54.4
	24	554	36.9
	25	878	58.6
	26	1039	69.3
	27	333	22.2
	28	842	56.2
	平均	781.6	52.13

表2　耳萝卜螺吃萍量的测定

重复数	失萍历时（h）	时失萍率（%）	个螺时食萍量（g）	个螺日食萍量（g）
Ⅰ	19.5	5.10	0.007 69	0.184 5
Ⅱ	35.0	2.85	0.004 28	0.102 7
Ⅲ	42.0	2.38	0.003 57	0.085 7
Ⅳ	23.0	4.34	0.006 52	0.156 5
Ⅴ	25.0	4.00	0.006 00	0.144 0
平均	28.9	3.73	0.005 61	0.134 9

注：测定期9月4—10日；萍种：莆田萍（P.A）；放萍量：1.5 g；放螺量：成螺10个

【原文载于内部刊物《土肥建设》，1987，6：86-89，由罗旭辉、王其芳重新整理】

红萍抗（椎实）螺能力研究初报[*]

金桂英　魏文雄

（福建省农业科学院土肥所，福州 350013）

抗虫性是选育优良高产品种必不可少的一个重要性状[1]。国外比较重视农作物抗虫品种的选育工作[2]。有关红萍抗虫方面的研究尚少。椎实螺（*Radix Swinhoer* H. *Adams*）是红萍重要的虫害之一。春末水温回升后，往往大量发生造成红萍严重减产以至绝产。我们在田间及保种圃观察发现，不同红萍品系在椎实螺大发生时，危害程度有相当大的差异。这种差异是由于条件的不同或其他偶然原因引起的，还是由于品种本身种质的差异引起的，至今未见通过实验的方法加以确切的比较和证实。尤其对红萍抗螺等级划分的标准与分类未见报道。本实验通过实验方法来研究红萍对椎实螺抗性的差异。

1　材料和方法

1.1　材　料

以本室鉴定的具有较广谱抗性的卡洲满江红（Azolla carolinana willd）为对照，另选 9 个具有代表性的品系共 10 个品系参试。其中有国际水稻研究所渡边岩博士推荐的 2 个品系：①曼谷萍［A. imbricata（Ro×b）Nakai Bangkok］；②陈梅萍（A. i. Chang Mai）。浙江农业科学院土肥所推荐的 3 个品系：①尼罗萍（A. nilotica De Caisne）；②小叶萍（A. microphylla kaufuss）；③杭州萍（A. i. Hangzhou）。本室抗高温研究中表现较抗热的品系：①墨西丹萍（A. mexicana）；②广西玉林体（A. i. Yulin）；③福建溪萍绿（A. i. Xiping Green）。全国大面积推广的品种：东德细绿萍（A. filiculoides Lam East Germany）。

1.2　方　法

1.2.1　抗性对比

以面积为 0.024 m² 大结晶皿为容器，上半部用玻璃条分隔成 4 部分，下半部自由相通，放水至近玻璃条上沿，每格放等量的一种红萍，螺统一放水底，让其自由选择取食红萍。每皿放大小一致的正常的椎实螺 24 只，相当于 1 000只/m²（24 只/0.024 m²），每格放经挑选过无病虫的洗净并吸干的健壮萍 3 g，每皿共有萍 12 g，相当于 333 kg/亩。

---

[*]　陈凤月、陆培基同志参加过部分研究工作

萍的排列方式是每皿均有一格放卡洲萍为对照，其他品系随机排列 3 次重复，每天查螺分布情况 2 次，隔天测产 1 次并拍照。

1.2.2　不同混养比例对比

以小叶萍和卡洲萍按下述比例：（卡洲∶小叶）1∶3，1∶2，1∶1 混养，以 100% 小叶萍为对照，放上述装置中，观察内容同上。

1.2.3　抗性物质的探索

以卡洲萍榨出液浸泡小叶萍，同样的放在上述装置中观察小叶萍受害状况，处理分浸泡 24 h，浸泡 4 h 及不浸泡为对照 3 种处理。

2　结果分析与讨论

2.1　不同红萍品系抗椎实螺能力有明显的差异

从椎实螺为害 10 种红萍产量消长变化图看（图 1），椎实螺对各种红萍的喜好有显著的差异。小叶萍和墨西哥萍受害最烈，放螺的第 3 d 就几乎绝产，继之是尼罗萍、细绿萍和玉林萍强烈受害，再后是溪萍绿、杭州萍、陈梅萍，而卡洲萍、曼谷萍受害较轻。

从螺在 10 种红萍上的分布变化图看（图 2），螺分布曲线基本可分为 3 种类型。这里参考作物抗性选种中抗病虫[1]的分类标准（福建省稻田养萍训练班讲义），结合红萍抗螺的具体情况，我们试把红萍抗螺能力分为 3 个大型 2 个亚型，以螺在萍上分布数量的动态曲线类型作为分型的主要依据，并参考红萍产量消长变化的数值。具体如下：

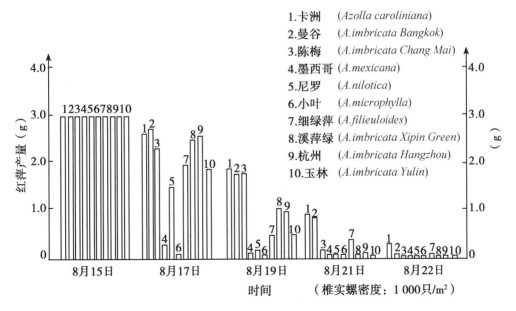

1. 卡洲　(*Azolla caroliniana*)
2. 曼谷　(*A.imbricata Bangkok*)
3. 陈梅　(*A.imbricata Chang Mai*)
4. 墨西哥　(*A.mexicana*)
5. 尼罗　(*A.nilotica*)
6. 小叶　(*A.microphylla*)
7. 细绿萍　(*A.filieuloides*)
8. 溪萍绿　(*A.imbricata Xipin Green*)
9. 杭州　(*A.imbricata Hangzhou*)
10. 玉林　(*A.imbricata Yulin*)

图 1　10 种红萍对椎实螺为害的抵抗力

（1）感螺型（S 型）。即在对比中首先围食该型红萍，以致螺的分布从一开始即达高峰，然后随其被剧烈噬食，萍量大大减少，螺量也逐渐下降，整个螺量的动态分布呈由高向

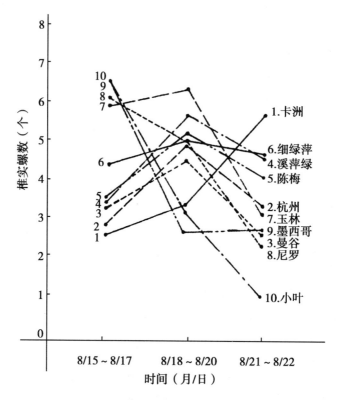

图2　椎实螺在红萍上的分布变化

低逐渐下降的曲线。属该型的如小叶、墨西哥、尼罗等萍。其中尼罗萍产量下降较慢一些，是因为该萍体个体大，枝端离水面远，以致被吃的慢一些。

（2）中等感螺型（M型）。在对比实验中，螺在其上分布的动态曲线是单峰曲线，即开始较少，然后上升到一高峰，以后又随着萍体被害消亡而分布量也减少。这说明当螺失去其最喜欢吃的S型红萍以后才集中围食这一类型。该型中又可因开始对螺集中的水平不同，及其产量消减的快慢差别分为2个亚型。即中等感螺型（MS型）和中等抗螺型（MR型）。

前者如玉林萍、细绿萍、溪绿萍、陈梅萍等，后者如曼谷萍、杭州萍等。

（3）抗螺型（R型）。即在对比实验中，螺的分布开始很少，以后增长也慢，只在后期其他食物消失而螺大量存在时才围攻，所以螺在其上的分布曲线为一种由低到高的上升曲法，如卡洲萍。该型在生产上可大大减轻椎实螺的为害，产量较稳定，但还不是高抗类型。

以上分型方式还仅是初步设想，有待进一步改正与完善。

2.2　萍的不同混养方式对椎实螺危害的影响

比较上述情况，看出椎实螺喜食小叶萍，较不爱食卡洲萍，只有不存在其他萍的情况下才被迫取食卡洲萍，那么，小叶萍与卡洲萍混养是否可以减轻、延缓螺对小叶萍的为害呢？我们作了不同比例的混养，结果如表1、表2、表3。

表 1 卡洲萍与小叶萍不同混养比例螺分布的变化

处理（卡洲∶小叶）	螺的分布数（个）		
	9/23—24	9/25—26	9/28
1∶3	4.9	4.3	2.3
1∶2	5.2	4.1	3.0
1∶1	1.9	4.3	2.8
全小叶（ck）	6.8	4.0	4.3

表 2 卡洲萍与小叶萍不同比例混养小叶萍受螺害情况比较

处理（卡洲∶小叶）	被螺害的平均克数	处理间差异显著性
0∶4	3.70	
1∶3	2.70	1.00**
1∶2	2.40	1.30** 0.30**
1∶1	1.70	2.00** 1.00** 0.70**

注：5% LSD = 0.11 g/5 d；1% LSD = 0.17 g/5 d

表 3 卡洲萍与小叶萍不同比例混养卡洲萍受螺害情况比较

处理（卡洲∶小叶）	被螺害的平均克数	处理间差异显著性
1∶3	2.50	
1∶2	2.03	0.47**
1∶1	0.93	1.51** 1.10**

注：5% LSD = 0.23 g/5 d；1% LSD = 0.39 g/5 d

表 1 可明显看出，螺的分布曲线也符合前述规律。没有卡洲萍及卡洲萍少时呈线性下降趋势，卡洲萍比例达一半时，使曲线呈单峰状态。说明螺害延缓，减轻。

从表 2 看出，卡洲萍与小叶萍按不同比例混养，小叶萍受螺害与对照相比差异达到极显著的水平。各种混养比例中，小叶萍受害差异相比也达到极显著的水平。换句话说，卡洲萍与小叶萍混养后大大减轻和延缓了小叶萍的受害，且随着卡洲萍比例的增大，这种延缓作用得到加强。从表 3 看出随着卡洲萍比例的增大、卡洲萍自身被螺害的程度也减轻，其差异达到极显著的水平。由此可见，卡洲萍放养比例大，小叶萍和卡洲萍受害均较比例小时轻。反之，也说明卡洲萍变稀时，螺害显著加重。不过应当指出，这种作用是在高密度螺存在情况下发生的（66 万只/亩），至于田间螺未大量发生时的作用可能就不会这么突出。

2.3 卡洲萍压榨液的影响

为了检查一下卡洲萍内含物对椎实螺的影响，把卡洲萍压榨，用其榨出液来浸泡小叶萍实验方法同上。结果如表4、表5。

表4 卡洲萍压榨浸泡小叶萍对螺分布的影响

处理	5月5~7日平均螺数（只）	5月8~11日平均螺数（只）	5月12~14日平均螺数（只）
24 h	1.7	3.1	3.8
4 h	1.8	3.1	3.3
对照	1.6	3.3	3.5

表5 卡洲萍压榨浸泡小叶萍在螺害下对产量的影响

处理	5月10日（g）	5月12日（g）	5月14日（g）	5月16日（g）
24 h	1.93	1.20	0.50	0.13
4 h	1.80	0.78	0.37	0.15
对照	1.87	1.08	0.33	0.07

表中所列数据经显著性测定，处理间差异的 F 值均大大小于 0.10（$F = 0.06 \sim 1.00 < F_{0.10} = 4.32$），说明卡洲萍压榨液对椎实螺并没有抗拒作用。

美国学者 Painter R·J 将作物品种抗虫机制归纳为 3 个方面：抗生作用（Antibiosis）；非嗜好性（Non – Preference）与忍受性（Tolerance）。由混养实验可以看出，卡洲萍对椎实螺的抗性显然不属于忍受性，因为当它密度增加时，抗性显著增加。从目前表示来看，尚没有看到卡洲萍对椎实螺的生长有什么明显的抗生作用，这方面尚有待进一步研究。看来非嗜好性的避忌作用是明显的。由压榨液浸泡实验结果看，其死体的内容物似乎没有抗性作用，所以引起避忌的内在因子尚待进一步研究。

参考资料

［1］ 吴荣宗. 国际稻作研究所对抗虫性研究的概况［J］. 应用昆虫学报，1979（6）.

［2］ 张广学. 棉花的抗虫性综述［J］. 应用昆虫学报，1981（3）.

【原文发表于福建农业科技，1984，（4）：26－27，由罗旭辉、王其芳重新整理】

红萍霉腐病发生特点及其防治的初步研究

陆培基　魏文雄

（福建省农业科学院土肥所红萍室，福州350013）

霉腐病是红萍越夏"三害"之一。夏季往往在几天内造成稻底红萍毁灭。因此，它是红萍越夏，以及保种、品系保藏工作的重大障碍。本文探讨了影响红萍发病的主要因子、传染源、药物防治及抗病品系等方面。

1　材　料

选用原产美洲，东南亚及我国3种抗热性较强的满江红（红萍）种中的4个品系进行研究。

（1）卡洲满江红：（Azolla caroliniana Willd）。

（2）孟加拉（A. pinnata R. Br. Bangladesh serigor）。

（3）溪萍绿（A. imbricata（Roxb）Nakai；Fujian Shipping Green）。

（4）广西玉林（A. imbricata（Roxb）Nakai；GuangxiYulin）。

2　方　法

2.1　光　照

全光照为露天天然光明；半光照为露天下，放在养虫宠中，上方再用竹席遮阴，使从9：00~15：00阳光不能直射；弱光为空调室下人工光照，光照强度1 400~2 000 lx；黑暗为放在人工气候箱中关灯密闭培养。

2.2　室内培养

室内培养均采用搪瓷浅盘，浙农6302无氮培养液，室外在水泥池中，用10%土壤浸出液。它们每3 d施肥1次，采用叶面喷施，每次施肥量折合过磷酸钙1.5 kg/亩，硫酸钾0.5 kg/亩。

2.3　萍母选取

萍母选取无病、健壮的萍，洗净，沥干，称鲜重，各处理随机取样。

2.4 观 察

每天 7：30、11：00、15：00、17：00 4 次观察温湿度及光强。照度以贴近萍面的光强为准。水温以萍面下 1 寸为准。

3 结果与分析

3.1 生态因子对红萍霉腐病发生发展的影响

霉腐病是由丝核菌（Rhizoctonia SP）的寄生而引起的，由于它多发生在盛夏高温多湿季节，一般认为高温高湿是它发病的主要影响因子；由于在稻田养萍中，水稻生长后期荫蔽加大容易发病，所以，有的认为日照弱容易发病；但未见到一个确实的证据。今年我们主要分析了不同品系、光照等因子的影响。

3.1.1 光照的影响

实验结果（表 1～表 4）表明，红萍霉腐病的发生与光照关系密切，在正常全光照下，即使高温并人工接种病萍，接种 2 周后也只少量发病，发病率只达 1%～5%（表 1）。半遮光状态下，仅 1 周，不抗病或较不抗病的品系发病率达 95% 或 30%（表 2）。在人工弱光照下，即使温度保持一般红萍最适宜生长温度（25～28℃），相对湿度较低（70%～80%），2 周左右一般品系发病率达 95%～100%，抗病品种也发病达 20%（表 3），9 月 3 日～9 月 16 日的试验，由于上一次试验使空调内霉菌孢子量增加和试验头 2 d 停电，光照更弱，红萍霉腐病发展比前一次更快。在安全黑暗下，只要 4 d 一般品系就 100% 发病，而抗病品系也发病达 30%（表 4）。由此可见，光照是红萍霉病发生的重要生态因子。

3.1.2 品系间差异

不同遗传性的红萍抗霉病的能力差异显著。由表 1～表 4 可以看出，卡洲萍即使在十分恶劣的弱光、无光环境下，也可顽强抵御丝核菌的侵袭，它发病也只呈斑点状，表面菌丝不明显，即使某一点被侵染也不易漫延发展。而孟加拉，玉林表现呈高染病状态，尽管这 2 个品系均是抗热性较强（见抗热性试验），原产于热带或亚热带的品系，但它在缺光时极易染病，大量发病后，可以明显看到绒毛状白色菌丝漫延，甚至在萍面形成明显的丝绒状菌落。溪萍绿耐病力较该 2 种略强。

表 1　自然全光照下几种红萍的霉腐病发生状况

品系	放萍量* (g)	接种病萍量 (g)	发病过程（%）			最终产量 (g)
			7/28	8/4**	8/11	
卡洲	45	3	0	0	0	70
印度	45	3	5	10	50	31
广西玉林	45	3	1	10	30	47

注：*7 月 16 日放萍，**8 月 3 日开始阴雨

表 2　半光照下几种红萍的霉腐病发生状况

处理		卡洲	溪萍绿	广西玉林	孟加拉
发病率（%）	1	0	50	95	100
	2	0	30	85	100
	3	0	10	95	85
	平均	0	30	91.7	95

注：在养虫笼内，上方竹席遮阴，每天 9：00 以前，下午 3：00 以后，可见直射光。9 月 4 日放萍，9 月 10 日观察

表 3　人工弱光照下几种红萍的霉腐病发病率　　　　　　　　　（%）

品种	8/9	8/11	8/13	8/15	8/18	8/20	8/20
卡洲	0	0	0	0	0	8	20
溪萍绿	0	8	20	40	65	85	95
广西玉林	0	8	40	65	85	95	100
孟加拉	0	5	10	30	50	85	90
品种	9/3	9/4	9/6	9/9	9/10	9/12	9/16
卡洲	0	0	0	0	0	8	0
溪萍绿	0	0	8	40	50	85	95
广西玉林	0	8	50	85	95	100	100
孟加拉	0	8	65	85	95	100	100

注：光强为 1 400～2 000 lx，气温为 25～28℃，湿度为 70%～80%，放萍量 400 kg/亩

表 4　完全黑暗条件下几种红萍的霉腐病发病率　　　　　　　　（%）

品种	重复 1	重复 2	平均
卡洲	10	50	30
溪萍绿	90	90	90
广西玉林	100	100	100
孟加拉	100	100	100

注：9/12 放萍，9/16 观察，气温 26℃，湿度 90%

3.1.3　传染途径

通过用无菌水，无菌土的培养对比（表 5），可以看出该菌主要不是通过水来传播的，它主要的传染途径可能就是萍体带菌和空气传播，一旦环境适宜它生长，而又不利于萍生长时，它就立即生病。不过从 10 日前的发病烈度来看，土壤也起一定的带菌作用。

表 5　孟加拉萍霉腐病传染途径的观察

处理	10/4	10/6	10/8	10/10	10/12	10/14
无菌水 + 无菌土	0	0.3	28	60	95	99
无菌土 + 自来水	0	0.5	28	66	88	97
未消毒土 + 自来水	0	0.9	63	92	95	96

（续表）

处理	10/4	10/6	10/8	10/10	10/12	10/14
6302 无氮液	0	0	16	38	95	100

注：平均气温 25.1~28.1℃，相对湿度 70%~85%，光强 500~1 400 lx，前 3 个处理为湿养，实验重复 2 次

3.2 防治药物筛选

实验证明：无论 10~20 mg/kg 的灰黄霉素；500~1 000 倍的 414；1 500~2 500 倍的敌克松；0.016 摩尔的柠檬酸钠对该菌都没有防治效果。800~1 000 倍的敌克松发生严重的药害。但是，500~1 000 倍的托布津不论在预防该病的发生或发病后对该病菌的控制均有明显的效果（表6）。

表6　几种药物处理红萍霉腐病的发病率　　　　　　　　　　（%）

处理	喷药后的天数												
	1	2	3	4	5	6	7	8	9	10	11	12	13
灰黄霉素 10 mg/kg	0	0	0	0	10	15	20	30	40	50	65	85	
15 mg/kg	0	0	0	0	15	20	25	30	40	50	75	90	
20 mg/kg	0	0	0	0	15	20	25	35	65	85	90	95	
柠檬酸钠 0.016 m	0	0	0	0	15	20	25	30	40	50	85	95	
托布津 500 倍	0	0	0	0	0	0	0	0	0	0	0	0	0
800 倍	0	0	0	0	0	0	0	0	0	0	0	0	0
1 000 倍	0	0	0	0	0	0	0	0	0	0	0	0	0
414 500 倍	0	0	1.5	7.5	67	73	93	95	97	98	99	100	
1 000 倍	0	0	0.9	5.2	36	61	82	85	92	95	98	100	
敌克松 1 000 倍	0	—	—	—	—	—	—	—	—	—	—	—	药害死亡
1 500 倍	0	2	6	10	22	30	50	62	75	85	90	95	100
2 000 倍	0	11	18	20	28	46	56	60	70	72	80	87	96
萍发病后喷托布津 500 倍	0	0	0.5	5.2**	9	11	11	11	11	11	11	11	
对照喷水	0	0	2	14	40	62	83	89	95	95	98	100	

注：放萍量 300 kg/亩，喷药量 60 kg/亩 3 d 喷 1 次，萍培养在瓷盘中，湿养。** 开始喷药

【原文载于内部刊物《土肥建设》，1981，3：66~69，由罗旭辉、王其芳重新整理】

第三章

稻田养萍与利用

稻田养萍在肥料和饲料上的价值

陈扬春

（福建省农业科学院土肥所，福州 350013）

随着农业生产的发展，稻田养萍的作用越来越引起人们的重视。兹分 3 个问题，叙述如下。

1　稻田养萍对土壤肥力的作用

1.1　对土壤温度、水层温度的影响

由于红萍盖在水面，阳光不能直接照射水面，受到气温变化的影响小，明显的起着降温作用，日温差也相应的缩小（图 1）。而且养萍后的降温作用与气候变化有着密切关系：晴天大，可降土温 2 ℃，缩小日温差 3 ℃；雨天小，降低土温仅 0.4 ℃，缩小日温差 1.2 ℃；一般来说，能降温 1.3 ℃左右，缩小日温差 1.6 ℃左右。土壤日温差的变化，不但影响着土壤中养分的转化，对水稻体内物质的积累也起着一定的作用。

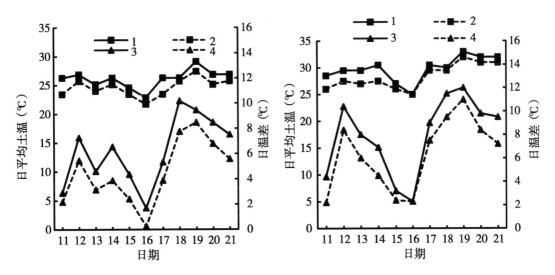

1. 不养萍田的日平均温度, 2. 养萍田的日平均温度 3. 不养萍田的日温差, 4. 养萍田的日温差

图 1　稻田养萍对水温土温的影响（1964 年 5 月）

1.2 对土壤物理性状的影响

从养萍老区，尤其是新区，一致反映稻田养萍之后，土质疏松，便于耕田。稻田养萍后容重比不养的减小（表1），土壤更加熟化了，其孔隙度却增加了（表2），改善了通气条件。

表1 稻田养萍对土壤容重的影响 （单位：g/cm³）

年份	养萍	不养	增值
1963	0.90 ~ 1.00	1.03	− 0.03 ~ − 0.13
1964	0.97	1.04	− 0.07
1965	0.91	0.99	− 0.08

表2 稻田养萍对土壤孔隙度的影响 （单位：%）

年份	养萍	不养	增值
1963	63.64 ~ 63.67	62.14	1.5 ~ 1.53
1964	63.22	62.14	1.08
1965	63.85	61.28	2.57

上述条件的变化，对土壤中氧化还原电位也起着一定的作用；更由于红萍、水稻等光合作用和呼吸作用，尤其是萍根脱落和萍体更新的结果。在水稻分蘖期，氧化还原电位从396.4 降低至344.0；在育穗期，也从372.7 降至327.7。

1.3 对土壤营养物质的增加作用

萍体含水量占鲜重的93%左右，有7%有机质在红萍死亡后加入土壤表层。每亩以1 500 kg计，将有105 kg的有机质。3 年来测定，养萍后田里土壤有机质都有所增加（图2）。

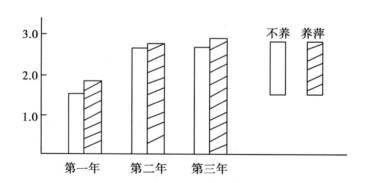

图2 早稻田养萍对土壤有机质的增加作用

上图不但可以看出养萍比不养萍的土壤有机质提高了0.10% ~ 0.38%；而且虽然处在南方高温多雨地区，但由于萍体含木质素较多，连续3 年测定，似均有增加。

1.3.1　对土壤含氮量起着增加作用

基于大量有机质的增加并分解，土壤含氮量势必提高，且红萍干重的含氮量在2.34%~4.23%，一亩水稻田套养20 d后，可收1 500 kg，相当于增施3 kg左右氮素。如用宽窄行双龙出海方法养萍，产量更可大幅度增加。潜力很大。除了给水稻多吸收外，收割后的土壤剩余含氮量均比对照组高（表3）。

表3　稻田养萍对土壤全氮的影响　　　　　　（单位:%）

年份	养萍	不养	增值
1963	0.138~0.147	0.133	0.005~0.014
1964	0.186	0.178	0.007
1965	0.195	0.179	0.016

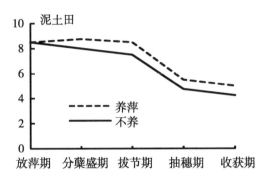

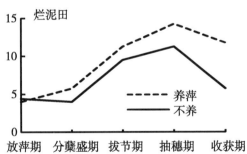

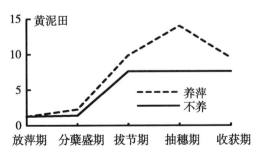

图3　养萍对不同土类氨态氮含量的影响（mg/kg）

1.3.2　调动了磷素有效性

在南方水稻土中磷酸铁即使老化，在还原条件下也可以成为水稻的良好磷素给源。故而施入有机肥料以适当的增强土壤的还原条件，可能具有实际意义。据测定，养萍田在水稻孕穗到成熟期，速效磷反而有所提高。

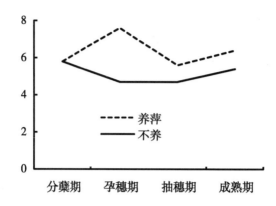

图 4   土壤速效磷含量 （mg/kg） 在养萍与不养萍条件下的比较

1.3.3   抑制了杂草，少耗费了养料

由于红萍盖在水面，使杂草种子的萌发和生长大大受到抑制。这一点深受农民的欢迎。1964 年，我们以 6 个样方测得结果，见表 4。

表 4   稻田养萍对田间杂草的抑制作用

处理 \ 结果	g/m²	株/m²
养萍	10.7	27.7
不养	71.7	174.0
增值倍数	6.7	6.3

2   稻田养萍对水稻器官生长发育的影响

2.1   对水稻分蘖数的影响

养稻田的稻苗比不养的，早期表现出分蘖受到了抑制，晚期便超过了对照组 （图 5）。其导致抑制的原因，是由于降低土温，或是土温降低而影响了养分的转化，还是红萍养殖初期耗费了养分等，有待进一步探明。

2.2   对穗部的影响

一旦人工倒萍，一般只要 14 d 左右，速效氮的释放便达到了高峰，前后持续时间 20 d 左右。如其穗分化时氮素水平提高虽快，但维持时间较短，因而不能满足穗形成过程的全部需要。而强度小，持续时间长，从这一角度来看，却是具备了有利的条件。倒萍之后，恰是提供了这一有利条件——稳而缓的氮素供给，故而养萍田的每穗粒数超过了对照组，而达到

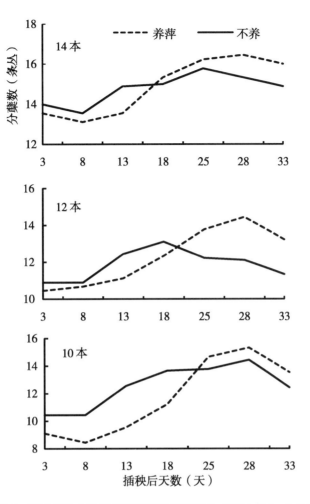

图5　不同插秧本数养萍后的早稻分蘖情况（1964年5—6月）

了增产的效果，见表5。

表5　稻田养萍对水稻农艺性状的主要影响

水稻品种	处理	有效穗/丛	穗粒数
矮脚南特	养萍	24.0	77.3
	不养	20.5	62.6
陆才号	养萍	16.2	63.7
	不养	16.1	60.3
福早籼一号	养萍	12.5	50.3
	不养	12.0	40.8
南优三号	养萍	24.7	168.9
	不养	20.6	157.9

2.3 增产效果

1975 年我国南方红萍会议统计了江苏、广东、浙江、福建等 7 个省的 1 500 个实验材料，其结果：稻田养萍的比不养的每亩增产稻谷 40 ~ 50 kg。再以福建省大面积调查资料看来，其肥效也很显著（表 6）。

表 6　1963—1978 年福建省大面积养萍的增产效果的调查

地点	养殖面积（亩）	处理	亩产（kg）	增谷（kg）	增产（kg）
福建省农业科学院	96	养萍	416.5	39.5	5.2
		不养	379		
同安县东边等 5 个大队	2009	养萍	236	85.5	28.4
		不养	150.5		
福清县里美大队	816（晚季）	养萍	274 ~ 327.4	56.9 ~ 162	3.1 ~ 10.5
		不养	257.8 ~ 270.5		
霞浦县利程大队	190	养萍	137.5	32.5	15.45
		不养	10.5		
南靖县集星大队	20	养萍	262.5	126.5	46.5
		不养	136		
邵武县拿口大队	28	养萍	142.5	56.6	17.2
		不养	127.5		
德化县世安大队	104	养萍	142.5	15	5.85
		不养	127.5		
惠安县东田农技站	41.53	养萍	106.5 ~ 373.5	13.5 ~ 50	7.3 ~ 7.7
		不养	93 ~ 323.5		

注：调查的不养萍面积与养萍的相当

从调查资料和农民反映可以得出，养萍田增产情况有 3 个特点：①山区比平原增产幅度大；②瘠田比肥田大；③耐肥品种比不耐的大。

我们 3 年来实验结果，增产均在 13% 左右，晚季后效 4.2%。

3　红萍的饲料价值与前景

据分析，红萍（风干）饲料养分含粗蛋白 16.18%，粗脂肪 2.17%，粗纤维含量较低，为 9.77%。与几种水生植物的饲料成分相比较，红萍的营养成分比水花生显著要好，比水葫芦体质地幼嫩。详见表 7。

表 7　红萍与几种水生植物的饲料成分比较　　　　　　　（%）

名称	水分	干物重	粗蛋白	粗脂肪	粗纤维	无氮浸出液	成分
红萍（风干）	4.87	95.13	16.18	2.17	9.77	54.07	12.94
水花生（风干）	6.78	93.22	12.98	1.50	20.56	43.92	14.76
水葫芦（风干）	6.27	93.73	22.17	1.89	12.27	25.29	—

（续表）

名称	水分	干物重	粗蛋白	粗脂肪	粗纤维	无氮浸出液	成分
红萍（新鲜）	92.04	7.96	1.34	0.18	0.81	4.46	1.07
水花生（新鲜）	90.79	9.12	1.28	0.18	2.03	4.29	1.46
水葫芦（新鲜）	91.15	7.85	4.14	0.18	1.16	2.39	—
水浮莲（新鲜）	95.30	4.70	1.35	0.21	0.64	1.10	1.40

　　用红萍喂猪，在福建省农村广大农民均有这一习惯。据四川省农科院与荣昌种猪试验站合作的试验，选用体重、月龄、性别、长势一致的荣昌架子猪24头，分6组，分别用3种青饲料喂养，经50 d饲养结果，3种青饲料对猪的增长和屠宰指标基本一致。也就是说，以红萍喂猪，其效果相当于甘薯藤。详见表8。

表8　红萍与几种青饲料喂猪效果

饲料品种	猪头数	开始平均重（kg）	50 d后体重计屠宰指标				
			终平均重（kg）	增重（kg）	屠宰率（%）	膘厚（cm）	板油（kg）
红萍	8	46.01	71.85	25.84	74.9	3.34	2.13
甘薯藤	8	46.01	72.88	26.87	75.1	3.03	2.19
青萍	8	46.01	71.16	25.15	76.5	3.33	2.27

　　群众反映，利用红萍做饲料有很多优点：一是营养成分较好；二是可以直接生喂，省燃料省工；三是个体小不用切碎；四是繁殖快，产量高；五是可以利用自然水面放养。

　　目前应用双龙出海的插秧方式，延长了放养时间，可将部分红萍捞出供作饲料。也可以单季稻田，冬季田大量养殖饲料红萍，实行"草粮轮作"，用地养地养畜牧，畜牧的排氮又来肥田。这样氮的食物链更加完善，氮的利用时间更加延长，为改善人们的食物构成做出新的贡献。

【原文载于培训教材《福建省稻田养萍训练班讲义（一）》，第一章，第1~11页，由王成己重新整理】

满江红对稻田土壤生产力的影响
（1985—1987 年）

任祖淦　王东海　唐福钦

（福建省农业科学院土肥所，福州 350013）

1985 年，福建省农业科学院土肥所与国际水稻研究所协作，参加了国际 1985—1987 年 6 个稻作季的无机与有机氮肥单、配用原位肥效试验及其经济效益评价实验。其中，红萍是一个重要的有机氮源。本试验落在福州市郊区仓山乡万里村土肥基地进行实施。

1　实验目的与依据

通过原位试验：①评价无机氮单用与有机氮肥配合使用的肥料效应和经济效益。②评价作物产量、氮素吸收及产投比等效应关系；③评价对土壤地力动态演变规律状况的研究。并为我们在农业生产上提出一套较佳的肥料结构及其用地、养地和培育地力的土壤生态良性循环提供科学依据和实施方案。

2　试验内容和设计

按国际水稻研究所统一设计方案（表 1）要求，本试验要在同一块稻田上原位连续进行稻作试验。试验设 13 个处理，我们另加 1 个无肥区处理，计为 14 个处理，设 4 个重复，随机排列，每小区净面积 4 m×4 m = 16 m^2 = 0.024 亩。供试水稻品种：闽早六号，冬季休闲。

表 1　试验内容与设计

处理号	处理内容	N 素水平		施用方法
		kg/hm^2	kg/亩	
0	无肥区	0	0	/
1	无 N 区	0	0	/
2	尿素	58	3.865	最优分期施
3	尿素球肥	58	3.865	深施 10～12cm
4	尿素 + 红萍	29	1.9325	尿素：最优分期施
		29	1.9325	红萍：插秧前与土壤混合
5	尿素 + 稻草	29	1.9325	尿素：最优分期施
		29	1.9325	稻草：插秧前与土壤混合

（续表）

处理号	处理内容	N 素水平		施用方法
		kg/公顷	kg/亩	
6	尿素球肥 + 红萍	29	1.9325	尿素球肥：深施 10 ~ 12cm
		29	1.9325	红萍：插秧前与土壤混合
7	尿素球肥 + 稻草	29	1.9325	尿素球肥：深施 10 ~ 12cm
		29	1.9325	稻草：插秧前与土壤混合
8	尿素	87	5.8	最优分期施
9	尿素球肥	87	5.8	深施 10 ~ 12cm
10	尿素 + 红萍	58	3.865	尿素：最优分期施
		29	1.9325	红萍：插秧前与土壤混合
11	尿素 + 稻草	58	3.865	尿素：最优分期施
		29	1.9325	稻草：插秧前与土壤混合
12	尿素球肥 + 红萍	58	3.865	尿素球肥：深施 10 ~ 12cm
		29	1.9325	红萍：插秧前与土壤混合
13	尿素球肥 + 稻草	58	3.865	尿素球肥：深施 10 ~ 12cm
		29	1.9325	稻草：插秧前与土壤混合

注：无 N 区为只施 P、K 肥，不施 N 肥；无肥区为均无 N、P、K 肥

试验内容主要包括无机氮肥（尿素、尿素球肥）单用并分别与有机肥料（红萍、稻草）配用；氮素分 3 种不同剂量（无氮区、5 8 kg N/hm² 、8 7 kg N/hm² 和无肥区），2 种不同施肥方法（最优分期表施，其中 2/3N 作基施，1/3N 在幼穗分化前 5 ~ 7 d 施，尿素球肥深施 10 ~ 12 cm，有机肥全部用作基施）；无机氮与有机氮的配比，分别为 1：1 和 2：1 两种，进行了农田系列试验研究。

按试验设计要求，处理小区用鲜红萍 24 kg，干稻草 7.7 kg；每公顷施 P_2O_5 ，K_2O 各 40 kg。

本试验要对试验地的处理前后土壤、水层和植株（谷草）等样品进行 NH_4—N，全 N，有机质等测试。

3　初步结果与分析

通过 3 年 6 个稻作季的试验，在等氮量的情况下，不同处理初步结果如下。

3.1　肥料的结构效应结果分析

在试验设计等氮的情况下，它们的效果顺序是：尿素球肥 + 红萍的效果 > 尿素球肥 + 稻草 > 尿素 + 红萍 > 尿素 + 稻草 > 尿素表施。它们的增产幅度与无肥区作比较，则尿素球肥 + 红萍的处理为 23.4% ~ 107.2%，尿素球肥 + 稻草的为 20.2% ~ 102.2%，尿素 + 红萍的为 20.7% ~ 100.4%，尿素 + 稻草的为 16.9% ~ 94.6%，尿素表施的为 15.3% ~ 65.5%。详见表 2、表 3。结果表明，无机氮素配加有机肥施用，能明显地提高无机氮素的肥效，促进了土壤生态的良性循环。其机制是由于配用有机肥红萍或稻草，活化土壤微生物作用，起爆了土壤活性，促进土壤有机肥的矿化作用，提高了水稻作物摄取无机氮素的机能，所以无机氮与有机肥的良性肥料结构，起着横向联合的相互促进作用，为此，提高了肥料效应。

表2 无机与有机氮肥单、配用原位肥数试验及其经济效益评价

处理号	1985年								1986年			
	早稻				晚稻				早稻			
	亩产(kg)	亩增(kg)	增产率(%)	斤N增谷*(kg)	亩产(kg)	亩增(kg)	增产率(%)	斤N增谷*(kg)	亩产(kg)	亩增(kg)	增产率(%)	斤N增谷*(kg)
0	302.35	/	/		191.80	/	/		241.85	/	/	
1	319.00	16.65	5.5	/	201.05	18.25	9.5	/	271.05	29.20	12.1	/
2	348.70	46.35	15.3	3.85	227.80	36.00	18.8	2.30	312.75	70.90	29.3	5.40
3	362.25	59.90	19.8	5.6	242.40	50.60	26.4	4.20	333.60	91.75	37.9	8.10
4	364.90	62.55	20.7	5.95	250.70	58.90	30.7	5.25	348.15	106.30	44.0	9.95
5	353.40	51.05	16.9	4.45	241.85	50.05	26.1	4.10	346.10	104.25	43.1	9.70
6	373.20	70.85	23.4	7.00	255.40	63.60	33.2	5.85	364.85	123.00	50.90	12.15
7	363.30	60.95	20.2	5.75	247.65	55.85	29.1	4.85	358.60	116.75	48.3	11.35
8	366.45	64.10	21.2	4.10	249.70	57.90	30.2	3.40	346.10	104.25	43.1	6.45
9	387.80	85.45	28.3	5.95	274.20	82.40	43.0	5.55	362.75	120.90	50.0	7.90
10	387.80	85.45	28.3	5.95	273.65	81.85	42.7	5.50	379.45	137.60	56.9	9.35
11	379.45	77.10	25.5	5.20	262.45	70.60	36.8	4.50	371.10	129.25	53.4	8.65
12	406.05	103.70	34.3	7.75	292.95	101.15	52.7	7.15	402.40	160.55	66.4	11.30
13	390.40	88.05	29.1	6.15	279.90	88.10	45.9	6.00	389.85	148.00	61.2	10.25

注：亩产为4个重复的平均值

*指每斤纯N增多的稻谷，一斤等于0.5 kg下同

3.2 经济效益评价

从各个处理与无N区作比较，从每斤纯N的增谷量情况分析，尿素表施的，每斤纯N增谷2.3~7.35 kg，尿素+红萍的，增谷5.25~13.75 kg，尿素+稻草的，增谷4.1~13.5 kg，尿素球肥+红萍的，增谷5.85~16.75 kg，尿素球肥+稻草的，增谷4.85~15.4 kg，经试验表明，在等氮情况下，尿素配加有机肥红萍或稻草比单用无机氮肥尿素，能提高经济效益分别为0.87~1.28倍和0.78~0.84倍。

表3 无机与有机氮肥单、配用原位肥效试验及其经济效益评价

处理号	1986年								1987年			
	晚稻				早稻				晚稻			
	亩产(kg)	亩增(kg)	增产率(%)	斤N增谷*(kg)	亩产(kg)	亩增(kg)	增产率(%)	斤N增谷*(kg)	亩产(kg)	亩增(kg)	增产率(%)	斤N增谷*(kg)
0	173.05	/	/		216.85	/	/		144.9	/	/	
1	194.55	21.5	12.4	/	248.1	31.25	14.4	/	174.6	29.7	20.5	/
2	217.25	44.2	25.5	2.95	296.05	79.2	36.5	6.2	211.65	66.75	46.1	4.8
3	233.5	60.45	34.9	5.05	341.95	125.1	57.7	12.15	240.3	95.4	65.8	8.5

（续表）

处理号	1986年								1987年			
	晚稻				早稻				晚稻			
	亩产（kg）	亩增（kg）	增产率（%）	斤N增谷*（kg）	亩产（kg）	亩增（kg）	增产率（%）	斤N增谷*（kg）	亩产（kg）	亩增（kg）	增产率（%）	斤N增谷*（kg）
4	241.25	68.2	39.4	6.05	354.45	137.6	63.5	13.75	259.6	114.7	79.3	11
5	233.5	60.45	34.9	5.05	352.35	135.5	62.5	13.5	252.3	107.4	74.1	10.05
6	258.55	85.5	49.4	8.3	377.4	160.55	74	16.75	271.05	126.15	87.1	12.5
7	246.45	73.4	42.4	6.7	366.95	150.1	69.2	15.4	262.7	117.8	81.3	11.4
8	251.65	78.6	45.4	4.95	333.6	116.75	53.8	7.35	239.8	94.9	65.5	5.6
9	278.35	105.3	60.8	7.2	369.05	152.2	70.1	10.45	274.7	129.8	89.6	8.65
10	280.45	107.4	62.1	7.4	389.9	173.05	79.8	12.2	290.35	145.45	100.4	10
11	270.4	97.35	56.3	6.55	379.45	162.6	75	11.3	282	137.1	94.6	9.25
12	299.5	126.55	73.1	9.05	410.75	193.9	89.4	14	300.25	155.35	107.2	10.85
13	286.7	113.65	65.7	7.95	402.4	185.55	85.6	13.3	292.95	148.05	102.2	10.2

注：亩产为4个重复的平均值

从氮素的产投比率剖释，尿素表施的，产投比为13.3%～33.4%，表明尿素单用的肥料效益较低，尿素球肥深施的产投比为34.9%～47.8%，尿素+红萍的为35.9%～42.2%，尿素+稻草的为22.3%～32.0%，尿素球肥+红萍的为56.6%～62.5%，尿素球肥+稻草的为42.2%～49.6%。

从而表明，尿素配加有机肥红萍或稻草的，能明显地单用尿素无机氮肥提高氮素的产投比，一般的可达8%～9%，高者达22.6%，详见表4。

表4　氮素的产投比率

处理号	早稻		晚稻		N素的产/投（%）
	每斤纯N增谷量（kg）	每斤纯N增草量（kg）	每斤纯N增谷量（kg）	每斤纯N增草量（kg）	
1	/	/	/	/	/
2	5.35	5.65	3	2.8	13.3
3	8.05	7.8	5	5.55	34.9
4	9.95	9.7	6	6.35	35.9
5	9.7	9.7	5	5.25	22.3
6	12.1	12.4	8.25	8.75	62.5
7	11.3	8.95	6.7	6.5	42.2
8	6.25	6.25	4.9	4.55	33.4
9	7.65	7.7	7.2	7.35	47.8
10	9.3	9.3	7.4	7.6	42.2
11	8.6	8.8	6.5	6.2	32
12	11.3	11.5	9.05	9.2	56.6
13	10.2	10.7	7.55	7.55	49.6

3.3 农艺性状和产量结构

无机氮配加有机氮的效果均比单用无机氮好，例，株高增加 1.1 ~ 3.0 cm，有效穗每丛增 0.4 ~ 1.3 条，增加成穗率 2.8% ~ 6.7%，每穗粒数增 3.0 ~ 5.3 粒，千粒重增加 0.1 ~ 0.4 g，提高结实率上 6% ~ 5.3%。其中的有机肥，以配加红萍的效果比稻草，对产量结构形成的穗数，千粒重和结实率的影响是更为明显的，增加粒了穗粒数 1.0 ~ 1.9 粒，千粒重 0.1 ~ 0.3 g，提高结实率 1.2% ~ 2.2%。详见表 5。

表 5　对水稻农艺性状和产量结构的影响

处理号	株高（cm）	插秧后 30 d 分叶数（条/丛）	有效穗（条/丛）	成穗率（%）	粒数/穗	结实率（%）	千粒重（g）
0	73.5	14.1	10.3	73	45	76.4	23.6
1	78.1	15.2	11	72.4	49.1	76.7	23.9
2	81.2	15.9	12.3	77.4	53.8	81.9	24
3	84.1	16.8	13.3	79.2	56.6	84	24.2
4	84	16.8	13.6	81	58.3	84.7	24.4
5	84.2	16.2	13.6	84	56.6	83.5	24.2
6	84.5	15.6	13.9	89.1	59.1	86.4	24.3
7	84.4	17.4	14	80.5	57.8	84.2	24.2
8	84.6	17	13.8	81.2	57.3	80.8	24.1
9	86.7	16.8	14.5	86.3	62.1	84.6	24.3
10	86	16.9	14.2	84	62.6	86.1	24.5
11	85.7	16.5	14.5	87.9	61.6	84.2	24.2
12	86.9	17	14.1	82.9	63.1	86.1	24.4
13	85.9	16.9	14.3	84.6	61.2	84.3	24.3

注：考种资料为 4 个重复的平均值

3.4 稻作季的生产状况

随着稻作季原位试验的增长，各处理的均比无肥区、无 N 区的增产幅度在不断提高，而每斤纯 N 的增谷量也在不断地增加经济效益，详见表 2、表 3。同时表明，无 N 区的稻谷产量随着稻作季的延长正在不断地下降，而无肥区的产量递减更为加剧，说明氮肥对水稻生产起着举足轻重的重要作用。由于缺 N，缺肥，导致了无 N 区和无肥区限制了产量结构的形成，其中明显地降低了有效穗、成穗率、穗粒数，结实率和干粒重等因素，详见表 5，因而使各个施 N 处理区在不同程度上提高了增产幅度。从表 2、表 3 表明，单用无机 N 尿素的，随着稻作的延长，稻谷亩产略有减产，施用尿素球肥深施的，接近平产，尿素配加有机肥红萍、稻草的，产量略有微增，尿素球肥配加红萍、稻草的产量有所提高，阐明了无机 N 与有机肥配用的肥料结构，对起爆土壤的潜在生产力，促进土壤生态的循环，起着良性作用。

再者，从 1 年里短周期的稻作季来分析，一般晚季的增长幅度明显大于早季，显示晚稻比早稻对氮肥的需求更为迫切。详见表 2、表 3，图 1、图 2。

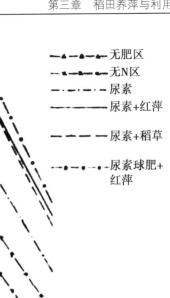

图1 随着稻作季的增长各处理对水稻生产力的影响（58 kg N/hm²）

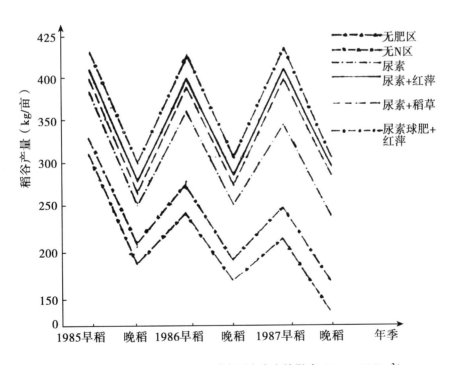

图2 随着稻作季的增长各处理对水稻生产力的影响（87 kg N/hm²）

3.5　植株分析

分别取样插秧后 30 d 和收获期的谷、草全 N 含量测试比较有以下趋势。

（1）随着施 N 量的增加，稻草和稻谷的含 N 量亦随之增加，例 87 kg N/hm² > 58 kg N/hm² > 无 N 区 > 无肥区。详见表6。

（2）在等 N 的情况下，尿素球肥深施的处理谷、草含 N 量高于尿素表施，无机 N + 有机 N 配用的含 N 量高于无机 N 单用的；尿素 + 红萍的含 N 量高于尿素 + 稻草的，详见表6。

（3）随着水稻的生长发育，植株的含 N 量有逐渐下降趋势，至收获期稻谷的含 N 量高于稻草。详见表6。

表6　植株（谷、草）分析资料（全 N%）

处理号	处理内容	N 素水平（kg/亩）	插秧后 30 d（稻苗）全 N（%）	收获期	
				稻草 全 N（%）	稻谷 全 N（%）
0	无肥区	0	1.531	0.719	1.068
1	无 N 区	0	1.604	0.758	1.344
2	尿素表施	3.865	1.906	0.789	1.333
3	尿素球肥深施	3.865	2.14	0.933	1.383
4	尿素 + 红萍	3.865	2.158	0.859	1.404
5	尿素 + 稻草	3.865	1.88	0.851	1.265
6	尿素球肥 + 红萍	3.865	2.165	1.046	1.461
7	尿素球肥 + 稻草	3.865	2.103	0.975	1.357
8	尿素表施	5.8	2.147	1.03	1.387
9	尿素球肥深施	5.8	2.216	1.063	1.403
10	尿素 + 红萍	5.8	2.185	0.901	1.425
11	尿素 + 稻草	5.8	2.106	0.9	1.315
12	尿素球肥 + 红萍	5.8	2.247	1.08	1.411
13	尿素球肥 + 稻草	5.8	2.193	1.087	1.403

注：分析数据为4个重复的平均值

3.6　土壤水层的 NH_4—N 消长动态

（1）施肥后翌日，尿素表施处理比尿素球肥深施的水层 NH_4—N 含量高出 10 倍左右，比无机 N 配加有机肥红萍或稻草的 NH_4—N 含量约高出 0.5 ~ 1 倍，直至施肥后。第 5 d，尿素表施的均比各个处理的水层仍保持有较高的 NH_4—N 含量。随后尿素表施的各处理之间的 NH_4—N 含量逐渐趋于平衡。

（2）尿素分别配加稻草、红萍的 2 个处理，在施肥后的 5 d 里，水层的 NH_4—N 含量均低于单施尿素的处理，同时又高于尿素球肥分别配加稻草、红萍的处理。

（3）尿素球肥分别配加红萍、稻草的 2 个处理，在施肥后的 5 d 里，水层的 NH_4—N 含量均高于单施尿素球肥深施的处理。详见表7。

表7 土壤水层的 NH_4—N 消长动态分析 （单位：mg/kg）

处理号	测定日期（日/月）								
	29/4	30/4	1/5	2/5	3/5	4/5	6/5	7/5	8/5
0	0.46	0.66	0.66	1.66	2.33	2.67	1.20	2.00	0.83
1	0.59	0.99	1.33	1.66	2.67	3.33	3.00	3.67	2.33
2	94.96	47.81	24.13	22.03	16.71	6.68	2.84	3.00	1.00
3	8.35	6.01	4.67	4.14	4.34	4.00	3.34	3.34	1.67
4	48.14	28.75	16.38	11.76	10.36	8.35	3.97	3.67	0.67
5	51.49	34.77	18.12	17.38	12.7	7.02	2.67	2.00	1.67
6	10.36	5.68	4.68	4.34	3.34	3.34	2.33	2.33	2.00
7	11.70	10.69	8.35	7.68	5.35	6.68	3.84	3.67	1.66
8	153.14	93.29	53.83	34.77	22.11	12.37	5.52	6.68	1.66
9	13.10	12.03	9.42	81.35	8.35	7.35	2.67	4.00	2.00
10	101.98	36.24	20.39	16.04	12.03	9.36	2.8	3.00	0.67
11	94.96	56.51	28.42	15.71	15.71	13.04	1.66	2.67	1.00
12	35.35	12.43	9.01	6.08	4.67	5.68	2.33	2.67	0.67
13	35.77	18.57	10.89	8.00	7.68	6.68	3.00	3.34	2.67

注：含量数据为2个重复的平均值

4 小 结

本课题通过3年6个稻作季的原位试验，并对水样、植株、土壤等样品进行测试，经分析得出如下结果。

（1）从肥料结构的效应结果认为，在试验设计等氮的情况下，它们的效果顺序是：尿素球肥+红萍的效果>尿素球肥+稻草>尿素+红萍>尿素+稻草>尿素表施。表明了无机N与有机N肥红萍或稻草的结合是一种良性的肥料结构，能明显地提高肥料的效应和促进土壤生态的良性循环。

（2）从经济效益上评价，尿素配加有机肥红萍或稻草的，比单用无机氮肥尿素，能明显地提高每斤纯N的增谷量，计能提高经济效益分别为0.87~1.28倍和0.78~0.84倍。同时又能提高氮素的产投比，一般的能提高8%~9%，高者可达22.6%。

（3）从农艺性状和产量结构上看出：无机氮配加有机氮的效果均比单用无机氮好，例如，株高增加1.1~3.0 cm，有效穗、每丛增0.4~1.3条，增加成穗率2.8%~6.7%，每穗粒数增3.0~5.3粒，千粒重增加0.1~0.4 g，提高结实率1.6%~5.3%，其中的有机肥，以配加红萍的效果比稻草更佳。

（4）从稻作季的生产状况分析。随着稻作季原位试验的增长，各处理的均比无肥区、无N区的增产幅度在不断提高，而每斤纯N的增谷量也在不断地增加经济效益，同时表明，无 N 区的稻谷亩产正在不断下降，而无肥区的产量递减更为加剧，说明氮肥对水稻生产起着举足轻重的重要作用。再者表明，单用无机 N 尿素的，随着稻作季的延长，稻谷产量略有减产，施用尿素球肥深施的，接近平产，尿素配加有机肥红萍、稻草的产量略有微增，尿素球肥配加红萍、稻草的产量有所提高。表明无机 N 与有机肥配用是一种良性的肥料结构，对起爆土壤的潜在生产力，促进土壤生态的循环，起着良性的作用。

再者，从 1 年里短周期的稻作季分析，一般晚季的增产幅度明显大于早季，显示晚稻比早稻对氮肥的需求更加迫切。

（5）从植株分析上表明：①随着氮肥用量增加，谷、草的含 N 量亦随之增加，例，87 kg N/hm² > 58 kg N/hm² > 无 N 区 > 无肥区。②在等 N 的情况下，尿素球肥深施的谷、草含 N 量高于尿素表施；无机 N 配加有机 N 的含 N 量高于无机 N 单用的；尿素 + 红萍的含 N 量高于尿素 + 稻草的。③随着水稻生长发育，植株含 N 量有逐渐下降趋势，至收获期，稻谷的含 N 量高于稻草。

（6）从土壤水层 $NH_4—N$ 消长动态分析：①施肥后翌日，尿素表施处理比尿素球肥深施水层 $NH_4—N$ 含量约高出 10 倍左右，比无机 N 配加红萍或稻草的，$NH_4—N$ 含量约高出 0.5 ~ 1 倍，直至施肥后第 5 d，尿素表施的均比各处理的水层仍保持有较高的 $NH_4—N$ 含量，随后，尿素表施的与各处理之间的 $NH_4—N$ 含量逐渐趋于平衡。②尿素分别配加稻草、红萍的处理，在施肥后的 5 d 里，水层的 $NH_4—N$ 含量均低于单施尿素的处理，同时又高于尿素球肥分别配加稻草，红萍的处理。

【原文载于内部资料《红萍研究论文集及资料汇编 1985—1988 年下册》，
第 29 - 36 页，由王成己重新整理】

稻田养萍高产低耗多用的探索

叶国添 陆培基 陈震南

（福建省农业科学院土肥所，福州 350013）

红萍是一种具有高光能、高固氮特性的水生植物，一直引起农业科学工作者的兴趣和重视。福建省农业科学院土肥所 1973 年以来，就对稻田养萍进行一系列的研究，摸索出双龙出海套养红萍的新办法，促进了稻田养萍的发展，对提高水稻产量、培肥地力都起到了明显的作用。为了把这项研究引向深度、广度发展。1982 年，我们在早稻田上进行以红萍作基、追肥的大面积试验，以明确红萍作为绿肥利用的经济效益，以及在肥料中的地位。随着农业生产责任制的健全与完善，农业生产更讲究工本计算，因此，对这个问题进行探索是有现实意义的。

1 材料与方法

供试早稻品种为"233""红 410""794"；晚稻为晚籼 22、桂朝 2 号及杂交水稻。红萍以细绿萍、卡洲萍为供试品种。采用多点大面积与小区相结合进行试验，面积每个点 30 ~ 50 亩。

2 结果与分析

2.1 萍母田产萍量及效益

在冬季设立一定面积的萍母田，以繁殖翌年早稻用肥和套养所需的萍源。过去由于本地萍耐寒性不强，需采取安全越冬措施，且管理费工，因此，成为红萍推广利用的限制因素。自引进细绿萍和卡洲萍，经几年养殖观察，在本省冬季都能安全越冬，还能较好地繁殖。据测定在气温平均 6.4℃时，细绿萍亩日增殖量 29 kg，卡洲萍增殖量较低。气温 11.4 ~ 12.1℃时（1 月 23 日 ~ 2 月 24 日测产 4 次），细绿萍平均亩日增殖为 41.25 kg，卡洲萍 21.75 kg，细绿萍的增殖量是卡洲萍的 1.9 倍。在气温 13.4 ~ 15.9℃时（3 月 25 日 ~ 4 月 8 日测产 3 次），两者增殖量相近，平均亩日增殖量为 77 kg。自 6 月初旬始，细绿萍增殖量逐渐降低。在气温 28.3℃时，细绿萍不增殖，卡洲萍日增量为 37.5 kg。在 30.9℃时，细绿萍趋于消亡，卡洲萍仍有一定增殖。说明细绿萍耐寒性强于卡洲萍，而卡洲萍耐热性强于细绿萍。我们根据两种萍种都有耐寒的特点，改变过去筑泥埂划区的养殖做法，在晚稻收获后，随即犁耙施肥直接放萍，或者复水稻板放养，简化放养管理程序。我们对冬季萍母田的产萍量、花工、耗本都做了详细记载，以便找出萍母田高产、低耗，利于推广的简便措施。现将实验统计结果归纳如下。

2.1.1 冬季萍母田亩产量试验表明，萍母田放养时间越早产萍量越高，如在1981年1月23日放养至1982年4月23日为止的，一级萍母田产萍1万~1.375万kg；二级萍母田产萍0.6万~1万kg（1981.12.1—1982.4.23）；三级萍母亩产萍3 750~4 566.5 kg（1982.1.7—1982.4.23），各点利用冬闲田养殖，平均亩产萍5 000 kg以上，可供2.5~3亩的早稻用肥。

2.1.2 冬季萍母田花工、耗本统计结果，以一级萍母田为例，一个冬春亩需5~12个工日，折工费为11~24元，耗本（肥料、农药）4.3~17.2元，每亩计需工本费15.3~41.2元，如按整个一二三级越冬萍母田平均算，则亩花工4个，折工费8元，加上耗本4元，亩萍母田共需工本费12元。按冬繁萍量折算，每元平均产萍442 kg，经济效益较高。但从各点花费的工本看很不一致，除新溪大队在肥料、农药上费用较大外，其他几个大队多花在用工上。

2.1.3 萍母田各道工序耗时主要在捞放萍上，约占全部工时的1/2~2/3。因此，提高捞萍效率乃是省工的关键，需要继续探索新的有效途径。

2.2 施用红萍氮与化肥氮的效益比较

早稻田用红萍做基肥或套养红萍作追肥，施用在不同土壤肥力的田块上均能取得增产效果（表1），但用一定量的红萍做基、追肥能否代替等量氮素的化肥？这是关系红萍作为水田绿肥的经济效益的重要问题。为此，我们于1982年在各点做了比较试验。以楼下大队第二生产队试验田为例，每小区为0.03亩，总施氮量为12.25 kg，每小区N.P.K折算总量均相等（见表2）。

表1 早稻田双龙出海套养红萍与不套养的效果比较

实验地点	养萍田		未养萍田		对比增产（%）
	面积（亩）	亩产（kg）	面积（亩）	亩产（kg）	
首溪大队	45	319.5	8.7	317.5	3.7
红旗生产队	30	471.5	10	418	6.1
新局大队	45	354.5	15	335	4.3
新溪大队	31.2	474	31.2	425	10.3

表2 红萍氮与化肥氮的效益比较

小区产量（kg）	空白	N.P	N.P.K	70%红萍N+30%化肥N
1	8.3	10.6	10.35	10
2	8.35	10.5	10.35	10.5
3	8	10.5	10.25	11
平均	8.15	10.55	10	10.5
折亩产	271.65	351.65	350	350

从表2中可以看出，无肥区产量8.15 kg，折亩产271.5 kg，土壤肥力属中等类型。施

N、P 与施 N、P、K 处理之间差异不显著，施用 70% 红萍 + 30% 的化肥氮的小区和 N. P. K 小区的产量趋于一致，可见，施用 70% 的红萍的效果可以相当于 70% 化肥氮的效果。说明水稻所需氮源 60% ~70% 靠红萍供给，同样可以取得较好的稻谷产量。

2.3 萍—稻轮作与麦—稻轮作的经济效益比较

红萍作为早稻的基追肥冬季须占用萍母田，在复种指数高的地区势必影响冬种面积，这样，就提出了一个问题，能否搭配部分的萍—稻—稻耕作制与麦—稻—稻的耕作制进行轮作呢？我们主要从经济效益入手进行实验比较，其试验结果见表 4。

表3　红萍氮与化肥氮的效益比较

处理		肥料用量（kg/亩）						水稻亩产（kg）	增产（%）
		化肥纯氮	红萍纯氮	总纯氮	萍占总氮%	P_2O_5	K_2O		
新溪	养萍	3.15	5	8.15	30.65	4.2	7.5	418	5.205
大队	未养	8.9		8.9		4.2	7.5	374.5	
新局	养萍	1.5	5.5	7	39.15	1.35	3.65	365.25	3.455
大队	未养	7.45		7.45		1.45	4.2	340	

表4　不同熟制的产量耗本对比　　　　　　　　　　　　　（金额：元）

处理	产量						3 季花工耗本			合计				
	萍或麦		早稻		晚稻		工酬	肥料农药	种子款	收入	支出	纯收入	增收	
	kg/亩	金额	kg/亩	金额	kg/亩	金额							元/亩	%
萍—稻—稻	5 374.5	—	375	150	477	190.8	39.00	34.1	11	340.8	84.2	256.7	27.4	11.97
麦—稻—稻	150	90	265	116	423.5	169.4	51.80	75.4	19	375.4	146.2	229.2	—	

实验表明：在土壤肥力较低的新局大队，萍—稻—稻耕作制优于麦—稻—稻耕作制。麦—稻—稻耕作制在冬季虽可以种植一季小麦，但花工、耗本较大，以全年统计，实际收益反而不如萍—稻—稻方式；萍—稻—稻耕作制，冬季养萍可亩收萍体 5 000 kg 以上，全年所耗工本比麦稻稻少 62 元，每亩可实得 27 元多，而且所产萍量还能供 3 亩早稻田的用肥，这对肥力较低的地区，作为养地培肥，提高产量，是个重要而有效的措施，应该大力推广。土壤肥力高的地区，从长远利益看，作为地力投资，还是必要的。因红萍能肥田改土，从而保持土壤肥力不衰退，为农作物建造一个高产、稳产的土壤条件。

2.4 红萍是猪、鱼的好食料

稻田套养红萍既为农业生产提供优质的肥料，又为畜牧业、渔业提供很好的饲料。以萍为饲料，一则扩大了饲料的来源，二则提高了经济效益，1982 年，我们与楼下大队林金悌户合作，用红萍喂猪。4 头小猪喂养 132 d，每头猪平均吃萍 706.5 kg，精料 115.5 kg，猪的体重平均每只由 17.35 kg 增长到 53.75 kg，净增重 36.4 kg，每增重 0.5 kg 耗红萍 10 kg，精料 1.585 kg，节省精料 50%。用红萍喂猪可以解决部分饲料的不足，特别是调剂淡季饲料的不足，红萍通过猪的消化作用，部分转为动物蛋白，部分不被利用的成为粪便，其肥质优于直接施用的；红萍洗净喂猪不需加热煮热。节省燃料。但是，用红萍喂猪，要注意定期药物驱虫。

还有，红萍是养鱼的好饵料。福州建新楼下二队于 1981 年 11 月—1982 年 6 月中旬在鱼塘养萍喂鱼，据统计 1 年能解决 4 个月的饵料，鱼产量提高 20%，还减少刈草投料的工本，增加经济收入。

3 结 语

（1）利用冬闲田养殖红萍，大面积平均亩产萍量 7 500 kg 以上，可供 2.5～3 亩早稻所需的基肥。且节省了 3/5～4/5 的工时，成本低，应积极推广应用。

（2）红萍养殖利用要与耕作制度结合起来安排。如萍稻稻与麦稻稻轮作，既利于发展红萍又利于养地培肥，为高产、稳产打下良好基础，避免只用不养造成的恶果。

（3）先把红萍作猪、家禽和鱼的饲料，然后再转化作为肥料，走综合利用的道路，有效地提高红萍的经济效益，从而促进红萍在生产上的推广应用步伐。

【原文发表于《福建农业科技》，1984，（02）：27－29，由王成己重新整理】

"周年养萍"研究初报

福建省农业科学院土肥研究室

周年养萍,是指在早晚稻田采用"宽窄行双龙出海"的插秧方式,套养红萍,做到既不影响或少影响水稻产量,又可不断繁殖红萍,达到粮肥双高产的目的。

根据今年初步试验结果,早晚稻和早季红萍的产量还比较高,晚季养萍有的点不很成功,但改养水浮莲效果比较好,除要继续研究容易普遍掌握的晚稻养萍技术外,目前在生产上"周年养萍"田晚季改养水浮莲有一定的意义。

1 问题的提出

近年来,由于复种指数和单产的不断提高,高产耐肥品种的推广,对肥料的要求越来越多。群众的经验:"亩产千斤稻,亩施百担肥。"从我们调查的结果:亩产千斤稻,要亩施氮素相当于60 kg硫酸铵的肥料。绿肥是一个很重要的肥源,人们都希望每一熟作物能有相应的绿肥作为基肥,但长期来这个愿望还没有能实现,因为划出地来专门种绿肥和提高粮食复种指数有矛盾。因此,生产上要求人们寻找一条在同一块地上同时取得粮肥双高产的途径。如能走出这样一条路子来,对贯彻毛主席"以粮为纲,全面发展"的方针,促进粮、肥、饲料生产的发展,是具有战略意义的。

为了实现这个设想,我们分析了各种绿肥的特点,调查学习了群众的经验,认为红萍具有繁殖快,又有固氮兰藻共生的优点,本身又是漂浮植物,不要求太强烈光照,光能利用与水稻矛盾不太大,容易协调,两者套养有可能取得稻、萍双高产。另外,福建省多山的客观条件,在以往推广红萍过程中,也碰到一些具体困难和技术问题,难于在大面积上放养。例如,山区垅田,串灌未改善前,一遇暴雨,红萍冲压稻苗,造成萍害,山高水冷,养萍田水温低,影响早稻分蘖,山区劳力紧张,倒萍不易解决,此外,越夏技术以及萍母基地等等问题,因此也要求在养萍方法上,摸索出一条新的途径来。

为此,我们首先确定从红萍入手,在套养方式上做文章。设想通过品种选择,以保证水稻适当产量前提下,放宽它的行距,缩小株距,让红萍在水稻一生都能不断繁殖,取得高产。1973年夏季开始实验。当时采用20×8寸的宽行窄株插植方式,品种"六九一",在8、9月高温条件下,80 d收萍4 000多 kg,平均日产萍50 kg左右,水稻生长良好,但因成熟期过迟受鸟害,而没有拿到产量。1975年晚季,在莆田县贫下中农支持下开始多点实验,在插秧方式上又做了改变,采用2行水稻密植(行距4寸,株距2寸),然后空一行18寸作为萍道(暂称为"宽窄行双龙出海"),这样1亩可插27万丛,每丛插10本(基本苗27万左右,不少于6×4寸的丛苗数)。实验结果,5个点中有3个点因虫害或大水淹没,不大成功，只有常太公社红旗生产队和溪北大队第 4 生产队搞得比较好，取得 8、9 月高温下，日平均长萍 59 kg，晚稻亩产 290.5～302.5 kg，水稻产量不低于大田平均水平。初步看出采用"宽窄行双龙出海"，套养红萍，搞得好，两季水稻亩产 600 kg，全年收萍 12 500 kg 是有可能的。这样"周年养萍"，的设想开始显示出它的实践意义。

为了进一步肯定"周年养萍"的生产价值，1976 年扩大在全省多点实验，目标向两季水稻亩产 600～700 kg，红萍亩产 12 500～15 000 kg 努力。

2 试验结果

2.1 "周年养萍"田的稻、萍产量

从已收到的 1976 年 9 个点试验结果，采用"周年养萍"办法，早稻亩产平均 344.5 kg，最高杂交种"闽优二号"亩产 416 kg，红萍亩产平均 5 210 kg，最高亩产 6 520 kg，平均日长萍 72.5 kg（最高 95 kg）。晚稻亩产平均 334 kg，最高亩产 392 kg；晚季红萍由于越夏技术没有普遍掌握好，亩产平均仅 3 022 kg。其中永定坎市大队亩产达 8 392 kg，平均日产萍 67.5 kg，莆田县溪北大队亩产达 4 338 kg，平均日长萍 40 kg，同安县吕厝大队亩产 3 750 kg，平均日长萍 54.5 kg。两季合起来水稻亩产平均 678.5 kg，最高 728 kg；红萍亩产平均 8 232 kg，最高 10 050 kg（表 1）。

表 1　稻、萍产量表

项目　产量　地点	水稻（kg/亩）			红萍（kg/亩）						
				早季			晚季			全年
	早稻	晚稻	全年	生长时间（d）	产量	平均日长量	生长时间（d）	产量	平均日长量	
莆田林峰大队	286	363.5	649.5	105	8 520	81	75	662.5	26.5	9 182.5
莆田红旗生产队	354	237.5	591.5	93	7 762.5	83.5	103	1 689	16.5	9 451.5
莆田郑坂大队	395.5	332.5	728	78	6 596	84.5	32	1 562.5	49	8 158.5
莆田溪北大队	326	336.5	662.5	46	1 875	55	109	4 339	40	6 214
莆田新溪二队	304	340	644	122	5 657.5	50.5	30	760	25.5	6 417.5
莆田梧坑生产队	304.5	325.5	630	89	4 906	55	/	/	/	/
永定坎市大队	370	343	713	74	1 613	37	124	8 392	67.5	10 005
龙溪地区所	416	/	/	50	4 750	95				
同安吕厝大队	/	392	/				69	3 750	54.5	/
平均	344.5	334	678.5	82	5 210	72.5	77	3 022	39.5	8 232

注：早晚稻采用"宽窄行双垅出海"行株距为 [（18 + 4）/2] 寸 × 2 寸至 [（20 + 4）/2] 寸 × 2 寸

从实验结果看，"周年养萍" 2 季的水稻产量还比较高，而红萍产量不够理想，特别晚季养萍有些点不太成功。早季红萍产量还不能高的原因，主要是放萍迟。因为 1976 年春季

气温较历年偏低，越冬萍母田少，致各地春繁缺萍种，迟至 4 月底 5 月初才放萍，一般大田放养仅 50 至 122 d，如能提早到 2、3 月放养，产量当可更高。如果上半年能养 5 个月，按日产萍 68.5 kg 计算，早季亩产萍就可达 10 000 kg，例如莆田县山区梧坑生产队 1975 年 12 月 13 日放萍 5 kg，精细管理，到 1976 年 3 月底已繁殖红萍 4 000 kg。晚季红萍产量不高，有的失败了，主要问题在于越夏，治虫技术未完全解决，同时养殖时间短，加上其他因素，所以有些是不很成功的。

2.2 "周年养萍" 田晚季改套水浮莲的稻莲产量

鉴于目前晚季套养红萍技术还不容易普遍掌握，为了实现粮肥双高产的目标，所以晚季增设了水稻套养水浮莲试验，从初步试验结果看来效果还好（表 2）。

表 2 稻—莲产量

地点	晚稻产量 kg/亩	水浮莲（kg/亩）		
		产量	放养天数	平均日长莲
莆田县常太公社常太大队梧坑生产队	230.5	10 566.5	113	93.5
莆田县城郊公社新溪大队二队	331	4 100	46	89
莆田县常太公社溪北大队第四队	266	9 855	105	94
宁化县禾口公社红旗大队	393	19 630	95	206.5
平均	305	11 075.5	90	123

从表 2 看，4 个点总平均水稻亩产 305 kg，最高为杂交水稻 "南优二号"，亩产 393 kg；水浮莲平均亩产 11 075.5 kg，最高亩产 19 630 kg，平均日长莲 123 kg，最高日长莲 206.5 kg。

水浮莲不仅是猪的青饲料，同时也是很好的有机肥料。据浙江省农科院土肥所试验，水浮莲不论做基肥、追肥或基追肥兼用，二十个材料统计：套养水浮莲的试验绝大部分获得增产，一般每亩增产稻谷 25 ~ 50 kg。

2.3 "周年养萍" 田的氮素的消耗和积累

龙溪地区农科所早稻 "闽优二号" 套养红萍，亩收稻谷 416 kg，亩收红萍 4 750 kg，收获的红萍含纯氮 14.25 kg，扣除种稻和养萍每亩用了 11.85 kg 氮素后，每亩还净拿回 24 kg 纯氮，相当于 12 kg 硫酸铵。由于早稻烤田后红萍断养，致红萍产量不高，如能提早放养或养萍时间拉长，红萍产量还会更高，可净拿回更多的肥料。

莆田县梧坑生产队晚稻套养水浮莲亩收稻谷 230.5 kg（因安溪早插秧过迟，遇到寒流，影响了产量，无套养的对照田也仅收 228 kg）。水浮莲亩产 10 566.5 kg，折纯氮 30.65 kg，扣除给稻莲施入的肥料外，尚可净拿回 15.5 kg 纯氮，相当于 77.5 kg 硫酸铵。可见晚季套养水浮莲比套养红萍不仅技术易解决，而且还可以生产出一定的肥料（表 3）。

表 3　水稻套养红萍和水浮莲的氮素消耗和积累

| 水稻产量
（kg/亩） | 绿萍（红萍或水浮莲） | | 施肥 | | 对除外纯增加 | | |
	产量 （kg/亩）	折合纯氮 （kg）	施肥数量及含氮量	折合纯氮 （kg）	纯氮 （kg）	折硫酸铵 （kg）
龙溪地区 农科所　早稻416	红萍 4 750	14.25	水肥 1 500 kg（3 kg氮），鱼粉 25 kg（1.35 kg氮），碳酸氢铵 22.5 kg（2 kg氮），过磷酸钙 25 kg，压萍 1 000 kg（3 kg氮）	11.85	2.4	12
莆田县常太公社常太大队梧坑生产队　晚稻230.5	水浮莲 10 566.5	30.65	猪牛栏肥 1 800 kg（8.35 kg氮），水肥 1 950 kg（1.95 kg氮），碳酸氢铵 15 kg（2.4 kg氮），过磷酸钙 14 kg 尿素 5 kg（2.32 kg氮）	15	15.65	77.5

　　按现有知识，水浮莲不具有固氮能力，那么这 15.5 kg 氮从那里来呢？大致有几种可能：一是把土壤和灌溉水中的养分集中起来；二是水浮莲是否有叶面固氮能力；三是来自其他未知的氮源途经，这个问题有待于进一步探明。但鉴于水浮莲易养、产量高、含有机质多，在晚季套养红萍技术还不太容易普遍掌握的情况下，晚季稻莲套养还是可取的。双季套养萍莲的田，如果早稻田后期多留一点红萍翻埋下去，以提高水田土肥力，也可供应水浮莲所需的一部分肥料，此外套养萍莲增施一点肥料，可以换取回较大量有机质肥料和饲料，用来肥田改土或喂猪，也是值得注意的。

3　"周年养萍"的好处

3.1　能做到用地与养地相结合，以田养田，是生产队建立肥料基地的一条好途径

　　从现有研究成果看，采用早稻套养红萍，晚稻套养水浮莲，2 季可收稻子 650 kg，绿肥（萍＋莲）16 285.5 kg，相当于 250 kg 硫酸铵，如果除去 2 季水稻用肥外，每亩还可净拿回近 100 kg 的硫酸铵肥料。也就是说生产粮食不消耗肥料，还可以赚回肥料，这是一件很有意义的事。如果一个生产队能拿出 10% ~15% 的田搞"周年养萍"，就可以用这些田生产的肥料提供大田部分用肥。现在看来 1 亩"周年养萍"田搞得好，可以为 5 亩 3 熟田每熟提供1 000 kg 以上有机肥作基肥。这个肥料基地能建立起来，的确是一个"炸不烂、打不垮"的"露天肥料厂"。

3.2　有利于解决猪的青饲料问题，促进畜牧业的发展

　　由于红萍有固氮蓝藻共生，含蛋白质丰富，是一种优质青饲料（据测定含粗蛋白16.8%，粗脂肪 2.81%）。据福建省农业科学院畜牧所实验，用青饲料喂猪，可节约精饲料一半。群众历来也用红萍、水浮莲喂猪的习惯。但是，过去由于没有找到一条开辟青饲料基地的办法，和肥料一样，发展青饲料也存在着与粮争地的矛盾，现在"周年养萍"收获的

萍、莲如不直接回田，通过养猪后再肥田，不仅肥效更好，也将大大促进养猪业的发展。一头猪 1 d 以平均吃鲜红萍 5 kg 算，一个百头集体养猪场，也只要拿出 10 ~ 15 亩的稻田搞"周年养萍"就可以基本满足猪的青饲料需要。

3.3 有利于解决大面积放养红萍存在的技术问题

正如前面所说的，在福建省大面积推广红萍存在着一些技术问题。如果一个生产队拿出 10% ~ 15% 稻田搞"周年养萍"，水利条件好解决，萍害问题就不大了；养萍过程，由于不断捞萍作追、沤肥或喂猪，就没有倒萍技术问题了，由于稻萍套养，不必专划出耕地来繁殖萍母，越夏和越冬萍母田也有来源，花工少，成本低，有利于多种多收，提高复种指数。

4 若干技术关键探讨

由于这方面的工作做得不多，经验还不成熟，提几点初步看法，供广泛实践参考，以便不断改进提高。

4.1 株行距问题

"周年养萍"主要是利用"宽窄行双垅出海"的插秧方式。既要保证水稻的基本苗，又要考虑通风透光，有利红萍的生长。因此，能否取得粮肥双丰收，插秧密度和插秧行向问题关系比较大。据试验 3 种插秧规格 $[\frac{(16+4)}{2}$ 寸 × 2 寸，$\frac{(20+4)}{2}$ 寸 × 2 寸，$\frac{(18+4)}{2}$ 寸 × 2 寸] 看，不论早、晚季似以 $\frac{(16+4)}{2}$ 寸 × 2 寸插秧规格较好，能否再缩小到 $\frac{(15 \text{ 或 } 13+4)}{2}$ 寸 × 2 有待继续试验。行向问题目前摸索还不够，从理论推测，早季利用东西行向，有利光照；晚季以南北行向有利通风和增加一定的遮阴度，可能更有利红萍的生长，有待进一步验证。

4.2 水稻品种问题

从参加试验的 10 个早、晚稻品种看，用杂优品种较常规种产量高，闽优二号亩产 416 kg 为最高，其次是南优二号，亩产 393 kg。从粮肥双高产考虑，似宜选用大穗型、直立、窄叶、耐肥的中熟品种为理想。

4.3 养萍的技术问题

"周年养萍"的萍母田阶段与一般萍母田一样管理，这里仅就红萍或水浮莲与水稻套养期间的养殖技术问题，谈几点看法：

4.3.1 加速萍、莲的繁殖与促进水稻早发问题

为了做到既要萍、莲高产，又要水稻早发，在施肥上必须施足有机肥为基肥，早施分蘖肥，追肥采取球肥深施的办法，既有利于提高肥料利用率，延长肥效，又不影响红萍生长。在气温适宜下，要及时捞萍，每次捞萍后亩用 1 ~ 1.5 kg 过磷酸钙混和 0.25 ~ 0.5 kg 化学氮肥（硫铵、硝铵为好），对 50 kg 水喷射，或用 1.5 ~ 2.5 kg 过磷酸钙溶在二、三担水肥中泼

施，夏季高温阶段要以磷肥为主配合氮钾肥，有利红萍生长。据莆田林峰大队实验，在 8 月 1~10 d 的高温阶段，施氮、磷、钾 3 种肥料，平均日长萍 80 kg，比单施硫铵、过磷酸钙、草木灰分别亩增长 20~30 kg，比不施肥还增长 1 倍。

4.3.2 浅水养萍与排水烤田问题

在早晚稻生长期间，长时间养萍，不能排水烤田，不利于红萍和水稻生长，因为在一块田养萍时间长了，萍根断落，萍体腐烂，土壤有机质累积量增多，还原过程强，这对红萍生长不利，对水稻也不利，尤其在高温阶段，长时间保留水层，对红萍生长不利。为改善土壤环境，以下几种办法可以考虑：一是短时间落干轻搁；二是早晚季轮换田养殖；三是每隔二、三条萍道用铧刀开 1 条 5 寸深沟，烤田时让红萍留在沟中，烤田复水后沟中萍流出来，增施肥料，促进繁殖；四是在高温阶段要采用日排夜灌办法，以降低温度促进繁殖。

4.3.3 虫害问题

"周年养萍"田要特别注意萍螟、萍灰螟、萍丝虫为害，由于稻、萍套养，如一代治不彻底，继代虫口密度大大增加，危害严重，直接影响红萍产量。为了能做到治早、治少、治了，在放萍插秧前，要进行土壤消毒，并采用早、晚稻轮换种养。

4.3.4 选育耐高温高湿的萍种

考虑到水稻分蘖盛期后，荫蔽度大，通风透光差，造成田间小气候闷热，虫害多，影响了红萍的体质，萍体变薄，抗虫力差，间接影响了红萍产量。因此，除在栽培技术上研究调节"周年养萍"田萍稻的矛盾统一外，筛选适应高温高湿的萍种是很需要研究的问题。

5 展望

"周年养萍"是稻田养萍的一种新方式，目的在于以小面积养萍，解决大面积用肥问题，同时又要保持水稻产量，接近当地大田的平均产量。现有小面积试验已经达到两季水稻亩产 650 kg，绿肥 4 万 kg，再进一步努力，例如采用杂交水稻，2 季亩产达到 800 kg（双跨纲要）。萍、莲 2 万 kg 也是可能的。

群众认为"宽窄行双坽出海，插植法，不仅可用于稻、萍套养、还可以利用来发展稻、萍—茹—麦；麻—萍、稻；稻萍—田菁—稻—麦等粮、肥兼用的一年三、四熟多种方式间套混种。

也有人提出宽行如何充分利用也有文章可做，例如根据杂交水稻分蘖力强的特点，早稻用杂优品种并提早套养红萍，拿到 1 万 kg 产量，早稻刈后，施肥做再生稻，在 1 尺 8 寸的萍道中再种二行杂优晚稻，实现一年三熟稻，亩产 1 000 kg 以上，三季肥料主要靠 1 万 kg 红萍来解决，这个想法也很有探索的价值。

总之，"周年养萍"是初步试验成果，还存在一些具体问题，需要进一步实践，不断完善，使它能够在生产上迅速大面积推广应用。"群众是真正的英雄"，相信这还不成熟的初步试验，结果通过群众性广泛实践后一定会有新的创造发展。

【原文发表于《福建农业科技》，1977，（4）：26-31，由王成己重新整理】

亩产 650 kg 粮、8 000 kg 肥的新套套——介绍稻田"周年养萍"

福建省农业科学院土肥研究室

为了用地和养地相结合，广辟肥源，人们一直摸索在一块田地上取得粮肥双高产的途径，于是出现了各种各样的肥粮间套种的型式，虽然都取得一定的结果，但产量始终未能十分令人满意。最近我们和贫下中农共同试验成功"周年养萍"，取得了在一块田地上两季亩产水稻 650 kg，红萍 8 000 kg 的好结果，而且还有很大发展潜力。

1 方法简单 效果显著

1973 年，我们开始肥粮双高产的研究，经过调查，选择了适宜稻田生长，繁殖快，有固氮兰藻共生的红萍来与水稻进行周年套养，在水稻栽培技术上进行相应改进，采取"宽窄行双垄出海"的插秧方式，即每隔 1.6 尺宽密插两行水稻，水稻的行距 4 寸，株距 2 寸，每亩 2.7 万~3 万丛，每丛插 8~10 苗，每亩有基本苗 24 万~27 万。在宽行的萍道里放养红萍，使水稻和红萍在同一块田里套养共生，既收稻谷又不断捞出红萍作肥料或饲料。我们把这种套养方法命名为稻田"周年养萍"。据 1976 年全省多点试验示范，收到 9 个点的试验结果，"周年养萍"田早稻平均亩产 341 kg，用杂交水稻的亩产 416 kg，旱季平均收红萍 5 210 kg，最高的亩产 8 520 kg，日平均产萍 72.5 kg，晚稻平均亩产 332.5 kg，最高 392 kg，红萍产量平均为 3 022 kg，最高 8 392 kg，平均日产萍 398.5 kg。两季合计平均亩产水稻 678.5 kg，红萍 8 232 kg。采用这种方法水稻产量接近于当地平均产量水平，可每亩多收 160 多担优质有机肥料，其含氮量相当于 100 kg 硫酸铵。红萍既是优质有机肥，又是养猪的好饲料，所以这一试验的成功，为水稻区解决肥料与饲料问题，开辟了一条新的途径。群众评论说："种粮还赚回肥料，这是种田史上未见过的事"。

"周年养萍"的技术关键是：①株行距，目前看来以宽行 1.4~1.6 尺，窄行 4×2 寸较为合适；②水稻品种，用杂交种产量较高，其次是大穗盘、直立、窄叶、耐肥的中熟种较好，③加强红萍繁殖与促进水稻早发，要注意浅水养萍，球肥澡施，适时搁田，认真防治病虫害，特别是萍丝虫。此外，也要注意行向和选择耐高温高湿的红萍萍种等。

2 萍莲交替 产量惊人

从目前技术水平看，红萍过夏还比较困难，治虫花工很多，稍一不慎就会造成毁萍，群众不易普遍放养成功。针对这个问题，1976 年我们在四个点试验早季养红萍，晚季改养水浮莲。结果套养水浮莲的平均亩产稻谷 305 kg，最高 393 kg，水浮莲平均亩产 11 075.5 kg，最高 19 630 kg。这样一亩田两季除生产水稻 649.5 kg 外，还可拿到 16 285.5 kg 绿肥（红萍＋水浮莲），其含氮量相当于 250 kg 硫酸铵，这确实是个惊人的数字，值得进一步研究。看来在当前红萍过夏技术尚未能普遍掌握之前，先采取晚季改养水浮莲，多施一点肥料，以少肥换回大量有机肥料是可取的。

据此，我们设想 1 个生产队，只要拿出 10%～15% 的水田面积搞"周年养萍"，就可以源源不断地供应全生产队田地所需的有机肥或猪的饲料。这是取不尽，炸不烂的肥料库。今年我们在莆田县搞了 7 个点的样板，从早稻进展情况看，在水稻插秧后，头一个月内，低的已亩产红萍 2 000～2 500 kg，高的亩收 3 500～4 000 kg，冬闲田提早在 2 月放萍的，已亩收 9 000 kg 了。龙海县榜山公社扩大示范 1 000 多亩，效果良好，其他一些地区也开始小面积试验示范。

【原文发表于《土壤肥料》，1977，（04）：34，33，由王成己重新整理】

稻田养萍施肥问题

陈扬春　苏子鸣　孔令博　曾焕华

（福建省农业科学院土肥所，福州 350013）

研究不同肥料、不同季节的施肥方法，以促使红萍繁殖快、固氮高的良好效果，是提高其产量和肥效的重要方面。

1　氮、磷、钾不同形态对红萍增殖的影响

氮肥试验设硫酸铵、硝酸铵、尿素和对照 4 个处理，3 个重复。氮肥按每亩 1 kg 氮素计算，泼施。田间小区面积为 3×5 平方尺（1 尺约等于 33 cm，下同）。从试验结果表明，硝酸铵优于硫酸铵。硫酸铵优于尿素。养萍田撒施尿素后，会招致伤萍甚至倒萍（如表 1）。

表1　不同氮肥形态对红萍固氮能力的影响

氮肥形态	试验前			试验后			增氮量
	干重（g）	含氮量（%）	总氮量（g）	干重（g）	含氮量（%）	总氮量（g）	
硫酸铵	35	2.534	0.880	115.5	2.543	2.930	2.050
硝酸铵	35	2.534	0.880	133.0	2.731	3.630	2.740
尿素	35	2.534	0.880	105.0	2.401	2.520	1.630
对照	35	2.534	0.880	120.5	2.396	2.887	2.000

磷肥试验设过磷酸钙、钙镁磷、磷酸铵、磷矿粉和对照组 5 个处理。其磷素用量均按每亩 1 kg 计，泼施。结果表明：①当日平均气温较低时．从春分至清明为 15.4℃，从清明至谷雨为 17.1℃，磷酸铵的肥效最好。超过过磷酸钙和钙镁磷 33%。说明了在这样温度条件下，红萍营养还需要配合少量氮素；一旦气温上升，谷雨至立夏的日平均气温为 22.2℃，立夏至小满为 23℃，磷酸铵的肥效和过磷酸钙、钙镁磷相当，甚至还低些；②以固氮量来说，过磷酸钙最好，为对照组的磷矿粉组的两倍半，也为其他各组所不及；③磷矿粉组不论从萍产还是从固氮量来说都和不施肥的对照组一样，都起不到肥效效果。另外，从水场的考种材料，也表明了过磷酸钙对萍体繁殖有着较好的促进作用。

钾肥试验设硫酸钾、氯化钾、钾镁肥、对照 4 个处理。钾素用量也均按每亩 1 kg 计算，泼施。试验结果表明，单独施用钾肥与不施肥的对照组差不多，在生产上是没有经济效益的、只能作配合磷肥使用，配合时以硫酸钾为好。

2 不同季节里磷肥与氨肥、钾肥的配合问题

根据国内外许多研究证明，在水培里氮肥能抑制红萍生长。曾定（1955）试验结果，多氮培养液增加氮量21.9 mg/L，完全培养液为52.0 mg/L，缺氮的却为64.8 mg/L。我们试验结果，在适温条件下，氮肥与磷肥配合使用，则略有增产（见表2）。

表2 不同季节里氮、磷、钾及其配合使用对红萍产量的影响 （%）

季节	日均气温（℃）	N	P	K	NP	PK	NK	NPK	CK
春季	20.6	150	242	107	239	264	121	303	100
夏季	30.2	93	113	86	140	140	100	160	100
秋季	22.8	100	152	94	178	178	105	226	100
冬季	13.6	192	60	334	50	172	320	326	100

从表2可以看出：第一，在春、夏、秋3季里，施用磷肥均能获得良好的效果，如再配合氮或是钾，其产量还能略有提高。如氮、钾全部配合使用其效果将更好；第二，在冬季里，磷肥不仅没有肥效，反而招致肥害，但与钾肥配合使用，可以消除这种不利影响。据分析，鱼腥藻干物质含磷2.48%，红萍含磷0.338%，由此可见，需要磷素的是鱼腥藻。

为了进一步求得合理有效用肥，进行了磷氮不同比例试验。施肥量按磷肥加氮肥为5 kg/亩，所不同的在于磷与氮的比例为1:0、3:1、2:1、1:1等四组。其结果表明，在红藻越夏期间，配合少量的氮肥有好处，磷氮比例以8:1为好；到了秋季，气温有所下降，其比例应改为1:1为好。

综上所述，春、夏、秋3季的磷氮配合比例要视气温变化而异，一般说来，早春、深秋以1:1为好，炎夏为3:1，春末和初夏单用磷肥就好，冬季要以氮为主，配合钾肥。

3 磷肥用量与用法问题

目前，福建省各地红萍磷肥施用量极不一致，少的1亩用量5 kg，多的达30多千克，一般采用10~15 kg。究竟用量多少，才能达到经济而有效的用肥呢？为此进行了磷肥用量试验，每亩按过磷酸钙0 kg、5 kg、7.5 kg、10 kg、12.5 kg，15 kg撒施，结果表明：①随着施磷量加多萍产也加多的趋势。但以7.5~10 kg/亩的经济效益较高，12.5~15 kg/亩的较低；②温度较低时，波动在14.1~20.6℃，磷肥的施用反而轻度减产。温度较高时，波动在15.6~27℃磷肥的施用大为增产。在同量磷肥条件下，施肥次数多1次的可增产红萍一成左右（表3）。

在磷肥施用方法上也作了试验：于5月21日至6月4日进行，该时日平均气温为27.8℃。设4个处理：①喷施；②泼施；③固体撒施后耘田；④先放萍，后撒施在萍面上。

·186·

表3 10 kg 过磷酸钙分次施用对红萍繁殖的影响

施肥次数 红萍小区产量（kg）	1	2	3	4
第一次测产	1.77	1.75	1.665	1.72
第二次测产	3.585	3.645	3.48	3.78
第三次测产	3.065	3.5	4.355	4.02
第四次测产	1.315	1.565	2.385	3.23
总产量	9.73	10.46	11.885	12.75
与对照比	50	53.75	61.05	65.5

表4 不同施肥方法对红萍的影响

施肥方法	萍色	萍产 kg/小区	萍体含氮量（%）
喷施	绿	3.25	4.088
泼施	绿	2.95	3.829
撒施后耘田	紫红	1.6	3.132
撒施在萍面上	绿	3.3	3.213

试验表明，磷肥施用方法对萍产影响很大。虽然喷施、泼施、撒施的萍产接近，但萍体含氮量还是以前2者为高。撒施后耘田的最差，几乎没有肥效，不能采用。据用同位素 P_{32} 测定红萍磷肥施用技术的研究资料，以喷施的吸收最快，撒施的稍次，施于水中的较差，施于土壤的最差，与我们试验结果相似。综上，喷施比泼施不仅使红萍产量和萍体含氮量略有提高外（表4），更主要的，泼施1亩红萍用的磷肥，改为喷施后，可用于3亩左右。

【原文发表于《土壤肥料》，1982，（01）：25-26，由王成己重新整理】

用^{15}N 示踪法研究红萍在稻田中的肥效

张伟光　翁伯琦　唐建阳　陈炳焕　刘中柱

（福建省农业科学院红萍研究中心，福州 350013）

红萍作为农田肥源已有很长历史。但对红萍的肥效问题有不同看法。为此，我们近年与 FAO/IAEA 协作，利用^{15}N 示踪技术在稻田中比较红萍与尿素的肥效，现将试验结果作初步的总结。

1　材料与方法

1.1　供试品种

早籼半杂交种（Oryza saliva Ban Za jiao）、卡洲萍（A. caro liniana）

1.2　试验处理

1.2.1　^{15}N 微区

红萍在倒萍前先用 10^{15}N 原子% 超的尿素标记，并采用^{15}N 浓度为 20 mg/kg 的 IRRI 培养液多次重复的标记法，使^{15}N – 红萍有较高的丰度值。

①每公顷 30 kg N 的^{15}N – 红萍作基肥（4.544 ^{15}N 原子% 超）和 30 kg N 红萍作追肥；②每公顷 30 kg N 的红萍作基肥，30 kg N 的^{15}N – 红萍作追肥（3.657 ^{15}N 原子% 超）；③每公顷 30 kg N 的^{15}N 尿素作基肥（1.972 ^{15}N 原子% 超），30 kg N 尿素作追肥；④每公顷 30 kg N 尿素作基肥，30 kg N 的^{15}N – 尿素作追肥（l.972 ^{15}N 原子% 超）；⑤锡兰分期施肥法：每公顷 10 kg N 的^{15}N – 尿素作基肥，20 kg N 的^{15}N – 尿素作第 1 次追肥，30 kg N 的^{15}N – 尿素作穗肥（0.802^{15}N 原予% 超）；⑥不施 N 肥区作对照。每微区 1 m^2，重复 6 次。

1.2.2　测产区

①每公顷 30 kg N 的红萍作基肥和 30 kg N 的红萍作追肥；②每公顷 30 kg N 的尿素作基肥和 30 kg N 的尿素作追肥；③锡兰分期施肥法：每公顷 10 kgN 的尿素作基肥，20 kg N 的尿素作第一次追肥和 30 kg N 的尿素作穗肥；④不施氮肥的对照区。每区 20 m^2，重复 4 次。

各微区或测产区均施磷、钾作基肥，施肥量每公顷 60 kg P$_2$O$_5$ 的过磷酸钙和 60 kg K$_2$O 的氯化钾。5 月 2 日施基肥，3 日插秧，22 日首次追肥，6 月 10 日施穗肥，7 月 14 日收割。

用凯氏法测定样品的含氮量，由 IAEA 用杜马法制备^{15}N 样品并用质谱仪测定^{15}N 丰度。

在 0 ~ 1.5 cm 土层内各种养分状况：全氮含量 0.123%，有机质为 1.805%，NH$_4$ –

N27.7 mg/kg，有效磷 77 mg/kg，交换 K 为 0.1813 me/100 g 土，交换 Ca 为 6.336 me/100 g 土，pH 值（H_2O）7.1，土壤容重 1.46 g/100 cm^3，质地为中性黏土。

2 结果与讨论

2.1 不同施肥法对水稻农艺性状的影响

从观察水稻的表现情况发现：早稻半杂交种对肥料反应敏感。前期各处理间生长差异显著，无 N 区和锡兰法小区稻株色淡绿，叶片薄而软，分蘖力差，呈现供肥不足的征候。而尿素区和红萍区的稻株色浓绿，叶片厚而挺，分蘖力强，表现出供肥充足的现象。再从水稻最高分蘖期的苗数看，尿素区最好，施萍区苗数接近尿素区，这说明尿素区、红萍区前期氮肥充足，都能为秧苗提供必要的养分，锡兰区基肥施氮量少，稻苗呈缺氮现象。再从水稻收获期的农艺性状看，施氮区的各农艺性状都优于无氮区（表1）。

表1 不同施肥法与水稻性状的关系（测产区）

处理	最高分蘖（本/丛）	穗长（cm）	总穗数（穗/丛）	有效穗（穗/丛）	总粒数（粒/丛）	结实率（%）	千粒重（g）
1	19.4	20.5	9.9	9.6	908	82.7	20.2
2	20.4	20.2	11.1	10.4	988	81.3	20
3	16.7	20.9	11.7	11.4	1145	84.6	21.4
4	16.1	20.4	9.2	9	874	84.9	21.3

2.2 不同施肥法与水稻产量的影响

我们对各处理的产量进行了统计、分析表明：施肥区均比不施肥区有极显著的增产效果。而施肥处理区之间，施红萍、尿素区和锡兰法区的水稻产量没有明显的差异。同时统计了 ^{15}N 微区的水稻产量，它们与测产量的结果很一致。施 ^{15}N 区各处理之间产量差异不大（表2）。

表2 不同施肥法与水稻产量的关系（测产区） （单位：kg/hm^2）

处理	谷物	稻草
1	4 887.0 ±269.9a	3 832.1 ±497.6a
2	4 543.1 ±412.8a	3 823.0 ±797.4a
3	4 790.6 ±481.4a	3 952.9 ±432.4a
4	3 184.1 ±333.1b	2 675.8 ±579.1b
LSD0.1	479.66	859.2
LSD0.05	591.92	1 060.3
LSD0.01	850.47	1 523.4

（续表）

处理	谷物	稻草
	^{15}N 微区	
1	6 396.4 ±450.9a	3 542.7 ±232.5ba
2	6 061.8 ±412.6ba	3 385.8 ±157.7cb
3	5 987.2 ±214.7ba	3 620.2 ±240.3a
4	5 927.5 ±203.0cb	3 701.7 ±244.0a
5	5 989.2 ±372.0ba	3 257.2 ±193.5c
6	3 509.0 ±302.1d	2 256.3 ±148.3d
LSD0.1	450.47	261.45
LSD0.05	555.89	322.65
LSD0.01	798.7	463.57

注：生物量 = 谷物 + 稻草

这表明稻田施用红萍作肥料，有着良好的增产效果，它与等 N 量的尿素肥料一样，无论在水稻生长前期对养分的提供或后期对养分的积累都能满足需要，达到丰产的效果。

从不同施肥法的结果看，施 N 肥能提高稻株的氮含量，它比无肥区氮含量有极显著的增加。而不同施氮处理之间，谷物中含氮量差异不显著。稻草含氮量除施尿素区略高于其他处理外，其他均无显著差异。而水稻的总氮量中不同施 N 区均无明显差别（表3）。

表3　不同施肥法对水稻氮量的影响　　　　　（单位：kg N/hm²）

处理	谷物	稻草
1	55.13 +6.17a	22.88 +4.48a
2	53.25 +1.94a	25.88 +3.33b
3	52.50 +5.74a	23.15 +5.26a
4	37.50 +5.74	17.25 +4.66c
LSD0.1	5.853	2.083
LSD0.05	7.223	3.309
LSD0.01	10.377	4.754

注：谷 + 草

2.3　不同肥料不同施法与水稻吸收利用关系

通过 ^{15}N 标记的红萍和尿素，可以看出水稻吸收利用肥料氮的情况：尿素作基肥时，水稻的氮素利用率低，谷物 ^{15}N 回收率 22.63% ±2.40%，稻草回收率为 6.65% ±0.56%，而红萍作基肥时，水稻的氮素利用率较高，谷物 ^{15}N 回收率为 38.99% ±0.35%，稻草回收率 10.83% ±2.05%（图1）。

尿素作基肥时水稻利用率低的原因，可能由于水稻前期秧苗小，根系不发达，吸收力差有关，而大部分的尿素未被利用，可能因土壤的消化反消化作用、淋溶、NH_3 的挥发等造成氮素的损失，降低了尿素的利用率。但是以红萍作为稻田肥料，它在土壤里逐渐腐解，成为

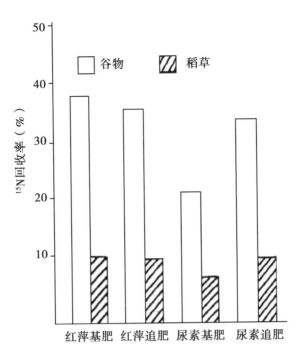

图1 红萍与尿素作基肥、追肥时水稻^{15}N回收率

缓解的肥料，可以大大降低氮的损失，从而提高它的利用率。

在不同施氮区，各处理间稻草的^{15}N回收率比较相近，而稻谷的^{15}N回收率各不相同，尿素区为29.10%，红萍区为37.98%，锡兰区为39.74%，水稻总回收率尿素区为37.9%，红萍区为48.8%，锡兰区为50.6%（图2）。

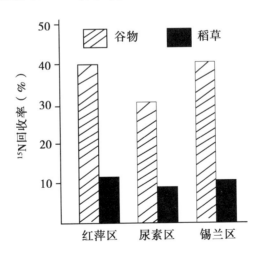

图2 不同施肥法对水稻回收^{15}N肥料的影响

3　小　结

（1）以每公顷 60 kg N 的红萍、尿素及尿素分期施肥，比无 N 区有极显著的增产效果。

（2）红萍作为稻田生物氮肥，它相当于等 N 量的尿素肥效，能供给稻苗生长所需的养分和提供水稻后期物质积累的养分，使水稻得到增产作用。

（3）用^{15}N 示踪法试验结果，红萍作为基肥的水稻的^{15}N 回收率优于等氮量的尿素基肥的效果，红萍区水稻的^{15}N 总回收率，相当于等 N 量的锡兰分期施肥法的效果。

（4）尿素区、红萍区与分批施 N 的锡兰区中水稻的^{15}N 回收率分别为 37.9、48.8 和 50.626。

【原文发表于《福建农业科技》，1986，（05）：8 - 10，由姚宇红重新整理】

^{15}N 示踪法研究灌溉稻田土施红萍和兰绿藻效益及其氮素去向

Mian M·H 等 翁伯琦 摘译

（福建省农业科学院红萍研究中心，福州 350013）

摘 要：应用 ^{15}N 示踪技术探讨淹水稻田土施用卡洲红萍、变异鱼腥藻和念珠藻作氮肥对水稻生长的有效性和氮利用效率。实验结果表明：施用红萍、鱼腥藻、念珠藻的处理，稻株的氮吸收量分别比对照增加 91%，176%，215%，而其干物质量（茎叶和根）则分别增加 74%，105%，125%。水稻移栽 60 d 后取样分析表明：分别施红萍，鱼腥藻和念珠藻作氮肥，其氮素释放率分别占所施 ^{15}N 总的 26%，49% 和 53%，而反硝化作用造成的氮损失率则依次为 7%，14% 和 13%，而残留在土壤中氮素则分别为 74%，51% 和 47%。在不插秧的处理中，施红萍，鱼腥藻和念珠藻，其氮释放率则分别为 30%，43% 和 54%。历经 60 d 后，由于反硝化作用会造成 N2 损失，其量则占 N 素释放总量的 93% ~ 96%。

1 材料和方法

生物氮肥：卡洲红萍是由英国邓迪大学植物园提供。该萍已在无氮培养液中常规放养达 3 年之久。为标记 ^{15}N，将红萍放置于含 1 g Na^{15}NO$_3$（^{15}N 丰度为 30.4%）培养液中喂养 3 周。然后捞起并用蒸馏水洗净，重新放在无氮培养液中培养 24 h，以除去萍面沾染的 ^{15}NO$_3$ – N，到时捞起洗净，风干后备用。变性鱼腥藻（CCAP1403/46）取自英国剑桥藻类和原生物培育中心。纯培养的念珠藻由本实验室提供。它们用含 0.25 g Na^{15}NO$_3$ 的 BG 培养液标记 ^{15}N，通过离心收集藻细胞，用蒸馏水洗 3 ~ 4 次，并集中悬浮在无氮培养液中培养 24 h，然后反复拌动冲洗，捞起后，风干备用。

生物肥的分析：风干后红萍，鱼腥藻，念珠藻含氮量分别为 4.25%、8.56%、9.08%，而 ^{15}N 丰度则依次为 19.87%，21.87% 和 14.49%。

土壤：供试土壤取自孟加拉平原淹水稻田表层（0 ~ 15 cm）的非钙质暗灰色粉砂壤土。土壤主要农化性质是：pH 值为 7.6，有机碳 0.60%，全氮量为 0.06%，每克土壤中含 2.3 μg NH$_4$ – N，14.5 μg NO$_3$ – N，64 μg 的有效磷和 116 μg 的有效钾。

试验处理：①栽种水稻，本项目设对照，施红萍，鱼腥藻，念珠藻 4 个处理，所施红萍，鱼腥藻，念珠藻的风干生物量则以能提供 40 mg 氮素为准。生物肥分别和 0.5 kg 土壤充分混合至均匀，装在容积为 90 cm^3 的塑料盆中，各 3 次重复。每盆约灌 150 cm^3 蒸馏水，使土壤呈水饱和状态，各盆分别插 4 株 16 d 秧的 IR8 稻苗，补足蒸馏水，从始到终均维持 4 cm 深的水位。盆栽随机排列在培养室中，每隔 7 d 再随机调换位置。培养室白天和晚上分别维持 25℃，18℃，各 12 h。②不栽种水稻，附代设置不插秧苗的平行试验，在带有汇封的玻璃瓶中装土 10 g，分别混合含氮 2 mg 的红萍，鱼腥藻和念珠藻，加水后以维持 4 cm 深水位。历经 90 d 后，分别从各处理瓶中精确抽取 1 mL 气体样品，用质谱仪测定 NO，N_{20}，O_2 和 N_2 含量。

收获和样品采集：水稻移栽后 15，30，45，60 d 分别采集植株样品，并小心分离稻株茎叶和根部，在 65℃ 下烘干至恒重，称测其干物质重量。

土壤分析：收割植株的同时，还要采集土样，并用 ZMKclU 溶汇湾取后，测定其 $NH_4 - N$ 和 $NO_3 - N$ 含量。最后一次收割时，应取所剩余的土壤，经风干，粉碎后，进行全氮分析。

植株分株分析：经烘干的茎叶和根的样品用细磨机粉碎后过 0.5 mm 筛子。植株体全氮含量按微量凯氏法测定。红萍和兰藻全氮也按此法测定。

^{15}N 量测定：每个样品的氮转化成铵态氮后，经酸化并砂浴锅中慢慢加热蒸发体积浓缩成 1~2 mL。在抽真空的 R 氏 Y 形管中，或在 16 mm 标准玻璃管中（样品含氮 100 μg 以上）与高纯氦气以及强碳性氢氧化钾反应，将样品中铵态氮转化成氮气（N_2）。但 N_2 进入 VG601 微量质谱系统进样口前，管中残留液体样必须冷冻 5 min 以上，以保证准确测定样品中的 ^{15}N 含量。

2 试验结果

产量效应和氮素吸收：施用红萍和兰练藻的处理，IR8 稻株干物质产量明显增加。鱼腥藻和念珠藻的增产效应相近，但与施红萍处理差别甚大（见表 1）。施红萍，鱼腥藻，念珠藻与对照相比，移栽 60 d 后，物质产量分别增加 74%，10.5%，125%，稻株氮吸收量变化趋势也与此相似。以念珠藻作基肥，植株含氮量最高，而对照处理的植株含氮量最低。以鱼腥藻作基肥，稻株氮吸量大于施红萍的处理。试验结果表明：分别以红萍，鱼腥藻，念珠藻作基肥，移栽 60 d 后，稻株氮的同化率分别比对照高 91%，176%，215%，表 1 表明：在 60 d 内，稻株分别同化吸收红萍、鱼腥藻，念珠藻所含 ^{15}N 总量的 19%，35%，10%。显然，水稻对鱼腥藻，念珠藻的氮利用效率高于施红萍的处理。

表 1　灌溉条件下施红萍和兰绿藻对 IR8 水稻生长和氮吸收的影响

| 项目 | 处理 | 时间（d） | | | | 增长率 |
		15	30	45	60	（%）
干物质产量 （mg/盆）	对照	142	209	343	566a	
	红萍	188	328	592	982b	74
	鱼腥藻	190	330	681	1 158c	105
	念珠藻	189	341	657	1 275c	125
氮吸收总量 （mg/盆）	对照	3.21	5.24	6.84	8.24	
	红萍	4.56	9.28	10.88	15.76	91
	鱼腥藻	5.24	11.08	19.32	22.72	176
	念珠藻	5.04	11.68	19.44	25.92	215

（续表）

项目	处理	时间（d）				增长率（%）
		15	30	45	60	
^{15}N 吸收总量（mg/盆）	红萍	0.40	0.84	1.00	1.49	19
	鱼腥藻	0.40	1.20	2.20	3.05	35
	念珠藻	0.36	1.00	1.68	2.32	40

表2 指出供试土壤初始 NH_4–N 含量是 $2.3 \sim 2.9$ μg/g 土，但插秧 15 d 时，土壤 NH_4–N 量明显增加，随后则又慢慢减少。供试土壤 NO_3–N 含量为 $14.5 \sim 14.8$ μg/g 土，历经 60 d 后，NO_3–N 含量则逐渐下降至 $0.2 \sim 0.6$ μg/g 土。

氮素平衡：分别以红萍，鱼腥藻，念珠藻作基肥，稻株分别同化吸收所施 ^{15}N 总为的 19%，35%，40%，而土壤中氮残留率量分别为 74%，51%，47%，而以反硝化作用造成 N_2 损失分别为 7%，14 %，13%。由于在开放的盆栽系统中测定氮素气态损失是不可能的，故应将生物肥和土镶混合后置于玻璃瓶中，加水至水位达 4 cm 深，且瓶中空气容量统一定为 103 cm^3，60 d 后从密封的瓶中抽取气体样品，测定结果表明：施生物肥后会从土壤中释放出 N_2，NO_2，或 N_2，进尔造成氮素损失。施用红萍，鱼腥藻，念珠藻处理，60 d 内以 N_2 气体逸出的方式可损失 ^{15}N 量分别约达 30%，41%，42%，加上残留于土壤的氮素，其 ^{15}N 累计总量约占所施 ^{15}N 总量的 93% ~ 96%。原先玻璃瓶中（103 cm）空气含 O_2 量为 30.6 mg（20.8%），经 60 d 培养后，对照瓶中氧气量减少到 $22.1 \sim 23$ mg（15% ~ 16%），施生物氮肥处理的土壤 O_2 含量则仅为 $13.2 \sim 14.7$ mg（9% ~ 10%）。

表2 不同时期土壤中氮态氮和硝态氮含最变化

项目	处理	时间（d）				
		0	15	30	45	60
*NH_4–N（mg/g 土）	对照	2.3	4.2	2.9	1.0	0.9
	红萍	2.3	6.8	5.3	2.1	1.7
	鱼腥藻	2.6	12.5	5.9	2.6	2.0
	念珠藻	2.9	13.0	6.4	2.7	2.1
15NH_4–N（mg/g 土）	红萍		61	43	22	8
	鱼腥藻		206	76	31	24
	念珠藻		209	97	28	21
NO_3–N（mg/g 土）	对照	14.5	1.4	1.7	1.2	0.3
	红萍	14.8	0.7	2.6	0.7	0.6
	鱼腥藻	14.8	0.3	0.7	0.5	0.2
	念珠藻	14.6	0.2	0.6	0.5	0.3

* 以 ZMKCL 浸取土壤 10 分钟测定 NH–N

表3 红萍和兰绿藻施入淹水稻田土 60 d 后稻株和土壤中 ^{15}N 回收情况

^{15}N 数量和比率	插秧			不插秧		
	红萍	鱼腥藻	念珠藻	红萍	鱼腥藻	念珠藻
施用量（mg/盆）	7.95	8.75	5.80	0.40	0.44	0.29

（续表）

^{15}N 数量和比率	插秧			不插秧		
	红萍	鱼腥藻	念珠藻	红萍	鱼腥藻	念珠藻
所施生物肥释放（mg/盆）	2.08	4.30	3.08	0.12	0.19	0.13
所施生物肥释放（%）	26	49	53	30	43	45
吸氮量（mg/盆）	1.49	3.05	2.32			
吸氮量（%）	19	35	40			
土壤中氮残留量（mg/盆）	5.87	4.45	2.72	0.28	0.25	0.16
土壤中氮残留量（%）	74	51	47	70	57	55
^{15}N 损失量（mg/盆）	0.59	1.25	0.76	0.12	0.18	0.12
^{15}N 损失量（%）	7	14	13	30	41	42

植株体从生物肥和土壤中分别所获的氮量：表4表明，稻株从生物肥与土壤中所吸收的氮量，60 d内，对照盆稻株从土壤中获取8.24 mg N，而施红萍，鱼腥藻和念珠藻处理，稻株则分别从土壤中获取15.76，22.76，21.96 mg N。而施用红萍，植株获取得的55.76 mg N中，稻株净从红萍体吸收量7.50 mg N，而从土壤中获取8.26 mg N。水稻分别从鱼腥藻，念珠藻体中获取13.95，96.01 mg N而从土壤中则依次获得8.77，1.91 mg N。由此可见，60 d内，兰绿藻作肥料供氮量大约是红萍供氮量的2倍，而土壤也能为植株生长提供相当数量的氮素。

表4　IR8水稻60 d内从所施生物肥以及从土壤中吸收的总氮量的差别

处理	稻株吸氮总量（mg/盆）	来自肥料氮量和（%）		来自土壤氮量和（%）	
		mg/盆	%	mg/盆	%
对照	8.24			8.24	100
红萍	15.76	7.50	48	8.26	52
鱼腥藻	22.72	13.95	61	8.77	39
念珠藻	25.92	16.01	62	9.91	38

3　讨　论

本试验结果表明：施念珠藻处理稻株氮吸收量最高，量达25.92 mg N，且其干物质产量也相应最高，达1 275 mg。^{15}N 示踪结果表明：分别施红萍，鱼腥藻，念珠藻作氮肥，稻株吸收同化的氮量则分别占总 ^{15}N 量的19%，35%，40%。很显然，供氮能力大小，完全取决于红萍和兰藻的分解速度快慢。但60 d内，2种供试藻类 ^{15}N 释放量约占总施用 ^{15}N 量的50%，而施红萍 ^{15}N 释放量约占总施用 ^{15}N 量的50%，而施红萍 ^{15}N 释放量仅为26%。Shi等人曾发现，红萍翻施85 d后，水稻吸氮量仅与红萍全氮量的24.4%。Tirol等人曾报道，施用 ^{15}N 标记念珠藻作肥料，IR32稻株氮吸收量为28%。我们试验结果表明：施红萍作氮肥，60 d内约损失7%氮素，而施兰绿藻则损失13%～14%。一般认为，红萍和兰绿藻施入土壤后几天便开始腐解，本试验表明，生物肥施后 15 d，水稻吸收同化^{15}N 量明显增加，且 15 d 后，稻株氮吸收量随时间推移而逐渐增大，可是，土中 $NH_4 - N$ 含量则逐渐下降。我们认为土壤在 30 d 内 $NO_3 - N$ 积累量是由硝化作用所致，从而促使反硝化作用产生，反硝化作用产生可从生物肥和土壤混合后密封培养中检测出 N_2 而获得证据。水稻生长连续吸收 $NH_4 - N$，但生物肥释放出高 $NO_3 - N$ 部分会被氧成不易积累的 $NO_3 - N$ 部分。另外，土壤中微生物也会化消耗部分 $NH_4 - N$ 和 $NO_3 - N$。

【原文发表于《福建稻麦科技》，1988，3：49 – 53，由李艳春重新整理】

施用尿素、红萍对水稻生长及其
氮素利用效率的影响

翁伯琦　陈炳焕　唐建阳　刘中柱

（福建省农业科学院红萍研究中心，福州 350013）

摘　要： 应用 ^{15}N 示踪技术研究了尿素和红萍氮素对水稻分蘖、成穗和产量的影响以及当季水稻对氮素的利用率。结果表明：$30+30\ kgN/hm^2$ 尿素分别作基肥和分蘖期追肥（U−2），$10+20+30\ kgN/hm^2$ 尿素分别作基肥、分蘖肥和穗肥（U−3），$30+30\ kgN/hm^2$ 的红萍分别作基肥和分蘖期追肥（A−2），和不施氮肥对照（CK）处理，水稻分蘖总数分别为 465.0，495.0，579.0，403.5 万$/hm^2$；成穗率分别为 81.9%，78.8%，69.8%，74.4%；每穗平均粒数分别为 75.8，80.6，78.2，74.7 粒。施红萍的稻谷产量与等氮量尿素相当。施用尿素和红萍处理，水稻生长前期平均出蘖速度明显不同，而且水稻不同时期分蘖，其成穗数和每穗粒数均随分蘖时间推移呈逐渐递减变化。试验结果表明：红萍作基肥当季的氮素利用率为 41.3%~48.2%，高于尿素作基肥的利用率（28.0%~31.9%），但尿素作追肥（45.7%~46.2%）则优于红萍作追肥（37.5%~43.2%）。U−3，A−2，U−2 处理当季氮素利用率分别为 47.7%~50.6%，39.2%~45.7%，37.0%~38.8%。

关键词： ^{15}N 示踪；水稻；氮素利用率

合理施用化学氮肥，历来为人们所关注[1−3]。红萍作为稻田生物氮肥也有相当多的报道[4,5]但应用水稻分蘖追踪和田间 ^{15}N 示踪技术，综合评价化学氮肥和生物氮肥对水稻生长和产量的影响，以及水稻对 2 种氮源利用效率的报道则不多。近年来，我们参加国际原子能机构（IAEA）组织的协作项目，研究了稻田中尿素、红萍的供氮规律以及水稻生长过程对两种氮源的反应，尤其是不同氮源对水稻分蘖、成穗和籽粒产量的影响。比较了尿素、红萍不同施用方法对水稻氮素吸收和氮素利用率的影响，为稻田化学和生物氮肥科学配施提供了依据。

1　材料和方法

1.1　供试水稻品种

1985 年早稻和 1986 年早稻分别选用"NT04"和"福引 1 号"水稻为供试品种，稻田插秧规格为（20×20）cm^2。

表1 试验地土壤农化性状

项目	1985	1986
pH 值	7.1	7.3
全氮（％）	0.123	0.118
代换性铵（mg/kg）	27.72	28.60
代换性钾（mg 当量/100 g）	0.181	0.193
代换性钙（mg 当量/100 g）	6.34	7.21
阳离子交换量（mg 当量/100 g）	8.08	9.04
有效磷（mg/kg）	77.0	62.0
有机质（％）	1.81	1.89
土壤质地	中性黏土	重质土壤

1.2 供试氮源和红萍标记方法

选用尿素作化学氮源，卡洲萍（Azolla caroliniana）作生物氮源。试验区分为测产区（20 m²）和 ^{15}N 微区（1 m²）2 种。分别使用普通尿素、非标记红萍、以及丰度为 10% ^{15}N - 尿素和 ^{15}N 标记的红萍。红萍标记在小水泥池内进行，用 ^{15}N - 硫铵（丰度为 50%）喂养 12 d，萍体的 ^{15}N 丰度为 5.7% ~6.1%.

1.3 试验处理

^{15}N 微区设立 6 个处理：At，30 kg N/hm² 非标记红萍作基肥，30 kg N/hm² ^{15}N - 红萍作分蘖期追肥。Ab，30 kg N/hm² ^{15}N - 红萍作基肥，30 kg N/hm² 非标记红萍作分蘖期追肥。Ut，30 kg N/hm² 普通尿素作基肥，30 kg N/hm² ^{15}N - 尿素作分蘖期追肥。Ub，30 kg N/hm² ^{15}N - 尿素作基肥，30 kg N/hm² 普通尿素作分蘖期追肥。U - 3，10 + 20 + 30 kg N/hm² ^{15}N - 尿素分别作基肥、分蘖肥和穗肥。CK，不施氮肥。微区面积为 1 m²，四周围无底白铁皮框。各 6 次重复，随机区组排列。

与此相应的测产小区设 4 个处理：A - 2，30 + 30 kg N/hm² 红萍作基肥和分蘖期追肥。U - 2，30 + 30 kg N/hm² 尿素作基肥和分蘖期追肥。U - 3，10 + 20 + 30 kg N/hm² 尿素分别作基肥、分蘖肥和穗肥。CK，不施氮肥。小区面积为 20 m²，各 4 次重复，随机区组排列。各试验区磷、钾基肥用量分别是 80 kg P₂O₅/hm²，过磷酸钙和 60 kg K₂O/hm² 氯化钾。

1.4 试验地点和土壤农化性状

试验于 1985 年、1986 年早季分别在本院红萍研究中心和稻麦研究所试验地进行。土壤农化性状见表 1。

1.5 测定方法

植株样品用凯氏法测定含氮量。1985 年、1986 年 ^{15}N 样品分别由 IAEA 和红萍研究中心用质谱计测定。

2 结果和分析

2.1 不同氮源对水稻分蘖、成穗和籽粒产量的影响

2.1.1 对稻株分蘖的影响

表 2 表明，不同施氮处理稻株平均出蘖初速度（V_0）顺序是 U－2＞U－3＝CK＞A－2，这反映了同等土壤肥力条件下，U－2 区氮基肥量高（30 kg N/hm²），水稻返青后分蘖早，数量多。该处理区稻苗返青后 5～10 d 平均出蘖速度（V）就达最大值（Vmax 为 0.825 条/丛·d），随后仍维持较高 V 值。从图 1 看出，其分蘖数在插秧后 30 d 内均高于其他 3 个处理。U－3 氮基肥用量少（10 kg N/hm²），稻株返青后，其 V_0 值低于 U－2 区，分蘖数也明显低于 U－2 区，但插秧 20 d 后，施加 20 kg N/hm² 尿素作追肥，在第 30 dV 值达最大值（Vmax 为 0.825 条/丛·d），且其分蘖总数超过了 U－2 区。显然，水稻返青后根系恢复生长，此时追施尿素，稻株吸收氮快，且效率高，对分蘖有明显促进作用。

表 2　不同氮源处理对水稻平均出蘖速度的影响

| 处理 | 稻株平均出蘖速度 V（条/丛·d） | | | | | |
| | 插秧后生长天数（d） | | | | | |
	10	15	20	25	30	35
U－3	0.174	0.600	0.681	0.700	0.825	0.671
A－2	0.026	0.275	0.533	0.540	0.736	0.660
U－2	0.326	0.825	0.770	0.688	0.770	0.645
CK	0.176	0.605	0.610	0.533	0.486	0.467

平均出蘖速度 $\bar{V} = \dfrac{\sum\limits_{n=1}^{n} \dfrac{P_A - P_0}{D_A}}{n}$，式中 P_A 为某天观察到的分蘖数（条），P_0 为插秧后稻株初始分蘖数（条），D_A 为观察天数（天），n 以观察稻株丛数（丛）

图 1 表明，在插秧后 15 d 内，A－2 区稻株分蘖几乎处于停滞状态，此时稻株的平均出蘖速度和分蘖数均低于对照区，其主要原因是插秧前 1 d 压施鲜萍量较高（约 2 kg/m²），影响了秧苗根系发育，造成坐苗现象。另外，红萍压施入土后，有赖于微生物分解，微生物分解萍体和自身繁殖，需消耗土壤中原有的养分和能量，从而使前期土壤营养水平相对略低于对照区，但在插秧后 25～35 d，红萍腐解释放的氮素有利于水稻生长，稻株分蘖数急速增加，与施尿素处理相近。据报道，压施红萍于稻田中，一般在第 7 d 开始释放氮素，在第 21～25 d 氮素释放量达最大值[4]。这和 A－2 区稻株平均出蘖速度呈缓慢上升，在第 30 d 呈现最高出蘖速度的趋势相符（表 2）。对照区稻株 V 值呈平缓变化，波动甚小，Vmax 值仅为 0.61 条/丛·d。据报道[2]，土壤矿化供氮在插秧后 20～25 d，其 NH_4^+－N 量达最高值，随后则逐渐下降，这和对照区稻株平均出蘖速度在 20 d 左右出现最高值趋势相符（表 2）。

2.1.2 对成穗生长过程的影响

水稻分蘖追踪观察的结果表明，A－2，U－2，U－3 区稻株分蘖总数分别为 579.0，465.0，495.0 万/hm²，均明显高于对照（403.5 万/hm²），其总穗数分别为 404.4，381，

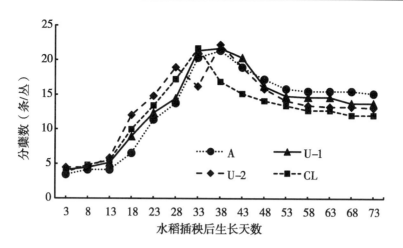

图1 不同氮源对水稻分蘖的影响

0. 390. 0，310. 9万/hm²，成穗率分别是69. 8%，81. 9%，78. 8%，74. 4%。在不同氮源处理中，主茎蘖的成穗数则无显著差别，其成穗率均达100%，但不同时间的分蘖，其成穗率明显不同（表3）。稻株分蘖早，成穗率高，其趋势是随着分蘖出现时间的推移，成穗率逐渐降低。施尿素处理，U-2区15 d以前稻株分蘖数高于U-3区，在第25 d后，U-3区分蘖则多于U-2区，成穗率并不高。以红萍作氮源，有效分蘖期比其他处理推迟5 d，且后期（30 d后）分蘖成穗率低，多为无效分蘖，所以总成穗率偏低，但由于分蘖总数明显高

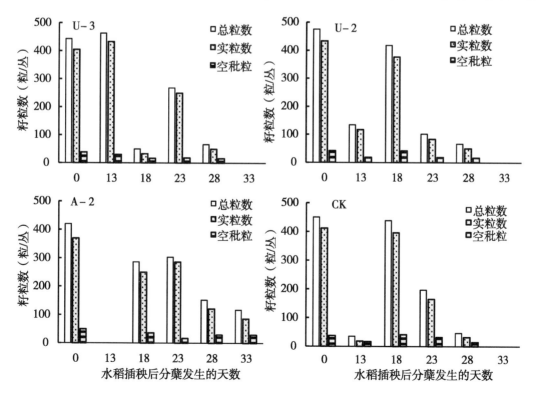

图2 不同氮源对水稻籽粒生长的影响

于其他处理，因此仍有较高的总穗数。

表3　不同氮源对水稻不同时间的分蘖构成穗数的影响　　　　　　　（千/hm²）

| 项目 | 处理 | 水稻分蘖出现的时间（d） | | | | | 总数 |
		MST*	15	20	25	30	
分蘖数（千/hm²）	U－3	1 200	1 695	1 155	900	0	4 950
	U－2	1 200	2 100	705	645	0	4 650
	A－2	1 095	750	1 245	795	1 875	5 755
	CK－1	1 095	1 500	1 095	345	0	4 035
穗数（千/hm²）	U－3	1 200	1 650	750	300	0	3 900
	U－2	1 200	1 905	405	300	0	3 810
	A－2	1 095	750	1 095	600	495	4 035
	CK－1	1 095	1 155	705	150	0	3 105
成穗率（%）	U－3	100	97.3	64.9	33.3	0	78.79%
	U－2	100	90.7	57.4	46.5	0	81.94%
	A－2	100	100	88.0	75.5	26.0	70.11%
	CK－1	100	77.0	64.4	43.5	0	76.95%

*MST = 主茎蘖（Main Stem Tiller）

表4　不同氮源对水稻穗粒数的影响　　　　　　　　　　　　　　　（粒/穗）

| 处理 | MST | 插秧后水稻分蘖时间（d） | | | | | 平均稻粒数 |
		13	18	23	28	33	
U－3	92.4	70.7	88.2	87.2	54.3	0	80.56
U－2	98.8	88.9	76.5	68.4	46.5	0	75.82
A－2	97.1	0	96.2	73.9	64.2	59.6	78.20
CK－1	93.7	84.0	69.6	68.1	58.2	0	74.74

表5　不同氮源对水稻谷粒重量和千粒重的影响

| 项目 | 处理 | 稻株茎蘖发生的日期（日/月） | | | | | |
		MST	13/5	18/5	23/5	28/5	2/6
实粒重（kg/hm²）	A－2	2 215.1	0	1 405.1	1 715.1	750.6	505.05
	U－3	2 635.2	700.1	2 275.1	505.1	285.0	0
	U－2	2 445.2	220.1	2 625.0	1 420.5	304.95	0
	CK	2 565.0	184.9	2 475.0	1 045.1	150.0	0
千粒重（g）	A－2	23.10	0	22.30	23.40	22.80	21.10
	U－3	24.20	24.10	24.10	23.80	22.80	0
	U－2	23.70	23.90	24.00	23.60	21.90	0
	CK	24.40	23.70	24.00	23.20	20.30	0
粒重占总产量的比率（%）	A－2	33.60	0	21.30	26.00	11.40	7.70
	U－3	41.20	10.92	35.60	7.89	4.45	0
	U－2	34.90	3.41	37.42	20.24	4.35	0
	CK	39.95	2.88	38.60	16.30	2.35	0

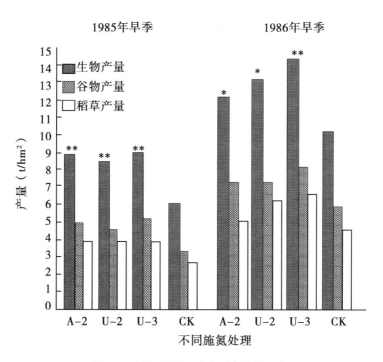

图3　不同氮源处理对水稻产量的影响

2.1.3　对籽粒生长的影响

表4表明，U-3，U-2，A-2，CK每穗平均实粒数分别是75.8，80.6，78.2，74.7粒。不同时间分蘖构成穗的籽粒数明显不同，其变化规律是随着水稻分蘖时间的推移，每穗平均实粒数呈依次递减趋势。U-2，U-3区总穗数相近，但U-3追施了穗肥，其主茎和各分蘖茎构成穗的实粒数均相应高于U-2区。显然，U-3区籽粒生长状况优于U-2区。A-2与U-2相比，主茎穗粒数相近，但前期分蘖构成穗的粒数多于A-2，后期则A-2多于U-2区。

图2表明，无论施尿素还是施红萍，每丛稻株的实粒数均高于不施氮肥的对照区，但施红萍的A-2区空秕粒多于施尿素区。表5的结果表明，施尿素区分蘖早，15 d前的分蘖构成穗的粒数对产量贡献大，但A-2区则是后期分蘖多，其15 d后的分蘖构成穗的粒数对产量贡献相对比U-2，U-3，CK区大。施尿素区不同时间的分蘖构成穗的千粒重均相应高于A-2区。考种结果表明，U-2，U-3，A-2，CK处理籽粒平均结实率分别为92.0%，90.1%，88.6%，91.2%，平均千粒重分别为23.60，23.40，22.90，23.60 g。观察田间稻株生长状况发现，A-2区在插秧后约1个月压施30 kgN/hm² 鲜萍作追肥，缓慢腐解对水稻生长后期供氮，造成了稻株落黄迟慢，成熟期推迟了近7 d，因而不利于稻株中营养物质向籽粒输送转移，影响其营养物质的积累。

2.2　不同氮源对水稻产量的影响

水稻产量是各生育阶段物质生产分配所表现出的最终结果[6,7]。尽管试验年份和地点不同，供试品种和基础肥力各异，但相同氮源处理对产量的影响大致相同（图3）。U-3处理稻谷，稻草产量优于其他处理，显示了尿素分期施用的优越性。U－2，A－2，2 处理间产量极为接近。表明以萍代氮其增产效果与等氮量尿素相当。但不同方法施尿素，肥效不尽一样，这意味着注重施肥技术，把握适时用肥，对提高稻谷产量潜力甚大。

许多研究者认为，水稻生长前期有效分蘖数、成穗数和实粒数诸因素直接影响水稻最终产量。U－2 区亩茎蘖数居中（31.00 万/亩），但成穗率最高（81.9%），这显示了重施氮基肥和分蘖期追肥，有促蘖增穗作用，但每穗粒数偏低，故仅分蘖期追肥造粒效果欠佳。U－3 处理，亩茎蘖数为 33.0 万/亩，由于插秧后 20 d 内分蘖状况不及 U－2 区，明显影响了成穗率（仅 78.8%），但插秧后 45 d 再次追施 30 kgN/hm² 穗肥，则利于穗粒生长，亩总实粒数（2 042，6 万/亩）高于 U－2（1 925，8 万/亩）。A－2 区亩茎蘖数虽高达 38.6 万/亩，但前期分蘖数少，主要是在插秧后 20～30 d 分蘖数剧增，无效分蘖比例大，成穗率仅为 69.8%，而且结实率和千粒重偏低，这种高分蘖、低成穗状况，势必影响稻谷产量大幅度提高。由此可见，稻株分蘖、成穗和籽粒数量与质量是限制产量的相互关联的因子，而且受田间供氮状况的制约。

2.3 不同氮源及不同施氮方法对氮素利用率的影响

2.3.1 水稻氮素营养来源

稻株生长所需的氮素主要来自"土壤氮"和"肥料氮"，试验结果表明（表6），水稻吸收肥料氮的比例随氮源和施法不同而异。①尿素和红萍作基肥，水稻吸收肥料氮的比例差值为 5.4%。②尿素和红萍作分蘖期追肥，其比例差值仅为 0.43%。③红萍作基肥和作追肥相比，其比例差值为 4.8%。④尿素作基肥分别与 1 次追肥和 2 次追肥相比，其比例差值分别为 9.7% 和 29.5%。无论施尿素，还是施红萍，或是施氮方法不同，稻株吸收的氮总量中土壤氮的比例均大于 55%，而肥料氮则在 45% 以下。这和前人的研究结果相近[8]。显然，早稻生长所吸收的氮素大部份来自土壤，但土壤又有自身的供氮特点，所以必须运用不同施肥技术来调节土壤供氮状况，以满足水稻对氮素的需求。

表6　不同氮源和施用方法对稻株吸氮来源的影响

处理	吸氮总量	来自肥料的氮量	来自土壤的氮量	来自肥料氮的百分率
1、红萍作基肥	86.89	22.02	64.87	25.34
2、红萍作追肥	96.78	19.90	76.88	20.57
3、尿素做基肥	102.01	15.49	86.52	15.19
4、尿素做追肥	101.50	25.28	76.22	24.91
5、U－3	96.42	43.03	53.33	44.67

2.3.2 水稻对氮素的利用效率

¹⁵N 示踪试验结果表明，施氮量同为 60 kgN/hm² 时，红萍作基肥和分蘖肥，其当季水稻氮利用率为 39.4%～45.7%，尿素作基肥和分蘖肥，其利用率为 37.0%～38.8%，而尿素分别作基肥、分蘖肥，穗肥则为 47.7%～50.6%。

不同施肥方法，明显影响尿素和红萍氮素的当季利用率（图4）。红萍作基肥氮利用率

（41.3% ~48.2%）高于作追肥（37.5% ~ 43.2%），而尿素作追肥氮素利用率（45.7% ~ 46.2%）则高于作基肥（28.0% ~31.9%）。尿素作基肥，氮利用率低于红萍作基肥，其原因主要是水稻前期秧苗小，根系不发达，吸氮能力弱，以及土壤中硝化—反硝化和淋溶等使尿素氮遭受损失。而红萍压施入土后，是被逐渐腐解，缓慢释放，刚而氮损失少，利用率高。

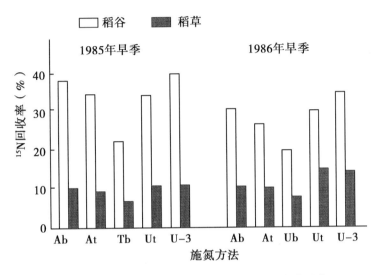

图4　不同氮源和施氮方法对早稻氮素利用率的影响

3　讨　论

　　稻田科学施氮应考虑作物生长环境的复杂性和多变性。在稻株营养器官建成的生育前期，尤其早季插秧之时，气温尚低，秧苗返青慢，吸氮能力有限，不宜过多施氮，但适量施用氮肥对稻株分蘖和成穗起着重要作用。水稻分蘖盛期之后，生育器官迅速生长，进入产量和品质形成的重要阶段，此时应保证足够的氮肥供应。近年来的研究表明[2]，水稻生育前期（移栽至分蘖期）吸氮量占总量16%，生育中期（分蘖至齐穗）约占46.8%，后期（齐穗至成熟）约占37.2%。而土壤供氮特点则是插秧后25 d，土壤矿化氮量达最大值，随后逐渐下降，到生育中期（插秧后50 d）下降至最低点[8]。所以前期少施氮，中、后期加大施氮比例则有利于水稻氮素供需调节和提高产量，且氮利用效率高。本试验稳前攻中的施肥法（U－3）能充分发挥氮肥效率。在 U－3 处理中17%作基肥，33%作分蘖肥，50%作穗肥对水稻穗粒生长效果良好。以萍代氮作稻田生物氮肥效果明显，但施红萍，稻株分蘖迟缓，结实率低。通过试验，我们认为单以红萍作稻田氮源，应在插秧前7~10 d 压施，或采用在水稻生长前期配施少量化学氮肥。这样以施红萍为主，配施少量化肥为辅的方法，可促使分蘖适时，确保有效分蘖增加。此外水稻吸氮总量中，土壤氮约占55%，肥料氮约占45%。这说明重视地力培肥是获高产、稳产的重要基础。应用生物氮肥解决供肥和养地的矛盾，提高土壤肥力，其重要意义是十分明显的。

参考文献

［1］ 李实烨，王家玉，孔万根．稻田土壤供氮性能的研究——Ⅱ．双季稻种植过程中施肥对土壤供氮性能和水稻产量的影响［J］．土壤学报，1982（01）：13－20.

［2］ 刘运武．杂交水稻氮肥施用技术的研究［J］．土壤学报，1985（4）：328－333.

［3］ Simpson J. R. , Freney J R, Wetselaar R. Transformations and losses of urea nitrogen after application to flooded rice［J］. Crop & Pasture Science, 1984, 35（2）：189－200.

［4］ 刘中柱．红萍在稻田应用的前景［J］．中国土壤与肥料，1984（06）．

［5］ Mian M H, WDP Stewart. A 15 N tracer study to compare nitrogen supply by Azolla and ammonium sulphate to IR8 rice plants grown under flooded conditions［J］. Plant & Soil, 1985, 83（3）：371－379.

［6］ 殷宏章．水稻的器官相对生长与经济产量——中期鞘叶比重与后期穗重的关系［J］．作物学报，1964（01）．

［7］ Suzuki M. Growth characteristics and dry matter production of rice plant in the warm region of Japan［J］. Japan. Agric. Research Quarterly, 17（2），1983, 98－105.

［8］ Broadbent F E. Mineralization of organic nitrogen in paddy soils［J］. Nitrogen & Rice Symposium, 1979.

【原文发表于《核农学报》，1988，2（2）：93－101，姚宇红重新整理】

红萍在稻田氮素平衡中的作用

陈炳焕　翁伯琦　唐建阳　刘中柱

（福建省农业科学院红萍研究中心，福州 350013）

摘　要：应用 ^{15}N 示踪法研究了红萍在稻田氮素平衡中的作用。红萍作基肥，当季水稻的 ^{15}N 红萍 N 素利用为 27.8%；第 2 季 5.38%；土壤残留 36.1%。红萍可排出体内 12% 以上的氮素。红萍的排氮和吸氮有助于调节稻田的氮素平衡。稻田养萍抑制藻类生长，降低 pH 值和 $NH_4^+ - N$ 浓度，减少 NH_3 挥发损失，以及减少蓝藻（颤藻）反硝化反应释放的 N_2O，提高化学肥料 ^{15}N 的回收率：它比 $^{15}N -$ 尿素不养萍处理 ^{15}N 回收率增加 4.25%，比 $^{15}N -$ 尿素追肥不养萍处理 ^{15}N 回收率增加 8.35% ~ 25.11%。

关键词：红萍；稻田；氮平衡；^{15}N 回收

1　前　言

大量施用化肥，不仅提高稻谷生产成本，而且降低了土壤肥力（赖庆旺，等，1992），甚至造成环境污染（韩纯儒，等，1993）。目前施肥研究的动向逐渐由提高肥效发展为高效农业、减少污染、保护自然环境。我们应用 ^{15}N 示踪技术，在自然条件下研究红萍的周年固氮量，排氮和吸氮，稻田养萍对减少氨的挥发与降低污染的作用，以及红萍的肥效与后效，为进一步研究稻田氮素的良性循环提供科学依据。

2　材料与方法

2.1　红萍周年固氮量试验

在田间进行。供试萍种为莆田萍（*Azolla imbricata* Putian）. 以莆田无藻萍为对照，用 IRRI 基本培养液加 $^{15}N -$ 尿素（N 浓度为 20 mg/kg，^{15}N 丰度为 10%）培养红萍，每区 1 m². 重复 4 次，为使红萍与无藻萍生长环境一致，在 (1×1) m² 的白铁框内设置 1 个 (30×30) cm² 的木质浮框，浮框内养无藻萍，浮框外养红萍，每 15 d 取样测定，按 Fried 和 Middelboe 方法计算固氮量（Fried M，V Middelboe，1977），并统计季和年固氮量。

2.2　红萍排氮与吸氮试验

在温室进行，供试品种，排氮用莆田萍，吸氮用莆田萍、莆田无藻萍和浮萍（Lemna）。

排氮试验红萍预先在 ^{15}N 丰度为 10%，N 浓度为 20 mg/kg 的 IRRI 有氮培养液中培养 1 周后，用冲洗法洗去萍表面的 ^{15}N – 尿素，然后作试验。培养容器选用直径为 30 cm，高为 12 cm 的塘瓷盆，盆内用有机玻璃板将水面分割成 4 部分，水下各部分相通。^{15}N 莆田萍和吸 ^{15}N 的 3 种萍分别放养在同一个盆的各分割水面内，以保证各种萍不混杂又能共用同一培养液（无氮 IRRI 培养液），重复 6 次。计算方法：排 ^{15}N 量 = （^{15}N 原子% 超 × 总 N）$_{排N前}$ - （^{15}N 原子% 超 × 总 N）$_{排N后}$；吸 ^{15}N 量即各种吸收 ^{15}N 萍的 ^{15}N 回收率（邢光熹，等，1978）。

2.3 稻田养萍对尿素作基肥、追肥肥效的影响

在田间进行，稻种为闽科早 1 号，萍种为卡洲萍（*Azolla caroliniana*）。^{15}N 尿素丰度为 20%，基肥 30 kgN/hm^2，追肥 30 kgN/hm^2，并用普通尿素作平衡试验，作为施肥后取水样区。每区面积 60 × 80 cm^2，重复 4 次。施肥后每天上午 10 点和下午 2 点取水样，用奈氏试剂比色法测定 NH$_4$ – N 和 NH$_3$ 的含量，用酸度计测 pH 值。水稻收割后测定稻谷、稻草及土壤的含 N 量和 ^{15}N 丰度，并计算 ^{15}N 回收率（邢光熹，等，1978）。

2.4 红萍和尿素作基肥对水稻的肥效及后效

在田间进行，早稻为闽科早 1 号；晚稻为爱红 1 号，红萍品种卡洲萍（*Azolla caroliniana*）。^{15}N – 尿素的丰度为 10%；^{15}N – 红萍用丰度为 20% 的 ^{15}N – 硫铵标记。施肥量 60 kgN/hm^2，每区 1 m^2，重复 6 次。测定早、晚稻谷、稻草的 ^{15}N 丰度，晚稻收割后测定土壤的 ^{15}N 丰度，并计算 ^{15}N 回收率（邢光熹，等，1978）。

以上样品用凯氏法分析全氮，用 Delta E 同位素质谱计测定 ^{15}N 丰度。用 Bell 方法测定 CO$_2$ 和 N$_2$O 含量。

3 结果与讨论

3.1 红萍周年固氮量

红萍是一种高效固氮生物，其周年固氮量的报道差异甚大，Becking（1979）测定羽叶萍的固氮量为 335 ~ 670 kgN/hm^2 · a，渡边岩（1985）测定 220 d 的固氮量为 330 kgN/hm^2，刘中柱（1984）测定莆田萍固氮量为 160.5 ~ 185.3 kgN/hm^2 · a。

表 1　莆田萍季节和周年固氮量

季节	春	夏	秋	冬
月份	3 ~ 5	6 ~ 8	9 ~ 11	12 ~ 2
固氮量	66.13	79.29	82.58	15.16
		243.79		

本试验（图 1）表明，莆田萍的固氮活性在春秋出现两个高峰；冬夏 2 个低谷，并与其低温和高温的月份相对应，说明高温和低温都不适于莆田萍生长和固 N$_2$。从表 1 的 4 季固氮

量看，以秋天最高，占全年固氮量的 1/3。夏季除 7 月高温外，其余月份固氮活性都比较高。全年固氮量达 243.79 kgN/hm²，相当于 1～2 hm² 水稻 1 年两季的施肥量。

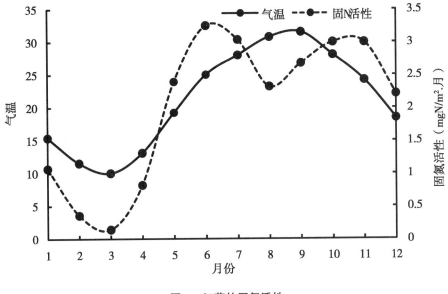

图 1　红萍的固氮活性

3.2　稻田养萍对田间氮素平衡的调控

表 2 显示，5 d 内莆田萍排出体内 ¹⁵N 的 12.8%，而非标记萍吸收排出 ¹⁵N 的 5%～6.5%。说明红萍在生长过程中能排出体内的氮素，供其他植物利用，与刘中柱等的研究结果一致（1980）。

表 2　红萍的排¹⁵N 与吸¹⁵N

处理	¹⁵N 莆田萍	吸¹⁵N Absorbed ¹⁵N		
鲜重（g）	3	1	1	1
含 N 量（%）	3.43	2.484	2.38	3.28
丰度（%）	4.166	0.376	0.378	0.39
培养 5 d 后				
鲜重（g）	2.808	1.692	1.711	1.474
含 N 量（%）	3.586	2.871	2.211	3.222
丰度（%）	3.62	0.43	0.457	0.451
排或吸¹⁵N	0.048	0.002 4	0.003 1	0.002 9
吸¹⁵N/排¹⁵N（%）		5	6.5	6.04

3.3　稻田养萍对化肥氮素挥发损失的影响

图 2、图 3 说明，养萍区 pH 值在 7～7.5，而不养萍区则高达 8.4～9.8；养萍区 NH_4^+ –

N 浓度明显低于不养萍区。早稻施肥期正是温度回升期，水中高 pH 值，高 $NH_4^+ - N$ 浓度将促进 NH_3 的挥发损失（Beauchamp EG，1983；Craswell ET，*et al*，1985）。稻田养萍能抑制藻类生长降低 pH 值和 $NH_4^+ - N$ 浓度，有效地降低了 NH_3 挥发损失。

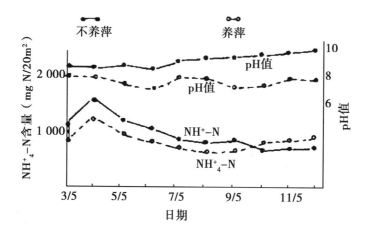

图 2　基施尿素后水层中 pH 值与 $NH_4^+ - N$ 浓度的动态变化

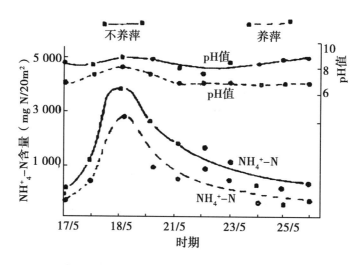

图 3　追施尿素后水层中 pH 值与 $NH_4^+ - N$ 浓度的动态变化

　　从图 4 看出，养萍区 NH_3 的峰值低于不养萍区，而且高峰期推迟了 2 d。进一步证明稻田养萍有减少氨挥发损失的效应。

　　图 5 为在 $NaNO_2$ 培养液中培养的蓝藻（颤藻，Oscillatoria vauch）。在光照和黑暗条件下 CO_2 和 N_2O 释放量的变化动态。从 CO_2 释放量的变化中可见，光照条件下 CO_2 含量日益下降，是藻类光合作用提高水中 pH 值的原因。黑暗条件下 CO_2 含量逐渐升高，36 h 后，CO_2 含量下降。测定 N_2O 的变化动态表明，蓝藻具有还原亚硝态氮的能力。而且 N_2O 浓度的变化与黑暗条件下 CO_2 浓度的变化成正相关，说明反硝化作用与藻的生长状态有关，生长势越强，反硝化作用也增强。此结果说明，光照下藻的光合作用消耗了水中的 CO_2，使水层呈碱性，促进 NH_3 的挥发损失，同时进行发反硝化反应，造成氮素的损失，释放出 N_2O 污染环

境。稻田养萍抑制了藻类的生长，既减少肥料损失又保护了环境。

3.4　稻田养萍对肥料 N 回收率的影响

从表 3 看出 ^{15}N 尿素作基肥，养萍比不养萍处理提高了稻谷、稻草对 ^{15}N – 尿素的利用。

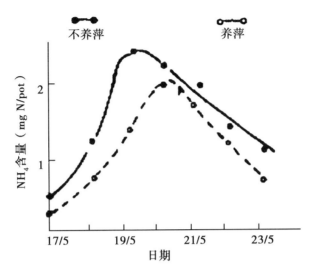

图 4　NH_3 含量的动态变化

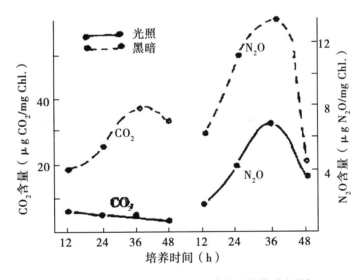

图 5　蓝藻在 20 mg/kg $NaNO_2$ 溶液中培养时光照与
黑暗对 CO_2 和 N_2O 浓度变化的影响

^{15}N 尿素回收率（75.75% 与 71.50%）提高 4.25%，尿素的损失也下降。由此可见，稻田养萍不仅没出现萍稻争肥，而且提高了肥料利用率。

^{15}N – 尿素作追肥（表 3），稻田养萍比不养萍的处理，也提高了稻谷、稻草对 ^{15}N – 尿素的利用率，^{15}N 回收率（58.10% 与 49.75%）增加 8.35%。追肥 1 周后将红萍翻入土壤中，其效果更为显著，水稻的 ^{15}N 利用率（34.76% 和 25.5%）增加 9.26%，土壤 ^{15}N 的残留

（40.1％与24.2％）增加15.9％，肥料^{15}N的损失（25.14％和50.25％）下降了25.11％。以上结果说明，稻田养萍既能提高化肥的肥效，又能增加土壤肥力。

表3　稻田养萍对^{15}N-尿素回收率的影响

处理	利用率（％）		土壤残留^{15}N（％）	回收率（％）	^{15}N损失
	谷	草			
^{15}N-尿素基肥（30 kg N/hm$_2$）					
不养萍	20.6	13.4	37.70	71.50	28.50
养萍	23.60	14.9	37.75	75.75	24.25
^{15}N-尿素追肥（30 kg N/hm^2）					
不养萍	12.65	12.90	24.20	49.75	50.25
养萍	15.43	13.38	29.30	58.10	41.90
养萍追肥后1周压萍	18.63	16.13	40.10	74.86	25.14

3.5　红萍作稻田基肥的肥效与后效

结果见表4，第1季水稻的肥料处理中，水稻对^{15}N-红萍和^{15}N-尿素的利用率（27.8％与21.3％），红萍比尿素高6.5％；第2季红萍-^{15}N的利用率为5.38％，而尿素为2.33％，红萍比尿素高出1.3倍。土壤残留^{15}N，红萍区为36.10％，尿素区为26.99％，红萍区比尿素区高9.1％。^{15}N回收率，红萍区为69.28％，尿素区为50.62％。^{15}N损失，红萍区为30.72％，而尿素区高达49.38％。红萍-^{15}N的损失比尿素-^{15}N的损失减少18.7％。

表4　水稻对^{15}N-红萍与^{15}N-尿素作基肥的^{15}N回收率

处理	第1季^{15}N利用率（％）			第2季^{15}N利用率（％）			土壤残留^{15}N（％）	^{15}N回收率（％）	^{15}N损失
	（a）	（b）	（a+b）	（c）	（d）	（c+d）			
红萍（30 kgN/hm^2）	18.6	9.2	27.8	3.78	1.51	5.38	36.10	69.28	30.72
尿素（30 kgN/hm^2）	13.4	7.9	21.3	1.42	0.91	2.33	26.99	50.62	49.38

注：a、c为稻谷，b、d为稻草

上述结果表明，红萍作稻田基肥，不管是当季水稻对红萍氮素的利用率，还是后作水稻的后效，以及在土壤中残留量都优于尿素基肥。此结果与Singh（1979）、Rains（1979），张伟光（1986）和施书莲等（1978）的报道相符合。

参考文献

高拯民.1986.土壤：植物系统污染生态研究［M］.北京：中国科学技术出版社.
韩纯儒，解宗方.1993.我国农牧系统氮素转化循环的宏观特征与生态农业［J］.中国生态农业学报，1（01）：59-68.
胡鸿钧，李尧英，魏印心，等.1980.中国淡水藻类［M］.上海：上海科学技术出版社.

赖庆旺, 李荼苟, 黄庆海. 1992. 红壤性水稻土无机肥连施与土壤结构特性的研究 [J]. 土壤学报 (02): 168-174.

刘中柱, 陈炳焕, 魏文雄, 等. 1980. 红萍排氮过程的初步探讨 [J]. 中国农业科学, 13 (04): 39-43.

刘中柱, 郑伟文. 1989. 中国满江红 [M]. 北京: 农业出版社.

刘中柱. 1984. 红萍在稻田应用的前景 [J]. 中国土壤与肥料 (06).

施书莲, 程励励, 林心雄, 等. 1978. 绿萍的增产和改土作用 [J]. 土壤学报, 15 (01): 54-60.

邢光熹, 曹亚澄. 1978. ^{15}N 质谱分析某些技术的改进 [J]. 土壤 (06).

张伟光, 翁伯琦, 唐建阳, 等. 1986. 用 ^{15}N - 示踪法研究红萍在稻田中的肥效 [J]. 福建农业科技 (5).

Beauchamp EG. 1983. Nitrogen loss from sewage sludges and manures applied to agricultural lands [M]. Springer Netherlands, 9: 181-194.

Becking JH. 1979. Environmental requirements of azolla for use in tropical rice production [M]. Nitrogen and Rice, IRRI, 345-373.

Craswell ET, SD Datta, CS Weeraratne. 1985. Fate and efficiency of nitrogen fertilizers applied to wetland rice. I. The Philippines [J]. Nutrient Cycling in Agroecosystems, 6 (1): 49-63.

Fried M, V Middelboe. 1977. Measurement of amount of nitrogen fixed by a legume crop [J]. Plant & Soil, 47 (3): 713-715.

Osamu Ito, Iwao Watanabe. 2012. Availability to Rice Plants of Nitrogen Fixed by Azolla [J]. Soil Science & Plant Nutrition, 31 (1): 91-104.

Rains DW, SN Talley. 1979. Use of azolla in North America [M]. Nitrogen & Rice Symposium.

Subudhi BPR, PK Singh. 1979. Effect of macronutrients and pH on the growth, nitrogen fixation and soluble sugar content of water fern Azolla pinnata [J]. Biologia Plantarum, 21 (21): 66-70.

【原文发表于《核农学报》, 1992, 8 (2): 97-102, 由姚宇重新整理】

淹水稻田养红萍及其固氮作用

Iwao Watanabe　翁伯琦译

（福建省农业科学院红萍研究中心，福州 350013）

应用^{15}N 稀释法的研究淹水稻田养萍对大气中 N_2 的固定作用（Ndfa）。^{15}N 标记 N 肥加到土壤 30 d 以后，羽叶萍生长在 3 季稻连作田中，其中第 1 和第 3 季是在水稻未封行前养萍，而第 2 季是在水稻封行后养殖。槐叶萍作为非固氮植物的参照物。由于 N 素从培养物中转移时不呈负数，那么所收获的植株中^{15}N 同位素组合应按 N_1（收获物中的氮量）$/N_1 - N_2$（培养物中氮）$\times^{15}$N 丰度（收获物）公式计算。由于在第 1 和第 3 季红萍生长期间槐叶萍长势不好，从培养物中转移出 N 素较多，应在槐叶萍生长失常时校正^{15}N 丰度值。所以槐叶萍不是固氮植物最佳参照物。在第 1 季，通常以兰藻作为参照物，其 Nolfa 值约为 99%。在第 2 季，红萍和槐叶萍都生长较好，其 Nolfa 值为 85%。在另一种土壤中（砂质壤土），加入^{15}N 标记氮肥，由于水稻生长，可暂时减缓有效 N 中^{15}N 丰度的变化。在测定羽叶萍、小叶萍，细绿萍固 N_2 量应选择无藻细绿萍和槐叶萍作双重参照物。如果无藻萍生长较差，也不宜作为固氮植物的参照物。不同红萍品种其各自的 Nolfa 值虽有差异，但一般都在 80% 左右。土壤 $NH_4 - N$ 中^{15}N 组合和参照物中^{15}N 组合相似，故可作非固氮参照植物的培养基质，在相同土壤中，红萍和参照物生长均不加^{15}N 标记物，依照^{15}N 自然丰度变化可测得细绿萍的 Nolfa 值约为 75%，而尼罗萍 Nolfa 则高达 96%。在日本和菲律宾稻田以及池塘中水生植物和红萍取样测定结果表明其 Nolfa 值均高于 75%。

【原文发表于《福建稻麦科技》，1992，（4）：65，由邓素芳重新整理】

稻田养萍减少化学氮肥挥发损失效果的研究

翁伯琦　唐建阳　陈炳焕　刘中柱

（福建省农业科学院红萍研究中心，福州 350013）

本文报道了尿素和红萍以不同方法配施对水稻产量、氮吸收量以及土壤中氮含量和[15]N残留率变化的影响，讨论了稻田养萍对抑制所施尿素挥发损失的机理，并简述了进一步探讨的设想。

1　前　言

稻田合理施氮，可增加产量，减少氮素损失，提高化学氮肥的利用率。长期以来，人们十分注重施氮技术的改进。深施氮肥，肥料包膜以及各种化学抑制剂的应用，对减少氮素损失均有明显的效果。但农民更感兴趣的是，如何采用成本低廉、简便易行的方法，来减少化学氮肥损失。稻田养萍，以萍体复盖水面，抑制藻类丛生，对减少氮素损失有一定效果，但目前有关这方面的试验证据与科研报道甚少。就此我们应用[15]N 示踪技术，探讨稻田养萍减少氮素挥发损失的效果，以及对水稻生长和土壤氮素变化的影响。

2　材料与方法

2.1　供试水稻品种

选用"闽科早 1 号"常规水稻为供试品种。早季稻田插秧，规格为 20 cm × 20 cm。

2.2　供试氮源与红萍标记方法

选用尿素作为化学氮源，卡洲红萍（*Azolla caroliniana*）作稻田放养萍种并作为生物氮源。红萍在小水泥池内进行标记，以丰度为 50% 的[15]N – 硫铵喂养 12 d，标记结束时，红萍体内[15]N 丰度达 5.7% ~ 6.1%。

表 1　测产大区和[15]N 同位素微区的试验处理

处理编号	内容
1	对照（不施任何氮肥，不养萍）
2	插秧后放养 200 g 鲜萍/m² ，不施氮，不压萍
3	插秧前 1 d 施 30 kg N/hm² 尿素作基肥，不养萍

处理编号	内容
4	插秧前 1 d 施 30 kg N/hm² 尿素作基肥，放养 200 g 鲜萍/m²
5	插秧前 1 d 压施 30 kg N/hm² 红萍作基肥
6	插秧 2 周后表施 30 kg N/hm² 尿素作追肥，不养萍
7	插秧后放养 200 g 鲜萍/m²，红萍放养 2 周后表施 30 kg N/hm² 尿素于水中，不压萍
8	插秧后放养 200 g 鲜萍/m²，红萍放养 2 周后表施 30 kg N/hm² 尿素于水中，红萍放养 4 周后将萍体压施入土作追肥，以后生长的红萍不压施
9	插秧前 1 d，施 60 kg N/hm² 尿素作基肥，不放养红萍

2.3 试验处理

试验分常规测产区（20 m²）和 ¹⁵N 微区（0.48 m²），分别使用普通尿素和非标记红萍以及 ¹⁵N – 尿素和 ¹⁵N – 红萍作氮源，稻田养萍均用非标记红萍。试验处理详见表 1。各区每个处理均为 4 个重复，随机区组排列。各小区磷、钾基肥用量分别为 80 kg P₂O₅/hm² 和 50 kg K₂O/hm²。磷、钾肥均在插秧前 1 d 施入田间小区，并与土壤充分混合，耙平田面后，灌水至 5 cm 深准备插秧。

2.4 供试土壤农化性质

供试小区土壤类属重质壤土，其 pH 值为 7.1，全氮含量为 0.213%，代换性 NH₄⁺ 为 30 mg/kg，阳离子交换量为 9.04 meg/100 g 土，有效磷为 62 mg/kg，有机质含量为 1.89%。

2.5 测定方法

稻株和土壤均按凯氏法测定含氮量，¹⁵N 含量用本中心的 Dalta – E 型质谱计分析。水液中 NH₄⁺ 和尿态氮测定，按以下步骤：取 90 mL 水样，加入 10 mL 含 50 μg/L 苯基汞乙缩醛的溶液，以抑制尿酶活性，尿态氮按 Bremner（1970）方法测定，NH₄⁺ 态氮按凯氏法分析。

3 结果与讨论

3.1 尿素混施作基肥后养萍与不养萍对氮素挥发损失的抑制效果

图 1 表明，尿素在插秧前 1 d 与土壤混施后淹水，养有红萍的处理区水液 pH 值，头 10 d 内一直保持在中性范围（7.0～7.5）。而不养萍处理水液则显碱性，从插秧后第 2 d 至第 11 d，其 pH 值均保持 8.0 以上（8.4～9.8）。这期间不养萍处理区内水液的 NH₄⁺ 含量明显高于养萍区，在碱性介质中，NH₄⁺ 浓度高是极易造成氨挥发损失的。¹⁵N 示踪试验结果证实了这一点（表 2）。尿素混施作基肥后，养萍与不养萍处理对氮素损失抑制效果不同，2 个处理间，¹⁵N 肥料在土壤中残留量相近，但养萍区中，稻株中 ¹⁵N 素利用率高于不养萍区。施尿素作基肥并结合养萍，与不养萍区相比氮素损失率减少近 5%，其抑制损失的效果较为

明显。

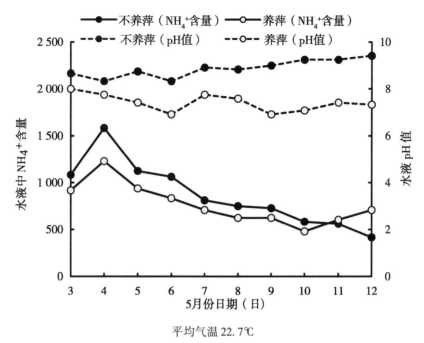

平均气温 22.7℃

图1 尿素混施作基肥后养萍与不养萍对水液 pH 值和 NH₄⁺ 含量变化的影响

表2 尿素混施作基肥后养萍与不养萍对氮素损失率的影响

处理	稻谷 N 素 利用率（%）	稻草 N 素 利用率（%）	土壤中 N 素 残留率（%）	N 素总回收率 （%）	N 素损失率 （%）
养萍	23.1	14.9	37.75	75.75	24.25
不养萍	20.6	13.4	37.50	71.50	28.50

图2表明：尿素混施作基肥后，养萍与不养萍对水液中尿态氮含量变化无明显影响，这说明田面是否养萍并不影响土壤中尿酶对尿素的分解转化。养萍区水液中 NH₄⁺ 态氮浓度低于不养萍区，其部分原因是由于红萍体吸收水中 N 素所致。据测定表明，萍体含 N 量从原有 0.264% 提高至 0.308%。

3.2 尿素表施作追肥后养萍与不养萍对氮素挥发损失的抑制效果

插秧后 2 周，表施尿素于田水中，设置养萍与不养萍处理。其试验结果表明（图 3），尿素表施作追肥后田面养萍，施尿素后 10 d 内，水液中 pH 值均保持在 7 左右。pH 值低有益于减少 N 挥发损失，NH₄⁺ 在水液中保持时间相应长一些。而不养萍处理区内，尿素表施后，水液中酸碱度呈现碱性，pH 值均保持在 8~9 范围内，加上 5 月中下旬平均气温高达 26.2℃，势必会加剧 NH₄⁺ - N 挥发损失的程度，所以水液中 NH₄⁺ 浓度明显低于养萍处理区。这说明，NH₄⁺ 挥发损失十分明显。据 [15] N 示踪结果表明（表 4）尿素表施后养萍区 [15] N 总回收率达 58.1%，比不养萍处理（48.7%）高近 10%。表施尿素后养萍与不养萍相比，残留在土壤中 [15] N 回收率高 5.1%，而稻谷和稻草中 [15] N 回收率则高 3.3%，[15] N 损失率减少 8.4%。

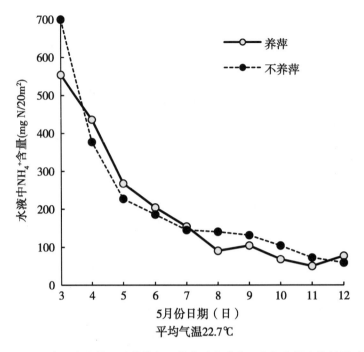

图 2 尿素混施作基肥后养萍与不养萍对水液中尿态氮含量变化的影响

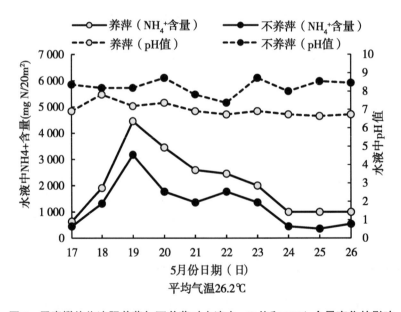

图 3 尿素撒施作追肥养萍与不养萍对水液中 pH 值和 NH₄⁺ 含量变化的影响

　　表 3 表明，尿素表施作追肥后养萍，水液中尿态氮含量下降较快，施后第 5 d 基本上就接近零。但不养萍处理区水液中尿态氮含量，头 3 d 内变化较为缓和，3 d 后就与养萍处理区相近，二者无明显差异。

表3 尿素撒施作追肥养萍与不养萍对水液中尿态氮含量变化的影响*

处理	水液中尿态氮含量（gN/20 m²）									
	17/5	18/5	19/5	20/5	21/5	22/5	23/5	24/5	25/5	26/5
不养萍	11.98	8.27	0.74	0.66	0.20	0.11	0.07	0.05	0.09	0.08
养萍	6.60	6.57	0.46	0.39	0.12	0.10	0.07	0.07	0.06	0.06

*测定取样期间平均气温26.2℃，水稻插秧后（5月1日）放养红萍200 g/m²

3.3 养萍稻田中表施尿素2周后再压施红萍对提高氮素利用率的影响

插秧后，即放养红萍，2周后，将尿素表施于田水中作追肥，再过2周，将放养的红萍压施入土。我们发现此举可较大幅度地提高^{15}N回收率。结果表明，再压萍处理稻谷和稻草中^{15}N利用率分别比养萍后不压萍处理提高3.2%和2.7%，而土壤中^{15}N残留率则提高10.8%，这主要是红萍能吸收水液中部分^{15}N肥料，然后再将其翻压入土，萍体经腐解又将吸收的^{15}N重新释放出来，其中一部分被水稻生长所吸收利用，另一部分则残留在土壤中。经计算表明：红萍再压施处理与不养萍处理相比^{15}N总回收率提高25.1%，而与施尿素养萍（不压萍）处理相比则提高16.7%，其^{15}N损失率明显下降。

表4 尿素表施作追肥后养萍与不养萍对氮素损失率的影响

处理	稻谷N素利用率（%）	稻草N素利用率（%）	土壤中N素残留率（%）	N素总回收率（%）	N素损失率（%）
养萍	15.4	13.4	29.3	58.1	41.9
不养萍	12.8	12.7	24.2	48.7	50.3

3.4 尿素与红萍不同配施方法对水稻生长以及氮素吸收的影响

表5表明：尿素作基肥时，用量提高到60 kgN/hm²，稻谷产量最高。施尿素量同为30 kgN/hm²时，作基肥使其增产效果明显优于作追肥处理。试验结果表明：施氮处理区稻草产量较相近，均显著高于不施氮的对照区。施氮量高（60 kgN/hm²），稻株氮吸收量也高，故其Ndff值可达39%，但稻株N素利用率并非最高，其仅达27.9%。施30 kgN/hm²尿素，作基肥处理，无论稻谷或是稻草的N吸收量都高于追肥处理，其Ndff值也明显增高。前者N素利用率比后者高8.5%。

表5 不同方法施用尿素对水稻产量和N吸收的影响

处理	稻谷产量（kg/hm²）	稻谷氮量（kg/hm²）	稻草产量（kg/hm²）	稻草氮量（kg/hm²）	稻株^{15}N利用率（%）	Ndff（%）
不施N	3 825	37.8	3 313	24.6	—	—
30 kgN/hm² 基肥	4 515	45.4	4 129	29.1	34	27.7
30 kgN/hm² 追肥	4 096	40.8	4 107	29.5	25.5	22.9
60 kgN/hm² 基肥	4 654	50.8	4 353	36.3	27.9	39.0

表6表明：红萍与尿素以不同方法配施对水稻增产效果影响各异。稻田养萍而不用萍，其稻谷产量与不施氮对照区相近，当季无增产意义。施尿素后，以红萍复盖水面，抑制NH_4^+损失，其增产效果和 N 吸收量都优于不养萍处理。特别值得注意的是，施尿素后养萍再压施入土，与不压萍相对比，提高 N 素利用率作用尤佳，Ndff 值从 22.2% 提高至 26.9%。红萍压施作基肥对水稻增产有明显效果，但当季 N 素利用效率不高，仅 27.3%，而且其 Ndff 值最低（见表6）。

表6 以不同方法配施红萍和尿素对水稻产量和 N 吸收的影响

处理	稻谷产量（kg/hm²）	稻谷氮量（kg/hm²）	稻草产量（kg/hm²）	稻草氮量（kg/hm²）	稻株¹⁵N利用率（%）	Ndff（%）
不施 N，养萍	3 879	40.6	3 356	25.5	—	
30 kgN/hm² 尿素作基肥，养萍	4 620	46.4	4 204	30.4	38.0	29.8
30 kgN/hm² 尿素追肥，养萍	4 165	42.8	4 134	35.4	28.8	22.2
30 kgN/hm² 尿素追肥，养萍（压萍）	4 286	44.7	4 237	34.6	34.7	26.9
30 kgN/hm² 红萍作基肥	4 446	44.2	4 287	34.4	27.3	21.9

3.5 尿素和红萍不同配施方法对不同层次土壤氮变化的影响

稻田养萍与不施 N 的对照区相比，不同层次土壤含 N 量均有一定程度提高，这与红萍固氮和排氮有关。压施红萍作基肥，土壤中 N 含量有明显提高，尤其是 10~30 cm 土层含 N 量有较大幅度的提高。由于红萍压施入土后，腐解供 N，除被植株吸收外，相当部分被土壤所固定，其¹⁵N 残留率高达 43.7%。分别施用 30.60 kgN/hm² 尿素作基肥时，由于前者 N 素施量少，故其残留在土壤中 N 素明显不及后者。鉴于稻土中 N 的淋溶作用，促使较多的 N 素自上而下的迁移。据测定表明：尿素作基肥并在田面养萍，不仅能抑制 N 素挥发损失，而且不同层次土壤 N 含量比不养萍处理均略有增加，但土壤中¹⁵N 肥料残留率极为接近。30 kgN/hm² 尿素表施作追肥，在养萍与不养萍处理中，各层次 N 含量较接近，但养萍处理区土壤中¹⁵N 残留率（29.3%）明显高于不养萍区（24.2%）。尿素表施后养萍，过 2 周后再压施红萍，各层次土壤含 N 量明显增加，且各土层中¹⁵N 肥料回收率明显提高，达 40.1%。这说明红萍能吸收一定量¹⁵N–肥料，压施红萍入土后，再腐解释放出来，这样可再次发挥施用 N 素的肥效。

表7 尿素和红萍不同配施方法对土壤中 N 素含量与去向的影响

处理	土壤含 N 量（%）			土壤中¹⁵N 残留率（%）			合计（%）
	0~10	10~20	20~30	0~10	10~20	20~30	
不施 N	0.219	0.204	0.106				
30 kgN/hm² 红萍作基肥	0.245	0.228	0.169				
30 kgN/hm² 尿素作基肥	0.246	0.264	0.164	40.2	2.2	1.3	43.7
30 kgN/hm² 尿素作基肥，养萍	0.223	0.214	0.149	33.7	3.1	0.7	37.5
30 kgN/hm² 尿素作追肥	0.238	0.244	0.155	34.5	1.3	2.0	37.8

（续表）

处理	土壤含N量（%）			土壤中^{15}N残留率（%）			合计
	0~10	10~20	20~30	0~10	10~20	20~30	（%）
30 kgN/hm² 尿素作追肥，养萍	0.234	0.216	0.145	21.1	2.6	0.5	24.2
30 kgN/hm² 尿素作追肥，养萍（后压萍）	0.255	0.236	0.158	28.2	0.6	0.5	29.3
30 kgN/hm² 红萍作基肥	0.268	0.265	0.170	32.6	4.9	2.6	40.1
60 kgN/hm² 尿素作基肥	0.257	0.223	0.151	40.5	3.3	0.2	44.0

对水稻田中氨的挥发过程及其影响因素已有人作过较为详细的讨论。氨向大气挥发是一个受生物、化学和物理因素共同影响的复杂过程。稻田中，生物体系内氨的保持，显然要受矿化-同化作用、脲酶活性以及硝化作用等因素控制。土壤pH值、缓冲能力，阳离子交换量、质地、碳酸钙含量，黏土矿物和有机质含量，土壤温度和水分状况等会影响土壤对氨（铵）的保持。一般认为，稻田中氨的挥发受控于系统中铵—氨的平衡：

吸附-NH_4^+⇌NH_4^+（溶液）⇌H^++NH_3（溶液）⇌NH_3（土壤空气）⇌NH_3（空气）。

据报道，氨挥发主要发生于施肥以后的数天内，土壤pH值高时，氨挥发损失量较大。Venture等人曾报道，pH值为8.4时，氨损失量达12 kgN/hm²，而pH值分别为7.9和7.5时，挥发损失量则分别为8和4 kgN/hm²。虞锁富等人指出，在碱性土壤中施用化学氮肥，当土壤含水量低于饱和水量时，氨挥发强度随含水量上升而加大，当土壤含水量达饱和时，氨挥发强度最大，其挥发损失量占施入量的50%以上。Martin等人曾报道．砂质土壤施尿素和硫铵70 d后，氨挥发量占施入量的14%~36%及4%~25%。秦祖平认为，氨由土壤向大气扩散过程，除受物候条件影响外，还受植被复盖的影响。我们的试验结果证实了这一点。

稻田施尿素后养萍，能起抑制N挥发损失的作用，一方面是由于萍体能吸收一部分N素，加上萍体复盖水面，能调节水温变化，尤在初夏时节能控制水温上升幅度。此外主要原因还在于，稻田复盖红萍，能吸收水液中部分由脲酶分解出的NH_4^+并再释放出来，另一方面养萍抑制蓝藻生长，降低水液由蓝绿藻吸收HCO_3^-而增高的pH值及幅度，从而减少氨挥发损失。如将复盖田面的红萍再压施入土，其效果更佳。今后需进一步探讨田面养萍抑制N素挥发损失的途径和机理，这将有助于寻求稻田抑制N素损失的简便易行的可靠方法，并加以广泛应用。

参考文献

廖先苓，徐银华，朱兆良．1982．淹水种稻条件下化肥氮的硝化—反硝化损失的初步研究［J］．土壤学报（03）：257-263．

刘元昌，徐琪．1984．江苏省太湖地区养分循环平衡状况的初步探讨［J］．生态学杂志（03）：12-16．

秦祖平，徐琪，熊毅．1988．太湖地区两种稻麦轮作制中营养元素的循环——Ⅰ．稻麦作物内养分的移出与残留 [J]. 生态学报（01）：10 – 17.

秦祖平，徐琪. 1989. 太湖地区两种稻麦轮作制中营养元素的循环：Ⅱ. 常规稻田生态系统 [J]. 生态学报（3）：245 – 42.

虞锁富. 1988. 几种土壤挠 ZN—CA 交换平衡 [J]. 土壤学报，25（3）.

Martin JP，HD Chapman，JP Martin，*et al*. 1951. Volatilization of Ammonia From Surface – Fertilized Soils [J]. Soil Science，71（71）：25 – 34.

Ventura WB，T Yoshida. 1977. Ammonia volatilization from a flooded tropical soil [J]. Plant & Soil，46（3）：521 – 531.

【原文发表于《核农学报》，1989，10（4）：172 – 177，由姚宇红重新整理】

提高稻田尿素氮利用率若干方法与机理探讨

唐建阳[1] 翁伯琦[2] 何 萍[2] 林永辉[2] 陈炳焕[2]

(1. 福建省农业科学院土壤肥料研究所，福州 350013

2. 福建省农业科学院红萍研究中心，福州 350013)

摘 要：应用 ^{15}N 示踪技术，研究了稻田使用脲酶抑制剂（BTPT）、硝化抑制剂（EP）及养萍对尿素氮肥效的影响。试验结果表明，稻田使用 BTPT 和 EP 均提高了氮素利用率及水稻产量，BTPT、EP 和 BTPT + EP 处理的 ^{15}N 回收率分别为 17.4%、17.8% 和 18.0%，与不用抑制剂的对照相比，分别提高 3.1、3.5 和 3.7 个百分点；水稻产量分别为 5 300、5 150 和 5 450 kg/hm^2，比对照分别提高了 11.8%、8.7% 和 15.0%。稻田养萍可以抑制氨的挥发，减少尿素氮的损失；养萍及养萍后翻压两种处理的 ^{15}N 回收率分别为 28.8% 和 34.7%，比不养萍的对照分别提高了 3.3 和 9.2 个百分点；土壤 ^{15}N 残留率分别为 29.3% 和 40.1%，比不养萍的对照分别提高了 5.1 和 15.9 个百分点。养萍对当季水稻产量增加效果不大，而养萍后翻压对当季水稻产量可提高近 5%。

关键词：尿素；抑制剂；稻田养萍；^{15}N 回收率

尿素是目前水稻生产中用量最大的氮肥之一[1-2]，但传统的施用方法可导致氮素的损失达一半以上，既浪费肥料又污染环境[3-4]。为了减少尿素氮的损失，许多研究者采用了分期施肥、尿素深施、尿素包衣等措施[4-6]，对减少氮素损失有一定的效果。但是，由于稻田微生物活动也是造成氮素损失的重要因素之一，仅靠改进氮肥造型及施肥方法还不能完全解除由此产生的氮素损失。国际上始终重视对各种化学抑制剂和生物抑制剂的研究，以图通过抑制微生物及其酶的活性达到减少氮素损失的目的[7-10]，而国内有关的报道尚较少[11-13]。为此应用 ^{15}N 示踪技术，探讨了稻田使用抑制剂和养萍对尿素氮肥效的影响，以期为指导稻田合理施肥，提高尿素氮利用率提供科学依据。

1 材料与方法

1.1 供试材料

水稻品种：圭630；稻秧栽插距离：20 cm×20 cm；氮肥：国产尿素；抑制剂：脲酶抑制剂 N–（n–butyl）thiophosphoric triamide（简称 BTPT）和硝化抑制剂 2–cthymyl pyrudinc（简称 EP）；红萍：卡洲萍。

1.2　试验设计

试验在福州郊区基点试验田进行。试验设^{15}N微区（0.48 m^2）和测产区（20 m^2），分别使用^{15}N标记尿素和普通尿素为氮源。抑制剂对尿素氮肥效的影响设4个处理：①对照（CK$_1$）；②施BTPT 2.34 kg/hm^2；③施EP7.81 kg/hm^2；④施BTPT + EP。所有处理均施N 58 kg/hm^2。稻田养萍对尿素氮肥效的影响设3个处理：①对照，不养萍（CK$_2$）；②养萍；⑧养萍并翻压作绿肥。各处理均施N 30 kg/hm^2，2个养萍处理各放鲜萍量为200 g/m^2。各个试验均重复3次。抑制剂试验，尿素于插秧后表施，BTPT于施尿素后第2、4、6 d分3次施用，EP于施尿素后第0、3、6 d分3次施用；养萍试验，红萍在插秧后放养，尿素于插秧后2周表施，萍体在红萍放养4周后翻压。

1.3　测定方法

稻株和土壤和含氮量均采用凯氏法测定，^{15}N用Delta – E气体同位素质谱仪测定；水层中铵态氮和尿素氮的测定：取90 mL水样加入10 mL含50u g/L苯基汞乙缩醛的溶液，以抑制脲酶活性，尿素氮按Bremner（1970）方法测定，铵态氮用氨电极测定，N$_2$O用气相色谱仪测定。^{15}N回收率用下列公武计算：

$$\text{N 回收率}\% = \frac{\text{样品}^{15}\text{N 原子百分超}\% \times \text{样品全氮量（kg/hm}^2)}{\text{肥料}^{15}\text{N 原子百分超}\% \times \text{施氮量（kg/hm}^2)}$$

2　结果与分析

2.1　抑制剂与养萍对水层中尿素氮和铵态氮含量的影响

尿素施入稻田后，氮素的损失与去向主要决定于水层中氨的浓度、温度、pH值条件和微生物活动等因素。测定结果表明，稻田施用BTPT后，水层中尿素氮浓度比不施BTPT的处理高（图1），说明BTPT抑制了稻田中脲酶对尿素的分解，延缓了尿素氮向铵态氮转化的速率，从而减少了尿素转化为铵所造成的氨挥发损失，脲酶抑制剂起着延长尿素肥效的作用。稻田养萍的处理，其水层中尿素氮的浓度低于不养萍处理（图2），说明红萍不具备抑制脲酶的功能，但它有很强的吸收能力。红萍在80 mg/kg尿素水溶液中培养8 d后，鲜萍体含氮量从1.79%提高到4.38%，所以稻田养萍降低了水层中尿素浓度，氮素富集于萍体内，减少了游离氮的浓度，起到了生物固定氮的作用。

施用脲酶抑制剂BTPT和BTPT + EP的两种处理中，水层铵态氮含量明显低于施硝化抑制剂的EP处理和对照处理（图3），同时，pH值也略低于EP和对照两种处理（pH值相差0.15、0.23）；较低的铵浓度和pH值，有利于减少氨的挥发损失。测定结果还表明，在养萍处理的水层中铵态氮浓度高于不养萍的对照处理，而pH值明显低于对照处理。养萍处理在施尿素后10 d内，pH值均保持在7左右，而对照处理pH值在8～9。在平均气温为26.2℃条件下，对照处理由于受到高pH值及高温的综合影响，促进了氮的挥发损失，从而造成水层中铵态氮浓度的迅速下降（图4）。

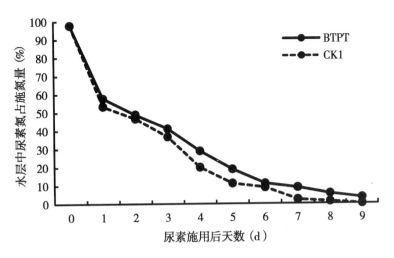

图1 施用 BTPT 对水层中尿素氮含量变化的影响

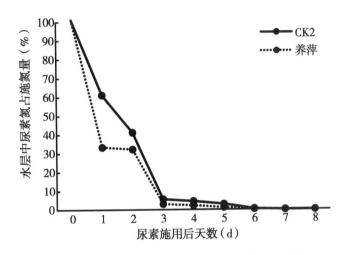

图2 养萍与不养萍对水层中尿素氮含量变化的影响

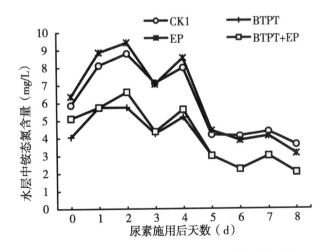

图3 施不同抑制剂对水层中铵态氮含量变化的影响

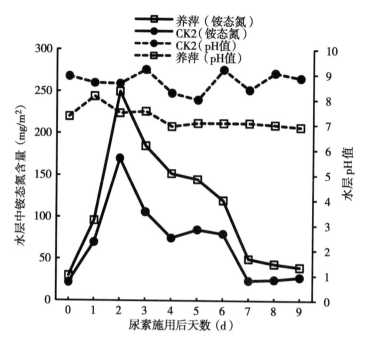

图 4　养萍对水层 pH 值和铵态氮含量变化的影响

2.2　施用抑制剂及养萍对尿素^{15}N 回收率的影响

　　稻田施用脲酶抑制剂 BTPT 和硝化抑制剂 EP 均提高了尿素^{15}N 的回收率。两种抑制剂相比，BTPT 的效果优于 EP，而 EP 和 BTPT 混施的效果最好。不同处理的水稻对尿素^{15}N 的回收率比对照提高了 3.1～3.7 个百分点，土壤^{15}N 残留率提高了 3.7～5.9 个百分点，其顺序为 BTPI + EP > BTPT > EP > CKl（表 1）。

表 1　尿素和 2 种抑制剂不同配施对^{15}N 回收率的影响

处理	稻株^{15}N 回收率（%）			增减量	土壤^{15}N 残留率（%）	增减量
	稻谷	稻草	合计			
CK1	9.2	5.1	14.3	—	31.4	—
BTPT	9.5	7.9	17.4	+3.1	37.1	+5.7
EP	10.2	7.6	17.8	+3.5	35.1	+3.7
BTPT + EP	10.9	7.1	18.0	+3.7	37.8	+5.9

表 2　尿素和红萍不同配施对^{15}N 回收率的影响

处理	稻株^{15}N 回收率（%）	增减量	土壤^{15}N 残留率（%）	增减量
CK2	25.5	0	24.2	0
养萍	28.8	+3.3	29.3	+5.1
养萍、压萍	34.7	+9.2	40.1	+15.9

表2看出，稻田养萍处理稻株[15]N回收率比不养萍的提高了3.3个百分点，土壤[15]N残留率提高了5.1个百分点，稻田养萍并施入土中的处理，[15]N回收率提高的幅度更大，其稻株[15]N回收率比不养萍的对照提高了9.2个百分点，土壤[15]N残留率提高了15.9个百分点。以上结果表明，把红萍压入土中，随着萍体的腐解，原富集于萍体内的[15]N又释放出来，其中一部分提供给水稻吸收利用，另一部分保留在土壤中。因此养萍后翻压的处理比单纯养萍的处理更能提高尿素氮的回收率。

分别测定土壤各层次[15]N残留率表明（表3）养萍能提高土壤表层的[15]N残留率，与不养萍相比提高了7.1个百分点，但对深层的[15]N残留率无提高甚至有所降低，这是因为萍根和腐烂的萍体沉积在表土的结果。养萍四周后将红萍压入土壤，不仅能提高表层土壤的[15]N残留率，同时也提高了深层的[15]N残留率。与不养萍相比，10 cm土层内[15]N残留率提高了11.5个百分点，10~20 cm土层提高了2.3个百分点，20~30 cm土层提高了2.1个百分点。由此可见，稻田养萍尤其将红萍压施作追肥可作为提高稻田尿素氮利用率的一项有效措施。

表3　尿素和红萍不同配施对不同土层[15]N残留率的影响

处理	土层						合计	
	0~10 cm		10~20 cm		20~30 cm			
	%	±	%	±	%	±	%	±
CK2	21.1	0	2.6	0	0.5	0	24.2	0
养萍	28.2	+7.1	0.6	-2.0	0.5	0	29.3	+5.1
养萍、压萍	32.6	+11.6	4.9	+2.3	2.6	+2.1	40.1	+15.9

表4　尿素和抑制剂、红萍的不同配施对水稻产量的影响

处理	稻谷产量（kg/hm²）	±%	稻草产量（kg/hm²）	±%
CK1	4 740	0	4 420	0
BTPT	5 300	+11.8	5 000	+13.1
EP	5 150	+8.7	4 720	+6.8
BTPT+EP	5 450	+15.0	5 100	+15.4
CK2	4 096	0	4 107	0
养萍	4 165	+1.7	4 137	+0.7
养萍、压萍	4 286	+4.6	4 237	+3.2

水田的硝化与反硝化作用是引起尿素氮素损失的另一个原因，而N_2O的释放量又是水田反硝化的重要指标。图5可见，施尿素5 d后开始释放N_2O，10 d达最高峰，15 d后接近本底，这说明了尿素施用后通过硝化和反硝化作用进行氮的转化，并以氮的氧化物及氮气形式挥发损失掉。从图5还可看出，N_2O的高峰期正是夜间CO_2的高峰，白天CO_2的低谷，说明水田反硝化与光合生物有关。

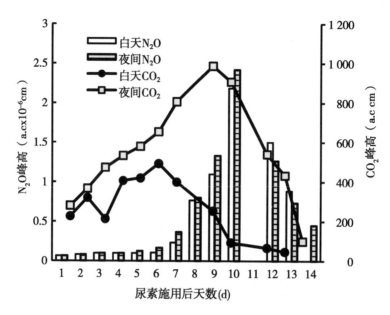

图 5　施用尿素后水田释放 N_2O 和 CO_2 的变化动态

2.3　施用抑制剂和养萍对水稻产量的影响

　　水稻产量是衡量稻田施用抑制剂或养萍对减少尿素氮损失的一个重要指标。表 4 表明，配施二种抑制剂均对水稻有增产效果，其顺序为 BTPT + EP > BTPI > EP > 对照。效果最好的 BTPT + EP 处理，增产达 15%，产量结果与 ^{15}N 回收率吻合。本试验还看出，稻田养萍对当季水稻产量增产效果不大，养萍后压施红萍，其稻谷产量比不养萍的对照增产 4.6%。虽然稻田养萍和养萍后压萍对当季水稻产量影响不明显，但它们对提高土壤肥力、改良土壤和为后作提供养分上的作用是明显的。

3　讨　论

　　已有不少关于稻田撒施尿素引起氮素利用率降低和氮素损失的报道。稻田采用撒施尿素造成氮素大量损失的主要原因是氨挥发和反硝化作用。尿素施入稻田后迅速在土壤表面水解，因而与水层中铵态氮浓度升高直接相关。使用脲酶抑制剂能抑制施入稻田中尿素向氨的转化，国外已有报道，我们的试验结果也证明了这一点。据报道，某些脲酶抑制剂能提高氮素利用率及水稻产量，某些则不能；就是同种抑制剂有时有效有时却无效。认为施用脲酶抑制剂所保存的氨会被硝化和通过反硝化作用而造成损失，因此，使用一种脲酶抑制剂或硝化抑制剂不一定能减少氮素损失和提高稻谷产量；而使用脲酶抑制剂和硝化抑制剂的混合物也许能达到这些目标[7、8]。从我们的试验结果看，单一使用一种抑制剂或混合使用，均能提高氮素利用率及稻谷产量，而效果最好的是脲酶抑制剂（BTPT）和硝化抑制剂（EP）的混合使用。稻田施用 EP 并不改变水层铵态氮的浓度，不影响氨挥发损失，但却能提高尿素 ^{15}N 的回收率，这是由于它抑制了氨态氮的氧化从而减少反硝化的反应物，降低了硝化与反硝化所引起的氮素损失。

稻田养萍，能抑制氨的挥发损失。在养萍与不养萍两个处理中，养萍区水层中铵态氮浓度比不养萍的高；从表观现象看，氮素损失应该是养萍＞不养萍，但实际上养萍处理的^{15}N回收率比不养萍的增高3.3个百分点。这主要是不养萍区稻田水体中pH值高（pH值＝8～9），呈碱性，从而促进氨的挥发，使氮素损失大；而养萍区由于红萍覆盖水面，水中没有足够的光线，光合生物很难生存，由此抑制了藻类的生长，保持了HCO_3^-的浓度，从而降低水体中pH值，pH值低有利于铵态氮保存在水中，减少氨的挥发损失。因此，稻田养萍水层铵态氮浓度比不养萍的高，^{15}N回收率也高。稻田养萍除了能减少氨的挥发外，还能减少藻类繁殖造成的反硝化所产生的N_2O，N_2O是为害环境的有害气体，挥发的N_2O能与大气臭氧层中的臭氧发生氧化反应，从而引起臭氧层的破坏。因此稻田养萍也能抑制肥料氮的反硝化作用，这是环保的一项重要措施。

纵观稻田使用抑制剂和养萍的水层中铵态氮浓度，前者低于对照区，后者高于对照区，从表观现象看似不同，但在减少氨的挥发损失中所起的作用是相同的。用不同抑制剂，水层中pH值很相近（pH值仅相差0.15、0.23），氨的挥发损失主要决定于水体中铵态氮的浓度，抑制剂降低了铵态氮浓度，有利于降低氨的挥发损失。而养萍与不养萍、pH值差异很大，稻田养萍降低了水层pH值，从而减少氨的挥发，使水层中能保留较高的铵态氮。

参考文献

［1］ 林葆，等. 五十年来中国化肥肥效的演变和平衡施肥［C］. 国际平衡施肥学术讨论会论文集，1990，43－51.

［2］ Stangel Pj. Nitrogen requirement and adequacy of supply for rice production［M］. In：Nitrogen and Rice，1979，45－69.

［3］ 张丙一. 氮素化肥污染及其解决途径综述［J］. 河北农业生态，1988，2：50－52.

［4］ 陈炳焕，任祖淦，翁伯琦，等. 肥料氮在稻田中的去向［J］. 福建农业科技，1986（3）.

［5］ 周礼恺. 土壤酶学［M］. 北京：科学出版社，1987，248－254.

［6］ 刘中柱. 中国球肥深施技术的发展［J］. 土肥建设，1982，4：1－35.

［7］ Fillery IRP，Datta SKD. Ammonia Volatilization from Nitrogen Sources Applied to Rice Fields：I. Methodology，Ammonia Fluxes，and Nitrogen15 Loss1［M］. Soil Science Society of America Journal，1986，50（1）：80－86.

［8］ Simpson JR，JR Freney，WA Muirhead，*et al.* Effects of phenylphosphorodiamidate and dicyandiamide on nitrogen loss from flooded rice［M］. Soil Science Society of America Journal，1985，49（6）：1426－1431.

［9］ Prasad R，SKD Datta. Increasing fertilizer nitrogen efficiency in wetland rice［M］. Nitrogen & Rice Symposium，1979.

［10］ Brandon DM，FE Wilson，Leonards WJ，*et al.* The effect of nitrification inhibitors and sulfur－coated urea on nitrogen fertilizer efficiency in drill－seeded Labelle rice［M］. Annual Progress Report Louisiana Rice Experime.，1980.

[11]　关松荫. 土壤脲酶抑制剂应用效果的研究 [J]. 土壤通报, 1985 (5).

[12]　赵晓燕. 土壤脲酶抑制剂研究进展 [J]. 土壤学进展, 1988 (5).

[13]　彭根元, 王福钧, 吴肖菊, 等. 应用^{15}N 研究液氨及硝化抑制剂对水稻的增产作用 [J]. 中国农业大学学报, 1984, 11 (02): 183 - 188.

【原文发表于《植物营养与肥料学报》, 1998, 4 (3): 242 - 248, 由姚宇红重新整理】

生物钾肥的应用及其对水稻生长的有效性

翁伯琦

（福建省农业科学院红萍研究中心，福州 350013）

摘 要：本文阐述了近年生物钾肥寻求和应用的简况。分析了稻草回田的供钾特点、施用方法和钾素肥效，概述了水花生、水浮莲、红萍等水生绿肥的富钾能力和特点，以及生物钾肥对水稻生长的有效性，比较了几种生物钾肥的施用方法及其供钾效益。本文对生物钾肥开发与应用提出看法和建议，并讨论了今后寻求富钾植物的潜力和可能的途径。

钾是决定作物产量的重要元素之一。当前由于高产作物品种的广泛推广，氮肥施用水平的普遍提高，以及钾对改良农产品品质的重要作用，促使钾肥需求量倍增。缺钾不利于作物生长的严重性已引起人们的密切关注。据统计，全世界钾矿藏约为 500 亿 t，但分布很不均匀。苏联和加拿大就分别占 48% 和 36%。广大发展中国家多为严重的缺钾国（谢建昌，1981）。我国钾肥资源贫乏，1984 年仅年产 2.89 万 t k_2O，远不能满足农业生产的需求。当前我国氮磷钾适宜的施用比例应该是 1：0.7：0.2，而实际施肥比例仅为 1：0.28：0.001（翁伯琦，1982）。更令人注意的是，我国南方严重缺钾农田约为 $9.3 \times 10^7 hm^2$，而全国还有 $13.3 \times 10^7 hm^2$ 农田在不同程度上缺钾（中国农科院土肥所化肥试验网组，1983）。钾源不足，供不应求，比例失调，氮多钾少，势必严重影响经济合理施肥和农作物稳产高产（谢建昌，等，1979）。极力倡导生物钾肥的寻求与应用，其目的在于为发展农业生产开拓新的钾源。大量的实践业已证明，广泛寻求和选育富钾能力强、适应性广的绿肥植物的可能性。许多的试验结果表明，稻田应用生物钾肥是一条尚可缓和钾肥不足的重要途径。

1 稻草回田方法，供钾特点与效果

稻草回田用作有机肥已有悠久的历史。稻草与其他秸秆相比，其含钾量甚高。据测定稻草含钾量达 1.80%，而氮、磷含量则分别仅为 0.57%、0.14%。人们曾研究表明，7 月中旬季节稻草回田 10 d 后，其腐解率约达 35%，20 d 后可达 50% 以上。稻草腐解后释放出的养分，能适应水稻早期旺盛生长的需要。据测定表明，每亩施 250 kg 干稻草或 11.5 kg 氯化钾，稻谷亩产分别为 385.7 kg 和 380.5 kg。稻株含钾量分别是 1.97% 和 1.72%，土壤速效钾含量（0~5 cm）依次为 47.4 kg 和 40.7 mg/kg，田水中速效钾浓度分别是 2.63 mg/kg 和 2.45 mg/kg。由此证明，稻草回田其所含钾素能及时释放并可较好的为水稻生长提供钾源。稻草钾素田间肥效验证表明，在灰泥田上连续两年施用稻草（鲜草 300 kg/年·亩）和施等钾量化肥（5.15 kg/年·亩）与对照区比较，4 季水稻平均亩产分别是 453.3 kg 和 408.6 kg，分别比对照增产 40.7% 和 31.7%，其肥效与化学钾肥相当。

当然，秸秆回田作肥料不仅有钾肥效果，而且还能增加土壤有机质，提高土壤活性胡敏酸物质。秸秆回田 1~2 年，土壤有机质一般能增加 0.03%~0.05%（张登辉，等，1983）。稻草回田 150 d 后测定表明，土壤水解氮高于对照区 44.1 mg/kg，有效磷含量提高 4~6 mg/kg（WK Oh，1979）。林辉（1983）试验结果表明，连续 3 年稻草回田作肥源，土壤速效钾含量由 107 mg/kg 提高至 255 mg/kg。连续施用稻草作有机肥，能加速土壤生物小循环，促进土壤活化。稻草回田入土腐解后变为有机质，进而增添了原有土壤的能量，提高了土壤的潜在生产力。

稻草回田方法不同，其对水稻生长的钾素肥效各异（林辉，1983），干草或鲜草回田，其钾素释放与供钾效果相近。黄瑞平等人研究资料表明，稻草条施或撒施其效果略有差异，平铺条施与切段撒施稻草处理，有效穗分别是 26.0 和 27.9 条/丛，而亩产则分别是 285.7 kg 和 286.9 kg。明溪农科所试验资料表明，在山区稻田，稻草配施石灰后钾素效果甚好，可增加土壤钙素，提高土壤盐基饱和度，对翻浆、黏糊的田土，可促进土壤胶体凝絮和加速有机物分解。亩施 750 kg 鲜稻草和 750 kg 鲜稻草配施 40 kg 石灰，其稻谷亩产分别是 424 kg 和 445 kg，稻株含钾量（成熟期）分别是 1.97% 和 1.82%。

引人关注的是，随着乡镇企业发展和食用菌行业开发，稻草创汇项目甚多，稻草回田作肥料传统施用法面临着新的挑战。寻求新的生物钾源已势在必行。

2 "三水"绿肥富钾能力及其对水稻生长的有效性

胡笃敬（1980）、樊发聪等（1983）和袁从祎等（1983）曾对水花生（空心莲子草）、水葫芦、水浮莲（简称"三水"）绿肥的富钾能力进行一系列探讨，并提出用其作为生物钾肥的设想（胡笃敬，等，1980；湖南农学院植物生理教研室，1980；彭克勤，等，1986；江苏农科院农田生态室，1982；樊发聪，等，1983；袁从祎，等，1983）。水葫芦和水浮莲均属水生植物，水花生属沼生植物，为苋科莲子草属的常见多年生草本植物。樊发聪等人曾报道水花生、水浮莲和水葫芦吸钾能力分别为 1.30、1.70 和 1.15 mg/株·d。以每亩水面周年养殖水葫芦，每亩可收水葫芦干叶 799.1 kg，干根 220.7 kg，二者合计全年可回收氧化钾 52.1 kg，折合硫酸钾 96.5 kg。通过 140~150 d 放养后，每亩水面可产水浮莲干叶 607.3 kg，干根 502.1 kg，就此可回收氧化钾 51.2 kg，相当于硫酸钾 94.6 kg。水花生生物产量甚高，周年养殖所收获的水花生折合干茎叶 1583 kg，干根 131.1 kg，就此可回收氧化钾 101.3 kg，折合硫酸钾 187.3 kg。彭克勤等人（1986）曾报道水花生 K^+ 吸收动力学研究结果，经水溶液培养 120~180 d 的水花生的最大吸钾速率为 1.8~2.1 微摩尔/g 鲜重·h，外液钾浓度低于 0.2 微摩尔，该植物还能在土—水自然环境系统中较快地富集钾素。体系中不同离子存在对植株吸收钾能力影响各异。NH_4^+ 浓度在 100 微摩尔以上对钾吸收有显著抑制效应，而 Na^+ 浓度则需大于 500 微摩尔以上才会对 K^+ 吸收有显著影响。

据测定，"三水"植物的干物质中含钾量比一般豆科冬季绿肥高一倍多，甚至还明显高于稻草、麦秆。每亩水面放养"三水"所回收的钾素是大田作物消耗钾量的 1.2~11.0 倍。我国稻区水域辽阔，据资料表明，仅江苏里下河地区水域面积达 356 万亩，可利用水面为

100 万亩，占耕地面积 11.2%，水域中平均钾浓度为 3.1～4.6 mg/kg，最高可达 9.8～12.1 mg/kg。可见大力养用"三水"并合理加工，对充分利用水面，开辟生物钾源有重大意义。

表1　"三水"绿肥叶根比例以及含钾量

植物	占全株鲜重百分率（%）		干物质比率（%）		含钾量（%）		全株平均含钾量（K₂O）（%）
	叶	根	叶	根	干叶	干根	
水浮莲	58.6	41.4	4.71	5.50	6.19	2.70	4.60
水葫芦	80.9	19.1	5.30	6.20	5.81	2.60	5.11
水花生	94.6	5.4	6.57	9.03	6.20	2.88	5.91

（樊发聪 1983）

表2　"三水"绿肥植物中养分积累量和稻草养分积累量比较

植物	N（%）			P_2O_5（%）			K_2O（%）			养分累积量（kg/亩）		
	茎叶	根	泥	茎叶	根	泥	茎叶	根	泥	N	P_2O_5	K_2O
水葫芦	2.71	1.71	0.73	0.404	0.247	0.320	6.12	2.49	0.96	49.3	8.8	102.0
水浮莲	2.54	2.06	1.12	0.423	0.392	0.375	5.02	3.03	0.96	42.1	8.2	77.3
水花生	2.61	1.41	0.70	0.255	0.411	0.412	4.86	1.51	0.60	29.9	2.7	63.0
稻草	1.06	1.25	—	0.30	0.40	—	1.90	0.32	—	13.0	4.5	10.0

（袁从祎等 1983）

李俭安（1986）报道，应用水花生作稻田生物钾肥，每亩稻谷产量达 376.3 kg，而施用等钾量氯化钾和稻草处理，稻谷平均亩产分别为 347.7 kg 和 347.4 kg。前者比后二者分别增产 28.6% 和 28.9%。施等钾量氯化钾、稻草、水花生处理，株高分别为 29.91、89.65、95.15 cm，亩有效穗依次为 21.03 万、19.95 万、21.28 万株，每穗总粒数分别为 107.4、107.5、117.3，每穗实粒数则依次为 80.2、82.14、91.89 粒；千粒重分别为 28.87、28.88、29.13 g。可见水花生肥分效益优于稻草回田，且与等钾量化肥相近。李克明等人详细研究并报道（1986），晚稻田施用水花生，与对照区相比，亩增产稻谷 70 kg，增产率为 19.84%。增产的主要原因是：①促进水稻对 N、P、K 的吸收，在水稻分蘖期内，稻株对 N、P、K 的吸收，施生物钾肥的处理分别高于对照区 20%、30%、40%。②改善了水稻的光合性能，施生物钾肥区水稻最大叶面积系数（孕穗期）比对照区大 1.8 左右，达 6.67，在成熟期亩有效穗比对照多 4.4 万穗。齐穗及齐穗后 20 d 内，光合能力比对照高 62.78%，而此期的呼吸代谢水平并不高，呼吸强度为 1.340 mg/m²·h，与对照相近。③增强水稻根系活力和籽粒灌浆能力。齐穗后 20 d 内，施水花生的水稻根系活力平均高于对照 2 倍以上，籽粒灌浆能力高 5 000 以上。④与对照相比，施生物钾肥区的水稻，硝酸还原酶高 2 倍左右，转化酶活性高 2/3 以上。另外，施生物钾肥处理土壤，水稻各时期含钾量明显高于对照。

施用方法不同，肥效各异（李俭安，1986）。早稻田套养水浮莲做晚稻基肥，平均每亩增产稻谷 31.6 kg，增长率为 12.9%，在晚稻田套养作本田追肥利用，平均每亩增产 27.5 kg，增产率 9.9%，以基肥和追肥连用，平均每亩增产 52 kg，增产率为 20.6%。永花生割鲜，添加少量碳铵堆沤后使用较为合理，其效果优于直接施用鲜草和干草处理。在有沼气设施条件下，鲜草先用作沼气原料，然后使用沼气肥，是一种好的利用途径。通过实践，人们认识到，推广"三水"作生物钾肥的一个主要障碍是打捞鲜草劳动强度大，今后要考虑创造一些切实可用的打捞工具，以降低劳动强度，提高生产效率。

3 红萍富钾及其对水稻生长的供钾效果

刘中柱（1982，1984，1986a；1986b）等在研究红萍固氮时，发现红萍对水体中钾有较强的吸收和富集能力，并于1979—1985年先后探讨了红萍富钾生理，详细研究了红萍在水一土系统中吸钾特点，反复验证萍体钾素对水稻生长的有效性，建立了稻田应用红萍钾素的生产技术，开拓了红萍肥田新途径。

3.1 红萍对水体中钾的吸收特点

试验表明，红萍有强烈的从水中富集微量钾的能力，在培养液中红萍吸收钾高峰在0.85 mg/kg左右。

从整个吸钾率动态分析，红萍对外液钾吸收的规律是，在0.1~5 mg/kg浓度区间呈一陡峭的二次函数曲线上升，回归方程为 $y = -5.074 + 174.69X - 102.299X^2$，$r^2 = 0.9495^{**}$。其峰值为0.85 mg/kg，似可把该点视为红萍需钾的生理临界点。

而水稻吸收动态曲线基本上与红萍相似，这和倪晋山、樊明宪分别报道的结果相近（倪晋山，等，1984；樊明宪，1986）。但在数量级上则有明显的差异。其吸钾率高峰是在8 mg/kg左右，水稻生理需钾临界值比红萍高10倍。当溶液含钾量降至1.05 mg/kg左右，吸钾能力接近于零。根据测定，稻田灌溉水含钾量一般为1~5 mg/kg，这样稀薄的钾，水稻难以直接利用，但红萍均可很快将它富集起来，一旦翻压入土，可以迅速腐解释放供水稻吸收利用。

3.2 红萍钾对水稻生产的有效性

红萍作为稻田钾源，其肥效与等数量的化肥钾相近，而且供钾迅速。红萍腐解后主要呈土壤缓效钾及土壤速效钾形式存在（图2），水液中速效钾没有明显增加（图3），所以流失、淋溶损失少，并能适应水稻各时期生长吸钾的需要，故稻株含钾量高于其他钾源处理（图4），从而提高萍体钾素的利用率。但由于萍体中氮素释放速度较慢，当季利用率较低。故采用70%红萍+30% N、K肥+P肥施用方法，则可明显改善水稻生长前期氮的供应，更好的发挥红萍供钾效果。经全省大面积中试表明，以萍代钾其早稻产量每亩达375 kg，晚稻亩产达364 kg，稻株含钾量为2.12%~2.24%，而施等量化学钾肥处理，其早、晚稻亩产量和稻株含钾量相应为355 kg、363 kg和1.77%。在黄泥田上施红萍作钾源，其增产效果优于青格灰泥田和平原的灰泥田。

3.3 红萍在土一水系统中富集钾的特点及钾的来源

稻田水层较浅，而整个体系呈水—土体系。在这一系统中钾是处于一种动态平衡状况。当红萍浮生水面，吸收水中钾时，对土壤中钾有什么影响呢？即萍体钾有多少来自水？多少来自土壤呢？刘中柱等人常规试验结果表明，当外液钾浓度为6 mg/kg时，养萍和不养萍处

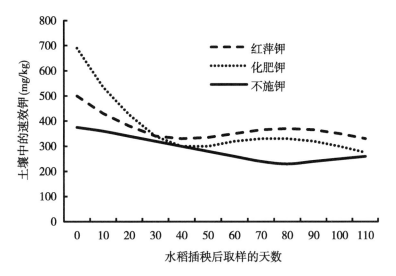

图1　盆栽水稻土壤中缓效钾的动态变化

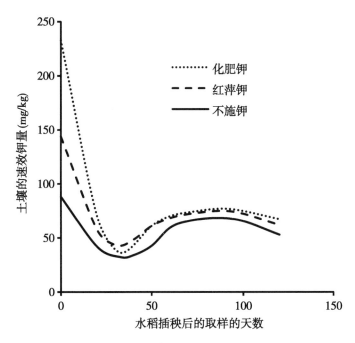

图2　盆栽水稻红萍供钾土壤速效钾动态变化

理的土壤中全钾、缓效钾和速效钾含量均无显著差异。而外液钾浓度保持 2 mg/kg 时，土壤中三态钾也无显著差异。从萍体含钾量分析，无论有土或无土栽培，萍体含钾量在生长的各个时期均非常接近。经回归分析表明，同在低浓度条件下（2～6 mg/kgK₂O），有土、无土处理的二条萍体含钾动态曲线几乎重叠。经 t 值测定，二者间无本质差异。这些结果说明了红萍所富集的钾主要来自水体。张钟先（1986）等应用[86]Rb 示踪结果表明，在养萍条件下，溶液中钾浓度保持 2～3 mg/kg，土壤渗透钾与释放钾的比率为 1：（1.11～1.24）。经 15 d 示踪培养后测定表明：红萍所富集的钾，其中仅 7% 来自土壤，而 93% 的钾素则来自水体。

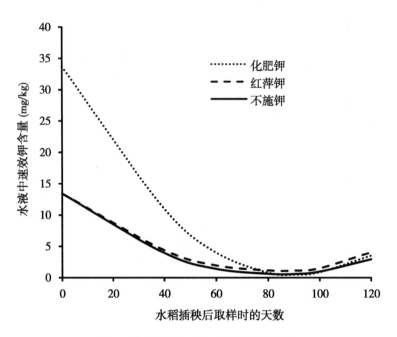

图 3　盆栽水稻水液中速钾的动态变化

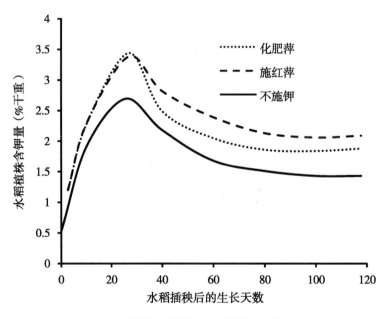

图 4　盆栽水稻植株含钾量的动态变化

若考虑到红萍残体腐解返回土壤的钾素，则几乎不消耗土壤中钾素。

据文献报道（Lowe A，1978；陈举鸣，1980），在我国南方，如按年降雨量为 400 mm 计，雨水中平均含钾量为 1 mg/kg，那么每公顷可获得 7 kg K_2O。一般灌溉水含钾量为 1～4.5 mg/kg，如一季水稻需灌溉水 1 000 mm，那么每公顷就会带入 10～45 kg K_2O。这意味着，稻田水中低浓度钾则会远远不断得到补充。由此可见稻田养萍只要依靠灌溉和天然降水，田水中钾浓度可保持在 3 mg/kg 以上，红萍主要富集水中低浓度钾，而不影响土壤中钾素。

4　生物钾肥开发应用的潜力和展望

近年的研究证实了生物钾肥对水稻生长的有效性。现已初步发现 30 多种高钾植物和一些富钾能力强的绿肥植物。例如水鳖、若草和金鱼藻等植物含钾达 6% 以上，虾藻、青萍、黑藻、牛毛毡、民权豌豆等，含钾量大于 4%，水马齿、洋槐、眼子草、紫云英等含钾在 4% 左右。这些植物对条件要求不严，生长旺盛，来源容易，分布广泛。经过加工，都可做钾肥使用。就水花生而言，一般每 2 500 kg 干草就可获得 6 ~ 11 kgK$_2$O。按正常施肥比例，亩施 1 000 kg 鲜草就能满足水稻生产需钾。又如红萍在稻田中富集钾后，其萍体含 0.3% ~ 0.4% K$_2$O（鲜重），在早晚稻田中套养红萍，每亩收 2 000 kg 红萍计算，就可富集 6 ~ 8 kg K$_2$O，折合 K$_2$SO$_4$ 11 ~ 15 kg。况且红萍的产量，随着养殖技术提高可不断增加，它既能固氮，又能富钾，可谓稻田良好肥源。

我国地域辽阔，植物种类繁多，绿肥、山青、湖草、野生草本植物各地都有。在名目繁多的植物世界里，各种植物都有自己的生理特性，而且对不同矿质营养元素吸收、利用和积累各不相同。尤其是那些无人问津的野生植物，它们经常处于严峻的环境条件下，却能旺盛生长，表现出很强的生命力，具有与栽培植物完全不同的基因库，是寻找吸收钾能力强的品种或生态种的广阔园地。

各种植物根据各自生存环境条件的不同，对钾的吸收、富集和积累能力也不尽一样（Glass ADM，*et al*，1980；倪晋山，1982），这些植物生理上差异是重要种性之一，可以遗传给后代，还可通过杂交育种的方法，提高对某一特定元素的吸收能力。刘亨官（1987）等在筛选耐低钾水稻品种方面作了尝试。另外，选育高富钾能力绿肥品种也是当务之急。

实际上，人们通过化学分析已经证明，在植物中，乔木和灌木比草本植物含氮多，而草本植物钾含量则比乔木和灌木多。对此，根据植物矿质营养的生理生态学和植物进化的原理，人们应优先从种类繁多草本植物中筛选高钾和富钾的、适应性广又易于加工的绿肥作物。使生物钾肥技术趋于经济合理，省工省力，易被广大农民接受。

人们知道，海水含有较多的钾素，而且比较集中于上部水层，从水花生和红萍在高 Na$^+$、低钾培养液中，能吸收较多的钾而不受害的试验结果看，到海洋植物中寻找含钾更高的植物大有可能。我国海岸线漫长，挖掘近海作物潜力不可忽视。这一试验一旦变为现实，目前花巨资建立从海水中提钾的化学工程就将发生根本性的变化。

开发和利用生物钾肥资源，把富钾生态系统纳入耕作制中，因地制宜扩种绿肥作物，选育和改良高钾品种，完善绿肥加工设施，以解钾源不足矛盾，其意义深远，前景诱人。

参考文献

陈举鸣节译 . 1980. 东南亚高产稻田养分平衡与水稻施肥现代化 [J]. 土壤译丛，3：18 - 26.

樊发聪，杨荣生．1983．自然水中钾元素含量及"三水"富集钾元素的能力［J］．江苏农业科学（07）．

樊明宪．1986．杂交水稻K^+吸收动力学研究［J］．湖南农业大学学报（自然科学版）（03）．

胡笃敬，杨敏元，刘国华．1980．高钾植物研究［J］．湖南农业大学学报（自然科学版）（04）．

湖南农学院植物生理教研室．1980．高钾植物研究初报［J］．湖南农学院学报，1：71－73．

江苏农科院农田生态室．1982．"三水"作物生产潜力与回收钾能力［M］．江苏农业科学（04）．

李俭安．1986．空心莲子草作为生物钾肥应用于水稻生产的研究［J］．湖南农业大学学报（自然科学版）（04）．

李克明，等．1986．晚稻施用生物钾肥空心莲子草增产近两成［J］．湖南农业科学（6）．

林辉．1983．稻草作为水田钾素给源的研究［J］．福建农业科技（3）．

刘亨官，刘振兴，刘放新．1987．耐低钾水稻品种特性初步研究［J］．福建农业学报（01）．

刘中柱，魏文雄，郑国璋，等．1982．红萍富钾生理的研究 Ⅰ．红萍对水体中钾的吸收［J］．中国农业科学，15（04）：82－87．

刘中柱，魏文雄，郑国璋，等．1986．红萍富钾生理的研究——Ⅱ．萍体钾对水稻生产的有效性［J］．中国农业科学，19（05）：59－64．

刘中柱，魏文雄，郑国璋，等．1986．红萍富钾生理的研究——Ⅲ．红萍在水—土系统中的吸钾特点［J］．中国农业科学，19（06）：55－58．

倪晋山，安林昇．1984．三系杂交水稻幼苗NH_4^+、K^+吸收的动力学分析［J］．植物生理学报（4）．

倪晋山．l982．小麦吸收、累积硝酸根的品种间差异［J］．植物生理学报（3）．

彭克勤，胡笃敬．1986．空心莲子草K^+吸收动力学研究［J］．植物生理学报（2）．

翁伯琦．1982．大有可为的生物"钾肥厂"［J］．农村科学，11：10－11．

谢建昌，杜承林，马茂桐，等．1979．我国主要土壤的钾素养分供应潜力及需钾前景［C］．中国土壤学会1979年学术年会论文集．

谢建昌．1981．土壤钾素研究的现状和展望［J］．土壤学进展（1）．

袁从祎，赵强基，吴宗云．1983．"三水"作物在农田生态系统物质循环中的潜力［J］．江苏农业科学（09）．

张登辉，吴浩．1983．秸秆还田的效果与应用技术［J］．江苏农业科学（04）．

张钟先，宋永康，翁伯琦，等．1986．红萍富钾来源的示踪研究［J］．福建农业学报（01）．

郑国璋，翁伯琦，张逸清，等．1984．红萍供钾对水稻生产的有效性［J］．福建农业科技（5）．

中国农业科学院土肥所化肥试验网组．1983．我国氮磷钾化肥的增产效果、适宜用量和配合比例——全国化肥试验网 1981 年试验总结［J］. 中国土壤与肥料（06）.

Glass A. D. M. , JE Perley. 1980. Varietal differences in potassium uptake by barley［M］. Plant Physiology, 65（1）: 160 – 164.

WK Oh. 1979. Effects of incorporation of organic materials on paddy soils［M］. Nitrogen & Rice Symposium.

【原文发表于《福建省农业科学院学报》，1988，3（1）：74 – 81，由姚宇红重新整理】

卡洲萍稻底套养的消长及其经济效益

魏文雄　郑国璋

（福建省农业科学院土肥所，福州 350013）

卡洲满江红（*Azolla caroliniana*）的多抗性前已报道。1982 年我们利用其抗逆性进行早稻行间套养为晚稻提供优质基肥的实验已取得成功。为了进一步验证卡洲萍在田间消长规律、经济效益和养用技术，1983 年我们又在福州郊区建新公社楼下大队等处进行实验。现把对比实验和定点微区调查结果介绍如下：

1　材料和方法

1.1　早季套养为晚季供肥实验

选未养过红萍，肥力中等的灰泥田，设养萍与不养萍两个处理。处理间隔一缓冲区以防红萍漂浮混杂。每区 1 亩，3 次重复。于早稻插秧后亩放卡洲萍 300 kg，让其自由生长。割稻时测红萍留存量。按每百斤折合 0.5 kg 硫铵和 0.25 kg 硫酸钾的量，扣除化学基肥，全部就地翻压作基肥。晚稻不再放萍套养。残留萍任其自生自灭。

1.2　养萍不同年份影响的观察

在同一定点实验田中，分不养萍、养萍 1 年、2 年、3 年几块，每块田 1~1.5 亩，统一管理。认真测产和记载收支，观察经济效益。

1.3　卡洲萍消长规律观察

在灰泥田、黄泥田、砂漏田 3 种肥力地块中选点，每种土壤设九个固定测点，用木框（1 尺 2）固定漂浮水面（稻行间），定时测产。其中中耕追肥前后，喷药前后，搁田前后特别设点调查。早稻收获前在 41 户 121.6 亩套养田中逐块取 3 个点共 123 个点测产求出红萍存留量。

2　结果与讨论

2.1　卡洲萍早季套养为晚季供肥的经济效益

第 1 年早稻套养 3 次重复的田块，到早稻收割时田间鲜萍存留量，每亩分别为 600 kg、

633 kg、622 kg，平均611 kg。这种套养方式对当年早稻及晚稻生长的影响如表1。由表可以看出，早稻产量无本质差异。晚稻则表现出明显的增产效果，增长率13.2%。株高、有效穗、实粒数均有增长（t测定差异显著性达显著－极显著），空瘪粒减少（接近显著）。

表1　卡洲满江红套养对当年早、晚稻生长的影响

	处理	株高（cm）	有效穗（条/丛）	穗实粒数	穗空粒数	千粒重（g）	亩产（kg）
早稻	套养萍	78.8	12.0	48.1	9.0	26.6	400.0[①]
	不套养萍	76.6	12.4	46.0	10.0	26.1	365.55
晚稻	套养田（萍＋化肥）	108.3**	11.3*	79.6**	2.3(*)	25.4	955.6*[②]
	不套养田（相当数量化肥）	99.0	9.3	74.3	2.8	25.0	844.5

注：早稻品种233，晚稻品种为籼2－59

①t＝0.6597≤t0.10（18）＝1.746 亩产差数不显著

②t＝2.356≥ta0.05（18）＝2.120 肥效增产达显著水平

据报道，红萍的腐解对土壤中矿物质氮有激发效应。这种激发效应晚稻田比早稻田高得多，因而增产显著。套养两年以上的稻田，由于明显的改土作用，增产效果更显著（表2，图1）。经济效益更高（表3）。由实验数据可以看到，套养卡洲萍的当年，尽管亩多投0.52元成本，但收入增加45.28元，其中多收稻谷162.3 kg。如连续3年套养，亩工本可减少26.3%，而增收45%。

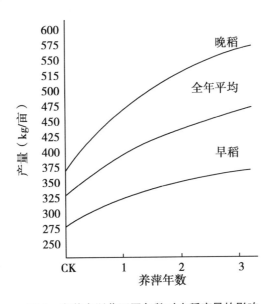

图1　套养卡洲萍不同年数对水稻产量的影响

2.2　卡洲满江红田间自然消长观察

1983年在大田自然状况下定点周年调查卡洲萍的消长状况，结果如图2。由于1982年

冬季雨水比较均匀，大田卡洲萍存留量普遍较大，一般每亩在 178.35 kg ± 17.95 kg。三月开始放水，加上气温回升，卡洲萍生长迅速，在适当添加萍母（但没施肥和其他管理）情况下，到 4 月上中旬 120 亩红萍平均每亩产萍 1 025.45 kg ± 35.45 kg。春耕时亩约倒萍 350 kg ~ 650 kg。插秧后红萍又迅速增长。四月下旬追肥耙草，一般亩倒萍量为 529.7 kg 左右。六月上旬落水搁田，由于遇上雨水多，排水不畅，受尾蚯蚓为害，每亩自然倒萍量在 529.7 kg 左右，复水后红萍有所恢复，到夏收时稻底平均亩红萍存留量为 613 kg ± 16.65 kg。夏收后烈日露晒，又缺水润田，红萍晒成干萍。8 月上旬灌水，犁田插秧后测产，每亩又增殖到 284 kg ± 16.35 kg。8 月中旬追肥耙草，由于这时阳光强烈，加上大旱，田中水少，加重了化学氮肥的毒害，萍体大部死亡，经抽查每平方米只有萍 33.67 朵 ± 19.8 朵。后因气温高，氮肥多，青萍（浮萍）爆发，占据了红萍的生长空间，到 8 月底田中几乎无萍，但在田埂、地边的草丛下仍有萍存留。9 月在灌水较及时的田块红萍得到恢复，每平方米 74 朵 ± 6.3 朵萍。10 月几乎所有的田块红萍均已恢复生长。但这时稻田已荫蔽，卡洲萍发展受到限制。但有 2 户由于在晚稻插秧后只追少量化肥和不施农药或只施有机磷水剂，加上灌水及时，晚稻收割时（11 月 13 日），田间稻底存留红萍量每亩分别达到 644.5 kg ± 41.55 kg 和 666.65 kg ± 47.15 kg。可见卡洲萍在秋季晚稻下套养也是完全可能的。

表 2　套养卡洲萍不同年数对水稻生产的影响

处理	株高 （cm）	有效穗 （条/丛）	穗实粒数	穗空粒数	千粒重 （g）	实测产量 （kg/亩）
套养 3 年	104.8	9.4	103.4	8.7	25.4	566.665
套养 2 年	110.7	9.8	83.0	4.8	25.0	533.335
套养 1 年	103.0	10.0	77.9	3.2	25.0	477.835 *
未套养萍	99.8	9.8	62.4	9.7	24.5	365.55 *

注：水稻品种是汕2 - 09，插秧方式　（5 + 12）/2 × 3 寸，每亩2.3 万丛。

* = 5% LSD = 85.4 kg ** = 1% LSD t = 129.35 kg

表 3　套养及不套养卡洲萍经济效益概算

处理		没养萍（1）	套养萍1 年（2）	套养萍3 年（3）	（2）比（1）增减（%）	（3）比（1）增减（%）
收益	稻谷 早稻	277.5	327.5	355.55	18	28
	稻谷 晚稻	365.55	477.85	533.35	30.7	45.9
	稻谷 折款	154.4	193.4	213.3	25.3	38.1
	稻草 早稻	225.0	265.5	291.85	18	29.7
	稻草 晚稻	366.5	419.8	551.0	30.7	60.3
	稻草 折款	26.0	32.8	37.1	26	42.7
	红萍 春天	0	500	1 250		
	红萍 夏天	0	600	633.5	—	—
	计款（元）	180.4	226.2	250.4	25.4	38.8

（续表）

处理		处理			(2) 比 (1) 增减（%）	(3) 比 (1) 增减（%）
		没养萍（1）	套养萍1年（2）	套养萍3年（3）		
支出	放萍母　用萍款	0	0.90	0.45	—	—
	用工款	0	1.00	0.60		
	追肥　碳铵	25	25	15	0	−40
	尿素	10	7	7.5	−30	−25
	折款	9.60	8.22	6.45	−30	−65
	耙草　用工款	6.0	6.0	4.0	0	−33
	总支出（元）	15.6	16.12	11.5	3.3	−26.8
收支对抵		164.8	210.08	238.9	27.5	45

注：①稻谷每50 kg单价12元；稻草每50 kg单价2.2元

②产量、用肥为kg/亩；用工为元/亩，折款为元

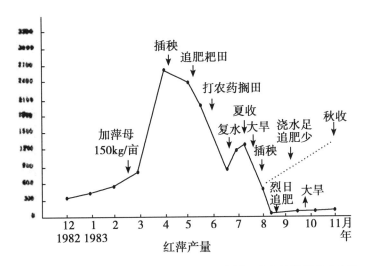

图2　卡洲满江红在福州建新楼下大队百亩稻田中自然消长动态变化

由以上周年观察可以看出，卡洲萍即使在严酷的自然条件下，或人为的伤害下，仍可顽强生存增殖，表现出其良好的抗逆境能力，展示了稻田养用红萍提供了省工低成本的可能性。

3　主要农业措施对卡洲萍套养的影响

卡洲萍套养在稻田中，不但受自然光、热、水、旱及病虫害等的影响，还直接受施肥、喷撒农药、灌溉制度及种植方式与密度等的影响。不研究这些影响，就会干扰人们对卡洲萍抗性的认识，也直接影响卡洲萍在生产实践中的应用。

3.1　追施化肥的影响

调查证明（表4）按目前撒施化肥的习惯，在春、夏之交每亩如果一次撒施碳铵25 kg

或尿素 20 kg，套养的红萍会全部死亡。如撒施后立即耙草，碳铵造成的红萍死亡率可由 100% 降至 61.4%，而耙草对尿素的毒害无解除作用。这种化肥毒害在晚稻田的炎夏烈日干旱的生态条件下更为严重，尿素每亩只要 7.5 kg，碳铵只要 15 kg 就可全部倒萍。而在早稻田，它们造成的死亡率只分别为 3.2% 和 4.3%。说明套养卡洲萍的稻田要强调科学用肥。

3.2 施用农药的影响

事实证明敌百虫、敌敌畏、甲胺磷及杀虫双等在正常使用量下对卡洲萍不会造成伤害，1605 粉剂在人工手撒时会造成 11% 左右的死亡，每亩用量超过 1.5 kg 时，死亡率剧增，恢复生长慢（如表5）。上述有机磷水剂喷雾还可兼治红萍的虫害。

表4　追施化学氮肥与耙草对套养卡洲萍产量的影响

氮肥种类	施肥前萍量	亩施肥量（kg）	耙草与否	施肥 5 d 后		施肥 10 d 后	
				萍量	死亡（%）	萍量	增殖（%）
碳酸氢铵	213	15	耙草	203.8	4.3	206.5	1.32
	197	20	耙草	141.4	28.2	196.3	38.83
	206	25	耙草	79.5	61.4	83.3	4.78
	255	25	不耙草	0	100	0	0
尿素	209	7.5	耙草	202.5	3.2	213.3	5.68
	219	10	耙草	206.5	5.7	221.3	7.17
	203	20	耙草	0	100	0	0

注：表中数字为 3 次重复平均数。萍量均指"克/尺²"，表5 同

表5　农药种类及用量对卡洲萍套养的影响

农药种类	用量（kg/亩）	打药前萍量	打药后 5 d		药后 10 d
			萍量	死亡（%）	萍量
1605 粉剂	1.5	144.5	127.6	11.7	143.2
1605 粉剂	2.0	171.0	127.8	25.3	158.0
敌百虫	0.15	173.0	173.6	—	
敌百虫 + 稻瘟净	0.1 + 0.1	173.0	172.9	—	
敌敌畏	0.1	144.5	144.7	—	
甲胺磷	0.15	145.0	146.2	—	
杀虫双	0.2	168.0	167.4	—	

注：表内数据为 3~6 次重复的平均数

3.3 灌溉与排水搁田的影响

由于卡洲萍既能浮生，也可贴土湿养，因此灌溉或搁田本身对它没有大的影响，但是稻田土中往往伴生有尾蚯蚓，特别在多年养萍的地块，土壤有机质丰富，尾蚯蚓数量很大。这样地块如不能迅速排干搁田，造成表土渍水或过分湿润，尾蚯蚓则吐土倒萍，红萍死亡率可达 40%~99%。

3.4 插秧方式及密度的影响

宽狭行栽插与等距插秧相比，前者稻底萍面的平均光强可增加39.7%（表6），透光率平均增加46.3%。尤其在上午9点前及下午3点后差异更显著。因此，宽窄行红萍产量约可提高20%左右。尽管如此，由于目前水稻品种多为矮秆，在当前一般密度下常规插秧（封行后）稻底平均光强仍可达4 000 lx以上，没有超过卡洲萍耐荫的极限，因此卡洲萍套养仍可生长并达到一定的产量。对于高型植株（如糯稻）等，稻底后期平均光强小于3 000 lx，则套养卡洲萍会大量自然倒萍。

表6　不同插秧方式稻田光强度调查

| 观测时间 | 常规插（5×5寸） | | 宽窄行插（10＋6）/2×3寸 | | | 后者萍面光强比前者增长% | 宽窄插透光率比常规插增长% |
	稻面光强	萍面光强	稻面光强	宽行萍面	窄行萍面		
5：30	0.185	0.013	0.19	0.028	0.017	73.1	68.5
7：30	3.75	0.20	4.05	0.50	0.25	87.5	73.7
9：30	9.60	0.30	9.53	0.50	0.38	46.7	47.6
11：30	13.20	1.60	11.48	2.40	0.85	1.6	16.8
13：30	4.50	0.60	3.60	0.48	0.38	－28.4	－10.4
15：30	3.45	0.21	2.85	0.55	0.24	97.5	127.6
17：30	0.245	0.02	0.245	0.02	0.02	0	0
平均		0.42		0.64	0.25	39.7	

注：为6月28日水稻已进入灌浆后期，用ST－Ⅲ型温度计观测。稻面稻底各3~6次重复，光强度单位为万lx，当天午后开始阴天，后下雷阵雨，可代表这时常有的天气

【原文发表于《福建农业科技》，1984，03：3－5，由姚宇红重新整理】

卡洲萍田间消长规律研究初报

陈家驹　林崇光　柯碧南

（福建省农业科学院土肥所，福州 350013）

红萍养殖中曾遇到这种现象：田间长满一层地毯似的红萍，短期内全部死光了，过后田里红萍又稀稀拉拉地生长起来，有时还铺满了田面。1982 年晚季福建省农业科学院土肥所福州楼下红萍基点试验田也出现过这种现象。为了掌握这种消长规律，了解"生后复灭""灭后复生"的原因，以期从中获得可利用的办法，使养萍措施简单化，进行了本研究。现简要介绍如下。

1　试验方法

1.1　处理内容

分别在平原灰泥田和低丘黄泥田两种中低肥力土壤上，以卡洲萍为试验材料，用小区与微区观测不同处理的卡洲萍田间消长规律，设 4 个处理为：①常规插秧　大田管理（当地群众习惯的措施）CK；②常规插秧　人工保萍（适当控制水、肥、药）；③双龙出海　大田管理（同①）；④双龙出海　人工保萍（同②）。

在同一丘田内附设不种稻的微区，对消长原因进行追踪观察。根据田间出现的消亡现象和以往经验，追踪试验设置碎萍、晒萍、过量化学氮肥、过量农药、结孢和正常养殖为对照 6 种处理。用盆钵试验测定肥药浓度对卡洲萍消长影响的临界值。并在室内进行茎尖培养等辅助观察。

1.2　田间措施

测定生物量消长规律的小区面积 3 ~ 5 厘，微区面积 2 毫，消长原因追踪的微区面积 1 毫，盆钵面积 0.3 和 0.27 平方尺 2 种。各试验处理均 3 次重复。裂区随机排列。稻萍栽培管理措施（略）。

1.3　观测项目与方法

小区测定生物量自然消长量用 1 平方尺样方、每区 5 点平均；微区测定生物量增减量系将全区红萍全部捞起称重，去掉增殖萍，放回原萍母（或补进减产的部分）；追踪试验视田间消长情况酌定测萍量或其他生物指标。不同处理的稻谷单打单晒，取处理前、早、晚稻收割后 3 次耕层土样，分析常规养分含量。

2 试验结果与讨论

2.1 不同处理对卡洲萍生物量消长规律的影响

试验结果表明：在 2 种土壤上，不同插秧规格和田管措施的卡洲萍生物量田间自然消长规律基本一致。首先表现在不同处理间都存在着生长与消亡的峰谷曲线，而且峰谷出现的时间和频率基本一致。在有补放萍母的情况下，曲线中段可出现多次峰谷，如不补放萍母，则曲线只出现一峰一谷。如图 1 灰泥田的观察结果，早稻插秧时放萍，生物量渐趋上升至 5 月中旬出现一个生长峰，5 月下旬开始，生物量逐趋下降，曲线出现了斜坡，至 6 月下旬，田间萍量接近消亡，7 月份出现一个消亡谷；晚稻插秧时放入萍母，8 月中旬曲线又出现一个生长峰，以后又下降，至 9 月中下旬，又出现了一个消亡谷；晚稻收割后，萍量又再次上升出现第 3 个生长峰。同图中的黄泥田，早稻插秧后出现第 1 个生长峰与消亡谷后，不补萍母任其自然消长下去，则以后就不再有峰谷出现。

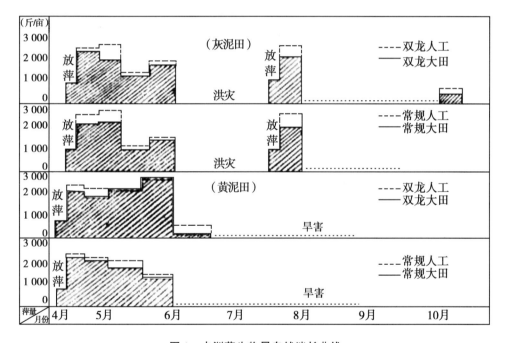

图 1 卡洲萍生物量自然消长曲线

其次，2 种土壤试验结果：一般是人工保萍比大田管理的、双龙出海比常规插秧的生物量相应地高一些、繁殖期稍为延长一些（见图 1、2）。如把各处理每次测产结果综合起来统计则可看出（见表 1）：2 种插秧规格的生物量消长量平均，人工保萍比大田管理的各高 157 kg 和 116.5 kg，t 测验差异极显著，（78 kg 和 37.5 kg，括弧内数字指黄泥田，下同）而相同两种管理方法的双龙出海比常规插秧各高 78 kg 和 37.5 kg，前者差异显著（144.5 kg 和 195.5 kg，差异分别达比较显著和极显著）。再从 2 种插秧规格的生物量增殖量看，人工保萍比大田管理的高 74 kg 和 51.5 kg，差异比较显著（13.5 kg 和 7 kg），而相同两种管理方法的双龙出海比常规插秧的高 126 kg 和 103.5 kg（188.5 kg 和 182 kg，差异均比较显著）。

再从图 1 的黄泥田和图 2 的灰泥田曲线来看，带规插秧的到 6 月下旬和 9 月中旬，田间卡洲萍已处于消亡状态，而双龙出海的这两个时期田间仍然有萍，生长期相对延长半个月左右。

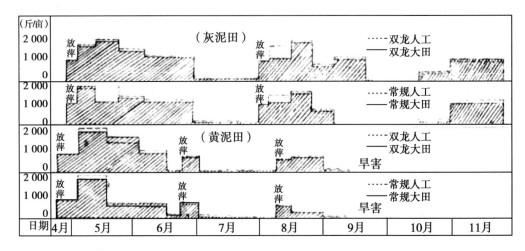

图 2　卡洲萍生物量增殖曲线

表 1　不同处理对卡洲萍生物量的影响

土壤类型	处理内容	测期与次数	消长量测定			测期与次数	增殖量测定		
			总萍量（kg/亩）	次平均（kg/亩）	差异（%）		总萍量（kg/亩）	次平均（kg/亩）	差异（%）
灰泥田	常规大田	5/3 ~ 7/30 7 次	5 434	776.5	—	-5/7 ~ 11/26 11 次	5 061.5	460	— —
	常规人工		6 535	933.5	314**		5 872	534	148(*) —
	双龙大田		5 980	854.5	— 156*		6 444	586	— 252(*)
	双龙人工		6 796	971	233** 75		7 012.5	637.5	103(*) 207(*)
黄泥田	常规大田	5/3 ~ 7/30 6 次	4 467	744.5	— —	-5/10 ~ 8/23 5 次	1 713.5	342.5	— —
	常规人工		4 587	764.5	— —		1 780	356	27 —
	双龙大田		5 331	889.0	— 289*		2 656	531	— 377（ * ）
	双龙人工		5 760	960	142 391**		2 690.5	538	14 364（ * ）

注：灰泥田每期萍母基数 500 kg/亩，黄泥田 370 kg/亩，净增减为总量扣除萍母量

2.2　卡洲萍田间消亡与复生的原因

虽然卡洲萍具有多抗性的特性，但对劣境的忍受力也是有一定限度的，超过所能忍受的临界线，萍体照样会消亡。这里所谓的"消亡"，指的是田间原有密集萍群的消失，并不等于个别萍体或萍体的某部分也都消失无存。据我们观察，在稻底套养下，卡洲萍消亡的原因主要是虫害，其次是肥害、药害和水害；"复生"是指萍群消失后生长的新萍体。据我们反复查证，复生萍主要来自萍群消亡过程中遗留下的茎尖生长点和残体碎段，其次是来自消亡前的萍群附着在田间高处和田埂边上湿生的萍体。

2.2.1　虫害消亡与复生

虫害，主要是萍丝虫的危害。当亩虫口密度超过 800 万条，萍群就会消亡。对照卡洲萍生物量消长规律曲线和萍丝虫发生量年分布规律曲线，我们发现有如下的关系：萍丝虫量的高峰期即是红萍消亡谷的开始。

萍丝虫危害的特点主要是直接取食根毛、幼嫩茎叶和生长点，造成叶离枝碎，所以，被肢解后的残体虽未被食害也难复生，在劣境下很快就腐烂死亡。另外，虫伤萍毕竟不像毒害性那样表现为全面性的症状。据观察，一朵小的三角形卡洲萍就有 29 个大小不等的茎尖，其中 48% 是生长力很强的顶芽（见图 3），1 亩密集萍群有几亿个茎尖，萍群虽然被毁消亡，但如此众多的茎尖并不会全部消亡。不足 1 mm 大小的茎尖往往是幸存者，它们是复生繁衍的主角。这是因为萍丝虫有一种营巢的生物本能，1 龄末 2 龄初的幼虫即要营巢并躲在巢管内生活，巢管长度一般都超过体长，甚至超过体长的 9 倍，而卡洲萍的茎尖只有 0.5 mm 左右，这么小的茎尖不是筑巢的理想场所，因此，有一部分茎尖才得以漏网而悄悄复生，但在虫量密度大的情况下，复生幼萍仍不能幸免，只有那些着生在田间高处、漂浮附贴在稻丛头上和田埂边泥土上湿生的残体、茎尖，条件适宜时会繁衍起萍群来。

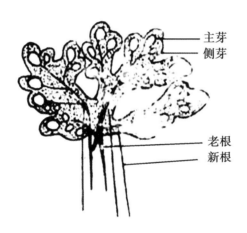

图 3　卡洲萍茎尖分布（示意图）

为了证实茎尖能够复生新萍体，同时了解是否其他萍种的离体茎尖也具有再生能力，我们选择了小叶萍（A.m）细绿萍（A.f）卡洲萍（A.C）和莆田野生萍（A.i）4 种萍做为试验材料，用解剖刀小心把茎尖剥离后用稻田水在室内培养，结果表明，4 种萍的离体茎尖都具有再生能力（见图 4）。

2.2.2　肥害消亡与复生

肥害主要是氮素化肥过量引起氨的毒害。试验过程中，田间曾出现两起肥害现象。据我们追踪试验结果，等氮量下以不稳定的碳铵和酰铵态尿素对卡洲萍的毒害性重，硫铵比较安全（见表2），碳、铵、尿素亩施纯氮 3 kg 以上，随用量增加肥害加重、萍量下降，经 LSD 测验，萍量差异大多数极显著（见表3）。

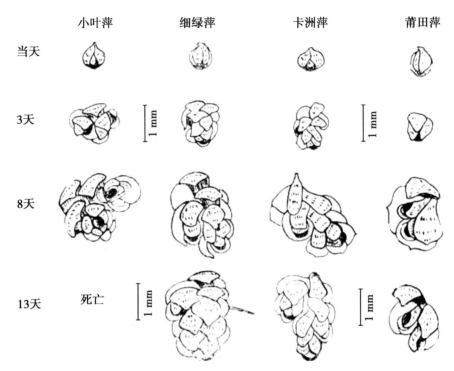

图4 四种萍茎尖繁殖过程

表2 不同氮肥与用量对卡洲萍生长的影响（灰泥田）

氮肥种类	施氮量（kg/亩）	施肥量（kg/亩）	第4 d观察	kg萍/区	第14 d测定 朵萍/寸²	g/朵
CO（NH₂）₂	5	10.85	重度肥害	0.59	26.0	0.022
	4	8.7	中度肥害	0.23	16.4	0.039
	3	6.5	轻度肥害	0.915	24.1	0.028
NH₄HCO₃	5	29.2	重度肥害	0.535	36.3	0.026
	4	23.55	中度肥害	0.8	33.9	0.026
	3	17.65	轻度肥害	0.99	23.9	0.036
（NH₄）₂SO₄	5	23.8	无肥害	1.2	19.4	0.039
	4	19.05	无肥害	1.09	25.8	0.032
	4	14.3	无肥害	1.20	28.6	0.028
	0	0	正常	2.40	27.1	0.026

注：5月31日处理，每区放萍500克/6尺²，肥料均做基肥后耙匀放萍

表3 不同氮肥种类与用量对萍量影响的差异显著性比较（LSD测验）

处理	萍量平均数xi	差异								
		xi−1.07	xi−1.18	xi−1.46	xi−1.60	xi−1.83	xi−1.98	xi−2.18	xi−2.4	xi−2.4
对照0	2.40	1.33**	1.22**	0.94**	0.80**	0.57**	0.42*	0.22	0	0
硫铵6斤	2.40	1.33**	1.22**	0.94**	0.80**	0.57**	0.42*	0.22	0	
硫铵10斤	2.40	1.33**	1.22**	0.94**	0.80**	0.57**	0.42*	0.22		

（续表）

处理	萍量平均数 xi	差异								
		xi－1.07	xi－1.18	xi－1.46	xi－1.60	xi－1.83	xi－1.98	xi－2.18	xi－2.4	xi－2.4
硫铵8斤	2.18	1.11**	1.00**	0.72**	0.58**	0.35	0.20			
碳铵6斤	1.98	0.91**	0.80**	0.52**	0.38*	0.15				
尿素6斤	1.83	0.76**	0.76**	0.37**	0.23					
碳铵8斤	1.60	0.53**	0.53**	0.14						
尿素8斤	1.46	0.39*	0.28							
尿素10斤	1.18	0.11								
硫铵10斤	1.07									

** $LSD_{0.01}$ = 0.49（斤）　* $LSD_{0.05}$ = 0.36（斤）

氮肥过量引起毒害性消亡，起先表现在母萍老枝叶变为棕褐色，进而枝断叶离，变黑腐烂。可是，母萍腐烂时遗留下细小的茎尖尚是绿色的，还有一部分带有茎尖的残体碎段也仍有生命力。盆钵试验还表明，水田匀施 10 kg 碳铵没有肥害，15 kg 出现轻度肥害，但比较容易恢复生长，15 kg 以上，随用量增加毒害性加重，恢复也比较缓慢。但在亩施 25 kg 情况下，最后也见到由茎尖恢复成萍群，但要完成恢复全过程，需要一个半月左右的时间。受氨毒害后的茎尖复生过程中，采取湿润养殖有利于复生。

2.2.3　药害消亡与复生

药害主要是防治水稻虫害时使用有机磷、有机氯类农药，且撒施不均匀时出现的局部药害，药害症状表现与肥害相似，当母萍腐烂时也仍遗留下茎尖与碎段。卡洲萍对药物还有一定的耐受性，试验表明，水田匀施 2 kg 以下 666 农药，对萍体无明显不良反应，3 kg 开始表现出药害症状，4 kg 症状加重，但比氨毒害的症状轻得多，萍体也未遭到严重破坏，经 10 d 左右就基本恢复原状（见表4）。

表4　不同药剂种类与用量对卡洲萍生长的影响（盆钵）

供试土壤	药剂种类	用药量（kg/苗）	施药期（日/月）	观察期（日/月）	萍体状况
灰泥田	666	4	10/20	10/23	色转黄、根大部分脱落
		3			色转黄、根小量脱落
		2			无药害
		1			无药害
		0			正常
黄泥田	杀虫双	8.8	5/25	5/29	浅紫红、根完好
		4.4			浅紫红、根完好
		2.2			绿色、生长转好
		0			紫红色

2.2.4　水害消亡与复生

洪水或干旱均会引起红萍消亡，常见是旱害。模拟受旱的萍体进行追踪试验表明，失重

80%的干萍放回田间后，老体部分虽然干枯漂浮在水面，但茎尖仍保持绿色，遇水 2 ~ 3 d 即又恢复生命力，除非像 1983 年夏秋遇到 40 多 d 特殊的旱灾气候外，在稻底套养的湿度下，受一般性旱害，恢复生长是可能的。

3 结 语

红萍的消与长是自然和人为因素综合作用的结果。萍丝虫为害是红萍消亡的主要原因。茎尖是红萍再生的主要器官。湿生于田埂、田间高处的萍体是萍群恢复的主要来源。但要使卡洲萍消亡的萍群在短期内恢复，需采取有力的保护措施，主要是控制萍丝虫的为害，并利用卡洲萍的湿生特性，促进其恢复。

【原文载于内部资料《红萍研究论文及资料汇编（1978—1984）》，第 97 ~ 103 页，由姚宇红重新整理】

红萍的养殖与利用（一）

林忠华

（福建省农业科学院红萍研究中心，福州 350013）

红萍可作绿肥、鱼的饵料、畜禽饲料，发展前景广阔。从本期开始将陆续介绍红萍放养、管理等有关技术要点。

1 萍种选择

1.1 外观与纯度

优质萍种抗逆性强、适应性广、生长繁殖快。生产上应选择无虫无病、绿边红心、大小适中，且品质好、产量高、较耐荫的新品种红萍。还应保持纯度，不可与小青萍混养，因后者所占比例达 20% ~30% 时就抑制红萍生长。

1.2 品种搭配方式

根据不同萍种适应不同温界之特性，采取多品种红萍混养，合理搭配，使各萍种的特性互补，延长红萍生长有效时间。实现田间随时有萍，提高产量。

2 放养前准备工作

2.1 土壤消毒

田块应土壤消毒，清除虫源。适当施用石灰，可促进有机物质腐解，杀菌灭虫和净化环境；同时要清除杂草，捞掉藻类。

2.2 基 药

常见的病虫害有萍螟、萍丝虫、萍灰螟、霉腐病、烂心病和蚜虫等。为清除虫源，红萍放养前应根据不同季节的红萍常见病虫害进行药物浸种。取回的萍母先放入药液中浸 5 ~10 min，然后捞出堆放 1 h 后放养。一般基药的种类与浓度为：甲胺磷 0.1% ~0.2 %、多菌灵 0.1% ~0.15 %、乐果 0.1% ~0.2 %、托布津 0.1% ~0.15 %、敌百虫 0.1% ~0.15 % 等。

2.3 基 肥

有机肥为主，亩施用 750~1 000 kg。但夏季萍母田不能施用猪牛栏粪等有机肥以保持水质清洁，避免腐解发热引起烂萍；冬春季节施用有机肥料则有利于提高水温，促进红萍生长繁殖。也可亩用复合肥 10~15 kg 作为基肥。

【原文发表于《中国农村科技》，1996，（8）：13，由陈恩重新整理】

红萍的养殖与利用（二）

林忠华

（福建省农业科学院红萍研究中心，福州 350013）

3 红萍的放养

3.1 春 季

放萍宜密，以萍接萍为标准，养鱼稻田放萍量宜少些。单季稻田放养萍母 200~250 kg，连作稻田亩放养萍母 300~400 kg，放萍时间在上午 10 时至下午 4 时为宜。

3.2 夏 季

放萍量多，集中放、养。注意划格、分块。

3.3 秋 季

放萍量 400 kg/亩左右，秋季红萍生长繁殖快，注意及时分萍。

3.4 冬 季

放萍量 500~600 kg/亩，要密养。一般宜中午放萍、掌握萍接萍为标准，放养后轻拍萍体使其匀铺水面。

4 日常管理

4.1 施肥

4.1.1 春季

以磷为主，磷、钾结合。一般萍体绿色，可在早上露水未干时，每次分萍后亩用过磷酸钙 1.5~2.5 kg，混合草木灰 5.0~7.5 kg，拌土粉 15~20 kg 于萍面撒施，加速萍体生长繁殖；萍体发红，则每次分萍后亩用尿素 0.5 kg，过磷酸钙 2.0 kg，草木灰 5.0 kg 拌细土 20 kg 撒施。天气晴朗，也可用磷酸二氢钾 0.2%~0.3% 喷施。

4.1.2　夏秋季

施磷肥，对多种萍体都能起到增殖作用。一般以根外追肥为主，磷、钾结合，傍晚喷施。萍母放养后追肥 2~3 次，夏季施肥要与喷药结合，以肥促繁，以药保萍。夏萍生长势弱，傍晚用 0.2% 磷酸二氢钾或 0.5% 过磷酸钙浸出液喷施，有促使颜色转绿、萍体变厚的作用。夏秋季不宜施用草木灰。

4.1.3　冬季

钾配施磷、氮、酌施有机肥。追施化肥可结合牛粪干、草木灰或火烧土拌匀，于晴天中午撒施，盖于萍体上，防寒保温。天气晴朗可于分萍后用 1% 过磷酸钙浸出液喷施；寒冷天气，于早上露水未干时，用过磷酸钙 1.5~2.0 kg，草木灰 5.0~7.5 kg，干细土 15~20 kg 拌匀萍面撒施。

4.2　及时分萍

采用半边捞空、半边推开或隔行捞萍（间隔 1 m 左右）的方法分萍。分萍后的留萍量以萍接萍、匀铺水面为宜。

4.3　水分管理

深水分萍、浑水放萍、浅水养萍、排水保萍、湿润壮萍，可减轻病虫害，促进红萍快繁。（待续）

【原文发表于《中国农村科技》，1996，（9）：13，由陈恩重新整理】

红萍的养殖与利用（三）

林忠华

（福建省农业科学院红萍研究中心，福州 350013）

5 病虫害的防治

红萍病虫害自 4 月后渐多，6—8 月较多。应以防为主，使用广谱性农药连续喷药：即第一次喷药后，两小时再重复喷药一次，使虫苞里因气味难受钻出的害虫再次受药杀死。夏天喷药宜傍晚，此时气温较低，适宜于虫出来活动；冬末春初宜中午喷药，傍晚时气温下降虫入萍体，喷药效果不好。一般在冬前（11 月）和初春（3 月）治虫效果最好，可起到清除越冬虫源的作用。

5.1 红萍病虫害检查方法

5.1.1 看萍色

萍体颜色分布不一致或无光泽，甚至出现褐紫色或淡黄色，可能是萍丝虫或萍象甲。

5.1.2 查萍体

萍体相互粘连在一起并出现"白丝"，同化叶破碎结成一条条虫道，可能是萍灰螟。

5.1.3 查破碎和排泄物

萍叶表面有褐胶质排泄物黏附或者萍体中有碎小的枝叶脱落，说明有萍螟或荷缢管蚜。夏季还可将萍体装入尼龙袋中扎紧袋口，放在阳光下晒一段时间，由于闷热，害虫就会爬出萍体，明显易见。

5.2 红萍主要病虫害防治

5.2.1 萍灰螟

萍灰螟啃食嫩叶，并吐丝将啃碎的茎叶结成一条条虫道。可点灯诱蛾，消灭成虫；及时倒萍，切断食源；保护天敌，生物防治；虫害严重时应结合农药喷洒。

5.2.2 萍 螟

萍螟啃食嫩叶，吐丝将碎茎叶缀合成虫苞，幼虫匿居其中。可点灯诱杀，清除水生杂草或用 0.1% ~ 0.2% 甲胺磷于傍晚喷洒。

5.2.3 萍丝虫

早晨看到带着露丝的虫丝，把萍叶叠成槽呈条状。萍体颜色由青绿变成红褐色，萍体被卷成粒状虫苞，此时萍量减少，萍体支离破碎，萍色变暗等，是萍丝虫大量危害的表现。捞萍体握在手心，捏干水，片刻放开观察，可见棕红色的虫体在手掌上蠕动。养殖上应合理施肥、勤分细管、促进快繁，以萍压虫；结合湿润养殖、灯诱成虫等措施，防治亩用3%呋喃丹2.5～3.5 kg。

5.2.4 霉腐病

清晨露水未干前，如发现纵横交错的白色菌丝布满萍面，或形成白色丝绒状菌落，这是萍面感染霉腐病的典型症状。如不及时防治，受害萍体就迅速变黑死亡。养殖上应保持水质清洁，及时分萍。捞出病萍，控制氮肥，通风透，培育壮萍。农药防治可用800～1 000倍多菌灵或0.1%～0.15%托布津喷射。

5.2.5 藻类危害

夏季养殖红萍、由于持久高温，藻类会大量繁殖滋生，并能伴随土壤中的胶团向上浮升，粘贴萍体的背面及根部，影响萍体根系及叶的吸收能力，根呈黑褐色，造成生长停滞以致死亡。采取以萍压藻，适当增加放萍密度，不留天窗，藻类就难滋生。忌施氮肥和有机肥；除喷施叶面肥外，可用0.5%～1%硫酸铜泼施，结合拍萍振动萍体，使附着根系的藻类脱落。（未完待续）

【原文发表于《中国农村科技》，1996，（10）：14－15，由陈恩重新整理】

红萍的养殖与利用（四）

林忠华

（福建省农业科学院红萍研究中心，福州 350013）

6　红萍的综合利用

6.1　作绿肥

每 50 kg 鲜萍相当于 0.5 kg 硫铵、0.25 kg 过钙和 0.25 kg 硫酸钾。在稻田采取水稻宽窄行畦栽养萍方式，年产鲜萍可达 3 000 ~ 4 000 kg/亩；莲田年产鲜萍 5 000 ~ 6 000 kg/亩。每亩用 2 000 kg 红萍作稻、莲田基肥和 1 000 kg 红萍作追肥，可增稻谷 4% ~ 8% 或莲籽 6% ~ 10%，同时少施化肥 50% ~ 70%。红萍作肥料腐殖化后，可增加土壤有机质和氮、钾，减少水田污染，改善土壤生态环境，增强农业发展后劲。

6.2　作鱼的饵料

稻田养萍，以萍喂鱼，鱼粪肥田，促进水稻生产，这项鱼沟坑高标准配套、稻萍鱼与瓜菜豆多层次立体种养的耕作技术，是在 1990 年建宁县稻田稻萍鱼综合丰产技术获农业部丰收奖二等奖之后逐步完善和发展起来的。其中，红萍是稻、萍、鱼共生互利生态结构体系中的纽带环节。

红萍适口性好，营养丰富，不需切碎加工，直接作为鱼饵料，每天草鱼食萍量达本身重量的 50% ~ 80%，罗非鱼日食萍量达 50% ~ 60%。每 50 kg 鲜萍可增鱼重 1 kg，降低了养鱼成本；大量红萍作为鱼饵料通过鱼的消化、过腹返田，改善了稻田土壤供肥条件，水稻产量增加 4% ~ 6%，鲜鱼产量每年达 250 kg/亩；同时，由于鱼吞食菌核、捕食害虫，红萍的覆盖和鱼类除草，降低了稻田病虫草害的发生，化学农药用量减少 50% 以上，环保效应显著。该项成果从 1990 年至 1994 年在建宁县大面积推广近 1 000 hm^2，累计增加经济收入 563 万元，新增稻谷产量 48 万 kg，鲜鱼产量 150 万 kg，瓜菜豆 67 万 kg。

6.3　作畜禽的饲料

红萍蛋白质含量丰富，且含有丰富的矿物质，在畜牧业上可视为多维素、矿物质、抗菌素及添加剂的来源。在稻田插秧前的红萍春繁旺盛时期，利用鲜萍喂养畜禽，再将过剩的红萍捞起晒干或青贮，既解决了青饲料来源，又降低了生产成本。试验表明，利用红萍作为猪鸡鸭青饲料，能减少精饲料 25% 左右。红萍喂猪，疾病少，长速快，投料省，皮肤红艳，毛有光泽，表现安静。红萍作为鸡鸭青饲料也有类似的效果。红萍养猪鸡鸭可节约成本20%~30%，鸭产蛋率提高10%左右。

6.4 红萍的多功能利用

红萍与猪牛栏粪等混合养殖蚯蚓，存活率高，繁殖快。红萍作为果树、毛竹、桑园的基肥或扩穴肥，既可改土、保墒，又能提高产品的品质。此外，红萍在改良滨海盐土、秧田盖种、食用菌生产、净化水质、生产沼气等方面的应用有着广阔的前景。红萍的食用价值和药用功能也正在越来越受到人们的重视。（全文完）

【原文发表于《中国农村科技》，1996，（12）：15-16，由陈恩重新整理】

第四章
稻—萍—鱼生态模式

稻萍鱼立体农业技术及其增产原理

刘中柱

（福建省农业科学院红萍研究中心，福州 350013）

稻田养鱼在我国有 1 000 多年的历史。福建的建宁、泰宁、沙县、永安等也是稻田养鱼的主产区。但我国传统的稻田养鱼产量低，一般亩产只有 5 ~ 10 kg，鱼体小，不成商品鱼。主要原因是管理粗放，饵料不足，鱼种单一（鲤鱼），没有相应的配套技术，基本上处于自生自灭状态。为提高稻田养鱼的产量，我们于 1981 年开展稻萍鱼立体模式研究。在传统的稻鱼结构中引入含 N 高的红萍，提高了光能利用率，增加第一性物质生产，同时创造了适于稻萍鱼三者共生的田间结构和相应配套的综合性技术，从而把传统的稻田养鱼立体种养模式推向一个新的阶段。

1 稻萍鱼立体模式的田间结构

稻萍鱼立体模式是以水稻为主体的 4 层次结构。第 1 层是鱼坑鱼沟上的瓜、豆、果（葡萄），第 2 层是水稻，第 3 层是红萍，第 4 层是鱼。多物种共生，水相陆相交错，既是立体的种植业，又是种植业和养殖业的结合。在这个模式中有第一性物质生产的水稻、瓜、豆和红萍，它们都能光合作用，都依赖于阳光进行物质生产，存在着光能的合理分配问题；第二性物质生产是鱼，它依赖于红萍提供饵料，依赖于瓜、豆、果提供凉爽环境，又需要足够的活动水体，与红萍、瓜、豆、果、水稻都有密切的依从关系。因此，创造合理的田间结构，协调稻萍鱼之间的关系，使之各得其所是十分重要的。

稻萍鱼田间结构是一个比较完整的综合性技术体系。它包括以坑沟配套和"双龙出海"插秧方式组成的田间结构，以三鱼混养和多萍搭配为主体的物种结构，以及以水、肥、药、种等为中心配套管理技术。这几个方面既相对独立，又互相联系，缺一不可，构成稻萍鱼立体农业技术的整体。

1.1 鱼坑鱼沟配套

在稻田中设置鱼坑鱼沟的目的是在不影响水稻苗数和生长的情况下，为鱼创造良好的生长环境。合理的坑沟设计对增加鱼活动空间，保证鱼活动自如，提高鱼产量和商品率有显著效果。

坑沟规格是：在一般稻田，于田的进水田处头挖一鱼坑，深 1 ~ 1.5 m，长宽按面积占田块面积的 3% ~ 4% 计算。鱼坑一端接鱼沟，鱼沟分 2 级，一级沟与鱼坑相通，宽 1 m，深 0.8 ~ 1 m；二级沟深入田中，呈"1"字或"丰"字形分布，宽 0.8 m，深 0.5 m。坑沟总面积一般以占本田的 8% 左右为宜（见图 1）。

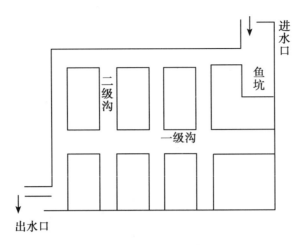

图1 鱼坑鱼沟田间布局

在鱼坑的头端设入水口，宽度30 cm，底尽量高出田面，出水口设在尾端支沟，宽40～50 cm，底应高出田面6 cm。在大田埂上设一处后背水口，宽50 cm，作为排洪时用。在进、出水口设棚栏，分里、中、外3层，里外两层用竹片编制，作为拦污、拦萍棚，中层是拦鱼棚，可用铁丝或塑料网片编制，用木柱固定，高宽各大于水口10 cm。栏棚下端要埋入土层20 cm，两边插入田埂内10 cm，网片孔目大小以不逃鱼为度。

在鱼坑及主沟上搭设相应面积的棚架，高度1.6～2 m，供栽种各种瓜、豆或葡萄。

烂泥田可采用垄栽法。分2次起垄。一次在插秧前10 d左右，按规格起毛坯，移栽前再清沟补垄；大田可在补垄前2 d起垄。垄沟规格一般单季杂交中稻，每隔66～80 cm宽开一条沟，沟宽40～47 cm，沟深25～33 cm。垄面插4～6行稻苗，株距13 cm。双季稻田每隔25 cm、53 cm、80 cm或92 cm分厢开沟，沟宽40 cm，沟深25～33 cm。垄宽25 cm，插2行稻苗，株距10 cm，垄宽53 cm的早稻插4行，晚稻插3行，株距12～13.2 cm；垄宽80 cm的早稻插6行，晚稻插5行，株距13.2 cm；垄宽92 cm的早稻插7行，晚稻插6行，株距13.2 cm。

1.2 三鱼混养

鱼种是稻萍鱼体系结构的重要组成。鱼种选择既要考虑与稻萍的关系，也要考虑混养时鱼种之间的关系，安排合理的结构。

目前，稻萍鱼模式的鱼种组合，多数用草鱼、尼罗罗非鱼和鲤鱼组成，有的地方还加入少数鲢鱼和泥鳅。草鱼、尼罗罗非鱼和鲤鱼混养除了营养互补外，还能增强草鱼的抗病性。

草鱼，尼罗罗非鱼，鲤鱼三鱼混养比例一般为1:3:1。由于大规格草鱼苗喜啃秧根，故应采用3.3 cm左右的夏花，并在插秧后一星期放入，尼罗罗非鱼以越冬鱼苗为好，鲤鱼可用春片。

放鱼密度应根据稻田水质条件，红萍生长势和补充料情况，鱼坑鱼沟比例等因素，适当增减，并采取分期投放，分批捕获，疏大留小的轮放轮捕办法，这样做有利于提高鱼的产量。

1.3　多萍搭配

萍类在稻萍鱼模式中起着营养源的作用。如何利用萍类以提高稻萍鱼模式的功能，在一定程度上是实现稻萍鱼高产的关键。因此，在萍种选择，搭配及放养时间上，都应十分注意，常用的有细绿萍、卡洲萍、小叶萍和本地萍，其营养成分见表1。

表1　4个萍种的有机成分比较　　　　　　　　　　（单位：干重%）

萍种名称	粗蛋白	苯醇浸出物	水溶性物	半纤维素	纤维素	木质素
细绿萍	28.55	7.14	18.17	9.22	4.43	29.46
卡洲萍	22.65	5.17	19.15	10.74	3.70	30.72
本地萍	26.05	5.47	17.74	11.13	4.09	32.42
小叶萍	26.57	5.50	18.13	8.24	3.50	30.65

资料来源：浙江省农科院

由于不同萍种对温度要求不同，为了延长稻田红萍供应时间，应采取多萍混养。一般春季抗寒性强的细绿萍和广谱抗性的卡洲萍，混养在插秧前放萍母，到6月细绿萍逐步败落时，放入部分小叶萍和卡洲萍混养以增强抗夏能力。

放萍量一般每亩放细绿萍、卡洲萍、本地萍各50 kg。春夏（4—5月）卡洲萍生长迅速，4~5 d可增值1倍，此时鱼体尚小，食量不大，除满足鱼取食外，可把剩余萍体捞起晒干压块或青贮，以备7—8月红萍越夏期间供萍不足时作为补充饵料。

1.4　改革插秧方式

传统的稻田养鱼插秧方式是等行插秧，这种空间结构不利于鱼体的活动。稻萍鱼模式又增加了高光效的红萍，显然，不进行结构上的调整，就不能协调三者的关系，特别是不能发挥红萍的光合效能。我们经多年实验，创造了宽窄行的插秧方式即"双龙出海"。这种方式目前在实践中应用较广。

"双龙出海"的规格是：常规稻$\frac{9+5}{2}×9.9$ cm，亩插2.8万丛以上，丛插10株，基本苗28万；杂交稻$\frac{10+6}{2}×4.55$ cm，亩插2万丛以上，丛插2~3株，基本苗6万左右。

"双龙出海"的优点是：①既保持每亩水稻的基本苗数，又可利用水稻的边行效应；②增加水稻基本通风透光条件，减少了病虫危害；③为红萍提供良好的光照条件，提高红萍的光能种用率；④扩大鱼体的活动水体。因此，它是协调稻萍鱼三者共生互惠的技术关键。"双龙出海"和传统的等行插秧相比，尽管每亩丛数少2 000丛左右，但由于有效穗数、每穗总粒数和千粒重等经济性状，均优于等行插秧，实际每亩产量仍然比等行插秧的约高2%。

2 稻萍鱼立体模式配套技术

2.1 选择适宜的稻田

稻萍鱼田块必须水源充足，灌排自如，旱不干，雨不涝，有稳定的水体环境。

2.2 选用良种

水稻品种要求抗病性强，抗逆性好，耐淹，叶片直立的丰产良种。后两个性状尤其重要。

2.3 适时排灌

水浆管理是协调稻、鱼生长的主要技术。水稻生长前期，分蘖要求浅水，此时鱼体尚小，所以应掌握浅灌原则，后期随着鱼的生长和水稻拔节对水分的更多需求，逐步加深水层。连作晚稻田，由于鱼体较大，加上气温和水温高，浅水影响鱼的生存，一般水层应掌握在 8 ~ 10 cm。稻萍鱼田一般不进行搁田、烤田控制无效分蘖。可采用深水灌溉控苗的办法。在夏季高温季节，田间水温有时可达40℃以上，此时控制水温是保护鱼类生长的重要措施，通常采用的办法是调节田间水层深度，也可采取流水灌溉，或加深加大鱼沟、鱼坑，加强鱼坑遮阴，为鱼的栖息提供凉爽的环境。

2.4 合理施肥

施肥技术应在有机肥为主、辅之化肥的前提下，重施基肥，轻施早施追肥；提倡化肥基施，追肥深施和根外追肥等办法，这是避免化肥对鱼的直接毒害。基肥应占总施肥量的70%以上。追肥要特别注意肥料对鱼类和红萍的毒害。选适宜的肥料品种。严格控制用量，选择水温较低的时间施肥。一般一次用硫酸铵 10 kg 左右或尿素 5 kg 左右为宜，最好是用球肥深施或一边施用，一边人工中耕埋入土中。

2.5 科学使用农药

一是选择对水稻病虫害具高效，而对鱼类属低毒低残留的对口农药。如防治稻瘟病，可用三环唑，多菌灵，不用稻瘟散；防治纹枯病宜用井冈霉素，不用稻脚青；特别忌用呋喃丹、苏化203、嗅氰菊酯、灭杀菊酯、二氯苯醚菊酯、DDT、克菌丹、敌敌畏、丁草胺、五氯酚钠等对鱼类具有高毒的农药。

二是掌握农药的安全用量。农药对鱼类的毒性有急性中毒的致死浓度和亚急性、慢性毒性中毒。所以农药的安全浓度远比48 h 的半致死浓度低。

防治红萍病虫害可用50%甲铵磷乳剂，该药对鱼安全，可防萍螟和萍灰螟，还可兼防稻飞虱、稻苞虫、稻纵卷叶虫、稻蓟马、黏虫。用90%的晶体敌百虫，50 ~ 70 g/亩，1 000倍溶液喷75 ~ 100 kg，也可杀死萍灰螟，同时兼治稻苞虫、稻螟蛉。

三是采用的施药方法。提倡雾或弥雾的雾滴喷施，这种雾滴在稻株上有较好的黏附力，流落到田水中的农药少。

四是注意农药的施用时间。夏季是水稻和红萍病虫频繁发生时期，施药的次数和用药种类较多，用量也大，加上夏季气温高，农药对鱼类的毒性较大，施药时间宜在早、晚进行。但在水稻抽穗扬花期，应在下午 4 h 后进行。施药时留 8 ~ 10 cm 水层，施后换水。

2.6　加强鱼的饲养管理

2.6.1　补充饵料

有两种方法：一是人工施肥以后促进稻田小浮游生物、底栖生物的生长和繁殖，增加天然饵料。施肥以腐熟的栏肥、粪肥。混合堆肥等为主，每次 50 ~ 100 kg。另一种方法是割青草或用干红萍、青贮红萍投喂，有条件也可喂些茶饼、麦麸、豆饼等饲料。

2.6.2　鱼病防治

稻萍鱼田水体浅，鱼的放养密度大，易使水体缺氧，水质恶化，引起疾病，草鱼致病尤其常见，因此要及时防治。防治鱼病原则是以预防为主，防治兼顾。常采用措施：①稻田消毒。在放鱼前，用生石灰、漂白粉等清田消毒。②鱼种消毒。消毒药物有 3% ~ 4% 的食盐水、8 mg/kg 浓度的硫酸铜溶液、10 mg/kg 的漂白粉溶液、20 mg/kg 的高锰酸钾溶液等。③饲料消毒。在投喂青饲料前用 6 mg/kg 的漂白粉溶液，浸泡 20 ~ 30 min。养鱼用的人粪，在投放前每 500 kg 粪肥加入 120 漂白粉的比例混合搅拌均匀。

2.6.3　天敌防除

主要天敌有水生昆虫，蛙类、水蛇、鸟害、鼠害等。一般按常规方法处理。

2.6.4 其他致害因素及其防治：①缺氧。在水浅、放养密度大、肥料投放过多情况下，或天气闷热，气温下降，水中腐殖度分解加剧而大量消耗氧气时，田中的溶氧量经常下降到最低点（0.2 ~ 0.9 mg/升）。这时应根据水质和鱼类活动等情况，及时注入清水，提高稻田水位，增加水中溶氧量。水质混浊时可放入明矾，以沉淀胶体悬浮物增加水体透气性。②清除有害藻类。在 8 月、9 月高温季节，有些红萍败落，这时田中经常会繁殖大量藻类，其中一种微囊藻，细胞外面有一层胶质膜包裹着，鱼类不能消化。此类藻体死亡之后，蛋白质很容易分解产生羟胺（NH_2OH）、氯化氢（H_2S）等有毒物质，毒死鱼类。据分析，1 kg 水中含有 50 万个左右微囊藻时，就可使鳙鱼苗死亡，如达 100 万个以上，则大部分鱼类死亡。防除方法是用 0.7 mg/kg 硫酸铜均匀撒洒在稻田中，杀死微囊藻。

以上材料可见，红萍作为鱼的饵料，尤其作为大面积稻田养鱼的饵料，有其特殊意义。

3　稻萍鱼立体模式的综合效益

3.1　提高水稻产量

稻萍鱼模式对水稻有明显的增产效果，原因在于它利用物种的相生相克作用，改善了水稻的光、热、气条件，提高土壤肥力，减少病虫危害。在一般条件下，大面积稻萍鱼田的水稻产量可比单一稻高 5% ~ 7%。从福建省农业科学院对不同处理的水稻产量构成因素考核结果来看（见表 2），无论是早稻或晚稻，稻萍鱼组合的结实粒数、结实率和千粒重都明显多于其他三个处理，其产量顺序为稻萍鱼 > 稻鱼 > 稻萍 > 稻。

表 2 不同处理水稻产量构成因素分析

处理	项目	每丛株数	有效穗（穗/丛）	穗实粒数	结实率（%）	千粒重（g）	理论产量（kg）
早稻	稻	11.38	10.13	47.0	65.9	22.4	285.9
	稻萍	12.25	11.38	33.5	65.2	21.7	283.7
	稻鱼	13.25	12.00	44.8	65.6	23.2	331.3
	稻萍鱼	11.75	10.63	50.0	69.7	23.5	372.6
晚稻	稻	7.25	7.25	112.1	76.9	28.8	462.0
	稻萍	7.67	7.67	119.4	76.5	29.6	539.0
	稻鱼	8.08	7.92	113.2	76.5	29.0	510.4
	稻萍鱼	9.33	7.32	116.8	75.7	29.7	621.6

不同的田间结构水稻产量也不同。湖南省农业科学院垄畦式稻萍鱼，双季稻平均亩产水稻 > 54.64 kg，与稻田养鱼处理的水稻产量 755.87 kg 相近，但比单纯种稻的处理增产 1.4%，而单季中稻实验结果，垄畦式稻萍鱼的水稻产量比单纯种稻增产 9.4%，比稻鱼处理增产 5.6%。

此外，水稻产量还与栽培技术有关，特别要注意保持必要的水稻苗数。稻萍鱼模式无疑应以水稻生产为主体，在有助于水稻生长的前提下考虑物种结果和空间结构。为此，鱼坑鱼沟面积不宜过大，一般不得超过稻田面积的 10%。这是确保水稻基本苗数和水稻产量的基础。

3.2 增加鲜鱼产量

由于鱼能大量摄取红萍，而且大约有 30% 红萍氮转化为鱼肉增重，因此，稻萍鱼田的鱼产量明显比传统的稻鱼田增加。如福建省农业科学院 1985 年对建宁县 26 户专业户的 33.1 亩稻萍鱼验收结果，平均亩产 41.8 kg，高产的 10 个专业户，平均亩产鲜鱼 58.7 kg，其中最高达 82.4 kg，与对应稻田养鱼相比，产鱼量有大幅度增加。1986 年，再次在建宁县测产验收，250 亩示范田亩产鲜鱼 50 kg 以上，其中 6.1 亩高产田平均亩产 74.9 kg。最高亩产鱼达 125.8 kg。

湖南省对 15 个县（市）的稻萍鱼示范田进行验收，22 个双稻季试点的 179.88 亩稻萍鱼田，全年水稻亩产 759.79 kg，鲜鱼平均亩产 50.65 kg。合计产值 419.24 元，比对照增值 180.92 元。由于稻萍鱼有增肥和减少病虫为害的作用，每亩减少化肥和农药成本 9.79 元，合计每亩增值 190.71 元。8 个稻试点的 25.8 亩田平均水稻亩产 534.15 kg，比对照增产 18.75 kg，稻谷产值为 166.5 元。鲜鱼平均亩产 48.66 kg，折亩产值 175.18 元，鲜萍亩产 5 425.1 kg，合计产值每亩 341.7 元，扣除鱼成本和化肥，农药增减，平均每亩比对照田增加产值 200.67 元。

近年来，还涌现一批高产典型，如醴陵市黄达咀乡双井村 103 亩稻萍鱼田，验收 7.37 亩，平均亩产稻谷 892.25 kg，比对照增产 16 kg，平均亩收鲜鱼 68.26 kg，亩产鲜萍 3 560 kg，稻萍鱼田比对照增收 245.32 元。

3.3　抑制稻田病虫害和杂草危害

稻萍鱼田一方面由于优质有机肥料增多，化肥用量减少，水稻生长健壮，抗性最强；另一方面是鱼能捕食害虫和杂草，减少了病虫害和杂草的危害，从而减少了喷药和除草的次数。

据福建省农业科学院 1983—1986 年观察结果，稻萍鱼田中杂草量一般约为稻田的 2.5%，基本上可免去中耕除草。如果按维管束类杂草需氮量平均 3.3% 计算，则每亩杂草减少量相当于节约硫酸铵 22 kg。

稻萍鱼模式对病虫害也有明显防效，特别是对纹枯病和稻飞虱有很好的抑制作用。据福建省农业科学院植保所观测，红萍具有对水稻纹枯病菌核萌发的物理阻隔和化学抑制能力。养萍 3 d 后菌核发芽力从 61% 下降到 31.5%；大田稻萍鱼的纹枯病指也只为对照的 1/3 左右（见表 3），加上鱼对病虫的吞食和蜘蛛、大黑蚂蚁等有益天敌的增加，使得病虫害大大减少，一般稻田需喷药 4 次，而稻萍鱼田只需喷 1 次，不仅减少成本，而且减少土壤和食物污染，有益农业生态平衡。

表 3　稻鱼萍模式控制稻飞虱发生量和抑制纹枯病的效果

品种	项目	虫量（万头/亩）		纹枯病	
		稻飞虱	蜘蛛	病指	防效（%）
78130	稻萍	16.05	4.98	4.398	65.59
	稻	76.09	1.67	12.780	—
早尖 1 号	稻萍	19.25	3.91	0.509	78.98
	稻	65.23	0.45	2.422	—

3.4　提高土壤肥力

稻萍鱼田的培土效益要有 3 个方面：一是消灭杂草，减少肥料消耗；二是萍渣、鱼粪的排入，直接提高土壤肥力；三是鱼的活动增加土壤氧气，调和耕作层的氧化和还原电位，加速土壤有机物分解，有利于根系的吸收。

如上所述，鱼摄食红萍后，约有 30% 以鱼粪排出。以亩产 50 kg 鱼计，要摄食红萍 2 500~3 000 kg，如果红萍含氮为 0.3%，则由鱼类排出的氮素相当于 7.5 kg 硫酸铵。据福建省农业科学院田间测定结果表明，不论田中或鱼沟中土壤，稻萍鱼田的土壤肥力都比稻田养鱼的或不养鱼的高，尤其是鱼沟土壤的肥力，提高幅度最大，这与鱼在沟中活动较多有关。这也说明鱼和红萍对水稻有很好的增肥作用（见表 4）。

湖南农科院土肥所的研究也说明了同样规律：垄栽稻萍鱼田的土壤养分比稻田碱解氮高 10.5~14.1 mg/kg，速效磷高 59 mg/kg，速效钾高 12.2~13 mg/kg，有机质高 0.15%~0.24%。可见稻萍鱼模式在协调土壤水、肥、气、热、关系及促进土壤潜在养分转化，保持土壤肥力等方面，都有特殊功效。充分发挥红萍肥效。福建省农业科学院研究表明，红萍在稻萍鱼体系中经鱼吸收消化的肥田作用，远比红萍直接作为肥料翻压的作用大。

采用 [15]N 标记研究结果表明，红萍经鱼吸收转化后，萍体中氮的总利用率达到 67.76%，而红萍直接作为基肥，氮素利用率仅为 46.06%，直接作追肥，氮素利用率只有 51.6%，远不如经鱼转化后的利用率（见表5）。显然，这是由于稻萍鱼体系中，萍体氮素可以多次转化利用的结果，用^{15}N标记红萍氮通过鱼体消化这个环节后有利于植物性蛋白的转化，对鲜鱼增重和土壤肥力提高都有好处。

表4　不同处理土壤肥力的差异

处理	项目	有机质（%）	全氮（%）	全磷 P_2O_5（%）	碱解氮（mg/kg）	速效钾（mg/kg）	速效磷 P_2O_5（mg/kg）
早稻 田间	稻	3.748	0.219	1.20	200	91	6.9
	稻萍区	3.917	0.223	1.20	205	244	6.9
	稻鱼区	3.896	0.226	1.119	218	86	8.5
	稻萍鱼区	3.972	0.239	1.35	216	172	8.8
早稻 沟中	稻	3.928	0.228	1.29	202	171.5	5.2
	稻萍区	3.997	0.239	1.36	219	253.0	6.0
	稻鱼区	4.272	0.272	1.53	198	334	5.6
	稻萍鱼区	4.548	0.283	1.59	219	494	5.3
晚稻 田间	稻	3.677	0.205	0.120	158	87.5	7.3
	稻萍区	3.784	0.203	0.125	157	120	7.5
	稻鱼区	3.849	0.198	0.135	172	127	8.2
	稻萍鱼区	3.948	0.247	0.138	182	165	10.3
晚稻 沟中	稻	4.107	0.239	0.132	200	157	6.9
	稻萍区	4.108	0.206	0.125	209	197	7.4
	稻鱼区	4.825	0.289	0.148	298	192	8.4
	稻萍鱼区	4.954	0.296	0.161	264	259	9.1

表5　红萍不同养用方式的氮利用率

处理	^{15}N利用率（%）		总利用率（%）
	鱼体	水稻	
稻萍鱼	38.24	29.52	67.76
稻萍（^{15}N标记萍做基肥）	—	46.06	46.06
稻萍（^{15}N标记萍做追肥）	—	51.60	51.6

4　稻萍鱼立体模式增产的原理

4.1　红萍作为饵料的效果

据测定红萍含粗蛋白22.02%～25.5%，粗脂肪3.1%，是鱼的很好饵料，只要是草食性或杂食性的鱼类都能很好的利用红萍。据福建省农业科学院观察，在常用的三种鱼类中，以草鱼食萍量最大，尼罗罗非鱼次之，食萍量较少的鲤鱼。草鱼每天的食萍量可达本身重量的50%～80%，尼罗罗非鱼可达50%～60%，鲤鱼随着鱼体长大，食萍量也略有增加。湖南省农业科学院土肥所用红萍喂四种鱼的结果说明，草鱼的饵料系数为 49.02，每尾增重 174 g，增长 4.18 倍；罗非鱼饵料系数为 52.16，每尾增重 133.73 g，增长 6.69 倍；湘鲫饵料系数为 31.29，每尾增重 35.83 g，增长 1.48 倍；芙蓉鲤饵料系数为 0，每尾体重减少 4.55 g，增长倍数降低 0.95 倍。上述结果表明，红萍饲养鱼类的效果是草鱼＞罗非鱼＞湘鲫＞芙蓉鲤。

从 1 g 体重日摄食红萍量的试验结果可以看出，草鱼和尼罗罗非鱼每克体重日摄食红萍量很接近，均为体重的 60% 以上；而湘鲫和芙蓉鲤仅为体重的 8% 左右，与草鱼和罗非鱼比较，存在显著的差异（见表 6、表 7）。

表 6 红萍饲养四种鱼类的总摄食量及饵料系数

供试鱼种	放养			捕捞			饲养天数	成活率（%）	总增重量（g）	总摄食量（g）	饵料系数
	月/日	数量（尾）	体重（g/尾）	月/日	数量（尾）	体重（g/尾）					
草鱼	4月9日	30	54.67	7月31日	30	228.7	112	100	5 220		49.02
湘鲫	4月9日	30	75.00	7月31日	30	110.8	112	100	1 075	33 550	31.21
罗非鱼	4月21日	30	24.73	7月31日	30	168.1	100	100	4 162	217 100	52.61
芙蓉鲤	4月9日	30	96.77	7月31日	30	92.2	112	76.7	−104.2	178 100	0

表 7 4 种鱼类 1 g 体重日摄食红萍量

鱼类	平均数（X）	差异显著性	
		5%	1%
草鱼	0.628	a	A
罗非鱼	0.605	a	A
湘鲫	0.088	b	B
芙蓉鲤	0.087	b	B

4.2 鱼对红萍的消化、吸收和排泄

鱼摄食红萍之后，红萍中的养分在鱼体中如何被吸收、输送和排泄呢？这是深入评价红萍作为鱼饵料的价值所必需了解的。我们从 ^{15}N 追踪实验取得的 ^{15}N 丰度在鱼体各器官的分布状况看到，鱼体内脏器官的 ^{15}N 丰度较体外器官高，说明鱼消化红萍之后，内脏器官迅速地吸收并积累了其养分。但随着鱼摄食后时间的延长，内脏器官 ^{15}N 积累量不断减少，而肌肉组织 ^{15}N 的积累量则逐渐增加（见表 8）摄食后 18 h 到 96 h 之间，肠的 ^{15}N 回收率从 10.3% 下降到 0.97%，胃由 1.64% 下降到 0.24% 肝脏由 2.36% 降到 0.69%，其他内脏器官也有类似的现象。而肌肉组织恰好相反，前期的 ^{15}N 回收率仅有 6.48%，后期却增加到 16.05%，上述数据证实了红萍消化后养分从鱼体内脏器官不断向肌肉骨骼等转移。

表8　鱼各器官对红萍^{15}N的回收率　　　（单位:%）

试验周期	骨	头	肉	鳞	脑	卵	肠
18 h	—	—	6.34 ± 1.17	—	—	—	10.30 ± 3.45
96 h	3.22 ± 1.10	3.74 ± 0.08	16.05 ± 1.7	0.65	0.05 ± 0.03	1.31 ± 0.03	0.97 ± 0.51

试验周期	胃	肝	心	血	脾	胆	鳃
18 h	1.64 ± 0.08	2.36 ± 0.80	0.064 ± 0.017	0.455 ± 0.032 9	0.28 ± 0.22	0.219 ± 0.010	2.96 ± 0.050
96 h	6.24 ± 0.21	0.68 ± 0.110	0.035 ± 0.007	0.06 ± 0.14	0.06	0.24 ± 0.23	1.35

表8还可说明一个值得注意的现象。即卵组织^{15}N的丰度在大超过肌肉组织，可能是由于卵组织大量需要养分的缘故，它对肌肉的增长是不利的，降低了鱼的生长速度。这一发现从理论上说明，在生产上应尽量选择放养雄鱼，以避免雌鱼卵对红萍营养的消耗。

我们对罗非鱼进行四天的饲养试验，观察其代谢平衡状态，结果表明鱼体积累的氮素占红萍总氮的30%左右。用这种利用率计算鱼体的增长速度，可以进一步了解红萍的营养效果。如以0.1 kg重鱼为例，它的耗萍量约为鱼重的50%，鲜萍含氮量为0.3%，鱼含氮量为3%则可以计算出鱼的日增长率约为1.5 g，这种增长率和实际的田间测产结果相吻合，由此说明，鱼对红萍氮素利用率在30%左右是可靠的。

在弄清鱼对红萍的消化能力之后，进一步弄清鱼排泄物的作用是重要的。因为它关系到鱼粪的肥田效果。鱼排粪过程中^{15}N丰度的变化动态说明，在96 h排粪的过程中，最高的^{15}N丰度为3.843%，最低的为2.135%。这些^{15}N丰度远低于红萍3次投放时的丰度5.356%、4.878%和4.422%。鱼粪^{15}N丰度这种下降趋势可能是由于鱼消化道分泌出氮素把萍渣的^{15}N稀释了。它们包括了消化液、胃肠脱落细胞以及其他食物的残渣。因此鱼粪便中含有动物性的成分。这大致可以说明鱼粪的肥效高于红萍本身。

表9为鱼粪中氮素和饲料的关系，表中说明，鱼粪氮含量约占食物氮的30%。上面说过鱼体积累红萍氮约占红萍总氮的30%。因此，从氮的平衡关系看出，红萍氮约有1/3被鱼体利用，1/3以粪便形式排出，而另外的1/3则通过代谢途径从尿、体表分泌物、鳃的物质变换以及鳞片脱落等排进水中。而排粪的30%氮中仅有一半是来自萍体的残渣，还有一半是消化液及脱落细胞等。因此可以推想鱼对红萍的消化率大于60%。氨基酸测定结果也反映了类似的趋势。17种红萍氨基酸消化率测定结果，平均为58.58%，其中有11种氨其酸消化率接近于60%（见表10）。

表9　鱼粪中的氮素与饲料氮的关系

试验周期	红萍全氮 （g）	红萍氮 （^{15}Nat% ex）	鱼粪全氮 （mgN）	鱼粪氮/ 红萍氮（%）	鱼粪来自 红萍氮（%）
18 h	13.07	406.62	3.89 ± 1.03	29.8	14.42 ± 3.878
96 h	453.00	2 094.30	122.11 ± 24.57	27.0	17.580 ± 5.99

表 10 尼罗罗非鱼摄取红萍与排出粪便氨基酸的测定结果

名称 样品含量	红萍（%）	鱼粪便（%）	消化率（%）
天门冬氨酸	2.702 4	1.030 4	61.87
苏氨酸	1.237 8	0.566 9	54.2
丝氨酸	1.303 5	0.522 9	59.88
谷氨酸	3.681 1	0.118 6	69.61
脯氨酸	0.744 3	0.475 7	36.09
甘氨酸	1.385 4	0.644 8	53.46
丙氨酸	1.985 6	0.119 1	43.63
胱氨酸	0.540 4	0.426 7	21.04
缬草氨酸	2.373 3	0.777 4	61.27
甲硫氨酸	0.669 0	0.688 3	-2.88
异亮氨酸	1.021 7	0.411 7	59.70
亮氨酸	2.126 4	0.741 1	65.15
酪氨酸	1.579 7	0.628 7	60.20
苯丙氨酸	2.143 7	0.658 3	69.29
赖氨酸	1.329 5	0.481 2	68.81
组氨酸	0.530 8	0.257 8	54.43
精氨酸	1.506 6	0.576 0	61.27
合计	28.661 2	11.125 6	58.58

资料来源：福建省农业科学院中心实验室

4.3 红萍对鱼的增长效果

经 3 年对比试验表明，稻萍鱼模式由于以红萍为饵料，鱼产量增长是明显的。单养条件下，有萍区尼罗罗非鱼每公顷为 1.2 吨，比无萍区增产 90.4%。每尾鱼重 150～200 g，比无萍区增长 50% 左右。三鱼混养时，合计鱼产量也在 1 吨以上，比无萍区增长 51.4%，平均最大鱼重显著高于无萍区（见表 11）。

表 11 红萍对不周鱼种混养的增产效果

鱼种类	有萍区鱼的产量（吨/hm²）	无萍区鱼的产量（吨/hm²）	有萍区最大鱼重（g/尾）	无萍区最大鱼重（g/尾）
草鱼	0.35	0.15	600	350
鲤鱼	0.17	0.15	150	130
尼罗罗非鱼	0.54	0.40	125	100
合计或平均	1.06	0.70	291	193

【原文载于内部资料《红萍研究论文集及资料汇编 1985—1988 上册》，第 6～16 页，由陈恩重新整理】

稻—萍—鱼初探

叶国添等

（福建省农业科学院土肥所，福州 350013）

我们在水田立体结构模式的研究中，实行宽窄行双龙出海种稻养萍的方式，可年亩产萍 5 000 kg 以上。1983 年，我们养萍后，套养尼罗罗非鱼或鲤鱼，有的混养草鱼，或尼罗罗非鱼和鲤鱼混养，在晚季稻田仅 38 d 的试验中，养萍区比对照区放养鱼总量少 11 尾，却增重 3%，而且尾重 75 g 以上的鱼增加 7%。

稻田养鱼，为了多获得些当年有食用价值的商品鱼，必须争取发展早晚稻两季养鱼，但双季养鱼会遇到早稻收割后，犁耙田和养鱼生存问题的矛盾。现在，一般的办法是把鱼移别处暂存，犁耙田后立即抢修好鱼沟、鱼溜，再把鱼移回来。这样做花工大，新耙田赶做鱼沟、鱼溜不容易，在季节紧的地区，困难尤大。我们试改为不犁耙田，直接在宽行中插秧收到良好效果，不仅水稻略有增产，而且大为省工，虽插秧时土壤略嫌硬扁些，但受到农民的欢迎。而稻、萍、鱼田，鱼可起到松土的作用；除其他天然饵料外，鱼又有萍吃，体重增长速度显著，总重量混养比单养增长得还快，看来双季养鱼，亩产 50 kg 左右，不成问题。

稻田养鱼后，对防治病虫害的效果很明显，1983 年，本省晚秋气温高，稻飞虱大量发生，为害严重，一般田下农药多达 4 次，养鱼田在整个晚稻生长期间，只下了 1 次农药，且未见稻飞虱明显为害。既降低了多下农药和人工的费用，又减少了农药带来的污染。因此，用宽窄行双龙出海法养萍，作为鱼饵，实行稻、萍、鱼共生，是使稻谷增产（7% ~ 10%）和提高当年商品鱼产量的好办法。当然，大面积发展，也还有一系列技术问题要进一步研究解决，如：夏季的供萍问题，养萍量的控制问题，进一步对稻田的耕作和放养鱼种的规格、品种的改进，等等。但是，可以认为，我们的初试，可能使稻田养鱼有一个新的发展。

【原文发表于《中国水产》，1984（6）：22，由陈恩重新整理】

稻萍鱼共生是提高稻田产值的好途径

叶国添　林崇光　陈震南

（福建省农业科学院土肥所，福州 350013）

"稻萍鱼共生" 研究经 1982 年莆田红旗点预试和 1983—1984 年福清、福州、建宁等 3 个点的正式试验及较大面积的中试，结果表明，它确实是提高稻田产值，较好地改善农业生态环境的好途径。现将建宁点的小区试验研究和 434 亩的中试结果综合简报如下。

1　稻萍鱼共生对稻鱼产量的良好影响

经小区对比试验和较大面积的中试验收结果表明，稻萍鱼三者在稻田共生有互促互利的良好作用，因而达到：

1.1　增加稻谷产量

从小区试验结果表明，稻萍鱼处理区早晚季亩产稻谷 678.55 kg，比单种稻、不养鱼的对照区亩产稻谷 631 kg，增产 7.5%。而验收 265 亩稻、萍、鱼中试田稻谷产量也同样比对照田高。早季平均亩产 340 kg，比对照田亩产 317.5 kg，增产 7.1%，晚季平均亩产稻谷 345 kg，比对照田亩产稻谷 314.85 kg，增产 9.6%。其原因：①稻萍鱼田块病虫害减轻了，喷农药的次数少了，对水稻的纹枯病、稻飞虱都有较明显的防效作用（见表 1）。②抑制杂草 测定结果，各处理折亩有杂草量：种稻区为 300 kg，稻萍区 42 kg，稻萍鱼区为 6 kg，稻鱼区草被吃光，这样，不中耕除草既省工又减少肥分损耗。③增肥作用。据测定鱼吃红萍的消化率在 58.8%～59.7% 之间，其余残留物变为鱼粪排出，若按早晚稻田养殖红萍，亩产 4 000～5 000 kg 计，尼罗罗非鱼排出的粪便全氮含量相当于 10 kg 左右硫铵，以及相当数量的磷钾肥，起到增肥的作用。这对促进水稻生长发育，增加产量有积极作用。

表 1　稻萍鱼田与病虫害的关系

处理		纹枯病丛发病率（%）	稻螟枯心率（%）	稻飞虱		防治次数
				株虫口密度（只）	防效（%）	
早稻	单种稻	18.3	2.0	3.3		0
	稻萍鱼	8.9	1.36	0.9	7.0	0
晚稻	单种稻	2.5	0.23	3.7		1
	稻萍鱼	1.8	0.20	2.0	3.8	0

注：调查早稻为孕穗后期；晚稻为灌浆后期

1.2 提高鲜鱼产量

经过对 26 个专业户 33.1 亩"稻萍鱼共生"的抽测，平均亩产鲜鱼 41.75 kg，比传统的稻田养鱼成倍增加，每亩可增收 80～100 元，经济效益较为显著。而且商品鱼数量也增加 9.8%（见表 2、表 3）。

表 2　"稻萍鱼"中试鱼产量抽测

抽测户数	抽测数（亩）	鲜鱼总产（kg）	平均亩产（kg）	商品率（%）
10（高）	10.2	598.4	58.65	60.7
9（中）	12.7	497.05	39.15	52.0
7（低）	10.2	258.7	28.3	58.9
合计 26	33.1	1 381.15	41.75	

表 3　稻萍鱼与鲜鱼商品率关系

处理	鲜鱼（kg/亩）	其中（kg/亩）			增长（%）	其中商品鱼（kg/亩）	增长（%）
		尼罗罗非鱼	鲤鱼	草鱼			
稻鱼（ck）	40.9	20.3	16.5	4.1		30.55	
稻萍鱼	52.25	27.85	19.0	5.25	27.7	42.85	9.8

2　红萍饵料对鱼长重的影响

试验结果表明，有养萍作鱼的饵料，鱼重比不养萍区有较明显增加（见表 4）。但不同鱼种的耗萍量是不同的，草鱼日耗萍量大于尼罗罗非鱼，以鲤鱼最少，3 种鱼混养的耗萍最大。一般每耗萍 25～30 kg，鱼可增重 0.5 kg。如果在早稻插秧前或插后 10 d 放萍 150 kg，至晚季收鱼前可生产红萍 4 000～5 000 kg，以此供作鱼饵，能产鱼 65～75 kg，这就大大提高了养鱼的经济效益，也是红萍利用的一条新途径。用红萍作为鱼饵还可减少草鱼的损苗作用，经测定，养萍区早稻损苗为 7.7%，晚稻 15%；无萍区，早稻为 18.6%，晚稻 24%。

表 4　三种鱼与耗萍量　　　　　　　　　　　　　　　　　　（g/尾）

鱼种	处理	总耗萍量（kg）	鱼体终重	日耗萍量（g）	日增重	增长（%）	斤鱼需萍量（kg）
罗非鱼	养萍	10	87.5	43.9	0.88	66	25
	不养萍	—	70.0	—	0.53	—	—
鲤鱼	养萍	1.05	100	4.6	1.24	2.5	
	不养萍	—	75.0	—	0.99	—	
草鱼	养萍	10.65	150	46.7	0.81	65	28.85
	不养萍	—	125	—	0.49	—	

（续表）

鱼种	处理	总耗萍量（kg）	鱼体终重	日耗萍量（g）	日增重	增长（%）	斤鱼需萍量（kg）
三种鱼混养	养萍	11.4	100	50.0	0.73	74	34.25
	不养萍	—	95	—	0.42	—	

注：小区面积 24 尺^2，每区放鱼 6 尾，试验自 8 月 9 日至 9 月 16 日

3　对红萍生殖的影响

在稻萍鱼共生田选用较耐低温的细绿萍与生殖能力很强的卡洲萍混养。能较长时间提供饵料。因萍鱼共生能相互促进，减轻萍体受病虫为害。据观测，罗非鱼、鲤鱼、草鱼混养区平均每平方尺有萍螟 1 条多，萍丝虫 50 条，而单养萍区则分别为 4.4 条和 400 条，同时，尼罗罗非鱼、草鱼不断吃苔藻和萍，稀疏了萍的群体，改善生殖环境，使萍体很少发生霉腐，能较长时间保持增殖能力，其共生期比稻萍田多延长 30 多天，每亩并能多产鲜萍 1 000 kg，如果加强管理，增殖更多。

4　协调稻萍鱼共生的技术措施

4.1　采用双龙出海插秧方式：双龙出海要严格控制规格，插足本数，抓好早管。常规稻以 $\frac{9+5}{2} \times 3$ 寸，亩插 2.8 万丛以上，丛插 10 株，保证基本苗在 28 万左右；杂交稻以 $\frac{10+6}{2} \times$ 3.5 寸，亩插 2 万丛以上，丛插 2~3 粒谷，保证基本苗 6 万左右。注意施足基肥，抓好早施追肥，基肥和追肥量以 8∶2 为宜，追肥在插秧后 4~5 d 结合耘田施下，施后 7 d 搁田，促根发苗，复水后即可放鱼。晚稻施肥要严格掌握施用方法，因鱼儿尚在田内放养。每次施肥量不宜太多，基肥亩施尿素 4 kg，过钙 3 kg，硫酸钾 2.5 kg；追肥要少量多次，每次相隔 2~3 d，每次亩用量与基肥量相仿，施肥控制在插后 15~20 d 内结束。

4.2　选用鱼种，合理混养和掌握放捕原则：鱼种选用杂食性强，爱吃萍和杂草，不损稻、耐低氧、长速快、肉质好的尼罗罗非鱼、会吃虫的鲤鱼和会吃萍、草的草鱼混养，在规格上草鱼宜放 1 寸左右夏花苗，避免损稻，经早季养后作为大规格鱼种移至池塘内养成鱼，效果好。其他两鱼可选用春片。如种苗困难，尽量争取采用 1.5 寸左右的早夏花，为鲜鱼高产打基础。三鱼放养时间：鲤鱼应掌握早稻插秧后（约在 4 月下旬）放入，草鱼早夏花和尼罗罗非鱼争取在 5 月下旬至 6 月初放入，三鱼的比例约为 4∶1∶5，为了保证较快扩大放养面积，鱼苗、鱼种应立足自有解决，可利用制种田放养水花，培育夏花种苗，鲤鱼于 4 月下旬放入制种田，5 月底供应夏花鲤鱼苗；尼罗罗非鱼于 5 月下旬放入制种田精养，于 6 月下旬供应尼罗罗非鱼夏花，若其成活率按 50% 计算，这样每亩制种田育苗可解决百亩放养面积所需的鱼苗，这是就地解决鱼种苗的有效途径。

放捕原则应掌握因地制宜，多种形式轮捕轮放，疏大留小，分批上市可获得较好效果。

4.3　鱼沟、鱼坑面积和合理配置：养大鱼、争高产，须有一定的鱼沟、坑面积，保证鱼儿取食丰富，栖息自在，活动自由，沟坑占用面积不同，其鱼产量有很大差异。据试验观察表

明，沟坑占本田面积 12% ~ 15%，亩产鱼 57 kg，沟坑占 8% ~ 10% 时，亩鱼产 41.5 ~ 45.85 kg，沟坑在 4% ~ 6% 时，亩产鱼仅 29.35 ~ 38 kg，这说明鱼沟、鱼坑须占用本田面积 12% 以上，既有利于鲜鱼高产，又能很好解决喷药施肥、烤田等与养鱼的矛盾。有必要时，可放浅水层，让鱼儿暂躲沟坑内，保持正常活动，具体配置：环沟宽 1 m，深 0.7 m，"+"字沟或"井"字沟，宽 0.7 m，深 0.3 m，面积达一亩以上的田块，在环沟交接处挖口 4 m²、1 m 深的坑；在 2 亩以上的田坑应挖口 6 m²、深 1 m 的坑，沟内种植莲子及沟坑埂堤上种芋子或丝瓜，既增加收益，又给鱼儿创造良好的生活环境。

4.4　做好六防工作：①防逃：进出水口栅栏要严密、牢固，栏孔要小，彻栏下要插放木板，防鱼钻洞逃跑，田埂周围要加高筑固，同时还要经常检查，堵塞黄鳝和老鼠打洞。②防洪：在暴风雨来临前，要切实做好排水沟和排洪沟，严防洪水入田冲走鱼苗。③防热：7 月中下旬 ~ 8 月下旬中午水温均在 40℃ 以上，所以在鱼坑内种莲或埂堤上种芋子或丝瓜，遮阴降温或灌水降温保鱼，避免因水温过高引起死鱼。④防毒：在除虫治病喷药时，应注意农药不落入沟坑内，或喷农药的田水流入田内，以免鱼儿中毒，并严防有人毒鱼。⑤防敌：水蛇（泥蛇）、食鱼鸟、田鼠、猾鮴狸、黄鼠狼等都可为害鱼类。尤以水蛇和猾鮴狸为害最甚，要采取挖深加大鱼沟、鱼坑，让鱼遇敌有游躲的场所，选用性情凶猛、会惊走敌害的尼罗罗非鱼，以及进行人工诱捕，减轻为害。⑥防偷防破坏：要制定乡规民约，严禁电、钓、偷鱼和防人偷拔栏鱼装置，以及挖缺口等破坏活动。

4.5　掌握放萍时间、数量及做好管理：在早稻插秧前或插秧后，第一次稻苗追肥结束放萍，亩放健萍 125 ~ 150 kg，此时气候适宜，繁殖快，且鱼儿尚小耗萍也少。若萍量过大会因增殖快，使萍体重叠，影响鱼儿正常生活生长。放萍后当天亩用磷酸二氢钾 100 g，硫铵 0.5 kg，托布津 50 g 或多菌灵 50 g 和敌敌畏 50 g，"二二三" 150 kg，加水 75 kg 喷雾，次日下午以同样的肥药及浓度再喷一次，确保萍体正常繁殖，不断供鱼儿作饵料。

4.6　晚稻免耕插秧：为了鱼儿继续放养在本田和调节劳畜力的紧张状况，我们采用免耕（打辘轴）直接插晚秧的办法，结果稻谷亩产比耕翻田增产 7.6%。

5　结　语

5.1　在稻萍鱼共生中，用红萍作鱼儿饵料，是一条经济有效的发展养鱼业的好途径，也是用地与养地相结合的好办法。

5.2　稻萍鱼共生对农业生态环境有良好影响，表现了田间病虫害减少，杂草除净，鱼粪肥田，稻谷增产（8.3%），鲜鱼高产（40 ~ 50 kg/亩），净收益高（100 ~ 120 元/亩）。

5.3　初步摸索出一套协调三者共生的技术措施，主要采用宽窄行双龙出海，种稻养萍养鱼；加宽加大加深鱼沟鱼坑（一般占用本田面积 12% ~ 15%）。有利于稻萍鱼三高产。无论山区、平原、沿海都可以搞。为农村找到一条致富的门路。

【原文发表于《福建农业科技》，1985，（02）：52 - 54，47，由陈恩重新整理】

稻萍鱼高产共生体系研究*

叶国添

（福建省农业科学院土肥所，福州 350013）

自 1981 年起，我们把我国传统的养萍和稻田养鱼结合起来，进行田里种稻，水面养萍，水中养鱼，以萍喂鱼，鱼粪肥田促稻和坑堤上种瓜、种豆等多层结构的立体种养研究，以充分利用空间、时间和光能，获得较高的经济效益和社会效益、生态效益。研究内容主要包括稻萍鱼的最优立体结构模式，稻萍鱼共生关系和物质转化规律、高产性状和经济效益等方面。几年来本研究在 2 个省 8 个县的多点试验和 24 000 多亩大面积示范推广中，取得很好的效果，证明稻萍鱼立体种养对稳定水稻生产面积，提高稻、鱼产量，增加产值，以及改良土壤、改善农田生态环境等均有重要作用，它是稻区农村治穷致富，改善食物结构，发展综合经营的有效途径。现将研究结果归纳如下：

1 红萍作为鱼饵料的效果

据分析，红萍含粗蛋白一般在 20% 左右，以萍喂鱼对鱼长速、增重，提高鱼产量和增加商品鱼数量均有良好的作用。

1.1 红萍对鱼生长的影响

有红萍作饵料对鱼长速增重是明显的（见表 1）。

从表 1 看出，罗非鱼、鲤鱼、草鱼 3 种鱼都会吃萍，从表 1 和图 1 看出，每尾鱼重在 50 g 以上，每天耗萍 40~60 g，耗萍量是鱼体重的 60%，能增加鱼重 0.8 g 左右。但不同鱼种的耗萍量是不同的，草鱼每尾每天耗萍为 55.9 g，尼罗罗非鱼为 43.9 g，鲤鱼为 4.6 g，一般耗萍 20~30 kg 可增重 0.5 kg，三鱼混养耗萍更大，平均每尾每日耗萍为 57.5 g。且随着耗萍量的增加，鱼产量也相应提高。

表 1 三种鱼耗萍与长速试验结果

鱼种	处理	放养尾数（尾/区）	平均鱼体始重（g/尾）	试验天数（d）	总耗萍量（kg）	鱼体终重（g/尾）	平均耗萍量 g/尾日	平均日增重（g/尾）	增减率（%）	每长 0.5 kg 鱼需萍量
罗非鱼	养萍	6	54.2	38	10	87.5	43.9	0.88	+66	25
	不养萍	6	50.0	38		70.0		0.53		

---

* 本研究主要参加者有陈震南、林崇光等。

（续表）

鱼种	处理	放养尾数（尾/区）	平均鱼体始重（g/尾）	试验天数（d）	总耗萍量（kg）	鱼体终重（g/尾）	平均耗萍量 g/尾日	平均日增重（g/尾）	增减率（%）	每长0.5 kg鱼需萍量
鲤鱼	养萍	6	52.8	38	1.05	100	4.6	124	+25	
	不养萍	6	37.5	38		750		0.99		
草鱼	养萍	6	119.4	38	12.75	160	559	1.07	+118	
	不养萍	6	106.3	38		125		0.49		26.15
三鱼混养	养萍	6	72.0	38	13.1	109	57.5	0.97	+94	29.65
	不养萍	6	79.0	38		98		0.50		

说明：小区面积24平方尺，试验自8月9日至9月16日

1.2 红萍对鱼产量的影响

由于稻萍鱼共生体系能有效解决饵料，促进鱼苗生长。因而大幅度提高单位面积鲜鱼产量，1984年根据对26亩专业户的33.1亩稻萍鱼抽测，共收鲜鱼1 381.15 kg，平均亩产鱼41.75 kg，其中抽测高产的10个专业户，户户超50 kg，平均亩产鲜鱼58.65 kg，其中最高的1户达82.35 kg，与1983年全国稻田养鱼每亩平均产量5 kg相比，约增加10多倍，1986年我们总结前几年的经验和教训，采用了综合性的高产配套技术，有效地提高鲜鱼产量早稻验收6块田7.38亩收鲜鱼375.35 kg，平均亩产鲜鱼51.2 kg，晚季验收3块田6.10亩共收鲜鱼449.4 kg，平均亩收鲜鱼74.9 kg。（在250亩高产片，亩均产鱼50 kg以上，其中最高亩产鱼125.75 kg；1 000亩带动片亩均产鱼40 kg以上。）

1.3 红萍对商品鱼数量的影响

养萍区比无萍区的商品鱼数量有明显增加（见表2）。

从表2看出，养萍区商品鱼数量增加13.2 kg，鱼重提高了41.2%。

表2 红萍饵料对商品鱼数量的影响

处理\结果\项目	放鱼情况					放鱼情况					
	面积（亩）	鱼类			合计尾/亩	总重量（kg）	折亩产（kg）	增产率（%）	其中：商品鱼		
		尼罗非鱼（尾/亩）	鲤鱼尾/亩	草鱼尾/亩					kg/亩	增减率（%）	商品鱼（%）
稻鱼	1.5	500	400	100	1 000	70.9	47.25		32.05		67.8
稻萍鱼	1.5	500	400	100	1 000	90.55	60.35	+27.7	45.25	41.2	74.94

1.4 减少了鱼对稻苗的损害

表3数据表明，在不养红萍情况下，尽管早稻田只放养3~4寸春片草鱼，对稻苗咬食仍然严重，若有红萍作饵料，无论是早稻或晚稻都减轻草鱼对稻苗的损害，据此，1986年我们在沟坑做好泥埂放萍，把草鱼暂养在沟坑内，待水稻有效分蘖终止，才把草鱼放入田间

吃老叶和无效分蘖，有利于稻田行间通风透气，提高产量。

表3　不同处理草鱼损苗情况

处理		小区水稻丛数	插秧规格	放鱼情况			鱼损稻苗数（丛）	损失率（%）
				尾数	规格（全长寸）	体重（g/尾）		
早稻	种稻+草鱼	1 056	$\frac{10+5}{2}\times3$	10	3~4	12.5	196	18.56
	稻萍+草鱼	1 056	$\frac{10+5}{2}\times3$	10	3~4	12.5	81	7.67
晚稻	稻+草鱼	96	$\frac{10+5}{2}\times3$	6	6.0	110	23	24
	稻萍+草鱼	96	$\frac{10+5}{2}\times3$	6	6.0	119	14.5	15

2　鱼对红萍蛋白质的消耗功能测定

1984年据陈炳焕等对尼罗罗非鱼，采用"内源指示剂"法测定鱼对红萍粗蛋白的转化功能，二次测定结果表明，尼罗罗非鱼对红萍蛋白的消化率为59%，为了进一步探讨尼罗罗非鱼对红萍蛋白质的消化率，在测定总消化率的同对，又取鲜萍与鱼粪进行氨基酸测定，结果表明，红萍体内全氮氨基酸含量为28.86%，鱼粪便氨基酸的含量为11.13%，总消化率为58.58%，反映出尼罗罗非鱼对红萍消化率测定和氨基酸测定结果有类似趋势（见表4、表5）。

表4　尼罗罗非鱼摄食红萍消化率的测定结果

测定时间	平均水温（℃）	饵料名称	实验鱼尾数（尾）	鱼规格（g/尾）	摄食红草（g）	摄食量/鱼重（%）	干物质总消化率（%）
9月16日	24.6	红萍	20	45.7	92.5	10.6	59.67
9月24日	25.5	红萍	24	45.5	257.0	13.4	59.25

表5　罗非鱼摄食红萍于排出粪便氨基酸测定结果

（取样日期：1984年9月24日）

氨基酸含量名称	红萍（%）	鱼粪便（%）	消化率（%）	氨基酸含量名称	红萍（%）	鱼粪便（%）	消化率（%）
天门冬氨酸	2.702 4	1.030 4	61.87	甲硫氨酸	0.669 0	0.688 3	-2.88
苏氨酸	1.237 8	0.566 9	54.20	异亮氨酸	1.021 7	0.411 7	59.07
丝氨酸	1.303 5	0.522 9	59.88	亮氨酸	2.126 4	0.741 1	65.15
谷氨酸	3.681 1	1.118 6	69.61	络氨酸	1.579 7	0.628 7	60.20
脯氨酸	0.744 3	0.475 7	36.09	苯丙氨酸	2.143 7	0.658 2	69.29

（续表）

氨基酸含量名称	样品名称 红萍（%）	鱼粪便（%）	消化率（%）	氨基酸含量名称	样品名称 红萍（%）	鱼粪便（%）	消化率（%）
甘氨酸	1.385 4	0.644 8	53.46	赖氨酸	1.329 5	0.481 2	63.81
丙氨酸	1.985 6	1.119 1	43.63	组氨酸	0.530 8	0.257 8	51.43
胱氨酸	0.540 4	0.426 7	21.04	精氨酸	1.506 6	0.576 0	61.77
缬草氨酸	2.373 3	0.777 4	67.24	合计	26.861 2	11.125 6	58.58

注：本院中心化验室测定结果，采用835型氨基酸自动分析仪器测定

从表4、表5中看出尼罗罗非鱼有很强的消化功能，能很好地把红萍蛋白质消化，吸收，有效地转化为动物质蛋白。另外有相当一部分变为粪便排泄出肥田促稻。

3　稻萍鱼共生对水稻产量的影响

据考察稻萍鱼共生对水稻的有效穗，实粒数，千粒重均有良好影响（见表6）。所以使水稻增产（见表7）。

表6　红萍鱼田与稻田的水稻经济性状比较

项目处理	面积（亩）	插秧规格（寸）	亩插丛数（万）	株高（cm）	总苗数（万/亩）	有效穗 穗/丛	有效穗 万穗/亩	总粒数/穗	实粒数/穗	结实率（%）	千粒重（g）	理论产量（kg/亩）	实际产量（kg/亩）	增减率（%）
稻萍鱼	1.09	$\frac{10+6}{2}$ ×3.5	2.14	99.0	31.24	11.1	23.75	104.2	89.6	86.0	28.1	496.35	488.05	+9.6
种稻（CK）	1.09	$\frac{10+6}{2}$ ×3.5	2.14	98.7	29.05	10.5	22.47	98.5	83.4	84.5	27.9	457.2	445.35	

表7　稻萍鱼田与稻田的谷物产量对比

项目处理	专业户主	稻别	面积（亩）	稻谷实收（kg）	折亩产（kg）	增减率（%）
Ⅰ：种稻（CK）	丁寿明	晚稻	0.9	400.95	445.35	
Ⅱ：稻—萍—鱼	丁寿明	晚稻	1.09	531.95	473.0	+9.6
Ⅰ：种稻（CK）	廖桂芳	早稻	0.25	76.25	305	
Ⅱ：稻—萍—鱼	廖桂芳	早稻	0.25	87.5	350	+14.6
Ⅰ：种稻（CK）	廖桂芳	晚稻	0.25	88.4	353.5	
Ⅱ：稻—萍—鱼	廖桂芳	晚稻	0.25	96	384	8.9

大面积抽查得到同样结果，早稻抽查16.6亩，总产5 705.490 5 kg，平均亩产343.91

kg，比 10.9 亩对比田平均亩增稻谷 411.55 kg，增产 6.0%，晚稻抽查 19.6 亩，总产 8 061.9 kg，平均亩产 411.55 kg，比 18.7 亩对比田平均每亩增加稻谷 39.995 kg，增产 10.7%，另对 265 亩稻萍鱼田进行产量测定，结果早稻收谷 90 100 kg，平均亩产 340 kg，比对比田的平均亩产 317.5 kg 增收稻谷 22.5 kg，增产 7.1%；晚稻收稻谷 91 452 kg，平均亩产 345 kg，比对比田的平均亩产 314.85 kg 亩增收稻谷 35.15 kg，增产 9.6%，1986 年早稻验收情况，共收 6 块田面积 7.38 亩收干谷 3 339.15 kg，平均亩产干谷 452.45 kg，比对照田增产 7.1% ~ 11%。而减少农药用量，既降低成本，又减轻污染和农药残毒，改善生态环境，有益于人体建康。

4　稻萍鱼共生对红萍生殖的影响

在稻萍鱼田里，因鲤鱼能吃掉红萍的多种虫害，尼罗罗非鱼、草鱼不断吃掉苔藻和红萍。稀疏萍体，改善生殖环境，使萍体很少发生霉腐病（见表 8a 、表 8b）。因此，稻萍鱼田的红萍生殖快，生长旺盛。

5　稻萍鱼体系的效益

据 1983—1986 年大面积验收结果，双季稻平均亩产 675 kg，比普通田增产 7% 左右，平均亩收鱼 50 kg 左右。同时在沟坑埂堤上种瓜种豆种菜，平均亩收瓜 100 kg 左右。黄豆 5 ~ 8 kg，每亩还减少施肥喷药，除草等节省 10 元左右，按现行价格计算，扣除鱼苗费外，亩可增加收入 150 元左右，体现出有较高的经济效益。

表 8a　不同鱼类与红萍病虫的一些关系

项目 \ 处理	观测两积（尺）2	测定时间（月/日）	放鱼密度（尾/亩）	放萍量（g）	萍灰螟数量（条）	增减数（条）	增减率（%）
养红萍（CK）	3×8	8.19	1 250	400	115		
红萍 + 草鱼	3×8	8.19	1 250	400	111	-4	0.3
红萍 + 尼罗罗非鱼	3×8	8.19	1 250	400	9	-106	92
红萍 + 鲤鱼	3×8	8.19	1 250	400	0	-11	100
红萍 + 尼鲤草鱼	3×8	8.19	1 250	400	25	-90	80

表 8b

处理	萍丝虫			霉腐病	
	万条/亩	增减数 万条/亩	倍数	尺/亩	占发病面积（%）
养萍	240			480	0.08
红萍 + 尼鲤草鱼	30	210	7	无	无

从表9中看出，稻萍鱼共生对防治病虫草害有很好的作用，说明以鱼为天敌，不仅吃草、害虫幼体，而且还能诱引有益昆虫蜘蛛消灭害虫，省工省药省本，很令人信服。

表9　稻萍鱼共生对防治病虫草害的作用

处理	萍丝虫		纹枯病		杂草	
	残存头数	减退率（%）	病指	防效	草量（kg/公）	防效（%）
稻萍鱼	54	58.5	5.79	75.2	6	98
稻鱼	72	44.6	5.68	75.7	0	100
稻萍	127	5.3	7.11	69.5	42	86
种稻	130	—	23.23	—	300	—

注：病虫害是植保所刘浩官等观察调查结果

从表10土壤养分分析看，各处理中稻萍鱼和稻萍比单种水稻的土壤养分无论是稻板和鱼坑的养分均有明显提高，并且比基础土壤的养分都有增加的趋势，这因为鱼儿排粪便和红萍脱根残体腐解过程，所以稻萍鱼体系对培养地力，使耕地越种越肥有很好的作用，是一条用地与养地相结合的有效途径。

表10　稻萍鱼共生对土壤肥力的影响

处理		有机质（%）	全量（%）		速效（mg/kg）		
			N	P_2O_5	碱解氮	P_2O_5	K_2O
	基础土壤	3.520	0.192	1.040	158	4.3	162
田板	种稻	3.748	0.219	1.20	200	6.9	91
	稻萍	3.917	0.223	1.20	205	6.9	244
	稻鱼	3.896	0.226	1.19	218	8.5	86
	稻萍鱼	3.972	0.239	1.35	216	8.8	172
鱼沟	种稻	3.928	0.228	1.29	202	5.2	417
	稻萍	3.997	0.238	1.36	219	6.0	378
	稻鱼	4.272	0.272	1.53	198	5.6	295
	稻萍鱼	4.548	0.283	1.59	219	5.3	495

6　摸索出一套协调稻萍鱼高产的技术措施

6.1　周年供萍技术

6.1.1　秋繁冬养春用

晚稻收后立即利用秋季适宜气候繁萍养鱼，冬季扩放稻萍鱼田养殖，发挥冬闲田的优势，多繁萍量，便于春季多次压萍，一般翻压2~3次，一亩压萍2 000~2 500 kg，肥田肥水，促进浮游生物和底栖动物繁衍，为鱼儿提供饵料打下基础。

6.1.2　青贮和晒干贮藏

红萍生长量季节性差异很大，4—6月上旬繁殖快，每5 d增殖1倍。这时鱼小耗萍少，

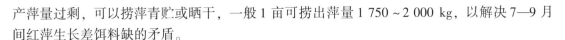

产萍量过剩，可以捞萍青贮或晒干，一般 1 亩可捞出萍量 1 750～2 000 kg，以解决 7—9 月间红萍生长差饵料缺的矛盾。

6.1.3　因地制宜安排供萍场所

闽西北地区莲田多，夏季莲田荫蔽凉爽，光照适度通风好，是红萍夏季生长的好场所。在莲田里养红萍，可以不断捞出鲜萍供稻萍鱼田需要，平均 1 天能捞出萍量 70 kg，1 亩莲田可以供应 3 亩稻萍鱼田的需要。也可利用茭白田养萍供萍。

6.1.4　延长稻萍鱼田的供养时间

稻萍鱼田在早稻插秧前后，放养细绿萍、卡洲萍、本地萍各 50 kg 混养，利用不同萍种适应的不同温界，延长红萍生殖时间。

6.2　沟坑配套技术

沟坑设置要求田套坑、坑通沟，坑沟配套或田套塘，塘通沟、塘沟配套、坑（塘）沟面积一般占本田面积 8%～10% 较合适，以协调稻鱼之间的关系，达到高产的目的。其中坑占 4%～5%，沟占 4%～5%，坑（塘）位置设在进水口，深 1.2 m，宽、长按面积比例掌握。后沟宽 1 m，深 0.7 m，从表 10 土壤养分分析看，各处理中稻萍鱼和稻萍比单种水稻的土壤养分无论是稻板和鱼坑的养分均有明显提高，并且比基础土壤的养分都有增加的趋势，这因为鱼儿排粪便和红萍脱根残体腐解过程，所以稻萍鱼体系对培养地力，使耕地越种越肥有很好的作用，是一条用地与养地相结合的有效途径。

6.3　采用双龙出海的插秧方式

为稻萍鱼创造良好的环境，以协调三者共生的需要，双龙出海有利稻田通风透气，提高光能利用率，并有很好的边缘优势，利于红萍生长和鱼儿活动，为三者高产创造良好条件。试验证明，双龙出海的水稻经济性状和产量都优于常规插秧（见表 11）但双龙出海要把好 3 关；①严格控制规格；②插足本数；③抓好早管。规格要求常规稻 $\frac{9+5}{2}$ ×

3 寸，亩插 2.8 万丛以上，丛插 10 株，保证基本苗 28 万；杂交稻点 $\frac{10+6}{2}$ ×3.5 寸，亩插 2 万丛以上，丛插稻 2～3 粒谷，保证基本苗 6 万左右。早管，早稻施足基肥，亩施猪牛粪 1 000 kg，碳铵 25 kg，过磷酸钙 12.5 kg，硫酸钾 5 kg，如没有猪牛粪，亩施碳铵 40 kg，过钙 15 kg，硫酸钾 7.5 kg，全层施用。基肥量占总施肥量的 80%，早追施，在插秧后 4～5 d，亩施碳铵 15 kg，过钙 12.5 kg，硫酸钾 7.5 kg 混合施在稻行间，结合耘田，施后 7 d 露田，搁田促根发苗，复水后即可放鱼。晚稻施肥：需严格掌握施肥方法，因鱼继续在田里放养，施肥量每次不宜太多，基肥亩施尿素 3.5 kg，过钙 4 kg，硫酸钾 3 kg；追肥要少量多次，每次相隔 2～3 d。每亩施尿素 3.5 kg，过钙 4 kg，硫酸钾 3 kg。总施肥量掌握尿素 17.5 kg，过钙 20 kg、硫酸钾 15 kg，控制在插秧后 10～15 d 内施肥结束，每次不宜增量，否则对鱼有害。

表11　不同插秧方式的产量比较

类别	插秧规格（寸）	亩插丛数(万/亩)	有效穗		经济			性状产量（kg）			
			穗/丛	万穗/亩	总粒数/穗	实粒数/穗	结实率（%）	千粒重（g）	（kg/亩）	增减（kg/亩）	增减率（%）
双龙出海	$\frac{9.1+6.1}{2} \times 3.5$	2.31	8.0	18.48	113.6	103.32	91	26.3	427.1	+25.5	+6.3
常规插秧	6×4	2.51	7.2	18.00	109.6	99.74	91	26.2	401.6		

6.4 选择适宜品种

采用"三鱼"混养为提高鱼产量打下基础，根据稻田生境和不同鱼种生活和取食习性，改单养为尼罗罗非鱼、鲤鱼、草鱼混养，以得到益彰的效果，并掌握适宜比例和捕放原则。三鱼比例200∶100∶350。捕放原则，轮捕、轮放。疏大留小，及时补苗（鱼苗）等技术，使稻萍鱼朝着规范化的方向发展。

6.5 晚稻采用免耕打辘轴或直接免耕插秧

为了不搬动鱼儿，让它继续在本田放养，我们试验免耕和免耕打辘轴插秧，结果表明：亩产不低于耕翻田，还略有增产（见表12），免耕法还可以缩短季节，调节劳力，不误农时，省工省水省本，并有效地保护土壤肥力。因免耕不打乱耕作层，表层土壤松软，养分高，土壤不淀积，透性好，秧苗能浅插，有利发根，返青发苗，但免耕晚稻后期有早衰现象，施肥要注意备些肥料后期补尾确保丰收。

表12　不同耕作方式对晚稻产量的影响

耕作类型	面积（亩）	晚稻品种	产量				备注
			总产量（kg）	亩产（kg）	增减数		
					kg/亩	%	
打辘轴免耕	1.0	汕优63	646	516.5	+36.5	+7.6	
耕翻	1.35	汕优63	810	480			

6.6 做好防洪、防逃、防病、防偷、防毒，防破坏和防敌害等工作确保鱼儿安全生长夺取高产

7　小　结

（1）稻萍鱼体系对于稳定水稻种植面积和促进粮食增产，把红萍植物蛋白质转化为动物蛋白质，解决鱼产品紧缺等具有现实意义。这是开发红萍新的利用途径，提高红萍经济效益的新技术。

（2）稻萍鱼体系是充分利用稻田空间，时间和水体、在田里种稻，水面养萍，水中养

鱼，坑堤上种瓜、葡萄、田埂边种豆的多层结构，多级利用的立体种养模式，可以获得较大的经济效益。每亩能增收150~180元，同时还有培养土壤肥力，改善农业生态环境的作用。是耕地集约经营新模式，使土壤越种越肥，经济效益越来越高的效果。

（3）稻萍鱼共生结构必须有一套协调稻萍鱼的高产技术措施。插秧采取宽窄行双龙出海方式；红萍采用三萍混养延长供萍时间，解决饵料问题，鱼类组合要鱼种搭配，合理混养，并加宽加大加深鱼沟鱼坑，做到鱼沟鱼坑配套，配置合理，面积适宜。沟坑一般占用本田面积的8%~10%。有利解决喷药、施肥、烤田等矛盾，能确保稻萍鱼高产。凡有水源保证，不受旱涝侵袭的田块，无论山区、平原、沿海都可以搞。

【原文载于内部刊物《土肥建设》，1987（6）：66-73，由陈恩重新整理】

稻—萍—鱼模式研究结果简述

柯碧南　黄毅斌　李桂芬

（福建省农业科学院红萍研究中心，福州 350013）

自 1981 年起，我们把我国传统的稻田养萍和稻田养鱼结合起来，进行了稻—萍—鱼共生的立体模式研究。在这一系统中，利用稻田水面养萍，以萍喂鱼，鱼粪肥田养稻，能量流动和物质交换合理，实现了稻鱼双丰收，有较高的经济效益和生态效益，现将几年来稻萍鱼模式的一些研究结果简述如下。

1　红萍是一种天然饵料资源

稻田养鱼，饵料是一个突出的问题，我们有意识地在稻田里放养和繁殖红萍，为草鱼、尼罗罗非鱼等草食性、杂食性鱼类提供了可再生的饵料。

红萍在春季 4—5 月间，繁殖速度很快，4~5 d 可以增殖 1 倍，稻萍鱼田繁殖的红萍除满足鱼的摄取外，还有过剩，约 4 d 要捞 1 次余萍。在这期间，把余萍捞起进行青贮或晒干贮藏，可解决当年红萍越夏期间饵料供不应求的矛盾，实现养鱼田红萍周年供应。

从表 1 中看出，稻萍鱼田比稻萍田每亩每天少收红萍 6.75 kg，说明这一期间鱼对红萍的摄取量是很可观的。福州地区 6 月至 7 月中旬，早稻进入生殖生长，稻株封行，田间郁闭。红萍的繁殖一般只能满足鱼的摄取，7 月下旬至 9 月中旬，红萍进入越夏阶段，从目前看，仅靠本田自己繁殖的红萍来满足鱼的饵料是有困难的。因此，我们在 4—5 月红萍快繁殖期间捞取余萍贮藏（青贮、晒干）作为夏季的补充饵料，从试验看来此办法是切实可行的。

表 1　春季红萍在稻田里的繁殖（1985）

处理项目	面积（亩）	捞鱼萍量（kg）	养殖时间（d）	捞萍次数（次）	亩捞萍量（kg）	亩天捞量（kg）	增减数（kg）	养殖期（日/月）
稻萍鱼田	1.08	962.5	31	8	891	28.75	0	24/4 至 25/5
稻萍田	0.5	550	31	8	1 100	35.5	6.75	24/4 至 25/5

尼罗罗非鱼在夏秋期间（7—9 月）每天摄取红萍为鱼体重的 50% 左右（表 2），草鱼每天摄取红萍量是鱼体重的 80%。

尼罗罗非鱼在一天 24 h 都能不断地摄取红萍，其摄取高峰在上午 8~10 时，这其间的摄取量占月总量的 24%~26%，平均每小时为 6%~6.25%。

表2 7—9月罗非鱼摄取红萍量

月份	平均气温（℃）	平均水温（℃）	摄取红萍量/鱼重量（%）	试验鱼平均重量（g）
7月	30.8	32.9	44.8	39
8月	26.5	30.7	48.2	43
9月	24.3	26.5	51.2	46

2 红萍的营养价值与消化率

据广东省农科院土肥所测定，细绿种（A. filiculoides）粗蛋白含量达25%，粗脂肪3.7%、干物质6.93%，细绿萍的消化能每千克可达2 700多大卡，其赖氨酸含量达5.48%。本所测定，满江红（A. imbricata）鲜萍干物率5.42%，干萍粗蛋白量22.6%，说明红萍蛋白质丰富，是鱼类的优良饵料。

1989年夏季，连续6 d（11～16/7）中午水温高达39～39.5℃，尼罗罗非鱼仍然能正常生长摄食。我们认为，尼罗罗非鱼是稻萍鱼体系中的一种适宜鱼种。为了探讨尼罗罗非鱼摄取红萍后究竟有多少植物蛋白转化为鱼体蛋白，1989年我们用"内源指示剂"测定法，二次测定结果表明，尼罗罗非鱼对红萍的消化率均为59%。为了进一步探讨尼罗罗非鱼对于植物蛋白质的消化率，我们在测定总消化率的同时，也取样鲜萍与鱼粪便样品进行氨基酸测定，红萍内氨基酸总量为26.86%，鱼粪便的氨基酸总量为11.13%，其总消化率与蛋白质消化率幅度相似。

3 红萍的养鱼效果

几年来不论小面积试验或大面积推广应用结果表明，红萍养鱼的增产效果是明显的。1 hm² 一般可产鱼1吨以上，辅以一些技术措施，稻萍鱼的鱼产量比常规稻田养殖同样鱼种增产1倍以上，而且鱼的商品价值也提高了（见表3、表4）。

表3 红萍对单养尼罗罗非鱼的增产效果

处理	产量（吨/hm²）	增产率（%）	规格（g/尾）
有萍区	1.2	90.5	150～200
无萍对照区	0.63		100～150

表4 红萍对混养不同鱼种的增产效果

鱼种类	有萍区鱼产量（吨/hm²）	无萍区鱼产量（吨/hm²）	增产率（%）	有萍区最大鱼重（g/尾）	无萍区最大鱼重（g/尾）
草鱼	0.35	0.15	133.0	600	350
鲤鱼	0.17	0.15	13.3	150	130
尼罗罗非鱼	0.54	0.40	35.0	125	100
合计	1.06	0.70	51.4		

从表中可以看出，红萍作为稻田养鱼的饵料其潜力和效益是明显的，特别对杂食性，草食性的草鱼和尼罗罗非鱼，增产效果更为显著。

4 稻田养鱼的经济、生态效益

4.1 节省了种稻的肥料用量

如前所述，罗非鱼对红萍的总消化率为58.58%，约有40%未利用的饵料随粪便排入水体，从而育肥了稻田土壤。年公顷产75吨的红萍除生产1.2吨鱼外，还可以有相当于0.3吨（NH$_4$）$_2$SO$_4$的氮肥回到田里去，此外，还有一定量的P、K肥（见表5）。

表5 尼罗罗非鱼粪便中氮磷钾含量（1984）

类别	N（%）	P$_2$O$_5$（%）	K$_2$O（%）
红萍	4.871	0.658	2.532
鱼粪	2.234	0.915	0.193

表6看出，稻萍鱼与普通稻田早稻产量分别是4.953吨/hm^2，9.927吨/hm^2，从田间水稻长势和验收的产量结果，无明显差异。然而，肥料的使用量则不同，稻萍鱼比普通稻田亩节省化肥用量10%以上，从而降低了农业成本。

表6 试验地早稻施肥量比较（1985）

项目处理	基肥（吨/hm^2）				追肥（吨/hm^2）		化肥总用量（吨/hm^2）			早稻亩产（吨/hm^2）
	猪粪	N	P	K	N	K	N	P	K	
稻萍鱼田	15	0.150	0.30	—	0.0375	0.1125	0.1875	0.30	0.1125	4.953
普通鱼田	15	0.075	0.375	0.075	0.150	0.1125	0.225	0.375	0.1875	4.927

4.2 减少农药用量

稻飞虱是南方稻区晚稻的一种主要虫害，1984年晚秋气温高，稻飞虱大发生，一般稻田药剂防治4次之多，而稻萍鱼中试田，整个晚稻期只喷过农药治虫一次。田间调查表明，稻飞虱虫口基数和危害程度明显减轻，虫口基数减少21.6%~26%，并且未见稻飞虱明显为害。

另据福建省农业科学院植保所试验和调查结果，稻飞虱虫口基数降低70%~83.8%，纹枯病早、晚稻丛发病率分别降低51.4%和28.0%，因此"稻萍鱼"可以作为稻田综合防治和生物防治有希望的措施之一。减少化肥的农药用量既降低了成本，又减少了污染和残毒，有利于保护环境，提高生态效益。

几年来的试验证明，稻萍鱼田比稻鱼田每亩可以增加鱼产量15~25kg，按每千克鱼价6.0元折算，亩可增加经济收入45~75元。我们大面积试验结果，水稻增产9%~10%。而以稻萍鱼与普通种稻田比较，每亩可多收鱼35~40kg，亩可增加经济收入105~120元，高的可达 150～200 元。这表明稻萍鱼体系是一种低消耗、高效益的生产方式。

5　稻萍鱼的技术改革

为了提高稻萍鱼的经济效益和生态效益，几年来，我们在鱼种选择与搭配，田间的结构与设计，水稻的耕作与管理等方面进行了一些改革。

5.1　合理设计鱼沟、鱼坑

合理设计鱼沟、鱼坑，对于提高鱼产量和商品率有明显作用。用占水田 10%～12% 的面积开挖鱼沟鱼坑，在田块一边或一个田角开挖宽深各 1 m 以上的鱼坑，并根据田块大小开挖 1～2 条宽、深各 0.5 m 的串心鱼沟，形成"T""π"字形的鱼沟设置。这种鱼沟配套既有利于安全使用化肥和农药，减少对鱼的毒害，又便于鱼类生长活动和集中投喂饵料。空出来的田土可用来加高，加宽四周田埂（鱼坑），种植瓜类。

5.2　采用宽窄行插秧方式

早、晚稻采用宽窄行的插秧方式，插秧规格 $\dfrac{40\ cm + 18\ cm}{2} \times 8\ cm$ 即先插 2 行水稻，行距为 18 cm，株距为 8 cm，后留宽行 40 cm，再插 2 行水稻。宽窄行插秧方式不但有利红萍生长，延长养用时间，也便于农事操作，稻行和串心鱼沟垂直，便于鱼类进入稻行间摄食红萍饵料和田间浮游生物等活动。

5.3　确保鱼类生长时间

鱼类一年中生长最快时间在 7—9 月，此时正值炎夏，气温高，鱼活跃，鱼类摄取饵料量大。可是这时正遇早、晚稻收种交替时期，如处理不好就会失去这段宝贵时间。上述的鱼沟设置，插秧规格和养萍方式，可以让鱼在早晚两季稻田里连续生长，使养鱼时间从过去普通稻田的 3 个月延长至现在的 6 个月。

5.4　选择鱼种，合理混养，增加饵料

鉴于稻田水浅，溶氧量低，水质易混浊，温度较高。鱼种选择既要考虑能适应稻田生长，又要生长快。经过多年实践，我们选择热带鱼种尼罗罗非鱼，作为稻田主养鱼种，混养一定比例的草鱼、鲤鱼，可以明显提高经济效益。试验表明，尼罗罗非鱼、草鱼、鲤鱼亩混养比例以 500∶100∶100 尾比较合适。山区梯田有自然落差，应充分利用流水增氧的有利条件，可以适当增加放鱼密度。

【原文发表于《淡水渔业》，1991，（01）：35 - 37，由李春燕重新整理】

"稻萍鱼"与"垄畦栽"结合试验示范初报

林崇光[1]　叶国添[1]　郑有铨[2]　黄介成[2]　杨健康[2]　黄友台[2]

（1. 福建省农业科学院红萍研究中心，福州 350013；2. 邵武市、建宁县协作点）

摘　要：本文把"稻萍鱼"与"垄畦栽"两种耕作法结合起来，优化了耕作结构，综合各自的增产、增益机理，进一步提高了稻、萍、鱼的产量。试验、示范结果表明："垄、畦栽稻萍鱼"比普通"平栽稻萍鱼"每亩增收稻谷 93.2 kg，增产 14.8%；增收鲜鱼 4.1～12.6 kg，增产 8.1%～21.7%；商品鱼提高 11.5%～29.8%；红萍增收 921.7～1 010.5 kg，增产 22.6%～25%。因此认为二者结合的新耕作法是进一步提高稻田效益、调动农民种稻积极性、稳定水稻种植面积的又一好途径。

关键词：稻萍鱼；垄畦栽；结合；新技术

"稻萍鱼体系"和"水稻垄、畦栽培法"两项农业新技术，都能比常规传统种稻法显著地提高社会、经济和生态三效益，目前已大面积推广。而这两项技术结合效果如何尚未见报道。本研究把二者结合起来，探讨其技术效果，冀望通过在垄、畦面上种稻、垄畦沟水面养萍、坑塘和垄、畦沟中养鱼，形成鱼吃萍、鱼肥稻萍、稻护鱼、萍助稻的良性循环稻田新体系。进一步提高 3 大效益。据此，1987 年以来福建省农业科学院红萍研究中心与邵武市、建宁县农业局、畜牧水产局协作，在分别开展水稻"垄、畦栽培法"和"稻萍鱼体系"大面积推广的同时，进行了二者结合的千亩以上中试示范和大区对比试验。均取得了显著效果。现将大区对比试验和示范结果初报如下。

1　材料与方法

1.1　材料

①供试水稻品种早稻为 78130、80－18、温红早，晚稻为威优 36、日本 2 号、香糯精。②供试红萍品种为杂交萍"榕萍 1－4 号"、卡洲萍、细绿萍和本地萍等混合萍，插秧前亩放萍量 300～400 kg。③供试鱼苗种类、规格及尾数：亩放养 9.9～13.2 cm 草鱼春片苗 120 尾；9～12 cm 鲤鱼春片苗 120～150 尾；9.9～13.2 cm 鲢鱼春片苗 20～23 尾；2～3 cm 罗非鱼夏花苗 200～400 尾。

1.2　方法

试验在邵武市李源村的 3 块浅脚灰泥田进行，面积分别为 0.6 亩、2.0 亩和 3.3 亩，为肥力中上的双季稻田。其主要目的是为了探明"稻萍鱼体系"的水稻垄、畦栽培与否,对稻、萍、鱼三者产量的影响。设①"垄栽式稻萍鱼";②"畦栽式稻萍鱼";③普通"平栽式稻萍鱼"3个处理,重复2次。插秧前10~15 d先排干田水,加固加高田埂50 cm、接着拉线分箱做垄或畦坯,每大区之间也相应筑高50 cm的泥埂隔开,同时于每大区进水口的田头挖一个深1~1.2 m、长宽视田块大小而定的鱼坑(占大区面积5%~9%);田中间开"+"或"++"字形,上宽50~60 cm,下宽40~50 cm,深66 cm的主干沟。垄栽式的筑垄面宽33~40 cm、垄底宽45~50 cm、垄沟宽26.4~33 cm、垄高33~40 cm的弓形垄,垄上插两行水稻;畦栽式的畦面宽118.8~166 cm,畦底宽132~178.2 cm,畦沟宽26.4~33 cm,深33~40 cm,畦面上插6~8行水稻。插秧前亩施尿素6 kg、过磷酸钙15 kg、氯化钾5 kg,或单施进口复合肥20 kg于垄、畦面上做基肥,接着整修垄、畦沟,把沟泥挖搬于垄、畦面上,并翻压部分红萍耙平插早稻秧。晚季于插秧前清垄、畦沟淤泥于垄,畦面上覆盖稻头,免耕插晚稻秧。早稻插秧后,垄、畦面保持3.3 cm左右水层护稻苗,促早生快发,插后25~30 d再通过清垄、畦沟土,搬淤泥于垄、畦面上,使水稻和红萍保持湿养,垄、畦沟水层保持26.4~33 cm,有利于鱼的活动、觅食和避敌害。"平栽式稻萍鱼"水稻采用宽窄行双龙出海插秧法,其插秧规格为(33+16.5)/2×10~13.2(cm),其他田管均严格保持一致。

2　结果与讨论

2.1　对水稻产量的影响

经考察大区对比试验早、晚稻构成产量要素结果:"垄栽式稻萍鱼"处理区每穗实粒数平均比"平栽稻萍鱼"增加4.1粒,结实率提高3.9%,千粒重增加0.2 g,但由于垄沟占地较多、亩丛数比"平栽式稻萍鱼"处理区减少0.1万~0.52万丛,所以亩平均只增收稻谷15 kg,增收2.4%,增产不显著。而"畦栽式稻萍鱼"处理区亩平均有效穗、每穗实粒数、千粒重均有不同程度的增加,所以平均亩增收稻谷93.2 kg,增产14.8%(表1)。

表1　大区对比试验水稻产量驻收结果

处理	早稻产量（kg/亩）	晚稻产量（kg/亩）	全年		
			产量（kg/亩）	增产	
				kg	%
垄栽式稻萍鱼	263.3	382.7	646.0	15.0	2.4
畦栽式稻萍鱼	295.4	428.8	724.2	93.2	14.8
平栽式稻萍鱼	280.7	305.3	631.0	—	—

从山垄冷烂田千亩以上的大面积中试和山区村庄门口的平洋浅脚灰泥田大区对比试验结果表明,"稻萍鱼体系"与"垄、畦栽培法"结合有进一步提高水稻产量的良好效果;在山垄冷烂田,无论与"垄栽式"或"畦栽式"结合也都能够取得较显著的增产;在平洋浅脚田较适于与"畦栽式"结合,"畦栽式稻萍鱼"比"垄栽式稻萍鱼"增产更为显著。据1988—1989年在邵武市李源村进一步重复验证,畦栽式稻萍鱼早稻平均亩产314.9 kg,比

平栽式稻萍鱼平均亩产 285 kg 增产 10.5%、晚稻平均亩产 413.4 kg，比平栽式平均亩产 380 kg 增产 8.8%。早晚季合计增收稻谷 63.3 kg，增产 9.5%（图 1）。

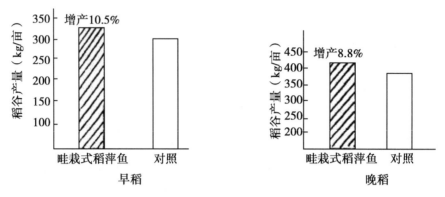

图 1 "畦栽式稻萍鱼"与"平栽式稻萍鱼"
水稻产量对比（经 LSD 检验达显著水平）

2.2 对鲜鱼产量的影响

"稻萍鱼体系"与"垄、畦栽培法"结合，垄、畦沟深 30 ~ 33 cm，鱼坑沟和垄、畦沟合计约占稻田水面积 40%，其养鱼总水体每亩可保持 80 ~ 100 m³，水体与空间增加，为鱼类的摄食和生长创造了良好条件，水面养萍为草食性的草鱼和杂食性的罗非鱼提供了充足的优质饵料，所以，"垄、畦栽稻萍鱼"各类鱼的存活率和个体重均比"平栽式稻萍鱼"提高（表 2）。因此，"垄、畦栽稻萍鱼"对进一步提高鲜鱼产量和商品鱼数量有较明显的效果。验收结果表明，"垄、畦栽稻萍鱼"的鲜鱼产量比坑塘式"平栽稻萍鱼"亩增加 4.1 ~ 12.6 kg，增产 8.1 ~ 24.7%，商品鱼提高 11.5% ~ 29.8%（表 3）。

表 2　垄畦栽稻萍鱼对鱼类存活率和个体重的影响

处理	草鱼			罗非鱼			鲤鱼			鲢鱼		
	存活率（%）	最大个体		存活率（%）	最大个体		存活率（%）	最大个体		存活率（%）	最大个体	
		体长（cm）	体重（kg）		体长（cm）	体重（kg）		体长（cm）	体重（kg）		体长（cm）	体重（kg）
垄栽式稻萍鱼	47.0	32	0.80	31.4	16	0.13	80.0	28	0.4	65	21.5	0.23
畦栽式稻萍鱼	46.8	39	1.00	45.0	16.3	0.15	63.0	33.8	0.6	46.8	23.0	0.23
平栽式稻萍鱼	41.3	32	0.75	22.0	14	0.09	58.2	27	0.35	42.1	0.20	0.20

注：罗非鱼系夏花鱼苗（体长约 3cm），故存活率较低

表3 "垄畦栽稻萍鱼"与"平栽稻萍鱼"鲜鱼和商品鱼产量比较

处理	鲜鱼产量（kg/亩）					
	鲜鱼合计	其中商品鱼	亩增鲜鱼		亩增商品鱼	
			增量	增率（%）	增量	增率（%）
垄栽式稻萍鱼	63.7	44.0	12.6	24.7	10.1	29.8
畦栽式稻萍鱼	55.2	37.8	4.1	8.1	3.9	11.5
平栽式稻萍鱼	51.1	33.9	—	—	—	—

* 当地商品鱼标准：草鱼0.5kg以上，鲤鱼0.15kg以上，罗非鱼0.1kg以上，鲢鱼0.25kg以上

2.3 对红萍产量的影响

"稻萍鱼休系"与"垄、畦栽培法"结合后，增加了"稻萍鱼"田的垄、畦沟水体和空间，有利于通风透气，增加光照强度，据我们在早晚季水稻分蘖盛期至幼穗分化期测定结果。"垄、畦栽稻萍鱼"田的光率比"平栽式的稻萍鱼"增强23.5%~35.5%，湿度适中，为红萍生长繁殖创造了良好的生境条件。尤其"垄、畦栽稻萍鱼"稻田的水层可人为调控高于或低于垄、畦面，同时选用抗逆性、湿生性较强杂交萍"榕萍1-4号"为主、搭配多抗性的卡洲萍和抗高温的小叶萍等多萍种混养，可以做到水养和湿养交替以及在垄、畦面上湿养越夏和避免被鱼食光萍母而断种，基本上可以做到红萍在该体系稻田不间断生长，从而延长了红萍养殖利用期，进一步提高鲜萍产量。据测产"垄、畦栽稻萍鱼"田的鲜萍产量平均亩产达5 000~5 202.5 kg，比"平栽式稻萍鱼"田亩增收鲜萍921.7~1 040.5 kg，增产22.6%~25%（图2）。

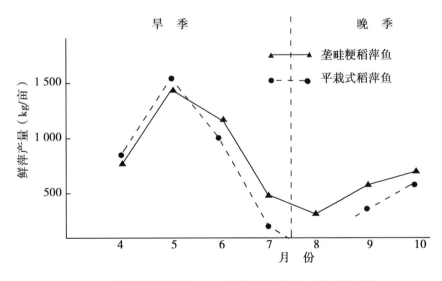

图2 "垄畦栽稻萍鱼"和"平栽式稻萍鱼"红萍产量动态

2.4 "垄、畦栽稻萍鱼"的生态效益

无论"水稻垄、畦栽培法"或"稻萍鱼体系"，都具有比传统的常规种稻法更显著的生

态效益。"稻萍鱼休系"对病虫害有明显防效，特别对纹枯病和稻飞虱有很好的抑制作用。据观测，红萍具有对水稻纹枯病菌核萌发的物理阻隔和化学抑制能力。养萍 3 d 后菌核发芽率从 61% 下降到 31.5%；大田稻萍鱼的纹枯病也只为对照的 1/3 左右，加上鱼对病虫的吞食和蜘蛛、大黑蚂蚁等有益天敌的增加，使病虫害大大减少，一般常规稻田需喷药 4 次，而稻萍鱼田只需喷药 1 次，不仅减少农药成本，而且减少土壤和食物污染，有益生态平衡。据松桃县农技站陆显义等人调查结果表明：垄（畦）栽培法病虫为害程度比平栽轻。平栽式稻瘟病发病率比垄（畦）栽重 3% ~ 5%，病情指数大 2.3 ~ 2.5。稻纵卷叶螟虫口密度大 16 ~ 44 头，稻飞虱虫口密度大 36 ~ 60 头，说明垄、畦栽培法改善了水稻植株的生态环境，减轻病虫的危害率和严重度[5]而"稻萍鱼"和"垄、畦栽"结合后，综合了两者的生态效果，有进一步减少病虫害的趋势。有些田块由于病虫害发生量尚没有达到防治指标，为了保护田中的鱼，早晚稻没有治过一次病虫害。另"垄、畦栽稻萍鱼"同"平栽稻萍鱼"一样，通过鱼食萍后排出鱼粪的"红萍过腹还田"和部分直接压萍肥田，以及养萍过程中的萍根、萍渣脱落田，可节省化肥施用量 30% ~ 50%。由于农药和化肥使用量减少，从而大大减轻了稻田、农产品和鱼类的污染，保护了生态环境，促进了生态平衡和人类的健康。

"稻萍鱼体系"与"垄、畦栽培法"结合，进一步优化了耕作结构，提高了稻、萍、鱼产量，提高了稻田效益。3 年来邵武市推广"垄、畦栽稻萍鱼" 3 万多亩，建宁县推广近 3 万亩、均取得了比"平栽式稻萍鱼"更显著的社会、经济、生态效益。

3　结　语

"稻萍鱼体系"与"垄、畦栽培法"结合，进一步优化了耕作结构，使稻、萍、鱼三者共生更加协调，更有利于增强稻田生态系统物质和能量循环和产出，是进一步提高稻田单位面积生物产量和产值的新型稻田耕作法，可在闽西北适宜的地区大面积推广。

参考文献

刘中柱，刘克辉. 1988. 立体农业的研究及其发展趋势 [J]. 福建农业科技（3）.

叶国添，林崇光，陈震南. 1985. 稻萍鱼共生是提高稻田产值的好途径 [J]. 福建农业科技（2）：52 – 54.

徐大胜. 1988. 半旱式栽培对水稻生长生育的影响 [J]. 耕作与栽培（8）：15 – 18.

石崇壁. 1988. 垄稻沟鱼—稻田生态环境改造技术 [J]. 耕作与栽培（2）：8 – 9.

陆显义，夏延茂. 1988. 水稻半旱式栽培技术试验示范总结 [J]. 耕作与栽培（5）：6 – 20.

【原文发表于《福建农业学报》，1990，（02）：88 – 92，由李春燕重新整理】

免耕法再生稻在"稻、萍、鱼"田中的应用效果初报

林崇光

（福建省农业科学院红萍研究中心，福州 350013）

从 20 世纪 40 年代起，在欧美一些使用农业机械较早的国家就已出现免耕法。到了 20 世纪 70 年代，随着化学除草剂的发展，世界上已有几十个国家大规模地采用免耕法或少耕法。美国，是推广应用免耕法比较早的国家。据报道，美国采用免耕法、少耕法面积已达 3 900 万英亩，人多地少自然条件较好的英国，也认为免耕法或少耕法迟早一定能取代现有的耕作方法。加拿大政府通过法律把犁废掉了。伊朗、日本、马来西亚、印尼、斯里兰卡、菲律宾等国还在水稻田里试验推广免耕法。免耕法有：减少水土流失，利于保土保墒，稳定耕层结构，减少肥料损失，节省人、畜机力，有利于节省时间，有利于抢播抢插（尤其劳力紧张的地多人少的山区），降低生产成本等好处。免耕法与传统耕作法比较，至少能平产，有的甚至增产。因此，它也是一项提高稻田经济效益的途径。免耕法在国内新疆、云南、四川、江苏、浙江等省也在试验推广之中。而再生稻虽然国外尚未见报道过，但在我国南方水稻区中也曾有试验，福建省松溪县早在 1975 年就先后收集了 500 多个国内外水稻良种，进行了再生能力与品种、留头高度、环境因素关系的试验研究，取得了良好的效果。试验结果表明：只要选择再生能力强、再生期长，留头低，早季播种适时，育秧方式采用铲秧以及得当的水肥管理措施，其再生稻产量就跟上季产量相差不多，甚至还会超过上季产量。如科梅品种（籼稻），上季产量为 424 kg/亩，而再生稻产量达 482 kg/亩。

据几年来"稻、萍、鱼体系"试验及大面积中试实践结果表明，在"稻、萍、鱼"稻田早稻收割后，重新翻耕耙平或打辘轴耙平半免耕法转季插晚稻的耕作期间，由于夏季高温、稻田裸露，加上因耕作带来的田水混浊缺氧而造成鱼儿烫伤死亡的现象。为了解决"稻、萍、鱼"稻田夏季高温阶段的鱼儿安全越夏的转季问题，采用免耕法是一个良好的办法，但还不很理想，在盛夏的中午，稻田里的水温仍可达到 39 ~ 40℃（是鱼类致死温度）还会出现部分烫死鱼的问题。为了更好地解决这个问题，我们 1985 年在永泰县北斗村做了免耕法和再生稻相结合的初步尝试，虽然由于受两次特大洪水袭击而冲走部分鱼苗，但仍取得了比临近单用免耕法和半免耕法更好的效果，在夏季高温期间未见鱼儿死亡，鲜鱼产量也比临近单用免耕法和半免耕法的"稻、萍、鱼"田高。现将我们的做法和效果简报如下。

1 做　法

免耕法与再生稻相结合的主要目的是为了更好地保护"稻、萍、鱼"田中的鱼儿。因

此，我们是采取以适当留高稻头，尽快长出再生苗，达到遮阴防暑降温保鱼苗为主，兼收再生稻谷为付的做法。

1.1 插秧方式：早稻采用宽窄行双龙出海插秧方式，规格为$\frac{15+5}{2}\times 3$寸，亩插2万丛，每丛插10~12苗，保证亩基本苗在20万以上。

1.2 早稻收割时，不排干田水（因田中有鱼）采用平割留头高度3~4寸，（齐泥割或留0.5寸左右的短稻头，虽再生能力强，再生稻产量高，但不利于遮阴降温防暑）收割后，立即亩施尿素2.5~3 kg（或硫酸铵5 kg），过磷酸钙7.5 kg，氯化钾3.5~4 kg，（这样施肥量对鱼儿无伤害，），3~5 d即可长出再生苗。晚稻插秧前再亩施上述同量的肥料。

1.3 晚稻插秧前，不做任何耕耙，晚稻秧插于15寸的宽行中，规格为5×3（寸）（这样插更方便于收割再生稻）。

1.4 晚稻插后，追肥掌握次多量少，每隔3~5 d，亩施2.5~3 kg尿素（或5~6 kg硫酸铵，7.5 kg过钙，4 kg氯化钾，若有杂草应结合追肥及时拔除（但据几年实践，养鱼稻田杂草几乎被鱼儿吃光）以促进再生稻苗和晚稻苗早生快发，总施肥量掌握在亩施尿素17.5~20 kg或硫酸铵35~40 kg、过磷酸钙22.5~30 kg、氯化钾16~18 kg。

1.5 齐泥收割再生稻。由于早稻收割留头较高，故再生期较短，（只70多 d），到9月底或10月初即可收割再生稻，为了使稻头快速腐烂，应齐泥收割，淹水2寸左右，这时晚稻苗又现出同早稻相同规格的双龙出海（即$\frac{15+5}{2}\times 3$寸）。

2 效 果

2.1 防暑降温保鱼苗，提高鲜鱼产量和商品率

由于早稻收割时，留头3~4寸，3~5 d即长出再生苗（早稻若选择早熟品种更佳）起了一定的遮阴、降温、防暑作用（据测中午再生稻"稻、萍、鱼"田水温，可降低1~1.5℃）因此，未见鱼儿死亡，在同样遭受到特大自然灾害的情况下，仍取得了亩产鲜鱼45.4 kg，比临近单用免耕法"稻萍鱼"中试田亩产鲜鱼37 kg增产22.7%，商品鱼也提高53.4%（详见表1）。

表1 免耕法再生稻对提高"稻萍鱼"田的鲜鱼产量和商品率的效果

	鲜鱼产量（kg）					其中商品鱼（kg）				
	kg/亩	其中			增产（%）	kg/亩	其中			商品率（%）	商品鱼提高（%）
		罗非	鲤鱼	草鱼			罗非	鲤鱼	草鱼		
免耕法"稻萍鱼"田	37	16.4	10.85	9.75	/	13.85	7.75	6.1	/	37.4	/
免耕再生稻"稻萍鱼"田	45.4	19.1	12.65	13.65	22.7	21.25	12.6	8.65	/	46.8	53.4

备注：商品鱼标准：罗非鱼每尾50 g以上，鲤鱼每尾150 g以上，草鱼每尾0.5 kg以上

2.2 增收再生稻谷产量，从而进一步提高了稻田产值

免耕法再生稻不但对"稻萍鱼"的鱼儿起了遮阴降温防暑作用，避免田里鱼儿在盛夏高温季节烫死现象，提高鱼儿成活率，从而提高鲜鱼产量和商品率，而且还亩增收再生稻谷147.5 kg，比免耕法的"稻、萍、鱼"稻田亩产提高20.3%，达到了进一步提高稻田产值的良好效果（见表2）。

表2 主要农艺性状考察和产量比较

处理项目	免耕法再生稻"稻萍鱼"			免耕法"稻萍鱼"		对照（不养鱼的稻田）	
季别	早季	晚季		早季	晚季	早季	晚季
		再生稻	稻晚				
品种	光大白	光大白	7775	光大白	7775	光大白	7775
生育期或再生期	116 d 3/28至7/17	74 d 7/17至9/28	151 d 6/20至11/18	116 d 3/28至7/17	115 d 6/20至11/22	116 d 3/28至7/17	155 d 6/20至11/22
株高（cm）	58.2	50.2	67.8	67.7	76.0	63.5	66.2
穗长（cm）	15.2	14.6	19.0	16.4	19.2	15.2	17.4
有效穗（穗/丛）	14.4	5.0	7.5	13.5	9.6	12.1	8.9
结实率% 其中 总粒数	65.2	58.7	85.0	59.8	87.4	61.4	77.5
实粒数	54.2	53.7	81.5	47.4	72.8	48.5	70.0
空谷数	11	5.0	3.5	12.4	14.6	12.9	7.5
%	83.1	91.5	95.9	79.3	83.3	79.0	90.0
千粒重（g）	28.8	28.1	26.7	28.4	26.5	28.3	25.8
亩产量（kg）	322.75	147.5	276.25	284.3	337.9	338.1	282.65
全年亩产（kg）	746.5			622.2		620.75	
增产率（%）	20.3			平产			

注：早晚季插秧规格均为 $\frac{15+5}{2} \times 3$（寸）亩插2万丛

2.3 节省时间和人畜机力，调节了双抢劳力紧张矛盾

由于早稻收割后，不经任何耕耙，就可以插晚稻，不但可节省时间和人、畜、机力而且可以提前2~3 d抢插晚稻，这时调节了夏季双抢大忙期间的劳力紧张矛盾，尤其对地多人少的山区更有好处。

3 小 结

免耕法与再生稻相结合在"稻、萍、鱼"田的尝试，结果表明，利用这种方法确实是解决"稻、萍、鱼"稻田早晚稻转季间隙期间防止高温炎热烫死鱼儿的好途径，同时又增

收了再生稻谷，也是解除农民怕挖鱼坑、鱼沟占用面积而影响稻谷产量的思想顾虑的好办法。又是节省时间，人力、畜力、机力、降低生产成本，抢插晚稻调节双抢劳力紧张的矛盾，是值得进一步完善和推广应用的。

【原文载于内部刊物《土肥建设》，1987（6）：73－76，由李春燕重新整理】

"坑塘式"稻萍鱼立体模式研究

柯碧南[1] 邱孝煊[1] 李兴良[2] 施建宁[2]

(1. 福建省农业科学院土肥所,福州 350013;2. 安溪县农业局)

安溪县位于福建省东南丘陵山区,属亚热带、南亚热带气候区。年平均气温 18 ~ 20.5℃,无霜期 304 ~ 352 d,年平均降水量 1 500 ~ 2 003 mm。并有丰富的地热资源,可利用的养鱼水田 17 万亩,占水田总面积的 44.7%,为热带鱼类繁育、安全过冬、发展淡水渔业提供了有利条件。

1986—1988 年,我们与安溪县农业局水技站协作,在该县龙门、城厢、祥华、龙涓、金谷、芦田等 6 个乡镇推广"坑塘式"稻萍鱼 3 650 亩,平均亩产鱼 25 ~ 30 kg,亩鱼增加收入 75 ~ 90 元,取得较显著的经济效益。现就龙门乡金狮村示范户白金忠,3 年开展"坑塘式稻萍鱼"取得的结果进行剖析,以供稻田养鱼户借鉴。

1 "坑塘式稻萍鱼"取得结果

1.1 田间实施

1986 年春,白金忠按照"坑塘式稻萍鱼"规范要求,利用门前 0.403 亩责任田,在进水口处挖坑塘 0.04 亩,田中开"月"字形鱼沟与坑塘相通,鱼沟宽 33 cm,深 50 cm,纵沟为阳沟,横沟沟面盖砖成暗沟,放有通气口,上面仍种水稻;坑塘、鱼沟占稻田面积 14.4%;小坑塘上方搭立棚架,种植葡萄和瓜类,造成荫蔽条件有利鱼类度夏;坑塘一角约 4 m² 用竹篱围栏养鸭,进出水口用网片设置 2 道栏栅,防鱼逃遁,坑塘平常保持水深 1.2 m 以上(见图 1)。

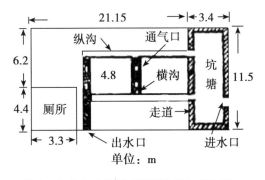

图 1 白金忠"坑塘式稻萍鱼田"平面图

1.2 养鱼的效益

3 年均经省、市、县、乡 4 级验收，亩收鱼 96.8～144.4 kg，平均亩产鱼 120.4 kg。由于田间设有坑塘和横沟（暗沟），并在寒冷天气适当加深水层，使尼罗罗非鱼能安全过冬和生长。1986 年 4 月 12 日了投放 100 尾尼罗罗非鱼春片苗，田间自然繁殖的小罗非鱼继续回塘饲养，可以安全过冬。1987 年后均没有再投放罗非鱼鱼苗，1988 年罗非鱼除自繁自用外，还于当年 5 月 12 日出售罗非鱼春片苗 1 100 尾；11 月 10 日验收清塘出售罗非鱼冬片苗 1 500 尾 295 元。由于罗非鱼在当地稻田里能够自然繁殖，就地提供鱼苗，从而提高了稻田鱼的经济效益，单鱼产品（商品鱼和鱼苗出售）一项亩产增加 278.9～1 262.0 元，3 年平均亩鱼产值 648 元。如果商品鱼按 1986 年每千克 3 元不变价统计，亩鱼产值增加 278.9～891.1 元，3 年平均亩鱼产值 502.81 元。3 年出售罗非鱼扣除当年投放鱼苗成本外，还增收 271 元，平均亩鱼苗收入 224.2 元，占鱼总产值的 44.6%（见表 1）。从鱼产品的结构看，罗非鱼重量占鱼总重量的 64.1%～74.4%，平均占 67.7%；罗非鱼的回捕率为 79.5%～100%，平均回捕率 87.8%。罗非鱼具有喜食红萍，生长快，肉质好，营养价值高、繁殖力强，回捕率高等特点，是稻田养鱼的一种适宜鱼类。

表 1 "坑塘式稻萍鱼"鱼产量验收结果

验收时间（年、月、日）	鱼产量（kg）	折合亩产（kg）	商品鱼（kg）	市场价格（kg）	收入（元）	鱼苗收入 （元）			总收入（元）	折亩鱼产值（元）
						投放鱼苗成本	回塘鱼苗折价	鱼苗成本和增值（＋、－）		
1986.11.25	39.0	96.8	39.0	3.0	117.0	23.0	19.4	－4.6	112.4	278.9
1987.11.8	48.4	120.0	43.1	3.6	156.2	19.4	25.6	＋6.2	162.2	403.1
1988.11.10	58.2	144.4	29.9	8.0	239.2	25.6	295.0	＋269.4	508.6	1262.0

注：※：验收数据来源于省、市、县、乡 4 级现场验收结果

※※ ＋：鱼苗回塘增值和出售鱼苗收入；－：鱼苗成本

1.3 鱼与水稻生长的关系

以红萍、禽畜粪便养鱼，鱼粪肥田养稻，使稻田生态系统的物质交换和能量循环更趋合理，取得稻、鱼双丰收。早、晚季垄畦种稻，前期浅水有利水稻早生快发；中、后期加深水层，有利鱼类进入稻行间觅食饵料和捕食水稻害虫。1987—1988 年稻萍鱼与临近常规稻田早、晚稻两季对比产量结果看：稻田养鱼有利于水稻生长发育，病虫害（纹枯病，螟虫类，稻飞虱等）明显减轻；施肥量也比常规稻田减少 10%～20%。试验表明，不扣除坑塘面积，养鱼稻田比常规稻田亩增稻谷 12.9～47.5 kg，增产 2.2%～7.8%；扣除坑塘面积，养鱼稻田比常规稻田亩增产稻谷 79.9～120.0 kg，增产 13.4%～19.7%。据田间观察，养鱼稻田水稻后期青枝腊秆，籽粒饱满。鱼类捕食水稻虫害，3 年养鱼稻田都没有施用农药，很少发现因螟虫为害造成水稻"白穗"，晚稻没有发现因稻飞虱为害出现"塌圈"现象。而邻近常规稻田尽管施药治虫，虫害仍重于养鱼稻田。

农户白金忠 3 年采用"坑塘式稻萍鱼"的立体种养方式经济效益是相当显著的。1986

年 0.403 亩稻田养鱼增收 112.4 元，人均增加收入 22.48 元；1987—1988 年采取立体集约经营，增加经济收入 352.44 ~ 905.60 元，人均收入增加 70.49 ~ 181.12 元。3 年收鱼产品（商品鱼）29.9 ~ 43.4 kg，人均年有鱼产品 5.98 ~ 8.68 kg。从两年的总收入结构看，稻谷收入占总收入 14.9% ~ 18.2%；养鱼收入占总收入 37.7% ~ 47.8%；养鸭收入占总收入 27.9% ~ 40.6%，瓜果入占总收入 3.5% ~ 9.4%，稻萍鱼产值是常规稻田产值的 5.6 ~ 7.2 倍（见表 2）。

表 2　稻萍鱼田与常规稻田经济收入对比

| 年份 | 养鱼收入（元） | 养鸭收入 | | 瓜类（元） | 萄葡收入（元） | 稻谷收入 | | 总收入（元） | 稻谷收入占比（%） | 折亩产值（元） | 常规稻田亩产值（元） | 产值比（倍） |
		只	（元）			（kg）	（元）					
1987	162.4	50	175.0	15.0	—	245.0	78.4	430.8	18.2	1 069.1	191.0	5.6
1988	508.6	60	197.0	51.0	50.0	265.0	159.0	1 064.6	14.9	2 641.7	366.0	7.2

注：稻谷以 1987 年 100 kg 64 元，1988 年 100 kg 120 元统计

综上所述，可见"坑塘式稻萍鱼"的立体种养方式生产潜力很大，是 1 项帮助山区人民脱贫致富的好门路。

2　"坑塘式稻萍鱼"模式 5 条技术措施

我们结合安溪县的生产实际，建立的"坑塘式稻萍鱼"立体农业模式，在鱼沟设置、鱼种选择、耕作制度、饲料补充等方向进行了摸索，认为如下 5 条措施是切实可行的。

2.1　利用有排灌条件的门口稻田养鱼。合理布局坑塘、鱼沟，在田的一端（进水口位置），开挖约占水田面积 8% ~ 10%、深 1.2 ~ 1.5 m 的坑塘，田间设置"井"字形鱼沟与坑塘相通，进出水口设置栏栅，防鱼逃遁。

2.2　田间垄畦种稻，沟中养鱼，有利水稻生长发育和鱼类进入稻行间活动和取食。稻田水面春、秋、冬 3 季养殖红萍，不断提供草食性杂食性鱼类饲料，适当补充来源方便的农家人畜禽粪便、糠麸等饲料，能有效地提高鱼产量。

2.3　坑塘上方搭立棚架，种植葡萄或瓜类，立体利用坑塘上方空间。利用门口田建立常年性"坑塘式稻萍鱼"，并在坑塘边栏隔一角结合饲养鸡鸭，进行集约经营，粪便直接进入坑塘养鱼。

2.4　以热带罗非鱼为主养鱼种，混养草鱼、鲤鱼、鲫鱼等，形成合理的鱼种结构。

2.5　延长稻田养鱼时间，水源充足的地方可以周年养鱼，利用山区梯田的自然落差进行流水式增氧养鱼，并采取轮捕轮放、商品鱼和培养鱼种相结合的方法，可以降低鱼苗成本，提高鱼产量，从而提高稻田养鱼的经济效益。

【原文发表于《福建农业科技》，1991（2）：14 - 16，由李春燕重新整理】

再生稻在稻萍鱼田中的应用效果初报

林崇光

（福建省农业科学院红萍研究中心，福州 350013）

20 世纪 70 年代，世界上已有不少国家采用免耕法或少耕法。美国面积已达 3 900 万英亩（1 英亩约等于 6.07 亩，下同），英国，也很重视这种耕作法。伊朗、日本、马来西亚、印尼、斯里兰卡、菲律宾等国正在稻田试验推广免耕法。免耕法在新疆、云南、四川、江苏、浙江等省也在试验推广之中。而再生稻我国南方稻区曾有试验，福建省松溪县早在 1975 年就先后收集了 500 多个国内外水稻良种，进行了再生能力与品种、留头高度、环境因素关系的试验研究，试验结果表明：只要选择再生能力强，再生期长，留头低，早稻播种适时，育秧方式采用铲秧以及得当的水肥管理措施，其再生稻产量就跟上季产量相差不多，或略超过，如科梅品种（籼稻），上季产量每亩为 424 kg，而再生稻产量达 482 kg。

据几年来试验结果，在"稻、萍、鱼"稻田早稻收割后，重新翻耕耙平或打辘轴耙平半免耕法转季插晚稻，由于夏季高温，稻田裸露，耕作的田水混浊缺氧，造成部分鱼儿烫伤死亡。为了解决鱼儿安全越夏的转季问题，采用免耕法是一个良好的办法，但在盛夏的中午，稻田水温仍可达 39 ~ 40℃，出现都分鱼儿烫死现象。为此 1985 年我们在永泰县北斗村做了免耕法和再生稻相结合的初步尝试，虽受两次特大洪水冲走部分鱼苗，但在夏季高温期间未见稻田鱼儿死亡，鲜鱼产量仍比临近单用免耕法和半免耕法的"稻、萍、鱼"田高。现将方法和效果简要介绍如下：

1　方　法

为了更好地保护"稻、萍、鱼"田中的鱼儿。我们采取以适当留高稻头，尽快长出再生苗，达到遮阴防暑降温保住鱼苗为主，兼收再生稻谷为副的做法。

1.1　抽秧方式：早稻采用宽窄行双龙出海插秧方式，规格为 $\frac{15+5}{2} \times 3$ 寸，亩插 2 万丛，每丛插 10 ~ 12 苗，保证亩基本苗在 20 万以上。

1.2　早稻收割时，不排干田水（因田中有鱼），采用平割留头高 10 ~ 13 cm（齐泥割或留 2 cm 左右的短稻头，虽再生能力强，再生稻产量高，但不利于遮阴降温防暑）。收割后，立即亩施尿素 2.5 ~ 3 kg（或硫酸铵 5 kg），过磷酸钙 7.5 kg，氯化钾 3.5 ~ 4 kg，3 ~ 5 d 即可长出再生苗，晚稻插秧前再亩施上述同量的肥料。

1.3　晚稻插秧前，不做任何耕耙，晚稻秧插于 50 cm 的宽行中，规格为 16 cm × 10 cm，具体插法如图 1 所示。

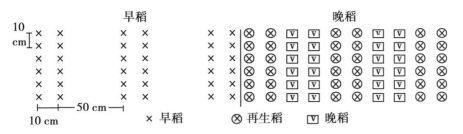

图1　再生稻早、晚季插秧方式示意图

1.4　晚稻插后，追肥掌握次多量少，每隔 3～5 d，亩施尿素 2.5～3 kg（或硫酸铵 5～6 kg）、过磷酸钙 7.5 kg、氯化钾 4 kg，若有杂草应结合追肥及时拔除，以促进再生稻苗和晚稻苗早生快发，总施肥量掌握尿素 17.5～20 kg 或硫酸铵 35～40 kg、过磷酸钙 22.5～30 kg、氯化钾 16～18 kg。

1.5　齐泥收割再生稻：由于早稻收割留头较高，再生期较短（只 70 多 d），到 9 月底或 10 月初可收割再生稻，为了使稻头快速腐烂，应齐泥收割，淹水 6.6 cm 左右，这时晚稻苗又现出同早稻相同规格。

2　效　果

2.1　防暑降温保鱼苗，提高鲜鱼产量和商品率

由于早稻收割后，3～5 d 就长出再生苗（若选早熟品种更佳），起了一定的遮阴、降温作用，据测定中午再生稻田水温可降低 1.5℃左右，因此，未见鱼儿死亡，在同样的自然灾害下，仍取得亩产鲜鱼 45.4 kg，比单用免耕法的亩产鲜鱼 37 kg，增产 22.7%，商品鱼也高 53.4%（见表1）。

表1　免耕法再生稻对鲜鱼产量　　　　　　　　　　（kg/亩）

处理	鲜鱼产量	其中			增产（%）	商品鱼	其中		商品率（%）	商品鱼提高（%）
		罗非鱼	鲤鱼	草鱼			罗非鱼	鲤鱼		
免耕法"稻萍鱼"田	37	16.4	10.9	9.8	—	13.9	7.8	6.1	37.4	—
免耕法再生稻"稻萍鱼"田	45.4	19.1	11.8	12.7	22.7	21.3	12.6	8.7	46.3	53.4

注：商品鱼标准：罗非鱼 100 g 以上；鲤鱼 150 g 以上；草鱼 500 g 以上（无）

2.2　提高稻田产值

免耕法再生稻既可提高鱼儿成活率，增加鲜鱼产量和商品鱼，每亩还增收了再生稻，稻谷 147.5 kg，比耕耙同、类稻田亩产提高 20.3%，单位稻田产值进一步得到提高（见表2）。

表2 "稻萍鱼"稻田不同处理主要农艺性状和产量

处理	免耕法再生稻			免耕法		对照（不养鱼）	
季别	早季	晚季		早季	晚季	早季	晚季
		再生稻	晚稻				
生育期（d）	116	74	151	116	155	116	155
株高（cm）	58.2	50.2	67.8	67.7	76.0	63.5	66.2
穗长（cm）	15.2	14.6	19.0	16.4	19.2	13.2	17.4
有效穗（万/亩）	14.4	5.0	7.5	13.5	9.6	12.1	8.9
总粒数	65.2	53.7	85.0	59.8	87.4	61.4	77.5
实粒数	54.2	53.7	81.5	47.4	72.8	48.5	70.5
结实率（%）	83.1	91.5	95.9	79.3	83.3	79.0	90.3
千粒数（g）	28.8	28.1	26.7	28.4	26.5	28.3	25.8
亩产（kg）	322.3	147.5	276.3	284.3	337.9	338.1	282.7
年亩产（kg）	746.5			662.4		620.8	
增产率（%）	20.3			近平产		—	

注：①早季：再生稻为光特白，晚稻为7775品种

②生育期：早稻（3/28至7/17）；再生稻（7/17至9/28）；晚稻（6/20至11/22）

2.3 节省时间和人畜机力

由于早稻收割后，不经任何耕耙即插晚稻，节省了时间和人畜机力，可提前2~3 d抢插，调节了劳力矛盾，对地多人少的山区更有意义。

3 问题与讨论

3.1 选择品种问题

实践证明，应选择早熟的、再生能力强的早稻品种，以期在高温炎热期之前，能长出再生稻苗，又能插上晚稻苗，这样，效果更好。

3.2 留茬高度问题

据试验结果表明，在无田水情况下，再生稻留头低（齐泥2 cm），再生力强，再生期长，产量也高，但田中必须无水层，才不会淹死地下芽。但为使田里鱼儿不因缺水致死，须适当留高稻头，保持6~20 cm水层，还要改变农民以往的斜割习惯为平割，减少缺株，使再生苗生长整齐，提高稻谷产量。

3.3 晚稻秧的插秧位置问题

试验采用插在早稻头的宽行之中，目的是为收割再生稻方便，但在收割前这段时间里，田中有晚稻、再生稻共存，体现不出宽窄行双龙出海的好处，对鱼儿活动有些影响，因而，

晚稻抽秧位置尚需进一步探讨。

4 小 结

免耕法与再生稻相结合，在"稻、萍、鱼"田的尝试表明，此法确实是解决"稻、萍、鱼"稻田早晚稻转季时，防止高温烫死鱼儿的好途径，同时又增收了再生稻稻谷，也是解除农民怕挖大鱼坑、鱼沟而影响稻谷产量之顾虑的好办法。还可节省时间、人畜机力、降低生产成本，以及调节双抢劳力紧张的矛盾，值得进一步探讨。

【原文发表于《福建农业科技》，1987（1）：6-8，由李春燕重新整理】

稻—萍—鱼体系对稻田土壤环境的影响

黄毅斌　翁伯琦　唐建阳　刘中柱

（福建省农业科学院红萍研究中心，福州 350013）

摘　要：稻—萍—鱼体系的基本技术是在单一以水稻为主体的生物群体中加入红萍和鱼类，通过对红萍和鱼的人工调控而影响整个稻田生态体系。在综合技术作用下，稻—萍—鱼体系中可混养多种鱼类，产量可达 4 000 ~ 9 800 kg·hm²；在少用 50% ~ 60% 化肥，30% ~ 50% 农药，及鱼沟、鱼坑占地 10% ~ 15% 情况下，水稻产量比常规种稻略增，并且土壤有机质、全 N、全 P 上升 15.6% ~ 38.5%，水稻病虫草害发生下降 40.8% ~ 99.5%，土壤甲烷（CH_4）排放量减少 34.6%，显著改善了稻田生态环境。

关键词：稻田生态；稻—萍—鱼体系

传统耕作制度下的稻田生态体系是由水稻、杂草、水生动物和土壤微生物组成的生物群体，其耕作活动的目的是获得较高的稻谷产出，因而其主要影响因子是水稻品种、肥料和其他一些自然因子。目前，提高水稻产量的主要途径是依靠大量的人工投入以及大量的无机肥和农药的使用，从而造成环境污染和土壤退化以及资源的浪费和成本的提高。稻—萍—鱼体系的基本原理就是通过人工调控的方法，改变传统耕作的稻田的结构和功能。其核心是将单纯以水稻为主的稻田生物群体转变为稻、萍、鱼 3 者并重的生物群体。

因此，通过对稻—萍—鱼体系中红萍和鱼类的种群结构的合理调节，就能够对稻—萍—鱼体系内部的物质循环和能量流动进行合理的调控，使稻—萍—鱼体系内的物质和能量得以充分的利用，从而减少成本，提高经济效益。

1　红萍的氮、钾养分在稻—萍—鱼体系中的利用

红萍中 N 的转化。红萍所固定的 N 是稻—萍—鱼体系中 N 素的重要来源。用 [15]N 示踪研究表明，红萍作鱼的饵料，红萍中有 24 ~ 30% 的 N 被鱼体吸收，经鱼消化后其排泄物中的 N 素 17% ~ 29% 被水稻吸收，23% ~ 42% 留在土壤中，2.6% ~ 3.1% 留在稻田水体中，14% ~ 15% 流失或损失。红萍压施作基肥也是稻—萍—鱼体系氮素的重要来源。据 [15]N 研究，红萍压施入土后 1 ~ 6 周内的矿化量占总量一半，其中第 2 ~ 3 周是矿化高峰，水稻可利用红萍基肥氮素的 48.83% 供其生长，故水稻生长所需 70% 左右的氮素可由红萍提供。红萍中 K 的转化，红萍具有很强的富钾能力。研究表明，水稻正常生长所需的 K 浓度比红萍约高 30 倍，稻株生理需 K 临界值比红萍高约 10 倍。水稻吸收 K 的浓度为 8 mg/kg，而红萍吸

钾高峰仅为 0.85 mg/kg，说明红萍可吸收富集水稻无法利用的低浓度钾。

试验表明水稻生长所需的养分中 70% 的 K 素可以由红萍压施来提供。用⁸⁶Rb 示踪研究表明，在稻—萍—鱼体系中红萍中 16.9% K 素被鱼类吸收利用，经鱼体消化后其排泄物中的 19.3% K 素被水稻吸收，63.8% K 素留在土壤中，从而提高了土壤肥力水平。红萍腐解后，K 素主要以缓效钾形式存在，因而流失少，可供水稻各生育期吸收利用见（见图 1）。从以上用¹⁵N 示踪和⁸⁶Rb 示踪研究证明，稻—萍—鱼体系可减少 N、K 化肥投入，减少稻田化肥污染。

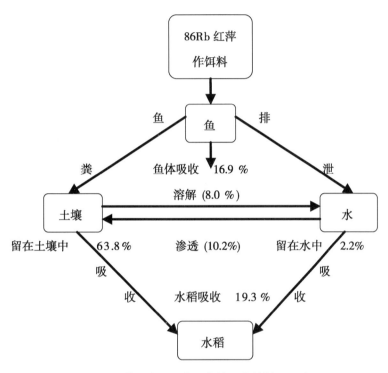

图 1 红萍钾在稻—萍—鱼体系中的循环图式

2 连续耕作下稻—萍—鱼体系土壤肥力的变化

研究表明，压施红萍及鱼食红萍消化后排泄物还田，可节省化肥，减少稻田化学污染，提高土地肥力，改善地力。据连续 6 年定位试验测定，稻—萍—鱼体系田面土壤有机质含量由 3.18% 提高至 4.61%；全 N 由 0.213% 提高至 0.307%，全 P 由 0.144% 提高到 0.151%（见表 1）。且速效养分水平及土壤物理状况均有不同程度改善。土壤速效养分与植株 N、P、K 养分的小区对比试验结果表明（见表 2），植株全 N 含量随水稻生长而呈减少趋势，稻—萍—鱼体系处理各生育期 N 含量均高于常规种植处理，其趋势与土壤养分变化一致。土壤速效氮含量仅稻—萍—鱼体系处理略有增加，表明土壤供 N 能力平稳而充足。稻株 K 含量的变化表现为早季稻两头高中间低，晚季稻相反，而各个生长阶段稻—萍—鱼体系稻株 K 含量略高于常规种植处理。土壤速效钾含量变化仅稻—萍—鱼体系与稻株 K 含量相对应变化。稻株 P 含量变化随着水稻生长而下降，水稻 P 含量早季各处理差异不大，晚季稻—

萍—鱼体系水稻 P 含量高于常规种植，土壤速效磷含量上略高于常规种植，这表明在减少化学肥料投入的情况下稻—萍—鱼体系土壤肥力不断提高，土壤供肥能力平稳，可满足水稻生长的需要。

表1　连续耕作条件下稻—萍—鱼体系土壤肥力的变化

| 年份 | 有机质（%） | | | 全氮（%） | | | 全磷（P_2O_5%） | | |
| | 稻—萍—鱼体系 | | 对照 | 稻—萍—鱼体系 | | 对照 | 稻—萍—鱼体系 | | 对照 |
	田面	沟坑		田面	沟坑		田面	沟坑	
实验前		3.18			0.213			0.144	
1987 年年底	4.30	4.09	3.81	0.243	0.261	0.210	0.117	0.163	0.117
1988 年年底	4.50	4.62	3.76	0.247	0.281	0.227	0.135	0.198	0.145
1989 年年底	4.50	5.03	3.98	0.264	0.289	0.231	0.145	0.191	0.125
1990 年年底	4.56	4.99	4.47	0.266	0.299	0.273	0.153	0.186	0.125
*1991 年年前	3.28	1.29	3.39	0.216	0.093	0.296	0.101	0.070	0.131
1991 年年底	3.75	2.00	3.80	0.205	0.095	0.253	0.133	0.105	0.129
1992 年年底	3.87	4.01	3.98	0.268	0.290	0.276	0.124	0.181	0.137
1993 年年底	3.56	4.28	4.11	0.224	0.319	0.296	0.133	0.168	0.130
1994 年年底	3.89	4.33	4.0	0.242	0.329	0.244	0.149	0.170	0.138
1995 年年底	4.61	4.64	4.14	0.307	0.392	0.299	0.151	0.205	0.134

注：*：1991 年春，将实验小区改造成永久性水泥田埂，因此改变了土壤结构

表2　不同处理土壤与稻田养分含量变化

| 季节 | 养分 | 处理 | 土壤养分含量（mg/kg） | | | 稻株养分含量（%） | | |
			分蘖期	齐穗期	成熟期	分蘖期	齐穗期	成熟期
早稻	N	稻—萍—鱼体系	119	132	234	2.43	1.90	1.12
		常规种稻	167	144	136	1.81	1.32	0.93
	K_2O	稻—萍—鱼体系	212	147	355	3.69	3.32	3.86
		常规种稻	210	132	183	3.06	3.50	3.19
	P_2O_5	稻—萍—鱼体系	64	56	175	0.87	0.71	0.49
		常规种稻	75	61	88	0.76	0.72	0.49
晚稻	N	稻—萍—鱼体系	148	195	180	2.73	2.44	1.26
		常规种稻	154	115	161	1.99	1.52	1.05
	K_2O	稻—萍—鱼体系	238	245	210	3.38	3.56	2.63
		常规种稻	262	132	167	2.69	3.22	2.30
	P_2O_5	稻—萍—鱼体系	71	78	50	0.85	0.83	0.57
		常规种稻	67	33	37	0.76	0.77	0.50

3　稻—萍—鱼体系对控制稻田 CH_4 排放的作用

有关研究发现，大气中 CH_4 的平均含量已由 1.52 mL/m^3 增加到 1.8 mL/m^3，而 CH_4 的温

室效应是 CO_2 的 20~60 倍；为此 FAO 将甲烷确定为环境中重要的微量污染物质之一。在大气中 10%~20%，CH_4 来自稻田排放，而我国稻田面积占世界总量的 22%，控制我国稻田 CH_4 排放十分必要。连续 3 年试验测定表明，常规种植稻田的 CH_4 排放量为 4.73 mg/m² · h，而稻—萍—鱼体系的种稻田 CH_4 排放量明显减少，为 1.71 mg/m² · h，但沟坑中甲烷排放量 13.10 mg/m² · h，由于稻—萍—鱼体系沟坑占田地面积的 12%，故稻—萍—鱼体系总的甲烷排放总量比常规稻田少 34.6%。

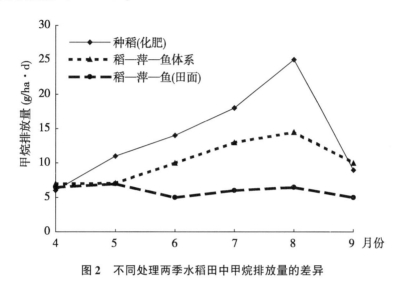

图 2 不同处理两季水稻田中甲烷排放量的差异

8 月，稻—萍—鱼体系与常规种稻处理的 CH_4 排放量随着气温的上升而增加 8 月后 CH_4 排放量随气温下降而下降，表明 CH_4 排放量与气温呈正相关关系（见图 2）。由图 2 可知，5 月稻—萍—鱼体系放鱼后，沟坑 CH_4 排放量迅速上升，田间 CH_4 排放量保持较低，但稻—萍—鱼体系平均 CH_4 排放量少于常规稻田。试验结果表明，施用化肥后 CH_4 排放量逐渐上升，至施肥后 4~5 d 达到高峰，而后下降。稻—萍—鱼体系化肥施用量仅为常规稻田的 30%，所以其 CH_4 排放量较常规稻作低。

4 稻—萍—鱼体系综合技术其他效应

稻—萍—鱼体系可减少水稻病虫草害，节约农药及除草剂据试验观测，红萍对水稻纹枯病菌核萌发有物理阻隔和化学抑制作用，稻—萍—鱼体系水稻纹枯病为一般田块的 1/3 左右；鱼吞食稻飞虱和螟虫等水稻害虫可少施 50% 农药，稻—萍—鱼体系中高密度养鱼，鱼类觅食田中杂草，使稻田基本无杂草存在，可减少除草剂的施用和农药污染。与常规种稻相比，稻—萍—鱼体系中可减少稻飞虱 48.9%~65.1%，枯心苗减少 40%~46.2%，纹枯病减少 45.5%~53.3%，稻田杂草发生率减少 99.5%，化肥用量节省 70% 左右，但其水稻产量却表现为逐年增产（见表 3）。

表3　稻—萍—鱼体系和常规种稻的肥料用量、水稻产量和鱼产量比较

年份	处理	压施鲜萍（×10³kg/hm²）	化肥用量（kg/hm²）			水稻产量（×10³kg/hm²）			鲜鱼产量（×10³kg/hm²）
			N	P₂O₅	K₂O	早季	晚季	合计	
1987	稻—萍—鱼	30	37.0	42.5	42.5	5.8	4.4	10.2	4.0
	常规种稻	/	207.8	194.3	127.4	6.6	6.4	13.0	
1988	稻—萍—鱼	30	67.3	69.4	50.9	4.4	4.5	8.9	4.3
	常规种稻	/	274.8	180.4	152.9	4.8	4.8	9.5	
1989	稻—萍—鱼	30	89.0	75.0	63.7	5.9	6.1	12.0	4.7
	常规种稻	/	254.0	230.3	225.0	6.0	5.3	11.3	
1990	稻—萍—鱼	30	75.0	75.0	67.5	5.9	5.1	11.0	5.4
	常规种稻	/	225	225	202.5	4.9	5.2	10.1	
1991	稻—萍—鱼	30	75.0	75.0	40.0	6.7	4.8	11.5	8.2
	常规种稻	/	149.0	251.0	158.0	6.3	4.5	10.8	
1992	稻—萍—鱼	30	51.0	51.0	40.0	5.8	6.6	12.4	9.8
	常规种稻	/	149.0	251.0	158.0	5.2	4.7	9.9	
1993	稻—萍—鱼	30	51.0	51.0	40.0	6.3	5.6	11.9	10.7
	常规种稻	/	149.0	251.0	158.0	5.8	5.9	11.7	

5　小结与讨论

　　本项研究成果自1987年实施以来并大面积推广应用效益显著，一般在鱼沟鱼坑占12%～15%的情况下，水稻产量不低于传统的种稻方式，而且可以节省50%～60%的化肥，30%～50%的农药，鲜鱼产量可达4 000 kg/hm²以上，每公顷净增收90 000元以上。推广稻—萍—鱼体系技术，不但不影响水稻的产量，且可以增加稻田的鱼类产出和动物蛋白质来源，提高经济效益，对改变食物结构具有重大意义，此外还可提高农民种稻积极性，若能在全国稻田面积的5%（1.6×10⁶hm²）推广这一模式，以每公顷产鲜鱼2 250 kg增收7 500元计算。仅此一项全国每年即可多产鱼3.6×10⁹kg，增收12×10⁹元，其社会、经济效益非常显著。

参考文献

陶战，庄仁安，李波，等.1993.美国稻田和反刍动物的甲烷排放［J］.农业环境与发展（2）：2-7.

刘浩官，李平，祝卫华，等.1986.稻萍鱼生态体系控制稻飞虱和纹枯病的试验［J］.福建农业科技（2）：14-15.

　　【原文发表于《中国生态农业学报》，2001，9（1）：84-86，由李春燕重新整理】

福建省稻田"稻萍鱼"生产技术规程

本规程由福建省农业科学院农业生态研究所起草并提出

本规程主要起草人：徐国忠 郑向丽 叶花兰 黄毅斌

1 范　围

本规程规定了福建省稻田套养红萍和鱼类动物的技术。

本规程适用于福建省稻田。

2 术语和定义

下列术语和定义适用于本规程。

2.1 红　萍

学名 *Azolla* spp.，又称满江红、绿萍，是满江红科满江红属的水生蕨类植物。其植物体管腔内有鱼腥藻与之共生，有较强的固氮能力。广泛用作稻田绿肥和饲料。中国生产上普遍利用的是中国满江红、蕨状满江红和卡洲满江红。

2.2 回交萍

红萍新品系，由福建省农业科学院农业生态研究所通过有性杂交方法选育，具有多抗、优质高产的特性，在福建全年都可以生长。

2.3 细绿萍

学名 *Azolla filiculoides*（*Roxb.*）Nakai，也称满江红、绿萍。红萍中的一个种，具有耐寒高产的特点，适宜在冬天养殖；不耐热，不适宜在夏天养殖。

2.4 母　萍

稻田放养所需的红萍种源，一般在稻田附近的水田中进行周年繁殖，待红萍长满水面后进行分萍，分出的红萍投放到莲田中进行养殖。

2.5 萍　母

水稻田中投放的红萍，用来在水稻田中繁殖和供鱼食用的红萍。

2.6 春 片

一般指规格在 100 g 以上的鱼种,用于养成鱼。

2.7 烤 田

水稻成熟收割前,把水稻田中的水放干并使其土壤晾干,以利于水稻成熟和收割。

3 "稻萍鱼"生产与利用方式

"稻萍鱼"生产方式,是指在稻田中同时放养红萍、鱼类的生产方式。

该方式是一种稻田新耕作体系,它不同于单一的稻田种植体系。可以充分利用稻田的水源条件,进行稻田养萍、养鱼。红萍作为鱼的饵料供鱼取食,鱼的粪便作为肥料,供水稻营养生长,鱼还能取食水稻的虫害。"稻萍鱼"立体种养模式,可大大减少肥料和农药的使用量,不仅降低了生产成本,提高了经济效益,同时还能够生产出无公害和绿色的大米及鱼类产品。

4 稻田选择

选 1 亩以上,光照条件好、保水保肥、水源方便、排灌自如的田块。水源要求充足,要保持稻田水位在 30 cm 以上。有条件地方采用流水养鱼效果更佳。

5 养鱼前稻田整理

在插秧前做好稻田养鱼的准备,包括开挖坑塘、加宽田埂、开挖过渡浅塘、开挖大鱼沟等工作。

5.1 开挖坑塘、加宽田埂

坑塘是在水稻插秧前用来屯养鱼种的场地。大约在水稻插秧前 30 d 开始,挖好坑塘。

坑塘的位置可根据田块实际情况设置,一般设在靠近灌溉渠方向,也可设在稻田中央,距外田埂 1 m 以上。坑塘面积约占大田的 10%,深度要求 1 m 以上,形状为椭圆、圆形、长方形、方形等。

坑塘埂宽 50 cm 左右,高度应高出田面 50 cm 左右。

开挖坑塘的土及大田的沟土可用来加固四周田埂。田埂高度 0.8 ~ 1 m,埂面宽 50 cm 以上。有条件的可将田埂硬化,做成养鱼专用稻田。

5.2 开挖大鱼沟

在挖坑塘的同时,沿坑塘向大田开挖一条大鱼沟。大鱼沟应纵贯全田,宽 80 cm、深 30 ~ 50 cm。

5.3 开挖过渡浅塘

过渡浅塘是鱼种放入坑塘前，适应环境的过渡场所。

于 4 月中旬在坑塘边围一浅水区，挖一深约 30 cm，面积 3 ~ 6 m² 的小塘。

5.4 埋设进排水管

坑塘的进水管可采用直径 6 ~ 10 cm 的竹筒制作。竹筒两端用窗纱或棕片包裹，以防杂物堵塞竹筒，以及防止野杂鱼进入坑塘和鱼苗逃逸。

排水管也可用类似于进水管的竹筒制作，并安放在大鱼沟连接处。

6 鱼种、萍种、稻种选择

6.1 鱼种选择与搭配

稻萍鱼田以红萍作为主要饵料，因此，鱼种选择上以摄食红萍的草食性鱼为主，或以杂食性鱼为主，不可单用肉食性鱼类。

鱼种选择草鱼、尼罗罗非鱼为主，辅以鲤鱼。草鱼、尼罗罗非鱼和鲤鱼的比例以 100：300：100 为宜。

因草鱼会吃秧苗，放养 3 cm 左右的夏花苗较宜。尼罗罗非鱼、鲤鱼则以春片为宜。

6.2 萍种选择

宜选择回交萍、细绿萍、卡州萍等适宜当地气候条件的红萍。

6.3 水稻品种选择

稻萍鱼田水稻品种要求抗病性强，抗逆好的耐淹而且株型紧凑、叶片直立的丰产良种。

7 鱼种过渡放养和培育

7.1 清整浅塘

挖好过渡浅塘后，用生石灰 200 ~ 250 g/m³ 消毒。于 4 月下旬（放养鱼种前 1 周左右）在浅塘中按每平方米施腐熟粪肥 1 kg 施放，并保持水位 30 cm 左右，以保温、保肥。

施肥的目的是为了在水中培育浮游生物，供鱼种食用。

7.2 浅塘过渡放养

4 月下旬将鱼种放养到浅塘中，时间为浅塘中施腐熟粪肥约 1 周后进行。鱼种放养按稻田面积每亩放养 200 ~ 300 尾。

放养前，以 3% 的食盐水将鱼种消毒，然后放养（注意消毒水温与浅水区水温差不超过 3℃）。

放养鱼种的同时，施腐熟粪肥 1 kg 于坑塘中，其目的是为了在坑塘中培育浮游生物供鱼食用。坑塘中水位应逐步加深。

鱼种在浅塘中过渡大约 10 d。

7.3 坑塘屯养

水温达 18℃ 以上，适时将鱼苗赶入坑塘屯养，以培育健壮鱼种。先喂细糠 10 d，第 1 d 为 500 g/亩，然后逐步增加，每天大约增加 50 g/亩。然后再投喂 10 d 左右的菜籽饼，每天 1 kg/亩。

注意适时灌水，当水位低于 1 m 时就要灌水，保持坑塘水位在 1 m 以上，以免缺氧。屯养期间，培育浮游生物的腐熟粪肥应每隔 2~3 d 追施 1 次。

8 水稻栽培管理

8.1 适时插秧

鱼种屯养一段时间（20~30 d）后，在 5 月中下旬进行插秧。

8.2 水稻合理施肥

为避免对鱼影响较大，水稻合理施肥十分重要。

采用重施基肥，少施追肥的方法，将占全年总量施肥 70%~80% 的肥料用于基肥。追肥若用碳酸氢铵，则先施田的一边，第 2 d 或第 3 d 施田的另一边。

8.3 科学使用农药

按常规施用量喷撒常规农药不会造成对鱼危害，但要禁用剧毒高毒高残留农药和除草剂。施药时先撒一边，第 2 d 或第 3 d 撒另一边的办法解决。

9 鱼、萍、稻的日常管理

9.1 大田培肥育饵

当鱼种在坑塘内进行屯养期间，在耙田插秧前，大田内应施一些有机肥，亩施 150~200 kg，以培育浮游生物等鱼种饵料。

然后在耙田插秧时，每亩投放萍母 50~100 kg，以适时培育鱼种饵料。

投放萍母前，用多菌灵 50 g 加敌敌畏 50 g 加水 50 kg 对萍种喷洒消毒杀虫后再投放稻田中，第 2 d 以同样的药加磷酸二氢钾 100 g + 硫酸铵 500 g 对水田中的母萍喷施 1 次，以利萍体生长繁殖。

9.2 开挖小鱼沟

在插秧后 15~20 d，每隔 20 m 开挖多条宽 50 cm、深 30 cm 的小鱼沟，开沟移出的禾苗往两边移植。小鱼沟与大鱼沟相通，鱼沟之间形成"十、四、中、开"等形状。

9.3 放鱼入田

大约 6 月中下旬禾苗返青时，适时将鱼放入大田。继续投喂适量菜籽饼，每天约 1 kg/亩，直至 10 月初。

定期（大约 1 个月 1 次）用漂白粉（1 g/m³ 水，每亩大约 200 g）进行消毒防治鱼病。

鱼种流放大田后，每隔 2~3 d 施 1~2 kg/亩的腐熟粪肥或新鲜粪肥，并注意适时在大田中增补萍母。

9.4 坑塘、田埂及鱼沟管理

在鱼种下大田后的整个养殖过程中，应经常巡视坑塘和大田田埂。如水源充足，可使坑塘始终保持微流水状态，并做到防逃、防洪、防旱、防偷、防病虫害及其他生物侵害。

注意将大小鱼沟里的淤泥及时清理，保持鱼沟畅通。

9.5 烤田、收割时鱼的管理

烤田或者水稻收割时，提前 3~4 d，疏通鱼沟，缓慢排水，赶鱼进坑塘屯养，加强人工投喂，适时冲换水。

10 收获上市

9 月中下旬，水稻收割前，即可放水捕鱼，将达到规格的商品鱼及时捕获上市。未达到规格的鱼，也可在水稻收割后再放水继续放养，等鱼达到规格后再捕获上市。

【原文发表于《中国主要农区绿肥作物生产与利用技术规程》，2010：17-21，由徐国忠重新整理】

稻萍鱼生物群体中鱼食鲜萍量公式的推导

李振武

（福建省农业科学院红萍研究中心，福州 350013）

在稻萍鱼三者共存的生物群体中因红萍能光合固氮，在整个系统中起着重要作用。因而调控红萍的生长就能够调控稻田生物群体和外界环境的关系及其内部物质循环，使稻田获得最高产出所需的物质能量获得解决。但在这个生物群体中，红萍不断地生长，同时也不断地被鱼食用。因此，必须了解红萍的生长量及鱼的食萍量才能调控红萍。我们在实施过程中遇到的问题是：对一定量的鱼，水面上需要放多少萍才合适？太多，鱼吃不完红萍将覆盖整个水面，造成缺氧；太少，红萍又很快被鱼吃完，要不断补充萍母而费工。这就需要解决红萍的生长与鱼食萍量之间的关系。

为了解决这个问题，本文试图提出鱼食萍量的一般公式并加以证明。考虑到在 24 h 内红萍并不是均匀生长的，鱼也不是每时每刻均匀食萍。因而我们推导这个公式是从两种极限情况入手。①在 24 h 内，红萍是均匀生长的，而鱼食萍则是集中在极短的时间内完成的（$t \to 0$），而且鱼食萍先于萍的生长。②在 24 h 内，红萍生长是在极短的时间内完成的（$t \to 0$），而鱼食萍是均匀地完成，且萍的生长先于鱼食萍。

在极限 1 情况下：

已知红萍的生长公式 $C_t = C_0 e^{tk}$ 及鱼每日食萍量 S（k 为红萍的繁殖系数，t 为红萍从 C_0 繁殖至 C_t 所需的时间，C_0 为萍母的数量，C_t 为经过 t 时间后红萍量），那么

第 2 d 红萍量：$C_1 = (C_0 - S_1) e^k = C_0 e^k - S_1 e^k$

第 3 d 红萍量：$C_2 = (C_1 - S_1) e^k = (C_0 e^k - S_1 e^k - S_1) e^k = C_0 e^{2k} - S_1 (e^{2k} + e^k)$

第 t+1 d 红萍量：$C_t = C_0 e^{tk} - S_1 [e^{tk} + e^{(t-1)k} + \cdots + e^k] = C_0 e^{tk} - S_1 [e^k - e^{(t+1)k}] / (1 - e^k)$

应用数学归纳法可以证明以上公式是正确的。那么

$S_1 = (C_0 e^{tk} - C_t)(1 - e^k) / e^k (1 - e^{tk})$ ……（1）

同理，在极限 2 情况下，S_2 的表达式为

$S_2 = (C_0 e^{tk} - C_t)(1 - e^k) / (1 - e^{tk})$ ……（2）

对于一定量的鱼及定量的 C_0，在 1 极限情况下，C_t 是最小的，在 2 极限情况下，C_t 是最大的，实际情况总是介于两者之间。因此有：

$S = aS_1 + bS_2$ ……（3）

$a + b = 1$ （a，b 均为非负实数）

方程式（3）是一个不定方程，可以真实地反映出鱼的每日食萍量与红萍生长的关系。

不定方程（3）中因含有不定系数，因此有无数个 S，以下我们讨论 a、b 的取值问题。

1. 当 a = 1、b = 0 时，S = S_1，表示第一种极限情况。

2. 当 a = 0、b = 1 时，S = S_2，表示第二种极限情况。

3. 因实际的情况总是介于 1 和 2 之间，因此我们在实际应用中取 a = 0.5，b = 0.5，得出的 S =（$S_1 + S_2$）/2，可以较为接近真实的情况。所以

$$S =（C_0 e^{tk} - C_t）（1 - e^k）（1/e^k + 1）/2（1 - e^{tk}）$$
$$=（C_0 e^{tk} - C_t）（1 - e^{2k}）/2ek（1 - e^{tk}）\cdots\cdots（4）$$

用实验来证明公式。

（1）测定 S 值（鱼每日食萍量）：

表 1　C_0 = 3.6 kg　K = 0.0820

T	1	2	3	4	5
C_t	3.2	2.7	2.1	1.5	0.9
S	0.70	0.71	0.71	0.71	0.71

表 2　T = 4 d　K = 0.0820

C_0	3	3.5	4	4.5	5
C_t	0.6	1.5	2.1	2.8	3.5
S	0.72	0.69	0.71	0.70	0.70

以公式测定出的 S 值在试验误差范畴内恒定，可以证明公式正确。

（2）用已知的 S 值检验公式：

表 3　C_0 = 5 kg　S = 0.71 kg/d　K = 0.099

T	2	4	6	8	10
C（实际）	4.6	3.8	2.9	2.0	0.8
C（理论）	4.45	3.77	2.95	1.94	0.72

表 4　S = 0.71 kg/d　K = 0.099　T = 5 d

C_0	3.0	3.5	4.0	4.5	5
C（实际）	0	1.0	1.8	2.7	3.5
C（理论）	0.09	0.92	1.74	2.55	3.38

以上公式算出的 C（理论）值，与实际测定的 C（实际）值在试验误差范围内相同，也可以证明公式正确。

【原文发表于《福建农业科技》，1995（2）：36，由李振武重新整理】

稻—萍—鱼的研究
Ⅱ. 萍在稻萍鱼体系中的作用

福建省农业科学院红萍固氮研究中心课题组

（福建省农业科学院，福州 350013）

稻田养鱼，饵料问题是一个要研究解决的重要课题。红萍由于能固氮，又能光合作用，在稻田繁殖速度快。我们初步试验，已经看出红萍在稻田作为饵料的潜力和效益。

为了进一步探讨红萍在稻—萍—鱼体系中的作用，它们之间的物质交换关系等，进行了本研究。

1 材料和方法

试验是在所内试验田和楼下基点进行的。

1.1 田间试验

小区面积为 0.1 亩，3 个重复。加高田埂，开鱼沟基本上按稻田养鱼要求进行。鱼的放养如表 1 所示。

表 1 稻萍鱼试验田鱼的放养情况

处理	面积(0.1 亩)	放养鱼类及密度（尾/0.1 亩）	平均重（g/尾）	总重量（kg/0.1 亩）
单养有萍	1	60 尾纯雄尼罗罗非鱼	30	1.8
单养无萍	1	60 尾纯雄尼罗罗非鱼	31.7	1.9
混养有萍	1	42 尾尼罗罗非鱼	25.0	1.05
		14 尾草鱼	25.0	0.35
		14 尾鲤鱼	40.0	0.55
混养无萍	1	42 尾尼罗罗非鱼	25	1.05
		14 尾草鱼	29	0.4
		14 尾鲤鱼	39.3	0.55

注：①本处理设三个重复；②5 月 7 日放鱼，田间管理基本上同稻田养鱼

1.2 测定内容和方法

1.2.1 尼罗罗非鱼消化率测定方法：按"内源指示法"。

1.2.2　¹⁵N 示踪法

用 ¹⁵N 标记的红萍喂鱼后，每隔 2 h，用虹引管收集排出的粪便，测定含氮量及 ¹⁵N 丰度。喂饲 20 h 后，取出鱼用乙醇麻醉，解剖。把胃、肠、胆、心、肝、脾、血、鳃以及肌肉取下，肠内未消化物加在最后一次粪中。各器官分别单独消化，蒸馏测定含氮量及 ¹⁵N 丰度。

1.2.3　用 835 型氨基酸自动分析仪测定红萍与鱼粪中的氨基酸含量。

2　结果与讨论

2.1　稻—萍—鱼的增产效益

稻—萍—鱼试验成功的一个因素是采用了我们发展起来的宽窄行双龙出海养萍方式，延长了红萍在田间的养殖时间。从 3 年小面积对比试验以及较大面积中试材料看来，用红萍作稻田养鱼的增产是明显的，除水稻略有增产外，1 hm² 一般可产鱼 1 吨以上，再辅以一些技术改革，放养尼罗罗非鱼和草鱼的就比常规稻田养同样鱼增产 1 倍左右（表 2，表 3，图 1A,图 1B，图 1C），而且食用商品价值也提高了。

表 2　红萍对尼罗罗非鱼单养的增产效果

处理	产量（吨/hm²）	规格（g/尾）
有萍区	1.2	150～200
无萍对照区	0.63	100～150

表 3　红萍对不同鱼种混养的增产效果

鱼种类	有萍区鱼的产量（吨/hm²）	无萍区鱼产量（吨/hm²）	有萍区最大鱼重（g/尾）	无萍区最大鱼重（g/尾）
草鱼	0.35	0.15	600	350
鲤鱼	0.17	0.15	150	130
尼罗罗非鱼	0.54	0.40	125	100
合计	1.06	0.70		

2.2　尼罗罗非鱼对红萍的摄取量和消化率

尼罗罗非鱼是稻萍鱼体系中的一种重要鱼种，它来自热带地区，当平均水温稳定在 12℃ 以上主可正常生长，水温在 25～34℃ 时生长最快。图 2 是红萍摄食量和增重的关系。据测定尼罗罗非鱼摄食红萍量约为体重的 50%～80%。

尼罗罗非鱼摄取红萍后究竟有多少植物性蛋白转化为鱼体蛋白呢？我们采用内源指示法测定红萍的消化率是 59.69%（表 4）。

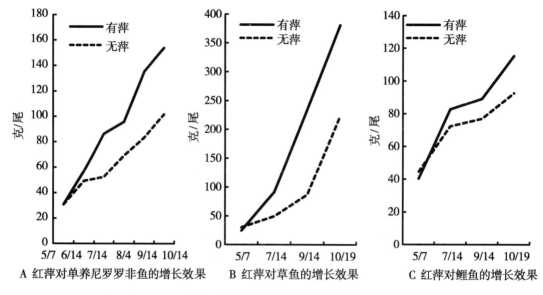

图1 红萍对不同鱼种的增长效果

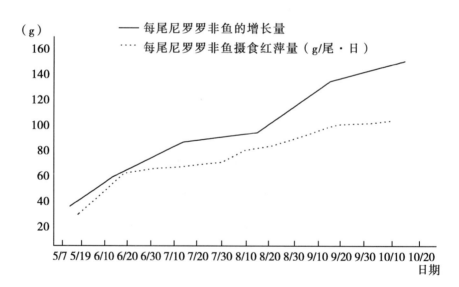

图2 尼罗罗非鱼摄食红萍量与增重的关系

表4 尼罗罗非鱼摄取红萍的消化率测定结果

测定时间	平均水温	饵料品种	试验鱼数（尾）	鱼规格（g/尾）	摄取量（g）	摄取量与鱼比重（%）	干物质总消化率（%）
16/9	24.6	红萍	20	45.7	92.5	10.0	59.67
24/9	25.5	红萍	42	45.5	257.0	13.4	59.25

注：氨基酸测定结果也反映了类似的趋势见表5

表4 尼罗罗非鱼摄取红萍的消化率测定结果氨基酸测定结果也反映了类似的趋势。

表5　尼罗罗非鱼摄取红萍与排出粪便氨基酸测定结果　取样时间：1984.9.24

名称 氨基酸含量 样品名称	红萍（%）	鱼粪便（%）	消化率（%）
天门冬氨酸	2.702 4	1.030 4	61.87
苏氨酸	1.237 8	0.566 9	54.2
丝氨酸	1.303 5	0.522 9	59.88
谷氨酸	3.681 1	1.118 6	69.61
脯氨酸	0.744 3	0.475 7	36.09
甘氨酸	1.385 4	0.644 8	53.46
丙氨酸	1.985 6	1.119 1	43.63
胱氨酸	0.540 4	0.426 7	21.04
缬草氨酸	2.373 3	0.777 4	61.27
甲硫氨酸	0.669 0	0.688 3	−2.88
异亮氨酸	1.021 7	0.411 7	59.70
亮氨酸	2.126 4	0.741 1	65.15
酪氨酸	1.579 7	0.628 7	60.20
苯丙氨酸	2.143 7	0.658 3	69.29
赖氨酸	1.329 5	0.481 2	63.81
组氨酸	0.530 8	0.257 8	51.43
精氨酸	1.506 6	0.576 0	61.77
合计	28.861 2	11.125 6	58.58

注：院中心化验室测定

用 ^{15}N 标志红萍喂尼罗罗非鱼可以看出肠胃是直接吸收消化器官，所以丰度最大，鳃不仅是 O_2 与 CO_2 气体交换场所，也是鱼类的排泄器官，所以也有较高的丰度。

2.3　鱼粪的肥效

经测定鱼粪的含氮量占萍体含氮量的 40%，这说明红萍固定吸的氮有 60% 左右为鱼体吸收转化，还有 40% 左右从大便中排出。红萍含磷量的变化不大。而钾的变化却最大，是否全部为鱼体吸收利用还不清楚，也可能一部分溶解于水中（表6）。

表6　尼罗罗非鱼粪便中氮磷钾含量

类别	N（%）	P_2O_5（%）	K_2O（%）
红萍	4.871	0.658	2.532
鱼粪	2.234	0.915	0.193

3　小　结

综上所述，每公顷年产 75 t 的红萍可生产 1.2 t 鱼外还可以有相当于 0.3 t $(NH_4)_2SO_4$

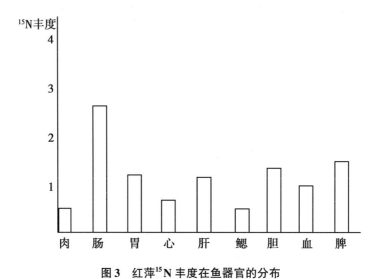

图3　红萍¹⁵N丰度在鱼器官的分布

氮肥回到田里。因此稻萍鱼体系是水稻生产上一种低消耗高经济收益的生产方式，也为红萍的利用开辟了一个广泛的前景。

【原文载于内部资料《红萍研究论文及资料汇编（1978—1984）》，第180－184页，由李春燕重新整理】

红萍在稻萍鱼体系中的部分作用研究

黄毅斌

（福建省农业科学院红萍研究中心，福州 350013）

　　稻萍鱼体系是中国传统的"稻田养鱼"和"稻田养萍"的有机结合，它成功地将红萍引入稻—鱼体系中作为鱼的饵料，并通过鱼的消化和分解成为有机和无机成分，改善了土壤肥力。红萍是由蕨类和鱼腥藻组成的生物固氮体，具有生长迅速、含氮量高，养鱼适口性好等特点。因此，在稻萍鱼体系中红萍起着作为饵料和肥料的双重作用，既促进了体系中水稻和鱼产量的提高，同时又提高了红萍的利用率。为此，本文就上述有关问题进行研究，初步结果介绍如下。

1　材料与方法

　　1986 年于建宁县选浅脚烂泥田上进行试验。早稻为圭辐 3 号，晚稻汕优 63。卡洲萍于 5 月 4 日放养，每小区 10 kg。试验设种稻（对照），稻萍，稻鱼，稻萍鱼等 4 个处理，各重复 3 次，随机排列。小区面积 60 m²，每小区各挖一条深、宽 50 cm 的"十"字沟，沟占地 12.84%。田间工作按当地农事活动进行。鱼类选用尼罗罗非鱼、草鱼，鲤鱼 3 种。于 9 月 9 日放养。

　　土壤肥力测定，早晚稻收割前，分别挖取田面和鱼沟表土 10 cm 深，按常规方法分析养分含量。并用长、宽各 33.5 cm 的方木框，置于田间放养红萍，供采样测定其生长量。其中田面 4 点、沟中 3 点，分别计算。每 10 d 测定 1 次。

2　结果与分析

2.1　鱼类的放养和收获情况

　　稻萍鱼体系研究的主要目的是通过红萍的放养和生长，提供充足的饵料以提高鱼和水稻的产量，从而增加单位稻田面积的经济效益。试验表明，养萍的稻萍鱼处理鱼产量每亩为 40.4 kg，而无萍的稻鱼处理只有 32.3 kg（见表 1），说明了养萍可以促进鱼产量的提高。对于不同鱼类品种，因食性不同其作用也不一样，收获时稻萍鱼处理的每尾草鱼个体重为 197.5 g，鲤鱼为 61.0 g，而稻鱼处理每尾草鱼为 170.0 g，鲤鱼 42.0 g，进一步说明了红萍对稻萍鱼体系的鱼产量和个体生长都有促进作用。

表1　鱼类的放养和收获情况

处理	放养与收获	罗非鱼		草鱼		鲤鱼		合计	
		数量（尾）	个体重（g）	数量（尾）	个体重（g）	数量（尾）	个体重（g）	数量（尾）	亩总产（kg）
稻鱼	5月15日放养	350	16.0	120	28.0	360	30.5	830	19.9
	10月8日收获	100	76.5	50	170.0	310	42.0	460	32.3
稻萍鱼	5月15日放养	350	12.0	120	30.0	360	30.5	830	20.9
	10月8日收获	90	76.0	60	197.5	300	61.0	450	40.4

2.2　稻、萍、鱼共存期间红萍的消长

2.2.1　红萍的消长

两季的试验结果表明，5月4日每小区放萍10 kg，到40 d时，红萍生长达到顶峰，稻萍处理亩产萍415 kg，稻萍鱼处理由于鱼的摄食，只有360 kg。随后，两种处理红萍量都逐渐减少。而稻萍鱼处理由于鱼的取食，消亡速度更快。但值得一提的是第80 d测定时，红萍量又反而比稻萍处理稍高，这可能与鱼捕食红萍虫害的抑制作用有关。到90 d（8月5日）测定时，两种处理的红萍已趋于灭亡（见图1）。

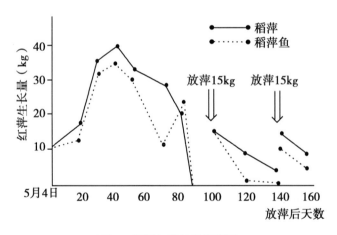

图1　田间红萍的消长情况

晚季，虽然几次放萍，但直到10月8日放水捕鱼时，红萍仍无法恢复生长，呈负增长。

2.2.2　鱼的食萍量计算

以往，对于鱼食萍量的计算通常采用对照区红萍量与养鱼区红萍量的差值来计算。这在试验时间短放萍密度大时误差不大。如当测定时间较长，由于红萍的不断增殖，往往有较大的偏差。

鉴于此，我们引用自然增长率的方法，来计算田间鱼的食萍量，以增强准确性。公式为：

$$E = \frac{2B\left[Fa\left(1+B\right)^{n-1} - Fb\right]}{(2+B)\left[\left(1+B\right)^{n-1} - 1\right]}$$

$$B = \sqrt[n-1]{\frac{Ab}{Aa}} - 1$$

式中：E——日平均食萍量；

　　　B——对照区红萍增长率；

　　　Aa——对照区放萍量；

　　　Fa——养鱼区放萍量；

　　　Ab——对照区余萍量；

　　　n——试验天数；

　　　Fb——养鱼区余萍量。

公式建立于 2 个假设上，即假设对照区与养鱼区红萍的繁殖率相等，以及鱼的食萍量每日相等。

采用上述公式计算的结果表明，早季每亩鱼的食萍量为 l90 kg，晚季是 132.2 kg。（而用差减法计算早季为 376.5 kg，晚季为 217.7 kg，2 种方法的结果相差近半）

据此推算，早季田间红萍总生长量应是早季红萍的生长量加上鱼的食萍量，共计 550 kg。应该指出，红萍生长到一定数量后增长就缓慢，必须采用人为措施，不断捞出余萍，否则，稻萍鱼共长期间，田间红萍自然生长量不会很高。

2.3　红萍在稻萍鱼体系中对土壤养分状况的影响

土壤肥力因素测定结果表明，稻萍、稻鱼和稻萍鱼处理的土壤肥力均有上升的趋势，以有机质含量为例，稻萍鱼和稻萍处理的土壤有机质均比种稻处理有明显提高（见表 2），这与红萍经过鱼的消化以及萍残体在土壤中的累积有关。

表 2　不同处理对土壤肥力的影响

处理	有机质（%）	全氮（%）	全磷（%）	碱解氮（mg/kg）	速效钾（mg/kg）	速效磷（mg/kg）
稻	3.87	0.217	0.126	190	130	6.6
稻萍	3.96	0.223	0.129	198	204	7.1
稻鱼	3.88	0.232	0.139	194	184	7.7
稻萍鱼	4.12	0.236	0.148	199	273	8.4

注：表中数据系早晚两季的田面和沟中土壤分析的平均值

土壤中全氮、全磷、碱解氮、速效钾、速效磷都有类似于有机质的变化，特别是速效钾有明显的增加。

2.4　红萍对稻萍鱼体系中水稻农艺性状的影响

试验结果表明，早稻表现为有效穗及丛株数稻鱼高于稻萍鱼，但结实率、千粒重和粒数则为稻萍鱼处理最高。从而产量也高于稻鱼，次之为稻和稻萍。晚稻则稻萍鱼处理在各项都表现为最好，尤以有效穗最明显（见表 3）。这与鱼消化红萍后部分养分转化为速效养分有关，从而影响早稻的结实率、千粒重以及晚稻的有效分蘖数量。而红萍的残体，落根以及鱼未消化部分，则以缓效养分的形式使晚稻的稻萍鱼和稻萍处理表现为肥力平稳，促进穗大粒多，达到高产。

表3　不同处理水稻考种结果

处理		每丛株数	每丛有效穗数	穗实粒数	结实率（%）	千粒重（g）	理论产量（kg/亩）
早稻	稻	11.35	10.13	47.0	65.9	22.4	285.9
	稻萍	12.25	11.38	33.5	65.2	21.7	283.7
	稻鱼	13.25	12.00	44.8	65.6	23.2	331.3
	稻萍鱼	11.75	10.63	50.0	69.7	23.5	372.6
晚稻	稻	7.25	7.25	112.1	76.9	28.8	462.0
	稻萍	7.67	7.67	119.4	76.5	29.6	539.0
	稻鱼	8.08	7.92	113.2	76.5	29.0	510.4
	稻萍鱼	9.33	9.32	116.0	75.7	29.7	621.0

3　小　结

3.1　稻鱼和稻萍鱼两个养鱼处理各种鱼的成活率相近，鱼的总产量表明为稻萍鱼比稻鱼处理增加24.8%。

3.2　田间红萍自然生长6月中旬达生长最高峰，7月中旬后由于红萍虫害和鱼的取食而趋于消亡。晚稻期间红萍无法在田间自然生长。两季每亩田鱼的总食萍量为322.2 kg。

3.3　稻萍鱼处理由于红萍的存在，对土壤肥力的累积有重要的影响，养鱼后土壤有机质，全氮，全磷及各种速效养分均有不同程度的增加。

3.4　由于土壤肥力的变化，稻萍鱼体系中，经过鱼体消化的红萍，在早季增加水稻的结实率和千粒重，同时未消化的红萍残效对晚稻农艺性状也有所改善。

【原文发表于《福建农业科技》，1991（4）：8-10，由李春燕重新整理】

红萍在"稻萍鱼""稻萍鸭"模式中的作用

杨有泉 陈 敏

（福建省农业科学院农业生态研究所，福州 350013）

摘　要： 在"稻萍鱼""稻萍鸭"等有机水稻栽培模式中，红萍平生于稻田水面，生长繁殖快，产量高，既为水稻提供充分的肥料源，又可作为鱼鸭等动物的青饲料。养用红萍可有效地提高水稻田的生产力，并明显促进稻田生态环境的持续良性循环。

关键词： 红萍；水稻；鸭；鱼；有机栽培

　　稻是我国南方的主要农作物，面积甚广，占农业生产的比例很大。由于单一种稻，加上水资源不合理利用以及化肥、农药等化学物质的大量使用，导致稻田生态环境恶化和种稻效益低下，严重影响农民积极性和粮食稳定。近年来，人们的种稻观念已经从单纯追求高产转向以"生态"和"安全"为前提的优质、高产和无公害。但是，现有水稻栽培技术中仍缺少切实可行的有机水稻栽培技术，大面积稻田逐步形成生态脆弱区域。如何使稻田的生态环境得到恢复和持续良性循环，一直是人们追求的目标。中国农民早有稻田养鱼、稻田养鸭、稻田养萍的习惯和经验。但稻田养鱼养鸭由于缺乏饲料，稻田养萍由于缺乏明显经济效益，因而均未能发展成规模经营，在稻田生态效益方面的作用也不显著。福建省农业科学院刘中柱研究员首先把稻田养鱼和稻田养萍两者结合起来发展成为"稻萍鱼"这一有机水稻栽培模式[1]，不仅提高经济效益而且凸显生态效益，使稻田生产从无机向有机生产转化。近年来，日本发展了稻鱼共作技术，科学家渡边岩博士将红萍引入，形成"稻萍鸭"模式，并逐渐推广遍及日本全国各地以及中国、韩国、越南等亚洲种稻国家。在"稻萍鱼""稻萍鸭"有机水稻栽培模式中，鱼鸭发挥了控制病虫、防除杂草、排粪施肥、搅土浑水、刺激水稻生长等功能，而红萍提供了水稻的肥料源和鸭子的青饲料。这样，通过水稻、红萍、鱼、鸭等生物群体之间物质有效循环和再生利用，建立一种内涵扩大、良性再生产的有机农业新模式。这种新模式不需要额外占用耕地，在良好的稻田生态环境下就可以生产出无公害、安全优质的大米、鱼和鸭肉。本文着重阐述红萍在"稻萍鱼""稻萍鸭"等有机水稻栽培模式中，既为水稻提供充分的 N、K 肥源，又可作为鸭等动物的青饲料，以及有效地提高水稻田的生产力，并明显促进稻田生态环境的持续良性循环等诸方面的作用机理。

1 红萍提供水稻的肥料源和鱼、鸭的青饲料

1.1 红萍对水稻的增产效果

红萍是水生蕨类植物，其叶腔内共生着红萍鱼腥藻，能从空气中直接固定氮素，转化为体内氨基酸与蛋白质。红萍富含肥料成分，其干体含氮2.5% ~ 4.5%，含磷0.4% ~ 1.0%，含钾2.0% ~ 3.5%，以及多种微量元素。红萍供氮试验表明，红萍压施入土后7 ~ 42 d内其矿化量占总量的1/2，第15 ~ 21 d为矿化高峰，水稻正常生长所需的70%左右N素可由红萍提供，亩施10 kg纯N的红萍作基肥的水稻产量在350 ~ 500 kg（与土壤肥力有关）之间，相当于亩施10 kg纯N的氮肥的水稻产量。

刘中柱等研究表明，红萍具有较强的从灌溉水和雨水中富集微量钾素的能力[2]。试验结果：红萍吸收K的高峰在0.85 mg/kg，而水稻在8 mg/kg，灌溉水和雨水中K的含量为1 ~ 4.5 mg/kg。说明红萍可富集吸收水稻无法利用的低浓度K，从而萍体含K量达2.0% ~ 3.5%。水稻正常生长所需的70%左右K素可由施压入土的红萍来提供。根据田间肥效试验（表1），施红萍与施等量化肥（氮、磷、钾）处理间的水稻产量相当，统计学上无显著差异；施红萍与只施氮磷肥、不施钾肥的处理相比，水稻平均增产23.7%，与不施肥的对照处理相比，水稻平均增产53.1%，统计学分析，差异均为极显著。这说明以红萍作为水稻钾源，其肥效相当于等量钾素化肥[3,4]。

表1 不同施肥处理的水稻产量

处理	水稻产量（kg/亩）
不施肥	238.4
施化肥（氮磷、缺钾）	295.0
施化肥（氮、磷、钾）	355.0
施红萍	365.0

1.2 红萍的饲料效果

蛋白质是构成禽、鱼组织和体细胞的基本原料。红萍的粗蛋白含量达25% ~ 33%，可补充日粮中其他饲料的不足，以满足动物对营养的需求。作为有价值的饲料，红萍还有以下优点：①适口性好；②个体大小适中，不需切碎加工；③生长温度宽，适应能力强，繁殖快，产量高；④各种淡水水面均可放养，特别是在稻田放养，可直接作为禽、鱼的饲料。在"稻萍鱼"有机模式中，草食性和杂食性的鱼类均可摄食红萍。以稻田经常放养的3种鱼——草鱼、尼罗罗非鱼和鲤鱼为例，草鱼的食萍量最大，日食萍量可达自身体重的50% ~ 80%；尼罗罗非鱼的食萍量次之，日食萍量为自身体重的45% ~ 60%；鲤鱼的食萍量较小。从鱼的产量和规格比较（表2），稻萍鱼模式比稻鱼模式，鱼产量增加62 kg/亩，约增产70%，而且商品鱼规格明显提高[4]。随着"稻萍鱼"有机模式的深化研究，其鱼产量可达267 kg/亩以上，在不影响水稻产量前题下，增加稻田动物蛋白的产出，获得较高的

经济效益[1]。

表2 不同鱼种摄食红萍后的产量和规格比较

处理	产量（kg/亩）				规格（g/尾）		
	草鱼	尼罗罗非鱼	鲤鱼	合计	草鱼	尼罗罗非鱼	鲤鱼
稻萍鱼	23.3	116.0	11.4	150.7	600	125~240	150
稻鱼	10.0	68.7	10.0	88.7	350	100~125	130
增减（%）	+13.3	+47.3	+47.3	+62.0	+250	+25~90	+20

1.3 红萍饲料的利用率

水稻田放养红萍作为水禽和鱼类的饲料，又以动物粪便形式排入水田，为水稻提供新的肥源。经过"过腹还田"，萍体中N素利用率可大大提高。在"稻萍鱼"有机模式中，以[15]N标记红萍进行的示踪试验表明，萍体N素的总利用率达67.76%；而"稻萍"模式中，以[15]N标记红萍作基肥，其N素利用率仅为46.06%，用等量标记红萍作追肥，其N素利用率也仅为51.60%（表3）[4]。另一个[15]N标记试验表明，尼罗罗非鱼摄食红萍后，其体内[15]N丰度由原来的0.366%提高到0.431%，鱼体含N量达2.41%。这说明在"稻萍鱼"有机模式中，红萍固定的N素经鱼体代谢后，一部分被鱼体吸收利用，转化为动物蛋白，余下的可被水稻吸收利用[4]。

表3 红萍不同利用方式的[15]N利用率

处理	[15]N利用率（%）		总利用率（%）
	鱼体	水稻	
"稻萍鱼"有机模式	38.24	29.52	67.76
"稻萍"模式（[15]N标记红萍作基肥）		46.06	46.06
"稻萍"模式（[15]N标记红萍作追肥）		51.60	51.60

用[86]Rb示踪试验表明，在"稻萍鱼"有机模式中，红萍体内16.9%K素被鱼类吸收利用，经"过腹"后其排泄物中19.3%K素被水稻吸收，63.8%K素留在土壤中，从而提高水稻田的肥力水平。红萍腐解后，其K素主要以缓效钾形式存在，故K素流失少，可供水稻各个生育期吸收利用。[15]N示踪和[86]Rb示踪研究证明，由于红萍"过腹还田"，其饲料利用率大大提高。另一方面由于N、K化肥少投入，进而减少化学物质对水稻田的污染[1,5]。

2 红萍对稻田生态环境的影响

2.1 抑制稻田杂草滋生

红萍作为水稻田的被覆作物，截取阳光，占据可利用的空间，从而使稻田杂草受到不同程度的抑制。水稻插秧前放萍，田间杂草减少90%左右；插秧后放萍，田间杂草减少80%左右。"稻萍鱼""稻萍鸭"等有机模式还可利用鱼鸭捕食稻田杂草。红萍的覆盖和鱼鸭的活动抑制稻田杂草滋生，可以不中耕除草，也不施除草剂，进而减少化学物质对水稻田的污染影响。

2.2 减少稻田甲烷的释放

在温室气体中 CH_4 的温室效应是 CO_2 的 20~60 倍，FAO 已将 CH_4 列入大气主要污染物之一。大气中的 CH_4 有 20% 左右来自于稻田的释放，因此控制稻田 CH_4 释放十分必要。近年来科学家对稻田 CH_4 的研究增多，但尚无普通适应的有效控制办法。刘中柱等研究发现，"稻萍鱼"有机模式的稻田 CH_4 释放量为 3.08 $mg/m^2 \cdot h$，比常规种稻的稻田减少 34.6%[1]。"稻萍鱼"有机模式之所以减少稻田 CH_4 释放量，是与鱼在稻田的活动有关。鱼的游动、觅食、搅土、浑水等系列活动，改善了土壤通气条件，提高了土壤的氧化还原电位，因而减少了稻田 CH_4 释放量[1]。

2.3 改善土壤物理性状

与不养萍、不养鱼的常规种稻相比，"稻萍鱼""稻萍鸭"等有机模式的土壤物理性状得到明显改善（表4），主要表现为抗压强度和容重降低，孔隙度增加，保水能力提高，表土层增厚，土色加深，土质变松变软，有利于实施免耕法[4]。湖南"稻萍鱼"模式研究还对土壤水稳定性微团聚体含量和组成进行测定（表5），结果表明，"稻萍鱼"模式不仅增加土壤水稳定性微团聚体的数量，而且改变了水稳定性微团聚体的组成。在 <0.01 mm 土粒团聚量中，常规种稻的无机和有机微团聚体分别占 27.2% 和 72.8%，而"稻萍鱼"模式在分别占 21.6% 和 78.4%[6]。

表4 "稻萍鱼"有机模式对土壤物理性状的影响

处理	水分（%）	抗压强度（kg/cm^2）	土壤容重（g/cm^3）	总孔隙度（%）	非毛发孔隙度（%）
常规种稻（施化肥）	27.3	16.3	1.40	47.2	5.5
"稻萍鱼"有机模式	31.8	14.8	1.34	49.4	4.1

表5 "稻萍鱼"有机模式对土壤水稳定性微团聚体含量和组成的影响

处理	水稳定性微团聚体（g/kg）		<0.01 mm 土粒		无机、有机微团聚体分别占土粒团聚量	
	>0.01 mm	>0.001 mm	团聚量（g/kg）	团聚度（%）	无机（%）	有机（%）
常规种稻（施化肥）	948.2	972.7	495.3	86.4	27.2	72.8
"稻萍鱼"有机模式	961.6	987.8	532.4	92.6	21.6	78.4

2.4 维持和提高土壤生产力

一般认为，土壤物理性状的改善与土壤有机质的增加是呈正相关的。红萍在繁殖过程，经常有残叶老根脱落，两周内落根量可达鲜重的 46.1%。萍体腐解后，其有机质逐渐进入土层。红萍的干物质在一年内就有 39% 转化为土壤有机质。由于有效能源物质增加，刺激了土壤微生物的繁殖和活性，促进了土壤有机质的矿化，这就是所谓激发效应。浙江省农科院试验（表 6）表明，亩施 1 500 kg、3 000 kg、4 500 kg 鲜萍，萍体腐解后积累于土壤中的有机碳量，除补偿因红萍激发损失的有机碳外，还有一定数量的有机碳积累于土壤中，施萍量越多，净积累有机碳量越多。因此，水稻田亩施 1 500 kg 以上红萍，对土壤生产力的维持和提高将产生有利的影响[4]。

表 6 红萍在土壤有机质平衡中的作用

红萍施用量 （kg/亩）	加入的总碳量 （1）	红萍矿化量 （2）	激发损失土壤 有机碳量（3）	红萍积累有机 碳量（1）－（2）	红萍净积累有机碳 量（1）－（2）－（3）
500	51.43	5.73	46.28	45.7	−0.58
1 500	154.91	19.08	63.88	135.83	71.95
3 000	309.82	34.71	83.63	275.11	191.48
4 500	464.73	54.62	64.35	410.11	345.76

在"稻萍鱼""稻萍鸭"等有机模式中，一方面土壤的水、热、气状况得到改善，另一方面红萍残体腐解及鱼鸭食红萍消化后排泄物还田，有效地增加土壤养分含量，进而维持和提高土壤生产力。据沈晓昆等测定，稻鸭共作中鸭的排粪量为每只 10 kg，而在稻—鸭—萍模式中，鸭的排粪量为每只 30 kg。福建省农业科学院红萍研究中心进行了"稻萍鱼"有机模式的连续 9 年的定位测定，土壤有机质由 3.18% 提高至 4.61%，全 N 由 0.213% 提高至 0.307%，全 P 由 0.213% 提高至 0.307%（表 7）[5]。这表明在减少化学肥料投入的情况下，"稻萍鱼"有机模式土壤养分仍有增加，土壤供肥能力得到有效的维持和提高，以满足水稻生产的需要。

表 7 "稻萍鱼"有机模式对土壤肥力的影响

时间	有机质（%）	全 N（%）	全 P（%）
试验前	3.18	0.213	0.213
9 年后	4.61	0.307	0.307

3 有机水稻栽培模式对红萍生长繁殖的影响

3.1 稻田生态环境对红萍生长的影响

红萍适合于各种类型的水稻土。红萍生长的 pH 范围较广（pH 值为 3.5 ~ 10.0），但以微酸性（pH 值为 4.5 ~ 6.5）较为适宜。在稻田土壤中，N 素含量一般不是限制因素，缺 K 的土壤也无大的影响，但缺 P 的土壤对红萍生长繁殖不利。水稻插秧前和插秧后一个月内，稻田的光照和温、湿度均可满足于红萍生长，但随着稻株的生长发育，稻行间的光照强度明显降低，湿度增大，这将不利于红萍生长繁殖。为了使红萍适应于各种变化中的稻田生态环境，可根据不同红萍品种的特性，搞好多萍种混养，延长红萍在稻田中养用时间。在福建早稻插秧前，通常用较抗寒、产量高的细绿萍和多抗性的卡洲萍按1：2比例混养。卡洲萍系多抗性萍种，对温、湿度适应范围较广，不仅抗病虫害，而且较耐荫，适合于稻田套养，湿生性很强。在湿润土壤条件下，卡洲萍可以扎根生长，多层重叠，其茎尖繁殖能力强。6月以后，可以采用卡洲萍和耐热耐荫的小叶萍混养，以增强红萍越夏能力。福建省农业科学院红萍研究中心还育出新萍种—回3萍。回3萍系以小叶萍为母本，种间杂交后代榕萍1－4号为父本回交育成的，它仅产生雄性孢子果，不产生雌性繁殖器官，且雄性孢子果也丧失受精能力，因此在遗传上极稳定[7]。多年的推广应用已证明，回3萍光合效率高，生长繁殖快，产量高，抗寒耐热，在稻田可以周年养用。尤其是回3萍的粗蛋白含量高达30%以上，适口性很好，是水稻有机栽培模式中鱼鸭的良好青饲料。

3.2 鸭对红萍生长的影响

鸭在稻田的活动与鱼的活动一样，不仅对水稻生长有刺激作用，对红萍生长繁殖也是有利的。水稻中耕可除去红萍的残叶老根，促进萍体断离而刺激生长。在稻萍鸭有机模式中，鸭在完成水稻中耕任务的同时，也完成了分萍、刺激红萍生长繁殖的任务。鸭在稻田中游动、觅食、搅土、浑水等系列活动，可增加水中溶解氧和土壤中含氧量，同时将耕作层中氧化亚层和还原亚层搅动，有利于改善土壤通气量，加速有机质的分解和其他潜在养分（尤其是磷）的转化和利用，更好地协调稻田中肥、水、气、热之间关系，进而提高水田生产力。在热带、亚热带地区养殖红萍的主要问题是虫害严重和缺磷，由于鸭的捕虫习性、鸭粪的排放以及鸭对土壤的搅动作用而得到有效的克服。

4 结　语

红萍是水生蕨类植物，其叶腔内共生着红萍鱼腥藻，能从空气中直接固定氮素，转化为体内氨基酸与蛋白质，还具有强烈的富集水中稀薄钾素的能力。在"稻萍鱼""稻萍鸭"等有机水稻栽培模式中，红萍平生于稻田水面，生长繁殖快，产量高，既为水稻提供充分的肥料源，又可作为鱼鸭等动物的青饲料。养用红萍可有效地提高水稻田的生产力，并明显促进稻田生态环境的持续良性循环。有机水稻栽培模式，从"稻萍鱼"发展到"稻萍鸭"，都是在良好的稻田生态环境下生产出无公害、安全优质的大米、鱼、鸭肉等农产品，都是在稳定粮食产量前题下，增加水稻田动物蛋白的产出，均可获得较高的经济效益，值得应用与推广。如何进一步调控有机水稻栽培模式中水稻、红萍、鱼、鸭等生物群体之间物质有效循环和再生利用，进一步弄清各食物链之间相互关系，仍有许多机理和实际生产应用方面的课题值得研究。

参考文献

[1] TANG, Long－fei, HUANG, et al. Sustainable agriculture model on high output, low input and less pollution in paddy field [J]. Scientia Agricultura Sinica, 2001 (1)：123－129.

［2］ 刘中柱，魏文雄，郑国璋，等．红萍富钾生理的研究—Ⅰ．红萍对水体中钾的吸收［J］．中国农业科学，1982，15（4）：82－87.

［3］ 刘中柱，魏文雄，郑国璋，等．红萍富钾生理的研究—Ⅱ．萍体钾对水稻生产的有效性［J］．中国农业科学，19（5）：59－64.

［4］ 刘中柱．中国满江红［M］．北京：农业出版社，1989：148－150、253－257、308－310.

［5］ 黄毅斌，翁伯奇，唐建阳，等．稻—萍—鱼体系对稻田土壤环境的影响［J］．中国生态农业学报，2001，9（1）：74－76.

［6］ 刘如清，欧细满，谢良伍，等．垄栽稻萍鱼技术研究与应用［J］．中国土壤与肥料，2000（1）：38－41.

［7］ 郑德英，唐龙飞，章宁，等．回交满江红3号（MH3－1）若干抗逆特性研究［J］．福建农业学报，1994（2）：21－27.

【原文发表于《福建畜牧兽医》，2008，30（3）：24－26，由杨有泉重新整理】

红萍钾在稻萍鱼共生系中循环利用研究

张钟先　刘中柱　宋永康　何光泽

（福建省农业科学院，福州 350003）

摘　要：本文应用示踪技术研究红萍钾在稻萍鱼共生系中的运转和利用情况，通过实验，定量地阐述了红萍钾在各养分库间的运转途径和运转量，并分析稻、鱼对红萍钾利用率不高的内在原因及其解决途径。同时拟定出红萍钾在该系统内循环运转和平衡模式。

关键词：稻萍鱼共生系；红萍钾；循环利用；示踪技术

1　引　言

近 10 年来，随着农业生产条件的改变，我国南方各省土壤益显缺钾，开辟钾肥资源已成为当务之急。经研究发现（刘中柱，等，1982；张钟先，等，1986），红萍（Azolla imbricata）有很强的富钾能力，且繁殖快、产量高，是一种很有潜力的生物钾肥资源。但红萍富含蛋白质等营养素，直接作为绿肥施用很不经济。因此，刘中柱等提出了综合利用红萍的新途径—稻萍鱼共生系。

稻萍鱼共生系是稻田中以萍喂鱼、鱼粪肥田供水稻吸收利用，形成一个多物种、多层次和质能多级利用、种养结合的有机整体。因而能有效地利用自然资源，提高系统的生产能力。要获得高额产量，必须强化营养物质和能量的转化和利用，实现营养物质供求在时间和空间上的有序性（卞有生，1986；宋永康，1989）。为此，我们于 1986—1989 年应用示踪技术研究了红萍钾在稻萍鱼共生系中的循环运转与平衡过程，并定量地阐明各物种间钾素的供求关系，为优化该系统模式提供依据。

2　方　法

试验在 $0.5 \times 1.0 \ m^2$ 的隔离微区内进行。在黄泥田水稻土上种植汕优 6531 水稻 14 丛。微区中间设一 $\phi 26 \ cm \times 30 \ cm$ 的鱼坑，放养罗非鱼（Tilapia nilotica）1 尾，在水稻生育期间以 [86] 铷标记（比活度接近）的卡洲萍饲喂罗非鱼，根据示踪钾在鱼体、稻株、土壤和水体中的含量（卞有生，1986）变化来分析红萍钾在系统各单元间的运转量及其利用效率。辅以 6 个辅助试验，拟定出红萍钾的循环运转和平衡模式。

3　结　果

3.1　红萍的吸钾与排钾过程

稻萍鱼共生系是个开放系统，红萍是该系统主要的营养物质输入，它为稻鱼高产提供丰富的物质条件。试验结果表明，红萍能从水体中吸取稀薄的钾素，同时也不断从体内排出钾素，建立吸钾与排钾的动态平衡（张钟先，等，1986）。红萍的吸钾强度与其体内钾浓度有关。当萍体处于饥饿状态时，在 6 mg/kg 浓度的水液中每天的吸钾率可达 20%，而钾饱和度较高的标记萍，其吸钾率明显减低（0.36%/d）。因此，在本试验中，标记萍体从田水中吸收的钾素量是很有限的。从红萍排钾曲线（图 1）中看出，投萍初期萍体的排钾量急剧增高，两 h 后逐渐减缓。至 24 h 完整萍体的排钾率为 6.1%，而破碎萍体为 21.3%。所以当鱼类在水中咀嚼红萍时，其碎片中的钾素极易溶于水中。

红萍体内近 99% 的钾素分布在萍叶中，萍根内为数甚少。因此，在稻田养萍中通过自然落根而直接进入土壤的红萍钾仅占投入量的 0.5% 左右。

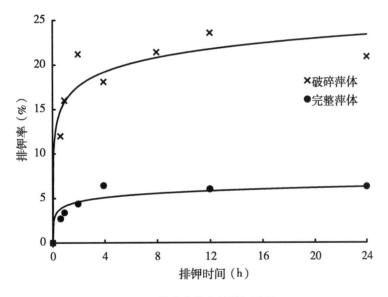

图 1　红萍在水体中的排钾过程

3.2　鱼体对红萍钾的营养代谢

鱼是本系统的次级生产者。红萍钾摄入鱼体经消化吸收后，主要分布在肌肉和骨骼中，其次是内脏、鳃和鳞片含量均较低。若以单位体重的示踪钾量作为红萍钾的积聚密度，则其大小次序是：肌肉 > 内脏 > 鳃 > 头骨 > 鳞片。这是由于鱼体内钾素多，以游离状态存在体液中，而肌肉和内脏中充满体液，这种钾素在鱼体内分布和积聚特征与鱼类的食性和饲养时间有关（表 1）。

鱼体主要通过消化系统吸收饵料中的钾素，同时水体中的钾素也能从鱼体表面和鳃直接渗入体内，在水体钾浓度为 3 mg/kg 下，一尾 50 g 重的罗非鱼每天直接从水体吸收 0.26 mgK$_2$O。这种直接吸收对鱼体钾素营养的贡献很小，仅占 4% ~ 6%。

表1 红萍钾在鱼体各部位的含量分布

鱼体部位	草鱼			罗非鱼					
	饲养 4 d			饲养 4 d			饲养 54 d		
	示踪钾量		积聚密度	示踪钾量		积聚密度	示踪钾量		积聚密度
	mg K$_2$O	%	（mg/g）	mgK$_2$O	%	（mg/g）	mgK$_2$O	%	（mg/g）
头骨	10.6	20.4	1.71	6.4	28.9	0.39	100.7	32.2	5.56
鳃	0.9	1.7	1.80	0.4	2.1	0.44	8.0	2.5	6.67
鳞	1.4	2.7	0.93	0.2	1.1	0.10	3.3	1.1	1.43
肉	36.1	69.6	5.75	10.3	55.1	1.04	183.8	58.7	17.84
内脏	3.9	7.6	4.33	2.4	12.8	0.75	17.4	6.5	19.83
总计	51.9	100.0		18.7	100.0		313.2	100	

试验结果还表明，在短时间饲养情况下，草鱼和罗非鱼对红萍钾的利用效率分别达 39% 和 31%，随着饲养时间的延长，罗非鱼对红萍钾的摄入量和吸收量都有增加，但吸收量的增长不及摄入量，因而对红萍钾的利用率随饲养时间的延长而减低（表2）。这是鱼类钾素营养特性所决定的，当鱼体液内游离钾过量时为避免引起毒害作用（尾崎久雄，1983），鱼类通过自身的代谢将过量的钾随尿液排出。随着喂养时间的延长，鱼体液内钾饱和度加大，于是从尿液中排出的示踪钾量也随之增加（表3）。因此，在整个稻萍鱼生产周期中，罗非鱼对红萍钾的实际利用率仅有 12%（早季）和 15.5%（晚季），远不及红萍氮（38%）高。

表2 罗非鱼对红萍钾的利用率

养时间（d）	红萍钾		
	摄入量（mg K$_2$O/tail）	吸收量（mg K$_2$O/tail）	利用率（%）
4	49.7	15.4	31.0
20	456.0	84.0	18.4
47	1154.3	178.9	15.5

表3 罗非鱼尿液中红萍钾含量

饲喂时间（d）	标记萍饲喂量(g·鲜萍)	尿液中示踪钾量（mg K$_2$O/d·尾）
15	52	0.18
35	120	0.22
90	700	1.36

3.3 鱼粪钾在水土系统中的动态分布

经鱼体吸收利用后，尚有 70% ~ 80% 的红萍钾随粪便排出体外，沉积在土壤表面。室内模拟试验结果（图2）表明，鱼粪钾除少量（10%~12%）残留在粪渣中外，多数在1~2 d内释放到水层中，并逐步渗入土层。5 d后鱼粪的释钾作用基本停滞，已释出的钾素则在水土间继续转移。至第30 d约有83%的鱼粪钾转入土壤中，作为供给水稻钾素营养的一种来源。

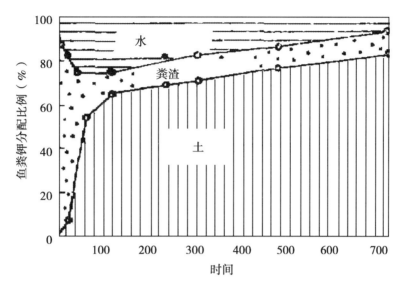

图2 鱼粪钾在水土系统中的分配情况

鱼粪钾进入土壤后，逐渐往深层扩散移动，至30 d基本达到平衡（表4）渗入深度为10 cm左右，其中80%以上仍截留在0~5 cm的表土层内。田间稻萍鱼试验也取得类似的结果（表5），其扩散移动深度与扩散时间有关。这些资料表明鱼粪钾在土壤中的活动性较小，因而限制了水稻对它的充分利用。

表4 鱼粪钾在土层中的扩散移动过程

土层深度（cm）	天数											
	1		3		5		10		20		30	
	cpm	%	cpm	%	cpm	%	cpm	%	cpm	%	cpm	%
0~0.5	191	71.3	1 348	54.3	1 810	42.5	1 205	38.1	1 443	32.3	1 595	29.6
0.5~1	77	28.7	725	29.2	1 090	26.6	795	25.1	1 005	22.5	979	18.1
1~2			409	16.5	1 050	24.6	466	14.7	984	22.0	1 090	20.2
2~5					312	7.3	420	13.3	570	12.7	750	13.9
5~10							280	8.8	470	10.5	600	11.1
>10											380	7.1
总计	266	100.0	2 482	100.0	4 262	100.0	3 166	100	4 472	100	6 393	100.0

表5　红萍钾在土层中的含量分布

土层深度 （cm）	早稻（79 d）				晚稻（62 d）			
	鱼坑内		田面		鱼坑内		田面	
	Kg K$_2$O/hm^2	%	Kg K$_2$O/hm^2	%	Kg K$_2$O/hm^2	%	Kg K$_2$O/hm^2	%
0~3	11.88	56.2	8.73	60.0	2.67	78.7	8.80	87.2
3~10	7.30	34.5	3.65	25.1	0.44	13.0	1.13	11.2
10~20	1.97	9.3	2.17	14.9	0.28	8.3	0.16	1.6
总计	21.15	100.0	14.55	100.0	3.39	100.0	10.09	100.0

3.4　鱼、稻对红萍钾的吸收利用

通过早晚两季稻的示踪试验，测得水稻对红萍钾的利用率只有14.1%~17.6%（表6），晚稻略高于早稻。因此，从红萍钾利用效率的角度考虑，稻萍鱼体系尚存在两个问题（尾崎久雄，1983）。一是鱼体内钾库容量太小；二是红萍钾对水稻供给不足，尤其在水稻生育前期。

表6　鱼、稻对红萍钾的利用情况

共生体构成	早稻		晚稻	
	含量 Kg K$_2$O/hm^2	利用率（%）	含量 Kg K$_2$O/hm^2	利用率（%）
鱼体	2.26	12.0	3.58	15.5
稻株	7.38	14.1	4.07	17.6
土壤	35.69	68.3	13.48	58.4
总计	49.33	94.4	21.13	91.5

4　讨　论

4.1　稻萍鱼共生系是由5个养分库和10个以上养分通道构成的复杂生态系（图3）（M. J 福里赛尔，1977）。在萍、鱼、稻3个生物库与土壤库间有一链式的养分主通道，供红萍钾大量迁移，同时又以水体为媒介形成养分的流通网络，以调节整个体系的钾素平衡。

4.2　当红萍输入系统后为鱼类所摄食，其钾素流通率（流通量/输出库存量）高达0.988~0.989。鱼体吸收其中小部分，大部分随粪尿排出，其流通率达0.84~0.88，说明该体系两生物库均属于容量小而流通率高的养分交换库。土壤则是该体系的一个容量庞大的养分贮库，红萍钾的贮量约占整个系统的70%（Switzer GL, *et al.*, 1972），且其流通率只有0.288~0.339。水体各养分库间均有双方通道，其净流通是都流向水体（Crisp DT, 1970），最终通过烤田进入土壤库。

4.3　红萍钾经鱼体消化吸收后大部分随粪便排入土壤。若每公顷放养37 500尾鱼，则在水稻生育期内进入土壤的鱼粪钾约有34 kgK$_2$O/hm^2。这些数量可观的鱼粪钾水稻何以未能充

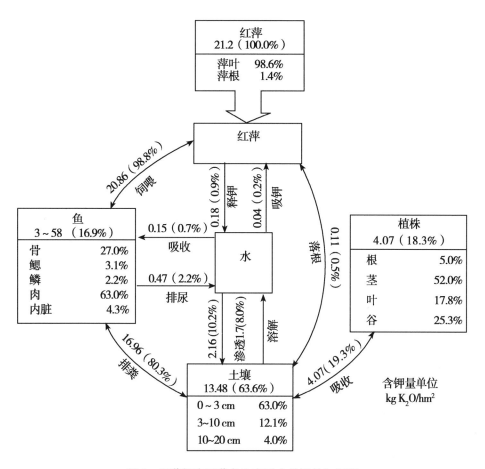

图3 红萍钾在稻萍鱼生态系中的运转与平衡

分利用？我们认为，这里存在着鱼粪钾对稻株的空间和时间有效性问题。从鱼粪在田面上分布情况看，在早稻生育前期由于气温偏低，罗非鱼有一半以上时间栖息在鱼坑内，使得60%的鱼粪钾集中沉积在仅占田面10%的鱼坑内，种植在鱼坑周围的稻株因根系受土层限制而不能充分利用这部分富集的鱼粪钾。因此，在不影响稻株分蘖的前提下应尽量加深田水，让鱼类在田面上游动和排粪；也可以通过挖鱼坑泥来弥补这个缺陷。我们在1988年采取了这两项措施，稻株对红萍钾的利用率随即提高到48%，同时，红萍在不同利用方式下，其供钾状况有明显差别（图4）。当红萍直接翻压时，水稻早期吸收的钾素有9.3%来自红萍；而在稻萍鱼共生初期，稻株从鱼粪钾中吸收的仅占0.8%～4.7%，明显低于前者。由此可见，在稻萍鱼共生系中水稻钾素的供应时间上存在着水稻早期需钾与鱼粪供钾偏晚的供需矛盾。若能在水稻种植前翻压一定量的鲜萍或速效性钾肥，即可缓解这个矛盾。

总之，稻萍鱼共生系中，鱼、稻对红萍钾的利用效率问题，对鱼来说主要是"库"的问题，这是鱼类钾素营养特性所决定的，而对水稻来说则是"源"的问题，这可通过改进农业措施予以解决。

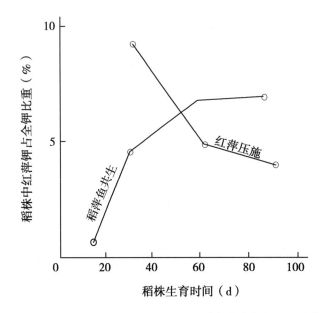

图 4 在红萍不同利用方式下，稻株中红萍钾占全钾量比重的变化

5 结 论

应用 [86]Rb 作示踪剂，研究红萍钾在稻萍鱼共生系中的运转和利用。实验结果表明如下结论。

5.1 草鱼和罗非鱼对红萍钾的利用率分别为 39% 和 31%，并且随着饲养时间的延长，利用率明显降低。这是因为鱼体内过量的钾素会随尿液排出。

5.2 鱼粪钾进入土壤后，逐渐往深层扩散移动，至 30 d 基本达到平衡，渗入深度仅 10 cm。

5.3 早稻与晚稻对红萍钾的利用率分别为 14.1% 和 17.6%，这是因为鱼粪钾素的供给存在着时间和空间有效性问题。

参考文献

卞有生. 1986. 生态农业基础 ［M］. 北京：中国环境科学出版社，68 - 89.

福里赛尔 MJ. 1977. 农业生态系统中矿物养分的循环 ［M］. 夏荣基等译. 北京：农业出版杜，1 - 38.

刘中柱，魏文雄，郑国璋，等. 1982. 红萍富钾生理的研究 I. 红萍对水体中钾的吸收 ［J］. 中国农业科学，15（4）：82 - 87.

宋永康. 1989. 耗散结构理论与生态农业研究 ［J］. 农业现代化研究，10（5）：13 - 15.

尾崎久雄. 1983. 鱼类消化生理 ［M］. 李爱杰等译. 上海：上海科学技术出版社，90 - 107.

张钟先，宋永康，翁伯琦，等. 1986. 红萍富钾来源的示踪研究 ［J］. 福建农业学报

（1）.

Crisp DT. 1970. Input and output of minerals for a small watercress bed fed by chalk water ［J］. Journal of Applied Ecology，7（1）：117 – 140.

Switzer GL，LE Nelson. 1972. Nutrient Accumulation and Cycling in Loblolly Pine（Pinus taeda L.）Plantation Ecosystems：The First Twenty Years 1［J］. Soil Science Society of America Journal，36（1）：143 – 147.

【原文发表于《应用生态学报》，1991，2（3）：226 – 231，由杨有泉重新整理】

红萍氮在稻萍鱼体系中的有效性

刘中柱　翁伯琦　陈炳焕　唐建阳

（福建省农业科学院红萍研究中心，福州 350013）

摘　要：红萍是鱼的良好饵料，鱼类能有效地吸收利用红萍氮素。草鱼和尼罗罗非鱼消化和吸收红萍氮素比率为 60%，而其中 30% 红萍氮素转化为鱼体动物蛋白，另大约 30% 氮素则以鱼粪等排泄出体外。在田间条件下，尼罗罗非鱼摄食红萍其每季平均增长率为 41%~48%，稻田养鱼，以萍喂鱼，鱼粪肥田，萍体氮素得以循环利用，效益明显。在稻萍鱼体系中，当季红萍氮素的总利用率可达 45%~50%，而红萍单一作肥料处理则仅为 30%~32%，而且其第二季残留氮素回收率可达 7.83%~9.64%，比红萍作肥料处理高 3.33%~4.11%。鱼粪中富含有效养分以及稻田生态环境改善，有利于促进水稻生长，其当季稻谷产量与红萍作肥料处理相近，但其第二季残效明显优于红萍压施处理，晚季稻谷产量的增产率可达 12%~25%，比压施红萍作肥料处理高 7%~8%。

红萍年固氮量达 243~402 kg N/hm^2，（I. Watanabe，1981），且其粗蛋白含量达 25%，是稻田优良的肥料和动物的饲饵料（刘中柱等，1986）。我国农民在农牧业生产上早有养用红萍的传统习惯（刘中枉，1979；吕书缨，1986）。水田建立稻萍鱼体系，旨在将传统的稻田养鱼和养萍二种农作实践合理结合，使诸生物因子共生互利，提高稻田生产经济效益。近年的田间试验结果业已表明：在稻萍鱼共生中，以萍喂鱼，鱼粪肥田，除了保证水稻正常产量外，其鲜鱼年产量可达 40~60 kg/亩，而且大大改善稻田生态环境（刘中柱，1988；叶国添等，1986）。然而，红萍氮素在共生体系中怎样发挥作用？其循环途径与利用效率如何？这无疑是许多研究者所极为关注的。目前稻田营养元素循环的研究日趋深入，黄振雄等（1981）和武冠云（1982）曾分别探讨了南方和北方农田生态系统中氮、磷、钾等养分平衡状况，秦祖平等（1988）曾研究了稻麦轮作制中营养元素的循环。近年来，我们着眼于稻萍鱼共生体系氮素循环状况，应用^{15}N 示踪技术，详细探讨鱼类吸收利用红萍氮素以及鱼粪供氮对水稻生长的影响，研究对鱼、水稻生长均有益的使用红萍的方法，综合评价稻萍鱼共生系统中红萍氮素循环效率，力求对今后农田生产中更为合理应用红萍，促进稻田生态系统功能发挥提供参考依据。

1　材料与方法

1.1　水稻品种

1985 年、1986 年、1987 年早季分别选用 NT04，福引 1 号，闽科早 1 号水稻为小区试验品种。

1.2　试验鱼种

选用尼罗罗非鱼和草鱼作室内消化率试验鱼种。尼罗罗非鱼为大田小区试验鱼种，鱼苗投放量为 680 条/亩。

1.3　供试红萍与 ^{15}N 标记方法

选用卡洲萍（A. Caroliniana）作肥料、饵料。红萍预先在小水泥池内用 50% 原子超的（$^{15}NH_4$）$_2SO_4$ 溶液标记培养 12 d。^{15}N 肥料分 6 次添加，而每次添加的 ^{15}N 浓度为 20 mg/kg，当标记结束时，溶液中 ^{15}N 累加浓度不超过 l00 mg/kg。12 d 后，萍体约增产一倍，萍体的 ^{15}N% 原子超为 5.7% ~6.1%。

1.4　试验处理

室内喂养试验，主要测定 2 种鱼对红萍 N 素消化吸收率。草鱼和尼罗罗非鱼放养在特制的、具有通气设备的鱼缸中，以 ^{15}N—红萍喂养 1 ~9 d 后，分别取鱼体、鱼粪、水液和残留红萍样品，并测定各样品含氮量和 ^{15}N 丰度变化。田间小区试验处理详见表1；红萍翻压入土作肥料为常规耕作模式，稻田养鱼并结合养萍为共生系统模式，并设立不施用红萍处理为对照区。测产小区面积为 20 m^2，同位素微区面积为 1 m^2。供试小区土壤主要理化性质见表2。

表 1　田间试验小区处理内容

年份	处理代号	红萍 Nkg N/hm^2	处理内容	磷钾基肥用量
1985	CK	0	不施红萍对照区	30 kg 过钙/亩
	RA	60	1/2 总量红萍作基肥（插秧前一天压施）1/2 总量红萍作蘖肥	
	RAF	60	全部红萍分期投入作鱼的饵料	10 kg 氯化钾/亩
1986	CK	0		
	RA	60	同　上	同　上
	RAF	60		
1987	CK	0	不施红萍对照区	
	RA	60	1/3 总量红萍作基肥（插秧前一天压施）2/3 总量红萍作蘖肥	同　上
	RAF	60	同上　2/3 总量红萍作饵料	

表2 供试小区土壤基本性质

测定项目	1985 年	1986 年	1987 年
	红萍中心	院稻麦所	院稻麦所
$NH_4 - N$（mg/kg）	27.07	28.72	30.27
全 N（%）	0.103	0.123	0.148
有机质（%）	1.71	1.80	1.92
阳离子交换量（毫克当量/100 g）	8.08	8.67	8.40
代换性钾（毫克当量/100 g	0.181	0.180	0.19
有效磷（mg/kg）	67	78	71
土壤质地	粉沙泥土	黏壤土	重质壤土

注：土壤取自 0～20 cm

1.5 测定方法

各种样品含氮量均按凯式法测定，而各种样品中^{15}N 丰度则使用本中心 Dalta—E 质谱仪测定。

2 结果与讨论

2.1 红萍作饵料对鱼体生长的有效性

2.1.1 鱼体对红萍氮素的吸收和输送

在稻田中草食性和杂食性鱼类可摄食红萍。草鱼和尼罗罗非鱼日耗萍量分别达其鱼体自重的 50%～60% 和 35%～40%。试验结果表明：在消化过程中萍体氮素首先被鱼体内器官吸收，然后输送到肌肉中，尼罗罗非鱼摄食红萍 18～96 h 后，鱼体中的肠、胃、肝各部位的^{15}N 回收率分别从 10.3%、1.64% 和 2.36% 降至 0.97%、0.24% 和 0.68%（表3），与此相似，以^{15}N—红萍喂养草鱼 3 d、6 d、9 d 后肌肉中的^{15}N 回收率均分别明显高于内部其他器官（表4）。尼罗罗非鱼和草鱼中不同器官具有较高的^{15}N 丰度，这一事实表明：鱼摄食红萍后，一部分氮素可直接转化为动物蛋白，而另一部分氮素（^{15}N）首先被肠子吸收，然后通过血液输送营养物质，最后转化肌肉蛋白。以萍喂鱼，经过消化吸收和累积，尼罗罗非鱼和草鱼的^{15}N 总回收率为 24.6%～29.2% 和 29.79%～50.08%，而其中肌肉中^{15}N 回收率最高。

表3 红萍喂养尼罗罗非鱼 18 h 和 96 h 后各器官对红萍^{15}N 的回收率（^{15}N%）

试验周期	骨	头	肉	鳞	脑	卵	肠	胃	肝	心	血	脾	胆	鳃	合计
18 h	/	/	6.34	/	/	/	10.3	1.64	2.36	0.064	0.455	0.28	0.22	2.96	24.63
96 h	3.22	3.74	16.1	0.65	0.05	1.31	0.97	0.24	0.68	0.035	0.60	0.06	0.24	1.35	29.20

表4 红萍喂养草鱼3、6、9 d后各器官对红萍^{15}N 回收率（^{15}N%）

试验周期	翅	头	肉	鳞	骨	脑	肠	肾	肝	心	血	脾	胆	鳃	肠内物	合计
3 d	1.68	7.93	17.24	1.06	1.61	0.06	5.61	0.43	2.00	0.11	0.45	0.20	0.08	6.26	9.60	50.08
6 d	1.37	7.79	12.22	0.72	1.72	0.06	4.15	0.41	1.43	0.07	0.16	0.16	0.04	2.27	2.06	35.10
9 d	0.99	4.16	11.16	1.33	1.24	0.04	3.74	0.77	0.94	0.07	0.30	0.23	0.08	2.42	2.33	29.79

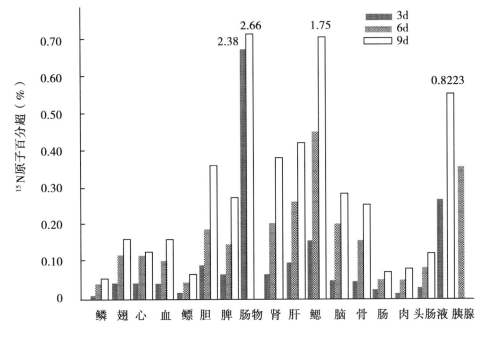

图1 红萍喂养草鱼3、6、9 d后鱼各器官^{15}N 丰度

2.1.2 鱼体中红萍氮素转化与排泄

明确了鱼体各器官中^{15}N 分布后，很有必要了解鱼摄食红萍后^{15}N 的去向，试验结果表明：尼罗罗非鱼摄食^{15}N—红萍 96 h 后，排出粪便中^{15}N 丰度为 2.135% ~ 3.843%，与投作饵料的原始红萍相比丰度低的多（5.36% ~ 6.42%），^{15}N 丰度低的原因大概是由于稀释作用所致。经计算后表明：鱼粪中所含^{15}N 量约占投放红萍饵料中^{15}N 总量的30%（表5、表6），其余30%的红萍氮素可能是以尿液以及其他分泌物的形式排出体外。以^{15}N—红萍用作草鱼饵料试验表明：试验周期分别为3、6、9 d时，鱼体中^{15}N 回收率则分别为50.08%、5.10%、29.79%，鱼粪中^{15}N 回收率则依次是 20.28%、32.75%、32.69%，而养鱼水液中^{15}N 回收率则分别为9.90%、11.19%、13.83%，这一事实证实，草鱼摄食红萍后，在消化吸收过程约有11.6% ^{15}N 量以分泌物的形式排出体外，而吸收和排泄过程会损失21.5%红萍氮素，其去向有待进一步研究。

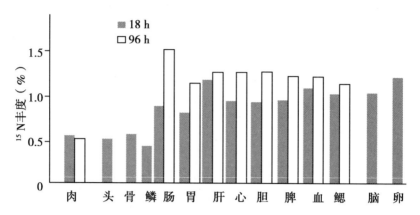

图 2　红萍喂养尼罗罗非鱼后 18、96 h 鱼各器官丰度

表 5　尼罗罗非鱼鱼粪中的 N 与饵料的关系

试验周期	红萍全 N（mg）	鱼粪全 N（mg）	鱼粪 N/红萍 N（%）	鱼粪中来自红萍的 N 素（%）
18 h	13.07	3.89	29.8	14.42
96 h	453.00	122.11	27.0	17.58

表 6　红萍喂养草 3、6、9 d 后红萍 ^{15}N 回收率%

试验周期	鱼　体	鱼　粪	养鱼水液	合　计
3 d	50.8	20.28	9.90	80.26
6 d	35.10	32.75	11.19	79.04
6 d	29.79	32.69	13.83	76.31

【原文载于内部资料《红萍研究论文集及资料汇编 1985—1988 下册》，第 9~17 页，由杨有泉重新整理】

稻—萍—鱼系统中红萍氮素
吸收利用及有效性研究

翁伯琦　唐建阳　陈炳焕　刘中柱

（福建省农业科学院红萍研究中心，福州 350013）

摘　要：本文报道以红萍为饵料，鱼类对红萍氮素消化吸收、转化情况。试验结果表明：草鱼和尼罗罗非鱼对红萍氮素的消化和吸收率约为 60%，其中 30% 红萍氮素转化为鱼体动物蛋白，另外约 30% 氮素排出体外。在田间条件下，尼罗罗非鱼摄食红萍，每季平均增长率为 41%~49%。稻田养鱼，以萍喂鱼，鱼粪肥田，萍体氮素得以吸收利用，效益明显。在稻萍鱼体系中，当季红萍氮素的总利用率可达 45%~50%，而红萍单作肥料处理其利用率仅为 30%~36%，第 2 季作物对红萍残留氮素回收率可达 7.83%~9.64%，比红萍单作肥料处理高 3.33%~4.11%。第 2 季残效明显优于红萍压施处理，晚季稻谷产量的增产率可达 13%~25%，比压施红萍作肥料处理高 7%~9%。

关键词：红萍；"稻—萍—鱼"系统；氮素利用

红萍年固氮量达 243~402 kg/hm^2，其粗蛋白含量达 25%，是稻田优良的肥料和动物的饲料、饵料[1—2]，我国农民在农业生产上早有养用红萍的传统习惯[3—4]。水田建立稻—萍—鱼体系，旨在将传统的稻田养鱼和养萍两种农业实践合理结合，使诸生物因子共存互利，提高稻田生产经济效益。近年的田间试验结果业已表明：在稻—萍—鱼共存体系中，除了保证水稻产量外，鲜鱼年产量可达 40~60 kg/亩，而且能明显改善稻田生态环境[5—7]。近年来，我们应用 ^{15}N 示踪技术，探讨鱼类吸收利用红萍氮素以及鱼粪供氮对水稻生长的影响，研究对鱼、稻生长有益的使用红萍的方法，综合评价稻萍鱼共存系统中红萍氮素循环效率，为农田生产中更合理应用红萍，促进稻田生态系统功能发挥提供参考依据。

1　材料与方法

1.1　水稻品种 1985—1987 年早季分别选用 NT04，福引 1 号，闽科早 1 号水稻为小区试验品种。

1.2　试验鱼种选用尼罗罗非鱼（*T. nilotica*）和草鱼（*C. idellus*）作室内消化率试验鱼种。尼罗罗非鱼为大田小区试验鱼种，鱼苗投放量为 680 尾/亩。

1.3　供试红萍与 ^{15}N 标记方法选用卡州红萍（*Azolla. Caroliniana*）作肥料、饵料。红萍预先在小泥池内用 50% 原子超的（^{15}NH$_4$）SO$_4$ 溶液标记培养 12 d。^{15}N 肥料分 6 次添加，而每次添加的 ^{15}N 浓度为 20 mg/kg。标记结束时，溶液中 ^{15}N 累加浓度不超过 100 mg/kg。（12 d 后，萍体约增产 1 倍, 萍体的 $^{15}N\%$ 原子超为 5.7% ~ 6.1% 。)

1.4 试验处理室内喂养试验, 主要测定两种鱼对红萍 N 素消化吸收率。草鱼和尼罗罗非鱼放养在特制的、具有通气设备的鱼缸中, 以 ^{15}N—红萍喂养 1 ~ 9 d 后, 分别取鱼体, 鱼粪, 水液和残留红萍样品, 并测定各样品含 N 和 ^{15}N 丰度值。3 年的田间小区试验处理见表 1。测产小区面积为 20 m^2, 同位素微区面积为 1 m^2。供试小区土壤主要理化性质见表 2。

表 1 田间试脸小区处理内容

年度	处理代号	红萍氮量 (kg 氮/hm^2)	处理	磷钾基肥量 (kg/亩)
	CK	0	不施红萍的对照区	30, 过磷酸钙; 10, 氯化钾
1985	RA	60	1/2 总量红萍插秧前 1 d 压施做基肥, 1/2 总量红萍作分蘖肥	
	RAF*	60	全部红萍分期投入作鱼的饵料	
	CK	0		
1986	RA	60	同上	同上
	RAF*	60		
	CK	0	不施红萍的对照区	
1987	RA	60	1/3 总量红萍插秧前 1 d 压施做基肥, 2/3 总量红萍作分蘖肥	同上
	RAF*	60	1/3 总量红萍插秧前 1 d 压施做基肥, 2/3 总量红萍作饵料	

注: *插秧 10 d 后开始投 ^{15}N 标记的红萍, 一般每隔 2 ~ 3 d 投 1 次, 其红萍量多少视气温高低和鱼食量大小具体情况而定, 以鱼食完红萍后再投为宜, 以便能较准确, 统计 ^{15}N 红萍累加投入量

表 2 供试小区土壤基本性质

年份	1985	1986	1987
地点 项目	红萍中心	稻麦所	稻麦所
NH$_4$—N	27.07	28.72	30.27
全氮	0.103	0.123	0.148
有机质	1.71	1.80	1.92
阳离子交换量 (毫克当量/100 g)	8.08	8.67	8.40
代换性钾 (毫克当量/100 g)	0.181	0.180	0.19
有效磷 (mg/kg)	67	78	71
土壤质地	粉沙壤土	黏壤土	重质壤土

注: 土壤取自 0 ~ 27 cm 的表土层

1.5 测定方法: 各种样品含 N 量均按凯氏法测定, 而各种样品中 ^{15}N 丰度则使用本中心 Dalta – E 型质谱仪测定。

2 结果与讨论

2.1 红萍对鱼体生长的有效性

2.1.1 鱼体对红萍氮素的吸收与输送

试验结果表明：草鱼与尼罗罗非鱼日耗量分别达其鱼体自重的 50% ~ 60%、35% ~ 40%。尼罗罗非鱼摄食红萍 18 ~ 98 h 后，鱼体中的肠、胃、肝各部位的 ^{15}N 回收率分别从 10.3%、16.4% 和 2.36% 降至 0.97%、0.24% 和 0.68%（图 1），与此相似，以 ^{15}N—红萍喂养草鱼 3、6、9 d 后，肌肉中的 ^{15}N 回收率均分别明显高于其他器官（图 2）。尼罗罗非鱼和草鱼中不同器官具有较高的 ^{15}N 丰度，这一事实表明：鱼摄食红萍后，一部分氮素可直接转化为鱼体蛋白，而另一部分氮素（^{15}N）要先经肠吸收，通过血液输送营养物质，最后转化为肌肉蛋白。以萍喂鱼，经过消化吸收和累积，尼罗罗非鱼和草鱼的 ^{15}N 总回收率为 24.6% ~ 29.2% 和 29.79% ~ 50.08%，而其中肌肉中 ^{15}N 回收率最高。

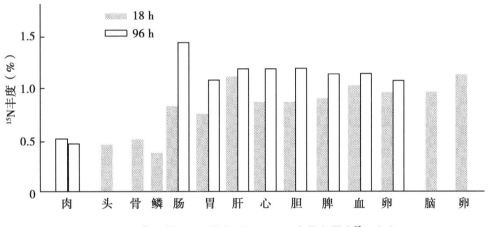

图 1 红萍喂养尼罗罗非鱼后 18、96 h 鱼体各器官 ^{15}N 丰度

2.1.2 鱼体中红萍氮素转化与排泄

试验结果表明：尼罗罗非鱼摄食 ^{15}N—红萍 96 h 后，粪便中 ^{15}N 丰度为 2.135% ~ 3.843%，与投作饵料的原始红萍相比则低得多（5.36% ~ 6.42%），^{15}N 丰度降低的原因大概是由于稀释作用所致。经计算，鱼粪中所含氮量约占投放红萍饵料中氮总量约 30%，鱼粪中来自红萍的 N 素为 14.42% ~ 17.58%。以 ^{15}N—红萍用作草鱼饵料，试验周期分别为 3、6、9 d 时，鱼体中 ^{15}N 回收率则分别为 50.08%、35.10%、29.79%，鱼粪中 ^{15}N 回收率则依次是 20.28%、32.75%、32.69%，而养鱼水中的 ^{15}N 回收率则分别为 9.90%、11.19%、13.83%，这一事实证明，草鱼摄食红萍后，在消化吸收过程中平均约有 11.6% ^{15}N 量以其他分泌的形式排到水体中，而吸收和排泄过程平均会损失 21.5% 红萍氮素，其去向有待进一步研究。

2.1.3 红萍氮对鱼体生长的有效性

传统的稻田养鱼，饵料丰欠与品质是限制鱼体生长的重要因素之一，应用红萍作饵料，

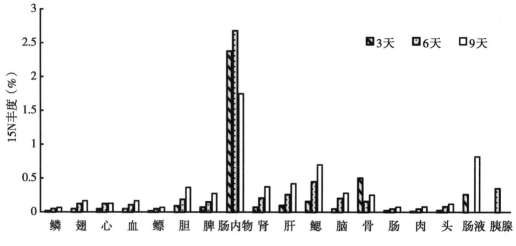

图2 红萍喂养草鱼3、6、9 d后鱼体各器官^{15}N丰度

其效果甚佳。3 年的田间小区试验结果表明，稻田养鱼，以萍喂鱼，在 70～78 d 放养期内，鱼体增长率为 41.2%～49.20%（表3）。

表3 红萍－N 对鱼类（尼罗罗非鱼）生长的效力

试验时间	养殖时间（d）	耗萍量（kg 氮/hm^2）	鱼苗规格（g/条）	鱼苗重量（g/20 尾）	鱼产量（g/20 尾）	增长率（%）
1985 年早稻	70	60	76.65	1 513	2 239	48.03
1986 年早稻	74	60	50.00	1 000	1 492	49.20
1987 年早稻	78	60	25.0	500	706	41.20

2.2 红萍不同利用方式对水稻生长的影响

在 1985 年、1986 年、1987 年早季设置田间小区试验，依照传统的稻萍耕作方法（RA）以及稻萍鱼（RAF）2 种形式安排处理，以评价红萍不同利用方式对水稻生长的供氮效果，从 1986 年早季水稻分蘖追踪结果分析，以萍喂鱼，鱼粪肥田形式利用红萍 N 素，稻株的平均出蘖速度比 RA 处理略快。1987 年早季试验结果也表明，以 1/3 总量红萍作基肥，2/3 总量红萍饵料处理，在水稻返青后 1 个星期内，稻株平均出蘖速度有较为明显的提高，该处理从这一时期起直到最高分蘖期止，其平均出蘖速度值则一直略高于 RA 处理。从 2 个早季不施氮肥处理看，返青后稻株平均分蘖速度略高于其他 2 个处理，但其在插秧后 15～20 d，就明显趋于下降，以致在最高分蘖期明显低于 RAF 和 RA 2 个处理（图3）。

插秧前压施少量红萍作肥料，而大量的红萍作饵料，这样既可为稻株生长前期供肥，又可顾及鱼类饵料供应。尤其是在早季，前期（4—5 月）气温较低，鱼的食量不大，田间红萍不宜过多，可以压施部分红萍作肥料。6 月份后，气温逐渐上升，鱼的食量大增，此时充足的红萍有利于鱼体生长。

大量的红萍作鱼的饵料，尚可起到"过腹还田"的作用，鱼类摄食红萍后，相当部分的红萍氮素随鱼粪排到田间，且主要呈可溶性 N 素形式，能为水稻吸收利用。经稻田水溶

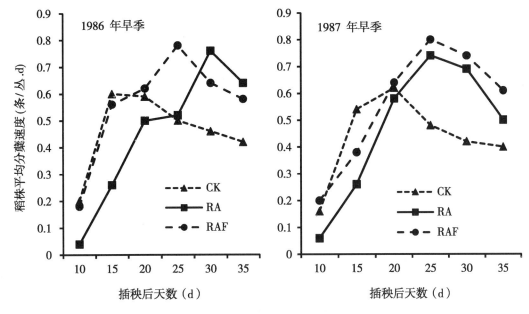

图3 红萍不同利用方式对稻株平均分蘖速度的影响

液取样分析表明，RAF 处理区水体中 NH_4-N 含量均高于 RA 处理区 1.1 倍。且 RAF 小区水体中藻类少，其水体中 pH 值仅为 7.1，还低于 RA 小区（7.6）。随着鱼类不断摄食红萍，其排粪量的逐渐累积，加上前期压施部分的红萍腐解供肥，尚可满足水稻中、后期生长需肥要求。从表4结果看出，RAF 和 RA 处理区每亩总穗数之间无明显差异，且二者均明显高于CK 处理区。而 RAF 处理区每穗平均粒数还高于 RA 处理区。这一结果表明以等氮量的红萍作肥料和 RAF 方式利用红萍，其对水稻生长供肥效果相当。

表4 红萍不同利用方式对水稻总穗数和每穗平均粒数的影响

年季	处理	总穗数（万穗/亩）	每穗平均粒数（粒/穗）
1986 年早季	RA	26.99	78.20
	RAF	24.67	80.16
	CK	19.32	74.74
1987 年早季	RAF	28.86	79.95
	RA	27.83	75.33
	CK	20.15	72.98

2.3 红萍不同利用方式对水稻产量的影响

图 4 表明，1985 年和 1986 年早季以全部红萍作肥料处理，其稻谷产量与全部红萍作饵料处理相近，且它们均明显高于不施红萍的对照区。而 1987 年早季以 1/3 总量红萍作基肥，2/3 总量红萍作饵料处理，其早季产量仍与全部作肥料处理相近。值得注意的是，以肥料和饵料相结合的处理，其第 2 季的残留氮素对水稻产量效应则优于红萍全部作肥料处理(图4、图5)。以萍喂鱼，鱼粪肥田，尽管其对水稻生长供氮量不及红萍全部作肥料处理，但由于

稻田养鱼，鱼粪的游动能明显地提高溶氧量，且能减少病虫害，改善稻田的生态环境，同时鱼所排泄的鱼粪便富含有效养分能直接而迅速为水稻吸收利用，所以能促进水稻生长。

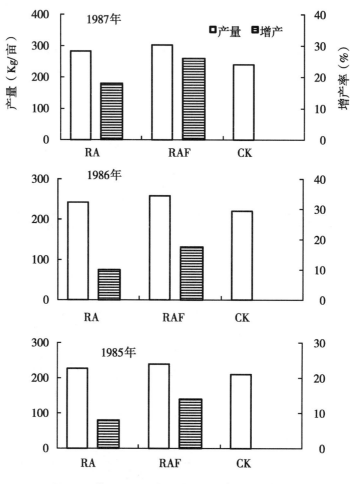

图4　红萍不同利用方式对晚稻谷产量的残留效应

2.4　红萍不同利用方式对萍体氮素利用效率的影响

田间^{15}N小区的试验结果表明：翻压红萍作肥料的传统方法，其萍体氮的利用率仅为30.84%~36.10%，而且红萍作基肥用最适当，其^{15}N利用率高，1985年和1986年早季翻压1/2总量红萍作基肥，其利用率高于1987年早季仅以1/3总量红萍作基肥处理（图6）。但现已发现以改进施萍方法来提高萍体氮素利用率，收效甚小。然而，采用稻—萍—鱼共存系统的耕作法，有助于高纤维素含量的萍体通过鱼体消化而加速分解，提高肥效。我们的实验结果业已证实了，红萍作肥料和饵料相结合，其当季氮利用效率达46%~49.5%，一般高于红萍单一作肥料处理10%~18%，以萍喂鱼，鱼体氮素的利用本可达20%~26%，使红萍这一植物蛋白能有效地转化为动物蛋白，提高了稻田生产的经济效益。鱼粪肥田并对水稻生长供氮，不仅当季效益高，而且第2季氮素残留效应也比红萍单一作肥料处理高近4%~5%。由于萍休氮素循环利用，多环节、高效率吸收的红萍氮素，因而其损失率最低

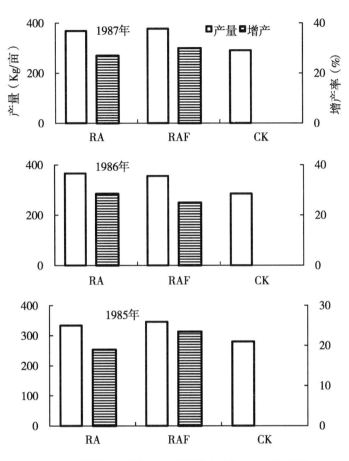

图5 红萍不同利用方式对早稻诸生物^{15}N回收率的影响

（表5），这充分显示了稻萍鱼共存体系的优越性。

表5 以不同方式利用红萍共平萍体氮素在稻田系统中去向

年份	红萍利用方式 (60 kg 氮/hm²)	^{15}N 回收率 （%）				^{15}N 损失率 （%）
		早季		晚季		
		鱼体	水稻	水稻	土壤	
1985	1/2 作基肥，1/2 作追肥	—	36.10	4.50	28.92	30.43
	全都作饵料	26.32	20.00	7.83	21.23	24.62
1986	1/2 作基肥，1/2 作追肥	—	31.92	4.28	30.50	33.30
	全都作饵料	25.45	19.70	8.39	20.72	25.65
1987	1/3 作基肥，2/3 作追肥	—	30.84	5.60	30.32	33.24
	1/3 作基肥，2/3 作饵料	20.72	28.91	9.64	20.21	20.62

参考文献

［1］ 刘中柱，郑伟文，等.红萍固氮及其利用［C］.北京：科学出版社，我国土壤

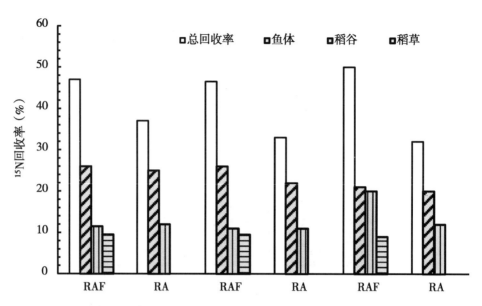

图6　红萍不同利用方式对早季稻诸生物15N 回收率的影响

氮素研究工作的现状与展望（中国土壤学会土壤氮素工作会议论文集），1986：195 - 202.

[2]　Watanabe I. The utilization of the Azolla － Anabaena complex as a nitrogen fertilizer for rice ［M］. Farming Systems，1977.

[3]　LC Chu. Use of azolla in rice production in China ［M］. Nitrogen & Rice Symposium，1979.

[4]　焦彬. 中国绿肥 ［M］. 北京：农业出版社，1986：569 - 591.

[5]　刘中柱. 立体农业的研究及其发展趋势 ［J］. 福建农业科技，1988（3）.

[6]　叶国添，陈震南，金桂英，等. 稻—萍—鱼的研究 ［J］. 福建农业科技，1984（4）.

[7]　刘中柱. 红萍在稻田应用的前景 ［J］. 中国土壤与肥料，1984（6）.

【原文发表于《生态学报》，1991，11（1）：25 - 31，由杨有泉重新整理】

稻萍鱼体系中红萍供氮的特点

翁伯琦　唐建阳　陈炳焕　刘中柱

（福建省农业科学院红萍研究中心，福州 350013）

摘　要： 应用 ^{15}N 示踪技术，研究了稻萍鱼共生体系中红萍氮素的循环利用效率。试验结果表明，红萍作饵料对尼罗罗非鱼生长有良好效率，早、晚季稻田的鱼体增重率分别为 47.9% 和 52.1%。鱼体排泄物对水稻生长有益，其稻谷产量与等量红萍压施作肥料的结果相近。早、晚季稻田罗非鱼对 ^{15}N 红萍的利用率分别为 21.73% 和 23.76%，早、晚季水稻对鱼体排泄物中 ^{15}N 利用率分别为 18.90% 和 16.59%，其 ^{15}N 总利用率分别达40.63% 和 40.35%。而红萍直接压施作肥料，早、晚季稻株对萍体氮素的利用率分别为 28.84% 和 24.30%。

关键词： ^{15}N 示踪；氮素利用率；稻萍鱼体系

稻田养鱼，红萍肥田已有悠久的历史。红萍喂鱼，鱼粪肥田，创立稻萍鱼共生体系，可提高稻田养萍的经济效益[1]。近年来，对稻萍鱼体系的生产技术做了大量工作，取得了成功的经验[2,3]。研究表明，鱼类能较好地吸收利用红萍氮素[4]，以其排泄物供氮，提高红萍N 素利用率[5]。为此我们继续应用 ^{15}N 同位素示踪技术，研究稻萍鱼体系中红萍氮素的作用及其有效性。

1　材料与方法

供试材料鱼种为尼罗罗非鱼（ *T. nilotica* ）。插秧 7 d 后，将 50 ~ 60 g 的鱼苗放入稻田小区（1 m^2）内养殖，每平方米小区投放 4 尾。1987 年早稻选用闽科早 1 号，1988 年晚稻选用"爱红 1 号"。插秧规格为 20 cm×20 cm。卡洲满江红（A. caroliniana）为供试红萍。

^{15}N 标记方法在小水泥池内以 ^{15}N 硫酸铵（丰度为 20%）喂养红萍。分 6 次添加，保持红萍培养液中 N 浓度为 20 mg/kg。喂养 12 d 后，红萍增殖量约为 2 倍，萍体 ^{15}N 丰度为4.3% ~ 6.1%。在压施作肥料或投放作饵料之前，用自来水小心清洗，除去萍体表面沾染的 ^{15}N，取样测定各批次投放标记红萍的 ^{15}N 含量。

试验处理 1987 年早季稻试验安排在本院稻麦所农场，1988 年晚季稻则安排在本中心试验田。同位素标记区面积为 1 m^2，用高 40 cm 的白铁皮围成，四边埋入稻田 20 cm。早、晚季稻试验均设 3 个处理区。①不施红萍对照区（CK）；②稻萍区（RA），红萍压施作基肥；③稻萍鱼区（RAF），每隔 2 d 投萍 1 次，投萍量视鱼类摄食状况酌定。用萍量按 60 kgN/hm^2 折算，1987 年早季稻各处理设 9 次重复，随机区组排列。在早稻插秧后 30 d、60 d 和

90 d，分别取 3 个重复小区的稻、鱼、土、水样，1988 年晚季稻各处理设 18 次一重复，随机区组排列。在插秧后 25、40、55、75、95 d 分别收取 3 个重复的稻、鱼、土、水样。分析 N 含量和 ^{15}N 丰度，试验区磷、钾基肥用量分别为每公顷 80 kg P_2O_5 的过磷酸钙和 64 kg K_2O 的氯化钾。

供试土壤基础肥力早季和晚季稻供试土壤分别类属重质壤土和沙壤土，pH 值分别为 7.1 和 7.3，全氮含量分别为 0.123% 和 0.118%；有机质含量依次是 1.81% 和 1.64%；铵态氮含量分别为 27.72 mg/kg 和 25.6 mg/kg；有效磷含量依次为 62 mg/kg 和 77 mg/kg，阳离子交换量分别为 8.08 meq/100 g 和 9.04 meq/100 g 土，代换钾含量依次 0.181 meq/100 g 和 0.173 meq/100 g 土，代换钙含量则为 6.34 meq/100 g 和 7.21 meq/100 g 土。

样品处理与测定方法捞起活鱼后，称重测产，用 75% 乙醇将鱼麻醉，除去消化道内食物残渣，用小型绞肉机充分绞碎。样品经消化、蒸馏后测定鱼体含 N 量，然后制成 ^{15}N 样。水稻样品为整株水稻，土壤用取样器（20×20）cm^2 打入土层 15 cm 取样。称湿重和干重，按凯氏定 N 法分析含 N 量，然后制备 ^{15}N 样品。水样从每小区取（2×2 000）mL 样品，滴加 1~2 mL 浓硫酸酸化，在电炉上微火蒸发至 25~30 mL，再加浓硫酸 5 mL 后消化，按凯氏法定 N，并制备成 ^{15}N 样品。用 Fingan – MAT – DaIata – E 型质谱计分析样品 ^{15}N 丰度。^{15}N 回收率（%）计算公式如下：

$$^{15}N\ 回收率（\%）= \frac{[A（样品中^{15}N 丰度）- Ac（非标区样品^{15}N 丰度）] \times Nt（全 N 量）}{\sum^{15}Nt（投入^{15}N 的累计总量）} \times 100\%$$

2 结果与分析

2.1 不同方式利用红萍对稻田水体中 N 素变化的形响

表 1 表明，早稻稻萍鱼处理小区（RAF），水体中的 N 含量和 ^{15}N 回收率均高于稻萍处理小区。对照区（CK）水体中 N 含量则明显低于 RAF 和 RA 小区。

表 1　早稻田水层中氮含量和 ^{15}N 回收率

处理	水体中 N 含量（mg/m²）			水体 ^{15}N 回收率（%）		
	30	60	90（d）	30	60	90（d）
RAF	68	78	97	2.2	1.4	2.6
RA	64	72	76	0.17	0.24	0.51
CK	58	49	56	—	—	—

在晚季稻 RAF 处理区，水中 N 含量在插秧 25 d 后逐渐下降，至水稻进入成熟期才有回升（见图 1）。在水稻整个生育期中，红萍压施区和对照区的稻田水液中 N 浓度的变化动态相似，但 RA 的变化幅度比 CK 大。在插秧后 25 d 内，CK 区稻田水液中 N 含量较 RA 区的高。据我们观察，这是由于对照区水稻前期生长状况不良，影响其对 N 素的吸收利用。

无论早季稻或晚季稻，在插后 25~55 d，RAF 区内水液中 ^{15}N 回收率呈逐渐下降的趋

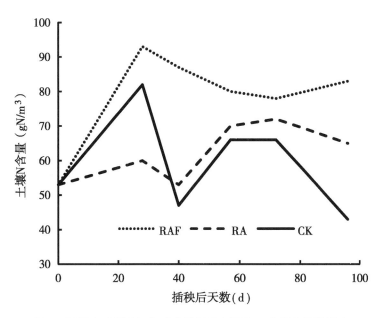

图1　不同方式利用红萍对晚季稻田水层中 N 含量变化的影响

势，第 55 d 后又呈逐渐回升的趋势。在 RA 区中，红萍在土壤中逐渐腐解而缓慢供 N_2，加上水稻吸收 N 素等原因，所以前期稻田水液中 ^{15}N 回收率几乎接近于零（图2、表1）。

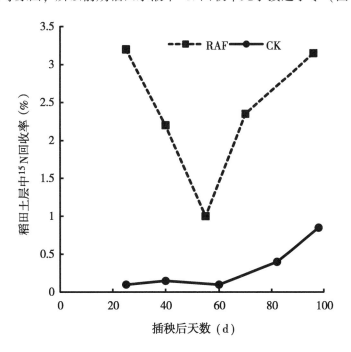

图2　不同方式利用红萍对晚季稻田土层中 ^{15}N 回收率的影响

2.2　不同方式利用红萍对土壤 N 素变化的影响

由表2看出，早季稻从插秧后 30 d 开始，RAF、RA、CK 3 个区稻田土壤中含 N 量及

^{15}N残留率均呈由高到低，随后又慢慢回升的变化，但 CK 区土壤含 N 量低于 RAF 和 RA 区。RA 区土壤中 ^{15}N残留率比 RAF 区高。值得注意的是，早季压施红萍后，其腐解释 N 高峰期约在第 30 d，土壤中^{15}N 残留率达最高值（40.2%）。由表 2 还发现，水稻吸收 N 的高峰期约在插秧后 60 d，土壤含 N 量和^{15}N 残留率最低。

表2　早稻田土壤 N 素含量和土壤中^{15}N 残留率变化

处理	土壤 N 含量（gN/m^2）			土壤^{15}N 残留率（%）		
	30	60	90（d）	30	60	90（d）
RAF	77	70	87	38.2	22.4	32.3
RA	88	76	98	40.2	28.6	36.4
CK	73	68	72	—	—	—

图 3 表明，晚季稻田 CK 区土壤含 N 量在插秧 35 ~ 55 d 内逐渐下降，随后又逐渐上升而趋于平稳。在 RA 区内，插秧后 25 ~ 40 d，红萍供 N 逐渐增加并达最高峰，随后就渐渐下降，且趋于平缓，但土壤含 N 量均高于其他 2 个处理，在 RAF 区内，插秧后 25 ~ 55 d，土壤含 N 量由高到低，55 d 以后又平缓上升，直至收获。此时土壤 N 含量略高于 RA 区，这对后作有较好的 N 素残留效应。

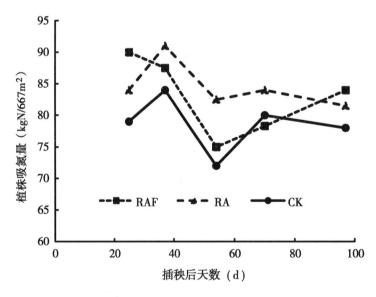

图3　不同方式利用红萍对晚季稻田土壤 N 含量变化的影响

图 4 表明，在 RA 处理区中，插秧后 25 d，上壤中^{15}N 残留率最高，随后急剧下降，表明晚季压施红萍作基肥，其腐解供 N 高峰在压施后的第 35 d 左右。在 RAF 区中，插秧 75 d 后，土壤中^{15}N 残留率明显高于 RA 处理区，^{15}N 残留率达 42.6%，这是鱼类粪便不断积累所致。

2.3　不同方式利用红萍对体系中的鱼和水稻利用 N 末和 N 素去向的影响

表 3 表明，无论是早季稻或是晚季稻，以 RAF 方式利用红萍，其萍体 N 素损失率均较

低。以红萍压施作基肥，晚季稻土壤中的^{15}N残留率高于早季稻，稻田水中的^{15}N回收率基本相同。

表 3　红萍^{15}N的回收率和 N 素的去向

利用红萍方式		^{15}N回收率^{15}N（%）				^{15}N损失率（%）
		鱼	稻	土壤	水	
1987 年早季稻	RA	—	28.84	32.32	0.5	38.34
	RAF	21.73	18.90	36.40	2.6	20.37
1988 年晚季稻	RA	—	24.33	36.20	0.61	38.87
	RAF	23.76	16.59	42.63	3.10	13.92

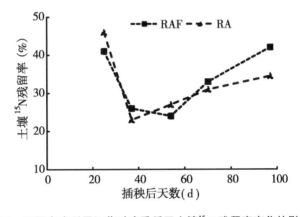

图 4　不同方式利用红萍对晚季稻田土壤^{15}N残留率变化的影响

图 5 表明，不同处理的稻株吸氮量随水稻生长而逐渐增加，但 CK 区稻株吸氮量明显低于其他 2 个处理，RA 区水稻的 N 吸收量又高于 RAF 区。

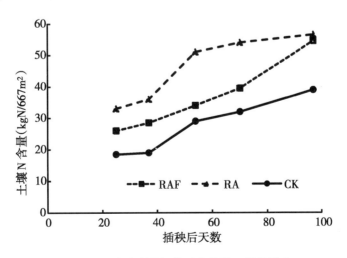

图 5　不同方式利用红萍对晚稻吸 N 量的影响

2.4 不同方式利用红萍对鱼的生长及水稻干物质累积的影响

无论是早季还是晚季稻田，以红萍作饵料，对鱼的生长有明显促进作用，早季和晚季稻田鱼的增重率分别为47.9%和52.1%。

从稻谷产量分析，无论是早季稻或是晚季稻（表4），RA处理区均略高于RAF处理区，生物统计分析，二者间无显著差异，但都明显高于CK区。不同处理区稻草产量则有所差异，RA处理区明显高于RAF处理区和CK区，尤其是早季稻，随着气温递增，罗非鱼摄食稻叶现象十分明显，这对减少稻草产量有一定的影响。

表4 不同耕作体系的水稻产量

生态系统	利用红萍方式	稻谷产量（g/m²）	稻草产量（g/m²）
	RA	532.5 **	486.8 **
1987年早季稻	RAF	511.4 **	404.6 **
	CK	387.9	396.4
	RA	418.5 **	418.7 **
1988年晚季稻	RAF	400.7 **	390.5 *
	CK	308.9	300.4

3 讨 论

大量的研究结果表明，红萍单作肥料，N素利用率仅为20%～30%，而且萍体压施需近1个月方能大部腐解。以稻萍鱼共生体系来利用红萍，通过鱼体这一消化环节加速红萍分解，过腹还田，循环利用，提高了利用率。另外，红萍富含植物蛋白，约占干物质总量的25%，而且萍体各类主要氨基酸成分齐全，利用鱼体可实现萍体植物蛋白向动物蛋白的有效转化。鱼类游动能明显提高溶氧量，减少病虫危害，改善稻田生态环境，而且鱼的排泄物富含有效养分，能直接而迅速为水稻吸收利用，促进水稻生长。但是，单以鱼的排泄物供N，在水稻生长前期会出现N素供应不足。要获得更高的稻谷产量，应在前期酌情施用少量化肥，或采用少量压施红萍作基肥与作饵料相结合的方式利用红萍，以调节N素的供求关系。

从本试验的结果分析，无论是RAF区或是RA处理区，萍体N素残留在土壤中的比率都较高，有必要进一步探讨其对后作的残留效应。

参考文献

［1］ 刘中柱. 红萍在稻田的应用前景［J］. 中国土壤与肥料，1984（6）.

［2］ 叶国添，林崇光，陈震南. 稻萍鱼共生是提高稻田产值的好途径［J］. 福建农业科技，1985（2）.

［3］　刘浩官，李平，祝卫华，等．稻萍鱼生态体系控制稻飞虱和纹枯病试验［J］．
　　　福建农业科技，1986（2）．

［4］　陈炳焕，翁伯琦，唐建阳，等．鱼类利用红萍氮的示踪法研究［J］．淡水渔业，
　　　1986（2）：16 – 18.

［5］　翁伯琦，陈炳焕，唐建阳，等 .^{15}N 示踪法研究稻萍鱼体系中红萍氮素的利用及
　　　对水稻生长的影响［J］．福建农业学报，1987（1）．

【原文发表于《核农学报》，1992，6（1）：51 – 56，由杨有泉重新整理】

^{15}N 示踪法研究稻萍鱼体系中红萍氮素的利用及对水稻生长的影响

翁伯琦　陈炳焕　唐建阳　刘中柱

（福建省农业科学院红萍研究中心，福州 350013）

摘　要： 应用^{15}N 同位素示踪技术，研究了红萍氮素被鱼体摄食后，再以排泄物肥田，对水稻生长以及氮素吸收情况。试验结果表明，红萍作饵料对尼罗罗非鱼生长有良好效果。在稻萍鱼体系中，经 2 个早季稻田放养表明，每季鱼体可增重 41.2% ~48.0%。投施红萍作饵料，以萍喂鱼，鱼体排泄物肥田，对水稻生长有益。稻谷产量比不施氮肥的对照区高 9.7% ~20.7%，而直接压施等氮量红萍作肥料处理，则高于对照区 4.4% ~14.8%。在稻萍鱼体系中，萍体氮素可多次利用，^{15}N 标记红萍作饵料喂养尼罗罗非鱼后，鱼体含氮量可达 2.41%，其^{15}N 丰度值可从 0.366% 提高到 0.431 3%，能有效的将植物蛋白转化为动物蛋白，鱼体的^{15}N 利用率为 38.24%，而水稻对鱼粪中^{15}N 利用率为 29.52%，其^{15}N 总利用率可达 67.76%。而直接压施红萍作肥料其^{15}N 利用率为 48.83%。

稻田养鱼，红萍肥田已有悠久的历史。将二者合理结合，创立稻萍鱼共生体系研究，近年也有少量的报道[1—3]。尤其对生产应用技术，共生特点认识方面做了大量工作，为提高养萍经济效益开拓了新路，取得了成功的经验。一直引起研究者注意的是：在稻萍鱼共生体系中，红萍氮素是如何转换、多次利用呢？弄清这个问题将有助于我们对整个共生体系中，以萍喂鱼，鱼粪肥田，促进水稻生长，实现营养元素合理循环认识的深化。对完善共生互利理论，指导生产实践有一定的意义。

为了进一步阐明红萍在稻萍鱼体系中利用效益，两年来，我们应用^{15}N 同位素示踪技术，探讨了萍体氮素被鱼类摄食以及排泄物被水稻再利用的情况，比较了稻田红萍单一作肥料与红萍作饵料后水稻对排泄物中氮吸收利用异同点，了解不同方式利用红萍对水稻生长及产量的影响。力求综合讨论稻萍鱼体系红萍氮素的实际效应。

1　材料和方法

1.1　供试鱼种和稻种

供试鱼种为体重 40 ~80 g 的尼罗罗非鱼（T. nilotica）。插秧 10 d 后将鱼放入稻田小区内养殖，每亩鱼苗投放量达 667 尾。1985 年早季选用 NT04 水稻品种。1986 年早季水稻选用福引一号品种，晚季选用闽科早 1 号品种。

1.2 供试红萍和^{15}N 标记方法

供试萍种为卡洲萍（*A. carolinian* Willdenove）。红萍投放于 1 m^2 的同位素标记区之前，预先在小水泥池内^{15}N—尿素（丰度为 10%）喂养 12 d。^{15}N 分 6 次添加，每次添加量中^{15}N 浓度为 20 mg/kg，标记终止时，培养液（浙农 6302）中最后累积的氮浓度不超过 100 mg/kg。标记红萍作肥料其^{15}N 喂养方法同上。在整个标记培养期间，红萍增殖量约为 2 倍。这一期间^{15}N 已均匀地分布于萍体组织中，其^{15}N 丰度值为 5% ~6%。在压施或投放标记红萍时，先用自来水清洗，以除去萍体表面可能沾染的^{15}N 同位素。

1.3 试验处理

为探讨稻萍鱼和稻萍体系中萍体氮的利用，试验设置同位素标记微区（1 m^2）。设立 3 个处理：①不施红萍的对照区。②稻萍区，红萍作肥料，1/2 总量的红萍在水稻插秧时压施做基肥，另 1/2 量红萍在水稻最高分蘖期追施。③稻萍鱼区，红萍作饵料。②、③处理均按 60 kg N/hm^2 折算用萍量。各重复 6 次，随机区组排列。与此同时，另设置非同位素的常规测产区（20 m^2），以测定水稻和鱼体产量，测产区 3 个处理与同位素微区处理类同。各重复 4 次，随机区组排列。试验所用磷、钾基肥每公顷分别为 80 kgP$_2$O$_5$ 的过磷酸钙和 60 kg K$_2$O 的氯化钾。

1.4 试验地点和基础肥力

试验分别在福建省农业科学院红萍中心和稻麦所试验田进行。1985 年早季与 1986 年供试土壤均属重质壤土，pH 值分别 7.1 和 7.3；土壤容重依次为 1.464 g/cm^3、1.480 g/cm^3，全氮含量分别为 0.123%、0.118%，有机质含量依次是 1.81%、1.79%，氨态氮含量分别为 27.72 mg/kg、25.6 mg/kg，有效磷含量依次是 77.62 mg/kg，阳离子交换量分别为 8.08 毫克当量/100 g、9.04 毫克当量/100 g 土，代换钾含量依次为 0.181 毫克当量/100 g、0.173 毫克当量/100 g 土，代换钙含量则为 6.34 毫克当量/100 g、7.21 毫克当量/100 g 土。

1.5 测定方法

水稻收割后，捞起活鱼测产，后用 75% 乙醇将鱼麻醉，解剖并去除消化道内食物残渣，用小型绞肉机充分绞碎，混匀后取样，样品经消化，蒸馏后测定鱼体含氮量，然后制成^{15}N 样品，用 Fingan – MAT – DaIta – E 型质谱仪分析样品^{15}N 丰度。水稻收获后，按常规方法进行相应步骤的分析并制成^{15}N 样品，测定稻草、稻谷中^{15}N 含量。

2 结果和讨论

2.1 红萍作饵料对鱼类生长的效益

应用^{15}N 同位素标记红萍作饵料，追踪研究尼罗罗非鱼摄食红萍后的消化、吸收、排泄和氮素的输送过程。试验结果表明，通过 4 d 的饲养，鱼体中所积累的氮素约占投放红萍总氮量的 30%，鱼体的日增长量约为 1.5 g[3]。这一结果和柯碧南等人在尼罗罗非鱼摄食红萍后消化率的内源指示法的测定结果一致。测定结果还表明，鱼类食萍 18～96 h 后，从鱼体各器官均能检出 15N 量，这说明鱼体能有效的利用红萍氮素[3]。田间试验结果表明，在稻萍鱼共生体系中，以萍喂鱼，经鱼体消化吸收，能较好的利用红萍。1985 年早季稻田中，鱼体的平均增长率可达 48.0%，其每季平均耗萍量为 1 567 kg/亩鲜红萍。而 1986 年早季稻田中，鱼体的平均增长率达 41.2%，其所耗鲜萍量为 1 539 kg/亩。显然，在稻田中以萍喂鱼，利于红萍植物蛋白向动物蛋白的有效转化，提高稻田养萍的经济效益。

我们还发现，随着单位时间内平均气温的变化，尼罗罗非鱼摄食红萍的数量和速度也随之变化，气温越高，该鱼种摄取红萍的数量相应增加。这可能是由于罗非鱼属热带鱼种，在较高气温条件下，鱼体新陈代谢较为旺盛所致。

表1 稻萍鱼体系中鱼体产量和红萍消耗量

年份	耗萍量（kg/亩）	鱼苗重量（g/20 条）	收获时鱼产量（g/20 条）	鱼体增产量（g/20 条）	增长率（%）
1985	1 567	1 513	2 239	727	48.03
1986	1 539	500	706	206	41.20

数据均为平均值，2 年均在早季进行试验

2.2 红萍利用方式对水稻生长的影响

从不同红萍处理区水稻分蘖消长动态（图1）看出，由于稻萍鱼处理区插秧后 10 d 才放入鱼苗和红萍，鱼类摄食红萍后其排泄物为水稻供肥，要经过一段时间，且这段时间是在水稻生长前期（5 月）气温尚低，鱼类摄食红萍的数量较少，其消化后排泄物在稻田中积累量甚少，所以水稻长势在插秧后 20 d 左右与对照区一样，其分蘖动态与对照处理相似，但在插秧后 25～38 d，由于鱼体排泄物有一定数量的积累，能不断为水稻生长供肥，其有效分蘖数则高于对照区。在红萍压施做肥料处理中，由于前期气温较低，红萍腐解速度慢，其氮素释放量甚少，还由于红萍压施数量较大，水稻生长前期有轻微坐苗现象，在一定程度上影响水稻分蘖，所以前期水稻分蘖数略低于其他处理。但在稻苗插后 25～35 d 内，由于红萍经腐解释放氮素的作用，其分蘖数迅速赶上另 2 个处理，这可能是由于红萍压施产生"起爆效应"。另外，稻萍处理区水稻后期消长速率变化平缓，直到插后 72 d，其茎蘖数一直维持高于另外 2 个处理，这可能是红萍追肥作用的结果。

从套圈追踪结果分析各期茎蘖构成穗数以及对产量作用可以发现，稻萍处理区有效分蘖数最高，约 38 个坐标单位面积。其次是稻萍鱼区，约 36.8 个坐标单位面积，对照区最低，约 35 个坐标单位面积。从茎蘖成穗追踪情况分析，稻萍区，插秧后 18～23 d 所出生茎蘖对产量贡献最大，这和压施红萍在这一时期"起爆"供肥有关。而稻萍鱼区其主茎蘖与 10～23 d 茎蘖对产量的贡献几乎对等。但对照区 10～23 d 茎蘖对产量的贡献较少。

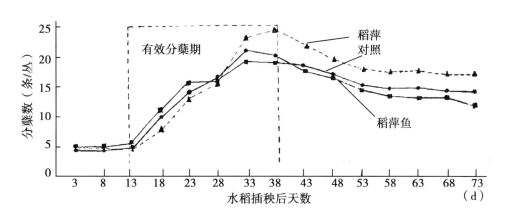

图1 不同红萍处理区水稻分蘖消长动态

表2 不同处理区福引一号水稻各时期出生的茎蘖成穗数　　　　　　　（万/亩）

| 处理 | 主茎 | 水稻插秧后天数（d） | | | | | 合计 |
		13	18	23	28	33	
稻萍	7.33	0	5.0	7.33	4.0	3.33	26.99
稻萍鱼	8.00	0.67	10.33	4.67	1.00	0	24.67
对照	7.33	0.33	6.0	4.33	1.33	0	19.32

表3 不同处理区福引一号水稻各时期出生的茎蘖的每穗粒数

| 处理 | 主茎 | 水稻插秧后天数（d） | | | | | 平均数 |
		13	18	23	28	33	
稻萍鱼	104.3	97	82.2	54.3	63.7	0	80.36
稻萍	97.1	0	96.2	73.9	64.2	59.6	78.20
对照	93.7	84	69.6	68.1	58.3	0	74.74

对各出生期的茎蘖构成穗数以及每穗粒数的进一步追踪结果表明（表2、表3），稻萍区在插秧后23 d所出生的茎蘖成穗数最高，达7.33万/亩，且总的成穗数也最高，达26.99万/亩。稻萍区则是插秧后18 d的茎蘖构成穗数最高，达10.33万/亩，其总穗数则为24.67万/亩。从表3结果明显看出，稻萍鱼区每穗平均粒数高达80.36粒，而稻萍区则与其相差不大，达78.20粒，但对照区明显低于其他2个处理区，每穗平均粒数仅为74.74粒。

综上结果分析，我们认为，稻萍鱼处理区全部使用红萍，以萍代氮，应将1/3总量的红萍在插秧前压施做基肥，另2/3量的红萍留做鱼类饵料，二者兼顾，有机结合。这样既可弥补水稻生长前期氮肥供应不足，又能为鱼体提供饵料。同时又能避免稻萍处理中红萍压施量大而造成坐苗现象，影响水稻早期分蘖。

二季水稻收割后，经考种表明，稻萍鱼、稻萍、对照区平均总粒数分别为1 024.3～1 121粒/丛、980～987粒/丛、874～902粒/丛；千粒重则分别为21.04～21.36 g、21.06～21.26 g、20.19～21.02 g；结实率则分别为83.7%～83.8%、84.63%～84.92%、83.20%～

84.06%；穗长则分别为 20.87 cm、20.51 cm、20.30 cm，无明显差异。总之，红萍作饵料后排泄物肥田对水稻生长有良好的效益。

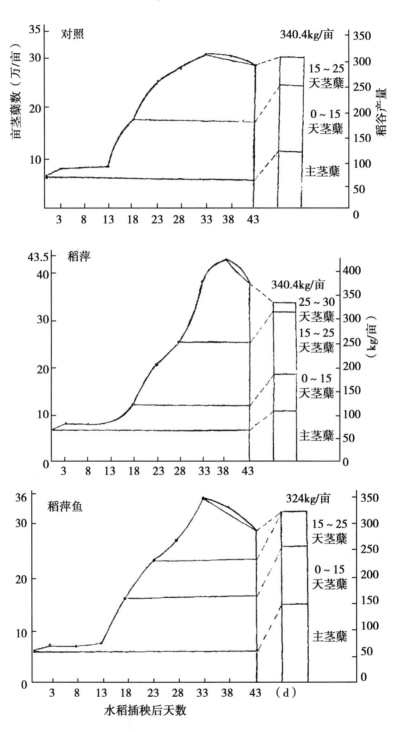

图 2　福引一号水稻各出生期茎蘖构成穗数对产量的作用

2.3 红萍直接压施和红萍喂鱼的排泄物对水稻产量的影响

稻田养萍，以萍喂鱼，鱼粪肥田，使红萍氮素能起到多次利用的效应。据统计表明，稻田中养鱼，每尾每天排粪量约达 1 g，以 110 d 放养期计算，每条鱼排粪量达 0.11 kg，如每亩放养 666 尾，排粪量可达 73.3 kg。这使固氮效率高的红萍不需翻压入土，其氮素就可被水稻吸收利用。试验结果业已表明不同处理的红萍对稻株生长影响，但对水稻产量影响如何呢？从水稻收割测产表明（图 3），1985 年早季 NTO4 品种在稻萍鱼处理区略高于稻萍处理区，经生物统计表明，二者间无显著差异，但二者的产量分别比对照增产 14.8% 和 20.7%。1986 年早季福引一号水稻产量则是稻萍处理区略高于稻萍鱼处理区，但二者间也无显著差异，然而它们的产量也分别比对照增产 9.84% 和 4.6%。

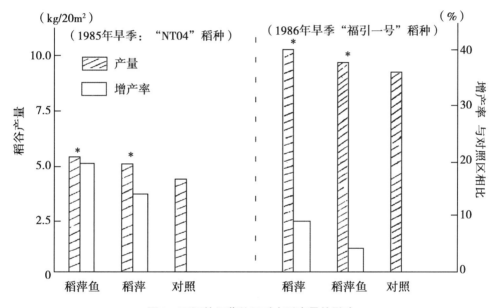

图 3 不同的红萍处理对水稻产量的影响

总之，从不同年份，不同试验地以及不同品种处理结果均表明，稻萍鱼区稻谷产量均与稻萍区相当，且其肥效则都明显高于对照。稻萍鱼处理区之所以能维持相当产量，这可能是稻株能很好利用鱼粪中氮素有关。当然，除此之外，还有一定数量的萍体残根落叶返田用作肥料以及鱼类游动有助于土壤疏松和提高水中容氧量，从而利于分蘖和根系生长。

不同的红萍处理对水稻的残留效应则有一定的差别。1986 年晚季我们进行的残留效应试验结果表明（图 4），在不施任何氮肥情况下，稻萍鱼区的闽科早 1 号水稻产量比对照增产 9.8%，而稻萍区则只比对照区增产 7.8%。且稻萍鱼区水稻表观长势明显优于另 2 个处理区。这可能是由于稻萍鱼处理区头季放养后期（7 月）气温高，鱼摄食红萍数量大，且鱼体排泄物早季未能完全利用，而被晚季利用的结果。

2.4 稻萍鱼体系中红萍氮素的利用效率

田间观察发现，参试的 2 个早稻品种，对红萍氮素反应敏感。稻萍、稻萍鱼区的稻株后期（插后 20 d）长势明显优于对照区。不施红萍的对照区内稻株叶色淡绿，叶片薄而软，

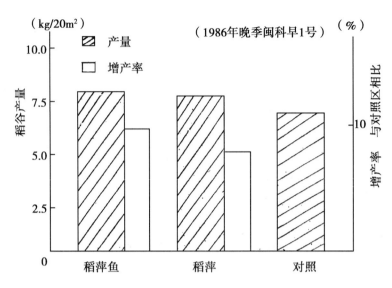

图4　不同红萍处理对小区水稻产量的残留效应

呈明显的缺氮症状。表4展示了同位素小区不同处理的红萍对水稻含氮量和稻谷、稻草生物产量的影响。红萍直接压施作肥料，或作鱼类饵料后鱼体排泄物肥田，其稻谷和稻草产量以及稻谷和稻草含氮量均显著高于对照。但稻萍鱼区则与稻萍区间无显著差异。然而，在稻萍鱼体系中，萍体氮素可多次利用，^{15}N标记红萍作饵料喂养罗非鱼后，鱼体含氮量可达2.41%，其^{15}N丰度值可从0.366%提高到0.4313%。由此可见，红萍氮素通过鱼体这个环节，可有效地将红萍的植物蛋白转化为动物蛋白，提高稻田养萍的经济效益。

表4　同位素小区不同处理红萍对水稻生物产量和氮含量影响　　　　（kg/亩）

处理	稻谷产量	稻草产量	稻谷含氮量	稻草含氮量
稻萍	415.23a	230.90a	3.68a	1.53a
稻萍鱼	418.97a	233.43a	3.72a	1.54a
对照	233.93b	150.42b	2.50b	1.15b
LSD 0.1	30.03	17.43	0.39	0.18
LSD 0.05	37.06	21.51	0.48	0.22
LSD 0.01	53.25	31.04	0.69	0.32

　　另外，通过测定我们还发现：同位素区内^{15}N标记的红萍作基肥，稻谷中^{15}N丰度值为0.717%，稻草中^{15}N丰度值为0.576%，如以标记红萍作追肥，稻谷中^{15}N丰度为0.684%，稻草中^{15}N丰度值则为0.453%。显然，无论红萍作基肥或追肥对水稻生长均有相当效益。

　　从表5可以看出，采用稻萍鱼方式利用红萍，其萍体氮素总利用率达67.76%，而在稻萍体系中，红萍翻压作肥料氮素利用率仅为48.83%。前者比后者氮素利用率提高18.93%。

处理	^{15}N 利用率		总利用率
	鱼体	水稻	
稻萍鱼	38.24	29.52	67.76
稻萍	—	48.83	48.83

表5　红萍不同养用方式的^{15}N 利用率　　　　　　　　（%）

2.5 稻萍鱼体系红萍氮素再利用的意义和效益

红萍是高效固氮、速生快繁的水生绿肥，年固氮量达 243 ~ 402 kg N/hm²[2]。长期以来已被农民广泛应用，历史十分悠久。但以往多将红萍作为稻田肥料，近年来人们已经注意到红萍养殖面积下降，其主要原因是红萍单一作肥料的传统养用方法已不能满足当今农民致富的要求，养萍不仅要肥田，而且要创汇的欲望越来越强烈。多年的研究表明，红萍单一作肥料，氮素利用率仅为20% ~ 48%[1,4-6]，要大幅度的提高氮素利用率，从耕作和农艺方面突破困难甚多。另外，从萍体测定结果看出，红萍体富含植物蛋白，其含量大约占干物质总量的25%，而且萍体各类主要氨基酸成分齐全，单一作稻田肥料，对红萍这一自然资源开发应用是不尽合理的。采用稻萍鱼方式利用红萍，氮素可多次利用，实现稻田耕作体系营养元素合理循环，不仅意义大，而且效益高。据资料统计表明，用 5 000 kg 的红萍作稻田肥料，经济收入仅为 50 元，用作饲料则可收入 70 元，但红萍作稻田鱼类饵料并肥田其收入一般可达 130 元，开源创汇潜力甚大。

参考文献

［1］ 刘中柱. 红萍在稻田应用的前景［J］. 中国土壤与肥料，1984（6）.

［2］ 刘中柱，郑伟文，等. 红萍固氮及其利用//我国土壤氮素研究工作的现状与展望（中国土壤学会土壤氮素工作会议论文集）［C］. 北京：科学出版社，1986. 195 – 202.

［3］ 陈炳焕，等. 应用^{15}N 示踪技术研究尼罗罗非鱼对红萍氮利用初探［J］. 淡水渔业，1986，2：16 – 19.

［4］ MH Mian, WDP Stewart. A ^{15}N tracer study to compare nitrogen supply by Azolla and ammonium sulphate to IR8 rice plants grown under flooded conditions［J］. Plant & Soil，1985，83（3）：371 – 379.

［5］ Osamu Ito，Iwao Watanabe. Availablitity to rice plants of nitrogen fixed by Azolla［J］. Soil Science & Plant Nutrition，2012，31（1）：91 – 104.

［6］ Li shi – ye. Azolla in the paddy fields of Eastern China［J］. Organic Matter & Rice，1984.

【原文发表于《福建省农科院学报》，1985，2（1）：16 – 24，由杨有泉重新整理】

闽北山垄田稻萍鱼共生体系与萍体氮素循环利用效率研究

翁伯琦[1]　唐建阳[1]　应朝阳[1]　白雪峰[1]　熊　焰[2]　杨　涛[2]

(1. 福建省农业科学院红萍研究中心，福州 350003；

2. 福建省建阳市农业局，建阳 354200)

摘　要： 将稻—萍—鱼共生体系的综合耕作技术引入山垄稻田。试验结果表明：山垄稻田中草鱼、尼罗罗非鱼以红萍为饵食，其鲜鱼产量分别达 3 568 kg/hm² 和 3 702 kg/hm²；中稻和再生稻产量分别达 5 710 ~ 6 006 kg/hm² 和 3 478 ~ 3 772 kg/hm²，比施化学氮肥处理区分别提高 689.0 ~ 1 132.5 kg/hm² 和 458.4 ~ 658.9 kg/hm²。^{15}N 试验结果显示：在稻萍鱼体系中鱼体和水稻对红萍氮总利用率达 52.8% ~ 57.9%，而施用化学氮肥处理区的水稻对氮素利用率仅为 33.5%。连续两年实施稻萍鱼共生体系耕作技术，山垄田土壤有机质平均提高 0.15%，且整个耕作体系病情指数下降 42.1% ~ 50.7%，减少农药施用量，有助于生态环境改善，达到增产增收的目的。

关键词： 山垄地；稻萍鱼；共生体系；氮素利用率

红萍（Azolla）固氮效率高，年固氮量达 106 ~ 162 kg/hm²，它不仅是优质绿肥，而且还是优质的饲（饵）料[1]。实施"稻萍鱼共生高产体系"综合配套技术，主要是合理引入生物因子，建立优化生产结构，提高单位土地面积利用率，从而达到高产、低耗、高效之目的。十几年来，刘中柱等对这项技术的深入研究与推广应用，取得明显成效[2,3]。如何将稻萍鱼共生高产技术实施与山区中低产田改造有机地结合，怎样在促进水稻取得丰产之时，充分挖掘山垄田丰富的水资源潜力，实现增粮增收的目标。这一直是人们十分关注的问题。近年来农业部已将包括稻萍鱼模式在内的稻田养鱼技术列入全国"九五"期间农业重点推广10 大技术之一，按规划要求，到 2000 年全国稻田养鱼面积要突破 334 万 hm²。很显然，探讨山垄田稻萍鱼共生体系的内在机制和配套一系列技术措施，可为今后在山区农村大面积推广应用稻田养鱼模式提供依据。

1　材料与方法

1.1　试验方法

试验于 1991 年、1993 年、1994 年在建阳市将口镇郊山垄田进行。①设立试验对比小区，测定中稻、再生稻、鲜鱼产量，每个小区面积为 33.5 m²，小区田埂高 4.4 m，宽 0.4

m。用塑料薄膜包边，小区外围加塑料网护拦。进水沟设在小区外侧，以竹筒引灌。养鱼区设有鱼沟和小坑，以竹片护壁，沟坑占地10%，②1991年同期设置^{15}N同位素试验微区。探讨不同稻作体系对化学、红萍等氮源利用效率。每个微区面积2 m^2，用薄铁皮制作，埋入土下30 cm，地上部外露30 cm，定时加水并投放^{15}N标记的红萍作饵料。③1991年，1992年还同时设置盆栽试验比较压施红萍与施用化学氮肥的供氮效果。

1.2　试验设计

①3年的田间小区试验设3处理：常规种稻区（对照，T1），选用汕优63作为供试稻种，采取"宽窄行"方式插秧[（43＋16.5）＝2×11.6 cm]，施N肥254 kg/hm^2、$P_2O_5$230 kg/hm^2、K_2O 225 kg/hm^2。头季中稻收割后留作再生稻，施$P_2O_5$170 kg/hm^2、K_2O 200 kg/hm^2。稻—萍—草鱼区（T2），水稻栽培与管理同T1处理，供试萍种为细绿萍。3月15～20日清理田间放养红萍，初次放萍量为1 500 kg/hm^2。中稻插秧前一个星期压施4 500 kg/hm^2作基肥，不施化学氮肥，其余红萍让其自然繁殖用作草鱼饵料；每隔15 d定面积套框测产计算红萍生长量。插秧后1个星期按12 000尾/hm^2数量投放规格为20～50 g/尾的草鱼苗。小区内鱼沟占5%比例，实际占地1.68 m^2，鱼坑占5%比例，占地面积为1.68 m^2，深1.5 m，水稻和鲜鱼的单位面积产量按毛面积计算。稻—萍—尼罗罗非鱼区（T3），水稻栽培和鱼饲养管理同T2处理。在插秧1个星期后按19 500尾/hm^2投放鱼苗量，鱼苗规格为15～30 g/尾。②1991年还专门设立与T1，T2，T3相同处理的t1，t2，t3三个^{15}N同位素示踪试验微区处理。同时还设置室内模拟辅助试验，测定两种鱼对红萍摄食量及其对同位素标记的萍体^{15}N吸收利用动态。③1991年，1992年设立盆栽试验，3个处理分别为：（A）不施N肥（对照）；（B）压施红萍4 500 kg/hm^2作基肥；（C）施用与红萍等N量的硫酸铵。探讨压施红萍作基肥和化学N肥对水稻生长的影响与供N特点。以上①，②，③试验项目各处理均为5次重复，随机区组排列。

1.3　小区管理与分析方法

试验小区水源是通过竹筒从高丘流入的，这可为养鱼区起到增氧作用。^{15}N试验微区要采取防漏水措施，其处理设置与小区处理内容相对应，常规种稻微区以3%丰度的$(^{15}NH_4)_2SO_4$作氮肥。养鱼区则以^{15}N加标记后的红萍作饵料。具体做法是用5%丰度的$(^{15}NH_4)_2SO_4$预先在搪瓷盆中标记供作鱼饵料的红萍，每隔5 d标记1批，按鱼的食况和气温变化酌情投饵料，投饵前先用自来水洗净红萍，去除沾在红萍表面的^{15}N标记物。以免影响试验样品的^{15}N丰度测定，每次投饵必须取样测定含N量和^{15}N丰度，并准确称取重量，累计投入饵料量以及计算红萍体所含的^{15}N总量。稻株、红萍、鱼体的含N量按凯氏定氮法测定。^{15}N标记红萍喂鱼试验以及微区和盆栽试验的^{15}N利用率测定，依照同位素稀释法进行[4,5]；红萍、植株、鱼体、土壤、水样的^{15}N丰度由福建省农业科学院红萍研究中心测定。田间病虫害、杂草量等按常规方法调查[6]。

2 结果与分析

2.1 山垄田不同耕作体系对中稻、再生稻产量的影响

表 1 显示，在不同试验年份，不同的耕作体系对水稻产量构成因子影响各异。但有一明显的趋势，即无论是 1991 年、1993 年，还是 1994 年，对照区的水稻分蘖数均比养鱼区高。这是由于在同样施用 P、K 化学肥料的情况下，对照区是施化学 N 肥，在水稻插秧返青后，就能及时得到无机 N 养分的补充，有助于水稻前期分蘖生长，而养鱼区都是在插秧前一周压施红萍作基肥，氮素养分分解得需一定时间，前期氮素肥料供应显得不足。但随着时间推延，红萍腐解后供肥量提高。加上鱼类摄食鲜萍量增大，累积的排泄物增多，尤其是养草鱼区，其食萍量大，排泄物也多，对水稻生长供肥后劲大。这反映在养鱼区水稻有效穗、成穗率以及穗粒数、结实率均高于对照区。而同是养鱼区，饲养尼罗罗非鱼的小区比养草鱼区略高，这可能与其鱼苗放养量多有关。

表 1 山垄田不同耕作体系对中稻产量主要构成因子的影响

年份	处理	每丛分蘖数（个）	每丛有效穗（个）	成穗率（%）	每穗粒数（粒）	结实率（%）
	T1	16.93	14.0	82.7	96.7	78.9
1991	T2	15.06	13.2	86.3	90.2	83.5
	T3	14.75	13.7	93.2	98.2	85.2
	T1	19.49	16.2	83.1	96.7	78.5
1993	T2	17.88	15.4	86.1	91.3	82.3
	T3	17.03	15.8	92.8	98.4	84.6
	T1	18.94	15.8	83.4	95.8	78.6
1994	T2	16.32	14.0	85.8	91.7	83.1
	T3	15.86	14.7	92.7	97.8	85.4

表 2 结果表明，在 3 年试验期间，养鱼区中稻产量高于对照区。就养不同鱼种的小区而言，则是养罗非鱼区略高于养草鱼区，但两者之间无显著差异。表 2 结果还显示，不同处理区后季再生稻产量同样是养鱼区明显高于对照区，而两种养鱼区处理之间则无显著差异。养鱼区中稻产量高于施化学 N 肥区，这是由于养鱼区前期压施红萍作基肥，经过腐解，提高供 N 量。同时鱼的游动有助于增加土壤氧量，改善土壤氧化还原电位状况，促进根系生长和养分吸收、无形中起到多次中耕的效果。加上 6、7 月份气温较高，鱼摄食红萍量大，其排泄物增多，供肥能力不断提高，尤其是有利于再生稻生长。由此可见，养鱼区水稻增产是综合作用的结果。

表 2　山垄地不同耕作体系对中稻和再生稻产量的影响

年份	处理	中稻产量（kg/hm²）		再生稻产量（kg/hm²）	
		平均产量	增产量	平均产量	增产量
1991	T1	4 873.5		3 126.6	
	T2	5 733.0	859.5**	3 585.0	458.4**
	T3	6 006.0	1 132.5**	3 772.2	649.5**
	LSD_{0.01}		655.5		207.4
1993	T1	5 021.5		3 015.4	
	T2	5 710.5	689.0**	3 478.0	462.6**
	T3	5 997.0	975.5**	3 674.3	658.0**
	LSD_{0.01}		621.7		200.3
1994	T1	4 937.6		3 075.3	
	T2	5 779.5	841.9**	3 554.0	478.7**
	T3	5 979.9	1 042.3**	3 627.2	551.9**
	LSD_{0.01}		598.6		198.4

2.2　红萍作鱼饵料的有效性及对鱼类生长的影响

室内模拟试验结果表明，以红萍作饵料喂养草鱼和尼罗罗非鱼，对促进鱼体生长是有效的。在饲养前期，由于草鱼更快适应草质饵料供应状况，其个体长速比尼罗罗非鱼略快，草鱼前期生长的个体平均增长率比罗非鱼高 11.8 %　~17.8 %。而到后期（30 d 后），尼罗罗非鱼对红萍的摄食量也增大，且气温升高，有利于罗非鱼生长，其个体长速接近于草鱼。

模拟试验结果还表明（表 3）。无论是草鱼还是尼罗罗非鱼都能有效地利用红萍氮素，从而使红萍植物蛋白有效地转化为鱼体动物蛋白。鱼摄食红萍后，大约 30% 的红萍氮素转化为鱼体蛋白，同时还有近 30% 的氮素通过粪便形式排出体外。约近 10% 的红萍氮素排到水体中。这些氮素都是有效的肥源。能在水稻生长过程中被稻株吸收，有利于形成红萍喂鱼、鱼粪肥田、促进水稻生长的良性循环，提高红萍氮素利用效率。据测定，在山垄田的环境条件下，细绿萍年产量可达 6.9 吨/hm²，即使在夏季，由于水温适宜，也能维持一定的增长量。表 4 表明，在水源条件较好的山垄稻田养鱼，挖好占地 10% 的坑沟，配上流水增氧管理措施，有助于鱼类生长。饲养 107 d 尼罗罗非鱼产量可达 3 702 kg/hm²，最大的单尾重达 278.4 g；草鱼产量为 3 568.5 kg/hm²，最大的单尾重达 1.2 kg，草鱼个体达 500 g 以上的占 27.6%。这都反映了红萍作为鲜饵料对供试鱼种生长是有效的。

表 3　^{15}N – 红萍喂养尼罗罗非鱼和草鱼的氮素回收率

试验鱼种	时间（d）	^{15}N 回收率（%）			总回收率（%）
		鱼体	鱼粪	水体	
尼罗罗非鱼	10	45.40	20.10	5.41	70.91
	20	36.11	28.91	7.28	72.30
	30	30.64	30.20	9.40	70.24

（续表）

试验鱼种	时间（d）	15N 回收率（%）			总回收率（%）
		鱼体	鱼粪	水体	
草鱼	10	50.08	20.28	9.90	80.26
	20	35.10	32.75	11.19	79.04
	30	29.79	32.69	13.83	76.31

表 4 山垄田实施稻萍鱼体系对鱼生长的影响

处理	鱼生长量（kg/hm²）	增长倍数
稻—萍—草鱼小区	3 568.6	14.86
稻—萍—尼罗罗非鱼小区	3 702.0	15.68

2.3 山垄田稻萍鱼体系红萍氮素循环利用效率

15N 同位素田间微区试验结果表明，头季中稻的植株含 N 量是对照区略高于稻萍鱼区。这说明当季中稻利用化学氮肥效率较高。而稻萍鱼处理区的植株是通过"过腹还田"和"压施入土"的方法吸收利用红萍 N 素的，即通过鱼类摄食以及红萍压施入土经腐烂解矿化后、将萍体 N 素分解，再被稻株吸收利用。因此有一个相对延缓期，表现在其稻株含 N 量略低于施化肥处理区。由于草鱼摄食是呈快进快出的特点。其食用红萍量大、时间短，故排泄物的数量也大。相应对水稻生长供肥比养罗非鱼的小区来得快，所以其稻株含氮量略高于养罗非鱼小区。但对第 2 季再生稻生长而言，各处理区的稻株含氮量呈现养萍养鱼区高于施化肥处理区。很显然养萍养鱼区排泄物逐步累积，使供试小区内所含残留 N 素逐渐增多，因而供肥后劲大（表 5）。

表 5 稻萍鱼体系对山垄田水稻氮素吸收及其利用效率的影响

处理	头季稻株含 N 量（%）	再生稻稻株含 N 量（%）	不同耕作体系 N 素利用效率			
			鱼体	中稻	再生稻	合计
TI	1.26	1.07		30.3	3.2	33.6
T2	1.19	1.16	27.9	20.1	4.8	52.8
T3	1.09	1.26	30.2	22.1	6.6	57.9

15N 同位素微区试验结果还表明（表5），施用化肥的常规稻作小区，中稻和第 2 季再生稻氮素利用率分别为 30.3% 和 3.2%，总利用率仅为 33.5%。而采用稻—萍—草鱼和稻—萍—罗非鱼耕作技术的小区，其整个体系红萍氮素的总利用率分别达 52.8% 和 57.9%，尤其是养鱼区第 2 季再生稻对栽培第 1 季中稻之后的残留氮素利用率均高于常规施化肥的对照区。这反映了多环节循环利用红萍氮素，其氮素利用率相对比较高。我们曾于 1987 年、1991 年专门探讨过以红萍作基肥和追肥的效果，发现其氮素利用率也略低于 40%[1,2]。由

此可见。以"过腹还田"方式充分利用红萍氮素，有助于提高其氮素利用效率。以施用红萍作绿肥并结合以红萍作饵料的方式，可以起到"取长补短"的作用，可望为综合利用红萍资源探索一条新的途径。

2.4 山垄田建立稻萍鱼共生体系对改善稻田生态环境的作用

曾有过关于稻萍鱼耕作体系能改善稻田生态环境的报道[4,7]。本文也设置若干观测项目，探讨不同耕作技术对山垄田稻田生态环境的影响。对不同处理区水稻基部枯叶存量调查结果表明，养萍和养鱼处理小区水稻基部枯叶比常规单施化肥的对照小区少 42 % ~ 57 %，尤其是放养草鱼的小区水稻基部枯叶量更少。这显然与鱼在田间活动与觅食有关。水稻基部枯叶数量呈下降趋势。可明显提高稻田的通透性，减少病虫害的滋生。

在中稻和再生稻生长过程中，我们曾 6 次调查了病虫害的发生情况，其统计结果表明：与对照区相比，山垄稻田养萍养草鱼小区和养萍养尼罗罗非鱼小区稻飞虱密度减少 46.7% 和 61.5 %，枯心苗减少 45.2% 和 46.8%。纹枯病减少 53.8% 和 48.6%，病情指数下降 42.1% 和 50.7 %。这与刘浩官等人报道结果相近[8]。分析其原因认为，鱼的活动区域在水稻的基部，所以对发生于水稻基部的稻飞虱、纹枯病有较强的抑制作用，而水面养萍则可能对纹枯病菌核有物理阻隔和化学抑制作用[7]。

通过田间杂草存量调查表明：山垄稻田养萍，再加上养鱼，能有效抑制杂草生长。养草鱼和养罗非鱼小区的杂草数量比对照区分别减少 89.6% 和 74.7%。尽管对照区中耕除草 2 次，但其杂草数量仍明显高于稻萍鱼区。值得注意的是，养草鱼区比养罗非鱼区杂草数量还低 14.9%，这将给我们以启示，今后在稻田里要注意放养鱼种搭配，以利于提高除草效果。在山垄田养萍和养鱼，不仅可以提高经济收入，而且有助于实现山垄田免耕法的实施，从而达到缓解劳动强度，提高农田劳作效率的目的。

2.5 山垄田施用红萍对土壤有机质变化和土壤氮激发作用的影响

1991 年、1992 年利用盆栽试验研究红萍翻压作肥料对山垄田土壤有机质变化的影响。其结果表明（表6），施用化肥处理土壤有机质第 1 年就低于施红萍处理 0.14 %，第 2 年仍低 0.11 %；与单施化肥相比，连续 2 年施用红萍作肥料，可平均增加土壤有机质 0.15%。

表6 压施细绿萍对山垄田土壤有机质含量的影响

处理	1992 年土壤有机质		1993 年土壤有机质		两年平均增加量
	含量（%）	增量（%）	含量（%）	增量（%）	
施化肥	2.08		1.93		
施红萍	2.27	0.19	2.04	0.11	0.15

有关土壤 N 素激发效应为人们关注[9]。在本研究中，我们对硫铵和细绿萍施入山垄田土壤后的激发效应进行盆栽模拟试验和测定。结果看出，施硫铵处理的 N 激发率为 29.08%，施细绿萍的 N 激发率为 13.13%，前者远高于后者。但从土壤残留氮分析，细绿萍的氮残留率为 43.86 %，远大于施硫铵处理的 N 残留率（11.3%）。由此可见，山垄稻田压施细绿萍作肥料，不仅可以提高土壤有机质含量，且能增加土壤氮的储量，培肥土壤理在

其中[9]。

3 小 结

3.1 三年的试验结果表明，在山垄田实施稻萍鱼体系的综合技术不仅每公顷可获得 3 568 ～ 3 702 kg 鲜鱼产量，而且中稻和再生稻产量高于单施化肥的常规耕作处理区，分别达 5 710 ～ 6 006 kg/hm² 和 3 478 ～ 3 772 kg/hm²。是充分利用水资源，改善生态环境，实现增产增收，目标的一条途径。

3.2 红萍不仅是草鱼和尼罗罗非鱼的有效饵料，也是有利于水稻生长的优质有机肥。实施稻萍鱼综合技术，养萍与养鱼区红萍氮素总利用率达 52.8% ～ 57.9%，而单施化学氮肥处理区的两季水稻的氮素总利用率仅为 33.5%。由此可见，优化山垄稻田生产结构，引入良性循环模式，有助于提高氮素的利用率。

3.3 压施红萍作绿肥，2 年内土壤有机质平均提高 0.15%，氮素残留量为 43.86%，而施化肥处理区仅为 11.3%。长期施用红萍作基肥，有利于用地与养地目标的统一。

参考文献

[1] 刘中柱.红萍在稻田应用的前景 [J].中国土壤与肥料，1984（06）.

[2] 刘中柱，郑伟文.中国满江红 [M].北京：农业出版社，1989，305 - 327.

[3] 卢良恕.中国农业发展与科技进步 [M].山东：山东科技出版社，1992，542 - 544.

[4] 翁伯琦，陈炳焕，唐建阳，等.¹⁵N 示踪法研究稻萍鱼体系中红萍氮素的利用及对水稻生长的影响 [J].福建农业学报，1987（01）.

[5] 翁伯琦，唐建阳，陈炳焕，等.稻—萍—鱼系统中红萍氮素吸收利用及有效性研究 [J].生态学报，1991（01）：25 - 31.

[6] 刘浩官，李平，祝卫华，等.稻萍鱼生态体系控制稻飞虱和纹枯病试验 [J].福建农业科技，1986（2）.

[7] 黄毅斌，翁伯琦.调控稻田人工生物圈及其新耕作体系研究：Ⅳ.综合调控技术对水… [J].福建农业学报，1997（3）：44 - 50.

[8] 刘浩官，罗克昌.福建水稻病虫综合防治 [J].福建农业学报，1997（03）：20 - 25.

[9] 王方维，纪宝华.细绿萍作为北方水田绿肥的供肥特征研究 [J].土壤通报，1987（05）.

【原文发表于《植物营养与肥料学报》，1998，4（2）：138 - 144，由杨有泉重新整理】

从稻萍鱼体系研究到稻田人工生物圈

翁伯奇 唐建阳 黄毅斌

（福建省农业科学院红萍研究中心，福州 350013）

摘 要：介绍了从稻萍鱼体系研究到稻田人工生物圈的研究进展过程以及在我国南方大面积推广的经验和体会。

关键词：稻萍鱼；研究；推广

1 从稻萍鱼向稻田人工生物圈及其新耕作体系技术发展

随着未来人口的不断增长，人多地少和食品供求的矛盾就越显得突出，这将给农业的进一步发展带来更为巨大的压力。如何充分、合理地利用自然资源，力求在提高农产品产量的同时减少化学品的投入，做到既改善农村生态环境，又能更深层次挖掘生产潜力，提高土地利用率和经济效益，这是当前农业界普遍关注的热点。自 1982 年开始，福建省农业科学院就致力于稻田高效、低耗、低污染、改土壤耕作体系的深入研究，他们利用红萍能固氮、高含蛋白质，在田间生长快的特点，成功地研究出稻萍鱼共生体系，科学地将稻田养鱼和养萍结合起来，使得稻鱼双丰收，与此同时，红萍通过"过腹还田"其氮素利用率比常规红萍单一作肥料处理高了近 18%，这是许多农艺技术实施都无法实现的。稻萍鱼的研究显示出强大的生命力，多年生产应用的结果表明：实施这项综合配套技术亩产稻谷比常规稻作田增产 5% ~ 10%，亩收获鲜鱼 50 ~ 80 kg，每亩可增加 80 ~ 150 元的经济收入。因此该技术迅速地在浙江、湖南、四川等省也被广泛应用，红萍的应用也随着稻萍鱼的推广而显示出更为广阔的前景。

为了进一步探索高效、低耗、低污染土壤的有效模式，他们提出调控稻田人工生物圈的科学设想和实施技术，在作物与周围环境关系比较单调的传统稻作体系中，增加某些可人工调控的因子，从而构建多种种养生物与环境之间新的良性循环系统，通过七年的努力，这项研究取得显著成效。更引起国内外专家关注的是，连续采用这项耕作技术后，由于稻田中减少了化肥、农药等化学品用量以及鱼类在田间不断的游动，提高水中的溶氧量，改善了土壤中氧化还原状况，甲烷的排放量比常规耕作技术区域减少 20% ~ 30%。大量的研究与生产实践的结果业已表明，稻萍鱼与调控稻田人工生物圈及其新耕作体系技术研究取得成功，可供不同经济和技术素质条件的农户选择使用，从而进一步拓展了生产应用的广度，使之收到更好的效果。

2 科技成果如何推广到农民手中

十几年来，我们经历了稻萍鱼共生体系技术的研究—示范—再研究—再示范—大面积推广的整个过程，科技成果是如何推广到农民手中的呢？我们的经验是：①一项科技成果能否得到推广，课题必须来自农民，来自农业生产，能切实反映农民的需要，这样才能为农民所接受。选题立项切不能单纯从书本、从查文献出发。②推广一项新成果或技术必须把研究—示范—推广三个环节紧密结合起来统筹考虑，不仅要加深基础理论研究，阐明其机制，而且要在乡村建立示范样板，让农民看得见，摸得着，以成功的事实让农民相信科技成果的有效性。能给农民带来效益，这样他们才有决心去抓推广，才能促进科学技术转化为生产力。③要使科研、示范、推广三者更为紧密结合，科技人员应当和农民一道搞研究，实施示范项目，共同抓好推广项目。科技人员深入生产第一线，便于更深入地了解农民，掌握农民的需求和对科学技术的接受程度，同时能不断发现新问题，解决新矛盾。从稻萍鱼共生体系技术发展到调控稻田人工生物圈，不仅农民的经济效益获得大幅度的增加，而且自身的科研课题水平也大大提高了。④要及时解决推广过程中出现的具体困难，帮助建立综合配套体系。例如我们分别在建阳、建宁建立鱼苗供应基地，力求在当地解决鱼苗供应问题，缓解由于长途运鱼苗造成成本高、鱼苗质量差的矛盾。同时，还在当地建立红萍新品种供应基地，近年来福建省农业科学院红萍中心新培育的杂交红萍新组合就是通过乡村供萍基地繁殖，加快推广应用步伐，取得良好成效。⑤抓好科技培训，提高农民素质。推广科技成果过程中，我们采用分阶段培训农民技术员，多以短期授课和田间巡回指导相结合，以理论教育和实际操作相结合，广泛普及科学知识，提高农民的技术素质。

目前，我国农村正实行以家庭为基本单元的联产承包责任制，以分家分户经营农业生产为主要特征，这对搞好科学技术示范推广工作提出了新的要求，为此我们采取重点扶持依靠科技致富的典型来正确引导农民，召开现场验收会，由专家和农户代表参加实地验收，以增产事实教育农民，逐步强化其科技意识，让其主动接受新的技术。自1982年开始，我们仅分别在闽北山区4个县就累计推广16万亩，收到较好的经济效益。以建宁县为例，1980年全县鲜鱼产量仅100吨，1984年大面积发展稻萍鱼，随后又开始实施"稻田人工生物圈"技术，全县淡水渔业生产扶摇直上，鲜鱼总产量1984年上了一个大台阶，达510吨，1986年更上一层楼，达1 350吨，直至1992年总产量已超过1 760吨，比1980年增长了17.6倍。这不仅丰富了市场供应，也增加了农民收入，当地农民普遍反映，稻萍鱼共生高产体系不仅是高产优质高效农业的新模式，也是山区农民致富的新途径。

建宁县推广稻萍鱼技术卓有成效，引起了国内外农业界的关注。先后有31批360多人次的国内外专家和学者到建宁等县市乡村的示范点考察，给予高度的评价。印度水稻研究所所长比莱博士说："我们非常高兴来到建宁县参观，并亲眼目睹了由刘中柱教授创立的在本地区被农民所接受的稻萍鱼技术以及稻田人工生物圈耕作体系的卓越成效，它已向人们展示出如何持久有效地增加作物生产。刘教授得到了这个县的农民、计划制订者和当地政府的必要的支持，正如我们所看到的所有参与者通过和睦协作的结晶，其他发展中国家必须借鉴这一卓越而成功的成果。越南专家参观后也表示回国组织人来福建学习取经，以便在该国进一步示范推广这个先进的科研成果。1987年、1990年，福建省农业科学院还与国际水稻所联合在福州召开了第 1、2 期国际红萍培训班，1991 年还专门为印尼和越南举办了稻萍鱼培训班，如今稻萍鱼技术已在印尼、菲律宾、越南、印度等国家开始示范，取得较好的效果，受到当地政府和农民的欢迎。

3　几点体会和建议

现代农业的发展除了依靠政策扶持和财政投入外，很大程度上还取决于科技进步及其普及应用这一重要因素，要充分发挥农业科技成果的作用，应切实抓住科技推广这一个关键的环节。所以近年来各级政府和科研单位都十分重视科技成果的推广，以期更快地把科技成果转化为生产力。

3.1　坚持以科研为主，拓展广度和深度

作为省级农业科研单位，对科研攻关的选题与立项，必须从农业生产实际出发，以农民的迫切需要为依据，着眼于未来的发展趋势，借鉴成功的经验，统筹考虑技术性和社会性以及农民的接受程度和生产实用性等诸多因素。坚持以研为主，则意味着要持之以恒。一个研究项目取得进展固然可喜，但必须经过生产实践的反复验证，在不断完善过程中，加深研究深度，去繁存简，以求保证以最少的投入，取得较高的效益，真正有利于大面积推广应用。就我们的稻萍鱼研究实践而言，就是在田间应用过程中不断改进能连续供萍的品种组合，以及根据不同地区条件经常更新鱼类放养的比例和组合，对山区稻田的田间结构因地制宜采取多模式配合实施。只有在不断发现问题和解决问题的基础上，才能加深科研的深度与广度。以 60% 红萍干粉为主配制的多鱼种系列饵料添加剂和造粒技术研究的成功就是一个佐证，它不仅满足了高温的夏季鱼类快速生长的饵料的需要，可以缓解盛夏时鲜红萍供不应求的问题，促进科研工作上新的水平。

3.2　发挥综合优势，促进科教兴农

农业生产涉及面大，内容繁多，只有在充分发挥农业科研单位综合优势的情况下，才能有力地促进科教兴农的发展。1990—1991 年的 2 年间，福建省农业科学院曾派出 140 多位不同学科中高级科技人员组成服务队，携成果带技术到闽北的南平地区搞技术承包服务工作。2 年中共在 8 个县的 39 个乡镇建立基点，引入科技项目 40 个，推广作物良种 210 个，和当地科技人员一起开办培训班和讲座 490 场（次），印发了 58 份科技资料，有力地促进了科技成果的推广应用。仅 2 年就推广 "高产粮田模式化栽培技术" 40 万亩，"土壤识别与优化施肥" 技术 244 万亩，建立了省地县 3 级水稻主要病虫害微机测报网络。应该说，在 1990—1992 年南平地区广大农民战胜水灾和旱灾，增产粮食 6 726.8 万 kg 中，省农科院科技人员也付出了辛勤的努力。科技成果综合组装成套技术大面积推广应用，不同学科的科技人员下乡搞好技术服务，发挥整体功能，取得规模效益，将有助于科技兴农的进一步发展。

3.3　开展全方位大协作，加速科研成果推广

科研成果的推广应用，应该有组织、有计划地进行，这就迫切需要县乡政府的密切配合，组成联合机构，协调人员和经费调配，制订出切合实际的区域农业发展规划，并以因地

制宜分类指导为原则，提出农业生产模式构建意见，分步实施。建宁县在稻萍鱼推广方面之所以取得巨大成效，是与县乡政府重视以及认真组织农民实施分不开的，几年来建宁县组织的稻萍鱼技术推广服务队，分布各乡村，经常集中培训，随后走村串户指导农民，形成广泛的技术网络，这是一条很重要的经验。

3.4　举办形式多样的科技知识普及活动，提高农民接受新技术的能力

从某种意义上说，农业技术成果的转化速度取决于农民对技术的普遍接受能力和应用效果。这也是能否实现以科技进步促进农业和农村经济发展的关键一环。科技培训应以提高农民素质为根本，采取分类指导方式，开展多层次的农业技术教育。我们建议一是开展各类针对性强的适用技术的普及教育，使每个农户至少有一名劳动力掌握基本要领，成为科学种田的带头人；二是开展初等农业技术教育，重点培训农民技术员和科技示范户，并开办初级农业广播函授教育班，定期给予面授指导；三是开展农民中等专业教育，培训农村干部和乡村技术管理人才，逐步使农村形成一批具有中等专业水平的技术骨干，有利于技术成果持续推广和再创造型的示范工作的开展。

3.5　加强配套体系建设，增强农业发展后劲

农业是基础产业，其稳定发展有利于整个社会安定和繁荣，强化投入尤其是加强基础设施建设，增强抗灾抵逆能力，才能有力保证科技成果推广实施的效果。当前急需增强乡镇农技推广部门的实力与活力，促进农技推广服务体系建议，稳定乡村农技队伍，才有助于加快科技成果的转化，增加农业发展后劲。农业社会化服务工作已进入一个新的发展阶段，新体系的建设势在必行，改进良种繁育与供应机制，健全农资社会化服务网络，理顺购销渠道。应该指出，农村推广体系建设要上新水平，在搞好服务的同时，应联合农户办好经济实体，实行种养加销合一的紧密型实体经营。贸工农一体化联合经营，产供销契约式的合作也不失为一种好形式，真正实现服务与效益兼具，而且能够在乡村市场经济发展中保持正常运转的目的。

【原文发表于《农业科技管理》，1995，(6)：25－27，由杨有泉重新整理】

稻萍鱼田的农药使用

叶国添

（福建省农业科学院，福州 350013）

稻萍鱼是稻田立体农业的一个模式，它有利于集约经营，提高单位面积稻田的产值。但当水稻、红萍发生有虫害时，要重视科学使用农药，以达到既能有效地防治稻、萍病虫害，又能确保鱼儿安全。现把配套方法介绍如下。

1 合理的田间设施

主要掌握适宜的沟坑面积，以解决喷药、施肥、烤田所带来的矛盾。一般沟坑占本田面积的 10% ~15%。沟坑形式，可采用田套塘或周围环沟交接处挖大坑深坑，并视田块大小，中间挖成"＋""丰""井""#"的沟，后与塘、坑和周围环沟相通，使鱼儿活动自如。

2 选用适宜农药，掌握用量和浓度

选用杀螟松、敌敌畏、乙酰甲胺磷、杀虫双等低毒低残高效农药，如使用 50% 的杀螟松乳剂，或用 50% 敌敌畏乳剂，或用 50% 乙酰甲胺磷乳剂，亩用药 75 g 加水 75 kg 喷雾，可防治螟虫、飞虱、叶蝉、稻丛卷叶螟、稻蓟马、黏虫等害虫，乙酰甲胺磷对防治负泥虫、稻苞虫效果也很好。此外，也可用 2% 叶蝉散粉剂防治稻飞虱和叶蝉。对于病害，纹枯病亩用 50% 的井冈霉素，或 50% 多菌灵 75 g 加水 75 kg 喷雾；稻瘟病亩用 40% 克瘟散 75g 加水 75 kg 喷雾，或亩用 40% 稻瘟净乳剂 150 g 加水 75 kg 喷雾（可兼治纹枯病）；白叶枯病用 50% 代森铵 75 g 加水 75 kg 喷雾，或亩用 50% 叶枯青可湿性粉剂 150 g 加水 75 kg 喷雾，或亩用 10% 杀枯净可湿性粉剂 150 g 加水 75 kg 喷雾防治。

3 科学的使用方法

在使用农药前先排水降低水层，让鱼躲入塘沟或坑沟内，然后按农药种类以田块面积定配量浓度均匀地将药喷在稻叶上。同时，提倡连续用药，治虫喷药后 2 h，再喷一次；治病第一次喷药后 4 ~6 d 再喷 1 次。如是粉剂应掌握晴天的早晨、露水未干进行喷施，使药粉粘着稻叶，减少落入塘、坑沟内，确保鱼儿安全。如喷药遇到雨天，应马上灌深水，稀释农药浓度，以免农药淋入水中引起毒害鱼儿，并待晴天后抓紧补喷。

4 注意事项

①禁用对鱼有毒害的农药如呋喃丹、五氯酚钠、鱼藤精、毒杀芬等。②防止大田喷农药的田水流入稻萍鱼田内。③掌握虫害高峰期火候用药。④轮换使用不同农药，提高药效。

【原文发表于《福建农业科技》，1986（2）：30，由杨有泉重新整理】

稻田高效、低耗、低污染的持续农业模式研究

唐龙飞　黄毅斌　翁伯奇　刘中柱　刘夏石

（福建省农业科学院红萍研究中心，福州 350013）

摘　要：一个稻田"高效、低耗、低污染"持续农业生产模式初步试验成功，采用综合技术体系，该模式可做到每公顷产稻谷 10～13 t，收鱼 3～4 t，减少使用化肥农药 50% 以上，从而节约投入，减少环境污染、减少稻田甲烷释放，土壤肥力不断提高。

关键词：稻萍鱼；甲烷；富集钾；HLL 模式

中国人多地少，尤以一些发达地区更为严重，因此如何在保护环境前提下，力争取得作物较高产量是大家关注的问题。通过多年的研究，我们提出一个"高效、低耗、低污染持续农业生产"的模式（high - output low - input less - pollution model for sustainable agriculture，简称 HLL 模式），由于篇幅的关系，这里着重介绍应用于稻田的模式。

1　材料与方法

1.1　鱼种与饲料

本模式使用的鱼种为尼罗罗非鱼（*Oreochromis niloticus*）、革胡子鲇（*Clarias lazera*）和草鱼（*Ctenopharyngodon idellus*）或单养或 3 种混养。饲料以 50% 红萍配以鱼粉、玉米粉等其他精料制成的湿球状饲料喂饲。

1.2　试验设计

采用小区对比，大区扩大试验，农民田示范推广相结合的办法进行（黄毅斌，等，1996）。水稻插秧采取宽窄行双龙出海方式栽插，早稻 ［（43 + 16.5）/2］×11.6 cm，晚稻 ［（43 + 16.5）/2］× 13.2 cm；稻田设鱼沟和坑供鱼集中和活动之用，沟坑比例为 12%～15%；鱼密度大时适当喷水以增加氧气；小区对比试验为 3 个重复，每小区面积为 67 m²，小区田埂高 0.5 m，小区间为 0.5 m 宽的排灌沟，养鱼区内设有鱼沟和鱼坑，沟坑占地 14.8%。田埂和沟坑埂均为水泥和砖砌成，避免养分相互影响。大区试验不设重复，每一区为 1/15 hm²，另在建阳、建宁、邵武和福州 4 个地市由农民田中扩大试验示范推广。

1.3 测定方法

1.3.1 土样和植株分析

每季水稻收割前，取表层 25 cm 深的土壤，采用常规方法分析有机质、全氮、全磷及速效氮、磷和钾含量。植株养分分析分别在分蘖期、齐穗期、成熟期进行，每小区取稻株 6 丛，分析其氮、磷、钾含量（贾芬，等，1993）。

1.3.2 谷鱼产量

水稻收割时，称取稻谷产量。每小区取样 6 丛，常规方法考种。鱼类放养和收获时，称量各种鱼的规格、数量、重量和总产量。鱼苗在早稻插秧后 14 d 放养，晚稻收割前 14 d 收捕。

1.3.3 甲烷排放测定

用漂浮式塑料罩（直径 20 cm，高 10 cm，用于收集沟坑甲烷气体）和固定式塑料罩（$40 \times 60 \times 70$）cm^3 用于收集稻田田面甲烷气体。2 种装置均为每隔 12 h 取样 1 次，取出气体注入已抽真空的血清瓶中，用 SD3400 气相色谱仪测定。土壤氧化电位用毫伏计白金电极测定（唐建阳，等，1998）。

1.3.4 ^{15}N 测定

鱼种选用尼罗罗非鱼和草鱼，红萍选用卡洲红萍（*Azolla caroliniana*）作肥料、饵料。红萍预先在小池内用 50% 原子超的（$^{15}NH_4$）$_2SO_4$ 溶液标记培养 12 d。^{15}N 肥料分 6 次添加，而每次添加的 ^{15}N 浓度为 20 mL/L。当标记结束时，溶液中 ^{15}N 累加浓度不超过 100 mL/L。（12 d 后，萍体约增产 100%，萍体的 ^{15}N% 原子超为 5.7% ~6.1% ）（陈炳焕，等，1991；翁伯奇，等，1991）。室内喂养试验，主要测定两种鱼对红萍 N 素消化吸收率。草鱼和尼罗罗非鱼放养在特制的、具有通气设备的鱼缸中，以 ^{15}N - 红萍喂养 1 ~9 d 后，分别取鱼体、鱼粪、水液和残留红萍样品，并测定各种样品含 N 量和 ^{15}N 丰度值。各种样品含 N 量均按凯氏法测定，而各种样品中 ^{15}N 丰度则使用 Dalta - E 型质谱仪测定（翁伯奇，等，1991）。

1.3.5 ^{86}Rb 测定

供试鱼种为尼罗罗非鱼及草鱼，以标记卡洲萍为饵料。卡洲萍先在 ^{86}Rb 标记的培养液下培养 7 ~8 d，每升培养液含 K_2O 5.0 mg，标记量为 50 μci/L。试验在（$1 \times 0.5 \times 0.6$）m^3 的水池中进行，供试鱼种放在 ϕ 40 cm，高 60 cm 的网框内，网框底部安上塑料盒以承接鱼粪和红萍落根，框盆之间设有隔离栅栏结构，使沉入盆底的鱼粪免受游动的鱼搅碎，便于收集完整的粪便。每框养草鱼 3 尾，尼罗罗非鱼两尾。实验设 3 次重复，其中 2 个重复用以解体供测定示踪钾用，另外 1 个重复用作放射自显影，以观察示踪钾在鱼体内的分布情况。养鱼周期 96 h，投放饵料 3 次（0、24、48 h），每隔 12 h 收集鱼粪 1 次，同时检出红萍落根，每天测定水池贮水量及水中示踪钾含量。试验结束后，捞起鱼体，用酒精麻醉后，分头骨、鳃、鳞、肉和内脏 5 个部分（消化系统中的残留物用灌洗法把它排出胃肠道），经三酸消化后，制成样品，用 FJ - 36 I 通用闪烁探头测定示踪钾含量。用作放射自显影的鱼体，经酒精麻醉后于冰箱冷冻以固定内脏位置，而后切片，利用医用 X 光片于暗室中进行压片曝光，冲洗后用以观察（宋永康，等，1990）。

2　结果与分析

2.1　HLL 模式的高效、优质、低耗作用

在鱼沟、鱼坑占地 12%～15% 的情况下，HLL 模式通过对稻田生态体系的结构优化，及各生态因子间的互惠作用，取得与常规稻田基本相同或略高的稻谷产量，且大大减少了化肥和农药的用量，一般施用量只有常规稻田的 50% 左右或更低。而且，随着模式实施时间的延长，其生态关系日趋和谐，从而使稻谷和鱼的产量逐年提高，实现了高效、低耗。从表 1 可见，试验的第 1 年 HLL 模式的水稻产量是对照的 78.5%，但到第 3 年已高于对照，到第五年已高于对照 25.3%，鲜鱼产量也由 4.00 t/hm² 增加到 10.7 t/hm²。由于本模式中鱼粪以及红萍等有机肥增加，虽然化肥少用了，但稻株中 N、P、K 和 Mg 含量都略有增加，从而说明本模式稻谷质量有所提高（表 2）。由于鱼的蛋白质和脂肪含量明显高于稻谷，因此本模式对于解决以水稻为主食地区人民蛋白质不足和增加动物性蛋白有重要意义（表 3）。

表 1　HLL 模式与常规稻田的化肥施用量和水稻、鲜鱼的产量

年份	处理	鲜萍施用量（t/hm²）	化肥施用量（kg/hm²）			水稻产量（t/hm²）			鲜鱼产量（t/hm²）
			N	P₂O₅	K₂O	早稻	晚稻	全年	
1987	HLL 模式	30	37	43	43	5.8	4.4	10.2	4.00
	常规稻田	—	208	195	128	6.6	6.4	13.0	
1988	HLL 模式	30	67	69	51	4.4	4.5	8.9	4.29
	常规稻田	—	275	180	153	4.8	4.8	9.5	
1989	HLL 模式	30	89	75	64	5.9	6.1	12.0	4.70
	常规稻田	—	254	230	225	6.0	5.3	11.3	
1990	HLL 模式	30	75	75	68	5.9	5.1	11.0	5.40
	常规稻田	—	225	223	203	4.9	5.2	10.1	
1991	HLL 模式	30	75	75	40	6.7	4.4	11.5	8.20
	常规稻田	—	149	251	158	6.3	4.5	10.8	
1992	HLL 模式	30	51	51	46	5.8	6.6	12.4	9.80
	常规稻田	—	149	251	158	5.2	4.7	9.9	
1993	HLL 模式	30	51	51	40	6.3	5.6	11.9	10.70
	常规稻田	—	149	251	158	5.8	5.8	11.7	

表 2　不同处理的水稻植株和稻谷的 N、P、K 含量

季节	处理	植株（%）				谷子（%）			
		N	P₂O₅	K₂O	Mg	N	P₂O₅	K₂O	Mg
早季	常规稻田	0.99a[1]	1.63b	3.35b		1.33b	0.76	0.41	
	稻田养萍	1.16ab	0.84a	2.63c		1.33b	0.85	0.50	
	HLL 模式	1.35b	0.69b	3.65a		1.61a	0.84	0.42	

（续表）

季节	处理	植株（%）				谷子（%）			
		N	P_2O_5	K_2O	Mg	N	P_2O_5	K_2O	Mg
晚季	常规稻田	1.05b	0.31b	2.50	0.26b	1.41b	0.69	0.45	0.16
	稻田养萍	1.19a	0.43a	2.63		1.59ab	0.76	0.50	
	HLL模式	1.26a	0.37ab	2.63	0.25a	1.68a	0.69	0.40	0.18

1）相同小写英文字母的数值（平均值）之间的差异显著性小于5%水平

表3 鱼体和稻米的蛋白和脂肪含量比较（干物重）

测定样品	粗蛋白（%）	脂肪（%）	鱼和水稻比值	
			蛋白质	脂肪
稻米	7.82	1.83	—	—
罗非鱼	57.85	27.49	7.40	15.06
淡水白鲳	52.71	23.38	6.72	12.81
草鱼	73.61	7.80	9.41	4.27
革胡子鲇	57.51	22.40	7.35	12.24
平均	60.42	20.27	7.70	11.11

从增加农民收入来看，与常规稻田的成本相比，HLL模式虽然增加了鱼苗、饲料等的投入，但节省了化肥、农药的投入，模式的增收部分主要是来自鱼的收入。自1992年以来HLL模式在农民稻田扩大中试和推广达133 hm²，一般每公顷产稻谷12~13 t（2季），鱼产量在3~5 t。从而在大面积范围上验证了取得稻鱼双高产是可以做到的。

2.2 HLL模式的减少污染作用

HLL模式中由于鱼的活动，改善了土壤通气状况，加上鱼捕食害虫，因此稻、萍的病虫害明显减少，节约了农药用量，降低了对环境的污染。据测定，与常规稻田相比HLL模式可减少稻飞虱71.6%，枯心苗62.5%和纹枯病63.2%。随着无机农业的发展，稻田排放的CO_2和CH_4对大气的温室效应日益引起各方面的注意（Rasmussen RA，et al，1981）。根据研究在温室气体中CH_4的温室效应是CO_2的20~60倍，FAO已将CH_4列入大气主要污染物。大气中的CH_4有20%~30%来自稻田的排放（谢小立，等，1995；林而达，等，1994）。因此近年来对稻田CH_4有较多的研究，但尚未见有普遍适用的有效控制办法。我们发现HLL模式可以减少稻田CH_4的释放。一般情况下HLL模式中CH_4的排放量为3.08 mg/m³·h，比常规稻田减少34.6%。HLL模式所以减少甲烷释放的原因是和鱼在稻田活动有关，由于鱼的游动与搅动，改善了土壤通气条件，提高土壤的氧化还原电位，因而减少了CH4的释放。测定发现稻田养殖革胡子鲇对土壤氧化还原电位变化以及甲烷排放量有影响，即革胡子鲇的放养量与土壤氧化还原电位成正比，与甲烷排放通量成反比，说明鱼在HLL体系中对土壤的搅动作用可减少甲烷排放。但革胡子鲇的放养量不能过多，否则由于鱼类耗氧过多，水体溶氧量下降，从而降低土壤的氧化还原电位，增加CH_4的排放（唐建阳，等，1998）。HLL模式通过对稻、萍、鱼等生物的调控，实现生物间良性循环，使土壤肥力得以提高。虽然少用化肥 70% ，但经 5 年来定点连续观察，土壤有机质、全氮、全磷比试验前分别提高 41.5% 、42.1% 和 32.1% 。

2.3 HLL 模式高效低耗低污染的内在规律

HLL 模式由于改变了常规稻田的生态结构，因此在其生态体系内物质和能量的投入、产出都有着与常规稻作不同的规律。

2.3.1 模式中 N、K 的循环规律

为什么模式中少用化肥 50% ，还能取得较高的水稻产量呢？为了阐明模式中养分循环的内在规律，我们应用 ^{15}N、^{86}Rb 进行红萍氮和钾循环的示踪研究。氮和钾是水稻田重要的肥源，而红萍既能从空气中固定 N，又能从水中富集钾（刘中柱，等，1982；刘中柱，等，1986a；刘中柱，等，1986b），是重要的生物氮源和钾源，因此，氮、钾循环是本模式物质循环的一个重要内容。用 ^{15}N 标记法研究红萍 N 在稻、鱼、土壤中的循环模式，从中可以清楚地看到，红萍固定的 N 有 24% ~30% 转化为鱼体蛋白，有 17% ~29% 为水稻所利用，还有 23% ~42% 留在土壤中（图 1）。如果只把红萍翻埋入土作肥料的，水稻吸收利用率是 30.84% ~36.10% （刘中柱，等，1986）。由此可见，红萍 N 在 HLL 模式中利用率比单作为肥料的大大提高了。我们过去研究证明，红萍可以富集稻田水中的微量钾，并可转化为水稻可利用的钾（陈炳焕，等，1991；翁伯奇，等，1991；宋永康，等，1990）。应用 ^{86}Rb 研究表明，水稻对红萍钾的利用率可达 40% ，略高于化学钾的利用率（图 2）。根据以上试验结果测算，在 HLL 模式中，应用红萍作为饵料和肥料可提供氮素约为 360 kg/hm^2 ，钾约为 211.5 kg/hm^2 ，以这样的 N 和 K 数量可以满足 1 000 kg 水稻的生长需要。那么为什么我们还要施入一定数量的化学 N 和 K 肥呢？因为鱼多是在沟坑活动，相当数量鱼粪均排泄于沟坑中，超出水稻吸收范围，此外还有水稻早期需肥和体系中供肥有效时间中的矛盾等。因此，若能通过进一步的调控，注意配套技术，本模式有可能做到只要少量化肥，甚至不用化肥即可取得水稻较高产量。做到这一点将是水稻生产上低能耗的一个大的突破，也反映了本模式的潜在增产力（Liu ZZ，1994）。

2.3.2 能量和物质的转化规律

HLL 模式由于使物流和能流得以多级利用，从而提高了物质和能量的转化效率，达到高效的目的。研究表明，HLL 模式由于内部结构配置合理，不但其单位面积能量产出比对照提高 60% ，N 产出提高 155.2% ，而且能量转化率比对照提高 16.2% ，N 转化率提高 135.1% ，显示出其高效、低耗的功能。与常规稻作相比，HLL 模式增加了鱼类的产出，因此也增加了可食蛋白的产出，从能量转化的角度分析表明，HLL 模式在可食蛋白的转化方面强于常规稻田，其单位能量生产蛋白的能力比对照提高 85.7% ，生产可食蛋白的能力提高 134.5% 。

2.3.3 模式内水稻生长规律

HLL 模式内水稻生长由于化肥施用量减少 50% ，尽管化肥大部分作基肥施用，但前期土壤养分仍供应不足，水稻分蘖数略低于常规稻田（图 3），但由于以后红萍腐解，以及鱼排泄物的增加，供肥能力大大增强，因而水稻的分蘖成穗率和结实率分别比常规种稻提高 13.4% 和 5.5% ，这就是为什么鱼沟坑占地 12% ~15% ，化肥少用 50% 以上，水稻还能维持

与常规稻作一样产量甚至略高的原因所在。

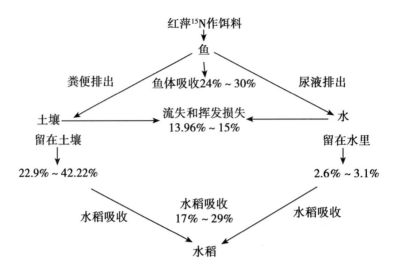

图1 红萍^{15}N 在 HLL 模式中的循环图式

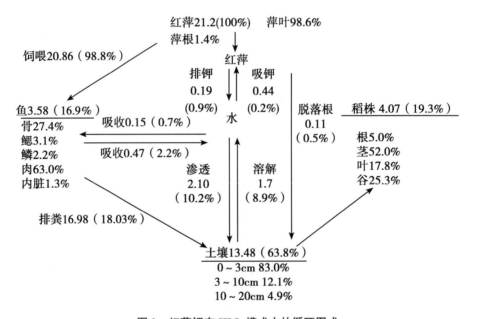

图2 红萍钾在 HLL 模式中的循环图式

3 讨 论

本项目自 1987 年实施以来，已取得较好的效果，在沟坑占地 12% ~15% 的情况下，一般水稻产量不低于传统的种稻方式，而且可以节省 50% ~60% 的化肥和 30% ~50% 的农药，鱼产量可达 3 750 kg/hm² 以上。推广稻田人工生物圈技术，不但不影响水稻的产量，而且可以增加稻田的鱼类产出，增加动物蛋白的来源，提高经济效益，对改变食物的结构有重大

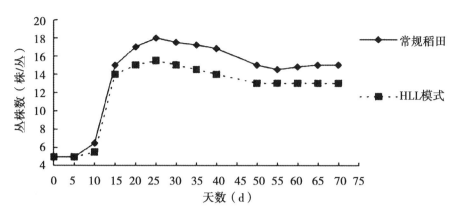

图3　HLL 模式和常规稻田水稻分蘖消长动态

的意义。

稻田高效、低耗、低污染持续农业模式研究在理论研究和实际应用、推广两个方面都取得了明显进展，从而验证了依靠科学技术进步，人们是可以做到在不必牺牲作物产量前提下保护环境，保护土地资源以满足人口不断增长的需要。

参考文献

陈炳焕，翁伯奇，唐建阳，等.1986. 鱼类利用红萍氮的示踪法研究 [J]. 淡水渔业（2）：16－18.

黄毅斌，翁伯奇，唐建阳，等.1996. 调控稻田人工生物圈及其新耕作体系研究 III. 外源喷水系统的增氧效果研究 [J]. 福建省农业科学院学报，11（1）：17－21.

贾芬，黄毅斌，唐建阳，等.1993. 调控稻田人工生物圈及其新耕作体系研究 I. 稻田长期定位试验结果初报 [J]. 福建省农业科学院学报，8（3）：15－20.

林而达，等.1994. 稻田甲烷排放量估算和减缓技术选择 [J]. 农村生态环境，10（4）：55－58.

刘中柱，魏文雄，郑国璋，等.1982. 红萍富钾生理的研究——I. 红萍对水体钾的吸收 [J]. 中国农业科学（4）：82－87.

刘中柱，魏文雄，郑国璋，等.1986a. 红萍富钾生理的研究——II. 萍体钾对水稻生产的有效性 [J]. 中国农业科学（5）：59－63.

刘中柱，魏文雄，郑国璋，等.1986b. 红萍富钾生理的研究——III. 红萍在水—土系统的吸钾特点 [J]. 中国农业科学（6）：55－58.

宋永康，张钟先.1990. 不同鱼种对红萍钾利用的示踪研究 [J]. 福建农业科技（3）：14－16.

唐建阳，翁伯奇，黄毅斌，等.1998. 稻田甲烷排放机理和调控技术 [J]. 中国农业大学学报，3（3）：101－105.

翁伯奇，唐建阳，陈炳焕，等.1991. 稻—萍—鱼系统中红萍氮素吸收利用及有效性研究 [J]. 生态学报，11（1）：25－31.

谢小立，等.1995.施肥对稻田甲烷排放的影响［J］.农村生态环境，1（1）：10 – 14.

郑德英，唐龙飞，章宁，等.1994.回交萍 MH3 – 1 若干抗性特性研究［J］.福建省农业科学院学报，9（2）：21 – 27.

Liu ZZ. 1994. Studies on the artificial controlling biosphere in paddy field，proceeding of 1994 MIE international forum &symposium on global environment and friendly energy technology ［M］. Mie Academic Press.

Rasmussen RA，Khalil M AK. 1981. Atmospheric methane（CH4）：trends and season recycles［J］. J. Geophys Res. 86：883 – 886.

【原文发表于《中国农业科学》，2000，33（3）：60 – 66，由李艳春重新整理】

稻田人工生物圈的调控技术研究

林忠华

（福建省农业科学院红萍研究中心，福州 350013）

摘　要：多年来系统研究的结果证明，稻田人工生物圈具有显著的经济效益和环保效应。作者认为：生态工程标准化、水稻畦栽密植和田间管理规范化、鱼苗自繁自育、鱼病综合防治以及红萍饵料的周年供应，是人工调控技术的关键和实现体系内物质良性循环的基础。

关键词：水稻；红萍；鱼；人工调控

前文报道了稻田人工生物圈及其新耕作体系在闽西北山区连续 5 年较大面积的系统研究结果，证明在综合技术的作用下，稻田人工生物圈每年鲜鱼产量可达 3 750 kg/hm² 左右，稻谷产量比常规种稻高 4%～6%，化肥用量减少 50%～70%，少施用农药 50% 以上，增加纯收入 2～8 倍；又可改良土壤、提高土壤肥力，具有显著的经济效益和环保效应。本文着重讨论稻田人工生物圈内稻、萍、鱼诸要素的合理配比和各种投入因素的人工调控技术，以实现系统内物质的良性循环，为建立持久农业发展模式和广泛开发应用提供科学技术依据。

1　材料和方法

1.1　试验区

选择建宁县金溪乡水西村开阔的连片山垅田，区内海拔高度 300 m，排灌自如，能够长年流水串灌增氧。供试土壤为当地中等肥力的潴育性水稻土，质地为轻黏土。

1.2　供试材料

水稻品种为汕优 63；鱼类包括草鱼、鲤鱼和罗非鱼；红萍品种采用回交萍、卡洲萍和本地萍（混养比例 3 : 2 : 1）。

1.3　试验设计和观测项目

设置稻田人工生物圈、稻萍鱼、常规稻田养鱼、常规稻作四个种养模式，按照验证不同的人工调控技术要求布置大区对比和小区试验。分别进行水稻农艺性状和产量对比；坑沟面积、放鱼量、鱼种来源、鱼病发生情况与鲜鱼产量比较；红萍的繁殖系数、鱼儿摄食量和生长量测定；同时作产投比、纯收入等相关分析。

1.4 新耕作体系的人工调控技术

1.4.1 水稻畦栽密植和田间管理规范化

为保证红萍和鱼类更多的生活空间,水稻改变传统栽培方式,做到畦栽密植,插足本数,保证基本苗,结合早管,促进根系发达壮苗,依靠主穗夺高产;晚稻实行免耕插秧,保持耕层土壤结构,有利浅插发苗。同时,开展综合性的科学田管,结合翻耕耙田、田间做畦和中耕耘田多次压萍以及自然倒萍用作水稻基追肥,加上养萍过程中大量基叶萍根的脱落和每亩约 5 650 ~ 8 475 kg 的红萍作为饵料通过鱼的消化、过腹返田,减少化肥用量50% ~ 70%。

1.4.2 生态工程标准化、适当提高鱼类放养密度

田间工程实行高标准的鱼沟坑配套技术。鱼坑深 1 ~ 1.5 m,面积占稻田总面积的3% ~ 5%;两侧挖两条主沟,宽 1.0 m,深 0.8 m,与鱼坑相通;另挖 1 ~ 2 条宽 0.5 m、深 0.3 m 的串心沟。坑沟面积占稻田总面积的 13% ~ 15%,形成坑沟相通的网络,以保证水稻、红萍、鱼类三者都有自己的生存与发展空间。

鱼种要合理搭配与高密度放养。一般以放养 0.25 kg 左右的草鱼为主,占总放鱼量的60%,配养春片大规格的罗非鱼和杂交鲤鱼;有些水利条件比较差的田块,以放养革胡子鲶为主,配养罗非鱼。同时,适当提高鱼类放养密度,以提高单位面积的鲜鱼产量。

1.4.3 鱼苗自繁自育、提高成活率

改鱼苗外购为自繁自育,加强后备鱼种培育。即每年选择便于管理的田块放养草鱼乌仔或夏花、鲤鱼水花以主养培育鱼种,亩放夏花量 5 000 ~ 7 000尾;或者在养成鱼的新体系田中套养,亩投放草鱼、鲤鱼夏花苗种(规格 0.3 cm 以上)各 1 000条。培育后备鱼种,供作塑年3—4 月本田放养的春片鱼种,可以降低生产成本,提高养殖成活率;同时,采取长年流水串灌增氧和调水控温综合技术,创造良好的鱼类生态环境,防止鱼类病害发生,确保鲜鱼产量。

1.4.4 鱼病综合防治和对症治疗

认真做好鱼沟坑、鱼种消毒的基础工作,针对不同季节期间鱼类易感染的鱼病进行必要的内外药物综合防治,加强田间巡查,发现病情,及时对症治疗。同时结合水质调节以提高鱼类成活率。具体措施有:①3—4 月,用克霉灵或孔雀石绿预防水霉病;②5—9 月,主要是预防细菌性鱼病,兼顾寄生虫病。每月喷洒一次"漂敌盐"合剂(0.5 mg/kg 漂白粉 + 5 mg/kg 食盐 + 0.15 mg/kg 晶体敌百虫)、泼洒一次生石灰(或强氯精等交替使用),每次连续用药 3 d。8 月中旬至 9 月中旬用痢特灵药饵投喂两个疗程。

1.4.5 红萍饵料的周年供应

把适量的红萍引入稻田人工生物圈,实行以回交萍为主的多品种红萍混养,使各萍种的特性得以互补,延长供饵供肥时间,基本实现体系内红萍作为肥料和饵料的均衡供应。初春时节最有利于红萍繁殖,此时鱼儿小、摄食量少,除了一部分压施做为水稻基追肥外,应及时捞萍沤制、青贮或晒干贮存,以备盛夏高温红萍生长淡季时加工成配方饵料补充鱼儿饵料不足所需,实现红萍饵料的周年供应,达到以丰补缺的目的。

2 结果与分析

2.1 作物农艺性状和产量的影响

试验结果表明（表1），稻田人工生物圈其水稻丛株数和株高偏低可能由于早期鱼苗小、鱼粪少，水稻插秧返青后一段时期红萍氮素释放量较少的缘故。随着鱼的增大和耗萍量、排粪量的增加，以及红萍做为肥料的腐殖化，土壤供肥条件逐步改善，明显改善了水稻后期的农艺性状。由于鱼类的摄食和频繁活动，有效地疏松了土壤，打破土壤表面胶泥层的封固，有利于水稻根系的呼吸和发育，从而促进水稻的有效分蘖。从功能叶长度、千粒重和产量来看，稻田人工生物圈的水稻功能叶长度提高 3.40%，千粒重上升 1.87%，实际产量增加 4.82%。其原因是红萍养分丰富稳长，加上鱼类松土、摄食田间杂草、水稻无效分蘖和稻脚叶以改善水稻生态环境，以及水稻畦栽所产生的边际效应，使水稻有利于通风透气、降低病虫草害发生程度，后期始终保持生机、光合作用稳定，促使成熟率高、籽粒饱满、千粒重提高，经济性状表现优异，达到了增产增收的目的。

表1 不同处理水稻农艺性状和产量的差异（1994 年）

处理	亩丛数（万丛）	株高（cm）	本数（本/丛）	有效穗（穗/丛）	功能叶长度（cm）	总粒数（粒/穗）	空粒数（粒/穗）	实粒数（粒/穗）	千粒重（g）	理论产量×15 kg·hm⁻²	实际产量×15 kg·hm⁻²
对照	2.00	105.0	11.4	8.2	22.96	130	31	99	28.27	459.0	456
新体系田	1.99	99.3	10.9	8.0	23.74	125	20	105	28.80	481.4	478

2.2 放鱼量、坑沟面积与鲜鱼产量的关系

稻、萍、鱼是新耕作体系系统内的 3 大要素，三者互相依存形成食物链。要使之协调稳定发展，并在有限的空间取得更大的经济效益，就必须使三者维持一定的数量关系，也就是稻、萍、鱼的投入量和生长量要有一个相对合理的比例，以实现体系内物质的良性循环。经过多年的实践，我们认为按照目前新体系中水稻和红萍的生长状况及其所占据的比重，适当增加鱼的放养密度，可明显提高鱼的产量（表2）。从而增大整个系统的产出，而且鲜鱼产量随着放鱼量的增加而提高，两者成正比，但其增长率随着放鱼量增加而降低。我们认为，在闽西北山区的生态条件下，稻田人工生物圈中鱼的放养量以每亩130 kg 左右（草鱼60%、鲤鱼25%、罗非鱼15%）为宜，鲜鱼亩产可达 400 kg 左右。稻田人工生物圈内，要使水稻、红萍、鱼三者维持一定的数量关系，必须为它们提供相应的生存空间，尤其是要保证鱼有足够的栖息与活动场所，保证适宜的生态环境，维护系统的动态平衡。结果表明（表3），适当增大坑沟比例，可以成倍增加鲜鱼产量和商品鱼比例。特别是稻田人工生物圈内，由于系统结构日趋完善，人工调控水平不断提高，虽然坑沟比例达到13.6%，其鲜鱼产量比常规稻鱼反而增加25 倍左右，商品鱼率增长 48.7%，而且单季水稻产量提高 7.5%，其原因前已述及。据我们测算，新体系中供鱼生活的坑沟面积应占稻田面积的13%～15%，串心沟、主沟和鱼坑的深度分别以 0.3、0.8 和 1.2 m 为宜，为高密度放鱼增加水域、创造良好

环境。在推广新体系时，田间工程必须符合这一标准，否则将使三者关系失衡，导致系统功能紊乱，无法实现人工调控，不仅新体系的优越性难以体现，还会造成减产减收。

表2　放鱼量与鲜鱼产量的关系

年份	放鱼量 kg/亩	鲜鱼产量 kg/亩	鱼种与产鱼比
1990	123	444	1：3.6
1991	174	558	1：3.2
1992	234	702	1：3.0

表3　坑沟比例与鲜鱼产量的关系

处理	坑沟比例（%）	鲜鱼产量（kg/亩）	增长倍数	商品鱼（%）	增长率（%）	单季稻产量（kg/亩）
常规稻鱼（RF）	0	10.9	—	61.1	0	444.6
稻萍鱼（RAF）	5.8	52.3	3.8	85.7	28.7	476.1
稻田人工生物圈（NCS）	13.6	288.5	25.5	90.4	48.7	478

2.3　鱼种来源、鱼病综合防治与经济效益的比较

稻田人工生物圈内，鱼是红萍的消费者，又是系统内物质循环的重要环节。前文已经报道，鱼的增产及其高价值（相对于稻谷）是新体系纯收入和工价报酬大幅度增长的主体，也是获得稻田人工生物圈"少投入、低污染、多产出"的关键所在。几年的研究结果表明，鱼苗自繁自育和鱼病综合防治是确保鲜鱼产量、大幅度提高新体系经济效益的有效途径。在以往的实践中，体系内放养的鱼苗主要靠外购。由于外购鱼苗的成活率不高和运费支出较大，使鱼苗成本占总产值的60%左右（表4），限制了纯收入的增长。近年来，我们改鱼苗外购为自繁自育。表4可见，自育的草鱼、鲤鱼成活率分别比外购的高6.68和5.06个百分点，鱼苗成本占总产值的比重下降为40.00%，投入产出比由1：1.8上升到1：2.5。另外，多年生产实践总结出的一整套鱼类防病经验表明，只要认真掌握鱼病防治知识，加强鱼病防治工作，积极贯彻"无病早防、有病早治"的原则以减少病害损失，鱼病是完全可以控制和避免的。从表5可以看出，由于采用综合防治和对症治疗等措施，草鱼的成活率提高了22.07个百分点，达到92.55%，鱼种与产鱼之比由1：3.0增长到1：3.6。

表4　鱼种来源与经济效益

处理	面积亩	投入				产出						投入产出之比	鱼种成本占总产值之比
		草鱼		鲤鱼		草鱼			鲤鱼				
		尾	kg	尾	kg	尾	kg	成活率	尾	kg	成活率		
本田	0.60	273	30.14	244	23.48	239	108.14	85.54	189	56.25	77.46	1：2.5	40.00
外购	0.75	350	39.33	308	31.05	283	122.37	80.86	223	64.92	72.40	1：1.8	56.56

　　注：1. 鱼种成本含鱼种、药费、运费、劳务工价等

　　　　2. 鱼种及商品鱼都按当时当地市场价格测算

表5　不同稻田鱼病发生情况比较（草鱼，1994）

表5　不同稻田鱼病发生情况比较（草鱼，1994）

田块编号	放养密度		放养重量（kg）	放养规格（kg/尾）	产出数量（尾）	鲜鱼产量（kg）	成活率（%）	鱼种与产鱼比
	面积（亩）	数量（尾）						
Ⅰ	0.70	105	34.15	0.15~0.75	74	102.5	70.48	1:3.0
Ⅱ	0.60	94	35.95	0.15~0.75	87	129.86	92.55	1:3.6

注：田块Ⅰ鱼药价钱为35.50元；田块Ⅱ采用综合防治和对症治疗等措施，鱼药价钱为52.70元

2.4　红萍饵料的周年供应与鲜鱼产量的提高

试验表明，春天鱼儿小，摄食量少，正是红萍生长最快的季节，本田红萍是本田鱼类所消费不了的；进入夏季，特别是7、8月，鱼的食量大增，而盛夏高温抑制了红萍的生长，红萍处于生长繁殖淡季的越夏时节，满足不了鱼类的饵料所需，从而制约了鲜鱼产量的增长。如何解决好红萍作为鱼儿饵料的周年供应，关系到稻田人工生物圈的产出和经济效益的提高。1988年的统计数据表明（表6），由于没有做好红萍饵料周年供应的人工调控，红萍转化鱼体重占总饵料转化之比为49.40%，虽然投喂相当数量的青草和少量菜饼、麸皮以弥补红萍饵料的不足，但鲜鱼产量仍然不高、工资报酬低下，影响了纯收入和产投比的提高。1994年，我们选用产量高、品质好、较耐荫的新品种红萍，采取多萍种混养，使各萍种的特性得以互补，提高红萍生物量和生长繁殖的有效时间，力求萍源不断；同时在红萍生殖旺盛期间大量捞萍沤制，青贮或晒干贮存，到红萍生长淡季时加工成以红萍为主料的配方饵料投喂，并在未养鱼的莲田不断捞取红萍补充，也可采取在萍母田稀栽水稻或者大田中利用再生稻供应鱼儿饵料等补充途径，做好红萍饵料的周年供应，红萍转化鱼体重占总饵料转化之比上升到85.12%，鲜鱼产量提高了87.22%，纯收入增加2倍多，经济效益大幅度增长。可见，做好红萍作为饵料和肥料的均衡供应，通过人工调控保持田间长时间有萍和红萍饵料的周年供应，进行规范化的田间操作与管理，就有可能实现稻田人工生物圈内物质的良性循环，达到增产增收的目的。

表6　红萍作为鱼饵的效果

年份	鲜鱼产量（kg/亩）	红萍投喂量（kg/亩）	红萍转化鱼体重占总饵料转化之比（%）	纯收入（元/亩）	产投比
1988	154.3	2373	49.4	842.2	2.0
1994	288.5	7266	85.12	1786.9	2.1

注：1. 表中数据为大区对比（专家验收结果）3次重复的平均值

　　2. 鱼增重的物质来源其饵料系数是小区试验严格测定所得的结果

　　3. 用以晒干萍、沤制萍所混合的配方饵料中少量诱食剂增加的鱼重忽略不计

　　4. 晒干萍、沤制萍均折算成红萍鲜重统计

3　结　语

"调控稻田人工生物圈及其新耕作体系"在福建省具有广阔的应用前景。据统计，全省

有 50 万 hm^2 稻田适合推广这项科研成果，以每公顷产鱼 3 750 kg 计，则年产量将达 187. 50 万吨，是 1993 年福建省淡水产品总产量 19 万吨的近 10 倍。这对促进粮食稳定增长、丰富城乡 "米袋子" "菜篮子"，改善人民膳食结构，振兴农村经济意义重大。

参考文献

刘中柱，郑伟文 . 1989. 中国满江红 ［M］. 北京：中国农业出版社 .

叶国添，杨建平，林忠华 . 1994，调控稻田人工生物圈及其新耕作体系研究Ⅱ. 建宁基宁及泰宁联系点连续五年中试结果与效益分析 ［J］. 福建农业学报（2）.

【原文发表于《耕作与栽培》，1997（Z1）：24 – 28，由李艳春重新整理】

稻田人工生物圈的环保效应研究

林忠华

（福建省农业科学院红萍研究中心，福州 350013）

摘　要： 稻田人工生物圈内，每公顷可产稻谷达 7 500 kg，鲜鱼 3 750 kg，鲜红萍 150 000～225 000 kg。研究结果表明，每公顷施用鲜红萍 51 000 kg，既可增产稻谷 4%～6%，也可减少化肥 50%～70%、少用农药 50%，增加收入 3～6 倍，又可改良土壤、提高土壤肥力、具有显著经济效益和环保效应。稻田人工生物圈及其新耕作体系是一种高产、低耗、优质、高效的农田生态系统，适宜稻田广为推广。

关键词： 稻田人工生物圈；环保效应

几年来，福建省农业科学院院长刘中柱研究员主持研究以"少投入、低污染、多产出"为特点的调控稻田人工生物圈及其新耕作体系的模式和综合效益[1,2]，对发展高产、优质、高效的持续农业生产体系具有重要的理论和实践意义，本文重点讨论稻田人工生物圈的环保效应。

1　试验材料和方法

1.1　试验区

选择建宁县金溪乡水西村开阔山垅田，区内排灌自如。供试土壤为当地中等肥力的潴育性水稻土，土壤主要理化性状见表1。

表1　试验田土壤肥力变化趋势

项目	物理性粘粒含量（%）	有机质（%）	全氮（%）	全磷（%）	全钾（%）	碱解氮（mg/kg）	有效磷（mg/kg）	速效钾（mg/kg）
土壤本底值[*]	36.50	2.30	0.149	0.106	2.71	131	17.5	136
新体系田[**]	41.60	2.80	0.182	0.087	3.25	167	14.8	179
对照田[**]	35.40	2.10	0.144	0.098	2.70	119	15.2	121

[*] 在放养萍母前取样（1990）；[**] 在水稻收割前取样（1994）

1.2　试验设计

以单季晚稻为主的"稻、萍、鱼"新体系田与常规单季稻田进行对比研究。试验设置 2

个处理、3个重复。田间布局见图1。鱼坑深1~1.5 m，面积占稻田总面积3%~5%，两侧挖两条主沟，宽1.0 m，深0.8 m，与鱼坑相通，另挖1~2条宽0.5 m，深0.3 m的串心沟。坑沟面积占稻田面积的13%~15%，形成坑沟相通的网络。用挖坑沟清出的田土筑成埂垄，田埂加高50~60 cm，并在其上搭架种瓜、菜、豆等。新体系田于插秧前3个月每公顷放养4 500 kg的萍母，红萍生殖旺盛时及时捞起沤制或晒干贮存，以备盛夏高温红萍生长淡季时投喂，同时辅以少量青草、蜈蚣萍，保证鱼儿饵料周年供应。

1.3 供试材料

水稻品种为汕优63；鱼类包括草鱼、鲤鱼；红萍品种采用回交萍三号、卡洲萍和本地萍（混合比例3:2:1）；施肥情况见表2。

表2 试验田肥料施用情况

处理	面积×1/15 hm²	红萍作水稻基追肥情况 1/15 hm²	施用化肥情况（×15 kg/hm²）		
			N	P₂O₅	K₂O
新体系田	2.05	翻耕耙田压萍量约1 100 kg 结合田间做畦压萍量约1 750 kg 自然压萍量约为550 kg 鱼儿过腹还田红萍量5 650~8 475 kg	3.2	1.5	3.2
对照田	1.75		10.3	4.6	6.4

1.4 观测项目

肥料施用数量、水稻农艺性状、田间杂草和病虫害发生情况、水稻及鲜鱼产量、土样常规分析等。

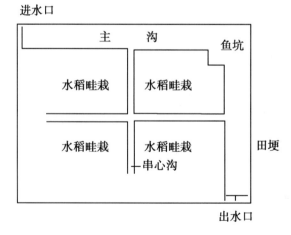

图1 田间布局示意

2 结果与讨论

2.1 稻田人工生物圈对土壤生态环境的影响

2.1.1 新耕作体系有利于提高土壤肥力、改善土壤性状

为了保持和提高土壤库中物质和能量的贮量水平，提高土壤肥力，首先须提高土壤有机质含量，这是土壤肥力的稳定指标。连续五年新体系田每公顷用红萍 51 000 kg 做为水稻的基、追肥以及红萍生殖过程中大量基叶萍根的脱落，加上每公顷提供 84 750 ~ 127 125 kg 的红萍作鱼饵料，通过鱼的消化、过腹还田，对稻田土壤有机质的积累产生有利的影响。据测定，红萍的腐殖化系数高于紫云英、水萌芦等绿肥（腐殖化系数分别为 0.43、0.18、0.24），对增加土壤有机质有良好的作用，红萍的干物质在一年内就有 39% 转化为土壤有机质。由于每年施用大量的红萍，即使化肥用量比对照田减少 50% ~ 70%，新体系田的土壤有机质反而比本底值增加 0.5 个百分点，提高 21.73%，比对照田增加 0.7 个百分点，提高 33.33%（表 1）。

土壤氮、钾养分的显著提高。从试验田土壤肥力变化趋势来看，施用红萍明显提高了土壤中氮、钾含量。新体系田土壤全氮含量达 0.182%，比本底值提高 22.15%，比对照田提高 26.39%；土壤全钾含量达 3.25%，比本底值提高 19.93%，比对照田提高 20.37%。其速效养分 N、K 含量也有相应增加的变化趋势。这与红萍可以固定空气中的氮素、富集土壤中水稻难以利用的钾素[3]，充分吸收阳光和二氧化碳以制造大量有机物质是分不开的。翁伯琦等人用 ^{15}N 标记的红萍进行稻萍鱼体系中氮的循环[4-5]和张钟先等人用 ^{83}Rb 标记的红萍进行钾的循环研究结果[6]，从物质代谢循环上论证了新体系田中土壤氮钾养分显著提高的原因。以往的研究表明，养萍的稻田土壤物理性状得到改善，表现为抗压强度和土壤容重的降低，而微团聚体和孔隙度增加，保水能力提高。由表 1 可见，新体系田土壤物理性黏粒含量达到 41.60%，比本底值提高 13.97%，比对照田提高 17.51%。其原因可能还与鱼类的频繁活动、疏松土壤、促进土壤结构的改善和有机—无机结合体的形成有关。

表 3 不同处理对病虫草害的影响（1994 年）

处理	病虫害发生情况			杂草量（株/m²）	杂草重（g/m²）
	稻飞虱密度（只/丛）	稻瘟病发病率（%）	纹枯病发病率（%）		
对照田	8.3	51.3	20.9	46 ~ 50	420 ~ 460
新体系田	2.7	27.4	6.7	0	0

2.1.2 新耕作体系对减少田间杂草和病虫害的作用

减轻病虫害发生程度。稻田人工生物圈中，水稻害虫成了鱼儿饵料的一部分，起到了生物防治的作用。鱼类吞食落入稻田水面上的飞虱、纹枯病菌核等，有时还能跳起捕食稻茎上的害虫[7]。结果表明（表 3），新体系田的稻飞虱、纹枯病及稻瘟病防效分别比对照田提高 67.47%、67.94% 和 46.59%。以鱼治虫，药物防治水稻病虫害的次数也明显减少，每季喷

药次数比对照田减少 1~2 次，农药用量减少 50% 以上。此外，鱼类在稻田里吃掉孑孓等害虫，减少了疟疾和乙型脑炎的发生与流行[7]，减轻了环境污染，改善了农村卫生状况，有利于提高人民健康水平。

减少田间杂草的危害。在稻作生态系统中，田间大量的杂草是水稻的劲敌。由于红萍的覆盖[3]和鱼类的除草作用[7]，新耕作体系田的田间杂草明显少于对照田（表3）。常规对照稻田每平方米杂草量有 46~50 株，杂草重达 420~460 g，而新体系田水稻收割后所进行的田间调查基本上没有发现田间杂草。可见，稻田人工生物圈排除了田间杂草与水稻争夺养分，明显改善了稻田的通风和光照条件，清除了杂草作为水稻病虫害中间宿主的存在，减轻了病虫害发生程度，从而改善了水稻的立地条件。

2.1.3 新耕作体系减少了化肥、农药的施用量

化肥、农药在现代农业上的大量施用，使农业生产趋向无机化，削弱了农业生态系统营养物质的再循环，影响了土壤有机质的补充和土壤结构的维持，造成土壤肥力下降和环境的严重污染。研究结果表明，新体系田用红萍做为水稻的基、追肥，比对照田化肥用量减少 50%~70%，土壤有机质和养分含量却反而呈上升趋势（表1、表2），同样，化学农药的用量及病虫害的发生程度也大大降低了（表3），其原因前已述。由此可见，稻田人工生物圈解决了现代的高能耗农业与国情民力不相适应，还带来能源危机、土壤板结、地力递减等弊端，同时有效地减轻了化肥、农药对食物、土壤、水质的污染，改善了稻田生态环境，增强农业持续发展的后劲。

2.2 稻田人工生物圈对水稻农艺性状和产量的影响

2.2.1 新耕作体系改善了水稻的农艺性状

由表4可见，新体系田其水稻丛株数和株高偏低可能由于早期鱼苗小、鱼粪少，水稻插秧返青后的一段时期内红萍氮素释放量较少的缘故。随着鱼的增大和耗萍量、排粪量的增加，以及红萍做为肥料的腐殖化，土壤供肥条件逐步改善，明显改善了水稻后期的农艺性状，表现为每穗总粒数和实粒数的增加、空粒数的减少。另外，对照田的株高和本数超过新体系田，而新体系田的每丛有效穗却多于对照田；其有效穗占本数的比例为 73.4%，而对照田仅为 71.9%。结果表明：其一，纯用化学肥料容易造成作物营养生长过盛、徒长，不利于生殖生长。其二，红萍作为一种优质的长效有机肥料，其肥效在水稻整个生育期内都很平稳；同时，由于鱼类的摄食和活动，有效地疏松了土壤，改善了土壤的团粒结构，打破土壤表面胶泥层的封固，有利于水稻根系的呼吸和发育，从而能促进水稻的有效分蘖。从功能叶长度和千粒重看，新体系田由于红萍养分丰富稳长，加上鱼类松土摄食水稻无效分蘖和稻脚叶以改善水稻生态环境，有利于通风透气，后期水稻功能叶长度比对照田提高 3.40%，使之始终保持生机，光合作用稳定，促使成熟率高、籽粒饱满，千粒重提高 1.87%，经济性状表现优异，穗粒重三者较好协调，因而增产增收，其实际产量比对照田提高 4.32%。

表4 不同处理水稻农艺性状和产量的差异（1994年）

处理	丛数（万丛/hm²）	株高（cm）	本数（本/丛）	有效穗（穗/丛）	功能叶长度（cm）	总粒数（粒/穗）	空粒数（粒/穗）	实粒数（粒/穗）	千粒重（g）	理论产量×15 kg·hm⁻²
对照田	30.00	105.0	11.4	8.2	22.96	130	31	99	28.27	459.0
新体系田	29.85	99.3	10.9	8.0	23.74	125	20	105	28.80	481.4

2.2.2 新耕作体系提高农业生产的综合效益

从表5可以看出，新体系田的产出投入比为2.1，而对照田的产出投入比仅为1.4，其纯收入相差4.8倍。稻田人工生物圈内鲜鱼产量每公顷达4 327.5 kg，稻谷产量也比对照田提高4.82%。这充分说明在综合技术作用下，稻田人工生物圈系统结构和调控水平日趋完善、协调，实现自身物质和能量转化的良性循环，达到增产增收的目的，也体现了农业高效与持久发展相统一的要求。近年来，"调控稻田人工生物圈及其新耕作体系"在建宁县累计推广900 hm²，一般每公顷净增收12 600元。统计数字表明，从1990年至今，建宁县由此新增经济收入563万元，其中新增稻谷产量48万kg，鲜鱼150万kg，瓜菜豆67万kg。据测算，如果这项科研成果在福建省推广20万公顷，以每平方千米产鱼250 kg计，则每年可增产鲜鱼5亿kg。新体系田一般都比常规种稻田少施化肥50%～70%，减少农药用量50%以上，相当部分在种养的全过程基本没用化学农药，具有显著农业环保意义。

表5 不同处理经济效益比较（1994年）

处理	投入金额（元）			产出金额							纯收入（元）	产出投入之比
	成本	工价	合计	稻谷		鲜鱼		瓜类		合计		
				kg	元	kg	元	kg	元	元		
新体系田	1 183.8	420	1 603.8	478	669.2	288.5	2 596.5	125	125.0	3 390.7	1 786.9	2.1
对照田	123.1	144	267.1	456	638.4					638.4	371.3	1.4

注：1. 工价每日按12元，稻谷每50 kg按70元，瓜类每50 kg按50元，鱼价每50 kg按460元计

2. 投入成本含鱼苗、饵料、稻种、肥料、农药、鱼药等

3. 表中数据全部以1/15 hm²面积折算

2.3 稻田人工生物圈实现增产增收的配套技术

调控稻田人工生物圈及其新耕作体系把种植业与养殖业巧妙地结合在同一农田生态环境以内。在整个稻作季中，水稻、红萍、土壤、水质和其他生物以及光照、温度、湿度等环境因子都处于动态变化之中，要实现体系内物质和能量的良性循环，就必须采取人工调控的技术措施。

（1）选用水源充足不受旱涝影响的田块，充分开发利用水源产生效益，采取流水增氧技术。

（2）田间工程实行高标准的鱼沟坑配套技术。

（3）鱼种合理搭配及高密度放养。一般以放养0.25 kg左右的草鱼为主，占总放鱼量的

60%，配养春片大规格的罗非鱼和杂交鲤鱼；有些水利条件比较差的田块，以放养革胡子鲶为主，配养罗非鱼。

（4）以回交萍三号为主的多品种红萍混养，延长供饵供肥时间。

（5）水稻改变栽培方式，做到畦栽密植，插足本数，靠主穗夺高产；晚稻免耕插秧。

（6）做好鱼病综合防治工作，提高成活率，确保鲜鱼产量。

（7）开展综合性的科学田管，早压萍多次压萍用作水稻基追肥，减少化肥用量60%左右；冬春季节红萍生殖旺盛时及时捞萍沤制或晒干贮存，以备盛夏高温红萍生长淡季时补充鱼儿饵料不足所需。

3 小 结

调控稻田人工生物圈及其新耕作体系比传统耕作制具有显著的经济效益、社会效益和环保效应。研究结果表明，这种模式调整了稻田内都的物质循环，形成了一个主要依靠自身物质和能量转化的良性循环的持久农业发展核式，避免了因大量使用化肥、农药等外界物吸而引起的环境污染和土地退化问题，对摆脱现代常规农业所遇到的生态环境困境，发展高产、优质、高效、低耗的持续农业，展现出广阔的应用前景。

参考文献

[1] 贾芬，黄毅斌，唐建阳，等. 调控稻田人工生物圈及其新耕作体系研究——Ⅰ. 稻田长期定位试验结果初报 [J]. 福建农业学报，1993（3）：15-20.

[2] 叶国添，杨建平，林忠华，等. 调控稻田人工生物圈及其新耕作体系研究Ⅱ. 建宁基点及泰宁联系点连续五年中试结果与效益分析 [J]. 福建农业学报，1994（2）.

[3] 刘中柱，郑伟文. 中国满江红 [M]. 北京：中国农业出版社，1989.

[4] 翁伯琦，唐建阳，陈炳焕，等. 稻—萍—鱼系统中红萍氮素吸收利用及有效性研究 [J]. 生态学报，1991（1）：25-31.

[5] 翁伯琦，陈炳焕，唐建阳，等. ^{15}N 示踪法研究稻萍鱼体系中红萍氮素的利用及对水稻生长的影响 [J]. 福建农业学报，1987（1）.

[6] 张钟先，宋永康，陈涵贞. 红萍钾对水稻的有效性 [J]. 福建农业学报，1989（2）：21-27.

[7] 张根玉，薛镇宇，柯鸿文. 淡水养鱼高产新技术 [M]. 北京：金盾出版社. 2008.

【原文发表于《农业环境保护》，1996，15（4）：177-181，由李艳春重新整理】

稻田人工生物圈的技术和效益研究

林忠华

（福建省农业科学院红萍研究中心，福州 350013）

摘　要：连续 5 年较大面积的系统研究表明，稻田人工生物圈内实行多品种红萍混养、鱼苗自繁自育和鱼病综合防治、及生态工程标准化 、田间管理规范化是新耕作体系增产增收的技术关键。并讨论了稻田人工生物圈对提高经济效益、生态效益和社会效益的意义。

关键词：稻田人工生物圈；水稻；红萍；鱼

现代常规农业依靠外部投入大量肥料、农药等物质以提高水稻产量，使农业生产趋向无机化，忽视农业生态系统营养物质的再循环。稻田人工生物圈及其新耕作体系是通过人工调控方法，改变传统稻田单一的结构和功能，转化为稻、萍、鱼共生互利的多层次立体种养生态结构体系。连续 5 年较大面积的系统研究表明，稻田人工生物圈每年鲜鱼产量可达 3 750 kg/hm² 左右，稻谷产量比常规种稻高 4% ~ 6%，化肥用量减少 50% ~ 70%，少施用农药 50% 以上，增加纯收入 2 ~ 8 倍；又可改良土壤、提高土壤肥力，具有显著的经济效益和环保效应。

1　试验材料和研究方法

1.1　试验区

选择建宁县金溪乡水西村开阔山垅田，区内排灌自如，海拔高度 300 m，光热资源相对不足，耕作轮作制度以单季稻作和种植建莲为主。供试土壤为当地中等肥力的潴育性水稻土，质地为轻黏土。

1.2　试验设计

以单季稻作为主的"稻、萍、鱼"新体系田与常规单季稻田进行对比研究。试验设置 2 个处理、3 个重复。田间布局见图 1。田间沟、坑、栅栏、瓜架合理布局。鱼坑深 1 ~ 1.5 m，面积占稻田总面积 3% ~ 5%；两侧挖两条主沟，宽 1.0 m、深 0.8 m，与鱼坑相通；另挖 1 ~ 2 条宽 0.5 m、深 0.3 m 的串心沟。坑沟面积占稻田面积的 10% ~ 12%，形成坑沟相通的网络。用挖坑沟清出的田土筑成埂垅、田埂加高 50 ~ 60 cm，并在其上搭架种瓜、菜、豆等。新体系田于插秧前 3 个月放养红萍萍母，放养量 4 500 kg/hm²。红萍生殖旺盛时及时捞起沤制或晒干贮存，以备盛夏高温红萍生长淡季时投喂，同时辅以少量青草，保证鱼儿饵料周年供应。

1.3 供试材料

水稻品种为汕优 63；鱼类包括草鱼、鲤鱼；红萍品种采用回交萍、卡洲萍和本地萍（混养比例 3：2：1）。

1.4 观测项目

肥料施用数量、水稻农艺性状、田间杂草和病虫害发生情况、水稻及鲜鱼产量、土样常规分析等。

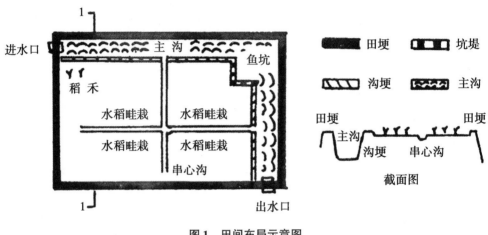

图 1　田间布局示意图

2 新耕作体系的人工调控技术

2.1 养鱼稻田的选择

选用水源充足、水质清新、水温适宜、排灌方便、不受旱涝影响的田块，充分开发利用水源产生效益，采取流水增氧技术和调水控温综合技术。

2.2 生态工程的标准

田间工程实行高标准的鱼沟坑配套技术，新耕作体系田中供鱼生活的坑沟面积应占稻田面积的 10% ~12%，串心沟、主沟和鱼坑的深度分别以 0.3、0.8 和 1.2 m 为宜，保证稻、萍、鱼三者都有自己的生存和发展空间。

2.3 鱼种合理搭配及高密度放养

一般以放养 0.25 kg 左右的草鱼为主，占总放鱼量的60%，配养春片大规格的罗非鱼和杂交鲤鱼，有些水利条件比较差的田块，以放养革胡子鲶为主、配养罗非鱼。鱼种的放养量

以每亩 130 kg 左右（草鱼 60%、鲤鱼 25%、罗非鱼 15%）为宜，鲜鱼亩产可达 400 kg 左右。

2.4　不同萍种混养、保证有足够的萍量压青

把适量的红萍引入稻田人工生物圈，实行以回交萍为主的多品种红萍混养，早压萍多次压萍用作水稻基追肥；冬春红萍生殖旺盛时及时捞萍沤制或晒干贮存，以备盛夏高温红萍生长淡季时补充鱼儿饵料不足所需，使各萍种的特性得以互补，延长供饵供肥时间，基本实现体系内红萍作为肥料和饵料的均衡供应。

2.5　鱼苗自繁自育和鱼病综合防治

改鱼苗外购为自繁自育，即每年在新体系田中投放草鱼、鲤鱼夏花苗种（规格 0.3 cm 以上）各 1 000 条，供作翌年 3—4 月本田放养的春片鱼种。同时认真做好鱼沟坑、鱼种消毒工作和针对不同季节期间鱼类易感染的鱼病进行必要的内外药物综合防治，结合水质调节以提高鱼类成活率、确保鲜鱼产量。

2.6　田间管理技术规范化

水稻改变传统栽培方式，做到畦栽密植，插足本数，保证基本苗；结合早管，依靠主穗夺高产，晚稻免耕插秧，开展综合性的科学田管，施肥要少量多次，以基肥为主、追肥为辅，有机肥为主、无机肥为辅；喷药需对症选用高效低毒的农药，严格掌握药物浓度。施肥喷药时尽量避免直接喷洒在鱼沟坑里，万一发现鱼类不适，应立即加大灌注新水。

在整个稻作季中，水稻、红萍、土壤、水质和其他生物以及光照、温度、湿度等因素因子都处于动态变化中，要实现体系内物质和能量的良性循环，就必须针对不同的时空结构，从实际情况出发进行人工调控。经过五年的努力，我们建立了一套新体系田在适应不同区域和不同耕作制度下的田间操作规程（另文报道）。对红萍作为肥料和饵料的均衡供应，以及系统内各要素的协调发展进行调控，有效维护了稻田人工生物圈内的动态平衡，达到增产增收的目的。

3　结果与分析

3.1　作物农艺性状和产量的影响

试验结果表明，新体系田其水稻丛株数和株高偏低可能由于早期鱼苗小、鱼粪少、水稻插秧返青后一段时期红萍氮素释放量较少的缘故。随着鱼的增长和耗萍量、排粪量的增加，以及红萍做为肥料的腐殖化、土壤供肥条件逐步改善，明显改善了水稻后期的农艺性状（见表 1）。由于鱼类的摄食和频繁活动，有效地疏松了土壤，提高了土壤中物理性黏粒的含量（见表 3），促进土壤团聚体的形成，改善了土壤的团粒结构，有利于水稻根系的呼吸和发育，从而促进水稻的有效分蘖。从功能叶长度、千粒重和产量来看，新体系田的水稻功能叶长度提高 3.40%、千粒重上升了 1.87%、实际产量增加 4.82%，其原因是红萍养分丰富稳长，加上鱼类松土、摄食田间杂草、水稻无效分蘖和稻脚叶以改善水稻生态环境，以及水

稻畦栽所产生的边际效应，使水稻有利于通风透气，后期始终保持生机，光合作用稳定，促使成熟率商、籽粒饱满、千粒重提高，经济性状表现优异，达到了增产增收的目的。

表1　不同处理水稻农艺性状和产量的差异（1994年）

处理	株高（cm）	本数（本/丛）	亩丛数（万丛）	有效穗（穗/丛）	功能叶长度（cm）	总粒数（粒/穗）	空粒数（粒/穗）	实粒数（粒/穗）	千粒重（g）	理论产量×15 kg/hm²
对照田	105.0	11.4	2.00	8.2	22.96	130	31	99	28.27	459.0
新体系田	99.3	10.9	1.99	8.0	23.74	125	20	105	28.80	481.4

3.2　改善土壤生态环境

连续五年的定位试验结果表明（见表2和表3），每年亩用红萍3 400 kg做为水稻的基追肥、以及红萍生殖过程中大量基叶萍根的脱落和每亩5 650~8 475 kg的红萍作为饵料通过鱼的消化、过腹返田，对稻田土壤有机质的积累产生有利的影响。据测定（施书莲等，1979），红萍的腐殖化系数明显高于紫云英、水葫芦等绿肥，其干物质在一年内就有39%转化为土壤有机质。因此，虽然化肥用量比对照田减少50%~70%，新体系田的土壤有机质比本底值增加0.5个百分点，提高21.73%；比对照田增加0.7个百分点，提高33.33%。而对照田依靠化学肥料以提高作物产量的同时，由于没有实施秸秆还田等工作，导致土壤有机质含量明显下降，不利于土壤理化性状的改善。土壤氮、钾养分也有同样变化的趋势这与红萍可固定空气中的氮素、富集土壤中水稻难以利用的钾素[1]，充分吸收阳光和二氧化碳制造大量有机物质是分不开的。翁伯琦等人用[15]N标志的红萍进行稻萍鱼体系中氮的循环[2,3]和张钟先等人用[86]Rb标志的红萍进行钾的循环研究结果[4]，从物质代谢循环上论证了新体系田中土壤氮、钾养分显著提高的原因。

表2　试验田肥料施用情况

处理	面积×1/15 hm²	红萍作水稻基追肥情况×15 kg/hm²	施用化肥情况（kg/hm²）		
			N	P₂O₅	K₂O
新体系田	2.05	翻耕耙田压萍量约1 100,结合田间做畦压萍量约1 750,自然倒萍量约550,鱼儿过腹还田萍量5 650~8 475	48.0	22.5	48.0
对照田	1.75		154.5	69.0	96.0

表3　试验田土壤肥力变化趋势

项目	物理性黏粒（%）	有机质（%）	全氮（%）	全磷（%）	全钾（%）	碱解氮（mg/kg）	有效磷（mg/kg）	速效钾（mg/kg）
土壤本底值*	36.50	2.30	0.149	0.106	2.71	131	17.5	136
新体系田**	41.60	2.80	0.182	0.087	3.25	167	14.8	179
对照田**	35.40	2.10	0.144	0.098	2.70	119	15.2	121

* 在放养萍田前取样（1991年）;** 在水稻收割前取样（1994年）

3.3 降低病虫草害发生程度

稻田人工生物圈中，水稻害虫成了鱼儿饵料的一部分，起到了生物防治的作用。鱼类吞食落入稻田水面上的飞虱、纹枯病等菌核[5]，有时还能跳起捕食稻茎上的害虫。表4可见，新体系田的稻飞虱、纹枯病及稻瘟病防效果分别比对照田提高67.47%、67.94%和46.59%；以鱼治虫，药物防治水稻病虫害的次数也可以明显减少，每季喷药次数比对照田减少1~2次，农药用量减少50%以上。同时，由于红萍的覆盖[1]和鱼类的除草作用[6]，新体系田的田间杂草明显少于对照田，常规对照田每平方米杂草量有46~50株，杂草重达490~460 g，而新体系田水稻收割后所进行的田间调查基本上没有发现杂草。可见，稻田人工生物圈排除了田间杂草与水稻争夺养分，明显改善了稻田的通风和光照条件，清除了杂草作为水稻病虫害中间宿主的存在，减轻了病虫害的发生程度。

3.4 鱼类产量和纯收入的提高

以往的研究指出[5]，鱼类产量及其高价值是新体系纯收入和工价报酬大幅度增长的主体，通过改鱼苗外购为自繁自育，解决了外购鱼苗成活率不高和运费支出较大的问题进一步的研究结果表明（见表5），认真做好鱼病防治工作，积极贯彻"无病早防、有病早治"的原则以减少病害损失（特别是盛夏高温鱼病流行季节），是获得稻田人工生物圈"少投入、低污染多产出"的关键所在。采用鱼病综合预防和对症治疗等措施，草鱼的鱼种成活率比对照高出22.07个百分点，达到92.55%，鱼种与产鱼之比由1∶3.0提高到1∶3.6，明显提高了单位面积鲜鱼产量和纯收入的增长幅度。

3.5 经济效益和社会效益

由于生态工程标准化和田间管理规范化，实现了稻田人工生物圈的农业高效与持久发展相统一。表6可见，新体系田的产投比为2.1，明显高于对照田，且其单位面积的纯收入为对照田的4.8倍。连续五年的大面积、大范围田间实践证明，新体系田一般都比常规种稻田少施化学肥料50%~60%，减少化学农药40%~50%，相当部分在种养的全过程基本没用化学农药，具有显著的农业环保意义。近年来，"调控稻田人工生物圈及其新耕作体系"在福建省闽西北山区建宁县累计推广13 510亩，一般亩净增收400~800元。五年来增加经济收入563万元，新增稻谷产量48万kg，鲜鱼产量150万，瓜菜豆67万kg。据测算，如果这项科研成果在福建省推广20万hm²，以每平方千米产鱼250 kg计，则每年可增产鱼5亿kg，这对改善福建省人民膳食结构，弥补粮食缺口有重大重义。

表4 不同处理对病虫草害的影响

处理	病虫害发生情况			杂草量（株/m²）	杂草重（g/m²）
	稻飞虱密度（只/丛）	稻瘟病（%）	纹枯病（%）		
对照田	8.3	51.3	20.9	46~50	420~460
新体系田	2.7	27.4	6.7	0	0

表5　不同稻田草鱼鱼病发生情况（1994年）

田块编号	放养密度		放养重量（kg）	放养规格（kg/尾）	产出数量（尾）	产鱼量（kg）	成活率（%）	鱼种与产鱼之比	单位面积纯收入之比
	面积(X1/15 hm²)	数量（尾）							
Ⅰ	0.70	105	34.15	0.15～0.75	74	102.50	70.48	1:3.0	1
Ⅱ	0.60	94	35.95	0.15～0.75	87	129.86	92.55	1:3.6	1.36

4　结　论

调控稻田人工生物圈及其新耕作体系通过稻、萍、鱼诸要素的合理配置和各种投入因素的人工调控实现稻田自身系统的良性循环，不过多地依赖外界化肥农药等物质的投入而达到低耗、高产、优质、高效和低污染、改良土壤的目的，从而为建立持久农业发展模式，展现出广阔的应用前景。

参考文献

［1］　刘中柱，郑伟文．中国满江红［M］．北京：中国农业出版社，1989.
［2］　翁伯琦，唐建阳，陈炳焕，等．稻萍鱼系统中红萍氮素吸收利用有效性研究［J］．生态学报，1991，（1）：25-31.
［3］　翁伯琦，陈炳焕，唐建阳，等．¹⁵N示踪法研究稻萍鱼体系中红萍氮素的利用及对水稻生长的影响［J］．福建农业学报，1987（1）.
［4］　张钟先，宋永康，陈涵贞．红萍钾对水稻的有效性［J］．福建农业学报，1989（2）：21-27.
［5］　叶国添，杨建平，林忠华．调控稻田人工生物圈及其新耕作体系研究Ⅱ.建宁基点及泰宁联系点连续五年中试结果与效益分析［J］．福建农业学报，1994（2）.
［6］　刘浩官，李平，祝卫华，等．稻萍鱼生态体系控制稻飞虱和纹枯病的试验［J］．福建农业科技，1986（2）.

【原文发表于《土壤肥料》，1996（4）：37-41，由李艳春重新整理】

调控稻田人工生物圈及其新耕作体系研究
I.田长期定位试验结果初报

贾　芬　黄毅斌　唐建阳　陈振南　翁伯琦

（福建省农业科学院红萍研究中心，福州 350013）

摘　要：经连续 5 年稻田定位测定结果表明，在综合技术作用下，稻田人工生物圈内放养各种鱼，产量可达 3 700 kg/hm² 左右。同时少施了约 70% 的化肥，水稻产量仍比常规种稻略有增产。而且土壤中的有机质、全氮、全磷含量逐年累积，并高于常规种稻；在土壤速效养分的供应上也表现为肥力充足、平稳。试验证实了能获得高产、低耗、低污染的可能性。

关健词：稻田人工生物圈；水稻；红萍；鱼

稻田人工生物圈是通过人工调控方法，改变传统稻田的结构和功能。其目的是将单纯以水稻为主体的稻田转变为稻、萍、鱼三者共存的生物群体。在稻田人工生物圈中，红萍的作用在于为鱼类提供大部分饵料源，也为水稻生长提供部分营养，从而减少化肥用量，减少投入[1-3]。鱼的作用在于对红萍及其他饵料的消化，并转化为可供水稻利用的有效养分，而且通过鱼类的活动，还能减少稻田杂草和水稻病虫害的滋生繁殖，从而增加单位稻田的产出和经济效益[1,2,4,5]。

我们自 1987 年开始，在福建省农业科学院稻麦研究所农场内进行调控稻田人工生物圈及其新耕作体系试验研究，经 5 年的定位观察测定，已取得初步结果。

1　材料与方法

1.1　试验方法

试验采取小区对比，每小区面积 67 m²，小区田埂高 0.5 m，宽 0.5 m，小区之间留有宽 0.5 m 的灌排水沟。养鱼区内设有沟、坑，沟和坑占地 14.8%。1991 年冬所有田埂和坑沟改用水泥结构，使试验能长期定位观察。

1.2　试验设计

试验设 3 个处理：（1）常规种稻（对照）平均年施 N 肥 204、P_2O_5 193 和 K_2O 153 kg/hm²；（2）种稻养萍养鱼，化肥施用量比对照少施 70%，早稻插秧前压鲜萍 4 500 kg/hm²；（3）稻田人工生物圈，高密度养鱼，附设增氧设备，其余同稻萍鱼处理。试验重复 3

次，随机排列。

1.3　土样和植株分析

每季水稻收割前，取表层 25 cm 深的土壤，采用常规方法分析有机质、全氮、全磷及速效氮、磷和钾含量[6]。植株养分分析，分别在分蘖期、齐穗期、成熟期，每小区取稻株 6 丛，分析其氮、磷、钾含量[6]。

1.4　谷鱼产量

水稻收割时，称取稻谷产量。每小区取样 6 丛，常规方法考种。鱼类放养和收获时，称量各种鱼的规格、数量、重量和总产量。早稻插秧后 2 周放养，晚稻收割前 2 周收捕。

2　结果与讨论

2.1　稻田人工生物圈对稻谷产量的影响

5 年的试验表明，稻田人工生物圈因加大放鱼量，也增加了红萍作基肥的用量，并在夏秋季鲜萍供不应求时投放以干萍为主的配合饲料养鱼，经过鱼腹的消化后，余下粪便排到水体供给水稻生长吸收利用，从而使水稻在减少了化肥用量 70％的条件下仍不影响其产量。1987 年和 1988 年，稻田人工生物圈处理的水稻总产量都略低于常规种稻处理，且早晚两季的产量都低；而 1989 年、1990 年的早季产量则高于对照，晚季仍略低，但总产略高于对照；1991 年早、晚季都高于常规种稻（表 1）。这说明随着时间的延续，土壤养分的不断积累，使土壤供肥条件逐步改善，表现肥力平稳，从而水稻产量也逐年比对照增加。再从1991 年试验的水稻产量构成看，稻田人工生物圈处理的无论是早稻的丛株数、有效穗数、穗粒数和结实率，或是晚稻的有效穗和千粒重都比对照处理有所提高（表 2）。

表 1　不同处理 5 年连续测定的水稻产量

年份	处理	稻谷产量（kg/hm²）		
		早稻	晚稻	总产
1987	稻田人工生物圈	5 600	4 700	10 300
	稻—萍—鱼	5 500	4 000	9 500
	常规种稻	6 000	5 000	11 000
1988	稻田人工生物圈	4 800	4 500	9 300
	稻—萍—鱼	4 700	4 300	9 000
	常规种稻	4 900	4 800	9 700
1989	稻田人工生物圈	5 900	5 600	11 500
	稻—萍—鱼	5 300	3 700	9 000
	常规种稻	5 700	5 700	11 400
1990	稻田人工生物圈	5 300	3 900	9 200
	稻—萍—鱼	5 300	3 700	9 000
	常规种稻	4 900	4 000	8 900

（续表）

年份	处理	稻谷产量（kg/hm²）		
		早稻	晚稻	总产
1991	稻田人工生物圈	6 700	4 800	11 500
	稻—萍—鱼	6 500	4 800	11 300
	常规种稻	6 300	4 500	10 800

表2　不同处理的水稻产量构成因子分析

季节	处理	株数（株/丛）	有效穗（穗/丛）	穗粒数（粒/穗）	结实率（%）	千粒重（g）
早季	稻田人工生物圈	18.2	16.6	81.1	95.1	30.1
	稻—萍—鱼	17.5	16.8	79.0	94.0	30.0
	常规种稻	14.9	13.8	71.5	91.6	30.0
晚季	稻田人工生物圈	8.2	7.6	186.8	79.7	27.5
	稻—萍—鱼	8.3	7.1	192.5	78.4	28.0
	常规种稻	7.9	6.3	189.5	78.8	26.8

2.2　稻田人工生物圈对鱼类产量的影响

稻田人工生物圈中，鱼种仍以耐低氧杂食性鱼类为主。1987—1989年采用以尼罗罗非鱼为主的鱼种，搭配淡水白鲳、鲤鱼和草鱼。1990年开始，考虑到稻田中存在不作为商品鱼的尼罗罗非鱼鱼苗，增加放养革胡子鲶鱼苗以提高产量和商品率。5年的测定证明，稻田人工生物圈处理的鱼类产量都表现为稳产高产。除1990年因水源污染，造成淡水白鲳死亡而损失外，其余九年鱼产量都达3 700 kg/hm²以上，1988年产量达4 300 kg/hm²，为历年最高量；而稻萍鱼处理的鱼类产量历年最高仅达2 000 kg/hm²。由此可见稻田人工生物圈内运用综合技术，可以大大地提高鱼的产量。

2.3　稻田人工生物圈对土壤肥力的影响

2.3.1　土壤有机质、全氮、全磷的变化

5年的连续土壤肥力定位测定表明，不同处理的有机质、全氮含量都表现了逐年累积趋势。其中以稻田人工生物圈最为明显。应指出：由于鱼类多在沟坑中活动，沟坑中的有机质、全氮含量又高于田面（图1、2）。（1991年对田间结构进行改造，原田埂改为永久性水泥田埂和水泥沟、坑壁，打乱了土层，致使有机质、全氮含量有所下降）。土壤全磷含量变化也有同样的趋势（图3）。

2.3.2　水稻植株养分与土壤速效养分供应的相关性

试验表明植株全氮含量有随水稻生长而减少的趋势（见图4）。从含量上看稻田人工生物圈处理都高于对照处理，其趋势和土壤养分变化相一致。而土壤速效氮的变化只有稻田人工生物圈处理略有增加，说明稻田人工生物圈土壤供氮能力平稳、充足。稻株含钾量的变化则表现为早季两头高中间低，晚季相反，而各个生长阶段都以稻田人工生物圈的稻株含钾量

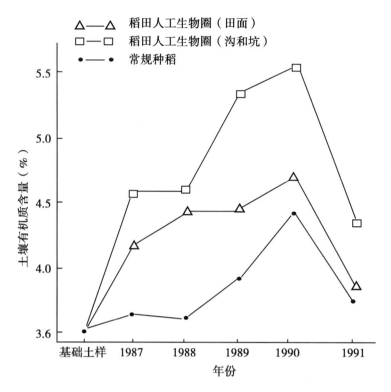

△——△ 稻田人工生物圈（田面）
□——□ 稻田人工生物圈（沟和坑）
●——● 常规种稻

图1　不同处理的土壤有机质含量变化

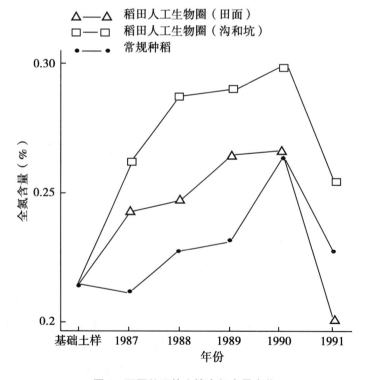

△——△ 稻田人工生物圈（田面）
□——□ 稻田人工生物圈（沟和坑）
●——● 常规种稻

图2　不同处理的土壤全氮含量变化

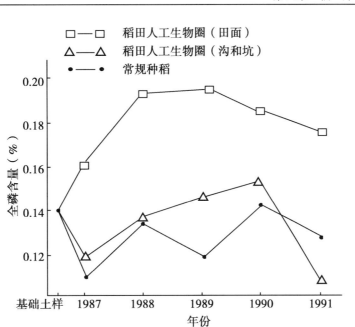

图 3　不同处理的土壤全磷含量变化

略高于对照处理。土壤速效钾的变化也只有稻田人工生物圈有与稻株含钾量相对应的变化（图 5）。稻株含磷的变化，表现为随着水稻生长而下降。在含量上早季各处理差异不大，晚季稻田人工生物圈的水稻含磷量高于对照处理。在土壤速效磷含量上也表现为稻田人工生物圈略高于对照处理（图 6）。

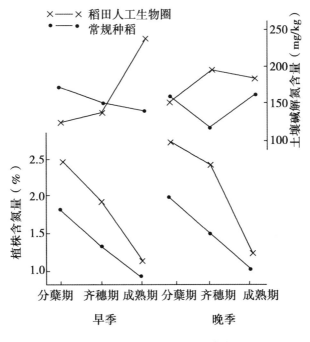

图 4　植株与土壤中含氮量的关系

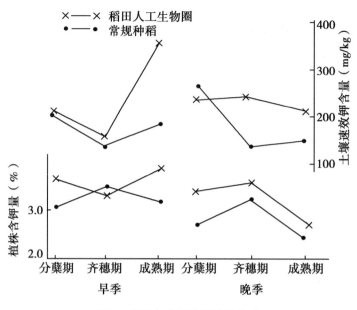

图5　稻株与土壤含钾量的关系

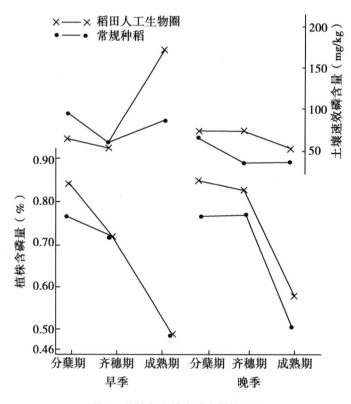

图6　植株与土壤中磷含量的关系

将上述各种养分变化动态与翁伯琦等人用[15]N 标记的红萍进行稻萍鱼体系中氮的循环[7-8]和张钟先等用[86]R₆标记的红萍进行钾的循环研究结果图联系起来看，就从物质代谢循环上论证了人工生物圈在少施化肥情况下，取得土壤肥力不断提高的原因。因此，在稻田人工生物圈中完全可以减少化学氮、钾肥用量，而适当投入一定的磷肥，即可保持土壤供应养分的平衡。

3 小 结

试验结果表明稻田人工生物圈技术不但可以做到少施化肥、农药的情况下，水稻产量可达到常规种稻的水平，而且可增加鱼产量 3 700 kg/hm² 以上，还促进了土壤肥力的持续上升，减少环境污染，从而建立了稳产高产持久农业的稻田新耕作模式。

参考文献

［1］ 刘中柱，郑伟文．中国满江红［M］．北京：中国农业出版社，1989.

［2］ 刘中柱，刘克辉．立体农业的原理与技术［M］．福州：福建科技出版社，1989.

［3］ 刘中柱．红萍在稻田应用的前景［J］．中国土壤与肥料，1984（6）．

［4］ 刘中柱．稻萍鱼立体农业技术及其增产原理［J］．立体农业技术研究集刊，1988.

［5］ 刘浩官，李 平，祝卫华，等．稻萍鱼生态体系控制稻飞虱和纹枯病的试验［J］．福建农业科技，1986（2）．

［6］ 中科院南京土壤研究所．土壤理化分析［M］．上海：上海科学技术出版社，1983.

［7］ 翁伯琦，唐建阳，陈炳焕，等．稻萍鱼系统中红萍氮素吸收利用及有效性研究［J］．生态学报，1991（1）：25 – 31.

［8］ 翁伯琦，陈炳焕，唐建阳，等．^{15}N 示踪法研究稻萍鱼体系中红萍氮素的利用及对水稻生长的影响［J］．福建农业学报，1987（1）．

［9］ 张钟先，宋永康，陈涵贞．红萍钾对水稻的有效性［J］．福建农业学报，1989（2）：21 – 27.

【原文发表于《福建省农科院学报》，1993，8（3）：15 – 20，由李艳春重新整理】

调控稻田人工生物圈及其新耕作体系研究
Ⅱ. 建宁基点及泰宁联系点连续五年
中试结果与效益分析

叶国添[1] 杨建平[2] 林忠华[1]

（1. 福建省农业科学院红萍研究中心，福州 350013；

2. 福建省建宁县畜牧水产局，建宁 354500）

摘　要：连续 5 年较大面积的田间中试表明，稻田人工生物圈每年鲜鱼亩产量 250 kg，稻谷产量比常规种稻高 4% ~ 6%，化肥用量减少 50% ~ 60%，农药用量减少 50%，经济效益明显高于单季稻、制种田和双季稻等传统耕作制。作者认为，实行不同萍种混养，鱼苗自育自繁以及田间工程标准化、田间管理规范化是新耕作体系增产增收的关键，并讨论了稻田人工生物圈对提高生态、社会效益的意义。

关键词：水稻；红萍；鱼；人工调控

前文报道稻田人工生物圈在闽江下游平原地区稻田五年试验的结果，证明这一新的耕作体系由于改变了传统稻田的结构与功能，增加了单位稻田的产出和经济效益（贾芬，等，1993）。我们自 1988 年开始在福建北部山区建宁县进行了连续五年"调控稻田人工生物圈及新耕作体系研究"的中间试验，并在附近的泰宁县也建立了这一试验的联系点。五年的中试结果同样表明，稻田人工生物圈由于进行了稻、萍、鱼诸要素的合理配比和各种投入因素的人工调控，形成了系统内物质的良性循环，取得了良好的经济、生态和社会效益。

1　材料与方法

1.1　试验地选择

试验在建宁县金溪乡水西村进行，该村海拔高度 300 m。试验地系连片山垅田共 15 亩，阳光充足，排灌方便，能自流灌排增氧。供试土壤为潴育性水稻土，质地为轻黏土。

1.2　供试材料

水稻品种为汕优 63、威优 64，制种采用汕优 63 组合；鱼种包括草鱼、罗非鱼、杂交鲤和建鲤。红萍萍种为榕萍 1 – 4 号、卡洲萍、回交萍、细绿萍和建宁本地萍。

1.3　试验设计

分别进行新耕作体系与当地稻田三种主要耕作制（单季稻、双季稻、单季制种）的投入与产出对比，同时进行病虫害发生程度、田间杂草量等方面的调查。也进行新体系内鱼苗自育与外购的效益比较。

1.4　田间布局

田间沟、坑、栅栏、瓜架合理布局。鱼坑深 1 ~ 1.2 m，面积占稻田总面积 5%，两侧挖两条主沟，宽 1.5 m，深 0.8 m，与鱼坑相通，另挖 1 ~ 2 条宽 0.5 m、深 0.3 m 的串心沟。坑沟面积占稻田面积的 13%，形成坑沟相通的网络（图 1）。出水口设两层防鱼外逃的栅栏。用挖坑沟清出的田土筑成埂垅，田埂加高 50 ~ 60 cm，并在其上搭架种瓜、菜、豆等。

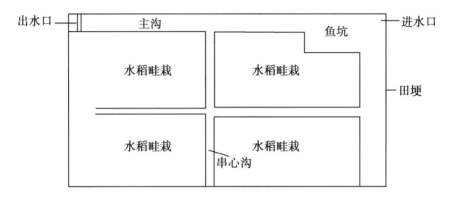

图 1　田间布局示意

1.5　田间操作与管理

水稻垄畦栽，畦宽 1.3 m、高 27 m，畦沟宽 30 cm，插秧规格 10 cm × 17 cm。放养长 22 ~ 30 cm 的草鱼，放养量占总放鱼量的 60%；10 cm 左右的杂交鲤，占 25%；8 ~ 15 cm 的罗非鱼，占 15%。五种红萍的放萍量合计为每亩 200 kg 混养。插秧前一个多月亩压萍 2 ~ 3 次作基肥，插秧后 7 d 塞萍作追肥，亩用萍 1 750 ~ 3 800 kg。亩施化肥 40%（耙面肥和追肥各 20%）。鱼苗放养初期每天投喂米糠、麦皮、菜饼。鱼长大后，每日投喂鲜萍或堆制萍，辅以少量青草。

1.6　土样分析

按常规方法取样、分析土壤 N、P、K。

2　结果与讨论

2.1　稻田人工生物圈的经济效益分析

金溪乡水稻生产有三种耕作制：单季稻、双季稻和杂优制种。其经济效益高低依次是：

制种田＞双季稻＞单季稻。五年来我们先后在同等条件下进行稻田人工生物圈（下简称新体系）与常规的单季稻、双季稻和制种田的投入产出对比。

从图 2 可以看出，新体系不仅比常规的单季稻、双季稻和制种田（下简称对照）多产鱼，而且稻谷产量（除 1990 年外）也比对照高，增产幅度为每亩 3～31 kg。随着养鱼技术的改进，新体系每亩鲜鱼产量由 1988 年的 140.7 kg 增至 1992 年的 324.5 kg，而且商品鱼高达 90% 以上。这一结果与福州地区的五年试验结果是一致的，即新体系不仅多产鱼，而且不影响水稻产量或略有增产。

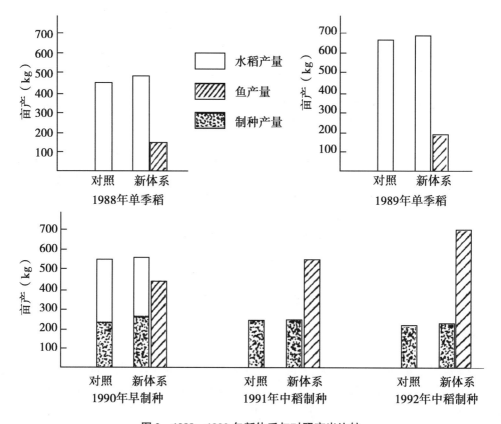

图 2　1988—1992 年新体系与对照产出比较

高产出必须相应增加投入。新体系产出明显高于对照，但其经济效益是否也高于对照呢？

表 1 和表 2 作出了肯定的回答。

从表 1 可以看出，1988 年单季稻田采用新体系，其纯收入比常规单季稻增长 2.86 倍，比常规双季稻增长 2.39 倍。1989 年双季稻田采用新体系，其纯收入分别比常规双季稻和单季稻增长 2.75 倍和 3.06 倍。1990 年起在制种田采用新体系，纯收入增长幅度更大（表 2）。自 1990 年到 1992 年分别比对照增长 4.3、4.8 和 6.4 倍。这种超常规、跳跃式的增长是传统耕作制不可及的。

表 1 还表明，尽管双季稻对照田的稻谷亩产比单季稻对照田高 150～200 kg，但由于每亩投入增加 100～130 元，因此其纯收入增长不明显。这一结果启示我们，采用传统的耕作

制，要取得高产出就必须高投入，而实际收益却没有增加多少。这可能是因为从单季稻到双季稻，稻田生态系并没有多大改变，只不过是量的增减。而采用稻田人工生物圈，稻田生态系出现了质的飞跃。这种结构的变革导致了系统功能的升华。因此，虽然新体系的投入增加了，但其产出增长更快。这可能是新体系经济效益超常规、跳跃式增长的根本原因。从1988年到1992年新体系的经济效益逐年增长，则是系统结构日趋完善，人工调控水平不断提高的反映。

表1　新体系与常规耕作制经济效益比较（建宁县金溪乡）

年份	处理	投入金额（元/亩）			产出金额（元/亩）							纯收入（元）	新体系比常规耕作制的增减倍数	工价报酬	
		成本	工价	合计	稻谷		鲜鱼		瓜菜豆		合计			工日（d）	元/日
					kg	元	kg	元	kg	元					
1988	新体系	571.9	224	795.9	481.5	385.2	154	1 332	54.8	20.9	1 638.1	842.2	比双季稻+2.39	28	30
	双季稻对照田	95.2	176	271.2	650.0	520.0					520.0	248.8	比单季稻+2.86	22	11.3
	单季稻对照田	30.1	112	14.1	450.5	360.4					360.4	218.3		14	15.6
1989	新体系	888.2	288	1 176.2	692.5	554.0	193	1 544	127.3	80.5	2 178.5	1 002.3	比双季稻+2.75	36	27.8
	双季稻对照田	82.3	176	258.3	656.9	525.5					525.5	267.2	比单季稻+3.06	22	12.1
	单季稻对照田	41.3	112	153.3	500.0	400.0					400.0	246.7		14	17.6

表2　新体系与常规制种田的经济效益比较

年份	处理	投入金额（元/亩）			产出金额（元/亩）							纯收入（元）	新体系比常规耕作制的增减倍数	工价报酬	
		成本	工价	合计	稻谷		鲜鱼		瓜菜豆		合计			工日（d）	元/日
					kg	元	kg	元	kg	元					
1990	新体系	1 288.3	400	1 688.3	父母本264 晚稻301 904.4		444	3 108	135.0	56.5	4 068.9	2 380.6	+4.3	50	47.6
	对照田	105.0	176	281.0	父母本235 晚稻325 838.0						838.0	557.0		35	15.9
1991	新体系	1 531.8	240	1 771.8	父母本265.6 708.5		558	3 906	140.0	58.0	4 672.5	2 900.7	+4.8	30	96.7
	对照田	89.5	96	185.5	父母本262.5 682.0						682.0	496.5		12	41.4
1992	新体系	1 767.3	245	2 012.3	父母本232.7 635.8		702	4 212	100.0	40.0	4 887.8	2 875.5	+6.4	30.5	94.3
	对照田	108.8	96	204.8	父母本224.0 595.2						595.2	390.4		12	32.6

注：投入成本含鱼苗、饵料、稻种、肥料、药物、九二〇；投入工价每日8元；1990年早制威优64母本100 kg 340元，1991年和1992年中制汕优63母本100 kg 400元；鲜鱼产量是试验田代表田块验收的结果，与验收面积平均的鲜鱼产量两者是不同的；工价统计是以种植始及管理花工计算的比较效益

　　从表1、表2还可以看到，实行新体系后，稻田产出由原来单一的稻谷，变为稻、鱼、

瓜、菜、豆等多种产品。尤其是鱼的增产及其高价值（相对于稻谷）是新体系纯收入和工价报酬大幅度增长的主体，鱼产品的纯收入一般占总纯收入的 70% ~86% 。

2.2　新耕作体系增产增收的技术关键

2.2.1　不同萍种混养，保证有足够的萍量压青

把适量的红萍作为肥料和饵料引入稻田生态系，实行多萍种混养，使各萍种的特性得以互补，基本实现体系内红萍的均衡供应，增大系统的物质与能量投入是新体系与常规种稻或稻田养鱼的根本区别。

以往的研究表明通过养萍压青作水稻的基肥和追肥，加上养萍过程中萍体残根脱落和鱼类过腹返田供肥，可大大减少化肥用量（翁伯琦，等，1987；翁伯琦，等，1991）。5 年试验结果表明，新体系平均亩用鲜萍 3 257 kg 作基肥和追肥，平均亩施纯氮 5.73 kg，P_2O_5 4.23 kg，K_2O 4.6 kg。而不养萍、不养鱼的对照田上述三种化肥的用量分别是 12.4，8.25 和 14.75 kg。新体系每亩少施化肥 50% ~60%，且水稻比对照略有增产。

1990—1992 年连续 3 年在同一片地进行的田间试验结果证明，每亩施用 3 200 ~ 3 800 kg 鲜萍，可少用化肥 75% ~80%，稻谷产量均高于对照（表3）。1990 年、1991 年和 1992 年气候条件相似，新体系 3 年施用化肥的 N、P、K 配比均为 1∶1∶1。其稻谷产量以 1990 年最高，1991 年次之，1992 年最低。造成这种差异可能与化肥和红萍施用（压青）量有关。从表 3 可以看到，新体系 1992 年比 1991 年红萍用量减少 500 kg 多，尽管化肥用量增加 2.5 kg，但稻谷产量仍减少约 100 kg。这表明，在新体系亩施 3 800 kg 鲜萍对确保水稻产量是必要的。而 1990 年与 1991 年新体系鲜萍用量相近，都在 3 800 kg 左右，化肥用量相差 4.5 kg，稻谷产量却相差 380 kg。这就是说，在新体系每亩鲜萍施用量达 3 800 kg 且 N、P、K 配比相同的条件下，补充一定量（18 kg 纯量）的化肥也是必要的。换句话说，保证足够的鲜萍用量，再配施适度比例的化肥有利于较大幅度提高新体系的水稻产量。

在新体系中，红萍即是肥料，又是鱼的饵料。据分析，红萍含有丰富的蛋白质、脂肪和各种必需氨基酸，以萍喂鱼能有效地提高鱼产量（刘中柱，等，1989）。据我们 1988—1992 年 5 年试验结果统计，每亩鱼的耗萍量为 3 000 ~5 700 kg（鲜重），占饵料总消耗量的 50% 以上。一般每亩增重 50 ~100 kg，增收 400 ~800 元。

表 3　不同施肥情况与产量的关系

年份	处理	面积（亩）	鲜萍用量（kg/亩）	化肥施用量（kg/亩）			稻谷年亩产（kg）
				N	P_2O_5	K_2O	
1990	新体系	27	3 800	6.00	6.00	6.00	1 348.0
	化肥区	2		15.75	15.75	15.75	1 235.0
1991	新体系	27	3 876	4.50	4.50	4.50	963.1
	化肥区	2		18.20	8.40	18.00	926.3
1992	新体系	27	3 259	5.25	5.25	5.25	865.0
	化肥区	2		17.00	8.40	17.50	809.0

2.2.2 自繁自育鱼苗，适当提高放养密度

在新体系内，鱼是萍的消费者，又是系统内物质循环的重要环节。如前所述，鱼对提高新体系的产出和经济效益是举足轻重的。然而，在以往的实践中，体系内放养的鱼苗主要靠外购。由于外购鱼苗的成活率不高和运费支出较大，使鱼苗成本占鱼总产值的60%左右，限制了纯收入的增长。近几年，我们改鱼苗外购为自繁自育。即每年在新体系中投放草鱼、鲤鱼夏花苗种（规格0.3 cm以上）各1 000条（草鱼每尾1.5分，鲤鱼每尾3.0分），供作翌年本田的春片鱼种。试验结果表明，自育的草鱼、鲤鱼、罗非鱼成活率分别比外购的高5.1、3.7和19.7个百分点，鱼苗成本占总产值的比重降为38%，鲜鱼亩产达428.9 kg，亩净增340.5 kg，净增收达1 850.5元。而外购苗亩净增重仅274.3 kg，扣除成本后，亩净增收仅为1 137元（见表4）。

表4　鱼种来源与经济效益　　　　建宁县金溪乡水西村（1990）

鱼种来源	亩 投 入				亩 产 出				净收入（元）
	草鱼（kg）	鲤鱼（kg）	罗非鱼（kg）	总投入（元）	草鱼（kg）	鲤鱼（kg）	罗非鱼（kg）	产值（元）	
自育	47.7	39.0	1.7	1 153.5	325.2	102.0	1.7	3 004.0	1 850.5
外购	73.3	53.3	6.7	1 720.5	279.0	124.3	4.3	2 857.5	1 137.0

注：①每千克苗价，自育：鲤鱼9.0元，草鱼、罗非鱼各8.0元；外购：草鱼、鲤鱼、罗非鱼均10元；②总投入包括鱼苗、饵料、肥料、药费和劳务工价；③鲜鱼每千克售价草鱼、鲤鱼7.0元，罗非鱼8.0元

稻、萍、鱼是新体系的3大要素，三者互相依存形成食物链。要使之协调稳定发展，并在有限的空间取得更大的经济效益，就必须使三者维持一定的数量关系，也就是稻、萍、鱼的投入量和生长量要有一个相对合理的比例。经过多年实践，我们认为按照目前新体系中水稻和红萍的生长状况及其所占据的比重，适当增加鱼的放养密度，可明显提高鱼的产量（表5），从而增大整个系统的产出，而且鲜鱼产量随着放鱼量的增加而提高，两者成正比。但其增长率随着放鱼量增加而降低。我们认为，在建宁、泰宁这两个县的生态条件下，新体系中鱼的放养量以每亩130 kg左右（草鱼60%、鲤鱼25%、罗非鱼15%）为宜，鲜鱼亩产可达400 kg左右。

表5　放鱼量与鲜鱼产量的关系　　　　　　　　（建宁县金溪乡）

年份	放鱼量（kg/亩）	鲜鱼产量（kg/亩）	鱼种与产鱼比
1990	123	444	1：3.6
1991	174	558	1：3.2
1992	234	702	1：3.0

2.2.3 田间工程标准化和管理规范化

要使稻萍鱼三者维持一定的数量关系，除了确定三者的投入比例外，还必须为它们提供相应的生存空间，尤其是要保证鱼有足够的栖息与活动场所。据我们测算，新体系中供鱼生

活的坑沟面积应占稻田面积的 13% ~ 15% ，串心沟、主沟和鱼坑的深度分别以 0.3、0.8 和 1 ~ 1.2 m 为宜。在推广新体系时，田间工程必须符合这一标准，以保证稻、萍、鱼三者都有自己的生存与发展的空间。工程不标准，将使三者关系失衡，导致系统功能紊乱，不仅新体系的优越性难以体现，还会造成减产减收。

在整个稻作季中，新体系内稻、萍、鱼、土、水和其他生物以及光照、温度、湿度等环境因子都处于动态变化中。红萍的消长、水稻的生长发育和鱼的生长增重都会打破三者原有的平衡。环境条件的改变也会影响系统内各要素的相互关系。这就必须进行人为的干预，也就是通过施肥、灌水、防治病虫害等一系列田管措施进行调控，以维护新体系的动态平衡。经过五年的努力，我们建立了一套新耕作体系的田间操作规程（另文报道）。实践证明，只要严格按照规程，进行规范化的田间管理，就有可能实现体系内物质的良性循环，达到增产增收的目的。

2.3 新体系的生态、社会效益

前已述及，新体系中，3 200 ~ 3 800 kg 的鲜萍压青，另有 3 000 ~ 5 700 kg 鲜萍通过鱼的消化、过腹返田，这就直接增加土壤有机质，有利于提高土壤肥力。土壤化验结果表明，土壤全氮增加 0.03% ，全磷增加 0.1% ，缓效钾提高 50 mg/kg，碱解 N、P_2O_5、K_2O 分别增加 50、40、140 mg/kg。

另外，由于鱼的频繁活动和捕食，新体系中稻作病虫、草害明显减少（刘浩官，等，1986；叶国添，等，1985），每季喷药次数比对照减少 1 ~ 3 次。1989 年，我们在建宁金溪乡进行田间调查时发现，新体系内水稻纹枯病明显减轻，防治效果达 90% ，比对照高 75% ；稻飞虱为害也比对照减轻 21% 。1991 年在泰宁联系点进行的田间调查表明，新体系的纹枯病防治效果达 86.3% ，稻瘟病防效达 83% ，分别比对照提高 63% 和 97% ，稻飞虱为害也比对照减轻 34.8% ，每季喷药次数减少 3 次。水稻收割后进行田间调查基本上没有发现田间杂草（表 6）。这可能与鱼取食稻田中的害虫、杂草或菌核有关。

表 6 新体系与病虫草害的关系 泰宁县（1991）

处理	飞虱密度（只/丛）	枯心苗（%）	纹枯病发病率（%）	颈瘟株发病率（%）	杂草量（株/m²）	杂草重（g/m²）
常规田	8.1	8	21.2	53.0	50	460
新体系	2.3	3	7.8	1.5	0	0

稻田人工生物圈这一新技术的推广应用，推动了建宁县淡水渔业的迅速发展，带来了明显的社会效益。1980 年建宁县全年鲜鱼产量仅 100 吨。1984 年发展"稻萍鱼"，随后大搞"新耕作体系"，全县淡水渔业生产扶摇直上，鲜鱼总产量 1984 年上了一个大台阶，达 510 吨；1986 年更上一层楼，达 1 350 吨；至 1992 年总产量已达 1 761 吨，比 1980 年增长十几倍（图 3）。不仅丰富了市场供应，也增加了农民收入。因此新体系不仅是高产优质高效农业的新模式，也是山区农民治穷变富的新途径。

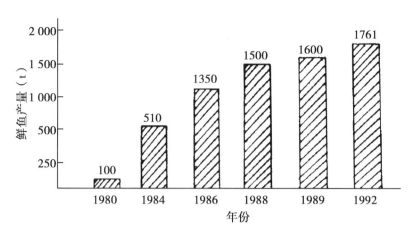

图3　发展新体系与鲜鱼产量的增长

参考文献

贾芬，黄毅斌，唐建阳，等.1993.调控稻田人工生物圈及其新耕作体系研究 1.稻田长期定位试验结果初报 ［J］.福建农业学报（3）：15－20.

刘浩官，李 平，祝卫华，等.1986.稻萍鱼生态体系控制稻飞虱和纹枯病的试验 ［J］.福建农业科技（2）.

刘中柱，郑伟文.1989.中国满江红 ［M］.北京：中国农业出版社.

翁伯琦，陈炳焕，唐建阳，等.1987.^{15}N 示踪法研究稻萍鱼体系中红萍氮素的利用及对水稻生长的影响 ［J］.福建农业学报（01）.

翁伯琦，唐建阳，陈炳焕，等.1991.稻—萍—鱼系统中红萍氮素吸收利用及有效性研究 ［J］.生态学报（01）：25－31.

叶国添，林崇光，陈震南.1985.稻萍鱼共生是提高稻田产值好途径 ［J］.福建农业科技（2）.

【原文发表于《福建省农科院学报》，1994，9（2）：13－20，由李艳春重新整理】

调控稻田人工生物圈及其新耕作体系研究 Ⅲ. 外源喷水系统的增氧效果研究

黄毅斌　翁伯琦　唐建阳　张逸清　宋铁英　何　萍　刘中柱

（福建省农业科学院红萍研究中心，福州 350013）

摘　要：实验证明淡水白鲳、尼罗罗非鱼、鲤鱼、革胡子鲶正常生长的水体溶氧量应高于 3 mg/L。稻田人工生物圈中水体的溶氧量的日变化规律与池塘相似都为昼高夜低，但人工生物圈水体的溶氧量低于池塘，而且鱼坑中的溶氧量又低于田面，在养殖的后期人工生物圈中水体夜间的溶氧量表现为缺乏。用外源喷水的方式进行增氧，结果表明，在夜间喷水 45 min，喷水量 225 m³/hm²，可以满足产量为 4 377.2 kg/hm² 的稻田人工生物圈中鱼类对溶氧的要求。而且，外源喷水系境的增氧效果与水体中鱼类的密度成反比。在相同鱼种及放养比例的条件下，有喷水的人工生物圈的鱼产量是不喷水的高密度养鱼的 2 倍，且成活率高、个体较大。

关键词：稻田人工生物圈；增氧方式；溶氧量

稻田养鱼的主要目的是在获得较高水稻产量的情况下，同时获取尽可能高的鱼类产量。而限制稻田养鱼鱼产量的主要因素有鱼类的品种、规格和放养密度及比例，饵料的投放量和饵料配方以及水体的溶氧量，而其中水体溶氧量又是制约放养密度和饵料利用率的重要因素[1]。因此，改善稻田的溶氧状况，提高溶氧量是促进鱼产量提高的有效途径。近几年，对于放鱼密度和饵料的研究已有不少报道[2-3]，而对改善稻田溶氧条件的研究却很少。调控稻田人工生物圈及其新耕作体系的研究利用综合技术措施，加大鱼的放养密度，使鱼产量提高到 3 700 kg/hm² 以上[4]，其中增氧方式是其主要技术之一。

自 1987 年起，本课题组根据平原地区稻田养鱼的特点，设计了多种增氧方式，取得了较好的增氧效果，本文主要介绍其中的外源喷水增氧系统的增氧效果的研究。

1　材料与方法

本试验在位于福州郊区的福建省农业科学院稻麦研究所农场内进行。实验采取小区对比测定的方法，每小区面积 67 m²，小区田埂高 0.5 m、宽 0.5 m，小区之间留有 0.5 m 宽的排灌沟。养鱼区内设有鱼沟和鱼坑沟、坑占地 14.8%。

1.1　处理

实验设 3 个处理：①稻萍鱼体系：种稻、养萍、养鱼，施少量化肥，早稻插秧前压施

45 000 kg/hm² 鲜萍作基肥；②调控稻田人工生物圈及其新耕作体系（简称人工生物圈）：高密度养鱼，投放以干红萍为主的饵料，附设增氧设备，余同稻萍鱼处理。在沟、坑上方距水面30 cm处架设直径32 mm的PVC塑料管，在管子下方钻孔，孔径2 mm，孔距30 cm，用真空泵从附近作为水源的池塘抽水喷射水面以达到增氧的目的。田间结构及管道见图1；③高密度养鱼，不喷水增氧，其余内容同人工生物圈；④池塘（对照），面积700 m²，作为人工生物圈喷水系统的水源。

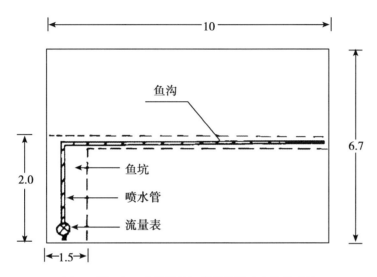

图1　稻田人工生物圈的田间结构及喷水管道系统

1.2　溶氧量测定方法

定时取稻田田面、鱼坑及池塘水面下30 cm处的水样，用德国WTW公司的XOI 92型测氧仪测定溶氧量，并以碘量法作校正[4]。

1.3　鱼类耐氧能力测定

用20 cm×20 cm×20 cm水族箱，每箱放鱼1尾，放满水后上面覆盖透明玻璃以隔绝空气，分别测定鱼浮头及死亡时水体的溶氧量。鱼种为淡水白鲳、鲤鱼、尼罗罗非鱼、革胡子鲇，各4次重复。

表1　不喷水情况下溶氧量的日变化（1990. 10. 11）

处理	时间（h）				
	0	6	12	18	24
稻萍鱼体系（田面）	3.1	2.7	12.0	8.7	2.0
稻萍鱼体系（鱼坑）	2.3	2.5	10.2	5.5	2.3
人工生物圈（田面）	2.5	3.0	8.9	6.4	2.8
人工生物圈（鱼坑）	2.2	2.1	7.3	3.9	2.7
池塘（对照）	3.3	2.4	12.7	10.0	5.3

（续表）

处理	时间（h）				
	0	6	12	18	24
气温（℃）	15.0	14.0	24.8	22.5	21.0
水温（℃）	23.0	22.0	23.5	24.5	28.0
光照（1x）	—	898	68467	13310	—

2　结果与分析

2.1　稻田溶氧量的日变化规律

　　稻田水体中溶氧量的日变化趋势与作为对照的池塘相似，表现为昼高夜低，并与光照强度的变化规律吻合，都为中午12时最高，夜间0时最低。说明水中溶氧量的变化主要决定于水体中浮游植物的光合作用的变化（表1），这与雷慧僧等对池塘养鱼溶氧变化的研究结果一致[5]。另外，在稻田中，由于鱼多在坑中活动，所以同一时间田面的溶氧量又高于鱼坑中的溶氧量，说明养鱼田中溶氧量的缺乏首先鱼坑中表现，因而增氧的目的应是对鱼坑中水域进行增氧。再者，人工生物圈的放鱼密度大于稻萍鱼体系。所以，人工生物圈田中溶氧量也低于稻萍鱼体系。对各种鱼类的耐氧能力的测定结果表明，鱼类正常生长所需的水体溶氧量应高于3.0 mg/L（表2）。我国渔业水质标准规定：溶氧量在1 d中，要求16 h大于5 mg/L，其余时间不低于3 mg/L[4]。对夜间0时至8时的溶氧变化测定结果表明，夜间人工生物圈水体的溶氧量低于3 mg/L，而鱼坑中的溶氧量只有2 mg/L左右，难于满足鱼类在养殖后期（10月份）对溶氧的要求（图2）因此，必须在夜间对人工生物圈进行增氧。

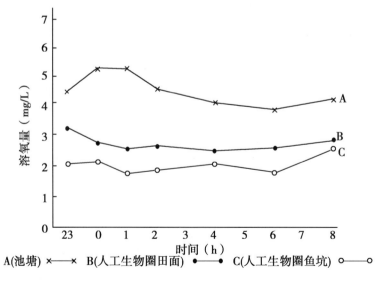

A(池塘) ×——×　　B(人工生物圈田面) ●——●　　C(人工生物圈鱼坑) ○——○

图2　不喷水情况下夜间溶氧变化（1990. 10. 12~13）

表 2　鱼类对水体溶氧的耐受能力

鱼种	鱼体重（g/kg）	浮头时的溶氧值（mg/L）	死亡时的溶氧值（mg/L）
淡水白鲳	215 ± 39	3.77 ± 0.84	2.08 ± 0.51
鲤鱼	273 ± 90	2.84 ± 0.93	1.36 ± 0.21
尼罗罗非鱼	197 ± 25	1.84 ± 0.53	1.06 ± 0.32
革胡子鲇	388 ± 47	2.78 ± 0.72	0.98 ± 0.17

2.2　不同喷水量对人工生物圈的增氧效果

为探清外源喷水增氧系统的增氧效果及适宜喷水量，进行不同喷水量的增氧效果试验。

2.2.1　喷水 15 min（水量 75 m^3/hm^2）的增氧效果

从夜间 23：45 开始喷水至 24：00，结果表明，喷水有增加溶氧的作用。喷水后人工生物圈鱼坑中溶氧量从 1.7 mg/L 提高到 3.4 mg/L，而田面从 2.8 mg/L 提高 3.9 mg/L 并一直维持 3.0 mg/L 以上，但人工生物圈中的溶氧量仍低于池塘的溶氧量（图 3）。

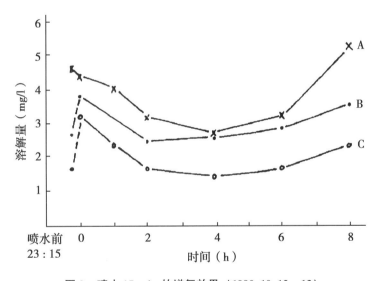

图 3　喷水 15 min 的增氧效果（1990. 10. 12～13）

（夜间 23：45 喷水至 24：00，水量 75 m^3/hm^2，鱼产量 4 377.2 kg/hm^2。图示同图 2）

2.2.2　喷水 45 min（水量 225 m^3/hm^2）的增氧效果

从夜间 23：15 喷水到 24：00，结果表明人工生物圈田面溶氧由 3.1 mg/L 提高到 5.6 mg/L，鱼坑中溶氧由 2.8 mg/L 提高到 5.1 mg/L，都高于作为水源的池塘。停止喷水后溶氧不断下降，但仍维持在 3.0 mg/L 以上，直到凌晨 6 时，而田面溶氧一直保持高于池塘。说明对于鱼产量 4377.5 kg/hm^2 的人工生物圈，喷水 225 m^3/hm^2 即可满足鱼类生长对溶氧的要求（图 4）。

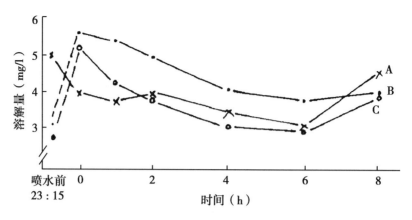

图4　喷水45 min 的增氧效果（1990.10.14~15）

（夜间23：15 喷水至24：00，水量225 m³/hm²，鱼产量4 377.2 kg/hm²。图示同图2）

2.3　相同喷水量对不同鱼密度的人工生物圈的增氧效果

对鱼密度分别为4 377.2 kg/hm²、5 511.3 kg/hm²、6 114.4 kg/hm²的3 个人工生物圈试验区进行45 min 喷水（水量225 m³/hm²），结果表明都有提高鱼坑水体溶氧的作用，但增氧效果与鱼密度成反比（图5）。说明人工生物圈的目标产量越高，所需的增氧（喷水）时间或喷水量越大。

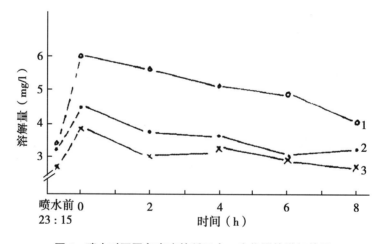

图5　喷水对不同鱼密度的稻田人工生物圈的增氧效果

（喷水45 min，水量225 m³/hm²，1990.10.16~17。鱼密度kg/hm²：①4 377.2；②5 511.3；③6 114.4）

2.4　喷水与不喷水对鱼类生长及鱼产量的影响

在鱼类放养量及比例相同的情况下，有喷水增氧的稻田人工生物圈其鱼产量是不喷水增氧的高密度稻田养鱼的2.03 倍，且鱼类生长状况较好（表3）。从表3可见，与高密度养鱼相比，人工生物圈中尼罗罗非鱼、鲤鱼、革胡子鲶、淡水白鲳的成活率分别提高1.3、6.0、1.5 和2.0 倍，个体重量提高43.8%、16.0%、8.3%和34.2%。因此，外源喷水系统对稻田人工生物圈的增产效果显著。

表3　稻田人工生物圈与高密爱养鱼的鱼类生长情况比较

鱼种	稻田人工生物圈		高密度养鱼	
	尾数（尾/hm²）	规格（g/尾）	尾数（尾/hm²）	规格（g/尾）
放养时：尼罗罗非鱼	18 000	33.3	18 000	33.3
鲤鱼	4 500	50.0	4 500	50.0
革胡子鲇	4 500	10.0	4 500	10.0
淡水白鲳	750	25.0	750	25.0
收获时：尼罗罗非鱼	12 150	170.4	9 750	118.5
鲤鱼	2 700	290.0	450	250.0
革胡子鲇	1 575	650.0	1 080	600.0
淡水白鲳	450	178.0	225	132.3
鱼类总产量（kg/hm²）	3 957.3		1 945.7	

注：3次重复平均

3　讨　论

由于浮游生物的光合放氧和呼吸耗氧，稻田水体溶氧量的日变化规律与池塘相似，都表明为昼高夜低，稻田人工生物圈中由于鱼多在沟、坑中活动，所以鱼沟、鱼坑中水体的溶氧量低于田面。稻田人工生物圈由于高密度养鱼，所以在养殖的后期（10月份）其夜间溶氧量一般低于 3.0 mg/L，不利于鱼类的正常生长。实验证明：采用外源喷水增氧方式，在夜间对稻田人工生物圈的鱼沟和鱼坑进行喷水增氧，可提高水体的溶氧量，其增氧效果与鱼类的密度成反比。在鱼密度 4 377.2 kg/hm² 的情况下，夜间喷水 45 min，水量 225 m³/hm²，即可满足鱼类正常生长对溶氧的需要。在相同的放养条件下，有增氧的稻田人工生物圈其鱼产量是不增氧的高密度稻田养鱼的 2.03 倍，且鱼类成活率提高 30% ~ 500%，个体重量提高 8.3% ~ 43.8%。因此，外源喷水增氧方式对稻田人工生物圈有显著的增产作用。

参考文献

[1]　中国淡水养鱼经验总结委员会. 中国淡水鱼类养殖学［M］. 北京：科学出版社，1973. 330 - 331.

[2]　叶国添，杨建平，林忠华. 调控稻田人工生物圈及其新耕作体系研究Ⅱ. 建宁基点及泰宁联系点连续五年中试结果与效益分析［J］. 福建农业学报，1994（02）.

[3]　贾芬，黄毅斌，唐建阳，等. 调控稻田人工生物圈及其新耕作体系研究——Ⅰ. 稻田长期定位试验结果初报［J］. 福建农业学报，1993（03）：15 - 20.

［4］　湛江水产科学校.淡水养殖水化学［M］.北京：中国农业出版社，1983.219 - 229，276.

致谢：本课题由福建省农科院院长刘中柱研究员提出，并主持指导研究。

【原文发表于《福建省农科院学报》，1996，11（1）：17 - 21，由李艳春重新整理】

调控稻田人工生物圈及其新耕作体系研究
IV. 综合调控技术对水稻生长和
稻田生态环境的影响

黄毅斌　翁伯琦　唐建阳　陈炳焕　贾　芬　陈震南　李振武　刘中柱

（福建省农业科学院红萍研究中心，福州 350013）

摘　要： 研究稻田人工生物圈的综合调控技术对水稻生长和稻田生态环境的影响结果表明，稻田人工生物圈中水稻的分蘖能力比传统稻作（对照）稍弱，但其成穗率提高 13.4%，结实率提高 5.5%，产量提高 5.7%，而且稻草和稻谷中的 N、P、K、Mg 含量比对照高。稻田人工生物圈的稻飞虱比对照减少 48.9% ~ 65.1%，枯心苗减少 40.0% ~ 46.2%，纹枯病减少 45.5% ~ 53.5%，稻田杂草的发生率减少 99.5%。稻田人工生物圈采用的宽窄行插秧方式，其宽行稻间透光率比对照提高 57.0% ~ 521.5%，窄行的透光率比对照下降 16.3% ~ 80.5%，总的透光率比对照提高。在稻鱼共生期间，稻田人工生物圈鱼对红萍的摄食量为 31 623 kg/hm²。夏季稻田人工生物圈中鱼坑的最高水温比气温下降 3 ~ 4℃，比田面水温下降 0.9 ~ 2.6℃。试验证明稻田人工生物圈的综合调控技术有提高水稻产量和品质，及改善稻田生态环境的作用。

关键词： 稻田人工生物圈；综合调控技术；水稻生长；稻田生态

调控稻田人工生物圈的基本技术是在传统稻作的以水稻为主的生物群体中加入红萍和鱼类，并通过对红萍和鱼类的人工调控而影响水稻、红萍和鱼类的生长以及整个稻田生态系统。其调控技术主要有：①红萍养殖利用技术：冬春季节在稻田中养萍，并捞出余萍进行青贮，或晒干供夏秋季配制以干萍为主成分的饵料。在早稻插秧前将鲜萍翻压入土做基肥；②鱼类养殖技术：选择适于稻田环境并以红萍为主食的鱼种。增加鱼的放养密度，提高鱼对红萍的总消化量，以增加鱼粪的排泄量和提高土壤肥力，减少化学肥料的施用；③田间构造技术：在稻田中设计比例适当，结构合理的鱼沟和鱼坑，为鱼类生长创造良好的稻田水体条件；④水稻种植技术：采用宽窄行的插秧技术，晚稻在早稻的宽行中免耕插秧；⑤化肥农药使用技术：改进化肥施用时间和比例，选择对鱼无伤害的农药及其施用技术，减少化肥和农药的用量；⑥增氧技术：针对稻田人工生物圈中鱼的密度大，溶氧量不足的特点，选择适于山区和平原地区稻田的不同增氧方式。本文主要介绍以上综合调控技术对水稻生长和稻田生态环境的影响。

1 材料与方法

1.1 试验方法

本试验自 1987 年起在位于福州郊区的福建省农业科学院稻麦所农场内进行。采用小区对比，每小区面积 67 m²，小区田埂高 0.5 m，宽 0.5 m，小区之间留有宽 0.5 m 的排溉水沟。养鱼区内设有鱼沟和鱼坑，沟坑占地 14.8%。

1.2 试验设计

试验设 4 个处理①常规种稻（对照）：施 N 肥 254 kg/hm²、P_2O_5 230 kg/hm²、K_2O 225 kg/hm²；②稻萍：种稻养萍，早稻插秧前压施鲜萍 4 500 kg/hm² 作基肥，不施化肥；③稻萍鱼：种稻养萍养鱼，化肥用量 N 89 kg/hm²、P_5O_2 75 kg/hm²、K_2O 64 kg/hm²，早稻插秧前压施 4 500 kg/hm² 鲜萍作基肥；④调控稻田人工生物圈及其新耕作体系（简称人工生物圈）高密度养鱼，投放以干红萍为主成份的饵料，附设增氧设备，其余同稻萍鱼处理。试验重复 3 次，随机排列，水稻插秧方式为：早稻 [（43 + 16.5）/2] ×11.6 cm²，晚稻 [（43 + 16.5）/2] ×13.2 cm²。

1.3 观测方法

①分蘖追踪：插秧后每小区固定 6 丛，每隔 5 d 观测水稻的分蘖、成穗情况及农艺性状；②谷草养分分析：早晚稻收割前每小区取样 6 丛，用常规方法分析植株和谷子的氮、磷、钾、镁含量；③枯叶调查：每小区固定 6 丛，间隔 10 d 计算水稻基部枯叶数量；④病虫害调查：白背飞虱、褐飞虱、稻纵卷叶螟每小区查 20 丛，枯心苗查 50 丛；⑤杂草调查：每小区 4 点，每点 0.25 m²，取出洗净吸外部水分后分种计数、称重；⑥红萍生长量：每小区 6 点，其中养鱼区田面 4 点，沟、坑中各 1 点，用直径 28 cm 圆框取样，甩干外部水分后称重；⑦光照度测定：用日产 IMT 测光仪测定 8：00、12：00、16：00 时旷地、宽行、窄行、常规插秧方式水稻近水面行间的光照度；⑧温度：每日测定 8：00、12：00、20：00 的气温，田面水下 5 cm 及坑中水下 50 cm 处的水温及日最高温。

2 结果与分析

2.1 不同耕作体系对水稻的分蘖能力及产量构成因子的影响

不同处理的水稻分蘖追踪测定结果表明，施用化肥的常规种稻（对照），稻田养萍（稻萍）及稻田人工生物圈处理都表现为插秧后 10 ~ 15 d 分蘖能力最强，并在 20 ~ 25 d 达到高峰，但对照的分蘖能力强于人工生物圈及稻萍处理（图1）。这是因为人工生物圈在插秧后 10 d 才放鱼，所以尽管前期施少量化肥，但仍与稻萍处理一样，表现为养分供应不足，分蘖能力较弱。不过人工生物圈与对照的有效分蘖差异不大，而稻萍处理前期有效分蘖较少，从成穗率看，人工生物圈后期（15 ~ 25 d）出生的分蘖其成穗率高于对照及稻萍处理（表

1）。说明人工生物圈由于压萍作基肥及鱼对红萍的消化，以鱼粪形式为水稻提供养分，使水稻生长所需的养分得以持续供应，促进水稻生长后期出生的分蘖形成有效穗。这与我们对土壤与稻株养分含量追踪研究的结果一致[1]。穗粒数比较看，人工生物圈高于对照和稻萍处理，而结实率人工生物圈与稻萍差异不大，但都高于对照处理（表2），说明有机肥（红萍压施）有助于土壤在水稻生长的后期供应充足的养分，促进籽粒饱满。各处理水稻主茎及前期分蘖成穗的稻谷千粒重比后期分蘖穗稍高，但处理间差异不明显（表3）。由于上述原因，所以人工生物圈的水稻产量高于对照处理，而稻萍处理最低。其中人工生物圈插秧后10～15 d形成的分蘖穗在产量构成的比例中高于对照，从而增加了总产量（表4）

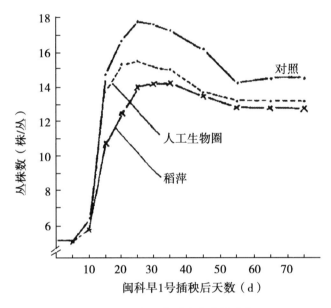

图1　不同处理水稻分蘖消长动态

表1　不同处理水稻的主茎和不同时期分蘖的有效穗数及成穗率

项目	处理	主茎	分蘖			合计
			插秧后天数（d）			
			10	15	20	
有效穗（穗/丛）	对照	5.0	1.25	6.5	1.25	14.0
	稻萍	4.75	0.75	6.25	1.25	13.0
	人工生物圈	5.0	1.25	6.5	1.0	13.75
成穗率（%）	对照	100.0	83.3	81.3	55.6	83.6
	稻萍	95.0	100.0	78.1	83.3	85.3
	人工生物圈	100.0	100.0	92.9	80.8	94.8

注：品种为闽科早1号；4月29日插秧

表2 不同处理水稻的主茎和不同时期分蘖的穗粒数及结实率

项目	处理	主茎	分蘖			平均
			插秧后天数（d）			
			10	15	20	
穗粒数 （粒/穗）	对照	138.5	105.6	68.3	61.8	96.1
	稻萍	120.2	97.3	69.8	5.3	88.2
	人工生物圈	137.1	110.6	73.2	53.8	98.4
结实率（%）	对照	81.8	71.0	80.1	74.7	79.8
	稻萍	87.8	88.0	82.5	82.5	85.5
	人工生物圈	83.2	85.3	85.5	84.6	84.2

注：品种为闽科早1号；4月29日播秧

表3 不同处理水稻的主茎和不同时期分蘖的千粒重 （单位：g/1 000 粒）

处理	主茎	分蘖			平均
		插秧后天数（d）			
		10	15	20	
对照	26.5	26.4	26.1	25.1	26.1
稻萍	27.1	26.8	26.6	25.2	25.8
人工生物圈	26.7	26.2	25.7	23.6	26.2

注：品种为闽科早1号；4月29日播秧

综上所述，尽管人工生物圈的化肥施用量只有对照的30%左右，但由于压施红萍作基肥，加上鱼对红萍的消化，促进速效养分的释放，使土壤供肥能力平稳，促进成穗率、穗粒数及结实率的提高，因此其水稻产量高于施用化肥的常规种稻。

表4 不同处理水稻主茎和不同时期分蘖的产量构成比例 （单位：蘖/m²）

项目	处理	主茎	分蘖			合计
			插秧后天数（d）			
			10	15	20	
产量 （kg/hm²）	对照	3 750	649.2	2 325	363	7 057.5
	稻萍	3 390	432	2 400	343.5	6 570
	人工生物圈	3 813	775.5	2 599.5	268.5	7 456.5
构成产量 比例（%）	对照	53.1	8.8	32.9	5.1	
	稻萍	51.7	6.6	36.5	5.2	
	人工生物圈	51.0	10.4	34.9	3.6	

注：品种为闽科早1号；4月Z9日插秧

2.2 不同耕作体系对水稻植株和谷子养分含量的影响

水稻植株和谷子的 N、P、K、Mg 养分含量的分析结果表明，人工生物圈两季水稻的植株中 N 的含量都高于对照和稻萍处理，K 的含量与稻萍处理差异不大，却都高于对照。早晚稻人工生物圈的谷子 N 含量高于对照,晚季人工生物圈水稻的植株和谷子的含 Mg 量也高于对照。而磷的含量各处理间差异不大(表5)。这可能与红萍具有固氮和富钾能力有关,红萍在人工生物圈中腐解和经鱼消化后,为水稻生长提供较多的 N、K 养分,促进 N、K 在水稻植株和谷子中的积累。因此,人工生物耕作方式不但提高了水稻的产量,同时也改善了稻谷及稻草的品质。

表5 不同处理的水稻的植株和稻谷 N、P、K、Mg 含量

季别	处理	植株(%)				谷子(%)			
		N	P₂O₅	K₂O	Mg	N	P₂O₅	K₂O	Mg
早季	对照	0.99a	0.63b	3.35b		1.33b	0.76	0.41	
	稻萍	1.16ab	0.84a	2.63c		1.33b	0.85	0.50	
	人工生物圈	1.35b	0.69b	3.65a		1.61a	0.84	0.42	
晚季	对照	1.05b	0.31b	2.50	0.20b	1.41b	0.69	0.45	0.16
	稻萍	1.19a	0.43a	2.63		1.59ab	0.76	0.50	
	人工生物圈	1.26a	0.37ab	2.63	0.25a	1.68a	0.69	0.40	0.18

注:早稻品种为闽科早1号;晚稻品种为地优124

2.3 不同耕作体系水稻基部枯叶数量的差异

不同处理水稻基部枯叶存量的调查结果表明,人工生物圈田中不同位置水稻基部枯叶从田面、鱼沟到鱼坑边呈减少趋势,与对照相比,人工生物圈早稻每株水稻基部的枯叶减少 0.9~1.34 叶,晚稻少 0.43~2.27 叶,这显然与鱼在人工生物圈中的活动有关(表6)。说明稻田人工生物圈由于鱼的取食,可以减少水稻基部枯叶的数量,从而提高了稻田的通透性,减少病虫害的寄生。

2.4 不同耕作体系水稻病虫害的发生情况

水稻病虫害发生情况的调查结果表明,人工生物圈对大部分水稻病虫害的发生有不同程度的抑制作用,与对照相比人工生物圈中早晚稻稻飞虱的密度减少65.1%和48.9%,枯心苗减少46.2%和40.0%,纹枯病减少45.5%和53.5%,但稻纵卷叶螟数量增加18.2%和17.9%(表7)。分析其原因认为鱼的活动区域在水稻的基部,所以对于发生于水稻基部的稻飞虱、螟虫、纹枯病有较强的抑制作用,这与鱼类吞食水稻基部的害虫和枯叶、叶鞘,减少病虫抑制病原,减少再污染的机会有关。刘浩官等[2]研究认为鱼对纹枯病菌核有蚕食作用,而红萍对纹枯病菌核有物理阻隔和化学抑制作用。

表6 不同处理的水稻枯叶存量调查 （单位：叶/株）

处理	早稻(闽科早1号)			晚稻(地优124)		
	田面	沟面	坑边	田面	沟面	坑边
对照	3.56a	—	—	3.17ab	—	—
稻萍	3.52a	—	—	3.40a	—	—
人工生物圈	2.65b	2.69b	2.24b	2.74b	1.33c	1.39c

表7　不同处理的水稻病虫害调查结果

季节	处理	稻飞虱 （×10⁴只/hm²）	枯心苗数 （×10⁴只/hm²）	纹枯病发病率 （%）	稻纵卷叶螟密度 （×10⁴只/hm²）
早稻	对照	2 520	26.3	12.3	35.7
	人工生物圈	1 640	12.6	5.6	42.2
晚稻	对照	4930	35.7	14.2	12.3
	人工生物圈	2410	14.4	7.6	14.5

2.5　不同耕作体系对稻田杂草发生的影响

稻田杂草存量的调查结果表明，人工生物圈由于鱼的取食活动，消除了布氏轮藻、鸭舌草、矮慈菇、四叶萍、空心莲子草，并抑制了节节草的生长。而对照区由于宽行较宽，杂草易于滋长，虽然调查前已除草两次仍不能抑制杂草的发生，稻萍处理由于红萍的覆盖，对杂草生长有一定的抑制作用（表8）。从表8可见，稻田人工生物圈尽管不除草，其杂草发生量比对照减少99.5%，稻萍处理比对照减少54.3%并减少1次除草。早季稻田的优势种是布氏轮藻和矮慈菇。

表8　不同处理稻田杂草的种类和生物量

种类	对照		稻萍		人工生物圈	
	数量 （株/m²）	重量 （鲜重 g/m²）	数量 （株/m²）	重量 （鲜重 g/m²）	数量 （株/m²）	重量 （鲜重 g/m²）
布氏轮藻（Chara braunii）		96.7		83.0	0	0
鸭舌草（Monochoria vaginalis）	40	225.0	17	66.7	0	0
节节草（Equisetum ramosissimum）	422	86.3	33	43.7	2	2.4
矮慈菇（Sagillaria pygmaca）	14	30.0	24	30.3	0	0
四叶萍（Marsilea quadrifolia）	14	15.0	0	0	0	0
空心莲子草（Alternanthera philoxeroides）	3	10.0	0	0	0	0
其他		3.3		3.3	0	0
合计		496.3		227.0		2.4

注：插秧时间5月1日，取样时间7月24日。对照区6月9日，7月1日各除草一次；稻萍区7月1日除草一次；人工生物圈不除草

2.6　不同插秧方式对稻行透光性的影响

人工生物圈采用宽窄行的插秧方式，在水稻不同生育期其稻行间的透光性的变化与常规种稻的表现不一样，人工生物圈的宽行间的透光率随水稻生长虽然也呈递减趋势，但其透光

率大于常规种稻。人工生物圈宽行早稻行间透光率比对照高 78.9% ~ 521.5%，而窄行减少 51.7% ~ 80.5%；晚稻宽行提高 57.0% ~ 138.2%，窄行减少 16.3% ~ 45.6%（图 2）。因此，人工生物圈宽窄行插秧方式的改革，不但为鱼类的活动提供较大的空间，也为红萍和水生生物的生长提供更多的阳光，为鱼类提供天然饵料，同时也促进日间浮游植物的光合放氧，改善稻田溶氧条件，促进鱼产量的提高。

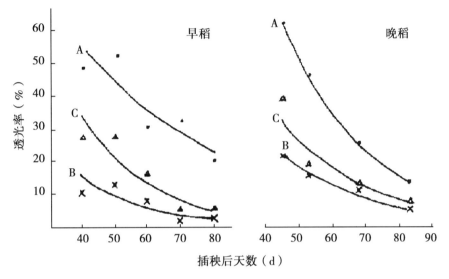

A. 人工生物圈（宽行）43 cm，早稻 $y = 128.9e^{-0.22x}$，$r = -0.914*$；晚稻 $y = 351.8e^{-0.039x}$，

$r = -1.0**$。B. 人工生物圈（窄行）16.5 cm，早稻 $y = 102.2e^{-0.048x}$，$r = -0.897*$；

晚稻 $y = 105.5e^{-0.035x}$，$r = -0.989**$。C. 对照 20 cm，早稻 $y = 216.2e^{-0.047x}$，$r = -0.924*$；

晚稻 $y = 185.1e^{-0.039x}$，$r = -0.968*$。

图 2　不同处理水稻生长后期的稻行透光率

2.7　红萍不同利用方式田间红萍的消长规律

5 月 4 日放萍后，各处理红萍均不断繁殖增长，稻萍处理的红萍生长高峰为放萍后的 30 ~ 35 d，此后由于红萍虫害的影响而逐渐衰亡，至 8 月 15 日全部死亡。稻萍鱼处理由于在放萍后 8 d 放养鱼苗，由于鱼的取食其生长速度不如稻萍处理，生长的高峰期为放萍后 30 d，而且最大生长量仅是稻萍处理的 56.5%，此后的生长趋势与稻萍相似，但总的生长天数为 84 d，比稻萍处理延长 13 d，推测可能是鱼对红萍虫害的抑制作用所致[3]。人工生物圈由于放鱼量是稻萍鱼的 2 倍，所以鱼对红萍的消耗量更大，其红萍生长的高峰期是放萍后 15 ~ 20 d，最高生长量只有稻萍处理的 35.0%，总的生长天数为 52 d（图 3）。因此，为提高鱼产量，人工生物圈处理从 7 月中旬开始投喂以干红萍为主要成分的配合饵料计算表明，人工生物圈在萍、鱼共生期间鱼对红萍的摄食量为 31 623 kg/hm^2。

2.8　人工生物圈沟坑结构对水温的影响

合理的沟坑结构和比例是人工生物圈的技术之一，它不但为鱼类生长提供较大的水体，作为鱼类在水稻"双抢"和施农药时的蔽护场所，而且还有在低温季节提高水温，高温季

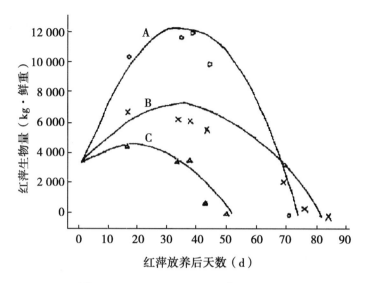

A. 稻萍 $y = 3000 + 550.3x - 8.04x^2$，$r = -0.985^{**}$

B. 稻萍鱼 $y = 3000 + 231.2x - 3.45x^2$，$r = -0.978^{**}$

C. 人工生物圈 $y = 3000 + 145.0x - 2.62x^2$，$r = -0.801^{**}$

图3 不同处理田间红萍的消长情况

节降低水温的作用。5—10月的温度观测结果表明，人工生物圈鱼坑中的月平均水温在低温季节高于气温，而高温季节低于气温。在夏季（6—9月）鱼沟和鱼坑的日平均温度比气温低1～2℃，而最高水温比最高气温低3～4℃，比田面水温下降0.9～2.6℃（表9），从而有效地防止鱼类受夏季高温的伤害，保护鱼类安全度过夏天。

表9 鱼类养殖期间稻田气温和水温的变化 （单位：℃）

月份	月平均温度			月平均日最高温度		
	气温	田面水温	坑中水温	气温	田面水温	坑中水温
5	22.9	24.5	26.3	28.2	28.4	26.8
6	22.9	24.8	26.0	27.4	26.7	25.8
7	29.8	28.8	28.1	33.4	30.3	29.4
8	29.7	29.3	29.1	32.3	32.3	29.7
9	26.9	26.2	26.3	30.1	28.1	26.5
10	22.0	22.0	23.5	22.0	22.0	23.0

参考文献

［1］ 贾芬，黄毅斌，唐建阳，等．调控稻田人工生物圈及其新耕作体系研究——Ⅰ．稻田长期定位试验结果初报［J］．福建农业学报，1993（03）：15-20.

［2］ 刘浩官，李平，祝卫华，等．稻萍鱼生态体系控制稻飞虱和纹枯病试验［J］．

福建农业科技，1986（2）.

[3]　黄毅斌. 红萍在稻萍鱼体系中的部分作用研究［J］. 福建农业科技，1991（4）：8 – 10.

致谢：本研究在划中柱研究员的主持和指导下完成，张逸清、何萍、陆培基、林永生、陈永聪、方金梅等同志参加部分工作，特此致谢。

【原文发表于：《福建省农科院学报》，1997，12（3）：44 – 50，由李艳春重新整理】

稻萍鸭生态系统的主要生态效应探讨

徐国忠　郑向丽　叶花兰　冯德庆

（福建省农业科学院农业生态研究所、福建省山地草业
工程技术研究中心，福州 350013）

摘　要： 稻萍鸭生态系统是一种稻田养萍、养鸭，互促共生、生态环保、有机高效的栽培模式，是一项集有机稻米生产与水禽共养于一体的生态型农业清洁生产模式。稻萍鸭生态系统的主要生态效应有：一是抑制稻田杂草的发生和危害，控制效果达 95% 以上，其对阔叶杂草控制效果最好，对双子叶和单子叶杂草控制效果良好。二是压低害虫基数，减轻害虫发生和危害，其对稻飞虱等虫害的控制效果较好。三是控制水稻病害，尤其是水稻纹枯病得到有效控制。四是改良土壤，表现为土壤养分库数量有不同程度的增加，土壤结构有较好的改善，土壤环境条件得到明显的改善，有利于水稻对养分的吸收。五是刺激作用，在稻鸭共作的效果中，由于鸭的活动刺激了水稻生长。

关键词： 稻萍鸭；生态系统；共作；有机米

0　引　言

稻田养鸭是我国传统农业的精华，但由于鸭子践踏禾苗与啄食稻穗，稻田天敌危害、食料不足和病虫难防，化肥和农药对鸭子栖息的负面影响以及鸭子规模放养防疫技术不成熟等多方面限制，加之各地重视程度不够而未能广泛普及[1]。1991 年日本借鉴我国稻田养鸭技术首先发展起来稻鸭共作系统，由于具有明显的社会、经济和生态效益，1999 年就推广到日本全国，并被日本农林水产省确定为全日本 12 项受国家资助的环保持续型农业生产技术。韩国于 1992 年开始进行稻鸭共作的试验与推广，并把此项技术生产出的大米认定为第 1 号无农药大米。越南也于 1993 年引入稻鸭共作技术，在其北部、中部和南部地区广泛推广应用，取得明显成效。缅甸、菲律宾、马来西亚等国家以及我国台湾地区也在纷纷推广应用该项技术。近年来，稻鸭共作生态农业在我国迅速发展，稻鸭共作主要是以稻作水田为条件，利用鸭子旺盛的杂食性、不间断的活动性和鸭粪还田的方式，发挥中耕除草、控虫防病、培肥增效等多重效应。在稻鸭共作基础上，放养营养含量高、不占用水稻生长空间的红萍，构成生态环保型的稻萍鸭共作生态体系，形成"稻护鸭、鸭吃萍、萍助稻、鸭粪肥田"的稻田生态食物链，不仅丰富了稻田物种结构，而且通过鸭子的活动、取食和排泄起到分萍、倒萍、提高红萍营养成分利用效率等作用，使红萍在稻田系统中的生态优势得到充分体现，这是一项种养结合、降本增效的生态环保型农业技术[2]。稻萍鸭生态系统的主要生态效应如下。

1 显著降低稻田杂草密度、物种多样性

1.1 对杂草的控制效果

在稻萍鸭与稻鸭生态系统中，由于鸭子的活动和取食嫩芽是控制杂草的主要途径，因此稻萍鸭共作与稻鸭共作生态系统的除草效果基本相同。在稻萍鸭系统中，由于红萍的繁殖也能抑制杂草的光合作用，因此稻萍鸭生态系统除草效果更佳。甄若宏等研究表明[2]，稻萍鸭生态系统的除草效果显著，控效达98.94%，比稻鸭共作系统的控草效果提高2.85%。甄若宏等研究表明，稻鸭共作对阔叶杂草的控制效果达97.1%，对单子叶杂草的控制效果为96.6%，对双子叶杂草的控制效果为93.1%。

1.2 对稻田杂草密度的影响

魏守辉等研究表明[3]，在稻田连续4年进行稻鸭共作，田间杂草密度随着共作年数的增加而逐渐降低，杂草的发生基数从2000年的169.0 ind. m^{-2}降低到2003年的17.7 ind. m^{-2}，降低幅度将近90%，年均递减50%以上；在稻鸭共作区，杂草的发生得到了有效控制，2001年以后田间只有少许萤蔺和夹稭稗发生，密度不足1 ind. m^{-2}；从田间杂草数量的实际变化情况来看，稻鸭共作区杂草密度年均降低84.04%，4年累计降低幅度达99.82%。

1.3 对稻田杂草物种多样性的影响

魏守辉等研究表明[3]，稻鸭共作生态系统，田间杂草群落的物种丰富度逐年降低，2002年后发生危害的杂草种类只有1到2种，与2000年相比已达到显著水平；长期稻鸭共作会在一定程度上限制某些杂草的发生危害，从而降低田间杂草的发生种类，使杂草群落的物种多样性降低。

2 有效抑制稻飞虱等虫害的发生

甄若宏等研究表明[2]，放鸭45 d，稻萍鸭生态系统对稻飞虱的防效达83.41，这主要是由于鸭子对稻飞虱的捕食能有效减少虫量，鸭子和绿萍的控草作用能减少稻飞虱寄生，以及稻鸭萍共作丰富了稻田物种结构，有利于天敌的繁衍，从而增强了稻鸭萍共作系统的控虫效果。

束兆林等研究表明[4]，不同水稻品种稻鸭和稻萍鸭生态系统对稻飞虱具有较好的控制效果。放鸭后30 d，不同水稻品种，稻鸭、稻萍鸭处理模式对稻飞虱（前期主要是白背飞虱）有控制效果（70%左右），随着鸭龄的增大，鸭子对稻飞虱的捕食能力也随之增强，基本能控制褐飞虱种群的增长，稻鸭、稻萍鸭生态系统控虫效果达80%～94%，其虫口密度均在防治指标以下。不同水稻品种稻鸭、稻萍鸭处理模式能减轻纵卷叶螟的危害，但不能控制纵卷叶螟的危害，其抑制作用六（4）代大于五（3）代。

3 有效控制水稻纹枯病等病害的发生

水稻条纹叶枯病是由带毒灰飞虱传播的病毒病害，因此，控制灰飞虱对预防条纹叶枯病

的发生显得尤为重要，通过鸭子在稻田昼夜活动的稻鸭及稻萍鸭共作生态农业模式对控制灰飞虱虫量、防治条纹叶枯病发生率有明显的生态效应。束兆林等研究表明[4]，稻鸭、稻萍鸭处理模式能减轻纹枯病的危害，放鸭后 20 d，不同水稻品种，稻鸭、稻萍鸭处理模式，因栽插株行距大，对水稻纹枯病的水平发展有明显的抑制作用，其抑制作用可达 86%。童泽霞、刘小燕等认为稻鸭共作系统可基本控制纹枯病的危害，防治效果优于常规稻作。

4 明显增加土壤养分、改善土壤结构

甄若宏等研究表明[2]，在稻萍鸭生态系统中，由于鸭子取食绿萍，能较好地吸收利用绿萍的营养成分，再以排泄物的形式回归稻田，以及萍体的不断腐烂分解增加了稻田土壤养分含量，使得稻萍鸭生态系统中土壤有机质、速效氮、速效磷和速效钾含量与常规水稻栽培相比分别提高 7.95%、7.05%、6.47% 和 4.46%，红萍经过鸭子的"过腹还田"作用对稻田土壤产生显著培肥效应。红萍养分含量丰富，适应性较强，易于繁殖生长并漂浮于水面，作为有机物料放养于稻田，能增加土壤肥力，提高土壤有机质，改善土壤结构和理化性质，达到养地不占地的生产效应。

5 明显刺激水稻生长

沈晓昆研究表明[5]，在稻鸭及稻萍鸭系统中，能明显刺激水稻生长，表现为株高变矮，分蘖数显著增加，茎秆变粗，水稻地上部分干物重增加。云南农业大学研究表明，成熟期水稻叶面积指数、相对生长率、净同化率、作物生长率等作物生长分析指标高于常规稻作，产量增加 26% 左右。

参考文献

[1] 甄若宏，王强盛，沈晓昆，等. 我国稻鸭共作生态农业的发展现状与技术展望 [J]. 农村生态环境，2004，20 (4)：64 - 67.
[2] 甄若宏，王强盛，邓建平，等. 稻鸭萍共作复合系统的主要生态效应 [J]. 生态与农村环境学报，2006，22 (3)：11 - 14.
[3] 魏守辉，强胜，马波，等. 长期稻鸭共作对稻田杂草群落组成及物种多样性的影响 [J]. 植物生态学报，2006，30 (1)：9 - 16.
[4] 束兆林，储国良，缪康，等. 稻—鸭—萍共作对水稻田病虫草的控制效果及增产效应 [J]. 江苏农业科学，2004，(6)：72 - 75.
[5] 沈晓昆，戴网成，王志强，等. 稻鸭共作 [M]. 北京：中国农业科学技术出版社，2002. 38 - 43.

【原文发表于《中国农村小康科技》，2010 (7)：80 - 81，84，由徐国忠重新整理】

稻田养鱼的发展特点和发展趋势初探

潘伟彬[1]　黄毅斌[2]

（1. 闽西职业大学，龙岩364021；2. 福建省农业科学院红萍中心，福州350013）

据考，稻田养鱼已有1 700多年历史。三国时期的《魏武四时食制》记载"郫县子鱼黄鳞赤尾，出稻田，可以为酱"，说明当时的四川已开始稻田养鱼。1978年在陕西省勉县的一座东汉中期墓葬中，发掘出一件完整的红陶水田模型。该模型除了具备水田田埂、田面，进出水口外，田面还有陶制的荷花、浮萍、鳖、鱼等八种模型，这说明在1 700年前的中国广有稻田养鱼的萌芽，并对稻田生态有了朦胧的认识。本文试图从剖析中国稻田养鱼的历史入手，探求稻田养鱼的发展方向。

1　稻田养鱼的发展特点

稻田养鱼，主要的目的是在获得较高的水稻产量的同时，获得鱼的产出，以提高单位稻田生产的经济效益。因此稻田养鱼技术的每一次进步都与稻田耕作方式的变革及池塘养鱼水平的提高相关联。主要表现在鱼种、稻田耕作制度，鱼沟和鱼坑的结构比例及饵料等方面的改革。据此，中国稻田养鱼的发展可试分为如下几个阶段。

1.1　朦胧阶段

这一阶段从古代到解放前，主要处于自然经济状态，少数农户在水源充足的条件下放养，供自家食用鱼养殖。由于受生产力的约束，稻田水层浅薄，无沟坑结构。又因是单季稻，养鱼时间短，饵料不足，且只养小规格的鲤鱼，亩产仅几kg，没有形成规模。

1.2　始发阶段

20世纪50年代，养鱼的稻田已出现鱼沟和鱼溜，但比例不到1%。养殖鱼种扩大为草、鲤、鲢、鳙4大家鱼，且实行混养，由于水层加深，鱼苗的规格较大，放养量增多，亩产也提高到10 kg以上。全国推广面积达1 000多万亩，水稻亩增产5%左右。

1.3　技术发展阶段

20世纪60至70年代，由于指导思想原因，以及化肥，农药使用与养鱼的矛盾，稻田养鱼严重萎缩，面积不足百万亩，但养殖方式却有不少发展，主要表现在耕作制度的改革和鱼类新品种的引进。

当时水稻多由单季改为双季，加上适合稻田养鱼的耐淹、抗倒伏水稻品种的育成与推广，出现了"两季连养法""两稻两鱼法（夏季和冬季养鱼）""稻田夏养法（早稻收割后养至晚季插秧前）""稻田冬养法（冬季养鱼）"等多样的养殖方法。鱼沟、鱼溜的面积也扩大到 3% ~5%。

在养殖的鱼类上也有突破。由于引进了耐低氧、耐混浊，食性杂、生长迅速、适于稻田生态环境的非洲鲫鱼（即桑桌比克罗非鱼和尼罗罗非鱼），使稻田养鱼得到进一步发展，该鱼种至今仍是稻田养鱼的主要鱼种。此外，此期山西省在冬季稻田中养殖红鳟取得成功，华南地区开始在稻田混养鲮鱼，东北地区也把母本白鲫等新鱼种引入稻田。

与此同时，稻田养鱼与池塘养鱼的配套技术应运而生。如倪达书等 1974 年创造了稻田养殖大规格草鱼鱼种，经两季养殖使草鱼由 1 ~2 寸长到 5 ~6 寸，作为池塘养殖的大规格鱼种，为池塘养鱼的高产创造条件。并且，在稻田中为池塘养殖提供大规格鲤鱼、鲫鱼、鲢鱼、鳊鱼、青鱼等形式也相继出现。

1.4 科学养殖阶段

20 世纪 80 年代以来，农村商品经济的发展，要求稻田养鱼提供产量高，个体大的商品鱼。为了达到这一目的有的地方曾一度出现为获取较高的鱼产量而不惜减低水稻产量的倾向。这一时期生态农业蓬勃兴起，许多科技力量也投入稻田养鱼的研究中。

这一阶段主要特点是扩大鱼沟、鱼坑比例并改变以往稻田养鱼不投饵的习惯，使稻田养鱼更接近池塘养鱼。

首先，是沟坑结构的改革。不少地区稻田的鱼沟鱼坑面积达 10% 左右。如福建省水产厅等推广的"坑塘式稻田养鱼"，沟坑面积选 8% ~12%，借此缓解养鱼与水稻"双抢"、施肥，喷施农药的矛盾，并且鼓励农民增加放鱼量，投入米糠、猪牛粪等饲料，从而提高鱼产量和商品率。1986 年平和县推广坑塘式稻田养鱼 198 亩，平均鱼亩产 77 kg，水稻 865 kg。另外，在水源充足的山区出现了"稻田小池流水养鱼"，以草鱼为主，亩产鱼 100 kg 以上。

20 世纪 80 年代初，候光炯等提出垄畦栽的水稻种植方式，由于这种方式不但可提高水稻产量，又将稻田水体积提高 20% ~45%，因此立即被引入稻田养鱼体系，形成"垄稻沟鱼"的种养方式。如重庆市 1986 年在 3 394 亩示范片调查，平均亩产稻谷 543 kg，成鱼 31 kg，比同等平作田增稻谷 42.3 kg，亩增产值 78.6%。

其次，稻田养鱼的饲料问题日益受到重视。出现了以猪、牛粪培肥水质，田埂种草养鱼，人工投饵等方式。特别是由福建省农业科学院红萍研究中心提出的"稻萍鱼体系"，它将传统的"稻田养鱼"和"稻田养萍"，有机结合起来，在本田解决了养鱼的饲料，并改变插秧方式为"宽窄行双龙出海"，不但有利于红萍生长，而且增加了透光率，使水稻生长的边际效应得以充分发挥，同时有利于水生生物和浮游生物的繁殖。这种养殖方式使鱼的商品率提高 70%。如 1986 年在建宁县大面积推广稻萍鱼体系，水稻平均增产 5% ~10%，鱼亩产 50 ~75 kg。

这种本田解决饲料的方法，立即被广泛接受和重视，发展成"坑塘式稻萍鱼""垄畦栽稻萍鱼""小池流水稻萍鱼"等方式在全国推广。如福建省农科院稻麦研究所 1987—1989 年在全省推广垄畦栽稻萍鱼 25.58 万亩，平均亩增产稻谷 41.1 kg，鲜鱼 21.6 kg，亩增纯利 64.37 元。

最后，重视鱼种的改良和新鱼种的引进。随着生物技术的发展，科研人员对适合于稻田养殖而长速不快的鲤鱼进行改良，获得"三杂交鲤鱼""荷元鲤"等杂交后代。如江西省推广的"三杂交鲤鱼"，其生长速度比普通鲤鱼快30%～50%，个体普遍达0.5 kg的商品鱼水平，提高了稻田养鱼的产量和商品率。并且对罗非鱼也进行杂交改良和超雄化改良。

这个时期还引入革胡子鲶和蟾胡子鲶等新鱼种。如云南省蒙自县1987年在稻田中养殖革胡子鲶，创造了亩产鱼1 000 kg的纪录。

2　稻田养鱼的发展趋势

稻田养鱼是个典型的人工生态系统，由动植物等生物因子和土壤、水、空气、阳光及各种无机盐等组成。从上至下可分为空气层、水层和土壤层3个层次。人工调控的最终目的是获得稻谷和鱼。因此，稻田养鱼的发展将受水稻种植方式的改革、鱼种的变化、水层的改革及饵料改进等方面的影响。主要表现在以下几个方面。

2.1　再生稻的应用和发展

从水稻种植方式的变革发展看，稻田养鱼有可能进入再生稻养鱼的发展阶段。因为再生稻它有如下优点。

2.1.1　省去晚季插秧程序，节约劳力。再生稻只需留下早稻稻头，即可在晚季收获稻谷。留下的稻蔸长度30～40 cm，这样晚季立即可以灌深水养鱼，即避免草鱼吃食晚稻秧苗，又可以解决因"双抢"造成水层浅薄、水温过高而影响鱼的生长。夏季是鱼类生长较快的季节，此时水层的深浅明显影响鱼的产量和个体大小。

2.1.2　提前割稻，延长养鱼时间。再生稻生育期一般只70～80 d，比常规稻和杂交稻提前1个多月收割。此后可以在稻田筑高田埂，灌深水养鱼，有助于提高鱼产量。

但目前再生稻亩产只有50～100 kg，所以仅在单季有余，双季不足的地区发展。如果能进一步提高产量，将逐步向双季稻区发展。

2.2　"半旱式"的推广

随着稻田养鱼的发展，半旱式稻作技术将不再局限于中低产田，未来的高产田和平原地区也将逐渐采用垄畦栽的方式养鱼。这是因为：

2.2.1　现行的沟坑配套技术已增加了水体体积，而"垄畦栽"使稻田水体积又增加20%～40%，既有利于鱼的个体生长，又提供更多的觅食场所。

2.2.2　垄畦栽把土壤中的重力水结构改变为毛管水结构，缓解长期淹水对土壤潜育化的影响。而且由于水稻必需的淹水时间很短，也缓解鱼与水稻的矛盾。云南省已在平原地区采用垄作方式养鱼。

2.3　水生饵料的引进和红萍品种的培育

稻田养鱼人工投饵，是提高鱼产量的关键，但它也有增加成本、劳力，容易恶化水质的问题。因此，本田解决以浮水植物为主的饵料以及解决大量繁殖光合细菌之难，构建清新水质环境和高营养饵料供应系统。仍是今后主要的发展方向。

我国目前夏季繁殖力强的水生植物是水葫芦和水浮莲，但稻田养殖中草鱼量少而且个体不大，一般不摄食这两种饵料，造成浪费。因此，引种夏繁能力强、个体小的浮水植物，是解决稻田养鱼饵料的一个趋势。在目前情况上，红萍仍是稻田养鱼本田饵料中最佳的水生植物。因此，利用生物技术培育可以抗虫、抗热、夏繁力强的红萍杂交种，也将成为今后发展趋势。

2.4 鱼类新品种的引进和应用

综观稻田养鱼的历史，从鲤鱼到草鱼到罗非鱼，每一次鱼种的改革都使稻田养鱼的产量和效益提高一步。目前，稻田养鱼的当家鱼种仍为罗非鱼，原因是它具有杂食、生长快、耐低氧、耐混浊的习性。稻田养鱼的实践也证明，选择鱼种应从这些习性上考虑。近年引入我国的一些鱼种，有几种适于稻田养殖并在迅速推广之中。其中较好的有：

2.4.1　淡水白鲳，其食性杂，适宜生长温度 27℃左右，有一套应急呼吸系统，最低耐氧为 0.5 mg/L，3 龄才达性成熟（罗非鱼当年即在稻田中繁殖，造成浪费），当年养殖可达 0.5 kg 以上。福建省农业科学院红萍中心自 1988 年起在稻田养殖中推广，平均每尾可达 0.4 kg，最大达 0.6 kg，比罗非鱼生长更快，是今后推广的首选鱼种。

2.4.2　革胡子鲶，最低耐氧达 0.1 mg/L，以肉食为主，生性活泼，易从稻田逃逸。不过，如果技术得当，有蛋白质含量较高的饵料供应，则产量惊人。如云南省蒙自县在投以豆饼、菜籽饼及死猪、死牛等饲料情况下，亩产达 1 700 kg，是目前稻田养鱼中产量最高的鱼种。目前抗寒鱼种选育取得较大进展，一旦突破并投入生产应用，可望延长冬季稻田养鱼期，为开发冬季稻田养殖业打下基础，以取得更高经济效益。

另外，象沟鲶、苏丹鱼也是很有希望在稻田中发展的鱼类。

2.5 合理构建动植饵料供应系统

本田单一的植物饵料供应是限制鱼产量进一步提高的重要因素，如何合理且有效的利用植物蛋白饵料转化为动物蛋白饲料引已起人们普遍关注。福寿螺：生长迅速，3 个月即可从不足 0.5 g 长至 50 g，而且繁殖力强，80 d 即可达性成熟。它具有两套呼吸系统，既可在水中生活，又可在陆上呼吸，非常适于高密度养殖。其食性以草食为主，可以取食其他鱼类不食的水花生、水葫芦及杂草等，且饲料系数低，如水葫芦为 8.4，红萍为 5.4～9.4。在稻田中养殖既可食用，又可以解决其他动物（如鸭子、胡子鲶）的蛋白质饲料来源。特别是每隔一段时间收集螺子，破碎后拌掺红萍干粉后投喂革胡子鲶鱼，效果极佳。但如果控制不慎易造成危害，应谨慎发展。

综上所述，未来的稻田养鱼将向高投入、高产出、技术密集的方向发展。

（参考文献 32 篇略）

【原文发表于：《福建稻麦科技》，1994，（4）：49－52，由邓素芳重新整理】

稻田养鱼饵料周年供应技术

福建省农业科学院红萍研究中心

（福建省农业科学院，福州 350013）

每年 7—9 月高温季节，正是鱼类摄食量和生长量显著增加的时候，此时红萍进入越夏期间，满足不了鱼类需要，如何解决夏季养鱼青饲料不足问题，降低生产成本，做好饵料周年供应，直接关系到鱼类产量和经济收入的提高。多年的生产实践，我们总结出一些行之有效的方法。

1 引进产量高、品质好、较耐荫的新品种红萍，采取多萍种科学混养，使各萍种适宜不同温界之特性得以互补，保证田间长时间有萍，延长饵料供应时间。

2 冬春红萍生殖旺盛时节及时捞萍晒干、沤制或青贮，以备夏季用面粉、菜子粉、米糠或者麸皮作诱食剂，做成配方饵料投喂，可供草、鲤鱼等摄食。

3 安排莲田调剂供应红萍。因莲叶遮阴，红萍可正常越夏并能增殖，7—9 月 1 亩莲田可产鲜萍 1 000 kg。

4 7—9 月红萍生殖淡季，引抗热耐病虫害的蜈蚣萍放养，夏季蜈蚣萍生长繁殖快，生物量大，4~5 d 时间就可翻番。而至 8 月底 9 月初红萍恢复旺盛生殖时，蜈蚣萍即因种间竞争被淘汰。

5 采用再生稻或萍母田稀栽水稻，割取其新生梢部喂鱼，同时追施肥料，以促营养生长，可轮流割之。

6 田间鸭舌草、青草、小青萍及稻脚叶、无效分蘖、生活中西瓜皮切片、空心菜藤叶等，以及田埂上种植菜类、牧草，都是草鱼青饲料的重要补充。

7 结合山地综合开发，利用果园、荒坡、埂垅、梯壁、边角地种植高产优质牧草，如宽叶雀稗、黑麦草、苏丹草，作为解决稻田养鱼青饲料不足的有效途径。

8 人工施肥以促进稻田中浮游生物、底栖生物的繁殖，增加鲢、鲤鱼等鱼类的天然饵料。施肥以腐熟的有机肥为主，每次 50~100 kg，但闷热天气及下雨天不宜施。注意施肥数量和次数，以免造成水稻营养过剩或水质恶化。应该着重指出，红萍含有丰富的蛋白质、脂肪和各种鱼类所必需的氨基酸，以萍喂鱼能有效提高鱼类产量。据我们 1988—1995 年的八年稻田养鱼试验结果统计，每亩鱼的摄食红萍量为 3 000~8 475 kg（鲜重），占饵料总消耗量的 50%~80%，可亩产鲜鱼 250 kg 左右。

【原文发表于《中国农村科技》，1997，（2）：42–42，由邓素芳重新整理】

稻田养鱼病害防治技术

林忠华

（福建省农业科学院红萍研究中心，福州 350013）

1 做好鱼病防治的基础工作

1.1 鱼类放养前将鱼沟坑中的浑浊水排干（排水不便的田可用生石灰使水澄清）。放养前 10 d，亩用 60~70 kg 生石灰兑水全田泼洒，沟坑中数量适当多些，以消灭病菌。

1.2 鱼种放养时应严格消毒，以预防鱼种擦伤后感染病菌（特别是外调鱼种）。同时由于放养前期为低温期，水霉病尤为突出，所以采用 5% 浓度的食盐水将鱼体消毒 15 min 左右（视鱼体质和水温确定具体时间）。

1.3 未实行大田消毒与鱼种消毒的田，必须在鱼种投放后的半个月左右，用生石灰水（25 g/m³）或者漂白粉（1.5 g/m³）全田泼洒消毒水体来补救。

1.4 鱼种放养后针对不同季节期间鱼类易感染的鱼病进行必要的内外药物综合预防，加强田间巡查，发现病情，及时对症治疗，同时做好水质调节以保证水质清新，减少鱼病发生。

1.5 鱼病综合防治的具体措施主要有：①3—4 月，选用克霉灵或者孔雀石绿以预防水霉病；②5—9 月，主要是预防细菌性鱼病，兼顾寄生虫类病。每月喷洒一次"漂敌盐"合剂（0.5 mg/kg 漂白粉 +5 mg/kg 食盐 +0.15 mg/kg 晶体敌百虫）、泼洒 1 次生石灰（或强氯精等交替使用），每次连续用药 3 d。8 月中旬至 9 月中旬用利特灵药饵投喂 1~2 个疗程。

2 提高鱼病防治效果的技术措施

2.1 正确丈量水体和估算鱼类存量，认真计算好用药量，以提高用药效果。若发现鱼类不适，应立即加大进出水量。

2.2 肠炎、烂鳃等传染性鱼病要外消药结合内服药（先停食 1 d 再给药）。注意药饵适口、黏性好。

2.3 外用药如生石灰、漂白粉、强氯精、敌菌灵等，要轮流交替使用，以免产生抗药性。同时注意先喂食后下药，以晴天午后 5 时左右用药为宜。

【原文发表于《科学养鱼》，1996，(9)：30 - 30，由邓素芳重新整理】

第五章

红萍与空间生命生态保障系统

受控生态生保系统内红萍载人供氧特性研究

陈　敏　邓素芳　杨有泉　黄毅斌　刘中柱

（福建省农业科学院农业生态研究所，福州 350013）

摘　要：红萍生长繁殖速率高，光合作用放 O_2 能力强，营养丰富，适合作为色拉型蔬菜，且可以多层养殖，单位空间的绿色面积很大，可望在空间受控生态生保系统中起到提供 O_2 和新鲜蔬菜，吸收 CO_2 的作用。该研究试图弄清红萍载人供 O_2 特征，为红萍生物部件进行系统总体地面模拟试验以及空间应用奠定基础。建立受控生态生保系统密闭试验舱和红萍栽培装置，在"红萍－鱼－人"共存情况下，测定密闭舱内 O_2、CO_2 浓度的变化。试验结果显示，单位重量的鱼耗 O_2 量 $0.0805 \sim 0.0831$ L·kg^{-1}·h^{-1}，排放 CO_2 量 $0.0705 \sim 0.0736$ L·kg^{-1}·h^{-1}；试验志愿者耗 O_2 量 19.71 L·h^{-1}，呼吸释放 CO_2 量 18.90 L·h^{-1}。人工光照保持 $7\,000 \sim 8\,000$ Lx 条件下，红萍的光合作用与人和鱼的呼吸作用相辅相成，舱内 O_2、CO_2 浓度趋于平衡。密闭舱内 CO_2 浓度升高对促进红萍群体净光合效率有明显效果，这说明红萍光合放 O_2 能力很强，能有效促使密闭舱内 O_2、CO_2 浓度朝着有利于人生存环境方向平衡，进而验证红萍空间应用前景。

关键词：受控生态生保系统，密闭舱，红萍，鱼，载人，供氧，光合作用

1　引言

受控生态生命保障系统（简称 CELSS，Controlling Ecological Life Support System）可实现对氧气、水和食物的循环再生，满足航天员对氧气、水和食物的需求，又可实现对其所产生的废气、废水和废物的净化及循环利用，保障航天员的健康和工作效率，这是人类建立永久性空间站、太空长期飞行、月球移民的必要条件[1-3]。

将 CELSS 应用于航天任务之前，必须在地球上进行受控条件的广泛研究，以降低了在空间实验的成本、危险性和后勤负担。世界各主要航天大国的空间生命支持系统的研究途径比较相似，都是先地面后空间，即先在地面建立密闭循环系统，开展 CELSS 模拟实验，再向空间发展[4-5]。科学家对 CELSS 生物部件的研究一直没有停止过，正寻找能在太空环境下生长，却生长周期短，营养成分高，同时能利用光合作用吸收二氧化碳，放出氧气的植物作为该闭式循环系统的生物部件[6-10]。红萍（*Azolla*）生长繁殖速率高，光合放 O_2 能力强，具有较高的可食生物产量和丰富的营养成分（富含植物蛋白、矿质元素和人类必需的氨基酸），尤其是红萍适合作为色拉型蔬菜，可以多层养殖，单位空间的绿色面积很大，可望作

为 CELSS 的生物部件，起到提供 O_2 和新鲜蔬菜，吸收 CO_2 的作用[11-15]。

鱼类富含优质动物蛋白和足够的脂肪，是人们所喜爱的食品。科学家期望能将鱼列入 CELSS 生物部件清单中，但要实现起来比较困难，这是因为鱼会与人争 O_2，也会增加废弃物处理系统的负担。为此，有必要在地基条件下建立受控密闭实验舱，舱内设置适用于红萍和鱼类等生物种养的装置，通过分析"红萍—鱼—人"共存情况下密闭舱内 O_2、CO_2 浓度的变化规律，试图弄清红萍载人供 O_2 特征，为红萍生物部件进行 CELSS 总体地面模拟试验以及空间应用奠定良好的基础。本研究对未来设施农业的发展，尤其是对建立密闭型太空农场等有参考价值。

2 试验装置与方法

2.1 受控密闭试验舱生物部件分布与工作原理

载人供 O_2 试验在受控密闭试验舱内进行。密闭舱内设置生物部件舱、人居间和设备间。密闭容积 220m²。图 1 为 CELSS 生物部件舱立面结构示意图。生物部件舱平面尺寸为 8m×5m，面积 40m²，其中：操作平台（6）上部为植物栽培室（1），舱体（2）肩高 3m，顶高3.5m，操作平台下部为鱼类养殖池（7），池深 1.1m，水深 0.9m。植物栽培室内分布了若干台红萍栽培床（3）和蔬菜栽培床（4）以及水处理装置和废弃物处理装置[16-17]。

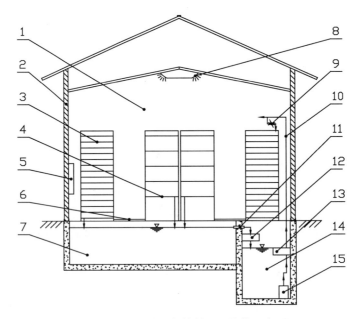

图 1 CELSS 生物部件舱立面结构示意图

1. 植物栽培室；2. 舱体；3. 红萍栽培床；4. 蔬菜栽培床；5. 控制箱；6. 操作平台；7. 鱼类养殖池；8. 供气导流栅；9. 可调式流量阀；10. 输配管路；11. 溢流口；12. 水过滤装置；13. 水消毒装置；14. 循环水池；15. 循环水泵

受控密闭舱内种养的红萍、高等植物和鱼类分别是水生、水培和水养的，靠养殖水体循环系统将此三类水体连接。植物培养液来自于鱼的养殖水体。位于循环水池（14）底部的循环水泵（15），将池内的养殖水体，经水消毒装置（13）、输水管路（10）、可调式流量阀（9），输配给各架红萍栽培床和蔬菜栽培床，供植物营养吸收之用；流经栽培床的养殖水体经各床的回水口，流入鱼类养殖池，再经溢流口（11）、水过滤器装置（12），流回循环水池；这样形成自身闭合的植物培养液输配循环系统。该系统循环主体是养殖水体，其循环周期为 0~24h，连续任意可调，由控制箱（5）自动控制[16~18]。

养殖水体的循环周期 T = 循环水泵工作时间 T1 + 循环水泵不工作时间 T2。

其中，T1 和 T2 是根据试验要求进行设定的，可以在线更改程序，进入各架红萍栽培床和蔬菜栽培床的培养液流量也可以独立在线调整。

试验舱的设计原则是以严格的气密性和隔热性为必要条件，以适合红萍、鱼等生物生长所需的环境因子控制为充分条件。试验舱内气流温度为 18~27℃，控制精度 ±0.5℃；相对湿度为 45%~85%，控制精度 ±3%，舱内 90% 的气流速度处于 0.11~0.18 m/s 范围，同时最低速度应大于 ≥0.05 m/s，最高速度低于 ≤0.33 m/s（供气导流栅（8）附近区域）[19]；噪声 <75dB。密闭舱留出气路接口和闭路、电话、探头控制线等接口；还配置了空调系统超压、循环水泵故障、舱内大气 O_2 浓度和 CO_2 浓度超限报警（可在线设定）等设备以及观察窗、休息床、可移动式卫生洁具等人居生活设施[15~16]。

2.2　载人供氧试验方法

密闭舱试验内容包括：鱼类呼吸耗氧试验（有鱼，无红萍无人的空白试验），人—鱼呼吸耗氧试验（有鱼和人，没有红萍的空白试验），和载人供氧试验（有鱼、人和植物，载人供氧试验）。

上述试验均在受控密闭舱内进行，环境控制系统始终运行，舱内大气温度 25℃ ±0.5℃，大气相对湿度 80% ±3%。载人供 O_2 试验时，密闭舱内开启 6 台红萍栽培装置，并关闭其他栽培装置；人工光源的光照强度 7 000~8 000 Lx，光周期 24h。红萍有效养殖面积 50.4 m^2。红萍在栽培装置中应正常预养 >2D，载人供 O_2 试验开始。试验持续 7 天（168h），每间隔 4h，用气相色谱仪测定一次舱内 O_2、CO_2 浓度，依据 O_2 释放法，用密闭舱内红萍放 O_2 量和固定 CO_2 量来反映红萍群体光合作用速率[13~15,20]。

密闭舱内红萍光合放 O_2 量和固定 CO_2 量的衡算公式：

$$红萍放 O_2 量 G_{O_2} = \frac{nR_{O_2} \cdot T + wQ_{O_2} \cdot T + \frac{V}{100}(C_{O_2}^t - C_{O_2}^0)}{S \cdot T} \times m_{O_2} \ (g \cdot m^{-2} \cdot h^{-1});$$

$$红萍固定 CO_2 量 G_{CO_2} = \frac{nR_{CO_2} \cdot T + wQ_{CO_2} \cdot T - \frac{V}{100}(C_{CO_2}^t - C_{CO_2}^0)}{S \cdot T} \times m_{CO_2} \ (g \cdot m^{-2} \cdot h^{-1});$$

式中：n——试验志愿者人数（人）；

R_{O_2}、R_{CO_2}——试验自愿者呼吸消耗 O_2 量（L·h^{-1}）和排出 CO_2 量（L·h^{-1}）；

T——试验持续时间（h）；

w——鱼养殖量（kg）

Q_{O_2}、Q_{CO_2}——鱼的耗 O_2 量（L·kg^{-1}·h^{-1}）和排出 CO_2 量（L·kg^{-1}·h^{-1}）；

V——密闭舱容积（L），V = 220m^3 = 220 000L；

$C_{O_2}^t$、$C_{O_2}^0$、$C_{CO_2}^t$、$C_{CO_2}^0$——试验前后密闭舱内 O_2、CO_2 浓度（%）；

S——红萍有效栽培面积（m^2），S = 50.4 m^2；

m_{O_2}——标准压力和温度下 O_2 密度，m_{O_2} = 1.429 g·L^{-1}；

m_{CO_2}——标准压力和温度下 CO_2 密度，m_{CO_2} = 1.964 g·L^{-1}。

测试仪器：GC4000A 气相色谱，3410 气相色谱仪，CO_2 检测仪，IM - 20 光照计，ZJI - 2 型温湿度计（24h 自动记录）。

3 结果与分析

3.1 鱼养殖密度对密闭舱内 O_2 和 CO_2 浓度变化的影响

鱼类呼吸耗氧试验不需要人参与，为此有必要研制全自动饵料投喂装置。该装置不需要人照管，可完成定时精量自动投喂，以延长鱼耗氧试验时间。图 2 和图 3 显示不同鱼养殖密度条件下，受控密闭舱内大气 O_2 和 CO_2 浓度的变化情况。表 1 给出鱼耗 O_2 量和排放 CO_2 量的计算结果。

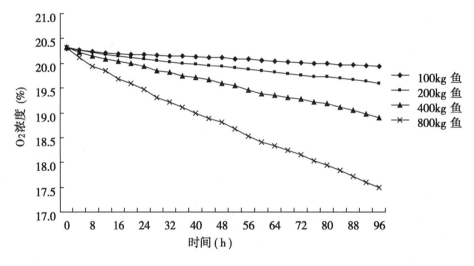

图 2 鱼养殖密度对密闭舱内 O_2 浓度变化的影响

表 1 鱼耗 O_2 量和排放 CO_2 量的计算

鱼养殖密度 （鱼产量）（kg）	舱内 O_2 浓度下降 （%）	鱼耗 O_2 量 （L·kg^{-1}·h^{-1}）	舱内 CO_2 浓度上升（%）	鱼排放 CO_2 量 （L·kg^{-1}·h^{-1}）
800	2.81	0.080 5	2.49	0.071 3
400	1.41	0.080 8	1.23	0.070 5
200	0.73	0.083 1	0.64	0.073 6
100	0.36	0.082 5	0.31	0.071 5

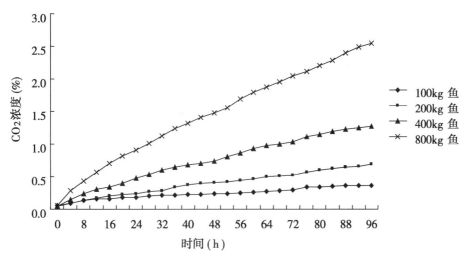

图 3　鱼养殖密度对密闭舱内 CO_2 浓度变化的影响

由图 2 和表 1 可见，在 3 个不同鱼的养殖密度（鱼产量）处理中，试验持续时间越长，舱内 O_2 浓度下降的幅度越大，均呈线形负相关。然而，3 个处理的下降斜率不同，鱼产量 800kg 时，舱内 O_2 浓度下降 2.81%；鱼产量 400kg 时，舱内 O_2 浓度下降 1.41%；鱼产量 200kg 时，舱内 O_2 浓度下降 0.73%；鱼产量 100kg 时，舱内 O_2 浓度仅下降 0.36%。但从单位重量的鱼耗 O_2 量来看，$0.0805 \sim 0.0831$ $L \cdot kg^{-1} \cdot h^{-1}$ 之间差异很小，说明单位重量的鱼耗 O_2 量与养殖密度关系不大，密闭舱内 O_2 消耗量仅与养鱼的重量呈明显的线性相关，养鱼越多，密闭舱内 O_2 消耗量越大。这就是科学家担心鱼会在密闭舱 CELSS 系统中与人争 O_2 的主要原因。

同样，由图 3 和表 1 可见，鱼产量 800kg 时，舱内 CO_2 浓度上升 2.49%；鱼产量 400kg 时，舱内 CO_2 浓度上升 1.23%；鱼产量 200kg 时，舱内 CO_2 浓度上升 0.64%；鱼产量 100kg 时，舱内 CO_2 浓度仅上升 0.32%。但从单位重量的排放 CO_2 量来看，$0.0705 \sim 0.0736$ $L \cdot kg^{-1} \cdot h^{-1}$ 之间差异很小，说明单位重量的鱼排放 CO_2 量与养殖密度关系不大，密闭舱内 CO_2 增加量仅与养鱼的重量呈明显的线性相关，养鱼越多，密闭舱内 CO_2 增加量越大。

3.2　密闭舱内人的呼吸作用

在受控密闭舱内进行有人和鱼没有红萍的对照试验，试验志愿者 2 人，年龄 $25 \sim 35$ 岁，身高 $165 \sim 170$ cm，体重 $60 \sim 65$ kg，身体健康，不吸烟。密闭舱内大气温度：22℃ ±0.5℃；大气相对湿度：80% ±3%。测定舱内 O_2、CO_2 浓度与持续时间的关系，结果显示舱内 O_2 浓度下降和 CO_2 浓度升高的速率较快，幅度也较大。48 h 后，O_2 浓度下降至 19.28%，CO_2 浓度升高至 1.198%，而且下降和升高的趋势呈线性（见图 4 和图 5）。由于没有红萍等植物参与试验，则，$G_{O_2} = 0$，$G_{CO_2} = 0$；代入衡算公式，去除鱼呼吸耗 O_2 量和释放 CO_2 量，得出，试验志愿者呼吸耗 O_2 量 $R_{O_2} = 19.71$ $L \cdot h^{-1}$；呼吸释放 CO_2 量 $R_{CO_2} = 18.90$ $L \cdot h^{-1}$。

3.3　红萍对密闭舱内大气 O_2 和 CO_2 浓度变化的影响

在受控密闭舱内进行 2 人有红萍有鱼的载人供 O_2 试验，试验自愿者为没有红萍对照试验的相同 2 人。密闭舱内大气温度也为 22℃ ±0.5℃；大气相对湿度也为 80% ±3%。图 4 和图 5 显示密闭舱内 O_2 和 CO_2 浓度变化的情况。

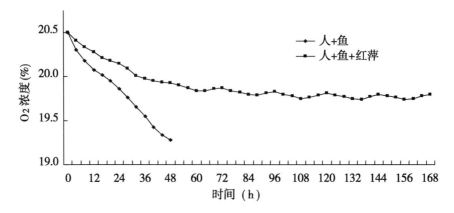

图 4 密闭舱内 O_2 浓度变化情况

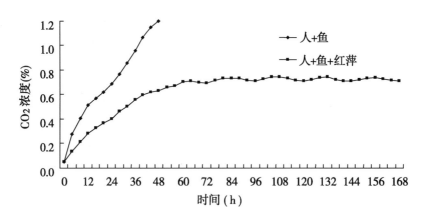

图 5 密闭舱内 CO_2 浓度变化情况

试验初期，舱内大气 O_2 浓度下降，CO_2 浓度升高，但与对照试验相比，下降和升高的速率较慢，幅度较小。这说明该阶段人与鱼的呼吸作用仍然大于红萍等植物的光合作用，故 2d（48h）内大气 O_2 浓度下降至 19.93%，CO_2 浓度升高 0.632%。随着试验继续进行，舱内大气 CO_2 浓度升高，红萍光合效率提高，红萍净光合放 O_2 量与人—鱼呼吸耗 O_2 量之间的差值逐渐减少，红萍固定 CO_2 量与人—鱼呼吸释放 CO_2 量之间的差值也逐渐减少，故舱内大气 O_2 浓度下降和 CO_2 浓度升高的幅度很小。试验 3d（72h），舱内大气 O_2 浓度下降至 19.87%，CO_2 浓度升高 0.693%。试验 3D 后，舱内大气 O_2、CO_2 浓度开始逐渐趋于平衡，直至 7d（168h）试验结束（见图 4 和图 5）。由于舱内大气 O_2、CO_2 浓度变化不大且较平稳，试验自愿者无不适感受，食欲良好，情绪正常。

图 4 和图 5 还显示，在有红萍的载人供 O_2 试验中，2d 后 O_2 曲线出现了 5 个谷峰，CO_2 曲线也出现了 5 个谷底，从时间上看，与试验自愿者的休息时间相符。这说明人在静息或睡眠状态的呼吸作用相对减弱，而红萍在光照强度不变条件下，其光合作用始终在进行之中。

3.4 密闭舱内 CO_2 环境对红萍光合效率的影响

在受控密闭舱内，红萍净光合效率与舱内 CO_2 浓度密切相关。表 2 显示不同试验时段红萍光合放 O_2 量和固定 CO_2 量的衡算结果。试验第 1d，舱内大气 CO_2 浓度从 0.048% 上升至 0.401%，由衡算公式得出，红萍平均放 O_2 量 0.679 $g \cdot m^{-2} \cdot h^{-1}$，平均固定 CO_2 量 0.786 $g \cdot m^{-2} \cdot h^{-1}$；试验第 2d，舱内 CO_2 浓度从 0.401% 上升至 0.632%，红萍净光合效率随之大幅提高，平均放 O_2 量 1.038 $g \cdot m^{-2} \cdot h^{-1}$，平均固定 CO_2 量 1.157 $g \cdot m^{-2} \cdot h^{-1}$。随着试验继续进行，舱内大气保持高 CO_2 浓度，O_2 浓度也较正常值低，红萍光合作用则相应维系高效率。尤为试验第 4 ~ 7d，舱内 O_2 浓度平衡在 19.74% ~ 19.87% 范围，CO_2 浓度平衡在 0.693% ~ 0.745% 范围，属于低 O_2 浓度环境伴随高 CO_2 浓度环境；在该环境下，红萍平均放 O_2 量 1.543 $g \cdot m^{-2} \cdot h^{-1}$，平均固定 CO_2 量 2.030 $g \cdot m^{-2} \cdot h^{-1}$，分别是试验第 1d 的 2.27 倍和 2.58 倍。

表 2　密闭舱内红萍放 O_2 量和吸收 CO_2 量的衡算

试验时间		O_2 浓度 （%）	CO_2 浓度 （%）	红萍平均 放 O_2 量 （$g \cdot m^{-2} \cdot h^{-1}$）	红萍平均 固定 CO_2 量 （$g \cdot m^{-2} \cdot h^{-1}$）
第 n 天	时段（h）				
1	0 ~ 24	20.15 ~ 20.50	0.048 ~ 0.401	0.679	0.786
2	24 ~ 48	19.93 ~ 20.15	0.401 ~ 0.632	1.038	1.157
3	48 ~ 72	19.84 ~ 19.93	0.632 ~ 0.709	1.433	1.764
4 ~ 7	72 ~ 168	19.74 ~ 19.87	0.693 ~ 0.745	1.543	2.030

4　结论与讨论

"人—红萍—鱼"共存在受控密闭试验舱内，人与鱼的呼吸作用与红萍的光合作用相辅相成，舱内大气 O_2–CO_2 浓度趋于平衡。本试验红萍栽培面积 50.4 m^2，基本上能满足 2 名志愿者和 200kg 鱼对 O_2 的需要。红萍可以多层养殖，50.4 m^2 面积红萍占用的空间不大，红萍栽培装置的层间距仅 130mm，单位空间的养殖面积很大，是一般蔬菜品种的 3 ~ 4 倍，是水稻、小麦等植物的 7 ~ 8 倍。鉴于太空舱内空间有限，植物舱不可能太庞大，红萍作为 CESLL 系统的生物部件，具备其独特的优势。

密闭舱内 CO_2 浓度升高对促进红萍群体净光合效率有明显效果，尤其是人与鱼在密闭系统内，会出现低 O_2 浓度伴随高 CO_2 浓度环境，这是不可避免的趋势。但在该环境下，红萍的净光合放 O_2 量和固定 CO_2 量较正常 O_2–CO_2 浓度环境的要大得多，使密闭舱内 O_2–CO_2 浓度朝着有利于人生存环境方向平衡。因此，红萍光合放 O_2 能力很强，"逆境"条件下更强，这也说明红萍在 CESLL 系统中的应用前景。

参考文献

［1］　Knot W M. The Breadboard Project：a functioning CELSS plant growth system. Advances in Space Research, 1992, 12 (5): 45 – 52.

[2] Kliss M, MacElroy R, Borchers B, et al. Controlled ecological life support system (CELSS) flight experimentation [J]. Advances in Space Research, 1994, 14: 61 – 69.

[3] Horneck G, Facius R, Reichert M, et al. Humex, a study on the survivability and adaptation of humans to long – duration exploratory missions [J]. Advances in Space Research, 2003, 31 (11): 2389 – 2401.

[4] Smith S M, Uchakin P N, Tobub B W. Space flight nutrition research: platform and analogs [J]. Nutrition, 2002, 18 (10): 926.

[5] Tikhomirov A A, Ushakova S A, Manukovsky N S, et al. Mass exchange in an experimental new – generation life support system model based on biological regeneration of environment [J]. Advances in Space Research, 2003, 31 (7): 1711 – 1720.

[6] Zolotukhin I G, Tikhomirov A A, Kudenko Y A, et al. Biological and physicochemical methods for utilization of plant wastes and human exometabolites for increasing internal cycling and closure of life support systems [J]. Advances in Space Research, 2005, 31: 1559 – 1562.

[7] Bartsev S I, Mezhevikin VV, Okhonin V A. Evaluation of optimal configuration of hybrid life support system for space [J]. Advances in Space Research, 2000, 26 (2): 323 – 326.

[8] Ga rland JL and Mackowiak CL. Utilization of the water soluble fraction of wheat straw as a plant nutrient source [R]. NASA Technica J Memorandum. 103497, 1990.

[9] Wheeler R M, Mackowiak C L, Sager J C, et al. Proximate composition of CELSS crops grown in NASA's biomass production chamber [J]. Adv Space Res, 1996, 18 (4/5): 43 – 47.

[10] Berkovich YA, Krivobok NM, Sinyak YY, et al. Developing a vitamin greenhouse for the life support system of the International Space Station and for future interplanetary mission. Advances in Space Research, 2004, 34 (7) ; 1552 – 1557.

[11] Liu Zhongzhu, Zheng Weiwen. *Azolla* in China. Beijing: Agricultural publishing House, 1989: 29 – 33, 96 – 110. in Chinese (刘中柱, 郑伟文. 中国满江红. 北京: 农业出版社, 1989: 29 – 33, 96 – 110)

[12] Shi Dingji. A study on photosynthetic characteristics of *Azolla*. Acta Phytophysiologica Sinica, 1981, 7 (2): 113 – 120. in Chinese (施定基. 满江红光合作用特性的研究. 植物生理学报, 1981, 7 (2): 113 – 120)

[13] Chen Min, Bian Zuliang, Zhang Chaoyang, et al. Effects of *Azolla* on the change of $O_2 – CO_2$ concentration under controlled airtight system. Fujian Journal of Agricultural Sciences, 1999, 14 (2): 56 – 59. in Chinese (陈敏, 卞祖良, 张朝阳, 等. 红萍对受控密闭系统中 $O_2 – CO_2$ 浓度变化影响研究初报. 福建农业学报, 1999, 14 (2): 56 – 59)

[14] Chen Min, Liu Xiashi, Liu Zhongzhu. The equipment of using *Azolla* for $O_2 –$ suppli-

mentation and its test. Space Medicine and Medical Engineering, 2000, 13 （1）: 14 - 18. in Chinese （陈敏，刘夏石，刘中柱. 红萍供氧装置及其试验研究. 航天医学与医学工程，2000，13 （1）：14 - 18）

[15]　Chen Min, Deng Sufang, Yang Youquan, et al. O_2 - supplying characteristics of *Azolla* in controlled close chamber under manned condition. Transactions of the Chinese Society of Agricultural Engineering, 2009, 25 （5）: 313 - 316. in Chinese （陈敏，邓素芳，杨有泉. 受控密闭舱内红萍载人供氧特性. 农业工程学报，2009，25 （5）：313 - 316）

[16]　Chen Min, Liu Rundong, Yang Youquan, Deng Sufang, Zhan Jie, Huang Yibin. Development of *Azolla* wet culture device for supplying O_2. Chin. J. Space Sci., 2010, 30 （2）: 185 - 192. in Chinese （陈敏，刘润东，杨有泉，邓素芳等. 红萍湿养栽培供 O_2 装置研制 ［J］. 空间科学学报，2010，30 （2）：185 - 192）

[17]　Chen Min, Liu Zhongzhu, Bian Zuliang. Wastewater purifying technology of intensive aquiculture greenhouse: A case study on an automatically controlled ecological greenhouse. Transaction of the Chinese Society of Agricultural Engineering, 2002, 18 （6）: 95 - 97. in Chinese （陈敏，刘中柱，卞祖良. 高密度水产养殖自控生态大棚的水质净化技术. 农业工程学报，2002，18 （6）：95 - 97）

[18]　Deng Sufang, Chen Min, Yang Youquan. A study on decontaminating aquaculture water with *Azolla*. Chinese Journal of Environmental Engineering, 2009, 3 （5）: 809 - 812. in Chinese （邓素芳，陈敏，杨有泉. 红萍净化水产养殖水体的研究. 环境工程学报，2009，3 （5）：809 - 812）

[19]　SargentD H. Envelopes of operating condition for acceptabie crew comfort at low space station ventilation velocity ［R］. SEA941508.

[20]　Chen Genyun, Yu Guanlu, Chen Yue, et al. Exploring the observation methods of photosynthetic responses to light and carbon dioxide. Journal of Plant Physiology and Molecular Biology, 2006, 32 （6）: 691 - 696. in Chinese （陈根云，俞冠路，陈悦等. 光合作用对光和二氧化碳响应的观测方法探讨. 植物生理与分子生物学学报，2006，32 （6）：691 - 696）

【原文为英文发表于《Advances in Space Research》，2012，49 （3）：
487 - 492，由邓素芳重新整理】

红萍对受控密闭系统中 $O_2 - CO_2$ 浓度变化影响研究初报

陈　敏　卞祖良　张朝阳　刘　晖　陈炳焕

（福建省农业科学院红萍研究中心，福州 350013）

摘　要： 建立受控密闭系统，研究在动物和红萍共存情况下，系统中 $O_2 - CO_2$ 浓度的变化规律。红萍的光合作用与狗的呼吸作用相辅相成，使系统中 $O_2 - CO_2$ 浓度从急骤变化达到基本保持平衡。由于系统中 O_2 浓度大于 16%，CO_2 浓度小于 2%，狗生活正常；而仅有动物存在情况下，狗消耗系统中 O_2 并释放 CO_2，很快出现严重缺 O_2 和 CO_2 中毒症状。

关键词： 红萍；密闭系统；光合作用；狗；呼吸作用

受控生态生命保障系统（简称 CELSS），是人类开展未来长时间、远距离和多乘员载人航天活动唯一可以依赖的先进系统[1-2]。红萍生产速度快，周期短，光合产 O_2 能力强，营养成分比较合理，可进行人工多层集约化养殖，在 CELSS 中可望作为一个重要的生物部件，产生 O_2 和特殊蔬菜，并吸收 CO_2[3-4]。

建立红萍—狗受控密闭系统，旨在研究动物和红萍共存情况下，系统中 $O_2 - CO_2$ 浓度的变化规律，为今后深入进行红萍空间养殖最佳条件和人体需 O_2 之间平衡规律的研究，提供基础实验数据，也为红萍生物部件进行 CELSS 总体地面模拟实验奠定一定的基础。

1　材料与方法

1.1　供试红萍

回交萍 3 号。系以小叶萍（*Azolla microphyla* Kaulfuss）为母本，种间杂交后代榕萍 1 - 4 号为父本进行回交而育成的。

1.2　红萍—狗密闭系统的建立与控制

红萍—狗密闭系统是由红萍养殖仓、狗生活仓、气体循环交换装置等组成，如图 1 所示。红萍养殖仓和狗生活仓均采用 5 mm 厚的密闭玻璃箱，便于观察。红萍养殖仓内，有效容积 V 狗 =49.9 L，供试狗体重 1.5 kg。两仓之间用 PVC 软管连接，并用气泵、气流调节阀等气压装置对两仓气体进行交换、循环的控制。在密闭状态下，两仓间气体交换滞后时间不超过 3 min. 以保持相对充分交换。仓内温度控制范围 26~28℃，养萍仓光照强度为 6 000

lx、湿度为92%，养狗仓湿度为80%左右。

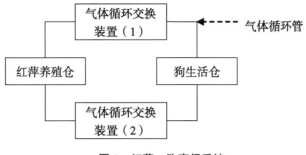

图1　红萍—狗密闭系统

1.3　试验观察

红萍经过预养后与狗分别进入受控密闭系统中的养萍仓和养狗仓。红萍采用水培法培养，试验持续18 h，每隔2～3 h对系统中的O_2和CO_2浓度进行取样测定，并观察狗的呼吸情况和生存状况。同时，在相同设置的系统中，设置不养红萍的对照试验。由于对照中红萍不进入系统，故O_2-CO_2浓度变化较快，每间隔20 min就取样测定一次。测试仪器：102G气相色谱仪、3410气相色谱仪。

2　结果与分析

2.1　密闭系统中狗的呼吸作用

在不养红萍的密闭系统中，测定O_2-CO_2浓度与经历时数的关系，结果列于表1。从表1可以看出，试验狗消耗O_2和产生CO_2的作用十分明显。历时120 min，O_2浓度从20.50%降到15.79%，而CO_2浓度上升到4.84%，狗出现吸呼急促，急躁不安等症状；当试验进行到180 min时，O_2浓度降到14.55%，而CO_2浓度上升到5.81%，狗呼吸极度困难，神志不清，出现大小便失禁，口吐白沫等现象，试验被迫中止。

表1　狗在密闭系统中耗O_2、产生CO_2与经历时数的关系

经历时数（min）	0	20	40	60	80	100	120	140	160	180
O_2浓度（%）	20.50	18.16	17.95	16.99	16.40	15.92	15.79	14.87	14.83	14.55
CO_2浓度（%）	0.03	1.48	2.01	3.48	4.02	4.48	4.84	5.75	5.79	5.81

2.2　红萍对受控密闭系统中O_2-CO_2浓度的影响

测定红萍—狗受控密闭系统中O_2-CO_2浓度与经历时数的关系，结果列于表2。从表2可以看出，系统中O_2浓度下降（$y_1^0-y_1$）的分数随着经历时数 x 的增大而增大，从急剧下降到缓慢变化，呈非线性关系。图2为系统中O_2浓度变化规律图。试验组的回归方程：$y_1 = y_1^0 - x/（a_1 + b_1 x）= 20.50 - x/（0.49 + 0.24x）$，相关系数$r_1 = 0.9989^{**}$，呈极显著；

测初始 O_2 浓度 $y_1{}^0 = 20.50$ （%）。当 $x \to 0$，$y_1' = -1/a_1 = 2.036$（% · h^{-1}），表示试验开始时，狗呼吸耗 O_2 量大于红萍光合作用放 O_2 量，系统中 O_2 浓度下降较明显，初始速率高达 2.036（% · h^{-1}）；随着试验继续进行，系统中 CO_2 浓度提高，红萍光合放 O_2 量增加，与狗呼吸耗 O_2 量之间的差值逐渐减少；当 $x = 18$（h），O_2 浓度下降速率仅为 0.022（% · h^{-1}）；当 $x \to \infty$，$\lim\limits_{x \to \infty} y_1 = y_1{}^0 - 1/b_1 = 16.30\%$，说明该受控密闭系统 O_2 浓度理论上平衡在 16.30%。

表2　红萍—狗受控密闭系统中 $O_2 - CO_2$ 浓度（%）浓度与经历时数的关系

经历时数 x（h）	0	1	2	3	5	8	11	13	16	18
O_2 浓度 y_1（%）	20.50	19.08	18.21	17.95	17.65	17.29	17.05	16.85	16.71	16.70
O_2 浓度 $y_1{}^0 - y_1$（%）	0	1.42	2.29	2.55	2.85	3.21	3.45	3.66	3.79	3.80
CO_2 浓度 y_2（%）	0.03	*	0.73	0.82	1.16	1.36	1.49	1.53	1.57	1.58
CO_2 浓度 $y_1{}^0 - y_2$（%）	0	*	0.70	0.79	1.13	1.33	1.46	1.50	1.54	1.55

注：* 表示 CO_2 含量小于 0.5，102G 气相色谱仪测不出

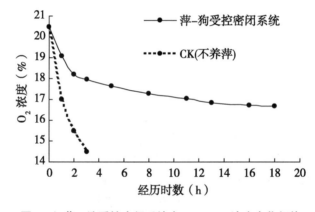

图2　红萍—狗受控密闭系统中 $O_2 - CO_2$ 浓度变化规律

从表2还可以看出，系统中 CO_2 浓度上升（$Y_2 - Y_2{}^0$）百分数随着经历时数 x 的增大而增大，从急剧上升到缓慢变化，亦呈非线性关系。图3为系统中 CO_2 浓度变化规律图。试验组的回归方程 $y_2 = x / (a_2 + b_2 x) + y_2{}^0 = x / (1.86 + 0.53x) + 0.03$，相关系数 $r_2 = 0.9985^{**}$，呈极显著；取初始 CO_2 浓度 $Y_2{}^0 = 0.03$（%）。当 $x = 0$，$y_2' = 1/a_2 = 0.54$（% · h^{-1}）表示试验开始时，狗呼吸释放 CO_2 量大于红萍光合作用吸收 CO_2 量，系统中 CO_2 浓度上升较快，初始速率达 0.54（% · h^{-1}）；随着试验继续进行，红萍吸收 CO_2 量增加与狗呼吸释放 CO_2 量差值逐渐减少；当 $x = 18$（h），CO_2 浓度上升速率仅为 0.0l（% · h^{-1}）；当 $x \to \infty$，$\lim\limits_{x \to \infty} y_2 = 1/b_2 + y_2' = 1.91\%$，说明该受控封闭系统 CO_2 浓度理论上平衡在 1.91%。

2.3　红萍—狗受控密闭系统中狗的生存状况

在试验过程，历时 18 h，由于红萍—狗受控密闭系统中 O_2 浓度始终保持在 16% 以上，

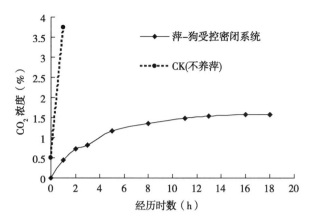

图 3　红萍—狗受控密闭系统中 CO_2 浓度变化规律图

CO_2 浓度低于 2%，狗的生存状况良好，未出现呼吸急促、烦躁不安、四肢乏力、神志不清等缺 O_2 或 CO_2 中毒现象。试验结束后，从系统出来的试验狗仍然十分灵活，食欲良好，经一段时间饲养，生长发育正常。

3　结论与讨论

3.1　在红萍—狗受控密闭系统中，红萍的光合作用与狗的呼吸作用是相辅相成的。前者吸收 CO_2，产生 O_2；后者吸收 O_2，释放 CO_2。实验结果表明，足够的养萍面积是有可能提供动物呼吸作用所需的 O_2，并吸收动物释放出的 CO_2。

3.2　受控密闭系统中 $O_2 - CO_2$ 浓度从急骤变化达到相对平衡，在试验全过程 O_2 浓度 > 16%，CO_2 浓度 < 2%，这为动物呼吸生存提供保障。倘若没有红萍进入系统，则动物很快出现严重缺 O_2 和 CO_2 中毒症状，根本无法生存。

3.3　影响红萍光合效率的因子较多，除受控的环境因子和栽培因子之外，动物释放出的 CO_2 将可能用于提高红萍光合放 O_2 速率和能力，这些影响因素以及红萍空间养殖最佳条件，尚待进一步研究。

参考文献

［1］　Macelroy RD，J Bredt. Current concepts and future directions of CELSS ［J］. Advances in Space Research the Official Journa.，1984，4（12）：221 – 229.

［2］　Knot WM. The Breadboard Project，a funtioning CELSS plant growth system ［J］. Advances in Space Research the Official Journa.，1992，12（5）：45 – 52.

［3］　刘中柱，郑伟文 . 中国满江红 ［M］. 北京：农业出版社 .1998.96 – 105.

［4］　刘中柱，陈 敏 . 受控生态生保系统中新食物链的研究 ［C］. 国家高技术航天领域空间站技术学术交流会论文集 .1997.

【原文发表于《福建农业学报》，1999，14（2）：56 – 59，由邓素芳重新整理】

红萍供氧装置及其试验研究

陈　敏[1]　刘夏石[2]　刘中柱[1]

（1. 福建省农业科学院红萍研究中心，福州350003；

2. 航空工业总公司602研究所，北京10000）

摘　要： 以红萍为供O_2植物设计研制了进行植物放O_2研究的装置。装置是以狗为耗O_2动物，设计既考虑到满足红萍生长所需要的光照、温度、湿度、营养以及分萍的要求，又考虑到狗在密封试验舱较长时间所需要解决的食物供应、排泄物的处理以及舱内温度控制等，从而使试验能在一定时间内连续进行。采用该装置进行了红萍放O_2试验，结果表明，可选红萍做为供O_2植物。

关键词： 红萍；供氧系统；植物；试验舱；密闭生态系统；供氧

21世纪是人类向太空发展的世纪，人在太空环境中供O_2和排出CO_2已成为人们研究的重要课题[1]。供O_2和排出CO_2最有希望的是通过植物完成，因为植物能进行光合作用，而光合作用过程吸收CO_2放出O_2。如何筛选一个占地面积小，光合能力强，可供未来太空应用的植物就成为目前航天领域一个值得研究的课题。在研究筛选植物放O_2吸收CO_2能力的过程中，应用物理、化学、生理的方法自然是重要的，但这只是初步的筛选，进一步研究是要进行狗的试验，在此基础上再进行人的试验。

为了进行狗的试验，就要研究在密闭环境下保证植物正常生长、正常的光合作用的条件，同时也要研究在密闭环境下使狗能正常生存3~5 d或更长时间的条件，如需要解决狗的食物供应以及狗的粪便排除等问题，只有这样才能得出植物供O_2和狗耗O_2以及狗呼出CO_2由植物吸收消耗等之间的关系。本研究利用生长快、供氧能力强的红萍研制一个密封的供氧装置，利用狗作为耗氧者进行了系统试验。

1　供氧植物的选择

为了验证本装置实际应用的可行性，我们选择红萍作为供试植物。因为在受控生态生保系统中，除要解决供O_2排出CO_2问题外，能否不断提供新鲜食品也是很重要的环节。在选择植物时要兼顾这两方面的需要。美国曾以甘薯作为太空植物进行研究，可甘薯占地面积大。我们从以往研究中知道红萍可能是一个首选植物[1]，因为它繁殖快，占地面积小，可以多层养殖，光合作用效率高。我们根据红萍放氧测定结果加以计算，得出了红萍在空间站辅助供氧的能力[2]，红萍的营养成分也比较高，其蛋白质含量几乎接近于大豆，因此作为航天员新鲜蔬菜将具有独特的价值[3]。

过去，在室外养殖红萍比较粗放，只要条件合适，生长速度非常快，尤以在 25℃ 左右，3、4 d 就可翻一番。对于室内养殖，尤以密闭条件下箱式养殖，过去研究的比较少，难度较大，出现不长、腐烂、萍体衰退等问题。经过研究，在密闭条件下我们控制光强为 10 000 ~ 12 000 lx. 光质为萤光灯 + 卤族灯，温度为 25℃ 左右及湿度为 80% 以上，取得较好效果。

由于红萍繁殖速度快，必须经常进行分萍，因此在装置上还增加了排萍管及拍萍器等。

2　实验舱的研制

2.1　设计要求

根据试验目的，对试验舱提出如下设计要求。

2.2　总的要求

①在试验期间试验舱处于全气密状态。②试验舱尺寸在 1 m³ 左右，水要能循环利用。③试验舱要便于观察，要能 24 h 监控舱内 CO_2 及 O_2 的变化情况。④试验舱要便于使用维护。⑤试验舱要在不影响气密情况下为植物生长和狗的生长提供良好条件。⑥各舱水体要能充分循环利用。

2.3　各舱要求

各舱水体要能充分循环利用。

植物舱　植物舱要为植物提供最大生长空间，透光率要好，可最大限度利用阳光；要有足够光源（光强大于 12 000 lx）；要保证植物所需养分能持续供应；随着植物生长要能随时采收，取出的部分能自动送往螺舱供其生长所需；其他必须条件（不同植物略有不同）。

狗舱　要有一定活动空间，能控制舱内温度；要提供狗新陈代谢所需新鲜 O_2，能清除狗所呼出的 CO_2；要保持舱内清洁卫生；要能提供狗生存所必需的营养与水；具有及时清除狗排泄物功能。

鱼舱　有一定活动空间；要保证水中溶氧量；鱼要能充分消化狗的排泄物；万一发生死鱼要能及时取出而不影响其余鱼的活动。

螺舱　螺舱要能控制温度在 20 ~ 30℃；要保持水体清洁；要能提供螺生长所需足够植物；螺舱内水能自动供应给植物生长所用。

2.4　结构与功能

试验舱结构见图 1、图 2、图 3。各功能舱之间要用水密封。

植物舱　提供植物生长良好环境，它有 4 个红萍生长盆，并带有冷却器，冷却器进出气口处有活动密封板。当植物舱单独使用时，将密封板嵌上。

狗舱　提供狗正常生活条件，它有活动间与休息间，并带有冷却器。

自动控制盒　设在狗舱上方，盒子和试验舱接口相接。并有手动和自动两套控制系统。包括：温度、湿度、清洗、取萍、灯光及营养输送控制。

功能舱　含有水箱、排萍箱、螺箱、鱼箱、过滤箱和取鱼箱。

试验舱整体密封设有4个密封活动门（红萍舱与狗舱休息间各1个，冷却器左、右侧各1个），从外观看，要求所有线路与管路走向规范整齐、采用暗线布局，可实现如下功能。

温度控制：试验舱温度由温度传感器通过控制盒进行自动调节，范围为 20 ~ 30℃。调节温度方法：一是水循环，通过试验舱左右冷却器以喷水方式进行冷却；二是通过空气冷却，由狗舱淋浴器喷水直接降低狗舱空气温度并通过风扇进行对流扩散，植物舱通过每层喷营养液也可对萍体直接降温；三是舱顶冷却，狗舱活动间顶上安有清水箱，箱底为铝合金板也可用以降温。

湿度控制：由湿度传感器通过控制器进行湿度控制，范围为 >80%，方法有：一是对萍体喷水直接增加萍体表面湿度；二是对狗舱喷水增加空气湿度通过风扇使二舱间空气相互流动，以增加植物舱湿度。

狗的喂食：通过狗舱送料管上下2道开关（一开一关）方式进行 5 次/d 人工给食，以隔绝空气进入试验舱内，狗吃后剩余物可通过控制盒自动对狗食槽进行 2 次/d 冲洗，并打开下水口（呈 U 形）直接排到舱外。

狗的排泄物：通过铁丝网直接排到鱼舱，由鱼类进行消化吸收。如有死鱼要能及时取出，以防止污染试验舱，死鱼可从选、取鱼箱中取出，利用水体来隔绝空气流入舱内。

水循环：由自动控制盒控制 3 个泵（图 l 中 A、B、C）实现：A 泵将过滤后水送往水箱；B 泵将营养水沿拍萍器分送至各喷头"1"喷到每个植物盆，供植物生长之用；C 泵将水箱水进往冷却器及每个植物盆底部冷却板供冷却之用，冷却器与冷却板水回至过滤箱。

a. 红萍生长盆营养水经每层红萍吸收沉淀，逐层流向过滤池；

b. 过滤池水经过滤后分两路走：一是抽向清水箱；一是抽向螺箱；

c. 清水箱水供两个冷却器以及狗舱淋浴喷水之用；

d. 螺箱水经养殖螺后成为营养水供植物舱红萍生长用水和喷水之用。

实施红萍养护：

a. 定期给红萍喷洒营养水同时轻轻击打红萍，表面；

b. 红萍定期收取，可控制实现 1 次/d，作为螺食物；

c. 红萍的生长白天靠阳光，夜晚靠灯光；

d. 可根据需要控制灯光开启节约用电。

3　供氧装置应用的试验结果

为了检查装置的可行性进行了下列供 O_2 试验。试验在试验舱内进行，试验数据见表 l。为了具备可比性，全部试验均用体重为 6 kg 的同一只狗作为试验对象，试验舱也是用同一个舱，空间体积均为 0.4 m³，红萍面积为 0.5 m²，红萍层数 3 层，红萍品种为回 3，由表中数据可知：对照组平均每小时耗氧量为 0.783%，试验组为 0.317%。

如果 1 人氧耗量标准为 0.83 kg/d，即为 403 mL/min。

在所有条件完全相同情况下，用红萍进行供氧试验，实测结果舱内每小时氧含量减少 0.317%。与对照组相比就可算出：试验舱在 0.5 m² 红萍下每小时由红萍平均产生氧增量为 0.738% - 0.317% = 0.42%。由此可见，面积为 0.5 m² 红萍每分钟平均供氧量为约 28 mL。

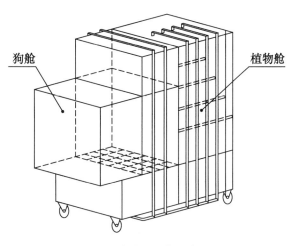

图1　试验舱立体示意图

用试验舱试验实测数据，经计算表明要有 7.2 m^2 面积养殖红萍，在 10 000 ~ 14 000 lx 的光照下约可以满足一个宇航员对氧气的需要。

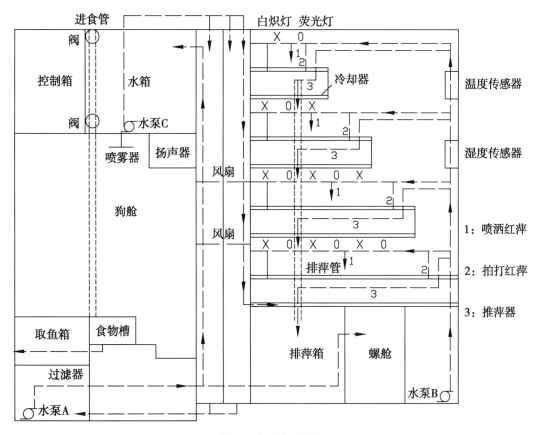

图2　试验舱正视图

为了对上述结果作进一步验证，我们在试验舱 I 型基础上，又设计了另一试验舱为 II 型，试验舱 II 型与 I 型相比有如下特点。

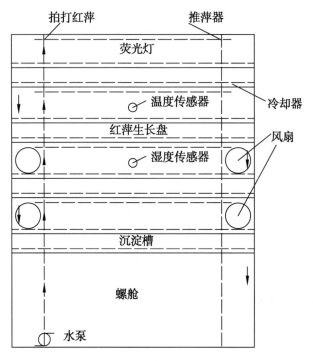

图 3　试验舱侧视图

试验舱空间体积增大（0.4 m³→1 m³）：

红萍生长总面积增大（0.5 m²→1.3 m³）：

红萍生长盆数增多（3 层→4 层）。

试验舱Ⅱ特别注意狗舱进行改进，并有喷水降温。试验结果见表 2。其中对照组狗重为 5.8 kg. 试验舱体积为 0.7 m³；试验组狗重 7.3 kg. 试验舱体积为 1.03 m³，红萍生长面积为 1 m²。由表中数据知：对照组平均每小时耗氧量为 0.767%，实验组为 0.226%。

这时 1 m² 红萍每小时供氧量为：

$$0.767\% \times 700 - 0.226\% \times 1\,030 = 5.37 - 2.328 - 3.04 L。$$

即每分钟 lm² 红萍供氧量为：

$$(3.04 \times 1\,000) /60 = 50.7\ mL.$$

由此算出满足 1 名宇航员对氧气量的需求，就要求红萍面积为：

$$403/50.7 = 7.9\ m²。$$

为了观察狗的大小与数量变化的影响，在Ⅱ型舱中（养红萍）将狗改为 3 只，进行对比试验。经测试，11：30 舱内含氧为 20.9%，翌日 14：00 舱内含氧为 16.6%。由此可知，平均每小时耗氧量为 0.16%。

由此可见，不论狗大小与数量，试验舱体积、红萍层数与面积虽然各有不同，但实测结果都基本上一样。

我们曾将狗在Ⅱ型舱中（养红萍）密闭试验整 3 天 3 夜，狗放出后一切正常。

试验表明，目前可能做到红萍面积 8 m² 左右可满足一名宇航员需氧的要求。不过这只是初步的结果，不论是试验舱装置，以及对狗的供 O_2，都还需要做多次不同条件下（包括狗的条件）的试验，以期得出准确的结果。但可以看出这个装置是可以用的，有其特点．只要根据不同植物对条件要求的参数适当改变植物舱体积和条件是可以用在不同植物上的。

表1　为1只狗供氧的试验舱 I 试验结果

对照		氧气消耗	供氧试验		氧气消耗
时间	O_2含量（%）	百分比（%/h）	时间	O_2含量（%）	百分比（%/h）
10：30	20.9		9：00	20.7	
11：30	20.3	0.6	11：00	20.2	0.25
13：30	18.9	0.7	12：20	19.9	0.2
14：30	18.1	0.8	14：00	19.5	0.25
15：30	17.3	0.8	15：00	18.9	0.6
16：30	16.5	0.8	16：00	18.6	0.3
17：30	16.1	0.8	17：00	18.2	0.4
			18：00	17.6	0.6
			19：00	17.3	0.3
			20：00	16.9	0.4
			21：00	16.7	0.2
			22：00	16.6	0.1

表2　为1只狗供 O_2 的试驻舱 II 试验结果

对照			试验		
时间间隔（h）	O_2（%）	CO_2（%）	时间间隔（h）	O_2（%）	CO_2（%）
0	20.920 8		0	21.039 3	
2	19.245 9	1.654 6	2	20.480 0	1.136 5
4	18.123 2	3.131 4	4	30.119 1	2.002 7
6	16.224 8	4.108 2	6	19.426 4	2.577 3
8	14.785 8	6.103 0	8	19.049 9	2.918 0
			10	18.774 5	3.250 1

参考文献

［1］　刘中柱，郑伟文．中国满江红［M］．北京：中国农业出版社，1989.96 –110.

［2］　陈敏，卞祖良，张朝阳，等．红萍对受控密闭系统中 O_2 – CO_2 浓度变化影响研究初步［J］．福建农业学报，1999，14（2）：56 –59.

［3］　郭双生，王普秀，李卫业，等．受控生态生保系统中关键生物部件的筛选［J］．航天医学与医学工程．1998，11（5）：333 –337.

【原文发表于《航天医学与医学工程》，2000，13（1）：13 –18，由邓素芳重新整理】

红萍湿养栽培供 O_2 装置研制

陈　敏　刘润东　杨有泉　邓素芳　詹　杰　黄毅斌

（福建省农业科学院农业生态研究所，福州 350013）

摘　要： 红萍作为空间站受控生态生命保障系统中的生物部件，可望为航天员提供 O_2 和新鲜蔬菜，并吸收 CO_2。研究红萍湿养栽培供 O_2 装置，旨在建立地面非生物部件，满足模拟研究的需要。该文介绍了该装置及其关键部件的结构特点和工作原理。通过红萍湿养板内湿养栽培介质的结构功能设计，在蓄水保水基质层内部配置具有毛细作用的渗水管路，介质始终保持整体湿润而表面无明水状态，为红萍扎根稳固、营养吸收和生长繁殖创造条件。水压试验确定了渗水管路的主要技术参数和闭合式红萍培养液输配循环系统的间歇循环周期。整机产出量试验结果表明，层间距 125 mm，整机红萍湿养面积 6.3 m^2，超高亮度白色 LED 人工光源能耗 152 w/m^2，红萍表面的光照强度 6 000 ～ 6 500 lx，整机的红萍湿养产量、红萍放 O_2 量和吸收 CO_2 量相应大幅提高，装置各项性能指标均达到设计要求。

关键词： 红萍；装置；设计；湿养栽培；供 O_2

1　引　言

受控生态生命保障系统（Controlling Ecological Life Support System，简称 CELSS）是一个由生物部件和非生物部件构成的密闭循环系统，在进行物质和能量交换过程中，即实现对氧气、水和食物的循环再生，满足航天员对氧气、水和食物的需求，又可实现对其所产生的废气、废水和废物的净化及循环利用，进而保障航天员的健康和工作效率。因此，该系统是人类建立永久性空间站、太空长期飞行、月球移民的必要条件。科学家正致力于研究能在太空环境下生长，却生长周期短，营养成分高，同时能利用光合作用吸收掉二氧化碳，放出氧气的植物作为该闭式循环系统的生物部件[1-7]。红萍（*Azolla*）生长繁殖速率高，光合放 O_2 能力强，具有较高的可食生物产量和丰富的营养成分（富含蛋白、矿质元素和人类必需的氨基酸），尤其是红萍适合作为色拉型蔬菜，可以多层湿润养殖，单位空间的绿色面积很大，可望作为 CELSS 的生物部件，起到提供 O_2 和新鲜蔬菜，吸收 CO_2 的作用[8-12]。

将 CELSS 应用于航天任务之前，必须在地球上进行受控条件的广泛研究，旨在降低在空间实验的成本、危险性和后勤负担。世界各主要航天大国的空间生命支持系统的研究途径比较相似，都是先地面后空间，即先在地面建立模拟系统，再向空间发展；先部分后整体，即先实现物质和能量的部分闭合循环，再向完全闭合发展。因此，有必要在地面建立适合植物生长的非生物部件，充分进行地面模拟研究[13-15]。

　　研究红萍湿养栽培供 O_2 装置目的在于，在地面的受控密闭舱内进行"人—机"整合试验，通过分析红萍与人共存情况下密闭舱内 O_2 – CO_2 浓度的变化规律，以分析红萍可为载人供 O_2 的特征，为红萍生物部件进行 CELSS 总体地面模拟试验以及空间应用样机的研究奠定基础，为未来在空间站或地外行星上建立长期居住基地及密闭型太空农场等提供参考依据。

2　红萍湿养栽培供 O_2 装置总体设计

2.1　设计参数和性能指标

　　红萍系水生蕨类植物，通常多水养，但空间环境特殊，受微重力影响空间站没有水界面，红萍应改水养为湿养。这就要求红萍湿养栽培供 O_2 装置应创造适应于红萍湿养的生态环境，尤为用于红萍扎根固定和营养吸收的湿养介质应始终保持整体湿润状态，且介质表面无明水出现[11]。同时，空间站植物舱的空间十分有限，能源也十分紧缺。因此，装置所占用的面积和体积都应尽可能小，装置中人工光源的能耗也不能太高，即在有限空间内和尽可能低的能耗下，生产出尽可能多的红萍生物量和 O_2，为航天员提供足够的氧气和新鲜蔬菜。基于在受控密闭试验舱内进行载人供 O_2 试验和一系列相关的空间生命科学研究的要求，装置的主要设计参数和性能指标见表 1[10,11,16-20]。

表 1　红萍湿养栽培供 O_2 装置设计参数及性能指标

设计参数	指标	控制要求
整机外廓尺寸（长×宽×高）/mm	990×720×1 780	/
红萍湿养板尺寸（长×宽×厚）/mm	900×700×25	/
有效红萍湿养面积/m²	6.3	/
红萍湿养要求	/	湿养介质保持整体湿润状态，且表面无明水出现
整机日产鲜萍量/g·d⁻¹	>150	/
整机红萍放 O_2 量/L·h⁻¹	>2.0	/
整机红萍吸收 CO_2 量/L·h⁻¹	>2.4	/
人工光源能耗/w·m⁻²	>160	/
人工光源光照强度/lx	6 000~7 000	测量点为红萍表面
人工光源光周期/h	0~24	连续任意可调，自动控制
培养液循环周期/h	0~24	连续任意可调，自动控制
培养液温度/℃	20~25	在线可调，控制精度 ±1℃
培养液要求	/	具有自身完整的培养液输配循环系统和控制系统
操作要求	/	所有操作和在线维修应在前面板进行
防护能力	/	系统应具备防腐、防渗、防锈、防挥发性气体
整机净机重/kg	≤150	/

红萍湿养栽培供 O_2 装置的设计应尽量接近于今后的空间站应用。整机设计成标准机柜型，具有自身完整的人工光源系统、营养液输配循环系统和控制系统；机柜与机柜紧挨，机柜之间、机柜与机柜背面的舱体墙之间均无可供操作的空间，所有的农艺操作、控制按钮操作和在线维修应在前面板进行。

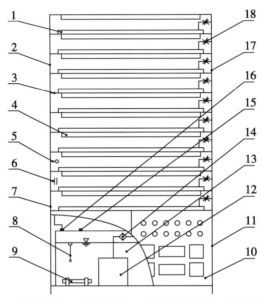

1.红萍湿养板；2.栽培层架；3.滚动导轨；4.LED光源组件；5.气温探头；6.湿度探头；7.回水管路；8.水温探头；9.水加热器；10.控制板；11.底座；12.循环水泵；13.培养液贮罐；14.过滤阀；15.补液口；16.回水口；17.进水管路；18.可调式截流阀

图1　红萍湿养栽培供 O_2 装置结构简图

2.2　结构和工作原理

图 1 所示为红萍湿养栽培供 O_2 装置的结构。整机外轮廓为 990 mm × 720 mm × 1780 mm，由可拆式的栽培层架和底座构成，便于运输和进舱后安装。栽培层架设置多层，红萍湿养板置于各层栽培架上，并由三节滚动导轨支承，根据需要拉出或推进，以便于放萍、分萍、收割等农艺操作和在线维修。每层湿养板的有效红萍湿养面积 0.63 m^2，可配置多台若干层红萍湿养板，以满足不同人数和天数供 O_2 试验的需求。超高亮度白色发光二极管（LED）按一定间距排列，制成薄型板块固定在各层栽培架的下方，形成人工光源组件，为下一层湿养板面上的红萍提供光照。红萍培养液贮罐位于底座的内腔，贮罐内设有水温探头、水加热器和水位控制系统，当培养液不足时，可从补液口补给。红萍培养液经循环水泵、水过滤阀、进水管路、可调式截流阀，均匀地输配给各层红萍湿养板，供红萍生长繁殖之用。流经湿养板的培养液再经回水管路和回水口流回培养液贮罐，这样形成自身闭合的培养液输配循环系统。该系统采用间歇式补给法，补给量和补给周期由控制板程序控制。装置可根据试验要求设置气温探头和湿度探头，亦由控制板自动控制。装置还配置了大气环境因子（包括大气温度、相对湿度、大气压力、O_2 浓度、CO_2 浓度、风速等）适时探测和超限报警和循环水泵故障，整机漏电等保护和报警设备。

3 关键部件结构设计和参数确定

3.1 红萍湿养板的结构设计

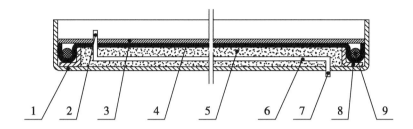

1.不锈钢盘体; 2.进水接口; 3.扎根生长基质层; 4.渗水支撑基质层;
5.蓄水保水基质层; 6.渗水管路; 7.出水接口; 8.撑脚; 9.弹性撑圈

图 2 红萍湿养板结构示意

红萍湿养板是植物扎根固定、营养吸收和生长繁殖的场所，为了适用于红萍湿养栽培的特殊要求，它的基本功能是创建持续整体湿润而介质表面无明水的物理环境。图 2 所示为红萍湿养板结构。盘体采用不锈钢薄板材料，四边扣 25 mm×25 mm，氩弧焊后，形成底面呈长方形的薄盘（900 mm×700 mm×25 mm）。在盘的对角线方向设置进水接口和出水接口，分别与红萍培养液输配循环系统中的进水管路和回水管路连接；进水接口和出水接口之间是细长不锈钢管制成的渗水管路。红萍湿养栽培介质由蓄水保水基质层、渗水支撑基质层和扎根生长基质层构成，靠弹性撑圈紧固在与湿养盘体刚性连接的撑脚凹槽内，为红萍扎根固定和营养生长提供合适的环境。

3.2 红萍湿养介质组成材料的确定

红萍湿养介质是红萍湿养栽培系统的核心部件。红萍系水生蕨类植物，其根部是水分和矿物质输入萍体的通道，又有固着萍体的作用。与许多粮食作物或蔬菜等高等植物不同，红萍的根原基发生于茎下表皮，一般位于侧枝与主干交接处，属不定根。在向化性作用下，萍根可伸向栽培介质汲取养分，故可湿润养殖，且根系较大。当萍根长达 3 cm 左右时，其基部形成离层，一经触动即易脱落[8]。因此，红萍湿养介质不仅要能够贮存足够的培养液，而且要适应于红萍不定根不断更新的特性。介质组成材料从结构功能上可分为蓄水保水基质层、渗水支撑基质层和扎根生长基质层。由于各基质层的功能不同，所以它们对组成材料的性能要求也不同。表 2 给出了各功能基质层组成材料的制作工艺和主要性能指标。

表 2 不同基质层材料工艺特征和主要性能参数比较

基质层名称	蓄水保水基质层	渗水支撑基质层	扎根生长基质层
工艺特征	喷胶	针刺	水刺
厚度（mm）	15.2	2.5	1.5

（续表）

基质层名称	蓄水保水基质层	渗水支撑基质层	扎根生长基质层
重量/g·m^{-2}	38	185	75
吸水倍数	63.0	5.5	15.4
3 h后保水量/%	91.5	90.4	91.1
渗水高度/cm	/	8.0	7.0
半程渗水时间/s	/	2.5	5.0
渗水性能	中	好	好
扎根性能	中	较好	好
机械力学性能	差	好	中

蓄水保水基质层的主要功能是贮存培养液，要求材料应有良好的吸水性能，吸水倍数越大越好，以确保单位体积的湿养介质有足够储备培养液。为了防止出现"吸水快、失水也快"的现象，还要求材料的保水性好。介质材料筛选试验结果表明，三维中空含硅涤纶短纤维为主原料，采用喷胶工艺制作的无纺布，材料质量轻、蓬松度高、回弹性好，有极强的吸水性能，吸水倍数高达63。该材料保水性能也很好，室温自然凉干3 h后，保水量仍达91.5%，是理想的蓄水保水材料。

渗水支撑基质层的功能是支撑固定红萍湿养介质材料，要求材料应有一定的机械力学性能，特别是长期湿润状态下，材料抗拉性能的稳定性要好。由于该材料介于蓄水保水基质层和红萍扎根生长基质层之间，故要求材料渗水性能好。渗水支撑基质层采用针刺工艺的无纺布。针刺无纺布是利用刺针的穿刺作用，将蓬松的纤网加固成布。受试材料厚度为2.5 mm，密度较大且有一定的弹性，每5 cm×20 cm断裂强度为4 500～5 000 N，横纵向抗拉强度差异小。渗水试验结果：标准大气压下渗水高度8 cm，半程渗水时间仅2.5s，说明该材料渗水速率高，渗水性能好。在长期湿润状态下，该材料的渗水性能和机械力学性能的稳定性都很好，符合渗水支撑基质层对材料的功能要求。

扎根生长基质层是红萍扎根、固定和营养吸收的场所，除了吸水性能、保水性能和渗水性能外，要求材料易于红萍扎根、穿透和固定。扎根生长基质层采用水刺工艺的无纺布。水刺工艺是将高压微细水流喷射到一层或多层纤维网上，使纤维相互缠结在一起，从而使纤网得以加固而具备一定强力。该受试材料非常有利于红萍迅速扎根和穿透，新根扎牢稳固的时间大大小于老根脱落时间，且吸水、保水能力（吸水倍数 = 15.4，3 h后保水量 = 91.1%）和渗水性能（标准大气压下渗水高度7.0 cm，半程渗水时间5.0s）均符合扎根生长基质层对材料的功能要求。

3.3 渗水管路关键参数的确定

根据红萍湿养栽培供 O_2 装置应尽量接近于未来的空间站应用的设计原则，要求用于红萍湿养介质表面应无明水出现。然而，红萍湿养板的面积较大，而培养液的进、出水口分布在对角线上，输入的培养液会在进水口附近，出现渗出介质材料表面的现象。该现象是由于水的外附力和内聚力引起的，培养液在蓄水基质层内向整个红萍湿养面积扩散过程受阻，不得不在进水口附近穿透支撑基质层和生长基质层而渗出介质材料表面。为了使输入的培养液迅速流到整个红萍湿养面积内各个角落，及时补给红萍根部的营养吸收，蓄水基质层被设计成图3所示的形状，并增加渗水管路。

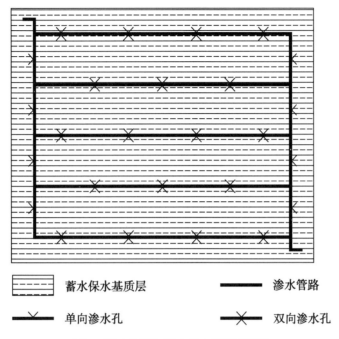

| 蓄水保水基质层 | 渗水管路 |
| 单向渗水孔 | 双向渗水孔 |

图3　渗水管路与蓄水保水基质层配置

图3所示为渗水管路与蓄水基质层配置。渗水管路系内径6 mm的细长不锈钢管，按图样形状，采用亚弧焊工艺焊接而成，管壁钻有若干渗水孔，孔间距180～200 mm。渗水孔的孔径、数量及组合分布，将直接影响渗水管路的渗水效果。表3给出了部分水压试验的结果。

表3　不同渗水孔数量和孔径对渗水效果的影响

渗水孔			渗水管内径（mm）	面积系数	渗水效果	
组合	数量	孔径/mm			渗水均匀度	渗水速率
18×2＋8×1	44	0.7	6	0.60	好	差
		0.8		0.78	好	中
		0.9		0.99	好	好
		1.0		1.22	中	好
23×2＋8×1	54	0.7	6	0.78	好	差
		0.8		0.96	好	中
		0.9		1.21	中	好
		1.0		1.50	差	好

表3中的面积系数为渗水效果的重要指标，这里定义面积系数为 K，渗水孔面积为 A_t，渗水管内截面积为 A_i，则有 $K = A_t / A_i$。

渗水管路的渗水效果主要体现在渗水速率和渗水均匀度。渗水速率指单位时间每个渗水孔输出的流量，渗水孔孔径越大，渗水速率也越大。渗水孔孔径不宜太小，否则影响渗水速率，机械加工也比较困难。渗水均匀度指渗水管路系统中每个渗水孔输出的流量是否一致。水压试验时，面积系数 K < 1.1 时，各渗水孔孔口水压基本一致，渗水均匀度较好；面积系数 K ≥ 1.1 时，各渗水孔孔口水压差异较大，渗水均匀度也较差。表 2 可以看出，采用 44 个渗水孔、孔径 0.9 mm，面积系数 K 为 0.99，渗水孔出水量大且均匀，渗水效果达到设计要求。44 个渗水孔由 18 个双向孔和 8 个单向孔（18 × 2 + 8 × 1）组合，按图 3 尺寸分布。试验结果证明，这种设计方案可以同时向整个红萍湿养面积内各个角落补给培养液，有利于红萍生长介质材料始终保持整体湿润状态，且达到介质表面无明水出现的要求。

3.4 培养液输配循环系统的结构设计

红萍培养液输配循环系统的结构设计着重考虑其功能的可靠性。将繁杂的培养液输配循环系统管路设计与栽培层架结构设计巧妙结合起来。栽培层架由 4 根立柱、10 根后梁和 20 根侧梁组成。右前立柱系进水管路，与 10 个可调式截流阀连接，为 10 层湿养板提供红萍培养液。2 根后立柱与 10 根后梁构成回水管路，将 10 层湿养板的循环回水汇合流回培养液贮罐。左前立柱管中穿线，为 10 套 LED 光源组件提供电源。20 根侧梁与 10 对三节导轨的定轨刚性连接，而 3 节导轨的动轨通过连接件支承 10 盆红萍湿养板。由于栽培层架中的立柱与后梁、侧梁之间均采用氩弧焊工艺，焊接牢固，故它们所构成的培养液循环系统管路结构紧凑，可靠性很好。在外观方面，看不到一根输液管，红萍培养液均在栽培层架的构件内输送。该设计经样机性能试验证明是可行的。

红萍培养液输配循环控制系统是确保红萍湿养板始终湿润状况的重要系统。与红萍水养不同，红萍湿养板上的生长介质不能出现缺水或湿润度不够的现象。经水压试验和样机试运行观察，采用间隙循环补给培养液的方法，可以满足湿养板上红萍繁殖的生态条件。间隙循环的周期是红萍培养液输配循环系统的重要运行参数，它包括循环水泵工作时间和循环水泵不工作时间的总和。循环水试压试验结果表明，循环水泵每间隔 2 h 工作 45 s 为宜。间隙循环的周期由控制器自动程控，时间设定等所有操作和在线维修均在前面板进行。

4 整机产出量试验及结果分析

4.1 整机产出量主要影响因素分析

红萍湿养供 O_2 装置的设计将着重考虑单位空间整机生产鲜萍量、红萍供 O_2 量以及吸收 CO_2 量的最大化，以充分发挥红萍作为空间 CELSS 系统生物部件的优势。红萍湿养板的层间距是影响供 O_2 装置整机产出量的重要因素。若层间距太大，单位空间红萍有效养殖面积减小，更重要的是，红萍表面的光照强度下降，使装置的产出量大幅减少。层间距越小，单位空间红萍有效养殖面积越大，红萍表面的光照强度相应增加，但并非整机产出量越大。当红萍表面光照强度 > 7 500 lx，持续近距离照射 5 ~ 7 d 后，红萍萍体周边呈浅红色，10 d 后萍体红色面积增加，叶绿素含量明显减少，影响红萍光合作用的效率[8,11]，故红萍湿养供 O_2 装置的整机产出量反而减少。

4.2　层间距对整机产出量的影响

供 O_2 装置的红萍湿养栽培层架总成高度 1 250 mm，总成内有若干层湿养单元，每个湿养单元都包括红萍湿养板和 LED 人工光源组件，单元高度即为红萍湿养板的层间距。整机产出量试验设置 8 层、10 层和 11 层 3 个处理。供试红萍品种：卡洲萍（*Azolla caroliniana Willd*）3001[8,11]。根据适用于湿养红萍品种筛选试验结果，卡洲萍 3001 在其根部扎入湿养介质速率和数量、生物产量、光合作用效率及耐低光照等方面均表现较佳。

表 4　红萍湿养板的层间距与整机产出量之间关系

层间距/mm	156	125	114
层数	8	10	11
红萍湿养面积/m^2	5.04	6.3	6.93
光照强度/lx	3 500 ~ 4 000	6 000 ~ 6 500	6 000 ~ 8 500
整机日产鲜萍/$g \cdot d^{-1}$	120.8	243.3	231.3
整机红萍放 O_2 量/（$L \cdot h^{-1}$）	1.56	3.15	3.01
整机红萍吸收 CO_2 量/（$L \cdot h^{-1}$）	1.97	3.72	3.58
整机能耗/W	768	960	1056
单位能耗日产鲜萍/（$g \cdot kw^{-1} d^{-1}$）	157.3	253.4	219
单位能耗红萍放 O_2 量/（$L \cdot kw^{-1} h^{-1}$）	2.03	3.28	2.85
单位能耗红萍吸收 CO_2 量/（$L \cdot kw^{-1} h^{-1}$）	2.57	3.88	3.39

表 4 给出了红萍湿养板的层间距与整机产出量之间关系。在相同红萍湿养空间内，当层间距设计为 125 mm 时，与层间距 156 mm 相比，湿养板层数增加 2 层，红萍湿养面积提高 25%；在超高亮度白色 LED 人工光源能耗同为 152w/m^2 条件下，由于红萍表面的光照强度大幅提高，整机的红萍湿养产量、红萍放 O_2 量和吸收 CO_2 量分别提高了 119.2%、101.9% 和 88.8%。当湿养板层数设置 11 层时，层间距为 114 mm，湿养单元内 LED 人工光源与红萍湿养介质的垂直距离仅 49 ~ 52 mm，红萍表面光照强度分布不均匀，35% 的面积的光照强度 $\geq$ 7 500 lx，萍体变红后，直接影响红萍的生物产量和光合效率，故与层间距 125 mm 的比较，虽然湿养板层数增加 1 层，而整机产出量反而减少，尤其是单位能耗红萍湿养产量、红萍放 O_2 量和吸收 CO_2 量分别减少了 13.6%、13.1% 和 12.6%。因此，供 O_2 装置设置 10 层湿养板，层间距 125 mm，无论是单位空间还是单位能耗的整机产出量都是最高的。

层间距不能太小的另一个原因是人工光源组件与红萍湿养板之间间距不能太小，否则红萍的农艺操作不方便，装置的在线管理和维护很难实现。O_2 装置的湿养板设计为三节滚动导轨支承，红萍湿养管理或维护光源组件时，可将湿养板水平拉出，操作完毕后，再将湿养板推入，故湿养单元的层间距可以设计为 125 mm，以发挥红萍作为 CELSS 生物部件的优势。

5　结　语

所提出的红萍湿养栽培供 O_2 装置的各项性能指标均达到设计要求，其研究和相关试验结果进一步明确了红萍在空间 CELSS 系统中应用前景。但红萍水养习性是长期形成的，改为湿养栽培需要一个过程。随着红萍湿养栽培不断向空间应用过渡方面，许多新问题尚需深入研究。

参考文献

[1] Halstead TW, FR Dutcher. Plant in space [J]. Annual review of plant physiology, 1987, 38 (4): 317 - 345.

[2] Knot WM. The Breadboard Project: a functioning CELSS plant growth system [J]. Advances in Space Research the Official Journa. , 1992, 12 (5): 45 - 52.

[3] Berkovich YA, Krivobok NM, Sinyak YY, et al. Developing a vitamin greenhouse for the life support system of the International Space Station and for future interplanetary mission [J]. Advances in Space Research, 2004, 34 (7): 1552 - 1557.

[4] Tikhomirov AA, Ushakova SA, Manukovsky NS, et al. Mass exchange in an experimental new - generation life support system model based on biological regeneration of environment [J]. Advances in Space Research, 2003, 31 (7): 1711 - 1720.

[5] Bartsev SI, Mezhevikin VV, Okhonin VA. Evaluation of optimal configuration of hybrid life support system for space [J]. Advances in Space Research, 2000, 26 (2): 323 - 326.

[6] Hublits I, Henninger DL, Drake BG, et al. Engineering concepts for inflatable Mars surface greenhouses [J]. Advances in Space Research, 2004, 34 (7): 1546 - 1551.

[7] Liu Hong, Yu Chenying, Pang Liping, et al. Development of controlled ecological life - support system in Russia [J]. Space medicine and medical engineering, 2006, 19 (5): 382 - 387.

[8] Liu Zhongzhu, Zheng Weiwen. Azolla in China [M]. Beijing: Agricultural publishing House, 1989: 29 - 33, 96 - 110.

[9] Shi Dingji. A study on photosynthetic characteristics of Azolla [J]. Acta Phytophysiologica Sinica, 1981, 7 (2): 113 - 120.

[10] Chen Min, Bian Zuliang, Zhang Chaoyang, et al. Effects of Azolla on the change of O_2—CO_2 concentration under controlled airtight system [J]. Fujian Journal of Agricultural Sciences, 1999, 14 (2): 56 - 59.

[11] Chen Min, Deng Sufang, Yang Youquan, et al. O_2 - supplying characteristics of Azolla in controlled close chamber under manned condition [J]. Transactions of the Chinese Society of Agricultural Engineering, 2009, 25 (5): 313 - 316.

[12] Chen Min, Liu Xiashi, Liu Zhongzhu. The equipment of using Azolla for O_2 - supplimentation and its test [J]. Space Medicine and Medical Engineering, 2000, 13 (1): 14 - 18.

[13] Zolotukhin IG, Tikhomirov AA. Kudenko YA, et al. Biological and physicochemical

methods for utilization of plant wastes and human exometabolites for increasing internal cycling and closure of life support systems [J]. Advances in Space Research, 2005, 31: 1559 – 1562.

[14] Horneck G, Facius R, Reichert M, *et al.* Humex, a study on the survivability and adaptation of humans to long – duration exploratory missions [J]. Advances in Space Research, 2003, 31 (11): 2389 – 2401.

[15] Tikhomirov AA, Ushakova SA, Gribovskaya IA, *et al.* Light intensity and production parameters of phytocenoses cultivated on soil – like substrate under controled environment conditions [J]. Advances in Space Research, 2003, 31 (7): 1775 – 1780.

[16] Wheeler RM, Mackowiak CL, Sager JC, *et al.* Proximate composition of CELSS crops grown in NASA's biomass production chamber [J]. Adv Space Res, 1996, 18 (4/5): 43 – 47.

[17] Chen Min, Liu Zhongzhu, Bian Zuliang. Wastewater purifying technology of intensive aquiculture greenhouse: A case study on an automatically controlled ecological greenhouse [J]. Transaction of the Chinese Society of Agricultural Engineering, 2002, 18 (6): 95 – 97.

[18] Kliss M, MacElroy R, Borchers B, *et al.* Controlled ecological life support system (CELSS) flight experimentation [J]. Adv Space Res, 1994, 14: 61 – 69.

[19] Chen Genyun, Yu Guanlu, Chen Yue, *et al.* Exploring the observation methods of photosynthetic responses to light and carbon dioxide [J]. Journal of Plant Physiology and Molecular Biology, 2006, 32 (6): 691 – 696.

[20] Deng Sufang, Chen Min, Yang Youquan. A study on decontaminating aquaculture water with Azolla [J]. Chinese Journal of Environmental Engineering, 2009, 3 (5): 809 – 812.

【原文发表于《空间科学学报》，2010，30（2）：185 – 192，由邓素芳重新整理】

受控密闭舱内红萍载人供氧特性

陈　敏　邓素芳　杨有泉　刘中柱

（福建省农业科学院农业生态研究所，福州 350013）

摘　要： 红萍生长繁殖速率高，光合放 O_2 能力强，营养价值丰富，适合作为色拉型蔬菜，且可以多层湿润养殖，可望在空间受控生态生保系统中起到提供 O_2 和新鲜蔬菜，吸收 CO_2 的作用。该研究试图弄清红萍载人供 O_2 特征，为红萍生物部件进行系统总体地面模拟试验以及空间应用奠定基础。建立受控密闭试验舱和红萍湿养装置，在"红萍—人"共存情况下，测定密闭舱内 O_2 – CO_2 浓度的变化。试验结果显示，舱内红萍全部采用湿养，人工光照保持 7 000 ~ 9 000 lx 条件下，人的呼吸作用与红萍的光合作用相辅相成，舱内 O_2 – CO_2 浓度趋于平衡，理论上计算约 10 m^2 面积红萍基本上能满足一名航天员对 O_2 的需要。密闭舱内 CO_2 浓度升高对促进红萍净光合效率有明显效果。这说明红萍光合放 O_2 能力很强，有效促使密闭舱内 O_2 – CO_2 浓度朝着有利于人生存环境方向平衡，进而验证红萍空间应用前景。

关键词： 光合作用；供氧；空间应用；载人；受控密闭舱；红萍；湿养

0　引　言

受控生态生命保障系统（简称 CELSS，Controlling Ecological Life Support System），是人类开展未来长时间、远距离、多乘员载人航天活动赖以生存的基本保障条件。科学家正致力于研究能在太空环境下生长，却生长周期短，营养成分高，同时能利用光合作用吸收掉二氧化碳，放出氧气的植物作为该闭式循环系统的生物部件[1-7]。CELSS 生物部件筛选标准应包括生物产量、光合效率、营养品质、收获指数和农艺操作等。红萍（*Azolla*）生长繁殖速率高，光合放 O_2 能力强，具有较高的可食生物产量和丰富的营养成分（富含蛋白、矿质元素和人类必需的氨基酸），尤其是红萍适合作为色拉型蔬菜，可以多层湿润养殖，单位空间的绿色面积很大，可望作为 CELSS 的生物部件，起到提供 O_2 和新鲜蔬菜，吸收 CO_2 的作用[8-12]。

当 CELSS 闭合度为 1 时，它不需要地面进行补给，本身的碳、氧和水能形成一个闭式循环，人体需要的这三种物质在地外密闭环境内能循环不止。但是，将 CELSS 应用于航天任务之前，必须在地球上进行受控条件的广泛研究，旨在降低在空间试验的成本、危险性和后勤负担。因此，有必要在地面建立适合植物生长的小型受控密闭植物栽培系统，充分进行地面模拟研究[13]。本研究建立了受控密闭试验舱和适用于红萍湿润生长繁殖的红萍湿养装置，通过分析"红萍—人"共存情况下密闭舱内 $O_2 - CO_2$ 浓度的变化规律，试图弄清红萍载人供 O_2 特征，为红萍生物部件进行 CELSS 总体地面模拟试验以及空间应用奠定很好的基础。本研究对未来设施农业的发展，尤其是对建立密闭型太空农场等有参考价值。

1　材料与方法

1.1　试验材料

试验材料为卡洲萍 3001。卡洲萍（*Azolla caroliniana* Willd）原野生于北美洲东部、加勒比海沿岸和西印度群岛，后引入欧洲和南美洲等地[8]。为了适应空间应用，红萍水养应改为湿养。从国家红萍资源圃中选择 36 种覆盖了主要生物种品系和杂交萍、回交萍、多元杂交萍等不同红萍品系，进行供试品种筛选试验。在红萍湿养条件下，其根部扎入湿养介质速率和数量、生物产量、光合作用效率、以及耐低光照、抗病虫等方面，卡洲萍 3001 均表现最佳[8-11]。

1.2　红萍供氧试验装置

红萍供氧试验装置由多架红萍湿养装置组成。图 1 为单架红萍湿养装置的结构简图。

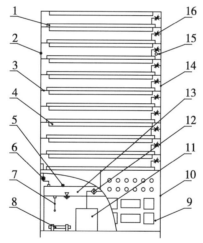

1.红萍湿养盘；2.栽培层架；3.滚动导轨；4.人工光源；5.补液口；6.回水管路；
7.水温探头；8.水加热器；9.控制板；10.底座；11.循环水泵；12.水过滤阀；
13.培养液贮罐；14.进水管路；15.气温探头；16.可调式截流阀

图 1　红萍湿养装置结构

红萍湿养装置由栽培层架（2）和底座（10）构成，可拆卸；整机外轮廓尺寸 990 mm×720 mm×1 780 mm。栽培层架配置 10 层，红萍湿养盘（1）置于各层栽培架上，并由三节滚动导轨（3）支承，可根据需要拉出或推进，以便于操作和管理。湿养盘内红萍湿养介质可保持始终湿润状态，且无明水出现。每层湿养盘的有效红萍湿养面积 0.63 m^2。人工光源（4）由高能效电子荧光灯组成，按一定间距固定在各层栽培架的下方，且为下一层湿养盘面上的红萍提供光照；光周期为 0～24 h，连续任意可调，由控制板（9）自动控制。

红萍培养液贮罐（13）位于底座的内腔，贮罐内设有水温探头（7）、水加热器（8）和水位控制器，当培养液不足时，可从补液口（5）补给。培养液经循环水泵（11）、水过滤阀（12）、进水管路（14）、可调式截流阀（16），均匀地输配给各层红萍湿养盘，以供红萍生长繁殖之用。流经湿养盘的培养液再经回水管路（6）流回培养液贮罐，这样形成闭合式培养液输配循环系统。该系统采用间歇式补给法，补给量和补给周期亦由控制板自动控制[14,15]。装置设有循环水泵故障，整机漏电等保护和报警设备。

1.3 受控密闭试验舱

红萍载人供 O_2 试验在受控密闭试验舱内进行。试验舱的设计原则是以严格的气密性和隔热性为必要条件，以适合红萍湿养所需的环境因子控制为充分条件。密闭试验舱的内尺寸 3.5 m×2.3 m×2.3 m，舱内容积 18.5 m³。隔热密封门的净门宽 900 mm，净门高 1 900 mm。试验舱配置 2 300W 壁挂式分体空气调节器（配有去湿功能），气温控制精度 ±1℃，空气相对湿度控制精度 ±5%，气压 100 ~105kPa，风速 0.25 ~ 0.35 m/s，噪声 <75 dB。密闭舱留出气路接口和闭路、电话、探头控制线等接口；还配置了空调系统超压、 O_2 浓度 <17.0%， CO_2 浓度 >1.0% 等超限报警设备以及观察窗、休息床、可移动式卫生洁具等人居生活设施[10-13]。

1.4 试验方法

红萍载人供 O_2 试验内容包括 2 人 3 d 有红萍的供 O_2 试验和 2 人没有红萍的对照试验。试验志愿者年龄 25 ~ 35 岁，身高 165 ~ 170 cm，体重 60 ~ 65 kg，身体健康，不吸烟。试验在 2005 年 4—5 月进行，重复 3 次，受控密闭舱内气温 22℃ ±1℃，空气相对湿度 80% ±5%。供 O_2 试验时，密闭舱内放置 3 台红萍湿养装置，人工光源的光照强度 7 000 ~9 000 lx，光周期 24 h。红萍有效湿养面积 18.9 m²，红萍培养液采用我们配置的 FA2 配方[11]。红萍在舱内湿养装置中预养 2 d 后，载人供 O_2 试验开始。试验持续 72 h，每间隔 1 h，测定一次舱内 O_2 – CO_2 浓度[16]。

密闭舱内红萍光合放 O_2 量和固定 CO_2 量的衡算公式：

密闭舱内红萍放 O_2 量：$G_{O_2} = \dfrac{nR_{O_2} \cdot T + \dfrac{V}{100}(C_{O_2}^t - C_{O_2}^0)}{S \cdot T} \times m_{O_2}$ （ $g \cdot m^{-2} \cdot h^{-1}$ ）；

密闭舱内红萍固定 CO_2 量：$G_{CO_2} = \dfrac{nR_{CO_2} \cdot T - \dfrac{V}{100}(C_{CO_2}^t - C_{CO_2}^0)}{S \cdot T} \times m_{CO_2}$ （ $g \cdot m^{-2} \cdot h^{-1}$ ）；

式中：n ——试验员人数（人）；

R_{O_2}、R_{CO_2} ——试验志愿者呼吸消耗 O_2 量（L/h）和排出 CO_2 量（L/h）；

T ——试验持续时间（h）；

V ——密闭舱容积（L），V =21.0 m³ = 21000L；

$C_{O_2}^t$、$C_{O_2}^0$、$C_{CO_2}^t$、$C_{CO_2}^0$ ——试验前后密闭舱内 O_2 – CO_2 浓度（%）；

S ——红萍有效湿养面积（m²），S =18.9 m²；

m_{O_2} ——标准压力和温度下 O_2 密度，m_{O_2} =1.429 g/L；

m_{CO_2}——标准压力和温度下 CO_2 密度，$m_{CO_2} = 1.964$ g/L。

测试仪器：GC4000A 气相色谱，3410 气相色谱仪，CO_2 检测仪，IM-20 光照计，ZJI-2 型温湿度计（24 h 自动记录）。

2 结果与分析

2.1 密闭舱内人的呼吸作用

在受控密闭舱内进行 2 人没有红萍的对照试验，测定舱内 O_2-CO_2 浓度与持续时间的关系，结果显示舱内 O_2 浓度下降和 CO_2 浓度升高的速率较快，幅度也较大。12 h 后，O_2 浓度下降至 18.03%，CO_2 浓度升高至 1.645%，而且下降和升高的趋势仍呈线性（见图 2 和图 3）。由于没有红萍参与试验，则，$G_{O_2} = 0$，$G_{CO_2} = 0$；代入衡算公式，得出，试验志愿者呼吸耗 O_2 量 $R_{O_2} = 16.57$L/h；呼吸释放 CO_2 量 $R_{CO_2} = 12.49$L/h。

2.2 红萍对密闭舱内 O_2-CO_2 浓度变化的影响

在受控密闭舱内进行 2 人有红萍的载人供 O_2 试验，试验志愿者为没有红萍对照试验的相同 2 人。舱内红萍全部采用湿养，有效红萍湿养面积 18.9 m^2，人工光照全天候保持 7 000~9 000 lx。测定舱内 O_2-CO_2 浓度与持续时间的关系，结果见图 2。试验初期，舱内 O_2 浓度下降，CO_2 浓度升高，但与对照试验相比，下降和升高的速率较慢，幅度较小。这说明该阶段人的呼吸作用仍然大于红萍的光合作用，故 12 h 内 O_2 浓度下降至 19.03%，CO_2 浓度升高 0.802%。随着试验继续进行，舱内 CO_2 浓度升高，红萍光合效率提高，红萍净光合放 O_2 量与人呼吸耗 O_2 量之间的差值逐渐减少，红萍固定 CO_2 量与人呼吸释放 CO_2 量之间的差值也逐渐减少，故舱内 O_2 浓度下降和 CO_2 浓度升高的幅度很小。试验 24 h，舱内大气 O_2 浓度下降至 18.98%，CO_2 浓度升高 0.835%。试验 24 h 后，舱内 O_2-CO_2 浓度开始逐渐趋于平衡，直至 72 h 试验结束，O_2 浓度始终波动在 18.73%~18.98% 范围内，CO_2 浓度波动在 0.835%~0.985% 范围内。由于舱内 O_2-CO_2 浓度变化不大且较平稳，试验志愿者无不适感受，食欲良好，情绪正常。

图 2 还可以看出，在有红萍的载人供 O_2 试验中，O_2 曲线出现了 3 个谷峰，CO_2 曲线也出现了 3 个谷底。从时间上看，谷峰和谷底几乎同时出现，并与试验志愿者的休息时间相符。这说明人在静息或睡眠状态的呼吸作用相对减弱，而红萍在光照强度不变条件下，其光合作用始终在进行之中。

2.3 红萍光合效率对密闭舱内 CO_2 环境的响应

在受控密闭舱内，红萍光合效率与舱内 CO_2 浓度环境密切相关。表 1 显示不同试验时段红萍光合放 O_2 量和固定 CO_2 量的衡算结果。试验第 1 d，0~6 h，舱内大气 CO_2 浓度从 0.032% 上升至 0.603%，由衡算公式得出，红萍平均放 O_2 量 0.781 g/（$m^2 \cdot h$），平均固定 CO_2 量 0.766 g/（$m^2 \cdot h$）；试验 6~12 h，舱内 CO_2 浓度从 0.603% 上升至 0，802%，红萍光合效率随之大幅提高，平均放 O_2 量 1.690 g/（$m^2 \cdot h$），平均固定 CO_2 量 1.958 g/（$m^2 \cdot h$）。随着试验继续

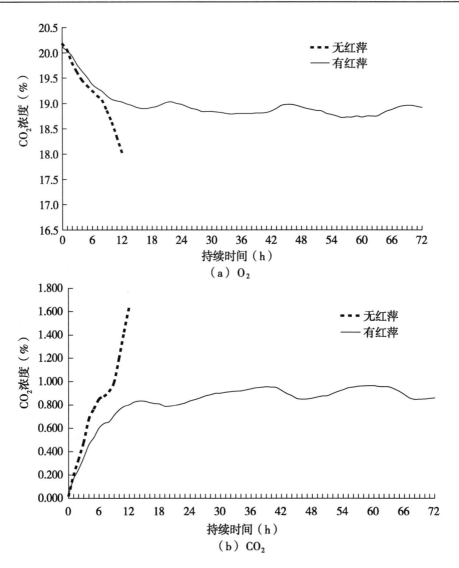

图 2　O_2—CO_2 浓度与持续时间的关系

进行，舱内大气保持高 CO_2 浓度，O_2 浓度也较正常值低，红萍光合作用则相应维系高效率。以试验第 2 d 为例，舱内 O_2 浓度 18.79% ~18.98%，CO_2 浓度 0.835% ~0.956%，属于低 O_2 浓度环境伴随高 CO_2 浓度环境；在该环境下，红萍平均放 O_2 量 2.477 g/（m^2 · h），平均固定 CO_2 量 2.581 g/（m^2 · h），分别是试验第 1 d 0 ~6 h 的 3.17 倍和 3.31 倍。

表 1　密闭舱内红萍放 O_2 量和吸收 CO_2 量的衡算

试验时间		O_2浓度环境（%）	CO_2浓度环境（%）	红萍平均放 O_2量（g · m^{-2} · h^{-1}）	红萍平均固定 CO_2量（g · m^{-2} · h^{-1}）
第 n 天	时段（h）				
1	0 ~6	19.38 ~20.12	0.032 ~0.603	0.781	0.766
	6 ~12	19.03 ~19.38	0.603 ~0.802	1.690	1.958
	12 ~24	18.98 ~19.03	0.788 ~0.835	2.447	2.535

（续表）

试验时间		O₂浓度环境 （%）	CO₂浓度环境 （%）	红萍平均放 O₂量 （g·m⁻²·h⁻¹）	红萍平均固定 CO₂量 （g·m⁻²·h⁻¹）
第 n 天	时段（h）				
2	24～48	18.79～18.98	0.835～0.956	2.477	2.581
3	48～72	18.72～18.95	0.848～0.965	2.500	2.594

3　结　论

　　"红萍—人"共存在受控密闭试验舱内，人的呼吸作用与红萍的光合作用相辅相成，舱内 O₂ - CO₂ 浓度趋于平衡，根据理论计算，约 10 m² 面积红萍基本上能满足一名航天员对 O₂ 的需要。在湿养条件下，10 m² 面积红萍占用的空间不大，这是因为红萍可以多层养殖。本试验的红萍湿养装置的层间距仅 130 mm，单位空间的养殖面积很大，是一般蔬菜品种的 3～4 倍，是水稻、小麦等农作物的 7～8 倍。鉴于太空舱内空间有限，植物舱不可能太庞大[17]，故红萍作为 CELSS 系统的生物部件，具备其独特的优势。

　　在受控密闭试验舱内，提高大气 CO₂ 浓度对促进红萍净光合作用有明显效果[18]。尤其是在低 O₂ 浓度环境伴随高 CO₂ 浓度环境下，红萍的净光合放 O₂量和固定 CO₂量较正常 O₂ - CO₂浓度环境的要大。这对红萍载人供 O₂具有现实意义。人在密闭系统内，会出现低 O₂浓度和高 CO₂浓度环境，这是不可避免的趋势[11-13]。然而，该环境对红萍来说，则是有利环境；红萍加快光合作用的速率，使密闭舱内大气 O₂ - CO₂浓度朝着有利于人生存环境方向平衡。因此，红萍光合放 O₂能力很强，"逆境"条件下更强，这也验证了红萍在 CESLL 系统中的应用前景。

参考文献

［1］　Knott WM. The Breadboard Project：a functioning CELSS plant growth system ［J］. Adv Space Res, 1990, 12（5）: 45 - 52.

［2］　Nitta K. The CEEF, closed ecosystem as a laboratory for determining the dynamics of radioactive Lsotopes ［J］. Advances in Space Research, 2001, 27（9）: 1505 - 1512.

［3］　Horneck G, Facius R, Reichert M, et al. Humex, a study on the survivability and adaptation of humans to long - duration exploratory missions ［J］. Advances in Space Research, 2003, 31（11）: 2389 - 2401.

［4］　Tikhomirov AA, Ushakova SA, Manukovsky NS, et al. Mass exchange in an experimental new - generation life support system model based on biological regeneration of environment ［J］. Advances in Space Research, 2003, 31（7）: 1711 - 1720.

［5］　Bartsev SI, Mezhevikin VV, Okhonin VA. Evaluation of optimal configuration of hybrid life support system for space ［J］. Adv Space Res, 2000, 26 （2）: 323 – 326.

［6］ Zolotukhin IG, Tikhomirov AA, Kudenko YA, *et al.* Biological and physicochemical methods for utilization of plant wastes and human exometabolites for increasing internal cycling and closure of life support systems ［J］. Advances in Space Research, 2005, 31: 1559 – 1562.

［7］ Liu Hong, Yu Chenying, Pang Liping, *et al.* Development of controlled ecological life – support system in Russia ［J］. Space medicine and medical engineering, 2006, 19 （5）: 382 – 387.

［8］ 刘中柱, 郑伟文. 中国满江红 ［M］. 北京: 中国农业出版社, 1989. 96 – 110.

［9］ Shi Dingji. A Study on Photosynthetic Characteristics of Azolla ［J］. Acta Phytophysiologica Sinica, 1981, 7 （2） 113 – 120.

［10］ Chen Min, Bian Zuliang, Zhang Chaoyang, *et al.* Effects of Azolla on the change of O_2—CO_2 concentration under controlled airtight system ［J］. Fujian Journal of Agricultural Sciences, 1999, 14 （2）: 56 – 59.

［11］ 陈敏, 刘中柱, 卞祖良. 红萍湿养技术研究//中国空间学会第 16 届空间生命学术研讨会论文集 ［C］. 2005: 54.

［12］ Chen Min, Liu Xiashi, Liu Zhongzhu. The Equipment of using Azolla for O_2 – supplimentation and its test ［J］. Space medicine and medical engineering, 2000, 13 （1）: 14 – 18.

［13］ Wheeler RM, Mackowiak CL, Sager JC, *et al.* Proximate composition of CELSS crops grown in NASA's biomass production chamber ［J］. Adv Space Res, 1996, 18 （4/5）: 43 – 47.

［14］ Chen Min, Liu Zhongzhu, Bian Zuliang. Wastewater purifying technology of intensive aquiculture greenhouse: A case study on an automatically controlled ecological greenhouse ［J］. Transaction of the Chinese Society of Agricultural Engineering, 2002, 18 （6）: 95 – 97.

［15］ Kliss M, MacElroy R, Borchers B, *et al.* Controlled ecological life support system （CELSS） flight experimentation ［J］. Adv Space Res, 1994, 14: 61 – 69.

［16］ Chen Genyun, Yu Guanlu, Chen Yue, *et al.* Exploring the observation methods of photosynthetic responses to light and carbon dioxide ［J］. Journal of plant physiology and molecular biology, 2006, 32 （6）: 691 – 696.

［17］ Halstead TW, Dutcher F R. Plant in space ［J］. Ann Rev Plant Physiol, 1987, 38 （2）: 317 – 345.

［18］ Jiang Gaoming, Han Xingguo. Direct response of plant to elevating atmospheric CO_2 ［J］. Acta Phytoecologica Sinica, 1997, 21 （6）: 489 – 502.

【原文发表于《农业工程学报》, 2009, 25 （5）: 313 – 316, 由邓素芳重新整理】

模拟微重力环境对红萍群体
光合作用的影响研究

陈　敏[1,2]　邓素芳[1]　杨有泉[1]　林营志[2]　雷锦桂[2]

（1. 福建省农业科学院农业生态研究所，福州350013；

2. 福建省农业科学院数字农业研究所，福州350003）

摘　要：红萍作为空间受控生态生命保障系统中的重要生物部件，为航天员提供 O_2 和新鲜蔬菜，并吸收环境中 CO_2。本试验旨在弄清模拟微重力环境下红萍群体光合作用规律，为红萍生物部件的空间应用奠定基础。建立能模拟空间微重力效应的三维旋转式植物栽培装置，将红萍湿养在装置的受控密闭舱内，通过测定舱内 O_2 和 CO_2 浓度的变化来研究红萍群体光合作用的特征。试验结果显示，在模拟微重力环境下红萍净光合效率与光照强度成正相关，光照强度在 7 000 lx 时，单位能耗红萍放 O_2 量和固定 CO_2 量最大。红萍净光合效率还与密闭舱内大气 CO_2 浓度环境成正相关，并与大气 O_2 浓度环境成负相关。尤为在低 O_2 浓度环境伴随高 CO_2 浓度环境下，红萍的净光合效率较正常 O_2 和 CO_2 浓度环境的要高。这说明红萍光合放 O_2 能力很强，有效促使密闭舱内 O_2 和 CO_2 浓度朝着有利于人生存环境方向平衡，进而验证红萍空间应用前景。

关键词：模拟微重力；红萍；湿养；光合作用；受控密闭舱

受控生态生命保障系统（Controlling Ecological Life Support System，简称CELSS）能满足航天员的工作和生活需求，实现对 O_2、水和食物的循环再生，是人类建立永久性空间站、太空长期飞行、月球移民的必要条件，是可信赖的先进系统[1~3]。红萍属厥类植物，生长繁殖速率高，营养价值高，收获指数（可食生物量/总生物量）高，农艺操作方便，尤以采用多层养殖，单位空间栽培面积大，光合放 O_2 能力强，可为航天员提供 O_2 和新鲜蔬菜，并吸收环境中 CO_2 [4~6]。受微重力影响，空间没有水界面，红萍还可改水养为湿养以适应空间特殊环境[7]。

红萍具有空间应用的诸多优势，但是，将红萍应用于航天任务之前，必须在地球上进行受控条件下的广泛研究，以降低空间实验的成本、危险性和后勤负担。各航天大国都致力于在地球上开展 CELSS 模拟实验，尤以对其生物部件的研究一直没有停止过[8~15]。然而，在空间的诸多环境因素中，微重力是在地球上最难以模拟的。因此，有必要建立能模拟空间微重力效应的三维旋转式植物栽培装置[16~17]，将红萍湿养在装置的受控密闭舱内，研究其光合供 O_2 特征；弄清光照强度、CO_2 浓度、O_2 浓度等环境因子对红萍群体光合效率的影响，明确人工光源能耗与红萍放 O_2 量和吸收 CO_2 量之间的关系，为研制空间红萍供 O_2 装置提供参数指标和性能要求，也为红萍生物部件的空间应用奠定基础。

1 材料与方法

1.1 试验材料

试验材料为卡洲萍（*Azolla caroliniana* Willd.）3001[18]。

1.2 试验装置

要研究模拟微重力环境下红萍光合供 O_2 特征，尤为要确定红萍群体光合作用的效率，应建立若干台三维旋转式植物栽培装置，每台装置均配置受控密闭舱，以便获得不同光照强度、不同 CO_2 浓度和不同 O_2 浓度等试验处理。

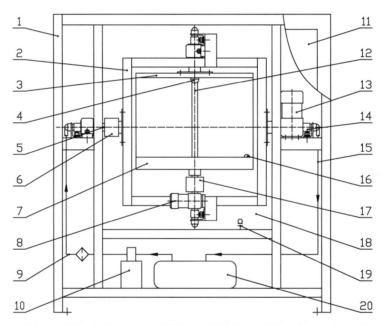

1.机架；2.旋转支架；3.LED光源板；4.摄像机；5.公转心轴；6.集电环；7.三维旋转栽培盘；8.自转调速电机；9.灌流管路；10.蠕动泵；11.触摸显示屏；12.自转心轴；13.公转调速电机；14.旋转水接口；15.回水管路；16.光照传感器；17.集电环；18.受控密闭舱；19.温湿度传感器；20.集液箱

图 1　三维旋转式植物栽培装置结构

图 1 为自行设计和研制的、红萍湿养专用的三维旋转式植物栽培装置结构示意图。装置设置两套独立旋转机构，三维旋转栽培盘在绕着自转心轴旋转的同时，又绕着公转心轴旋转。自身完整的闭式培养液灌流循环系统采用间歇式补给法，确保三维旋转栽培盘内红萍湿养介质始终保持整体湿润而外层表面无明水出现[16,17]。机架内部设置受控密闭舱，三维旋转栽培盘置于舱内，舱内气体组分、调速电机转速、人工光源光照强度和光周期等技术参数也可根据实验要求进行调控，采用触摸屏作为人机交互界面，界面友好[19]。

1.3　试验方法

将红萍湿养在自行设计的三维旋转式植物栽培装置的受控密闭舱内，用气相色谱仪测定舱内 O_2 和 CO_2 浓度，依据 O_2 释放法，用密闭舱内红萍放 O_2 量和吸收 CO_2 量来反映红萍群体光合作用速率[20]。

由于过低（<3 000 lx）和过高的光强（>9 000 lx）都会影响红萍生长，尤为高光强会导致红萍变红[20]，不仅影响产量，而且人工光源能耗过高，与空间有限能源的实际相悖，因此，人工光照试验设置 3 000 lx、5 000 lx、7 000 lx 和 9 000 lx 等 4 个不同光照强度处理，相对应配置 10.8 W、13.5 W、16.5 W、19.8 W 的 LED 光源板，光照时间 24 h。试验前各处理的密闭舱内分别添加 1.0% 浓度的 CO_2。试验持续 24 h，每间隔 2 h，测定 1 次各处理的密闭舱内 O_2 和 CO_2 浓度。

大气 CO_2 环境试验设置 0.25%、0.5%、0.75% 和 1.0% 共 4 个不同 CO_2 浓度处理。试验前各处理的密闭舱内分别添加相应量的 CO_2，使舱内 CO_2 浓度达到各目标值。试验过程，通过 CO_2 自动进量器，在线适时微量补给 CO_2，使舱内 CO_2 浓度保持在各目标值。试验持续 24 h，每间隔 2 h，校核一次各处理的密闭舱内 CO_2 浓度，并测定舱内 O_2 浓度。

大气 O_2 环境试验设置 20.0%、19.0%、18.0% 和 17.0% 共 4 个不同 O_2 浓度处理。试验前各处理的密闭舱内分别抽出相应量的空气，再添加相同量的 N_2，使舱内 O_2 浓度达到不同处理的 O_2 浓度环境要求。同时，试验前各处理的密闭舱内分别添加至 1.0% 浓度的 CO_2。试验持续 24 h，每间隔 2 h，测定一次各处理的密闭舱内 CO_2 浓度和 O_2 浓度。

各试验中不同处理的密闭舱置于同一个带有温度控制的实验室内。任取一个密闭舱的温度传感器，且与实验室空调设定值偶连。由于人工光照均采用 LED 冷光源，而且实验室内大气风速 0.15~0.3 m/s，可以保证各密闭舱内环境温度在试验过程中恒定在 25℃ ±1℃ 范围。

密闭舱内红萍放 O_2 量 $W_{O_2} = \dfrac{(C_{O_2}^t - C_{O_2}^0) \cdot V}{100 T \cdot S}$（$L \cdot m^{-2} \cdot h^{-1}$）;

密闭舱内红萍吸收 CO_2 量 $W_{CO_2} = \dfrac{(C_{CO_2}^0 - C_{CO_2}^t) \cdot V}{100 T \cdot S}$（$L \cdot m^{-2} \cdot h^{-1}$）;

式中：$C_{O_2}^t$、$C_{O_2}^0$、$C_{CO_2}^t$、$C_{CO_2}^0$——试验前后舱内 O_2 - CO_2 浓度（%）；

V——密闭舱内有效容积（L），V = 284 L；

T——试验持续时间（h）；

S——红萍有效湿养面积（m^2），S = 0.12 m^2。

试验仪器：GC4000A 气相色谱，3410 气相色谱仪，CO_2 测试仪，IM - 20 光照计，ZJI - 2 型温湿度计（自动记录）。

2　结果与分析

2.1　不同光照强度对红萍光合效率的影响

图 2 和图 3 显示光照强度试验测定结果。在不同光照强度处理的密闭舱内，试验前各添加 2 840 mL CO_2，舱内 O_2 浓度 20.12%~20.13%，CO_2 浓度 1.02%~1.03%，各处理初始

O_2和CO_2浓度基本一致。受红萍光合作用的影响，试验 24 h，各处理基本遵循 O_2 浓度上升，CO_2 浓度下降的规律，但变化的幅度不一致。其中，光照强度 3 000 lx 处理下，舱内 O_2 浓度上升 0.21%，CO_2 浓度下降 0.22%，幅度最小。光照强度 9 000 lx 处理下，舱内 O_2 浓度上升 0.67%，CO_2 浓度下降 0.705%，幅度最大。

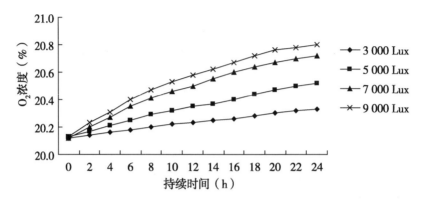

图 2　不同光照强度对密闭舱内 O_2 浓度的影响

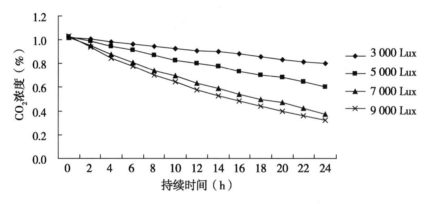

图 3　不同光照强度对密闭舱内 CO_2 浓度的影响

根据红萍光合产量的计算（表 1），试验反应 24 h 后，光照强度 5 000 lx、7 000 lx 和 9 000 lx 处理的舱内红萍放 O_2 量分别比光照强度 3 000 lx 处理的提高 86.0%、186.0% 和 219.3%，舱内红萍吸收 CO_2 量分别提高 90.8%、193.1% 和 220.3%，说明红萍在湿养条件下，红萍光合放 O_2 和吸收 CO_2 能力与光照强度成正相关。红萍表面的光照强度越大，红萍吸收 CO_2 量和释放 O_2 量也越大。

表 1　红萍湿养光合产量与人工光源能耗的关系

光照强度 (lx)	红萍放 O_2 量 (L·m^{-2}·h^{-1})	红萍吸收 CO_2 量 (L·m^{-2}·h^{-1})	人工光源能耗 (w)	单位湿养面积能耗 (w·m^{-2})	单位能耗红萍放 O_2 量 (L·kW^{-1}·h^{-1})	单位能耗红萍吸收 CO_2 量 (L·kW^{-1}·h^{-1})
3 000	0.207	0.217	10.8	90.0	2.30	2.41
5 000	0.385	0.414	13.5	112.5	3.42	3.68

（续表）

光照强度（lx）	红萍放 O_2 量（L·m^{-2}·h^{-1}）	红萍吸收 CO_2 量（L·m^{-2}·h^{-1}）	人工光源能耗（w）	单位湿养面积能耗（w·m^{-2}）	单位能耗红萍放 O_2 量（L·kW^{-1}·h^{-1}）	单位能耗红萍吸收 CO_2 量（L·kW^{-1}·h^{-1}）
7 000	0.592	0.636	16.5	137.5	4.31	4.63
9 000	0.661	0.695	19.8	165.0	4.01	4.21

试验温度：25℃±1℃；密闭舱容积：284L；红萍湿养面积：0.12 m^2

2.2　红萍湿养光合产量与人工光源能耗的关系

在人工光照试验中，不同光照强度处理需要配置不同能耗的人工光源板，单位能耗的红萍光合产量也不相同。表 1 显示不同光照强度下红萍湿养光合产量与人工光源能耗的关系。光照强度 3 000 lx 和 5 000 lx 处理下，单位能耗红萍放 O_2 量和吸收 CO_2 量均较低。光照强度 7 000 lx 的处理，单位能耗红萍放 O_2 量比 3 000 lx 和 5 000 lx 处理的分别提高 87.4% 和 26.0%；单位能耗红萍吸收 CO_2 量比 3 000 lx 和 5 000 lx 处理的分别提高 92.1% 和 25.8%。光照强度 9 000 lx 的处理，虽然红萍放 O_2 量和吸收 CO_2 量比 7 000 lx 处理的有所提高，但提高的幅度较小，相比下其单位能耗红萍放 O_2 量和吸收 CO_2 量反而比 7 000 lx 处理的分别减少 7.0% 和 9.1%。出现该现象，主要是由于卡洲萍受逆境胁迫，萍体周边呈浅红色，叶绿素含量明显减少，影响红萍光合作用的效率，导致红萍光合产量下降。

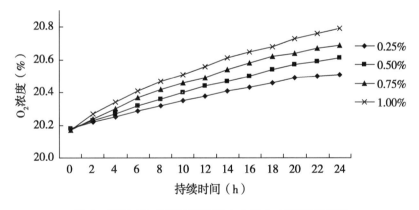

图 4　不同 CO_2 浓度环境下舱内大气 O_2 浓度变化情况

2.3　不同 CO_2 浓度环境对红萍光合效率的影响

图 4 显示大气 CO_2 环境试验测定结果。在不同 CO_2 浓度环境处理的密闭舱内，试验前添加相应量的 CO_2，测得各舱内 O_2 浓度 20.17% ~ 20.18%，且 CO_2 浓度也达到相应处理的目标浓度，光照强度均为 7 000 lx。试验反应后，各处理 O_2 浓度上升的幅度不一致。CO_2 浓度环境为 0.25% 处理下，舱内 O_2 浓度上升 0.33%，幅度最小；1.0% 处理下，舱内 O_2 浓度上升 0.72%，幅度最大。红萍光合产量计算结果表明，试验反应 24 h 后，CO_2 浓度环境为 0.5%、0.75% 和 1.0% 处理的舱内红萍放 O_2 量分别为 0.424 L·m^{-2}·h^{-1}、0.513 L·m^{-2}·h^{-1} 和 0.611 L·m^{-2}·h^{-1}，比 0.25% 处理的提高了 30.5%、57.8% 和 88.0%。根据 CO_2 自

动添加量的累计，0.5%、0.75% 和 1.0% 处理的舱内红萍吸收 CO_2 量分别为 0.450 L·m^{-2}·h^{-1}、0.556 L·m^{-2}·h^{-1} 和 0.660 L·m^{-2}·h^{-1}，比 0.25% 处理的提高 30.0%、60.2% 和 90.2%。上述结果表明红萍群体在湿养条件下，其净光合放 O_2 和吸收 CO_2 能力与密闭舱内大气 CO_2 浓度环境成正相关，舱内 CO_2 浓度越大，红萍的净光合效率也越高，即红萍吸收 CO_2 量和释放 O_2 量也越大。

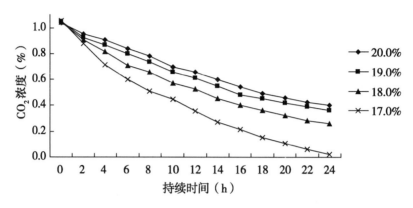

图5　不同 O_2 浓度环境下舱内 CO_2 浓度变化情况

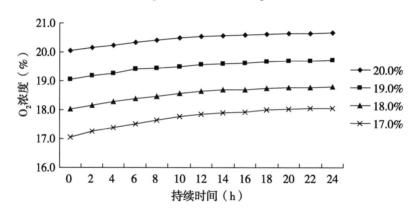

图6　不同 O_2 浓度环境下舱内 O_2 浓度变化情况

2.4　不同 O_2 浓度环境对红萍光合效率的影响

图5和图6显示大气 O_2 环境试验测定结果。在4个不同 O_2 浓度环境处理的密闭舱内，试验前各添加 2 840 mLCO_2，测得各舱内 CO_2 浓度 1.040% ~ 1.055%，且 O_2 浓度也达到相应处理的目标浓度，光照强度均为 7 000 lx。试验反应后，各处理 CO_2 浓度下降的幅度不一致。O_2 浓度环境为 20.0% 处理下，舱内 CO_2 浓度下降 0.64%，幅度最小；O_2 浓度环境为 17.0% 处理下，舱内 CO_2 浓度下降 1.03%，幅度最大。红萍光合产量计算结果表明，试验反应 24 h 后，O_2 浓度为 19.0%、18.0% 和 17.0% 环境处理的舱内红萍吸收 CO_2 量分别为 0.675 L·m^{-2}·h^{-1}、0.774 L·m^{-2}·h^{-1} 和 1.016 L·m^{-2}·h^{-1}，比 20.0% 处理的提高了 7.8%、23.6% 和 62.3%。各处理的密闭舱内红萍在吸收 CO_2 的同时，也释放 O_2，故各处理 O_2 浓度上升的幅度也不一致。根据试验前后舱内 O_2 浓度变化量计算，O_2 浓度为 19.0%、18.0% 和

17.0% 环境处理的舱内红萍放 O_2 量分别为 0.424 L·m^{-2}·h^{-1}、0.496 L·m^{-2}·h^{-1}和 0.616 L·m^{-2}·h^{-1}，比 20% 处理的提高了 6.6%、22.6% 和 64.6%。上述结果表明红萍群体在湿养条件下，其净光合放 O_2 和吸收 CO_2 能力与密闭舱内大气 O_2 浓度环境成负相关，舱内 O_2 浓度越低，红萍的净光合效率也越高，即红萍吸收 CO_2 量和释放 O_2 量也越大。

3　讨　论

红萍与鱼腥藻共生，萍—藻共生体的光合作用是卡尔文循环，具有三碳型的特征。用于测定植物光合作用的方法很多，但大多注重个体的效果[21]。本试验采用的测定方法注重强调净光合效率，所建立的密闭试验舱在受控条件下，可获得不同光照强度、不同 CO_2 浓度和不同 O_2 浓度等环境因子；依据 O_2 释放法，以受控密闭舱内的大气 O_2–CO_2 浓度变化，试图更准确地反映红萍的群体光合效应。

由于空间能源紧缺，红萍栽培能耗必将作为空间应用主要考察内容之一。从红萍湿养光合产量与人工光源能耗的关系来看，以红萍表面光照强度 7 000 lx，配置人工光源功率 137.5 W·m^{-2}时，单位能耗红萍放 O_2 量和吸收 CO_2 量最高，红萍群体光合效率最高，这主要是由于过低的光强（3 000~5 000 lx）没有充分发挥红萍光合作用的潜能，而过高的光强（9 000 lx）却因花青素合成，萍体颜色变红，降低红萍光合作用的效率[20]。

目前对 CO_2 与 O_2 交互作用对植物光合作用影响的研究相对较少。在本试验密闭系统中，O_2 浓度 17.0% 与 CO_2 浓度 0.8% 交互环境下，红萍净光合放 O_2 量和净固定 CO_2 量分别是 O_2 浓度 20.5% 与 CO_2 浓度 0.5% 交互环境的 3.78 倍和 3.89 倍。该结论对红萍载人供 O_2 机制的研究具有实际意义。航天员在密闭环境内，将出现低 O_2 浓度境伴高 CO_2 浓度环境，而红萍在该环境下加快光合作用的速率，使密闭舱内 O_2–CO_2 浓度始终朝着有利于人生存环境方向平衡。因此，红萍具备很强的调节舱内大气组分的功能，这也说明红萍在 CESLL 系统中的应用前景。

参考文献

［1］　Zolotukhin IG, Tikhomirov AA, Kudenko YA, et al. Biological and physicochemical methods for utilization of plant wastes and human exometabolites for increasing internal cycling and closure of life support systems ［J］. Advances in Space Research, 2005, 31：1559–1562.

［2］　Horneck G, Facius R, Reichert M, et al. Humex, a study on the survivability and adaptation of humans to long–duration exploratory missions ［J］. Advances in Space Research, 2003, 31 (11)：2389–2401.

［3］　Knot WM. The Breadboard Project：a functioning CELSS plant growth system ［J］. Advances in Space Research, 1992, 2(5)：45–52.

［4］　刘中柱，郑伟文. 中国满江红 ［M］. 北京：中国农业出版社，1989. 96–110.

［5］　施定基. 满江红光合作用特性的研究 ［J］. 植物生理学报，1981，7(2)：113–120.

［6］ 陈 敏，卞祖良，张朝阳，等．红萍对受控密闭系统中 O_2—CO_2 浓度变化影响研究初报 ［J］．福建农业学报，1999，14（2）：56 – 59.

［7］ 陈 敏，邓素芳，杨有泉，等．受控密闭舱内红萍载人供氧特性 ［J］．农业工程学报，2009，25(5)：313 – 316.

［8］ Manukovsky NS, Kovalev VS, Zolotukhin IG, *et al*. Biotransformation of biomass in closed cycle ［R］. SAE Technical paper series 961417, 1996.

［9］ Nitta K. The CEEF, closed ecosystem as a laboratory for determining the dynamics of radioactive Lsotopes ［J］. Advances in Space Research, 2001, 27（9）：1 505 – 1 512.

［10］ Halstead TW, Dutcher F R. Plant in space ［J］. Ann Rev Plant Physiol, 1987, 38（2）：317 – 345.

［11］ Tikhomirov AA, Ushakova SA, Manukovsky NS, *et al*. Mass exchange in an experimental new – generation life support system model based on biological regeneration of environment ［J］. Advances in Space Research, 2003, 31（7）：1 711 – 1 720.

［12］ 陈 敏，刘夏石，刘中柱．红萍供氧装置及其试验研究 ［J］．航天医学与医学工程，2000，13（1）：14 – 18.

［13］ 刘 红，于承迎，庞丽萍，等．俄罗斯受控生态生保技术研究进展 ［J］．航天医学与医学工程，2006，19（5）：382 – 387.

［14］ Min Chen, Sufang Deng, Youquan Yang, et. al. Efficacy of oxygen – supplying capacity of Azolla in a controlled life support system. ［J］. Advances in Space Research, 2012, 49（2）：487 – 492.

［15］ 秦利锋，郭双生，艾为党，等．受控生态生保系统中叶用蔬菜植物品种的筛选 ［J］．航天医学与医学工程，2006，19（6）：418 – 421.

［16］ 陈 敏，杨有泉，邓素芳，等．回转式植物湿润栽培装置的研制 ［J］．农业工程学报，2008，24（9）：89 – 93.

［17］ 陈 敏，刘润东，杨有泉，等．红萍湿养栽培供 O_2 装置研制 ［J］．空间科学学报，2010，30（2）：185 – 192.

［18］ 陈 敏，邓素芳，杨有泉，等．低光照密闭环境下红萍湿养品种筛选 ［J］．热带作物学报，31（4）：518 – 524，2010.

［19］ 陈 敏，邓素芳，杨有泉，黄毅斌，刘中柱．受控生态生保系统内红萍供氧特性研究 ［J］．空间科学学报，2012，32（2）：223 – 229.

［20］ 邓素芳，陈 敏，杨有泉．湿养条件下红萍产量与能耗的关系研究 ［J］．中国农学通报 2009，25（11）：194 – 199.

［21］ 陈根云，俞冠路，陈 悦，等．光合作用对光和二氧化碳响应的观测方法探讨 ［J］．植物生理与分子生物学学报，2006，32（6）：691 – 696.

【原文发表于《福建农业学报》，2013，28（4）：381 – 386，由邓素芳重新整理】

不同光照强度下红萍在湿养条件中
光合作用的对比试验

杨有泉　陈　敏　邓素芳

（福建省农业科学院农业生态研究所，福州 350013）

摘　要：红萍在湿养条件下，其光合作用没有受到影响；而且在光补偿点与光饱和点范围内，光照强度越强，其光合作用越强，两者显正相关。

关键词：光照强度；红萍；湿养条件；光合作用

红萍原本是水生蕨类植物，繁殖速率快，光合作用强。施定基等（1981）在适宜条件下测得我国自然分布的红萍的净光合速率可达 $350 \sim 400$ mg CO_2/g·h，换算成以叶面积为底（按 $2\,500$ g 鲜重/m^2，干物质含率为 6% 换算），约为 $220 \sim 260$ mg CO_2/dm^2·h[1]。可见其换能效率是比较高的。但为了满足红萍在课题研究的需要，早在几年前就把它原有的水养习性改变成湿养。这种习性的转变，其光合放氧能力是否受到影响，为此，我们在多个微型光合作用密闭试验舱内做了大量的试验，来了解不同光照强度下红萍在湿养条件中光合作用的规律。

1　材料与方法

1.1　试验材料与处理

试验红萍为本单位选育的卡洲3001，通过近几年的试验，其湿养效果明显好于其他品系的萍。

自制微型密闭舱 4 个。

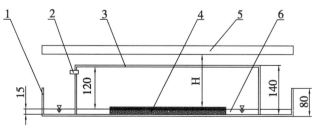

1.玻璃养殖盘；2.进气口；3.玻璃密闭罩；4.红萍湿养介质；5.人工光源；6.红萍培养液

图1　光合作用试验装置结构示意

图 1 便是微型密闭舱的结构示意图。玻璃养殖盘（1）和玻璃密闭罩（3），通过红萍培养液（6）的水密封，形成微型密闭舱。密闭舱的内尺寸为 500 mm × 350 mm × 100 mm，容积 17 500 mL。密闭舱内放置红萍湿养盘（4），盘内 3 层不同基质层合计高度 18 mm，高出水面 3 mm，有效红萍面积 900 cm²。密闭舱正上方设置由不同根数 T4 荧光灯组成的人工光源（5）。红萍表面的光照强度可根据不同的试验处理的要求进行设定，并通过调节光源至红萍表面的距离 H 来实现。密闭舱还设置进气口，与 CO₂ 进样器连接，CO₂ 添加量也可按试验要求自动控制。

首先把卡洲萍移植到湿养盘上养殖，可以养数天，也可直接用于试验。通过试验表明，两者无显著差别，可能是红萍本身适应性强，在移植到湿养盘上只要萍不倒翻即可成活。接着把湿养盘放进微型密闭舱内，在进气口处打进一定量的 CO₂ 便可试验。

试验设置 4 个处理，光照强度分别为 3 000 lx、5 000 lx、7 000 lx 和 9 000 lx。试验前各微型密闭舱各添加 200 mL CO₂，试验持续 6 h，每隔 1 h 测定 1 次各密闭舱内 O₂—CO₂ 浓度。重复 4 次。

1.2 测定方法

用北京市东西电子技术研究所生产的 CO₂ 测试仪及气相色谱仪测试。

密闭舱内 O₂—CO₂ 浓度计算：

密闭舱内红萍放 O₂ 量 $W_{O_2} = \dfrac{(C_{O_2}^t - C_{O_2}^0) \cdot V}{100 T \cdot S}$ （$mL \cdot cm^{-2} \cdot h^{-1}$）；

密闭舱内红萍吸收 CO₂ 量 $W_{CO_2} = \dfrac{(C_{CO_2}^0 - C_{CO_2}^t) \cdot V}{100 T \cdot S}$ （$mL \cdot cm^{-2} \cdot h^{-1}$）；

式中：$C_{O_2}^t$、$C_{O_2}^0$、$C_{CO_2}^t$、$C_{CO_2}^0$——试验前后舱内 O₂ – CO₂ 浓度（%）；

V——密闭舱容积（mL）；

T——试验持续时间（h）；

S——红萍有效湿养面积（cm²）

2 结果与讨论

取 4 次的平均值，测定结果见表 1。

表 1 微形密闭舱内 O₂—CO₂ 浓度测定结果

持续时间 (h)	处理 1		处理 2		处理 3		处理 4		备注
	O₂ 浓度 (%)	CO₂ 浓度 (%)	O₂ 浓度 (%)	CO₂ 浓度 (%)	O₂ 浓度 (%)	CO₂ 浓度 (%)	O₂ 浓度 (%)	CO₂ 浓度 (%)	
0	20.08	1.180	20.08	1.160	20.06	1.160	20.06	1.140	空气中氧气浓度 20.12%，二氧化碳浓度 0.030%
1	20.19	1.040	20.21	1.000	20.21	0.960	20.26	0.880	
2	20.27	0.920	20.31	0.890	20.33	0.810	20.46	0.650	
3	20.33	0.810	20.40	0.780	20.46	0.670	20.62	0.420	
4	20.39	0.720	20.47	0.660	20.55	0.520	20.75	0.225	
5	20.44	0.620	20.54	0.550	20.63	0.400	20.86	0.014	
6	20.49	0.520	20.58	0.475	20.69	0.275	20.96	0.000	

表1得知，处理1的光照强度3 000 lx，试验前添加200 mL CO_2，密闭容器内O_2浓度20.08%，CO_2浓度1.180%；试验进行6 h后，容器内O_2浓度升至20.49%，CO_2的浓度下降至0.520%。处理2、处理3和处理4光照强度分别为5 000 lx、7 000 lx、9 000 lx。试验前同样添加200 mL的CO_2，试验进行6 h后，容器内O_2浓度分别上升至20.58%、20.69%、20.96%，CO_2浓度分别下降至0.475%、0.275%、0.000%。为了更直观的看出O_2与CO_2浓度的变化，把它们分别绘制成曲线图（图2）。

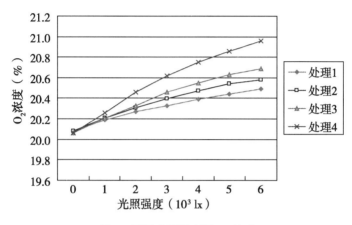

图2 不同光照强度下O_2浓度

从图2中可以看出，在光补偿点和饱和点范围内，光照强度越强，红萍在湿养条件中放氧能力越强。通过计算可知处理2比处理1，处理3比处理2，处理4比处理3红萍放氧量相应的提高了22.0%、26.0%、42.9%。说明两者显正相关。

从图3中可以看出，在光补偿点和饱和点范围内，光照强度越强，红萍在湿养条件中吸收二氧化碳的能力越强。通过计算可知处理2比处理1，处理3比处理2，处理4比处理3红萍吸收二氧化碳量相应的提高了13.8%、29.2%、39.9%。说明两者也显正相关。而且处理4在最后1次测量时仪器显示0，说明当时CO_2浓度极其低，基本接近0。

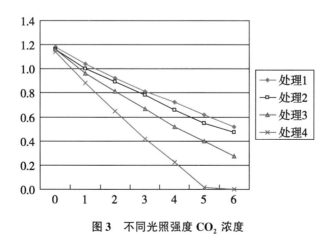

图3 不同光照强度CO_2浓度

根据密闭舱内O_2—CO_2浓度计算公式，计算出4个密闭舱内平均每2 h红萍放O_2量和吸收CO_2量，见表2。

表 2

时段	处理 1 (光强 3 000 lx)		处理 2 (光强 5 000 lx)		处理 3 (光强 7 000 lx)		处理 4 (光强 9 000 lx)	
	放 O_2 量(mL· cm^{-2} · h^{-1})	吸 收 CO_2 量 (mL · cm^{-2} · h^{-1})	放 O_2 量(mL· cm^{-2} · h^{-1})	吸收 CO_2(mL· cm^{-2} · h^{-1})	放 O_2 量(mL· cm^{-2} · h^{-1})	吸 收 CO_2 量 (mL· cm^{-2} · h^{-1})	放 O_2 量(mL· cm^{-2} · h^{-1})	吸 收 CO_2 量 (mL· cm^{-2} · h^{-1})
0~2	0.018	0.023	0.022	0.026	0.026	0.034	0.039	0.048
2~4	0.012	0.019	0.015	0.022	0.021	0.028	0.028	0.041
4~6	0.009	0.019	0.011	0.018	0.014	0.024	0.021	0.022

表 2 反映试验时间内不同时段密闭舱内红萍放 O_2 量和吸收 CO_2 量的情况。试验初期，密闭舱内 CO_2 浓度较大，红萍光合作用能力较强；实验后期，密闭舱内 CO_2 逐渐下降，红萍光合作用能力也随之下降。这也从另方面说明 CO_2 浓度也是影响光合作用的因子之一，只是其作用没有光照强度明显。

从以上的分析可知，红萍在湿养条件下，其光合作用没有受到影响；而且在光补偿点与光饱和点范围内，光照强度越强，其光合作用越强，两者显正相关。然而，早在 1981 年施定基等就用试验证明，不仅不同萍种（或品系）的光饱和点不同，在不同的季节光饱和点也会因光强的不同而改变[1]。这种改变不是因为植株的生长发育引起的，而是环境条件决定的。所以不同的光照强度下红萍光合作用的试验应在不同季节里在重复几次，以达到更好的说服力。

参考文献

[1] 施定基，李佳格，钟泽璞，等. 满江红和蕨状满江红固氮和光合作用的研究 [J]. 植物生理学报，1981，23（4）：306 – 315.

【原文发表于《福建热作科技》，2008，02：3 – 4，由杨有泉重新整理】

红萍的光合作用和光抑制的若干探索

林　勇[1]　郭文杰[2]　鲁雪华[2]　刘中柱[3]　陆培基[3]

（1. 福建省农业科学院土肥所，福州 350013；2. 福建省农业科学院生物技术中心，福州 350003；3. 福建省农业科学院红萍中心，福州 350013）

摘　要：通过不同的条件处理，测定了对红萍净光合速率影响，结果表明：采用改变栽培技术变水养萍为湿养萍，以及增加二氧化碳浓度和施加光呼吸抑制剂等技术措施，可显著地提高红萍的净光合速率。

关键词：红萍；光合作用；养殖技术；光抑制

红萍为水生能固氮的蕨类植物，它生长温界宽，适应性广，繁殖快，产量高。红萍作为青饲料，其营养丰富，适口性好，不需切碎加工。红萍早期研究侧重于环境因子对生长发育的影响，对其光合作用仅作了一些初步观察。笔者于 1997—1999 年研究了红萍的光合效率与环境因子的关系，选用红萍高放氧率的品种，对受控生态系统研究具有重要的现实意义。

近年来，光抑制是植物光合作用研究领域中的一个热门课题。国内外对光呼吸、光抑制特性在水稻、小麦、大豆、棉花、银杏、珊瑚树、烟草等植物方面的研究有不少报道[1-9]，但对红萍的光呼吸、光抑制特性的报道少见。

1　材料与方法

1.1　材　料

1.1.1　供试萍种

生长状况较佳的回 3 萍（bachcrossed Azolla MH3 - 1），9046 萍（hybrid *Azolla* 90 - 4 - 6），2002 萍（*Azolla* mexicana presel 2002），4018 萍（*Azolla* microphylla kacchfuss 4018）。

1.1.2　其他材料

二氧化碳、焦性没食子酸、KOH 溶液、光呼吸抑制剂 $NaHSO_3$ 150 mg/kg（上海化学试剂厂），文中未加说明的均以回 3 萍为试验材料。

1.2　测定方法

1.2.1　红萍在封闭系统内连续光下的光合速率测定

按邱国雄的方法[10]，$V = 0.008$ m^3，$S = 0.02$ m^2，湿度 80% ~ 90%、温度 25℃，每一容

器放 15 g 红萍，空间扣除红萍和培养基的体积。

1.2.2 定组成空气的配制

二氧化碳浓度控制：采用小针筒注射器抽取二氧化碳，注入混合气体中达到所需的浓度；氧气浓度的控制：将被测容器与一个活动容器连接，活动容器放入焦性没食子酸，用 KOH 稀溶液滴定，通过气相色谱仪（3014 型与 102G）检测达到所需浓度为止。其原理为：$6KOH + 2C_6H_5(OH)_3 = 2C_6H_5(OK)_3 + 3H_2O$；$4C_6H_5(OK)_3 + O_2 = 4(OK)_3C_6H_2 - C_6H_2(OK)_3 + 2H_2O$。

1.2.3 密闭系统的气密性检测

每 5 h 间隔测定 1 次，连续测 3 次，若空间内气体的组分没有发生改变，说明此密闭系统可以用于实验。

1.2.4 气体组分测定

用小针筒注射器抽取容器内气体，然后再通过气相色谱仪的微型针 50 μl、100 μl 抽取，注入气相色谱仪的通气口，由气相色谱仪读出数据，图表中出现 1 h，2 h，3 h，4 h，表示从实验开始时计时测定。

1.2.5 放氧率计算

$$放氧率 = 空间氧气变化量（L/h \cdot m^2）。$$

2 结果与分析

2.1 室内与室外不同光质对红萍放氧率的影响

在相同温度、湿度、光强（12 000 lx）条件下，红萍经 1%、2% 两种 CO_2 浓度处理（室内光照由白炽灯和日光灯各 6 000 lx，室外遮阴），测定对红萍放氧的影响。结果由表 1 可知：经过 4 h 后，在 1% CO_2 浓度下，室外比室内空间氧气浓度相对高出 2.1%；2% CO_2 浓度下高出 5.2%，表明室外的光合速率略高于室内的光合速率，这与施定基测定在不同光质下红萍光合作用是有差别的结果相一致[1]，说明室外自然太阳光的光谱有效成分组合略高于室内的光谱组合。

表 1 室内与室外光质对红萍放氧率（%）的影响

（光强 12 000 lx）

历时/h	室内		室外	
	1%	2%	1%	2%
1	20.932 1	20.963 8	21.189 1	21.361 2
2	21.045 0	21.223 6	21.472 8	22.130 4
3	21.004 8	21.142 8	21.629 6	22.362 2
4	21.245 5	21.283 2	21.690 0	22.394 5

2.2　湿养与水养对红萍放氧率的影响

湿润养萍和水层养萍在红萍形态上最明显的差异是前者色泽翠绿，后者常呈浅红色。这表明湿养萍体的叶绿素含量较高，而水养萍体的花青素含量较高[10,11]。还由于湿养萍体根系与土壤紧密接触，吸收矿物质营养更为充分，使其根系呈好氧状态，代谢产能效率也比水养的条件高，因此湿养的萍体生长明显健壮。从表 2 可知，在相同温度、湿度、光照条件下以 0.5%、1.0%、2.0%、5.0% 4 组 CO_2 浓度处理，经过 4 h 跟踪测定，结果发现湿养 3 h 的放氧量与水养 4 h 的放氧量相近。说明湿养的光合速率较水养的光合速率高，从而证明叶绿素含量也呈正相关。

表 2　水养与湿养对红萍放 O_2 率的影响

历时/h	湿养				水养			
	0.5%	1.0%	2.0%	5.0%	0.5%	1.0%	2.0%	5.0%
1	21.045 5	21.207 6	21.656 1	21.706 7	21.120 4	21.178 5	21.345 4	21.469 7
2	21.119 9	21.488 6	22.098 3	22.576 2	21.137 6	21.415 1	21.951 8	22.314 3
3	21.322 3	21.925 1	22.195 8	23.776 2	21.144 3	21.493 1	22.072 0	23.065 4
4	21.332 9	21.927 1	22.756 8	24.573 8	21.302 3	21.893 6	22.432 7	24.032 6

2.3　不同萍种间放氧能力比较

不同红萍品种间放氧能力有一定差异。在相同温度、湿度、光照条件下以 9046 萍、2002 萍、4018 萍、回 3 萍 4 个品种经 1%、2%、5% CO_2 浓度处理，结果由表 3 可知。经 4 h 后，在 3 种 CO_2 浓度下回 3 萍吸收的二氧化碳和放氧率明显高于其他 3 种萍，9046 萍放氧最低，其他两者居中。红萍不同品种间光合速率的差异可能是由基因控制（与叶绿素活性大小或含量有关）[13]，因此筛选最优的红萍放氧率是受控于生态先决条件。

表 3　不同品种间放 O_2 能力比较

萍种	CO_2/%	历时/h			
		1	2	3	4
9046	1	21.000 1	21.213 7	21.332 9	21.658 7
	2	21.132 6	21.673 6	21.837 8	22.299 8
	5	21.539 8	22.153 0	22.968 1	23.264 8
2002	1	21.075 3	21.336 4	21.416 3	21.795 7
	2	21.243 8	21.843 5	21.986 6	22.343 2
	5	21.589 2	22.163 8	23.074 9	23.198 1
4018	1	21.056 3	21.326 5	21.403 2	21.786 3
	2	21.232 6	21.832 7	21.926 5	22.325 6
	5	21.548 0	22.191 6	23.273 1	23.483 3
回 3 萍	1	21.178 5	21.415 1	21.493 1	21.893 6
	2	21.345 4	21.951 8	22.072 0	22.432 7
	5	21.792 2	22.566 2	23.743 7	24.162 6

2.4 不同氧气浓度对红萍放氧的影响

通过不同二氧化碳浓度多次处理，结果发现红萍光合速率在低氧下比氧正常浓度下高，这与其他作物相一致[10,12]。红萍的光呼吸作用较强，在高氧浓度下，其二氧化碳的固定受氧的阻抑。图1实验结果表明，在大气21%氧存在的条件下，二氧化碳固定量只为10%氧存在条件下的25%～28%，为2%氧存在条件下的50%，这与Ray等用14CO_2进行追踪试验结果基本一致[12]。这种结果显示，由于红萍有光呼吸作用，其CO_2固定受O_2的抑制，光呼吸使C_3植物表观的光合强度显著低于它的总光合强度。

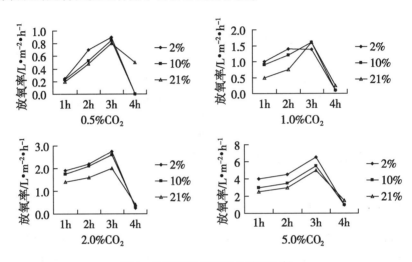

图1 不同浓度氧气下的放氧比较

2.5 光呼吸抑制剂对红萍放氧的影响

红萍为C_3植物，光呼吸很明显，称为高光呼吸植物，通过光呼吸耗损光合新形成有机物的1/4～1/3。因此如何降低红萍的光呼吸消耗，以增加净光合速率，是光合作用研究的重点，主要有两个解决途径：一是增加二氧化碳浓度，二是选择合适的光呼吸抑制剂。光呼吸抑制剂的主要功能可能是把外界二氧化碳"压"到维管束鞘，使光呼吸速率降低，净光合速率增快。

由图2可知，在0.5%、1.0%CO_2浓度下施加光呼吸抑制剂$NaHSO_3$150 mg/kg，红萍放氧大大提高，净光合速率可提高15%～20%；而在2%、5%CO_2浓度下，经光呼吸抑制剂处理的红萍净光合速率没有明显提高。说明在受控生态系统中，只有保持低浓度CO_2条件下施加光呼吸抑制剂才能显著减少光呼吸，提高净光合速率，这为将来动物和人类在受控生态系统中提供了生存空间的可能。

3 讨 论

（1）光合作用受着许多外界因素的影响，其中主要有光照、二氧化碳浓度和温度。在一定范围内，这些因素越强，光合速率也越快。但这些因素对光合作用的影响不是孤立的，

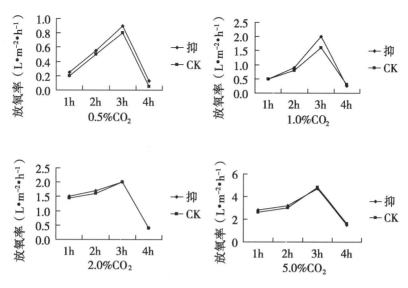

图2 光呼吸抑制剂对红萍放氧的影响

而是相互影响的。

（2）C_4 植物比 C_3 植物具有较强的光合效率。主要原因是 C_4 植物叶肉细胞中的磷酸烯醇式丙酮酸羧化酶活性比 C_3 植物高许多倍；而且 C_4 植物二羧酸途径是由叶肉进入维管束鞘，起了"二氧化碳泵"的功能，把外界二氧化碳压到维管束鞘，使光呼吸降低，光合速率增强。

（3）本研究目的是为受控生态系统服务的。红萍要想在受控生态系统中低光照，在半固体培养基上生长且有高的放氧率，则在单位面积内，除了上述的光照、二氧化碳和温度影响之外，还可以通过改变其栽培方式如把水养萍变为湿养萍等途径，使红萍叶绿素含量增加，从而促进光合放氧；也可以通过施加光呼吸抑制剂，达到提高光合放氧目的，本结果对受控生态研究有一定意义。

参考文献

［1］ 施定基. 满江红光合作用特性的研究 ［J］. 植物生理学报，1981，7（2）：113 – 120.

［2］ Peters GA, Ito VVS, Tysgi BC, *et al.* Photosynthesis and N2 fixation in the *Azolla* – anabaena symbiosis. In：Current Perspectives in Nitrogen Fixation ［J］. Austrlian Acad. Aci. Sci. Canberrapp，1981：121 – 124.

［3］ 季本华，李传国，葛明治，等. 籼稻光合作用的光抑制特性及在正反交 F_1 杂种中的表现 ［J］. 植物生理学报，1994，20（1）：8 – 16.

［4］ 孟庆伟，许长成，赵世杰，等. 田间小麦叶片光合作用的光抑制和光呼吸的防御作用 ［J］. 作物学报，1996，22（4）：470 – 475.

［5］ 邹琦，许长成，赵世杰，等. 午间强光胁迫下 SOD 对大豆叶片光合机构的保护作用 ［J］. 植物生理学报，1995，21（4）：307 – 341.

［6］ 郭连旺，许大全，沈允钢. 棉花叶片光合作用的光抑制和光呼吸的关系［J］. 科学通报，1995，40（20）：1885 – 1888.

［7］ 孟庆伟，Engelbert weis，邹琦，等. 银杏叶片的光抑制和光保护机制温度、CO_2 和 O_2 的影响［J］. 植物生理学报，1994，41（4）：398 – 404.

［8］ 郭连旺，许大全. 自然条件下珊瑚树叶片光合作用的光抑制［J］. 植物生理学报，1994，20（1）：46 – 54.

［9］ 周开勇，陈升枢，李明启. 不同磷营养水平对烟草叶片光合作用和光抑制呼吸的影响［J］. 植物生理学报，1993，19（1）：3 – 8.

［10］ 邱国雄，韩祺，华锡奇. 测定叶片蒸腾系数的封闭系统［J］. 植物生理学报，1985，11（2）：101 – 105.

［11］ 白克智，于赛玲，施定基. 满江红在正常生长状态下固氮能力的测定［J］. 植物学报，1979，21（2）：197 – 198.

［12］ Ray TB，Mayne BC，Toia Jr，*et al. Azolla* Anabaena relationship. Ⅷ. Photosynthetic Characterization of association and individual partness［J］. Plant Physiot，1979，64：791 – 795.

［13］ 何向东，杜子云，李有则. Na_2SO_3 和 $NaHCO_3$ 对叶绿体 CF_1 – ATPase 活力作用的机制［J］. 植物生理学报，1995，21（2）：175 – 182.

【原文发表于《江西农业大学学报》，2002，24（4）：493 – 497，由邓素芳重新整理】

低光照密闭环境下红萍湿养品种筛选

陈 敏 邓素芳 杨有泉 黄毅斌 卞祖良

（福建省农业科学院农业生态研究所，福州 350013）

摘 要：红萍生长繁殖速率高，光合放 O_2 能力强，营养价值丰富，且可以多层养殖，可望作为空间站等受控生态生保系统中生物部件，起到提供 O_2 和新鲜蔬菜，吸收 CO_2 的辅助作用。然而，受微重力影响，地外空间没有水界面存在，红萍需要改水养为湿养。为此，有必要建立红萍湿养栽培试验装置，以受控人工低光照密闭环境下红萍湿养特征、生物产量、光合效率等为指标，筛选能在空间站中生长繁殖的红萍湿养品种。试验结果表明，2007、3001 和 98253 湿养的生物产量、放 O_2 量和吸收 CO_2 量均超过对照品种回 3 萍。不同品种红萍根穿透湿养介质的数量与对应品种的生物产量、放 O_2 量和吸收 CO_2 量两两间均呈正相关。扎根数越多，红萍湿养的生物产量和光合产量越高。尤其是 3001 扎根数不仅量多且相对稳定，萍体始终呈鲜绿色，倍殖天数 6.51 d，放 O_2 量和吸收 CO_2 量分别为 666.2 mg·m^{-2}·h^{-1} 和 919.3 mg·m^{-2}·h^{-1}。这说明卡洲萍 3001 较适应于湿养和低光照密闭环境，是开展空间红萍生物部件相关试验的理想品种。

关键词：红萍；湿养；光合作用；低光照；品种筛选

人类要实现在地外空间长时间飞行或在外星球建立基地长期生活，应具备基本的生存条件，也就是必须给航天员提供足够的 O_2、食物、水及其他必需的物质，并且清除废气、废物和废水。受控生态生命保障系统（Controlled Ecological Life Support System，简称 CELSS）是目前世界上最先进的闭环回路生命保障技术。CELSS 系统应不需要地面进行补给，本身的碳、氧和水能形成一个独立、完整的闭式循环；科学家正致力于研究能在太空环境下生长，却生长周期短，营养成分高，同时能利用光合作用吸收掉二氧化碳，放出氧气的植物作为该闭式循环系统的生物部件。美国国家航空航天局（National Aeronautics and Space Administration，NASA）阿姆斯航天中心（Ames Research Center，ARC）在 20 世纪 80 年代提出了"色拉机"概念；随后，美国和俄罗斯两国都进行了大量有关色拉型植物的研究[1-6]。

红萍（*Azolla*）能与鱼腥藻共生，从空气中直接固氮，转化为氨基酸和蛋白质，且生长繁殖速率高，光合释放 O_2 能力强，营养价值丰富，具有较高的可食生物产量和合理的营养成分，适合作为色拉型蔬菜[7-9]；尤其是红萍可以多层湿润养殖，单位空间的绿色面积很大，可望在空间 CELSS 系统中起到提供 O_2 和新鲜蔬菜，吸收 CO_2 的辅助作用[10]。由红萍与人（或动物）构成密闭共生系统的试验结果表明，人的呼吸作用与红萍的光合作用相辅相成，系统内大气 O_2—CO_2 浓度趋于平衡，根据理论计算，约 10 m^2 红萍基本上能满足一名航天员对 O_2 的需要[9-11]。然而，受微重力影响，地外空间没有水界面存在，红萍应改水养为湿养,而且 CELSS 系统植物舱的空间十分有限,能源也十分紧缺[12]。红萍系水生蕨类植物,平生于水面。当红萍水养习性改为湿养后,许多红萍品种的根部难以扎入湿养介质内,不适应于湿养环境;尤为低光照条件下红萍的生物产量减少,光合效率减弱[7,13]。因此,有必要开展红萍湿养品种筛选试验。本实验的基本设想是,按照 CELSS 植物舱允许空间尺寸的要求,在地面建立红萍湿养栽培试验装置,以受控人工低光照环境下红萍湿养特征、生物产量、光合效率等为筛选指标,进行红萍湿养品种筛选试验,为地面载人红萍供 O_2 试验、空间红萍湿养技术、红萍低光照光合机制研究等相关试验提供受试红萍品种,以期进一步明确红萍湿养的可行性及其在 CELSS 系统中的应用前景。

1 材料与方法

1.1 供试红萍品种

供试红萍品种(系)共 9 个,覆盖了 6 个生物种,以及杂交萍、回交萍和多元杂交萍,见表 1。

表 1 供试红萍品种

品种名	学名	备注
覆瓦状萍 415	*A. imbricata* Nakais	俗称:绿萍
蕨状萍 1001	*A. filiculoides* Lamarck	俗称:细绿萍
墨西哥萍 2007	*A. mexicana* Presl	
卡洲萍 3001	*A. caroliniana* Willd.	
小叶萍 4018	*A. microphylla* Kaulfuss	
羽叶萍	*A. pinnata* R. Br.	澳羽萍
杂交萍 90 – 4 – 6		小叶萍 × 蕨状萍,种间杂交组合的后代
回交萍 MH3 – 1		俗称:回 3 萍,以小叶萍 4018 为母本,杂交榕萍 1 号(小叶萍 × 蕨状萍 1001)为父本进行回交而育成的
多元杂交萍 98253		小叶萍 × 蕨状萍 × 卡洲萍,种间杂交而育成的

1.2 试验装置

图 1 为自行设计和研制的红萍湿养密闭试验装置结构示意图。红萍湿养密闭试验装置由栽培层架(9)和底座(17)构成。栽培层架配置 9 层,红萍养殖盘(1)置于各层栽培架上,每个养殖盘设置 3 个小区,整机 27 个小区。在每个小区内,养殖盘盘体和玻璃密闭罩(2),通过红萍培养液(3)的水密闭,形成微型密闭舱,密闭舱容积由密闭罩内尺寸为确定。在每个密闭舱内,红萍湿养介质(4)靠撑圈固定在铝合金框(6)内,置于渗水材料(5)的上方,且高出水层 8 ~ 10 mm,有效红萍湿养面积由铝合金框内尺寸确定。超高亮度白色 LED 按一定间距排列,制成薄型板块固定在各层栽培架的下方,形成 LED 光源组件(26),为下一层湿养介质面上的红萍提供光照。红萍表面的光照强度可通过调节光源至红

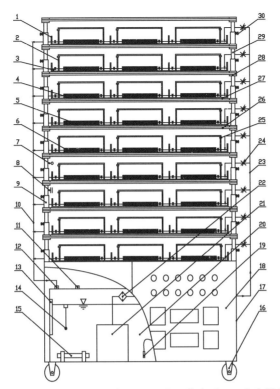

1.红萍养殖盘；2.玻璃密闭罩；3.红萍培养液；4.红萍湿养介质；5.渗水材料；6.铝合金固定框；7.气温探头；8.湿度探头；9.栽培层架；10.回水管路；11.补液口；12.回水口；13.水位控制器；14.水温探头；15.水加热器；16.地轮；17.底座；18.控制板；19.水质测定探头；20.培养液贮罐；21.循环水泵；22.过滤阀；23.进水管路；24.截流阀；25.进气口；26.LED光源组件；27.不锈钢反光镜；28.光源支架；29.高度调节杆；30.紧定螺钉

图1　红萍湿养试验装置结构示意

萍表面的距离 H 来实现。高度调节杆（29）带动光源支架（28）做上下移动，当红萍表面的光照强度及其均匀度符合试验设定要求时，拧紧紧定螺钉（30）。人工光源的光周期为 0~24 h，可根据试验要求连续任意可调，由控制板（18）程序自动控制[13]。密闭舱还设置进气口（25），与 CO_2 进量器连接，CO_2 添加量也可根据试验要求在线控制。红萍培养液贮罐（20）位于底座的内腔，贮罐内设有水位控制器（13）、水温探头（14）和水加热器（15），当培养液不足时，可从补液口（11）补给。培养液经循环水泵（21）、水过滤阀（22）、进水管路（23）、可调式截流阀（24），均匀地输配给各层红萍栽培盘，供各小区红萍生长繁殖之用。流经栽培盘的培养液再经回水管路（10）流回培养液贮罐，这样形成闭合式培养液输配循环系统。该系统采用间歇式补给法，补给量和补给周期亦由控制板自动控制[14~16]。装置还设有了循环水泵故障、整机漏电等保护和报警设备。

1.3　方　法

1.3.1　试验方法

红萍品种筛选试验在红萍湿养密闭试验装置上进行，试验设置 9 个处理，3 个重复，共 27 个湿养小区，随机排列，且全部分布相同的湿养介质上和相同的人工光源下，故红萍生长繁殖的环境因子基本一致。红萍培养液采用长效培养液配方 FA2，是根据离子平衡原理，筛选最佳的离子浓度而配置的。试验环境温度 25℃ ±2℃，相对湿度 >75%，红萍表面光照强度 6 000 ~ 6 500 lx。

每个试验小区内，红萍有效湿养面积 0.1 m²，首次放萍量 40 g，预养 4 d 后，试验开始。每间隔 8 d 采收红萍 1 次。每次采收均采用点收法，参照标准放萍模块采收后，每个小区的湿养介质上均留下约 40 g 红萍作为下一轮放萍量，依此类推。标准放萍模块为 5 cm×5 cm 矩形方块，放萍量 1 g，不同红萍品种的放萍模块中红萍湿养分布密度均有差异。红萍湿养介质在结构功能上分为蓄水保水基质层、渗水支撑基质层和扎根生长基质层，其中扎根生长基质层位于上表层，是红萍扎根、固定和营养吸收的场所。每次采收时，局部分离扎根生长基质层，在其背面扫描和计量，根据每 25 cm² 内穿透湿养介质且呈白色的红萍新鲜根的数量和长度，来反映红萍湿养扎根性能。

红萍群体光合作用速率的测定均安排在每次采收前进行。试验前每个小区都用玻璃密闭罩盖住，靠底部水密封形成微型密闭舱，舱内容积 25 200 mL，然后向各舱内添加 200 mL 的 CO_2，试验持续 4 h，测定密闭舱内 O_2 和 CO_2 浓度变化情况[1,17-19]。测试仪器采用 GC4000A 气相色谱和 3410 气相色谱仪，分别专机测定试验前后舱内 O_2 和 CO_2 浓度，以避免因频繁更换测试柱而产生的测试误差。

密闭舱内红萍放 O_2 量 $W_{O_2} = \dfrac{(C_{O_2}^t - C_{O_2}^0) \cdot V \cdot m_{O_2}}{100T \cdot S}$ （$mg \cdot m^{-2} \cdot h^{-1}$）；

密闭舱内红萍吸收 CO_2 量 $W_{CO_2} = \dfrac{(C_{CO_2}^0 - C_{CO_2}^t) \cdot V \cdot m_{CO_2}}{100T \cdot S}$ （$mg \cdot m^{-2} \cdot h^{-1}$）；

式中：$C_{O_2}^t$、$C_{O_2}^0$、$C_{CO_2}^t$、$C_{CO_2}^0$ ——试验前后舱内 O_2 – CO_2 浓度（%）；

  V——密闭舱容积（mL）；

  m_{O_2}——标准压力和温度下 O_2 密度，m_{O_2} = 1.429 mg·mL⁻¹；

  m_{CO_2}——标准压力和温度下 CO_2 密度，m_{CO_2} = 1.964 mg·mL⁻¹；

  T——试验持续时间（h）；

  S——红萍有效湿养面积（m²）。

试验仪器还有 IM – 20 光照计，ZJI – 2 型温湿度计（24 h 自动记录），PTT – A 电子天平等。

1.3.2 观测指标及方法

在湿养和低光照条件下，红萍的生物产量、群体光合产量（红萍放 O_2 量和吸收 CO_2 量）和红萍扎根速率等作为品种筛选指标。在上述的供试红萍品种水养时，回 3 萍的生物产量和光合产量均为最高，作为对照品种。

1.3.3 数据处理

将获得的试验数据用 SPSS13.0 数据分析软件进行统计分析。

2 结果与分析

2.1 湿养环境对不同红萍品种生物产量的影响

图 2 显示了湿养条件下每次采收的不同红萍品种 3 次重复的平均生物产量。

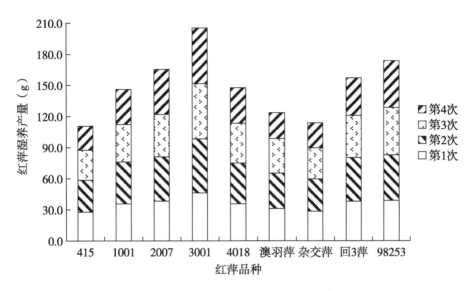

图 2 不同红萍品种在湿养环境下的生物产量

从图 2 可以看到：第 1 次测产，有 3 个红萍品种的生物产量超过对照品种回 3 萍，分别是 2007、3001 和 98253。第 2 次测产，所有的红萍品种的生物产量均比第 1 次测产的有所提高，提高率为 10.08% ~ 14.72%；而产量超过回 3 萍的红萍品种仍然是 2007、3001 和 98253。第 3、4 次测产，2007、3001 和 98253 的生物产量与第 2 次测产的相当；而 415、1001、4018、澳羽萍、杂交萍和回 3 萍的生物产量有明显的下降趋势，第 4 次测产与第 2 次测产相比，下降率为 12.72% ~27.11%。第 4 次测产，3001 生物产量最高，平均采收鲜萍 53.7 g，比回 3 提高 49.2%；倍殖天数 6.51 d，比回 3 减少 2.13 d。

从 4 次测产的累计产量看来，对照品种回 3 萍累计采收鲜萍为 155 g，累计产量超过回 3 萍的有 2007、3001 和 98253。尤其是 3001 系卡洲萍，较适应于湿养和低光照环境，产量高且稳定，累计采收鲜萍为 205.3 g，比回 3 萍提高 29.95%。

2.2 湿养环境对不同红萍品种扎根性能的影响

观察表明，在受试红萍品种中，覆瓦状萍 415、小叶萍 4018、羽叶萍和杂交萍 90 - 4 - 6 的根是贴在生长基质层的表面生长，无法扎入湿养介质中；而其余 5 个品种红萍的根可以扎入湿养介质中。表 2 显示这 5 种红萍品种每次测产时每 25 cm² 内穿透湿养介质红萍根的数量和平均长度。

表 2 不同红萍品种在湿养环境下的扎根性能

测产次数	1001		2007		3001		回 3 萍		98253	
	根总数（条）	平均长度（mm）	根总数（条）	平均长度（mm）	根总数（条）	平均长度（mm）	根总数（条）	平均长度（mm）	根总数（条）	平均长度（mm）
第 1 次	22	2.67 ± 0.69	39	3.05 ± 0.59	62	4.03 ± 0.89	25	2.68 ± 0.65	41	3.13 ± 0.54
第 2 次	27	2.79 ± 0.62	55	3.18 ± 0.61	92	4.26 ± 0.95	30	2.80 ± 0.70	60	3.22 ± 0.60
第 3 次	24	2.72 ± 0.55	52	3.10 ± 0.64	91	4.28 ± 0.98	28	$2.75 \pm .074$	62	3.21 ± 0.63
第 4 次	20	2.53 ± 0.51	60	3.22 ± 0.65	95	4.30 ± 0.93	23	2.57 ± 0.60	65	3.25 ± 0.57

从表 2 可以看到，不同品种红萍新根穿透扎根生长基质层的数量和平均长度大相径庭。1001 和回 3 萍的扎根数很少，虽然第 2 次测产时扎根数比第 1 次测产时有所增加，但扎根数均≤30 条，第 3、4 次测产时，扎根数呈明显减少趋势；而且，新根穿透平均长度仅 2.53～2.80 mm，说明这 2 个品种的新根穿透湿养介质的能力十分有限，穿透速度慢，新根寿命短。3001 的扎根数是所有供试品种中最高的，第 2 次测产时扎根数较第 1 次测产时增加了 30 条，达到 92 条，第 3、4 次测产时，扎根数持续保持在 91～95 条；而且，新根穿透平均长度达 4.03～4.30 mm，说明卡洲萍 3001 的新根穿透湿养介质的能力很强，穿透速度快，新根寿命较长。2007 与 98253 的扎根数和新根平均长度介于 1001 和 3001 两者之间。

2.3 湿养环境对不同红萍品种群体光合产量的影响

不同红萍品种的光合作用试验也在湿养装置上进行。通过测定各密闭舱内试验前后 O_2 和 CO_2 浓度变化情况，计算出试验期间红萍放 O_2 量和吸收 CO_2 量，也就是用光合产量来反映不同红萍品种在受控湿养条件下的群体光合效率。图 3 和图 4 显示 9 个供试红萍品种连续 4 次光合作用试验的结果，每次试验间隔 8 d，每个品种均有 3 个重复。从图 3 和图 4 可见，第 1 次光合作用试验，有 3 个红萍品种的放 O_2 量和吸收 CO_2 量超过对照品种回 3 萍，分别是 2007、3001 和 98253。第 2 次光合作用试验，所有的红萍品种的放 O_2 量和吸收 CO_2 量均比第 1 次试验的有所提高，提高率分别为 8.90%～12.03% 和 8.05%～12.72%；而放 O_2 量和吸收 CO_2 量超过回 3 萍的红萍品种仍然是 2007、3001 和 98253。第 3 次和第 4 次光合作用试验，2007、3001 和 98253 的放 O_2 量和吸收 CO_2 量与第 2 次试验的相当；而 415、1001、4018、澳羽萍、杂交萍和回 3 萍的放 O_2 量和吸收 CO_2 量有明显的下降趋势，第 4 次测产与第 2 次测产相比，下降率分别为 15.08%～26.00% 和 13.49%～24.84%。

从 4 次光合作用试验的结果看来，红萍湿养时间越长，许多红萍品种的光合产量受湿养和低光照环境影响越严重。第 4 次光合作用试验时，红萍已湿养 36 d（含预养时间），对照品种回 3 萍放 O_2 量和吸收 CO_2 量分别为 432.1 mg·m^{-2}·h^{-1} 和 622.4 mg·m^{-2}·h^{-1}；而卡洲萍 3001 较适应于湿养和低光照环境，光合产量高且稳定，放 O_2 量和吸收 CO_2 量分别为 666.2 mg·m^{-2}·h^{-1} 和 919.3 mg·m^{-2}·h^{-1}，比回 3 萍分别提高了 54.18% 和 47.70%。

从不同红萍品种扎根性能、产量以及放 O_2 量和吸收 CO_2 量等筛选指标的差异显著性分析（表 3）结果得知，卡洲萍 3001 从各指标来看，都是最好的，与其他供试红萍品种差异达显著或极显著水平。

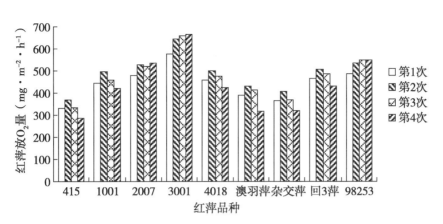

图 3　不同红萍品种在湿养环境下的光合放 O_2 量

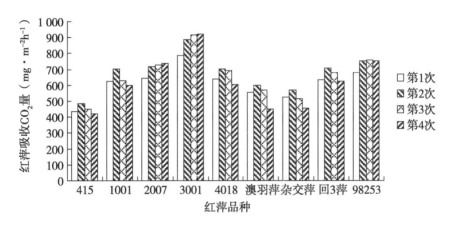

图 4　不同红萍品种在湿养环境下的吸收 CO_2 量

表 3　不同红萍品种的差异显著性分析

品种	平均根总数 （条）	平均长度 （mm）	平均产量 （g）	放 O_2 量 （$mg \cdot m^{-2} \cdot h^{-1}$）	吸收 CO_2 量 （$mg \cdot m^{-2} \cdot h^{-1}$）
3001	85.00 ± 15.43A	4.22 ± 0.13A	51.33 ± 3.43A	636.98 ± 41.44a	877.58 ± 61.28A
98253	57.00 ± 10.86B	3.20 ± 0.05B	43.43 ± 3.23B	529.18 ± 29.52b	735.30 ± 39.12B
2007	51.50 ± 8.96B	3.14 ± 0.08B	41.33 ± 2.24B	516.12 ± 24.62b	706.50 ± 42.95B
回 3 萍	26.50 ± 3.11C	2.70 ± 0.10C	39.25 ± 2.80B	471.05 ± 32.51b	661.65 ± 40.27B
1001	23.25 ± 2.99C	2.68 ± 0.11C	36.50 ± 2.77B	454.60 ± 31.34b	638.00 ± 44.64B

说明：数据后大、小写字母分别表示差异性比较达极显著、显著水平

2.4　红萍扎根性能与湿养产量的相关性分析

在 9 个供试红萍品种中，有 5 个品种红萍的根可以扎入且穿透湿养介质。将这 5 个品种红萍根穿透湿养介质的数量与红萍的生物产量和光合产量进行两两间的相关性分析（表 4）。从表 4 可见，不同品种红萍根穿透湿养介质的数量与对应品种的生物产量和光合产量两两间

均呈正相关。扎根数越多,红萍湿养的生物产量和光合产量越高。由此可见,红萍扎根性能直接关系到红萍湿养的生物产量、放 O_2 量和吸收 CO_2 量。试验初期,大部分红萍根尚未扎入湿养介质内,红萍的营养吸收偏少;故第 1 次测产时红萍采收量均偏少,第 1 次光合试验时红萍放 O_2 量和吸收 CO_2 量也均较少。当第 2 次测产时,红萍扎根数增加,新根发达,萍体呈鲜绿色,其采收量明显比第 1 次多,其放 O_2 量和吸收 CO_2 量也明显比第 1 次多。随着红萍湿养天数增加,不同品种红萍受湿养和低光照环境影响也有所不同。1001 和回 3 萍的扎根数不仅量少且呈减少趋势,萍体颜色逐渐变暗,其生物产量和光合产量均同步减少;而2007、3001 和 98253 的扎根数不仅量多且相对稳定,萍体始终呈鲜绿色,其生物产量和光合产量也持续相对稳定。

表 4　红萍扎根性能与湿养产量的相关性

项目	1001		2007		3001		回 3 萍		98253	
	扎根数	产量	扎根数	产量	扎根数	产量	扎根数	产量	扎根数	产量
对应品种的生物产量	0.977[*]	/	0.984[*]	/	0.983[*]	/	0.999[**]	/	0.984[*]	/
对应品种的放 O_2 量	0.997[**]	0.990[*]	0.982[*]	0.966[*]	0.985[*]	0.999[**]	0.985[*]	0.988[*]	0.993[**]	0.997[**]
对应品种的吸收 CO_2 量	0.959[*]	0.995[**]	0.962[*]	0.913[*]	0.976[*]	0.999[**]	0.990[*]	0.984[*]	0.970[*]	0.976[*]

说明:[*] 显著性相关 ($P<0.05$);[**] 极显著相关性 ($P<0.01$)

3 讨 论

3.1 红萍湿养产量与低光照环境的关系

红萍湿养产量应包括生物产量和光合产量。人工光源的电能被转化为光能,提供给红萍进行光合作用,从而将光能转化为红萍生物产量;红萍在光合作用过程中,通过吸收 CO_2 和释放 O_2,获得光合产量。其中,光照强度是联系红萍产量与能耗的纽带[13,16]。从理论上说,光照强度低,植物光合作用效率减弱,产量就随之下降[20]。本试验供试红萍表面的光照强度仅 6 000 ~ 6 500 lx,对许多红萍品种而言实属较低。但该值是能源紧缺的空间植物舱光照的允许值。正是在红萍湿养伴随低光照的"逆境"下,卡洲萍 3001 生物产量最高,倍殖天数 6.51 d;光合产量也最高,释放 O_2 量和吸收 CO_2 量分别为 666.2 mg·m^{-2}·h^{-1} 和 919.3 mg·m^{-2}·h^{-1}。

3.2 红萍扎根性能与湿养产量的关系

不同品种红萍根穿透湿养介质的数量与对应品种的生物产量、放 O_2 量和吸收 CO_2 量两两间均呈正相关。这主要是由于红萍扎根的数量反映红萍生长的状况,扎根数量多,营养吸收就越充分,红萍湿养的生物产量和光合产量也就随之提高[13,16]。在相同的湿养和低光照环境下,不同品种红萍扎根数大相径庭,差异明显,这主要取决于红萍品系本身[7]。1001和回 3 萍等品种扎根数较少,红萍湿养产量相应较低;而 2007、3001 和 98253 等品种扎根数较多,红萍湿养产量相应较高。随着红萍湿养天数增加,该差异明显加大。第 4 次测产时，卡洲萍3001扎根数不仅量多且相对稳定，萍体始终呈鲜绿色，其生物产量、放 O_2 量和吸收 CO_2 量比回3萍分别提高了49.2%、54.18%和47.70%。

终上所述，卡洲萍3001抗逆性强，表现出较好的耐热、耐低光照、耐湿养的能力，特别适合于湿养和低光照密闭环境，是开展CELSS系统中红萍生物部件相关试验的理想品种。地面载人供 O_2 试验和模拟微重力相应试验均验证了本试验结论[10,20]。

参考文献

［1］ Halstead T W，Dutcher FR. Plant in space ［J］. Ann Rev Plant Physio1，1987，38 (2)：317 – 345.

［2］ Nitta K. The CEEF，closed ecosystem as a laboratory for determining the dynamics of radioactive Lsotopes ［J］. Advances in Space Research，2001，27 (9)：1 505 – 1 512.

［3］ Knot WM. The Breadboard Project：a functioning CELSS plant growth system ［J］. Advances in Space Research，1992，2 (5)：45 – 52.

［4］ Berkovich YA，Krivobok NM，Sinyak YY，et al. Developing a vitamin greenhouse for the life support system of the InternationaI Space Station and for future interplanetary mission ［J］. Advances in Space Research，2004，34 (7)；1 552 – 1 557.

［5］ 刘 红，于承迎，庞丽萍，等. 俄罗斯受控生态生保技术研究进展 ［J］. 航天医学与医学工程，2006，19 (5)：382 – 387.

［6］ Zolotukhin I G，Tikhomirov A A，Kudenko Y A，et al. Biological and physicochemical methods for utilization of plant wastes and human exometabolites for increasing internal cycling and closure of life support systems ［J］. Advances in Space Research，2005，31：1 559 – 1 562.

［7］ 刘中柱，郑伟文. 中国满江红 ［M］. 北京：中国农业出版社，1989.29 – 33，96 – 110.

［8］ 施定基. 满江红光合作用特性的研究 ［J］. 植物生理学报，1981，7 (2)：113 – 120.

［9］ 陈敏，卞祖良，张朝阳，等. 红萍对受控密闭系统中 O_2—CO_2 浓度变化影响研究初报 ［J］. 福建农业学报，1999，14 (2)：56 – 59.

［10］ 陈敏，邓素1芳，杨有泉. 受控密闭舱内红萍载人供氧特性 ［J］. 农业工程学报，2009，25 (5)：313 – 316.

［11］ 陈敏，刘夏石，刘中柱. 红萍供氧装置及其试验研究 ［J］. 航天医学与医学工程，2000，13 (1)：14 – 18.

［12］ Horneck G，Facius R，Reichert M，et al. Humex，a study on the survivability and adaptation of humans to long – duration exploratory missions ［J］. Advances in Space Research，2003，31 (11)：2 389 – 2 401.

［13］ 邓素芳，陈敏，杨有泉. 湿养条件下红萍产量与能耗的关系研究 ［J］. 中国农学通报，2009，25 (10)：63 – 67.

［14］　陈敏，刘中柱，卞祖良．高密度水产养殖自控生态大棚的水质净化技术［J］．农业工程学报，2002，18（6）：95－97.

［15］　Wheeler RM, Mackowiak CL, Sager JC, *et al.* Proximate composition of CELSS crops grown in NASA's biomass production chamber［J］. Adv Space Res, 1996, 18（4/5）：43－47.

［16］　陈敏，刘润东，杨有泉，邓素芳，等．红萍湿养栽培供 O_2 装置研制［J］．空间科学学报，2010，30（2）：185－192.

［17］　陈根云，俞冠路，陈悦，等．光合作用对光和二氧化碳响应的观测方法探讨［J］．植物生理与分子生物学学报，2006，32（6）：691－696.

［18］　Kliss M, MacElroy R, Borchers B, *et al.* Controlled ecological life support system（CELSS）flight experimentation［J］. Adv Space Res, 1994, 14：61－69.

［19］　蒋高明，韩兴国．大气 CO_2 浓度升高对植物的直接影响［J］．植物生态学报，1997，21（6）：489－502.

［20］　陈敏，杨有泉，邓素芳．回转式植物湿润栽培装置的研制［J］．农业工程学报，2008，24（9）：89－93.

【原文发表于《热带作物学报》，2010，31（4）：518－524，由邓素芳重新整理】

湿养条件下红萍产量与能耗的关系研究

邓素芳　陈　敏　杨有泉

（福建省农业科学院农业生态研究所，福州 350013）

摘　要：【研究目的】通过不同人工光源能耗下湿养红萍的产量试验，明确红萍湿养产量与人工光源能耗之间的关系。【方法】在自行研制的红萍湿养栽培装置上，利用 T4 荧光灯设置 3 个不同的光强范围，并在相同湿养空间下设计 5 个不同的光源配置方案进行红萍湿养产量的比较试验。【结果】单位湿养面积下，红萍表面光照强度在 6 000 ~ 7 000 lx 时产量最高，单位能耗日产鲜萍量也最高，过低(3 000 ~ 4 000 lx) 和过高的光强(9 000 ~ 10 000 lx) 都会影响红萍产量和单位能耗日产鲜萍量的提高；红萍湿养的产量与扎入湿养介质根的数量和长度呈显著正相关；同一湿养空间下，降低层间距，减少荧光灯使用数量，可以提高能耗转化产量的效率。【结论】相同湿养空间下，保持红萍表面光照强度在 6 000 ~ 7 000 lx，通过适当增加层数或者降低层间距来调整人工光源配置以达到降低能耗的目的，可以实现以较低能耗获得较高产量的效果。

关键词：红萍；湿养；产量；能耗

0　引　言

红萍生长繁殖速率高，光合放 O_2 能力强，营养价值丰富，适合作为色拉型蔬菜，作为空间站受控生态生命保障系统（简称 CELSS）中的生物部件，可望为航天员提供 O_2 和新鲜蔬菜，并吸收 CO_2[1,2]。红萍可以采用多层养殖，单位空间的绿色面积很大。由红萍与人（或动物）构成密闭共生系统的试验结果表明，人的呼吸作用与红萍的光合作用相辅相成，系统内大气 O_2—CO_2 度趋于平衡，根据理论计算，约 10 m^2 红萍基本上能满足一名航天员对 O_2 的需要[3]。然而，空间环境特殊，受微重力影响空间站没有水界面，红萍应改水养为湿养[4—6]；而且空间站植物舱的空间十分有限，能源也十分紧缺[7—10]。因此，红萍湿养供 O_2 装置的体积应尽可能小，装置中人工光源的能耗也不能太高，即在有限空间内和尽可能低的能耗下，生产出尽可能多的红萍，为航天员提供足够的氧气和新鲜蔬菜。此试验的基本设想是，按照空间站植物舱空间尺寸的要求，在地面建立红萍湿养栽培装置，来说明红萍生物体物质、能量循环及调节过程与结果，以阐明红萍在湿养条件下栽培面积、生物产量和能耗之间的关系，为红萍湿养装置上天机型的特征参数的确定提供理论依据，也为红萍的空间应用和工厂化生产提供数据参考。为此，笔者进行了不同光照强度条件下、不同人工光源配置方案下红萍湿养产量的比较研究。

1 材料与方法

1.1 材料

供试红萍品种：卡洲萍3001。卡洲萍（*Azolla caroliniana* Willd）原野生于北美洲东部、加勒比海沿岸和西印度群岛，后引入欧洲和南美洲等地[11]。适用于湿养的红萍品种筛选试验结果表明，其根部扎入湿养介质速率和数量、生物产量、光合作用效率、以及耐低光照等方面，卡洲萍3001均表现较佳[4,11—13]。

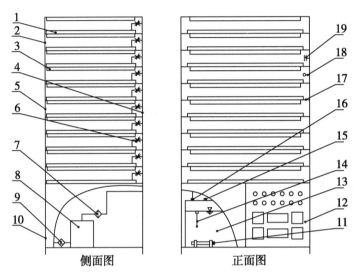

侧面图   正面图

1.红萍湿养板；2.栽培层架；3.人工光源组件；4.进水管路；5.回水管路；6.可调式截流阀；
7.过滤阀；8.循环水泵；9.水分离器；10.底座；11.水加热器；12.控制板；13.培养液贮罐；
14.水温探头；15.补液口；16.回水口；17.三节导轨；18.气温探头；19.湿度探头

图1　红萍湿养栽培装置结构

1.2　装　置

红萍湿养生物产量试验在如图1所示的红萍湿养栽培装置上进行，红萍湿养板（1）置于栽培层架（2）上，并由三节导轨（17）支撑，根据需要拉出或推进，以便于农艺操作和在线维修。高能效电子荧光灯按一定间距固定在各层栽培架的下方组成人工光源组件（3），为下一层湿养板面上的红萍提供光照。红萍培养液贮罐（13）位于底座（10）的内腔，贮罐内设有水温探头（14）和水位控制系统，当培养液不足时，可从补液口（15）补给。红萍培养液经水分离器（9）、循环水泵（8）、水过滤阀（7）、进水管路（4）、可调式截流阀（6），均匀地输配给各层红萍湿养板，供红萍生长繁殖之用。流经湿养板的培养液再经回水管路（5）和回水口（16）流回培养液贮罐，这样形成自身闭合的培养液输配循环系统。该系统采用间歇式补给法，由控制板（12）程序控制，以确保红萍湿养介质始终保持湿润状态。根据试验要求装置还设置气温探头（18）和湿度探头（19），亦由控制板自动控制。

1.3 试验方法

试验于 2007 年 10 月在受控密闭舱内进行。试验设计了 3 个处理，3 个重复，人工光源采用高能效电子荧光灯。处理 1 设置 3 根电子荧光灯，单层光源功率 72 W，红萍表面光照强度 3 000～4 000 lx；处理 2 设置 4 根电子荧光灯，单层光源功率 96 W，红萍表面光照强度 6 000～7 000 lx；处理 3 设置 6 根电子荧光灯，单层光源功率 144 W，红萍表面光照强度 9 000～10 000 lx。1 层红萍湿养板为 1 个试验小区，每层红萍有效湿养面积 0.63 m^2，首次放萍量 200 g，每间隔 8 d 采收红萍 1 次。每次采收均采用点收法；采收后，每层湿养板均留下约 200 g 红萍作为下一轮放萍量；依此类推，试验持续 40 d。红萍湿养介质在结构功能上分为蓄水保水基质层、渗水支撑基质层和扎根生长基质层，其中扎根生长基质层位于上表层，是红萍扎根、固定和营养吸收的场所。每次采收时，局部分离扎根生长基质层，在其背面扫描和计量，根据每 25 cm^2 内穿透湿养介质红萍根部的数量和长度（反映扎根速率），确定红萍湿养扎根性能。

红萍培养液采用 FA2，是根据离子平衡原理，筛选最佳的离子浓度，配置出的长效培养液配方[4]。试验环境：大气温度（25±2）℃，相对湿度 >75%。

2 结果与分析

2.1 不同光照强度对红萍单位面积湿养产量的影响

红萍湿养生物产量指湿养条件下每次采收时实际采收到的红萍生物量。图 2 显示不同光照强度下持续 5 次的采收情况，红萍湿养产量为 3 个重复的平均数。

从图 2 可以看到：第 1 次测产，红萍采收量随着光照强度的增强而增加；第 2 次测产，光照强度在 6 000～7 000 lx 和 9 000～10 000 lx 下的红萍产量相当，3 000～4 000 lx 光照强度下红萍采收量是第 1 次的 2.09 倍，光照强度在 6 000～7 000 lx 下红萍采收量是第 1 次的 1.86 倍，9 000～10 000 lx 光照强度下则仅增加了 40.8%；第 3、4、5 次测产，相同光照强度下的 3 次红萍采收量相当，但不同光照强度之间差别较大；其中，光照强度在 6 000～7 000 lx 时采收量最多，9 000～10 000 lx 光照强度时采收量仅为 6 000～7 000 lx 时的 71.4%～77.0%，光照强度在 3 000～4 000 lx 时采收量最低。与第 2 次测产相比，光照强度在 3 000～4 000 lx 和 6 000～7 000 lx 下的红萍第 3、4、5 次采收量与第 2 次采收量相当，而光照强度在 9 000～10 000 lx 时第 3 次以后的产量明显比第 2 次时下降了，降了 19.3%～24.2%。持续 5 次测产，红萍表面光照强度在 3 000～4 000lx 时始终是 3 个处理中最低的。

从持续 5 次测得的累积产量来看，3 000～4 000lx 光照强度下 5 次累计采收鲜萍仅 604 g，是 3 个处理中最少的一个；6 000～7 000 lx 光照强度时 5 次累计采收鲜萍达 973 g，是处理 1 的 1.61 倍；而 9 000～10 000 lx 光照强度时 5 次累计采收鲜萍 841 g，比光照强度在 3 000～4 000lx 时产量提高了 39.2%，却比 6 000～7 000 lx 光照强度时少了 15.7%。

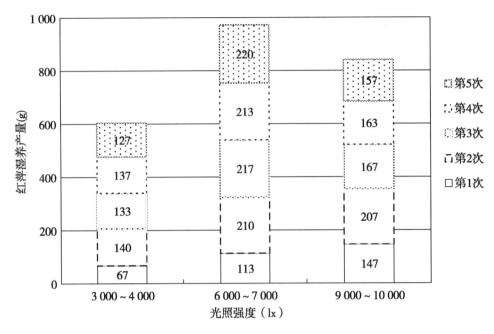

图2 不同光照强度下红萍湿养的产量

2.2 不同光照强度对红萍湿养扎根性能的影响

红萍湿养扎根性能指红萍根穿透湿养介质的数量与速率。每次采收时，局部分离扎根生长基质层，在其背面扫描和计量穿透湿养介质红萍根部的数量和长度，表1显示不同光照强度下每次测产时每 25 cm² 内穿透湿养介质红萍根的数量和平均长度。

表1 不同光照强度下红萍湿养的扎根性能

项目	3 000~4 000 lx		6 000~7 000 lx		9 000~10 000 lx	
	根总数（条）	平均长度（mm）	根总数（条）	平均长度（mm）	根总数（条）	平均长度（mm）
第1次测产	40	3.15±0.43	70	4.00±0.84	90	4.10±0.98
第2次测产	83	3.82±0.80	123	4.45±0.95	120	4.48±0.93
第3次测产	87	4.06±0.93	133	4.50±1.01	111	4.34±0.98
第4次测产	83	4.12±0.99	133	4.53±0.95	107	4.30±0.98
第5次测产	80	4.10±0.94	137	4.59±0.94	103	4.28±0.92

从表1可以看到：第1次测产时，3个光照强度下红萍扎根的数量都比较少，其中光照强度在 3 000~4 000 lx 时扎根最差，而光照强度在 9 000~10 000 lx 时扎根较好，数量最多，光照强度在 6 000~7 000 lx 时则介于二者之间；第2次测产，3个光照强度下红萍的扎根数比第1次测产时均有明显增加，但光照强度在 3 000~4 000lx 时穿透湿养介质红萍根数量仍是3个光照强度中最少的，而光照强度在 6 000~7 000 lx 时的扎根数量与光照强度在

9 000 ~ 10 000 lx 时相当；第 3、4、5 次测产，不同光照强度下的扎根数量与第 2 次相比有所差别：光照强度在 3 000 ~ 4 000 lx 时，第 3 次以后测产时的扎根数量与第 2 次时相差无几，光照强度在 6 000 ~ 7 000 lx 时，第 3、4、5 次测产时的扎根数量比第 2 次时有所增加，每 25 cm² 增加 10 条左右，而光照强度在 9 000 ~ 10 000 lx 时，第 3、4、5 次测产时的扎根数量却有逐渐减少的趋势。

2.3　红萍扎根性能与湿养产量的相关性分析

将不同光照强度下红萍扎根的数量及长度与红萍的湿养产量进行两两间的相关性分析，结果见表 2。

表 2　红萍扎根性能与湿养产量的相关性

项目	3 000 ~ 4 000 lx		6 000 ~ 7 000 lx		9 000 ~ 10 000 lx	
	产量	扎根数	产量	扎根数	产量	扎根数
对应光照强度下的扎根数	0.986**		0.993**		0.893*	
对应光照强度下的根长度	0.913*	0.915*	0.988**	0.996**	0.910*	0.994**

注：* 显著性相关（$P < 0.05$）。** 极显著相关性（$P < 0.01$）

从表 2 可以看到，不同光照强度下红萍的湿养产量与穿透湿养介质的红萍根数量及长度两两间均呈正相关，其中光照强度在 6 000 ~ 7 000 lx 时，红萍的湿养产量与穿透湿养介质的红萍根数量及长度两两间均呈极显著相关（$P < 0.01$）。可见，红萍扎根性能直接关系到红萍湿养的产量。可以这么说，3 个不同光照强度下的第 1 次测产，红萍采收量均偏少，是由于试验初期，红萍根部尚未全部扎入或穿透湿养介质，红萍的营养吸收偏少；第 2 次以后测产，红萍扎根较好，采收量明显比第 1 次多；而当光照强度在 9 000 ~ 10 000 lx，二者的相关性未达到极显著，这可能是由于红萍持续受高光照强度的照射，逆境下卡洲萍萍体周边呈浅红色，叶绿素含量明显减少，影响红萍光合作用的效率[11—14]，导致红萍湿养产量异常下降的原故。

2.4　红萍湿养产量与人工光源能耗的关系

试验中设计了 3 个处理：处理 1 设置 3 根 T4 灯，红萍表面光照强度 3 000 ~ 4 000 lx，单层光源功率 72 W；处理 2 设置 4 根 T4 灯，红萍表面光照强度 6 000 ~ 7 000 lx，单层光源功率 96 W；处理 3 设置 6 根 T4 灯，红萍表面光照强度 9 000 ~ 10 000 lx，单层光源功率 144 W。将人工光源能耗与其对应的 5 次红萍累计采收量制成表 3。

表 3　单位湿养面积红萍产量与人工光源能耗的关系

处理*	光照强度（lx）	起始放萍量（g）	试验天数（d）	累计收萍量**（g）	平均倍殖天数（d）	光源功率（w）	单位能耗日产鲜萍量（g/<kW·d>）
T1	3 000 ~ 4 000	200	40	604	12.5	72	209.7
T2	6 000 ~ 7 000	200	40	973	8.5	96	253.4
T3	9 000 ~ 10 000	200	40	841	9.2	144	146.0

注：* 各处理红萍湿养面积均为 0.63 m²，** 累计收萍量为 3 个重复的平均数

表3显示了红萍湿养产量与人工光源能耗的关系。从表3可知，红萍湿养的平均倍殖天数与红萍表面的光照强度有关。通常光照强度越弱，倍殖天数越长，但并非光照强度越高，倍殖天数就越短，从3个处理来看，红萍表面的光照强度在6 000～7 000 lx时倍殖天数最短，平均8.5 d产量翻番，比较低光照强度（3 000～4 000 lx）时缩短了4 d，比较高光强（9 000～10 000 lx）时平均减少了0.7 d。

从累计红萍采收量和单位能耗日产鲜萍量来比较，红萍表面光照强度3 000～4 000 lx，累计采收鲜萍量是3个处理中最少的，但单位能耗日产鲜萍量并不是最少的；红萍表面的光照强度6 000～7 000 lx时，累计采收鲜萍量是3个处理中最多的，单位能耗日产鲜萍也是3个处理中最多的，比较低光照强度（3 000～4 000 lx）时提高了20.8%，是较高光强（9 000～10 000 lx）时的1.74倍；当红萍表面的光照强度为9 000～10 000 lx时，由于光源功率能耗大，导致单位能耗日产鲜萍量很少，是3个处理中最少的。

2.5 不同人工光源配置方案下红萍产量与人工光源能耗的关系

在红萍湿养栽培装置设计过程中，受空间站植物舱空间尺寸的限制，红萍湿养空间十分有限。不同人工光源的设置直接影响到红萍产量与能耗的关系，如高能效电子荧光灯的数量及灯管中心与红萍表面的距离等，都将直接影响光照强度及其均匀度，进而影响红萍的产量，特别是单位能耗日产鲜萍量。因此，基于相同湿养空间下，设计了5个人工光源的配置方案进行比较试验。配置方案及试验结果列于表4。

从表4可得知：方案1和方案2均设置8层红萍湿养板，层间距155 mm。方案1配置4根T4荧光灯，由于层间距较大，红萍表面的光照强度仅3 000～4 000 lx，单位空间能耗972 W，单位能耗日产鲜萍157.4 g；而方案2配置6根T4荧光灯，虽然累计收萍量是方案1的1.6倍，但单位空间能耗也是方案1的1.5倍，导致单位能耗日产鲜萍量与方案1相仿。方案3、方案4和方案5减小了层间距，多设置了2层红萍湿养板。方案3红萍表面的光照强度与方案1一样，只有3 000～4 000 lx，由于配置T4荧光灯数量及层间距都较方案1小，光照分布不均匀，单位面积累计收萍量不如方案1，但单位空间能耗是所有方案中能耗最小的，单位能耗日产鲜萍量却是方案1的1.30倍。方案4与方案1同样面积配置4根T4荧光灯，单位面积能耗相同，但由于层间距减小，红萍表面的光照强度可达6 000～7 000 lx，且光照分布均匀，因此，红萍产量高，单位能耗日产鲜萍量是方案1的1.47倍，累计收萍量和单位能耗日产鲜萍量都是5个方案中最高的，比其他方案分别平均高出53.4%和54.3%。方案5配置6根T4荧光灯，虽然红萍表面的光照强度是所有方案中最大的，但累计产量却不是最大的，而由于单位空间能耗最大，单位能耗日产鲜萍量是5个方案中最少的一个，比方案4少了80.0%。综上所述，方案4是5个方案中最理想的。可见，单位空间内，人工光源的配置直接关系到能耗，影响红萍的产量，从而影响单位能耗采收鲜萍的数量。

表4 同一湿养空间下不同配置方案对红萍产量和能耗关系的影响

方案[*]	层数	层间距（mm）	荧光灯数量（根）	光照强度（lx）	光照均匀度	单层功率（W）	空间能耗（W/m³）	空间累计收萍量[**]（g/m³）	单位能耗日产鲜萍量(g/<kW·d>)
1	8	155	4	3 000 ~ 4 000	较均匀	96	768	4 835	157.4
2	8	155	6	6 000 ~ 7000	均匀	144	1152	7 740	168.0
3	10	125	3	3 000 ~ 4 000	不均匀	72	720	5 880	204.2
4	10	125	4	6 000 ~ 7 000	均匀	96	960	9 755	254.0
5	10	125	6	9 000 ~ 10 000	均匀	144	1 440	8 130	141.1

注：[*] 以上方案所占空间均为 0.79 m³，单层湿养面积均为 0.63 m²，[**] 累计收萍量为试验 40 d 连续测产 5 次的总数

3 讨 论

3.1 光照强度是联系红萍湿养产量与能耗的纽带

试验中，通过人工光源的电能转化为光能，提供给红萍进行光合作用，从而将光能转化为红萍生物产量。其中，光照强度是联系红萍湿养产量与能耗的纽带。从理论上说，光照强度低，植物光合作用效率减弱，产量就随之下降。试验中，红萍在较低光照强度(3 000 ~ 4 000 lx) 时单次产量和累计产量都最低，与理论相符。红萍表面光照强度在 6 000 ~ 7 000 lx 时，5 次累计采收鲜萍量比更高光照强度(9 000 ~ 10 000 lx) 时多，主要是由于红萍持续受高光照强度的照射，逆境下卡洲萍萍体周边呈浅红色，叶绿素含量明显减少，影响红萍光合作用的效率，导致红萍湿养产量有所下降。

3.2 红萍的扎根性能间接映射湿养产量

试验发现红萍湿养产量与扎根性能呈显著正相关。这主要是由于红萍扎根性能反映红萍的生长状况，扎根数量多，营养吸收就越充分，扎根长度长，说明红萍生长速度快，红萍的产量也就随之提高。可见，红萍穿透湿养介质根的数量和长度可以间接映射红萍产量的高低。

3.3 人工光源的合理配置是降低能耗提高产量的关键

从一般产品的生产来看，能耗越大，产量越高。然而，红萍湿养并非如此。从单位面积红萍湿养产量与能耗的关系来看，以红萍表面光照强度 6 000 ~ 7 000 lx，单层光源功率 96W 时红萍产量最高，这主要是由于过低的光强(3 000 ~ 4 000 lx) 没有充分发挥红萍光合作用的潜能，而过高的光强(9 000 ~ 10 000 lx) 却因为影响红萍的颜色而降低红萍光合作用的效率，最终影响红萍产量的提高。从单位空间内红萍湿养产量与能耗的关系来看，光照强度决定红萍湿养的产量，但是人工光源的配置却影响着能耗转化成产量的效率。试验中，红萍表面光照强度同样在 6 000 ~ 7 000 lx，降低层间距，减少人工光源的使用量，能耗转化成红萍

产量的效率反而提高了。当然，在降低层间距的同时，必须考虑人工光源近距离照射导致光照均匀度降低，红萍表面局部温度升高影响生长，因此，试验中，在降低层间距的同时，利用银白镜面增加光源的反射和散射作用，提高光照均匀度，从而保证红萍的正常生长。

4 结 论

单位湿养面积下，红萍表面光照强度在6 000～7 000 lx 时单位能耗日产鲜萍量最高，过低（3 000～4 000 lx）和过高的光强（9 000～10 000 lx）都会影响红萍产量和单位能耗日产鲜萍量的提高。相同湿养空间下，保持红萍表面光照强度在6 000～7 000 lx，通过适当增加层数或者降低层间距来调整人工光源配置以达到降低能耗的目的，可以实现以较低能耗获得较高红萍产量的效果。

参考文献

[1] 陈敏，刘夏石，刘中柱 . 红萍供氧装置及其试验研究 [J]. 航天医学与医学工程，2000，13（1）：14－18.

[2] 郭双生，王普秀，侯继东，等 . 空间高等植物栽培地面试验装置的研制 [J]. 航天医学与医学工程，2000，13（1）：19－23.

[3] 陈敏，卞祖良，张朝阳，等 . 红萍对受控密闭系统中 O_2—CO_2 浓度变化影响研究初报 [J]. 福建农业学报，1999，14（2）：56－59.

[4] 陈敏，杨有泉，邓素芳 . 回转式植物湿润栽培装置的研制 [J]. 农业工程学报 . 2008，24（9）：89－94.

[5] 黄志德，沈学夫 . 空间站环境控制和生命保障技术 [J]. 中国航天，2000，2.

[6] 刘红，于承迎，庞丽萍，等 . 俄罗斯受控生态生保技术研究进展 [J]. 航天医学与医学工程，2006，19（5）：382－387.

[7] Halstead TW, Dutcher FR. Plant in space [J]. Ann Rev Plant Physio1，1987，38（2）：317－345.

[8] Knot WM. The Breadboard Project：a functioning CELSS plant growth system [J]. Advances in Space Research，1992，2（5）：45－52.

[9] Horneck G，Facius R，Reichert M，*et al*. Humex, a study on the survivability and adaptation of humans to long－duration exploratory missions [J]. Advances in Space Research，2003，31（11）：2389－2401.

[10] Tikhomirov AA, Ushakova SA, Gribovskaya IA, *et al*. Light intensity and production parameters of phytocenoses cultivated on soil－like substrate under controled environment conditions [J]. Advances in Space Research，2003，31（7）：1775－1780.

[11] 刘中柱，郑伟文 . 中国满江红 [M]. 北京：中国农业出版社，1989.96－110.

[12] 施定基 . 满江红光合作用特性的研究 [J]. 植物生理学报，1981，7（2）：113－120.

[13] 陈根云，俞冠路，陈悦，等 . 光合作用对光和二氧化碳响应的观测方法探讨

　　　　［J］．植物生理与分子生物学学报，2006，32（6）：691－696.

［14］　　杨有泉，陈敏，邓素芳．不同光照强度下红萍在湿养条件中光合作用的对比试
　　　　验［J］．福建热作科技，2008，33（2）：3－4.

　　【原文发表于《中国农学通报》，2009，25（11）：194－199，由邓素芳重新整理】

CELSS 系统中红萍和蔬菜初步整合试验研究

杨有泉　陈　敏　邓素芳

（福建省农科院农业生态研究所，福州 350013）

摘　要：生菜等高等植物在 CELSS 系统中湿养栽培装置的研制。红萍和蔬菜光合作用效率对比试验结果表明：在不同生育期，生菜的光合作用效率是不一样的；定植 5 d 后生菜植株的光合效率不如红萍，定植 15 d 后生菜植株的光合效率与红萍相当。在现有的湿养栽培装置上试种 2~3 种不同蔬菜，初步整合试验过程，尚无发现与红萍之间存在有害的不兼容性。

关键词：CELSS 系统；红萍；蔬菜；湿养栽培盘；整合试验

0　引　言

受控生态生命保障系统（简称 CELSS），是人类开展未来长时间、远距离和多乘员载人航天活动唯一可以依赖的先进系统；是提供未来长期载人空间飞行和地外星球定居生命保障的唯一有效途径[1]。一般认为，该系统中应包括高等植物、微生物、微藻、低等植物和动物等 5 类生物。其中高等植物与红萍一样，通过自身的光合作用和蒸腾作用，可以为航天员提供食物，饮用水和 O_2，同时去除航天员产生的 CO_2，从而实现载人航天中基本生保物资的再生。因此，发展高等植物的空间栽培技术是重要任务之一[2-3]。蔬菜系高等植物，空间应用也需研究湿养栽培技术。近些年，课题组着手研制了蔬菜湿养栽培盘，探索蔬菜在密闭条件下光合作用；并在现有的湿养栽培装置上试种 2~3 种不同蔬菜，观察整合试验中与红萍是否存在有害的不兼容性。

1　蔬菜湿养栽培盘的研制

蔬菜湿养栽培系统的功能是创建既湿润又无明水的物理环境，以确保蔬菜正常扎根、营养吸收、生长至收获[4-5]。

1.1　主要技术指标和性能要求

（1）栽培盘盘体尺寸：900 mm × 700 mm × 40 mm。
（2）单层蔬菜湿养面积：0.63 m^2。
（3）单层蔬菜定植数量：35 株。

（4）株距×行距：140 mm×128 mm。

（5）蔬菜湿养介质要求：湿养介质应始终保持湿润状况，且表面无明水出现。

（6）蔬菜湿养栽培盘接口要求：配有进水和出水接口，装卸方便。

（7）操作要求：所有操作和在线维修应在前面板进行。

1.2 结构和工作原理

图 1 是蔬菜湿养栽培盘结构示意图。

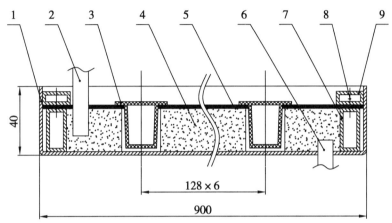

1.蔬菜湿养栽培盘；2.进水口；3.蔬菜定植圈；4.蓄水基质层；
5.支撑基质层；6.出水口；7.撑架；8.紧定螺钉；9.压板

图 1　蔬菜湿养栽培盘结构示意

蔬菜湿养栽培盘的盘体（1）采用不锈钢镜片材料，四边扣 40 mm×40 mm，氩弧焊焊接后，形成底面呈长方形的 900 mm×700 mm×40 mm 薄盘。盘底镜面可为下一层人工光源起到反射镜的作用。盘体前部左右两端设置进水接口（2）和出水接口（6），分别与植物培养液输配循环系统中的进水管路和回水管路连接。蔬菜湿养介质由蓄水基质层（4）和支撑基质层（5）构成，并冲 35 - φ22 mm 通孔，孔间距 128 mm×140 mm，孔内安放蔬菜定植圈（3）。撑架（7）和压板（9）系不锈钢方管 25 mm×13 mm 和 18 mm×8 mm，用于固定蔬菜湿养介质，装配后拧紧紧定螺钉（8）。

1.3 性能试验初步结果

蔬菜湿养介质是蔬菜湿养栽培盘的核心部件，结构功能上分为蓄水基质层和支撑基质层。由于各基质层的功能不同，所以它们对材料的性能要求也不同。

蓄水基质层的主要功能是贮存培养液，要求材料应有良好的吸水性能，吸水倍数越大越好，以确保单位体积的湿养介质有足够储备培养液。为了防止出现"吸水快、失水也快"的现象，还要求材料的保水性好。介质材料筛选试验结果表明，三维中空含硅涤纶短纤维为主原料，采用喷胶工艺制作的无纺布，材料质量轻、蓬松度高、回弹性好，有极强的吸水性能，吸水倍数高达 63.0。该材料保水性能也很好，室温自然晾干 3 h 后，保水量仍达 91.2%，是理想的蓄水保水材料。

支撑基质层的功能是支撑固定蔬菜湿养介质材料，要求材料应有一定的机械力学性能，特别是长期湿润状态下，材料抗拉性能的稳定性要好。由于该材料介于蓄水基质层和蔬菜植株之间，故要求材料具有一定渗水性能，以保证湿养介质面上部分的植株能生长在有一定湿度的微环境中。当然，蔬菜湿养介质材料面上不能有明水出现。渗水支撑基质层采用针刺工艺的无纺布。针刺无纺布是利用刺针的穿刺作用，将蓬松的纤网加固成布。受试材料厚度为2.8 mm，密度较大且有一定的弹性，断裂强度 4 500 ~ 5 000 N/5 × 20 cm，横纵向抗拉强度差异小。渗水试验结果：标准大气压下渗水高度 80 mm，半程渗水时间 5s，说明该材料具有一定渗水性能，介质表面始终保持湿润，且无明水出现。特别是在长期湿润状态下，该材料的渗水性能和机械力学性能的稳定性都符合渗水支撑基质层对材料的功能要求。

2 红萍和生菜光合作用效率对比试验

蔬菜在 CELSS 系统中直接为航天员提供食物，同时利用其光合作用提供 O_2 和吸收 CO_2。为此，在红萍光合作用规律研究基础上，以生菜为代表，进行了红萍和蔬菜光合作用效率的对比试验，为下一步深入研究提供基础数据。

2.1 试验装置和试验方法

要研究蔬菜光合作用的规律，应建立微型光合作用密闭试验舱[6-7]，测定舱内 $O_2 - CO_2$ 浓度。此试验利用现有的红萍微型光合作用密闭试验舱，只要更换红萍湿养盘，通过调节玻璃密闭罩和高度调节杆的高度，便可适用于生菜试验的需求。新的微型密闭舱的内尺寸为500 mm × 350 mm × 100 mm，容积 17 500 mL。如图 2 所示[8]：

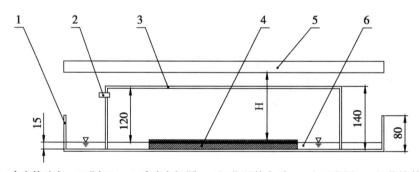

1.玻璃养殖盘；2.进气口；3.玻璃密闭罩；4.红萍湿养介质；5.人工光源；6.红萍培养液

图 2　光合作用试验装置结构示意图

试验设置 3 个处理，人工光源采用 T4 荧光灯，各处理的灯管数量和功率相同。处理 1 为红萍对照处理，红萍表面光照强度 5 000 lx；处理 2 取材定植 5 d 后的生菜植株，生菜叶面光照强度 5 000 ~ 6 000 lx；处理 3 取材定植 15 d 后的生菜植株，生菜叶面光照强度5 000 ~ 7 000 lx。试验前各处理添加 200 mL CO_2。试验持续 6 h，每间隔 1 h，测定一次各密闭舱内 $O_2 - CO_2$ 浓度。

试验环境中大气温度：（26 ± 2）℃；

试验仪器：气相色谱、CO_2 测试仪、光照计。

计算方法：密闭舱内放 O_2 量 $W_{O_2} = \dfrac{(C_{O_2}^t - C_{O_2}^0) \cdot V}{100T \cdot S}$（mL/（$cm^2 \cdot h$））；

密闭舱内吸收 CO_2 量 $W_{CO_2} = \dfrac{(C_{CO_2}^0 - C_{CO_2}^t) \cdot V}{100T \cdot S}$（mL/（$cm^2 \cdot h$））；

式中：$C_{O_2}^t$、$C_{O_2}^0$、$C_{CO_2}^t$、$C_{CO_2}^0$——试验前后舱内 O_2 – CO_2 浓度（%）；

　　　　V——密闭舱容积（mL）；

　　　　T——试验持续时间（h）；

　　　　S——有效湿养面积（cm^2）

2.2　试验结果与分析

表 1、图 3 和图 4 显示红萍和蔬菜光合作用效率对比试验。

表 1　不同生育期生菜与红萍光合效率的比较

处理	T1（红萍）	T2（定植 5 d 后生菜植株）	T3（定植 15 d 后生菜植株）
光照强度（lx）	5 000	5 000 ~ 6 000	5 000 ~ 7 000
试验前添加 CO_2 量（mL）	200	200	200
试验前 O_2 浓度（%）	20.06	20.05	20.06
试验后 O_2 浓度（%）	20.58	20.41	20.59
O_2 浓度上升（%）	0.52	0.36	0.53
红萍放 O_2 量（mL/（$cm^2 \cdot h$））	0.039	0.027	0.040
试验前 CO_2 浓度（%）	1.16	1.16	1.14
试验后 CO_2 浓度（%）	0.59	0.76	0.56
CO_2 浓度下降（%）	0.57	0.40	0.58
红萍吸收 CO_2 量（mL/（$cm^2 \cdot h$））	0.043	0.030	0.044

注：试验条件：试验前各处理添加 200 mL CO_2；密闭容器容积：17 500 mL；栽培面积 0.1 m^2；舱内温度（25 ± 1）℃；相对湿度（75 ± 2）%；光照强度平均（6 000 ± 500）lx；光周期为 24 h（亮）/0 h（暗）；营养液 pH6.2 ± 0.2；溶解氧为（35 ± 2）；红萍品种：卡洲萍 3001；蔬菜品种：生菜；株行距：128 mm × 140 mm

表 1 得知，在 3 个不同处理的密闭舱内，试验前各添加 200 mL CO_2，舱内 O_2 浓度 20.05% ~ 20.06%，CO_2 浓度 1.14% ~ 1.16%，说明各处理的初始 O_2 – CO_2 浓度一致。试验反应后，红萍和蔬菜通过光合作用吸收 CO_2 释放 O_2，故密闭舱内 O_2 浓度上升，CO_2 浓度下降，但各处理的上升和下降的幅度不一致（见图 3 和图 4）。处理 1 舱内 O_2 浓度上升 0.52%，CO_2 浓度下降 0.57%，幅度较高。处理 2 舱内 O_2 浓度上升 0.36%，CO_2 浓度下降 0.40%，幅度最小。处理 3 舱内 O_2 浓度上升和 CO_2 浓度下降的幅度与处理 1 的基本相同。

根据表 1 的计算，试验反应 6 h 后，处理 2 舱内生菜放 O_2 量比处理 1 的下降 30.8%，舱内生菜吸收 CO_2 量比处理 1 的下降 30.2%；而处理 3 与处理 1 比较，生菜与红萍放 O_2 量和吸收 CO_2 量都基本相同。说明在不同生育期，生菜光合作用的效率是不一样的。定植 5 d 后生菜植株的光合效率不如红萍，定植 15 d 后生菜植株的光合效率与红萍相当。

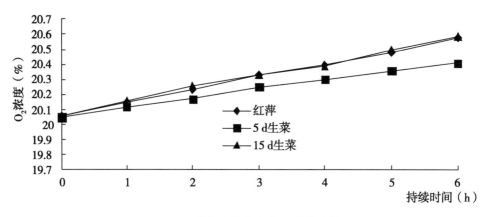

图 3　红萍与生菜光合放 O_2 效率比较

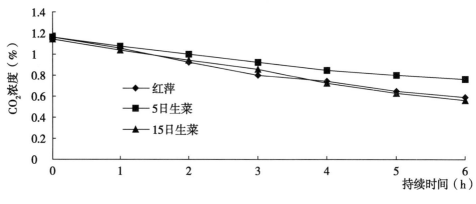

图 4　红萍与生菜吸收 CO_2 效率比较

3　红萍和蔬菜初步整合试验观察

红萍和蔬菜初步整合试验在现有的红萍湿养栽培装置上进行。改变栽培盘之间的高度距离，以适用于生菜植株高的特征。培养液采用 FA2，由 1 个贮液罐输配至各层红萍湿养盘或蔬菜栽培盘[9]。试验期间，先后试种了生菜、豌豆苗、苋菜等 3 种蔬菜，观察了其生长情况，尚无发现与红萍之间存在有害的不兼容性。由于试验时间较短，深入研究有待于下阶段进行。

参考文献

[1]　郭双生，王普秀，李卫业，等. 受控生态生保系统中关键生物部件的筛选 [J]. 航天医学工程与医学工程，1998（5）：333 – 337.

[2]　Chun C，Mitchell CA. Dynamic optimization of CELSS crop pbotosynthetic rates by computer – assist feedback control [J]. Advances in Space Research，1997，20（10）：1 855 – 1 860.

[3]　Wheeler RM, Mackowjak CL, Stutte GW, *et al.* NASA's biomass production chamber: A testbed for bioregenerative life support studies [J]. Advances in Space Research, 1996, 18 (4 - 5): 215 - 224.

[4]　刘增鑫. 特种蔬菜无土栽培 [M]. 北京：中国农业出版社，2000. 90 - 103.

[5]　张树阁，宋卫堂，黄之栋. 温室作物营养液深液流无限生长型栽培技术研究 [J]. 农业工程学报，2002，11 (6): 107 - 110.

[6]　刘中柱，郑伟文. 中国满江红 [M]. 北京：中国农业出版社，1989. 96 - 110.

[7]　陈敏，邓素芳，杨有泉，等. 受控密闭舱内红萍载人供氧特性 [J]. 农业工程学报，2009，5 (5): 313 - 315.

[8]　杨有泉，陈敏，邓素芳. 不同光照强度下红萍在湿养条件中光合作用的对比试验 [J]. 福建热作科技，2008，33 (2): 3 - 4.

[9]　陈敏，刘夏石，刘中柱. 红萍供氧装置及其试验研究 [J]. 航天医学与医学工程，2000，13 (1): 14 - 17.

【原文发表于《中国农学通报》，2010，09：331 - 334，由杨有泉重新整理】

高密度水产养殖自控生态型
大棚的水质净化技术

陈　敏　刘中柱　卞祖良

（福建省农业科学院红萍研究中心，福州 350013）

摘　要： 集约化水产养殖条件下，如何净化和循环利用大量的养殖污水，已成为限制淡水渔业发展的瓶颈。该研究通过创新的工程设计，在自控生态大棚内实现多种水生动物和植物的高密度、集约化、节水化养殖。养鱼水经过红萍、蔬菜等植物的吸收以及水净化综合技术处理，可以循环使用。该大棚不向外排泄养殖废水，不仅大大节约用水，而且养殖密度成倍增加，并不构成任何环境污染。

关键词： 生态大棚；集约化养殖；水净化；循环；节水

集约化水产养殖的主要特征在于高密度控温养殖。在此条件下，喂食含高蛋白的配合饵料，鱼的排泄物和残饵沉积于水中，并被迅速分解，使养殖水体环境恶化。尤其是非离子态氨氮对绝大部分水生动物具有强烈毒性，污染轻则影响摄食，抑制生长，污染重则导致中毒、发生疾病和死亡。当前生产上常采用频繁换水的方法来改善养殖水域生态环境。据实验统计，养殖 1 kg 的鲤鱼，每天要耗尽 500 kg 水中的溶解氧，排出 300 mg 氨和 7 000 mg-BOD，产生 100 kg 含大量氮肥的污水[1]。频繁换水势必造成水资源的巨大浪费。而且，养殖池中的浮游生物和有益微生物种类波动较大，数量明显不足，加上频繁惊扰养殖对象，严重影响其正常生长和发育。同时，不加节制的污水排放致使河流、湖泊的富营养化，严重破坏周边流域的生态环境。因此，如何净化和循环利用大量的养殖污水，已成为淡水渔业发展的关键环节。美国、瑞典、日本及我国广东、福建、江西等曾研究出水过滤装置，主要用于工业及城市污水处理，造价和使用成本均较高。意大利也研究利用红萍等浮生植物净化养殖水体，其沉淀池、处理槽和生物塘占地面积甚大，尚难适应于高密度、集约化水产养殖[2]。

自控生态大棚集水产养殖和植物栽培于一体，通过巧妙的工程设计，实现了高密度、集约化、节水化养殖。本文着重阐述自控生态大棚的结构特点，水循环系统的净化功能和节水机理，以及集约化养殖试验结果，以探求解决现有的集约化水产养殖的水质净化难题。

1　自控生态大棚结构特点

图 1 是自控生态大棚结构简图，该大棚主要由养殖系统、水循环净化系统、环境控制系统及大棚框架等组成。

大棚的框架（2）是单棚钢结构，顶棚 1 呈圆弧状，采用新型有机阳光板制成，该材料

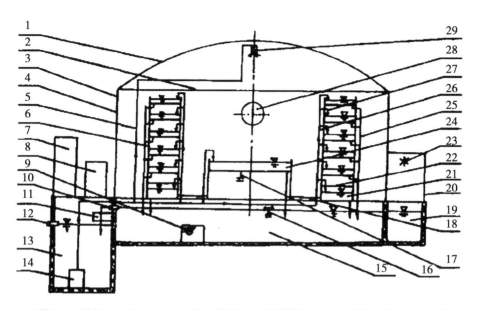

1. 顶棚；2. 框架；3. 防虫网；4. 保温薄膜；5. 喷雾管路；6. 红萍栽培床；7. 控制箱；
8. 臭氧发生器；9. 防窜网；10. 回水口；11. 水过滤装置；12. 溢水口；13. 生物滤池；
14. 循环水泵；15. 养殖大池；16. 水温探头；17. 气温探头；18. 活动操作台；
19. 青蛙养殖池；20. 防逃网；21. 养殖小池；22. 防窜网；23. 诱虫灯；24. 蔬菜栽培床；
25. 回水管路；26. 循环输配管路；27. 流量阀；28. 通风扇；29. 喷雾装置

图1 自控生态大棚结构

质量轻，仅为普通平板玻璃的 1/20，且强度高，抗疲劳、抗紫外线照射和耐温差性能好。大棚外部设有防虫网（3）和保温薄膜（4）（冬季使用）。养殖系统包括红萍养殖区、蔬菜养殖区和水产养殖区。活动操作平台（18）下部为水产养殖池，根据不同习性的鱼类分割成若干个养殖大池（15），棚外设置青蛙养殖池（19），各养殖池之间设有鱼的防窜网（9），并保持养殖水体能充分流动。分布在操作平台上方的 4 架红萍栽培床（6）和两架蔬菜栽培床（24）均采用钢材焊接架和石板材砌池结构，其中红萍栽培床设置 6 层，顶层种植蔬菜，中间 4 层为红萍养殖区，底层为养殖小池（21），并配备可拉式防窜网（22），池内主要养殖螺和个体较小的鱼苗[3—5]。各养殖区的水体高度均可根据养殖对象进行调控。水循环净化系统由循环水泵（14）、生物滤池（13）、水过滤装置（11）、臭氧发生器（9）、循环输配管路（26）、回水管路（25）、及流量阀（27）、电磁阀等水暖配件组成。循环水总流量，进入各养殖池的分流量，进入红萍区的净化流量，以及臭氧发生器输出的消毒灭菌流量均可根据气候、季节以及红萍、蔬菜、鱼类生长情况，由控制箱 7 调控。环境控制系统由温度探头（16）、（17）、喷雾装置（29）、通风扇（28）、喷雾管路（5）及电磁阀等组成，喷雾时间和喷雾量的自动控制亦由控制箱智能管理[6~9]。

2 养殖试验结果与分析

2.1 试验设计

自控生态试验大棚占地面积 66.7 m²。水产品养殖区包括养殖大池与平台上的养殖小池，养殖水面达 88.4 m²，主要养殖革胡子鲶（*Clarias Lazera*）、尼罗罗非鱼（*Oreochromis uiloticus*）、澎泽鲫（*Carassius anratus*）、鲤鱼（*Cyprinus carpio*）、淡水白鲳（*Colossoma brachypomum*）、鳖（*Trionyx sinensis*）以及美国青蛙[10]等，投喂红萍干粉占 30% 的漂浮性配合饵料。水产养殖试验中，鱼类初始总放养密度为 10~15 尾/m²，革胡子鲶与鲤鱼应在大棚内越冬，第 2 年 5 月补充新鱼苗时也应收大留小，以确保养殖水体中有足够的营养提供给红萍与蔬菜周年生长；其他鱼种为 5 月放养，当年 12 月收成。红萍养殖区分布在红萍栽培床中间 4 层，其养殖面积 52.8 m²，红萍品种：回交萍 3 号和卡洲萍（*A. Caroliniana Willd.*）。蔬菜养殖区分布在蔬菜栽培床上层和红萍栽培床的顶层，采用水培方式，其面积占大棚面积 50%，生菜可以四季培育，40~50 d 收成 1 茬，其他蔬菜品种试验设计为：夏季培育空心菜 25~30 d 收成 1 茬，可收成 4 茬；其他季节培育芹菜和番茄。试验大棚养殖水体表面积 63 m²，循环水泵功率 0.75 kW。

2.2 水循环系统的净化功能

在自控生态大棚内，红萍、蔬菜和鱼类等产品可以形成较理想的共生关系，其中养殖水体的循环利用起到最关键的作用。养鱼水能提供均衡合理的营养成分，是较理想的红萍和蔬菜培养液。表 1 和表 2 显示在不添加化肥情况下，红萍能够正常生长繁殖，倍殖天数为 4~8 d（不同季节和气候条件），蔬菜产量亦与先进温室的蔬菜水培产量相当[11—12]。

表 1　生态大棚内红萍产量测定结果

试验次数	试验天数 (d)	测产面积 (m²)	投萍量 (g)	收萍量 (g)	繁殖系数	倍殖天数 (d)
1	5	1.2	500	900	0.118	5.9
2	5	1.2	500	1 100	0.158	4.4
3	5	1.2	500	1 060	0.150	4.6
4	5	1.2	500	1 130	0.163	4.2

说明：* 表示定位试验测产结果

表 2　不同品种蔬菜的产量调查结果

蔬菜品种	定植规格 (cm×cm)	定植日期 (月-日)	试验天数* (d)	产量调查日期 (月-日)	平均单株产量** (g·株⁻¹)	折占地产量*** (kg·hm⁻²)
生菜	20×16.7	03-18	42	05-09	260	39 000
芹菜	20×16.7	02-27	58	04-26	330	49 600

（续表）

蔬菜品种	定植规格 （cm × cm）	定植日期 （月 - 日）	试验天数[*] （d）	产量调查日期 （月 - 日）	平均单株产 量[**]（g·株[-1]）	折占地产量[***] （kg·hm[-2]）
番茄	25 × 25	11 - 05	152	04 - 26	1200	96 000
空心菜	20 × 16.7	06 - 28	50	08 - 18	364	54 600

说明：[*] 指菜苗定植大棚后至产量调查日期的经历天数；

　　　[**] 生菜和芹菜是单茬产量，番茄和空心菜是两茬产量；

　　　[***] 按蔬菜定植面积占大棚用地 50% 计算

　　养鱼水经过养殖红萍和蔬菜后，完全可以循环利用。养殖水体循环系统的净化功能主要是由滤池的物理、生物双重净化和红萍、蔬菜区的生物净化共同完成，滤池由生物滤池和过滤器组成，生物滤池中滤料表面形成的生物膜可以将鱼体的排泄物分解为二氧化碳、氨、碳酸盐、硫酸盐等简单化合物，起到生物净化作用；而过滤器中滤料可以将养殖水体中可形物和微溶物固定住，起到物理净化为主的效果。红萍生物净化主要靠红萍在生长繁殖过程中吸收水中氨氮和其他鱼类的排泄物来实现。表 3 是红萍净化前后，循环水体中氨态氮的测定结果。红萍根部形成庞大的"生物滤网"，通过调控流经红萍的流量和流速，可以有效地降低水体中的氨态氮含量。此外，引进臭氧水处理装置，增强了对循环水的消毒灭菌作用。

表 3　循环水体中氨态氮

处理	氨态氮/mg·kg[-1]
红萍净化前	6.4
一层红萍净化后	4.8
二层红萍净化后	3.6

　　总之，生态大棚的水净化循环系统，有效保持了养殖水体"浑而不腐"，为高密度、集约化和工厂化养殖创造了良好的、安全的水生态环境。因此，该系统可以完全闭合，不向大棚外排泄任何养殖污水。

2.3　节水效果

　　表 4 将国内外现有的集约化水产养殖的养殖密度和耗水量与本生态大棚进行对比。由表中可以看出，台湾池塘高密度养殖尼罗罗非鱼，每生产 1 kg 鱼耗水 21 t；美国集约化养殖斑点鲶鱼，每生产 1 kg 鱼耗水 14.5 ~ 29.0[1]。而本生态大棚的水循环系统是闭合的，不向外排泄养殖废水。养殖耗水主要用于养殖水体的表面蒸发和红萍、蔬菜等体内需要以及蒸腾作用的消耗[13]。因此，本生态大棚的养殖耗水量非常少，试验结果表明，若综合体现在鱼的耗水量上来计算，则每生产 1 kg 鱼耗水仅 0.46 t，与现有集约化水产养殖相比，不仅大大节约用水，而且养殖密度成倍提高。这说明生态大棚的水净化循环系统设计是成功的，节水效果十分显著。

表 4　养殖密度和耗水量

国家或地区	鱼的种类	养殖密度（年产量）[kg·(hm²·a)⁻¹]	年耗水量 [t·(kg·a)⁻¹]
台湾	罗非鱼	17 400	21
美国	斑点鲶鱼	4 500~7 500	14.5~29
中国	鲤鱼		36
生态大棚	胡子鲶、荷包鲤鱼、罗非鱼、鳖等	83 565	0.46

3　结　语

自控生态大棚通过创新的工程设计，将设施水产养殖技术、红萍和蔬菜水培技术，以及水净化综合处理技术有机地结合起来，形成一套以水循环为中心的集水产养殖与植物栽培于一体的设施养殖业新模式。养鱼水经过红萍、蔬菜等植物的吸收及水净化综合处理，可以循环使用，有效克服了现有水产养殖常用的频繁换水所带来的诸多弊端，不仅可大大节约用水，而且养殖密度和产品产量成倍提高。生态大棚依靠鱼、菜、红萍系统内物质循环和再生利用，生产有机绿色食品，而且水循环系统是闭合的，不向周边流域排泄养殖废水，不导致环境污染，属环保型生态有机农业。该研究对水产养殖业中有限水资源的高效合理利用具有重要意义。随着今后进一步深入研究，可望开拓一个新的环保型科技产业。

参考文献

[1] 刘鹰，王玲玲. 集约化水产养殖污水处理技术及应用 [J]. 淡水渔业，1999，29（10）：22-24.

[2] 陈坚. 红萍在治污方面的应用研究进展 [J]. 环境污染治理技术与设备，2002，3（4）：74-77.

[3] 陈敏，陆培基，卞祖良. 生态型多层养鳖装置的试验研究 [J]. 农业工程学报，2001，17（5）：92-94.

[4] 陈敏，刘夏石，刘中柱. 红萍供 O_2 装置及其试验研究 [J]. 航天医学与医学工程，2000，13（1）：14-18.

[5] 王静，李召祥，王自忠，等. 集水工程、沼气池与日光温室联体构筑的研究 [J]. 应用生态学报，2001，12（1）：51-54.

[6] 越德菱，高崇义，梁建. 温室内高压喷雾系统降温效果初探 [J]. 农业工程学报，2000，16（1）：87-89.

[7] 李强. 现代化农业温室的夏季降温研究及其发展 [J]. 环境科学进展，1999，7（1）.

[8] 王瑄，迟道才，王铁良，等. 日光温室夏季降温措施的试验研究初报 [J]. 农业工程学报，2001，17（5）：95-97.

[9] 李志伟，王双喜，高昌珍，等. 以温度为主控参数的日光温室综合环境控制系

统的研制与应用 [J]. 农业工程学报，2002，18（3）：68 – 71.

[10]　周定刚. 特种水产养殖 [M]. 成都：四川科学技术出版社，1997：243 – 261.

[11]　吴元中，李育民. 自控温室气象条件对番茄产量的影响 [J]. 生态农业研究，
2000，8（4）：11 – 13.

[12]　刘增鑫，特种蔬菜无土栽培 [M]. 北京：中国农业出版社，2000. 1 – 20.

[13]　谢贤群. 农田生态系统水分循环与作物水分关系研究 [J]. 中国生态农业学
报，2001，9（1）：9 – 12.

【原文发表于《农业工程学报》，2002，18（6）：95 – 97，由邓素芳重新整理】

新食物链生态系统中水流速度
对净化效果的影响

陈　敏　杨有泉　邓素芳　刘中柱

（福建省农业科学院农业生态研究所，福州 350013）

摘　要：利用不同流量的循环水流经新食物链生态系统中的栽培层架，研究水流速度对循环水净化效果，旨在揭示新食物链生态系统节水和减排的本质。试验结果表明，流经各单层红萍的水样中溶解氧（DO）含量的上升幅度为 $0.76 \sim 0.96$ mg $\cdot$ L^{-1}，铵态氮（NH$_4^+$ – N）含量的下降幅度为 $0.94 \sim 1.19$ mg $\cdot$ L^{-1}，分别是流经单层莴苣的 $5.07 \sim 6.40$ 倍和 $1.71 \sim 2.16$ 倍，说明红萍对提高水体中 DO 含量和去除 NH$_4^+$ – N 的效果均明显优于莴苣。当养殖循环水流量控制在 50 mL $\cdot$ s^{-1} 时，流经 1 层莴苣和 3 层红萍组成的单个植物栽培床后，DO 含量上升了 2.80 mg $\cdot$ L^{-1}，系统增 O$_2$ 总量为 504.0 mg $\cdot$ h^{-1}；NH$_4^+$ – N 含量下降了 3.82 mg $\cdot$ L^{-1}，系统 NH$_4^+$ – N 去除总量为 687.6 mg $\cdot$ h^{-1}。可见，红萍是新食物链生态系统的关键植物，在水质净化中起重要作用。利用红萍等植物改善水产养殖水环境，为解决高密度集约化水产养殖的瓶颈问题提供新途径，真正意义上实现新食物链生态系统中养殖污水零排放。

关键词：食物链；红萍；净化；铵态氮（NH$_4^+$ – N）；溶解氧（DO）

高密度、集约化水产养殖造成水体的富营养化现象日益严重，养殖污水的肆意排放更是造成了生态环境的污染和破坏。新食物链生态系统就是利用食物链中各环节相互依存的关系，根据农业生态工程学原理，集水产养殖和植物栽培于一体，通过工程设计和设施支撑，构建的新食物链模式生态温室，循环利用养殖水，实现了系统养殖污水零排放。温室底部高密度养殖胡子鲇，上部种植绿色高等植物，还可多层养殖红萍（*Azolla*），利用红萍和蔬菜对养殖循环水进行净化，实现了水产养殖污水的零排放。本文旨在通过不同水流速度对温室内水质净化效果的影响研究，揭示新食物链生态系统中节水的本质，为新食物链生态温室的推广提供理论依据和技术支持[1-5]。

1　材料和方法

1.1　生物部件筛选

新食物链生态温室内生物部件由绿色高等植物、红萍和鱼类构成。

供试高等植物为莴苣（*Lettuce*）。莴苣的叶和茎均可食用，收获指数很高，还具有生长速度快、生育期短、产量较高以及肉质嫩、口感佳等特点。

供试红萍品种为卡洲萍 3001（*Azolla caroliniana* willd）。在生长繁殖速率、光合作用效率、生物净化能力，以及耐低光照、抗病虫等方面，卡洲萍 3001 均表现为佳[6~10]。

供试鱼类品种为革胡子鲶（Clarias lazera），生长迅速、食性广、适应性强、耐低氧，抗病力比较强，具有蛋白质含量高、营养丰富、肉质细嫩等优点，尤其是它无肌间刺，具有诸多的加工优势。

1.2　生态温室构建与试验装置

新食物链生态温室由养殖系统、水循环净化系统、环境控制系统及温室框架等组成。温室框架系钢结构，顶棚采用双层中空无色聚碳酸酯透明板（俗称阳光板）制成，四周设有防虫网和冬季使用的保温薄膜。养殖系统包括红萍栽培区、高等植物栽培区和水产养殖区。活动操作平台下部为鱼类养殖池，采用砖砌池墙和混凝土池底结构，根据不同鱼类的习性和数量分割成若干个养殖池。各养殖池之间设有 U 形网管，既具备鱼的防窜功能，又保持养殖水体能充分流动。分布在操作平台上方分布有若干台单层或多层植物栽培层架，均采用钢材焊接架和石板材砌池结构，其中多层植物栽培层架设置 5 层，顶层种植蔬菜、药材、花卉等高等植物，中间 3 层为红萍栽培区，底层为食用菌栽培区，并配置遮阴保湿网。各养殖区的水体高度、循环水流量等养殖循环水参数，以及温室内环境参数均可根据气候、季节以及红萍、绿色高等植物、鱼类生长情况，由水循环净化系统和环境控制系统智能调控[11—17]。

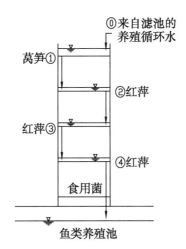

图 1　多层植物栽培层架结构

养殖循环水净化试验在新食物链生态温室内进行。选 4 架多层植物栽培层架，鱼类养殖循环水先进入顶层的莴苣，然后逐层溢流进入第 2 层至第 4 层的卡洲萍 3001。图 1 为多层植物栽培层架结构图。层间距 0.375 m，每层栽培槽规格均为长 6.0 m×宽 0.6 m，莴苣水层高 0.08 m，红萍水层高 0.05 m。循环水流量分别为 25 mL·s⁻¹、50 mL·s⁻¹、75 mL·s⁻¹ 和 100 mL·s⁻¹。

1.3　试验方法

试验前，将红萍投放栽培层架中预养 7 d，经过一轮繁殖和分萍后，使其逐渐适应高氮养殖水体，此时红萍生物量达 0.5 kg·m⁻²。当莴苣定植棚内 20 d、生物产量达 1.5 kg·m⁻²后，开始试验。每 2 d 取水样 1 次，3 个重复，采样点为栽培层架的进水口、顶层莴苣的出水口和各层红萍的出水口（图 1），每次测定水样中的溶解氧（DO）和铵态氮（$NH_4^+ - N$）含量。其中，DO 用 METTLER TOLEDO 溶氧仪测定，$NH_4^+ - N$ 分析参照 GB 7479 – 87 纳氏试剂分光光度法进行。试验持续 10 d，共取样 5 次。试验期间鱼类养殖密度 30 kg·m⁻²，环境温度 22.0 ~29.0℃，相对湿度 45% ~85%，养殖水温度 21.0 ~23.0℃，pH 值 6.5 ~7.5。

2　结果与分析

2.1　不同流速下单层植物的增氧效果比较

高密度水产养殖，易产生 DO 过低，影响鱼的正常摄食和生长，甚至出现中毒、浮头和死亡现象。因此，栽培床上植物能否有效提高鱼类养殖水体中的 DO，显得至关重要。图 2 显示不同流量（25 mL·s⁻¹、50 mL·s⁻¹、75 mL·s⁻¹和 100 mL·s⁻¹）的养鱼水流经莴苣和红萍后 DO 的变化情况。由图中可见，4 个流量处理的养鱼水流经顶层莴苣和 3 层红萍后，其 DO 含量均呈逐层增加的趋势。但 DO 的增加量和提高率不同，从直线的斜率来看，各个流量下流经单层莴苣的 DO 上升幅度和提高率均小于同流量各单层红萍的 DO 上升幅度和提高率。以 50 mL·s⁻¹流量处理为例，流经单层莴苣的 DO 平均上升幅度为 0.15 mg·L⁻¹，而流经各单层红萍的 DO 上升幅度为 0.76 ~0.96 mg·L⁻¹，是流经单层莴苣的 5.07 ~6.40 倍。差异显著性分析也说明红萍提高水体中 DO 含量的效果明显优于莴苣，呈极显著水平（表 1）。

由图 2 还可以看出，在起始 DO 浓度基本相同的情况下，不同流量下水体中 DO 增加量和增加速度均不同。当流量为 25 mL·s⁻¹时，流经一层莴苣的平均增氧幅度为 0.27 mg·L⁻¹，是流量为 100 mL·s⁻¹时的 3.0 倍，而同流量流经单层红萍的增氧幅度为 1.19 mg·L⁻¹，是流量为 100 mL·s⁻¹时的 2.29 倍。总体上看，无论是流经莴苣还是红萍，流量越小，养鱼水在栽培床上滞留的时间越长，流出时水中 DO 含量越高，增加量越大。

表 1　不同流速下莴苣和红萍的增氧除氨效果

流量	增氧量（mg·L⁻¹）		除氨量（mg·L⁻¹）	
（mL·s⁻¹）	单层莴苣	单层红萍 **	单层莴苣	单层红萍 **
25	0.27 ±0.02a	1.19 ±0.08a	0.74 ±0.02a	1.60 ±0.16a
50	0.15 ±0.02b	0.86 ±0.06b	0.55 ±0.02b	1.08 ±0.08b
75	0.13 ±0.02c	0.62 ±0.06c	0.34 ±0.02c	0.76 ±0.06c
100	0.09 ±0.01 d	0.52 ±0.04c	0.24 ±0.01 d	0.59 ±0.08c

注：表中数据为 5 次取样 3 个重复的平均值；** 表示单层莴苣与单层红萍比较差异极显著；大小写字母分别表示不同流量下含量变化差异在 0.05 和 0.01 水平的显著性。下同

2.2　不同流速下单层植物的除铵效果比较

在新食物链生态温室内，红萍、蔬菜和鱼类等生物部件可以形成较理想的共生关系，其中养殖水体的循环利用起到最关键的作用。养鱼水能提供丰富的营养，是较理想的红萍和蔬

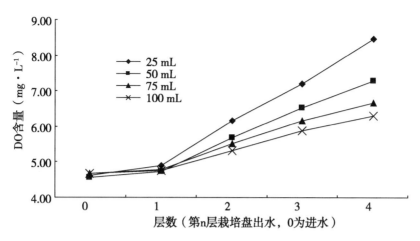

图2　养鱼水以4种流速流经各层栽培床后水体中溶解氧（DO）的含量

注：第1层为莴苣，第2层至第4层为红萍（卡洲萍3001）。下同。

菜培养液。反过来，养鱼水流经红萍和蔬菜后，N、P和其他鱼类排泄物必须得到有效去除，养鱼水方可持续循环利用，实现水产养殖污水零排放[7,9,11]。

通常，$NH_4^+ - N$含量是衡量水质的一个重要指标，过量的$NH_4^+ - N$将对鱼类生长造成危害，尤其是新食物链生态大棚内水产养殖属高密度集约型，有必要对栽培床上植物净化$NH_4^+ - N$的效果进行定量分析。图3显示不同流量（$25\ mL \cdot s^{-1}$，$50\ mL \cdot s^{-1}$，$75\ mL \cdot s^{-1}$和$100\ mL \cdot s^{-1}$）的养鱼水流经莴苣和红萍后$NH_4^+ - N$的变化情况。由图中可见，4个流量处理的养鱼水流经顶层莴苣和3层红萍后，其$NH_4^+ - N$含量均呈逐层下降的趋势。从下降斜率来看，各个流量下流经单层莴苣的$NH_4^+ - N$下降幅度和去除率均小于同流量各单层红萍的$NH_4^+ - N$下降幅度和去除率。以$50\ mL \cdot s^{-1}$流量处理为例，流经单层莴苣的$NH_4^+ - N$平均下降幅度为$0.55\ mg \cdot L^{-1}$；而流经单层红萍的$NH_4^+ - N$下降幅度为$0.94 \sim 1.19\ mg \cdot L^{-1}$，是流经单层莴苣的$1.71 \sim 2.16$倍。根据差异显著性分析也说明红萍去除$NH_4^+ - N$的效果明显优于莴苣（表1）。图3还显示，不同流量下水体中$NH_4^+ - N$下降幅度也不同。流量越小，养鱼水在栽培床上滞留时间越长，$NH_4^+ - N$下降幅度也越大。

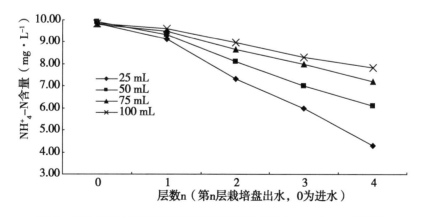

图3　养鱼水以4种流速流经各层栽培床后水体中$NH_4^+ - N$的含量

2.3 不同流速下栽培系统的增氧除铵效果及能耗比较

在新食物链生态温室内，通过调控流经红萍等植物的流量，可以有效地提高水体中溶解氧含量，并降低水体中的铵态氮含量。

表2 新食物链生态温室内循环水流量和功率对总体净化效果的影响

流量 (mL·s^{-1})	处理水量 (m^3·h^{-1})	功率 (W)	DO			NH$_4^+$–N		
			单个栽培层架DO上升量 (mg·L^{-1})	水体总增O$_2$量 (mg·h^{-1})	单位能耗增O$_2$量 (mg·h^{-1}·W^{-1})	单个栽培层架铵氮下降量 (mg·L^{-1})	水体总去除量 (mg·h^{-1})	单位能耗去除量 (mg·h^{-1}·W^{-1})
25	0.09	4.4	3.85±0.13a	346.5±12.0aA	78.8±2.7a	5.55±0.13a	499.5±11.8a	113.5±2.7a
50	0.18	8.1	2.80±0.14b	504.0±25.1bB	62.2±3.1b	3.82±0.09b	687.6±15.3b	84.9±1.9b
75	0.27	11.6	2.03±0.12c	548.1±33.3bC	47.3±2.9c	2.63±0.07c	710.1±18.0b	61.2±1.6c
100	0.36	13.5	1.63±0.13 d	586.8±47.8bC	43.5±3.5c	2.01±0.09 d	723.6±33.1b	53.6±2.5 d

注：大小写字母分别表示不同流量下含量变化差异在0.05和0.01水平的显著性

表2显示养殖循环水流量和功率对植物栽培系统净化效果的影响。在植物栽培床水深不变的情况下，循环水流量确定了养鱼水在栽培床上滞留时间。流量越大，滞留时间越小，DO含量上升幅度和NH$_4^+$–N含量下降幅度也越小；由于参与循环的水量较大，故流经1层莴苣和3层红萍组成的单个植物栽培层架后，系统增O$_2$总量和NH$_4^+$–N去除总量也较大。循环水流量试验得知，75 mL·s^{-1}和100 mL·s^{-1}流量处理中，单个栽培层架的系统增O$_2$总量和NH$_4^+$–N去除总量均较大。但是，大流量需要大功率，所以单位能耗增O$_2$量和单位能耗NH$_4^+$–N去除量均较低，不符合节能要求。25 mL·s^{-1}流量处理中，虽然流经植物养鱼水的DO含量上升了3.85 mg·L^{-1}，但单个栽培层架的系统增O$_2$总量仅346.5 mg·h^{-1}，难以满足鱼类在高密度养殖状况下对DO的需求；同理，虽然养鱼水的NH$_4^+$–N含量下降了5.55 mg·L^{-1}，但单个栽培层架的系统NH$_4^+$–N去除总量仅499.5 mg·h^{-1}，无法吸收足够量的NH$_4^+$–N。50 mL·s^{-1}流量处理中，DO含量上升2.80 mg·L^{-1}，单个栽培层架的系统增O$_2$总量为504.0 mg·h^{-1}，比25 mL·s^{-1}流量处理的提高45.5%；NH$_4^+$–N含量下降3.82 mg·L^{-1}，系统NH$_4^+$–N去除总量687.6 mg·h^{-1}，比25 mL·s^{-1}流量处理的提高37.6%。因此，当养殖循环水流量控制为50 mL·s^{-1}时，植物栽培系统将发挥了良好的净化功能，通过实际运行，也证明了该流量足以维持系统稳定的水质，满足鱼类正常摄食和生长的需求。

3 结论与讨论

3.1 结 论

在新食物链生态系统中利用不同流量的循环水流经种有莴苣和红萍的栽培层架后，循环水体中的溶解氧（DO）上升，铵态氮（NH$_4^+$–N）含量下降，流经各单层红萍的效果明显优于流经单层莴苣，水样中DO含量的上升幅度为0.76～0.96 mg·L^{-1}，铵态氮（NH$_4^+$–

N）含量的下降幅度为 0.94 ~ 1.19 mg·L^{-1}，分别是流经单层莴苣的 5.07 ~ 6.40 倍和 1.71 ~ 2.16 倍。流量越小，增氧和除铵效果越好，但针对整个系统而言，考虑处理速率和能耗，当养殖循环水流量控制在 50 mL·s^{-1} 时，流经 1 层莴苣和 3 层红萍组成的单个植物栽培床后，DO 含量上升了 2.80 mg·L^{-1}，系统增 O$_2$ 总量为 504.0 mg·h^{-1}；NH$_4^+$–N 含量下降了 3.82 mg·L^{-1}，系统 NH$_4^+$–N 去除总量为 687.6 mg·h^{-1}，综合效果最好。

3.2 讨 论

（1）红萍是新食物链生态系统中关键生物部件，通过增氧和吸氨，维持系统水环境。首先，红萍可以多层栽培，绿色面积很大，生长繁殖速度快，含氮量高，可以作为水产养殖的饵料，实现新食物链生态系统的物质循环。其次，试验证明红萍增氧与去除氨氮的效果明显优于系统内其他绿色植物。据报道，红萍叶腔中共生着一种固氮蓝藻，能够将大气中的氨气转化为植物体可吸收的氨类物质[9—10]，可见，红萍自身存在吸氨的优势。此外，红萍活体对重金属有很强的富集离子能力，干萍体对重金属元素具有强烈的吸附作用，并能将硒盐转化为挥发态硒，有超强的植物萃取能力[9]。第三，红萍在生长繁殖过程中能形成发达的根系，该根系好像一个庞大的"生物滤网"，滤网表面形成的生物膜可以将鱼体的排泄物分解为二氧化碳、氨、碳酸盐、磷酸盐等简单化合物。因此，红萍具备降解有机污染物的能力和维护水体平衡的功效，对水质的改善起到积极作用，是净化水产养殖水体的良好材料[11,18—20]。

（2）新食物链生态系统是一种生态高值农业产业模式，解决了高密度集约化水产养殖的两个瓶颈：水体中 NH$_4^+$–N 含量升高和 DO 含量下降。试验结果显示，只要控制好流经植物栽培床养殖循环水的流量，植物栽培系统将发挥了良好的净化功能，以确保鱼类养殖水体的循环使用。常规解决瓶颈问题的方法是流水养鱼或设施增氧或化学增氧。流水养鱼需要大量换水，既浪费水资源，又容易造成环境污染。设施增氧或化学增氧，只能短暂性提高水体中 DO 含量，却无法抑制水体中 NH$_4^+$–N 含量持续升高的趋势。新食物链生态系统中循环养殖水通过红萍等植物培养层架后，NH$_4^+$–N 有明显的去除；更重要的是，红萍在吸收水体 NH$_4^+$–N 过程中，还提高了水体中溶氧量，同时解决上述的两个瓶颈问题，并从真正意义上实现水产养殖污水零排放。

参考文献

[1] 徐皓，张建华. 我国水产养殖工程学科发展报告（2007—2008）[J]. 渔业现代化，2009，36（3）：1–6.

[2] 潘厚军. 水处理技术在水产养殖中的应用[J]. 水产科技情报，2001，28（2）：68–70.

[3] 刘长发，綦志仁，何洁，等. 环境友好的水产养殖业：零污水排放循环水产养殖业系统[J]. 大连水产学院学报，2002，17（3）：22–26.

[4] 陈敏，陆培基，卞祖良. 生态型多层养鳖装置的试验研究[J]. 农业工程学报，2001，17（5）：92–94.

[5] 何玉明，王维善，周凤建，等. 生态型循环水处理系统在工厂化养鱼中的应用

研究 [J]. 渔业现代化, 2006, (5): 9 – 11, 14.

[6] 陈敏, 邓素芳, 杨有泉. 受控密闭舱内红萍载人供氧特性 [J]. 农业工程学, 2009, 25 (5): 313 – 316.

[7] Form C, Chen J, Tancioni L, et al. Evaluation of the fern Azolla for growth. nitrogen and phosphorus removal from wastewater [J]. Water Research, 2001, 35 (6): 1592 – 1598.

[8] Zhao M, Duncan JR. Removal and recovery of nicked from aqueous solution and electro – plating rinse effluent using Azolla filiculiodes [J]. Process Biochemistry, 1998, 33 (3): 249 – 255.

[9] 陈坚, 金桂英, 唐龙飞. 红萍在植物治污方面的应用研究进展 [J]. 环境污染治理技术与设备, 2002, 3 (4): 74 – 77.

[10] Shiomi N, Kitoh S. Use of Azolla as a decontaminant in sewage treatment [M]. In Azolla utilization Manila Philippines: International Rice Research Institute, 1987, 169 – 176.

[11] 陈敏, 刘中柱, 卞祖良. 高密度水产养殖自控生态大棚的水质净化技术 [J]. 农业工程学报, 2002, 18 (6): 95 – 97.

[12] 谭洪新, 刘艳红, 朱学宝, 等. 闭合循环水产养殖—植物水栽培综合生产系统的工艺设计及运行效果 [J]. 水产学报, 2004, 28 (6): 689 – 694.

[13] Coveney MF, Stites DL, Lowe EF, et al. Nutrient removal from eutrophic lake water by wetland filtration [J]. Ecological Engineering, 2002, 19: 141 – 159.

[14] 陈敏, 刘润东, 杨有泉, 等. 红萍湿养栽培供 O_2 装置研制 [J]. 空间科学学报, 2010, 30 (2): 185 – 192.

[15] 罗国芝, 谭洪新, 朱学宝. 闭合循环水产养殖车间水处理核心单元的处理效率 [J]. 大连水产学院学报, 2008, 23 (1): 68 – 72.

[16] 梁称福, 陈正法, 李文祥, 等. 南方温室内空气循环式蓄热除湿系统的冷凝、蓄热与除湿效应 [J]. 中国农业气象, 2009, 3: 343 – 349.

[17] 刘海军, 黄冠华, Josef Tanny, 等. 网室内小气候要素的变化规律 [J]. 中国农业气象, 2009, 1: 54 – 59.

[18] 李科德, 胡正嘉. 芦苇床系统净化污水的机理 [J]. 中国环境科学, 1995 (02): 140 – 144.

[19] Scheible OK, Mulbarger M, Sutton P, et al. Manual: Nitrogen Control. Environmental Protection Agency, Cincinnati, OH (United States), EPA/625/R – 93/010. 1993, 6.

[20] Parker, Denny S. Process Design Manual for Nitrogen Control. United States Environmental Protection Agency, 1975, 34.

【原文发表于《中国农业气象》, 2011, 32 (1): 41 – 45, 由邓素芳重新整理】

第六章

红萍的其他应用

4种红萍周年喂养草鱼和尼罗罗非鱼的适口性研究

黄毅斌　柯碧南　李桂芬

（福建省农业科学院红萍研究中心，福州 350013）

摘　要： 4种红萍喂养尼罗罗非鱼和草鱼的结果表明，一年四季的最佳红萍品种为：春季卡洲萍，夏季卡洲萍和羽叶萍，秋季羽叶萍，冬季细绿萍。而且红萍体内的蛋白质含量越高，纤维含量越低，其适口性越好。

关键词： 红萍；草鱼；尼罗罗非鱼；青饲料；适口性

红萍，又名满江红，是由蕨藻组成的生物固氮共生体，具有生长迅速，适应性广，营养丰富的特点，是一种优良的水生饲料。近年，红萍作为鱼的饵料，广泛适用于池溏养鱼和稻萍鱼体系中。但不同红萍品种的适宜生长季节不同，其喂鱼的效果也相差很大，因此，摸清不同季节养鱼的最佳红萍品种，为周年萍种搭配提供依据，是稻田养鱼和池塘养鱼获高产的关键技术。本试验以能够周年生长或某一季节有生长优势的4种红萍和全国推广面积较大又能以红萍为主食的草鱼和罗非鱼为对象，探讨红萍周年养鱼的适口性。

1　材料与方法

1.1　实验场所

在福建省农业科学院红萍研究中心的网室水泥池中进行试验，池长 175 cm、宽 138 cm、高 109 cm、水深 50 cm。池内套入同样大小的网箱以便每月测定鱼体重，每池内各放 4 个浮框，以限定 4 种红萍的浮动，防止混杂。

1.2　浮框

为直径 38 cm、高 12 cm 的铁丝框架，周围用塑料布密封，并系上 4 块泡沫，使浮框可浮出水面 6 cm。

1.3　红萍品种

选用细绿萍（*Azolla filiculoides*）、卡洲萍（*A. caroliana*）、羽叶萍（*A. pinnata var. imbricata*）和小叶萍（*A. microphylla*）。除细绿萍因 7—10 月无法自然越夏，不参加周年试验，其余均参加全年试验。

1.4　鱼种

为尼罗罗非鱼（*Tilapianilotica*）和草鱼（*Ctenopharyngodon idellus*）。因不同月份鱼的食萍量不同，故放鱼尾数不固定。草鱼进行全年试验，尼罗罗非鱼因不能自然越冬，故只进行5—11月的试验。

1.5　测定方法

实验在每月中旬进行8 d测定，每月放萍1次，随机在4个浮框中各定量放入1种红萍，第2 d测定余萍量以计算各种红萍的消耗量。每月实验前称取各池之鱼体重。实验设3次重复。

1.6　蛋白质分析

用凯氏法，粗纤维用索氏法。

2　结果与分析

2.1　不同萍种周年养鱼的适口性变化

结果表明，草鱼和尼罗罗非鱼对4种红萍的周年选择食性表现一致（表1）。4个红萍品种对3种鱼而言，在1、6、12月以细绿萍的适口性最好，2—5月及11月以卡洲萍最好，7—10月以羽叶萍最好，而小叶萍除7月稍好外，一年四季均不适于鱼的胃口。另外，鱼对各种红萍的摄食量随温度的变化而变化。12—4月，因水温低，鱼的摄食能力下降，其摄食量少，4种红萍的差异不大。食萍量最大的期间是7—10月，此时草鱼对羽叶萍的摄食量达体重的49.6% ~65.3%；尼罗罗非鱼达其体重的27.3% ~48.9%。而同时，在羽叶萍存在的情况下，草鱼对卡洲萍的食量为体重的4.9% ~12.2%，罗非鱼为1.4% ~5.0%。因此不难看出红萍品种的差异对鱼类生长的影响。另外，7—10月罗非鱼的总食萍量是其体重的28.9% ~54.2%，草鱼则高达60.9% ~87.1%，这从另一侧面反映了红萍在稻萍鱼体系中的作用。

表1　不同月份草鱼、尼罗罗非鱼对4种红萍摄食量与鱼体重的百分比

（鲜重%）

鱼种	红萍品种	时间（月份）											
		1	2	3	4	5	6	7	8	9	10	11	12
尼罗	细绿萍					3.3	18.7					2.1	
	卡洲萍					26.0	3.0	3.1	5.0	1.4	2.1	17.3	
罗非鱼	羽叶萍					4.1	12.1	33.9	48.9	27.3	33.5	2.7	
	小叶萍					0.7	110	5.6	0.3	0.2	0.9	1.7	

（续表）

鱼种	红萍品种	时间（月份）										
		1	2	3	4	5	6	7	8	9	10	11	12
草鱼	细绿萍	21.2	1.4	1.2	2.6	5.6	30.0					3.9	8.2
	卡洲萍	2.0	3.2	3.7	8.8	25.0	4.6	6.0	9.8	12.2	4.9	29.0	2.4
	羽叶萍	1.5	0.1	0.2	1.2	5.9	12.0	65.3	63.1	49.6	54.5	2.1	1.9
	小叶萍	1.6	0.3	0.6	2.7	2.0	1.1	25.8	1.8	1.6	1.5	0.9	2.3
日平均气温（℃）		11.1	13.8	10.0	20.7	27.4	24.2	29.1	30.1	24.6	24.9	16.4	8.7

2.2 红萍体内营养成分对其适口性的影响

1月和10月两次取样化验的结果表明，红萍的适口性与其体内营养物质的含量有密切的关系，即鱼最喜欢摄食蛋白质含量高、纤维素含量低的红萍品种（表2）。1月份细绿萍的蛋白质含量最高，所以适口性最好，而且此时蛋白质由高到低的顺序为细绿萍＞卡洲萍＞羽叶萍＞小叶萍，恰好与萍种的适口性趋势相吻合。而10月份羽叶萍的蛋白质含量最高，所以其适口性最好，而小叶萍尽管蛋白质含量略高于卡洲萍，但其纤维素含量最高，表现为萍体粗糙，所以适口性最差。

表2 不同时间4种红萍体内蛋白质和粗纤维含量

时间（月）	成分（干重%）	卡洲萍	羽叶萍	小叶萍	细绿萍
1	粗蛋白	14.9	13.4	12.5	20.2
10	粗蛋白	20.6	25.5	21.0	
	粗纤维	8.5	8.8	11.7	

3 小 结

周年试验的结果表明，周年养鱼的最佳红萍品种搭配应是：冬季用细绿萍，春季用卡洲萍，夏季用卡洲萍和羽叶萍，秋季用羽叶萍。

参考文献

［1］ 中国科学院南京土壤研究所．土壤理化分析［M］．上海：上海科学出版社．1978.
［2］ 刘中柱，郑伟文．中国满江红［M］．北京：中国农业出版社．1989.
［3］ 黄毅斌．红萍在稻萍鱼体系中的部分作用研究［J］．福建农业科技，1991（4）：8–10.
［4］ 柯碧南，李桂芬，黄毅斌．尼罗罗非鱼摄取红萍与消化率的研究［J］．福建农

业科技，1986（4）.

[5]　柯碧南，黄毅斌. 稻，萍，鱼模式研究结果简述 [J]. 淡水渔业，1991，（1）：35－37.

[6]　陈炳焕，翁伯琦，唐建阳，等. 鱼类利用红萍氮的示踪法研究 [J]. 淡水渔业，1986，（2）：16－18.

【原文发表于《中国农学通报》，1995，11（2）：21－23，由邓素芳重新整理】

尼罗罗非鱼摄取红萍与消化率的研究

柯碧南　李桂芬　黄毅试

（福建省农业科学院，福州 350013）

为了探讨红萍饵料养鱼的营养价值及效果，我们进行了不同温度下尼罗罗非鱼对红萍的摄取量和营养成分的消化率测定，为稻、萍、鱼相互关系提供依据，现将试验结果阐述如下。

1　内容和方法

1.1　尼罗罗非鱼摄取红萍量

7—9 月，每月在 10 ~ 16 d，于每天早上 8 时投入定量红萍（第 1 d 等于鱼体重，第 2 d 为鱼体重量的 50%），两天测定 1 次余萍，同时于每天 8 时、14 时、20 时测定试区的气温、水温。

1.2　尼罗罗非鱼日摄取红萍量的规律

于 9 月 4 日上午 6 时开始，每 2 h 投入定量红萍（鱼体重量的 15%），2 h 后测定余萍，再投入定量的红萍，测定 24 h，并于 8 时、14 时、20 时测定气温、水温。

1.3　尼罗罗非鱼摄取红萍的消化率测定

将饵料本身不溶于酸的惰性物质（即灰分）当作"内源指示剂"，作为尼罗罗非鱼摄取红萍消化率的评定方法，试验开始前数天（5 d 以上）把鱼放入特定水泥池预养，并投萍饲喂，使鱼适应新的环境。至试验前两天，把试验鱼分别放入水质清新的试验池内，停喂红萍饵料，使鱼处在饥饿状态。试验当天上午 7 时投入鱼体重量 20% 的红萍，经 2 h 摄取后，捞取余萍称重，记载摄取量，然后用虹吸法及时收集尼罗罗非鱼排出的完整粪便，按"内源指示剂法"操作程序处理分析。利用 835 型氨基酸自动分析仪测定红萍与鱼粪便中 17 种氨基酸含量。

以上摄取红萍量测定试验，均在本所进行。模拟养鱼稻田，试验设 3 次重复，小区面积 14m²，每小区放鱼 5 尾。罗非鱼 1 d 里摄取红萍量测定在网室水泥池进行，面积 2.2 m²，水深 50 cm，设三次重复，每池放鱼 10 尾。

尼罗罗非鱼摄取红萍的消化率测定，在网室水泥池进行，测定 3 次，第 1 次为预备性试验，供试鱼平均重量 38 ~ 46 g，红萍以覆瓦状满江红〔A. imbricata（ROXb）Nakai〕。

2 结果与讨论

2.1 尼罗罗非鱼对红萍的摄取量

尼罗罗非鱼是热带鱼种，平均水温稳定在12℃以上便能正常生长，25～34℃生长最快。1984 年夏季，连续 6 d（11～16/7）中午水温达 39～39.5℃，仍能正常生长。

表1　7—9 月份尼罗罗非鱼摄取红萍量

月份	平均气温（℃）	平均水温（℃）	摄取量/鱼重量（%）	鱼平均重（g）
7	30.8	32.9	44.8	39
8	25.5	30.7	48.2	43
9	24.3	26.5	51.2	46

试验表明，尼罗罗非鱼在夏秋期间（7—9 月），每天摄取红萍量为鱼体重量的 50% 左右。也是鱼体增重最快时期，每尾每天平均增重 0.7～1.3 g。

尼罗罗非鱼（见表 1）在 1 d24 h 都能不断地摄取红萍饵料。摄取高峰在上午 8～10 时，占日总量的 24%～26%，平均每小时为 6%～6.3%。11～22 时，摄取量占日粮量的 48%～54%，平均每小时为 4%～4.5%。23 时至翌晨 6 时摄取量更低，占日粮量的 16%～20%，平均每小时为 2%～2.5%。（见图 1）

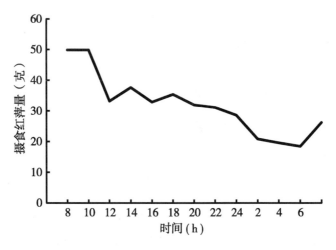

平均气温 25.8℃，水温 25℃；供试 30 尾，鱼重 45.5 g/尾
图1　尼罗罗非鱼日摄食红萍量

尼罗罗非鱼 1 d 里摄取红萍量是鱼体重量的 80.7%，比同时在田间测定摄取红萍量 51.2%，高 29.5%。这说明尼罗罗非鱼在田间还有摄取水中浮游生物及未被尼罗罗非鱼摄取的红萍在田间增殖的结果。

2.2　尼罗罗非鱼摄取红萍的消化率

尼罗罗非鱼摄取红萍后，究竟有多少植物性蛋白转化为鱼体蛋白，排出粪便对水稻的营养又如何？为此，引用"内源指示剂"作为测定方法，将测定结果中鱼摄取和消化饲料的各种营养物质，与其未被吸收后的营养与惰性物质的含量之间所构成的比例来求出消化率。

经测定覆瓦状满江红鲜萍烘干率5.42%，干萍粗蛋白含量为22.63%，消化率为59%左右（见表2）。

表2　尼罗罗非鱼摄取红萍的消化率测定

时间 （日/月）	水温 （℃）	鱼数 （尾）	鱼规格 （g）	摄取量 （g）	摄取量/鱼重 （%）	消化率 （%）
16/9	24.6	20	45.7	92.5	10.6	59.67
24/9	25.5	42	45.5	257.0	13.4	59.25

为了进一步探讨尼罗罗非鱼对于植物性蛋白质的消化率，在测定总消化率的同时，另取鲜萍与粪便样品进行氨基酸测定。结果表明，红萍内全氨基酸含量为28.86%，鱼粪便的氨基酸含量为11.13%，总消化率为58.58%（见表3），可见氨基酸测定结果和"内源指示剂法"测定结果，其消化率基本上是一致的。

表3　尼罗罗非鱼摄取红萍与排出粪便氨基酸测定（1984.9）

（单位：%）

名称	红萍	鱼类	消化率
天门冬氨酸	2.702 4	1.030 4	61.87
苏氨酸	1.237 8	0.566 9	54.20
丝氨酸	1.303 5	0.522 9	59.88
谷氨酸	3.681 1	1.118 6	69.61
脯氨酸	0.744 3	0.475 7	36.09
甘氨酸	1.335 4	0.644 8	53.46
丙氨酸	1.986 6	1.119 1	43.63
胱氨酸	0.540 4	0.426 7	21.04
缬草氨酸	2.373 3	0.777 4	67.24
甲硫氨酸	0.669 0	0.688 3	-2.88
异亮氨酸	1.021 7	0.411 7	59.70
亮氨酸	2.126 4	0.741 1	65.15
酪氨酸	1.579 7	0.628 7	60.20
苯丙氨酸	2.143 7	0.658 3	69.29
赖氨酸	1.329 5	0.481 2	63.81
组氨酸	0.530 8	0.257 8	51.43
精氨酸	1.506 6	0.576 0	61.77
合计	26.861 2	11.125 6	58.58

3 小 结

尼罗罗非鱼摄取红萍量，在福州气候条件下，日食量随气温增高而增加，6月份摄取量只有鱼体重的10%~20%，7—8月份接近50%，9月份超过50%，最高达80.7%。罗非鱼摄取红萍干物质总消化率为58%~59%，有41%~42%未利用的饵料随粪便排入水体，从而增进了稻田肥力。

稻田养鱼，以萍喂鱼，鱼粪肥田，三者在水田生态系统中共生互利，而红萍在稻萍鱼体系起着促进和协调作用，红萍是尼罗罗非鱼等杂食性、草食性鱼类很好的一种天然饵料。

【原文发表于《福建农业科技》，1986（4）：23-24，由王俊重新宏整理】

鱼类利用红萍氮的示踪法研究

陈炳焕　翁伯琦　唐建阳　张伟光　刘中柱

（福建省农业科学院红萍研究中心，福州 350013）

稻田养鱼已有悠久的历史，它不仅能增加水稻产量，而且还能为人们提供动物蛋白，经济效益显著。新近建立的稻、萍、鱼共生结构促进和协调了稻田良好的生态体系。红萍固氮效率高，多年来一直被人们视为稻田良好的生物肥料，但红萍直接翻压作肥料，氮素利用率不高，一般只有 20%~24%. 况且萍体富含植物蛋白，大约占物质干重的 26%。红萍作为鱼类的饵料，让其氮素多次利用，提高养萍效益。本试验旨在探明萍、鱼、稻之间的供氮和耗氮关系，就此我们应用了 ^{15}N 同位素的示踪技术，研究红萍氮在鱼体中消化、吸收、输送与排泄过程，以此确定鱼类对红萍氮的消化率，了解植物蛋白向动物蛋白的转化效率，为完善稻、萍、鱼共生结构的理论提供科学依据。

1　材料与方法

供试鱼选体重为 40~70 g 的尼罗罗非鱼；用满江红（*Azolla imbricata*）作饵料。

饲养前，红萍先用 ^{15}N 同位素标记。^{15}N 示踪剂分两种：试验周期为 18 小时的选用 ^{15}N 丰度 95% 的硫酸铵；试验周期为 96 h 的则用丰度 10% 的尿素。用以上的同位素作 N 源，配制 N 浓度为 20 mg/kg 的 IRRI—红萍培养液，在网室的水泥池中养殖红萍。培养周期为 7 d，在这期间红萍增殖一倍，^{15}N 已均匀地分布于红萍的各个组织中。试验期为 18 h 的仅投放一次红萍，^{15}N 丰度为 31.477 ^{15}N 原子%；试验期为 96 h 的分 3 次投萍，^{15}N 丰度分别为 5.356%，4.878% 和 4.422%。

鱼养在特别的柱型容器中，剖面半径为 50 cm，水深 70 cm。容器底设有栅栏结构，让沉入底部的鱼粪避免被游动的鱼所捣碎，便于更完整地收集所排出的粪便。每隔半天收集 1 次粪便，测定半天内鱼粪便浸泡过程中氮的损失，求出损失系数。

完成试验周期时，将活鱼捞起，立即用乙醇麻醉，剖开腹腔，把鱼的各组织器官分开（将消化道中的残留食物用灌洗法排出胃肠道），分别称重、消化、蒸馏和测定含 N 量，并制成 ^{15}N 样品进行质谱分析（用美国 Finnigon MAT Deltn E 质谱分析仪分析 ^{15}N 丰度）。用以下公式计算 ^{15}N 的回收率：

$$\%\,^{15}N\ 回收 = \frac{N\ 鱼 \times {}^{15}N\ 原子\%\ 超}{N\ 萍 \times {}^{15}N\ 原子\%\ 超}$$

2　结果与讨论

鱼摄食之后，饲料中的养分是如何吸收、输送和排泄的问题是我们所关切的。^{15}N 示踪法正好有这样一个优点，能正确地指示出 N 素的转化过程。

我们根据组织和器官中¹⁵N 丰度的高低来判别它对养分的吸收和积累速度，同时也可以通过研究器官中的¹⁵N 含量的变化情况来判断养分的输送过程。

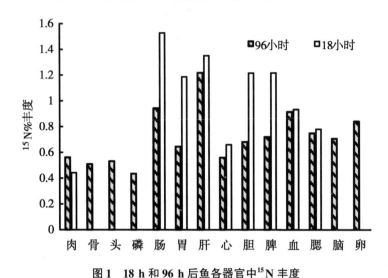

图 1　18 h 和 96 h 后鱼各器官中¹⁵N 丰度

图 1 是鱼体各器官中¹⁵N 的丰度，从图可以看到内脏器官¹⁵N 丰度最高，可见内脏器官吸收和累积的速度最快，其中最突出的是肠道组织¹⁵N 丰度最高。

从图 1 不同时间内器官中¹⁵N 丰度的变化可以看出养分的输送问题，尽管这两期试验所投放红萍的¹⁵N 丰度不同，不能进行直接的比较，但是可以看出器官在不同时期内¹⁵N 丰度的变化是有规律的，从总的趋势来看，随着喂食后时间的延续，内脏器官的¹⁵N 丰度下降，而肌肉组织的¹⁵N 丰度上升，这种现象指出¹⁵N 的养分不断地从内脏器官枪送到机体的其他器官中去。

我们进一步研究各器官在不同时间内¹⁵N 含量的变化，可以更准确地证实养分的输送情况。

表 1 为鱼体各器官的¹⁵N 回收率，从表中数据可以看出，随着摄食后时间的延长，内脏器官的¹⁵N 积累量减少，在 18 h 到 96 h 之间，肠道的¹⁵N 回收率从 10.3% 下降到 0.97%，胃组织由 1.64% 下降到 0.24%，肝脏由 2.36% 下降到 0.68%，其他的内脏器官也有类似的现象。肌肉组织的¹⁵N 回收率恰好相反，前期的回收率仅为 6.48%，而后期却提高到 16.05%。从以上的数据可以说明鱼体的内脏器官从食物中吸收来的养分不断地输送到肌肉、骨骼等器官中去。

表 1　鱼各器官对红萍¹⁵N 的回收率

试验周期	骨	头	肉	磷	鳍	卵	肠	胃	肝	心	血	脾	胆	腮
18（h）			6.34 ± 1.08				10.30 ± 3.45	1.64 ± 0.80	2.36 ± 0.80	0.064 ± 0.017	0.455 ± 0.329	0.28 ± 0.22	0.219 ± 0.079	2.96 ± 0.50

（续表）

试验周期	骨	头	肉	磷	鳍	卵	肠	胃	肝	心	血	脾	胆	腮
96（h）	3.22 ± 0.10	3.74 ± 0.08	16.05 ± 1.17	0.65	0.05 ± 0.03	1.31 ± 1.08	0.97 ± 0.51	0.24 ± 0.21	0.68 ± 0.11	0.035 ± 0.007	0.60 ± 0.14	0.06	0.24 ± 0.23	1.35

  鱼体的^{15}N 回收率也是组织器官代谢强度的一种指标，例如卵组织的重量仅占鱼体总重量的4%，而回收率为1.31%；肌肉的重量占鱼重的31.4%，回收率为16.05%，如果以重量为单位计算回收^{15}N 的能力，卵组织的吸收力是肌肉组织的2.3 倍，可见卵组织的代谢活性要比肌肉组织旺盛，以此方法推算，肌肉代谢强度高于骨骼，骨骼高于鳞片。

  我们对尼罗罗非鱼进行了4 d 的饲养试验，从4 d 代谢的平衡结果看，鱼体累积的 N 素占饲养萍总 N 的30%左右，用这种利用率计算鱼体的增长速度，可以进一步了解红萍的营养效果。

  假设放养的鱼种为100 g，通常情况下消耗萍量为鱼重的50%（即50 g 鲜萍），红萍的含 N 量为0.3%，活鱼的含 N 量为30%，鱼的日增长率 $K = \dfrac{\text{萍重} \times \text{含 N 量} \times \text{鱼的利用率}}{\text{鱼含 N 量}} = \dfrac{50 \times 0.3\% \times 30\%}{3\%} = 1.5$（g/日）。日增长率为1.5 g 的速度，符合柯碧南等人（1984）的田间测产结果。

  要弄清鱼的消化能力，研究它的排泄作用是很重要的。由于鱼生活于水中，要完整地收集它的排泄物是十分困难的，因此只能从鱼的粪与食物之间的关系来研究排泄作用。在研究这种关系上，首先要弄清楚鱼粪 N 素的来源问题，是全部来自未消化的萍体残渣，或者有其他的来源，^{15}N 示踪验证法可以回答这个问题。

  图2 是分期收集96 h 内的鱼粪，其中最高的^{15}N 丰度为3.834%，最低是2.135%，都远低于红萍的^{15}N 丰度，这是因为鱼粪中的萍体残渣被鱼消化道的分泌物、胃肠道的脱落细胞等含 N 物所稀释而致。由此可见，鱼粪 N 素不仅来自未消化的萍体残渣，也有来自鱼消化系统的排泄物。

  图中的鱼粪^{15}N 丰度在鱼排泄过程的不同时期内，其值是不一样的，但有一定的规律，即前期和后期低而中期高。通过同位素稀释方程的计算，发现鱼在排粪过程中，各个阶段胃肠的排出物的数量是不相同的，所以食物残渣中的^{15}N 被稀释程度也不一样。在空腹和半饱食的情况下，消化道的分泌物所占的比例大，^{15}N 丰度降低。而在饱食的情况下，消化道分泌物所占的比例下降，所以鱼粪中的^{15}N 丰度提高，这种现象可以推测出在大量摄食时，食物的消化率会降低，而在半饱半饥的情况下，消化率会提高。所以要准确地测定鱼的消化率，一定要掌握鱼的正常饱食的程度。

  通过^{15}N 的稀释法，可以计算出鱼粪的 N 素多少是来自食物残渣，多少是来自消化系统的排出物。表2 为鱼粪中的^{15}N 回收。表中数据告诉我们有两组比值：一种是鱼粪 N 与食物 N 的比，另一种是未消化的食物残渣的 N 与食物 N 的比，这两种比值大不一样。我们做过鱼粪的浸泡损失试验，半天内的 N 素释放率为6.0%，鱼粪经矫正后，粪 N 与食物 N 之比大约为30%。而食物残渣 N 仅占粪 N 的一半。由此可见简单地用粪 N 与食物 N 之比来求

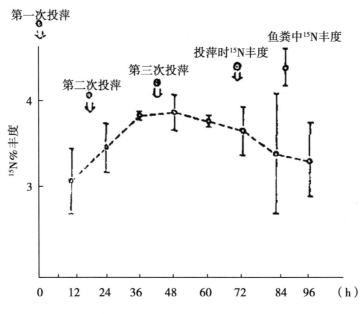

图 2　鱼排粪过程中 ^{15}N 丰度的变化动态

鱼的消化率是不精确的。

表 2　鱼粪中的 N 与饵料 N 的关系

试验周期	红萍全 N	红萍 N×^{15}N 原子% 超	鱼类全 N	鱼粪 N/红萍 N	鱼粪来自红萍的 N 素
18（h）	13.07	406.62	3.89 ± 1.03	29.8	14.429 ± 3.878
96（h）	453	2094.3	122.11 ± 24.57	27.0	17.580 ± 5.996

综上所述，鱼在稻、萍、鱼体系中，不仅把未消化的残渣排泄水中，增加土壤的 N 粪来源，而且在排粪过程中，把消化道分泌的消化液、黏液和脱落细胞也随着残渣排到水里。除此之外，鱼还有多种排泄途径，能大量地排泄代谢产物。鱼的这些排泄物中，其大部分是可溶性的 N 素，有的可被水稻直接利用，所以鱼在稻、萍、鱼系统中起着积极的协调作用，促进三者之间的良好生态体系。

3　小　结

3.1　用 ^{15}N 同位素标记过的红萍作为饲料，能够追踪鱼的消化、吸收、排泄和养分的输送过程。

3.2　通过 4 d 的试验，鱼机体中所积累的养分约占投放红萍全 N 的 30%。采用这种利用率推测出的鱼日增长速率，其结果符合于田间的测产结果。

3.3　鱼所排泄的粪便 N 素，其中来自未消化的红萍残渣占 50%，另一半来自消化系统的排出物。

【原文发表于《淡水渔业》，1986，02：16－18，由王俊宏重新整理】

红萍作为鱼饲料的利用效果

林忠华

（福建省农业科学院红萍研究中心，福州 350013）

红萍作为绿肥在培养地力、减少水田污染、改善土壤生态环境等方面曾经发挥过显著的效果。近年来，红萍以其蛋白质含量高、品质优良、适口性好、个体大小适中、不需切碎加工等特点，在农牧渔业上作为鱼饲（饵）料，使其应用价值提高到新的水平。

1 红萍的营养状况

根据红萍研究中心分析（表 1），红萍富含蛋白质和动物生长所必需的 10 种氨基酸，且矿物质元素丰富，尤其是 Fe 、Na、Mn，作为饲（饵）料也是很好的矿物质来源。

表 1 回交萍 3 号粗蛋白与矿物质含量

粗蛋白	粗纤维	木质素	中量元素含量						微量元素含量（ug/g）		
			P_2O_5	K_2O	Ca	Mg	Fe	Na	Zn	Mn	Cu
27.19	8.06	43.64	0.529	2.000	0.610	0.312	0.320	1.033	438	321	12.00

2 不同鱼类对红萍的消耗

表 2 可见，有养萍作为鱼饵料的试验小区，其鱼重比不养萍区有较明显增加，但不同鱼种的耗萍量是不同的，草鱼日耗萍量大于尼罗罗非鱼，而鲤鱼摄萍量最小，以 3 种鱼混养的耗萍量最大。如果在早稻插秧前或插后 10 d 亩放萍母 150 kg. 至晚季收鱼前可生产红萍 0.5万 kg 左右，以此供作鱼饵料能产鲜鱼约 100 kg，这就大大提高了稻田养鱼的经济效益，也是红萍多功能利用的一种新途径。

表 2 三种鱼与耗萍量

鱼种	处理	鱼体始重（g/尾）	总耗萍量（kg）	鱼体终重（g/尾）	日耗萍量（g/尾）	日增重（g/尾）	增长（%）	每千克鱼重需萍量（kg）
罗非鱼	养萍	54.1	10.0	87.5	43.9	0.88	66	49.8
	不养萍	48.9	—	70.0	—	0.53	—	—

（续表）

鱼种	处理	鱼体始重（g/尾）	总耗萍量（kg）	鱼体终重（g/尾）	日耗萍量（g/尾）	日增重（g/尾）	增长（%）	每千克鱼重需萍量（kg）
鲤鱼	养萍	52.9	1.1	100.0	4.6	1.24	25	
	不养萍	37.4	—	75.0	—	0.99	—	
草鱼	养萍	119.2	10.6	150.0	46.7	0.81	65	57.7
	不养萍	106.4	—	125.0	—	0.43	—	—
三种鱼混养	养萍	72.3	11.4	100.0	50.0	0.73	74	68.5
	不养萍	79.0	—	95.0	—	0.42	—	—

注：小区面积24尺²，每区放尾6尾，试验自8月9日至9月16日

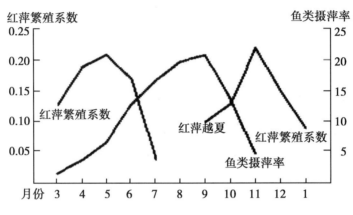

图1　红萍繁殖系数与鱼类摄萍率关系

3　红萍繁殖系数与鱼类摄萍率比较

从图1红萍繁殖系数与鱼类摄萍率多年测定值比较可见，春天鱼小，摄食红萍数量少。正是红萍生长最快的季节，本田红萍是本田鱼所消费不了的；进入夏季，特别是七八月份，由于鱼的增重和气温升高，鱼的食量大增，而盛夏高温抑制了红萍的生长，红萍处于生殖淡季的越夏时节，满足不了鱼类的饵料所需，从而制约了鱼类的生长，影响了鲜鱼的产量。如何解决好红萍作为鱼饵料的供应，关系到稻田养鱼的产出和经济效益的提高。

4　红萍作为鱼饵料的利用效果

1988年的统计数据表明（见表3），在"稻—萍—鱼"高产共生体系内，由于没有做好红萍饵料供应的人工调控，红萍转化鱼体重占总饵料转化之比仅为49.40%，虽然投喂相当数量的青草和少量菜饼、麸皮以弥补红萍饵料的不足，但鲜鱼产量仍然不高、工价报酬低下。1994年，我们选用新品种红萍，采取多萍种混养，使各萍种的特性（耐阴、抗寒、耐热等）得以互补，提高红萍生物量和生殖的有效时间，同时在其生殖旺盛期大量捞萍沤制、青贮或晒干贮存，到红萍生长淡季时加工戚，红萍为主料的配方饵料投喂，并在未养鱼的莲

田不断捞取红萍补充，做好红萍饵料的供应，红萍转化鱼体重占总饵料转化之比上升到85.12%，鲜鱼产量明显提高，经济效益大幅度增长，可见，通过人工调控保持田间长时间有萍和红萍饵料的供应，进行规范化的田间操作与管理，就有可能达到稻田养鱼增产增收的目的。

表3 红萍喂鱼的效果

年份	鲜鱼产量（kg/亩）	鱼种与（鲜鱼比）	红萍投喂量（kg/亩）	红萍转化鱼体重占饵料转化之比（%）	纯收入（元/亩）	产投比
1988年	154.1	1:2.08	2 373	43.40	542.2	2.0
1994年	258.5	1:2.45	7 265	55.12	786.9	2.1

注：①表中数据为大区对比（专家验收结果）三次重复的平均值；②鱼增重的物质来源其饵料系教是小区试验严格测定所得的结果；③用以晒干萍、沤制萍所混合的配方饵科中少量诱食剂增加的鱼重忽略不计；④晒干萍、沤制萍均折算成红萍鲜重统计

5 红萍作为畜禽饲料与鱼饵料效益对比

由于红萍蛋白质含量丰富（1 kg红萍相当于3 kg米糠的蛋白质含量），且具有较丰富的矿物质元素、多维素、抗菌素及添加剂等。

试验结果表明（表4），利用红萍做猪、鸭青饲料，能碱少精饲料25%左右，节约成本20%~30%，鸭产蛋率提高约10%。但从经济效益来看，据福州仓山镇畜牧站资料，每50 kg回交萍3号用于猪创产值6.8元，用于蛋鸭剖产值11.86元，比猪增加74%，用于鱼创产值13.75元，是猪的1倍多。目前，多品种植物红萍作为饲（饵）料的综合利用正沿着生物循环、培养地力和全面开发的方向发展。

表4 红萍喂猪、鸭、鱼的效益对比

试验项目	投放红萍（kg）	增加产品（kg）	每50 kg回交萍效益			以猪为基础效益比（%）	备注
			增加产品（kg）	产品收购量(元/kg)	创产值（元）		
猪	750	15.00	1.40	5.50	6.80	100	湖边齐法水资料
蛋鸭	80	8.65	2.28	5.20	11.86	174	万里肖利昌资料
鱼	20	0.50	1.25	11.00	13.75	202	下连张坤唯资料

【原文发表于《饲料研究》，1997，08：18，24，由王俊宏重新整理】

红萍—福寿螺—革胡子鲶的食物链

黄毅斌　李桂芬　柯碧南

（福建省农业科学院，福州 350013）

随着农村经济的发展，红萍仅作为一种绿肥的应用已适应不了生产的需要，因而红萍作为饲饵料的研究也日益引起人们的重视。红萍（Azolla）具有高产，高蛋白、低脂肪、低纤维的特点，是养鱼的佳饵，福寿螺（Ampullaia gigas Spix）是原产于南美亚马逊河流域的一种大型淡水草食螺类，具有生长迅速，繁殖量大的优点；革胡子鲶（clalias Leather）是近年引进的热带肉食性鱼类，具有食量大生长迅速等特点。鉴于上述的特点，我们应用生态学观点，以红萍为第一性生产者，福寿螺为第 1 级消费者，革胡子鲶为第 2 级消费者，组成红萍—福寿螺—革胡子鲶逐级转化的食物链，探索红萍利用的新途径。

1　方法和材料

实验在本所网室的水泥池中进行。

1.1　实验场地

在长 175 cm，宽 138 cm，高 109 cm，水深 50 cm 的水泥池中套入 4 个各长 85 cm 宽 6 cm，高 100 cm 的小孔网箱，在网箱内进行各种实验。

1.2　红萍品种

采用细绿萍（A. filiculoides）、卡洲萍（A. Caroliniana）、小叶萍（A. microphylla）和中国（莆田）萍（A. imbricata）。

1.3　福寿螺

采用 1985 年夏季繁殖的福寿螺，分 6 g 以下的幼螺和 10 g 以上的成螺两个处理。

1.4　革胡子鲶

采用 1985 年春繁的鱼苗，重量 3 ~ 8 g，平均重量 5.5 g。

1.5　红萍饵料系数的实验

每天按萍种的不同和螺的大小差异投放不同量的红萍，实验以 9 d 或 18 d 为 1 个周期。各为 2 次重复。

1.6　福寿螺喂养革胡子鲶的饵料系数实验

设 2 次重复，每个重复放鱼 3 尾，每天称取定量（鲜重）的福寿螺、用研钵捣碎后投入网箱。实验结束测定革胡子鲶的增重量，同时测定网箱中剩余的螺壳重。

2　结果与分析

2.1　福寿螺的生殖习性

福寿螺，原名大瓶螺（Ampullaragigas Spix），是属于苹果螺科的一种大型淡水螺类。福寿螺乃雌雄异体，交配受精卵生繁殖；螺体左旋，5~17 个螺层。头部有 2 个触角和两根触须，雄生殖器和雌泄殖孔在右后触角的后面，左边有一粗大的肺吸管。雌雄外表形态主要区别在于厣片，雄螺厣片边沿陷入螺足中间外凸，雌螺厣片边沿上翘、中间下凹。养殖时，雌螺生长较雄螺快。

在福州地区，1 对成螺，1 次交配后每隔 5~8 d 产卵 1 次，可连续产卵 4~6 次，一个产卵周期约为 20~25 d。每个产卵周期间隔 10~15 d。产卵时间一般在夜间 8—11 时，产一个卵块约需 3 h，产卵时卵粒从泄殖孔排出后，在斧足背肌微缩的牵动下上移，同时分泌黏液将卵粒胶结成长卵形卵块，产卵位置一般在水面上方 30 cm 高处。每个卵块约有 104~336 个卵粒，孵化率为 45.3%~95.9%。

福寿螺卵的孵化时间随气温的升高而缩短，在 5 月份从产卵到孵化约需 15~17 d，6 月份需 13~15 d，7—9 月气温较高孵化只需 7~10 d，野外 11 月份仍会产卵，12 月份在室温条件下也会产卵。孵化时，幼螺突破卵壳，掉入水中，刚破壳的幼螺呈桃红色，1 d 后变成淡褐色。小螺体型小，对外界适应性差，容易受伤害和敌害，成活率不高。但我们在水泥池特定条件下养殖，成活率可达 90% 以上。一般螺体生长到 5 g 以上（中螺）就不容易死亡。

幼螺养殖 80~100 d，体重达 13 g 以上时即性成熟，便可交配繁殖。

表 1　福寿螺的孵化时间及孵化率

产卵日	孵化日	天数	总卵数	孵化数	孵化率
15/4	8/5	23			
24/5	16/6	21	276	125	45.3
9/6	23/6	14	104	48	46.2
22/6	4/7	12	211	178	84.4
1/9	8/9	7	180	115	63.5
11/9	21/9	10	336	250	74.4
5/10	18/10	13	123	118	95.9
16/10	2/11	17	160	147	86.5

2.2 红萍作为福寿螺饵料的饵料系数

因气温和萍种以及螺体大小的不同，福寿螺的日吃萍量变幅较大，变化在体重的 8.1% ~78.4%。红萍养螺的饵料系数较低。6 g 以下的幼螺其饵料系数为：莆田萍 5.8，卡洲萍 9.4，小叶萍 14.4，细绿萍 12.4，10 g 以上的成螺其饵料系数为：莆田萍 9.6；卡洲萍 15.3，小叶萍 26.1，细绿萍 10.7（表 2）。

表 2　4 种红萍喂养福寿螺的饵料系散　　1985 年

实验时间（日/月）	1 – 9/7	11 – 20/8			12/11 – 9/12	27/8 – 5/9			12/11 – 9/12
红萍品种	莆田萍	莆田萍	卡洲萍	小叶萍	细绿萍	莆田萍	卡洲萍	小叶萍	细绿萍
实验前平均螺重（g）	0.48	5.44	5.42	5.54	1.6	9.97	11.35	9.75	10.65
实验后平均螺重（g）	2.33	10.80	8.75	7.26	2.2	12.75	14.60	10.25	12.2
实验螺总数（个）	121	10	10	10	40	10	10	10	10
螺总增长量（g）	2.24	53.6	33.3	17.2	24	37.8	32.5	5.0	15.5
总食萍量（g）	1200	311	312.5	247.5	298.5	362.0	506.2	130.5	166
日食萍量占螺体重的百分比（%）	78.4	42.6	48.9	32.9	21.8	35.4	43.3	14.4	8.1
饵料系数	5.4	5.8	9.4	14.4	12.4	9.6	15.3	26.1	10.7

注：1. 日吃萍量占螺体重的百分比（%）$= \dfrac{总食萍量 \div 实验天数}{（实验前总螺重 + 实验后总螺重）\div 2} \times 100$

　　2. 饵料系数 $= \dfrac{总食萍量}{螺总增长量}$

由表 2 可见，幼螺的相对食萍量大，饵料系数低，所以生长较成螺为快；成螺生长速度减缓，饵料系数提高，另外，幼螺和成螺的食萍量都以卡洲萍最高、莆田萍次之，小叶萍最低，细绿萍的适宜生长温度低，而低温时福寿螺取食和活动能力下降，所以取食量较少。红萍营养成分的测定结果表明，红萍的适口性和饵料系数取决于其体内的蛋白质的纤维素的含量（表 3）。

表 3　不同红萍品种的粗蛋白、粗纤维含量（干物比）*

萍种 项目	卡洲萍	莆田萍	小叶萍
粗蛋白（%）	20.1	25.5	21.0
粗纤维（%）	8.5	8.8	11.7

* 此结果有本中心红萍资源保存课题组提供，谨此致谢。（化验时间 1985.10）

如表所示，莆田萍的蛋白质含量在 3 种萍中最高，而纤维素含量较低，所以饵料系数最低；卡洲萍的纤维素含量最低，适口性好，螺的取食量最大，但其蛋白质含量较低，所以饵料的利用率不如莆田萍高；小叶萍则为低蛋白高纤维，萍体粗糙，适日性最差，饵料系数最高。当然，不同季节各种萍种的生长状态不一，其营养物质的含量也有一定的变化，应根据生长状态，适当调节养螺的最佳萍种。

由此可见，以红萍作为福寿螺的饵料具有利用率高，转化迅速，成本低的特点，这对于福寿螺养殖业的发展和红萍的高效利用，具有一定的价值。

2.3 福寿螺作为革胡子鲶饵料的饲料系数

福寿螺是贝类动物，其全螺的蛋白质含量成螺为 10.6%，幼螺为 5.6%（鲜重比）。福寿螺的壳重占其体重的 21.1%（表4），其作为人类食品的可食部分主要是头部，经测定福寿螺的头部仅占全螺重的 23.2%，因此作为食品，其利用率不高。尽管福寿螺个体可长至 50~100 g 重，但相对仍然较小，也不为群众所习惯食用。鉴于上述原因，我们今年还进行了福寿螺喂养革胡子鲶的实验。

表 4 福寿螺喂养革胡子鲶的饵料系数（1985.10.5－11.3）

重复	胡子鲶重（g）		投喂福寿螺总重（g）	剩余壳重（g）	壳重占螺重的百分比（%）	革胡子鲶增重（g）	饵料系数
	实验前	实验后					
1	15	26.5	197.9	41.8	21.1	11.5	17.21
2	18	28.5	182.8	38.6	21.1	10.3	17.75

注：每池放鱼3尾

实验结果表明福寿螺喂养革胡子鲶的饵料系数较高，两个重复结果相近分别为 17.21 和 17.75（表3）就是以可食部分头部计算，饵科系数也有 4.0~4.1。可见以福寿螺喂养革胡子鲶虽然可作为提高商品价值的一条途径，但饵料利用率低，经济价值不高。因此，如何提高转化率还有待于今后深入研究。

3 讨 论

综上所述，以红萍作为福寿螺的饵料，具有利用率高，转化迅速的优点，饵料系数因红萍的品种和福寿螺大小的不同最低为 5.4，最高也仅为 26.1，具有一定的开发价值。而福寿螺喂养革胡子鲶的饵料系数为 17.21~17.75，相对利用率较低。可见红萍—福寿螺—革胡子鲶组成的食物链，其第一级消费者的转化效益较高，而第二级消费者的转化效益下降。

【原文载于内部刊物《土肥建设》，1987（6），第 76~79 页，由王俊宏重新整理】

生态型多层养鳖装置的试验研究

陈　敏　陆培基　卞祖良　刘中柱

（福建省农业科学院红萍研究中心，福州 350013）

摘　要： 介绍了生态型多层养鳖装置的结构原理。成鳖养殖试验表明，养鳖水经过红萍的生物净化后可以循环使用，水体中 NH_4^+-N 含量保持在 10 mg/L 以下，成功实现高密度、超浅水、集约化养鳖。

关键词： 多层养鳖装置；循环水；生物净化；红萍

我国工厂化养鳖始于 20 世纪 80 年代中期，它打破了鳖的冬眠习性，使传统养鳖场 4 ~ 5 年的饲养周期缩短为 8 ~ 16 个月。但目前温室工厂化养鳖中，只重视养鳖池的控温，而忽视控湿、控光、控氧和控氨等问题，造成温室生态环境变劣。特别是鳖排出的大量废物（粪便、CO_2 等）及其他残渣，得不到有效的分解和处理，在 30℃ 的环境下，很快腐败发酵，生成大量有害物质，水体溶氧量在 0.5 mg/L 以下，NH_4^+-N 含量高达 50 ~ 100 mg/L，温室内空气混浊，鳖的发病率增高[1]。因此，建立生态型健康养鳖装置、旨在改善养鳖池的生态环境，这是非常重要的。本文介绍适应于"光明型"温室的多层养鳖装置的结构原理和主要特点，以及成鳖养殖试验情况。

1　多层养鳖装置的结构原理和特点

图 1 是适应于光明型温室使用的多层养鳖装置的结构简图，该装置由养殖系统、水体净化循环系统、环境控制系统等组成。

1.1　养殖系统

该系统的养殖床（1）设置 6 层。从顶层往下至第 3 层养殖水生植物。红萍生长速率快、繁殖周期短、营养成分比较合理，特别是光合作用释放 O_2、吸收 CO_2 和生物净化水体的功能强，是适合于多层养殖的首选水生植物[2~4]。养萍区内各层红萍养殖盘（2）中水层高度为可调式，通常控制在 3 ~ 4 cm，养殖床的第 4 层至第 6 层是养鳖区。鳖池（3）的上盖配置可拉式防溢网（4），既防止鳖逃窜，又便于操作管理。养殖成鳖时，鳖池的水层高度可调节为 11 ~ 12 cm。鳖池进水处设有水处理器（19）。该处理器进水端是紫外灯管，在保证鳖不受紫外线损伤的前提下，对流经的水体灭菌处理，处理器出水端的流量阀控制红萍净化水进入各鳖池的流量分配，电磁阀由控制箱（9）程序控制，投喂饵料时关闭循环水，1 h 后，饵料基本被鳖吃完时，电磁阀自动打开循环水。

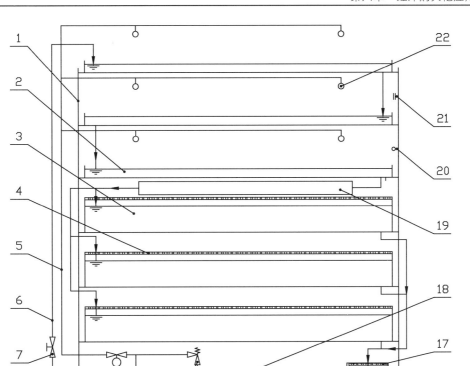

1.养殖床；2.红萍养殖盘；3.鳖池；4.防溢网；5.喷雾水路；6.循环水路；7.流量阀；8.电磁阀；
9.控制箱；10.水泵；11.安全阀；12.电加热器；13.清水区；14.正滤区；15.反滤区；16.压水区；
17.过滤阀；18.净化池；19.水处理器；20.温度探头；21.湿度探头；22.喷头

图1　生态型多层养鳖装置结构

1.2　水体净化循环系统

　　养殖系统用水是由水泵（10）从净化池（18）中抽吸，经过流量阀（7）和循环管路（6），首先进入养萍区，然后进入养鳖池，最后流入净化池，形成一个水循环系统。该循环系统的净化功能是由净化池的物理净化和养萍区的生物净化共同完成的。净化池中分为压水区（16）、反滤区（15）、正滤区（14）和清水区（13），其中正、反滤区中填充的过滤棉、多孔材料、生化球、活性炭等，将水中有形物和微溶物固定住，起到了物理净化为主的效果。红萍生物净化主要是靠红萍生长繁殖吸收水中 $NH_4^+ - N$ 和其他鳖的排泄物来实现。此外，红萍根部形成有效的"生物滤网"，养鳖水经过3层"生物滤网"，且属流水养殖，完全可以大幅度提高鳖的养殖密度。

1.3　环境控制系统

　　生态型多层养殖装置中，水生植物和水生动物共生共存且相辅相成。环境控制除满足鳖对温度要求外，还应考虑温、湿度对红萍生长繁殖的影响。该环境控制系统设有温度探头（20）和湿度探头（21）。当环境温度过低，或水温过低时，电加热器（12）自动工作；当环境温度过高，或相对湿度过低，则通过喷雾降温、增湿。喷头（22）的工作由控制箱（9）控制，采用程序喷雾和强制喷雾相结合方式。程序喷雾可以制定喷雾时间、喷雾量、喷雾间隔时间、以增湿为主、降温为辅，并可根据大气温度、日照射量以及红萍生长需求随时更改程序；而强制喷雾是在程序喷雾基础上另外增加的，特别当红萍区内温度过高，正常的程序喷雾仍达不到降温要求时，它能自动关闭循环水路（6），以增加喷雾水路 5 的水压，实现中压喷雾[5]，达到局部快速降温之目的。

2 成鳖养殖试验结果与分析

2.1 红萍产量及各层差异分析

在生态型多层养鳖装置上放养红萍，各层的收萍量测产结果（见表1）表明，各层红萍的繁殖速率均较高，倍殖天数 3.5 ~ 4.3 d。由于各层的放萍密度、试验天数、温湿度以及营养液（循环水）供配等条件均一致，故各层间收萍量差异的主要影响因子是光照强度。第 1 层红萍受到的光照条件最好，相当于单层养殖，收萍量最高，红萍倍殖天数 3.49 d。第 2 层和第 3 层红萍均受到上一层的遮阴，收萍量呈递减趋势，但衰减程度比较小。用光照计测定光强，其分布规律是周围强、中间弱，随着日照射角的移动，各层红萍受到的光照总体上得到相应的补偿，且白天大部分时段光照强度 >8 000 lx。因此，各层收萍量相近。根据计算，装置中 3 层红萍的产量是单层养殖的 2.82 倍，说明装置所提供的环境条件对红萍生长是适宜的。

表 1 装置中各层收萍量

层数	试验天数（d）	投萍量（g）	收萍量*（g）	繁殖系数	倍殖天数（d）
1	3	120	218	0.199	3.49
2	2	120	202	0.174	4.00
3	3	120	195	0.162	4.29
平均	3	120	205	0.179	3.89

注：试验条件：温度（25 ±3）℃；相对湿度 >80；光照强度（白天）>8 000 lx；红萍品种：回 3 萍；每层红萍测产面积：0.2 m²

* 三次重复的平均值

2.2 水循环调控对鳖生长速率的影响

水体循环利用是多层养鳖装置中重要环节。为此设立静水养鳖（对照组）与循环水养鳖（试验组）进行对比试验。对照组与试验组的单位水体养鳖密度、放养规格、投饵量及水温控制范围均一致。试验结果（表2）表明：对照组的水质恶化，实验仅维持 8 d，在 8 d 内每只鳖日增重仅 1.7 g，饵料系数 4；而试验组的水循环调控为鳖提供了良好生长环境，试验 15 d 后，平均每只鳖日增量 5.0 g，饵料系数 1.8，均明显优于对照组。

表2　水循环对鳖生长的影响

处理	初始总质量（g）	试验头数（只）	平均每只鳖重（g）	试验天数（d）	总终重（g）	总增重（g）	每只鳖日增重（g）	总投饵量（g）	饵料系数
试验组（循环水）	8 420	10	842	15	9 170	750	5.0	1 350	1.8
对照组（静水）	2 550	3	850	8	2 590	40	1.7	160	4.0

试验条件：水温（27±2）℃

2.3　水净化循环对水质的影响

循环水养殖和静水养殖在鳖产量和饵料利用率方面，之所以有如此太的差异，是因为两者的水质存在明显不同，其中水体中 $NH_4^+ - N$ 含量是一个非常重要的指标。表3是两种不同处理水体中 $NH_4^+ - N$ 含量的测定结果。静水养鳖试验5 d后，水体浑浊严重。$NH_4^+ - N$ 含量超过50 mg/L，鳖的摄食量明显下降；试验8 d后，水体严重发臭，透明度非常小，鳖的排泄物及散入池中的富含蛋白质残饵腐败，加速水体中 $NH_4^+ - N$ 含量上升，超过100 mg/L，试验被迫中止。而循环水养鳖的试验组中养鳖水经过净化池的物理净化和红萍生物净化后，$NH_4^+ - N$ 含量始终低于10 mg/L（图2），透明度大于30 cm，溶氧量大于6 mg/L，这样的水质条件对成鳖的快速生长是十分有利的。因此，水净化循环的调控是高密度、超浅水、集约化养鳖的关键技术之一。

表3　水体中 $NH_4^+ - N$ 含量的变化

$(mg \cdot L^{-1})$

试验天数（d）	0	1	2	3	4	5	6	7	8
试验组（循环水）	0	0.3	2.4	3.2	3.5	3.4	3.7	4.0	4.2
对照组（静水）	0	2.0	9.0	18.6	33.6	55.8	60.7	88.8	103.5

试验条件：水温（27±2）℃

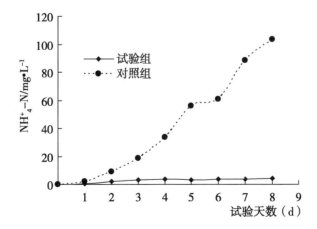

图2　水体中 $NH_4^+ - N$ 变化规律

3 结论与讨论

3.1 生态型多层养鳖装置是适应于光明型温室使用的调控式多层集约化养殖装置。它利用红萍的光合作用释放 O_2、吸收 CO_2、净化水体等功能，有效地改善养鳖生态环境。同时，红萍依靠自身的固 N 能力以及养鳖水中养分来生长，繁殖速率较快，倍殖天数 4 ~ 5 d，收获的红萍可作为动物饲料和鱼饵料，也可作为人的新鲜营养蔬菜。

3.2 水净化循环利用是装置中的重要环节之一。养鳖水通过净化池的物理净化和红萍的生物净化，水质清澈，$NH_4^+ - N$ 含量始终低于 10 mg/L，溶氧量 >6 mg/L，可以循环利用，为高密度、超浅水、集约化养鳖提供良好的生长环境。成鳖日增重 5.0 g/只，配合饵料的饵料系数 1.8。

3.3 利用水净化循环把水生动物与水生植物有机地联结起来，它既解决了"植物工厂"配制植物营养液麻烦和成本昂贵的问题，又为"水产品工厂"提供高密度、低能耗、集约化养殖条件。目前，工厂化集约生产都是单一植物，或单一动物，而植物和水产品联合又互相促进的工厂化集约生产尚属少见。本研究在这方面进行了先期尝试，有一定的参考意义和实际应用价值。

参考文献

[1] 刘鹰，王玲玲. 集约化水产养殖污水魁理技术及应用 [J]. 技术渔业. 1999，29 (10)：22 - 24.

[2] 陈敏，刘夏石，刘中柱. 红萍供 O_2 装置及其试验研究 [J]. 航天医学与医学工程，2000，13 (1)：14 - 18.

[3] 陈敏. 卞祖良，张朝阳. 红萍对受控密闭系统中 O_2—CO_2 浓度变化影响研究初报 [J]. 福建农业学报，1999，14 (2)：56 - 59.

[4] 刘中柱，陈敏. 受控生态生保系统中新食物链的研究//国家高新技术航天领域空间技术学术交流会论文集 [C]. 1997.

[5] 赵德菱，高崇义，梁建. 温室内高压喷雾系统降温效果初探 [J]. 农业工程学报，2000，16 (1)：87 - 89.

【原文发表于《农业工程学报》，2001，17 (5)：92 - 94，由邓素芳重新整理】

红萍净化水产养殖循环水体的研究

邓素芳　陈　敏　杨有泉

（福建省农业科学院农业生态研究所，福州 350013）

摘　要：利用红萍（Azolla）对循环的富营养化水产养殖水体进行净化研究。结果表明，红萍能显著增加水体中的 DO，增氧幅度随流量在 16.88% ~ 70.46% 之间变化，随着养殖水体流经的层数增多或者处理的时间延长，红萍对水体的增氧量加大，水中 DO 最终趋向一个常数值 K；同时，红萍对水体中的 NH_3-N 和 TP 都有明显的去除效果，NH_3-N 去除率可达 9.86% ~ 38.9%，不同循环水流量下 NH_3-N 去除率变化大，TP 的去除率则随流量的变化在 5.80% ~ 38.43% 之间波动。可见，红萍是"植物净化"的良好材料，能有效改善水产养殖水环境。利用红萍净化水体将为解决高密度集约化水产养殖的瓶颈提供新途径，实现水产养殖循环用水。

关键词：红萍；净化；氨氮；总磷；溶解氧

水产养殖迅速发展，随之带来的负面效应即养殖水体富营养化现象也日趋严重。传统的流水养鱼需要大量更换水体，既浪费宝贵的水资源，又容易造成环境污染。如何净化和循环利用大量的养殖污水，协调好水产养殖、水体环境、经济效益三者之间的关系，已经受到越来越广泛的重视。红萍系水生蕨类植物，粗蛋白含量高，是很好的肥料和饲料。许多研究也表明，红萍具有一定的耐污能力，能有效地去除水中的氮、磷等营养元素，吸收和富集各种重金属、有毒化合物，增加溶解氧，降解 COD，使富营养化水域变清澈等作用[1—9]。如果在水产养殖中，能够利用红萍富集营养、净化水体，同时又能将生产的红萍作为饵料用于水产养殖，将取得双赢的效果。本研究利用自行研制的红萍净化系统，通过红萍循环净化养殖污水的试验研究，对红萍净化养殖污水的过程进行定量分析，为红萍这种植物滤器在净化养殖污水方面提供必要的科学依据。

1　材料与方法

1.1　试验材料

供试品种为卡洲萍 3001（*A. Caroliniana Willd.*）。

1.2　试验装置

红萍净化水产养殖水体的试验在图 1 所示的栽培装置中进行。该试验装置设置 12 层红萍栽培盘，3 节滑动导轨的定轨与机架连接，动轨与栽培盘支撑连接，被支承的红萍栽培盘可根据需要拉出或推进，以便于农艺操作和在线管理；每层红萍栽培盘的有效红萍养殖面积为 0.84 m²，整个装置红萍养殖面积达 10 m²。高能效型电子荧光灯按一定间距排列固定在各层栽培架的下方，组成人工光源组件，为下一层栽培盘上的红萍提供光照。红萍培养液来自于水产养殖水体，经可调式流量阀和进水口，进入顶层栽培盘，再经溢流管逐层流入各层红萍栽培盘，供红萍生长繁殖之用，最后经回水口流入养鱼池，实现养殖水体的循环。人工光源的光周期、红萍培养液循环流量和周期均可按试验所需在线设定程序，并由控制箱自动控制。

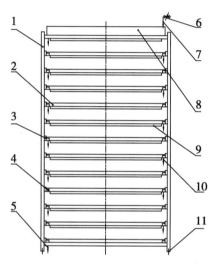

1.机架；2.红萍栽培盘；3.三节滑动导轨；4.栽培盘支撑；5.回水口；6.可调式流量阀；
7.进水口；8.控制箱；9.人工光源组件；10.溢流管；11.地脚螺栓

图1　红萍栽培装置结构示意

1.3　试验方法

试验在自行建造的环控试验舱内进行，舱底为一水深 1 m、面积 20 m² 的鱼池，红萍净化装置位于鱼池上方，养殖水经水泵抽入红萍栽培装置顶层，环境温度控制在（25±2）℃试验前，将红萍投放栽培床中预养 7 d，经过一轮繁殖和分萍后，使其逐渐适应高氮养殖水体。当红萍生长状况良好时，每 3 d 取样 1 次，3 个重复，采样点为栽培床的进水口和各层红萍栽培盘的出水口，每次测定水样中的溶解氧（DO）、氨氮（NH_3-N）和 TP（TP）含量。其中，DO 用 METTLER TOLEDO 溶氧仪测定，NH_3-N 和 TP 的分析分别参照 GB 7479-87 纳氏试剂分光光度法和 GB 11893-89 钼酸铵分光光度法进行。试验期间，养殖水温基本恒定在 21~23℃，水体 pH 值在 6.5~7.5。

2　结果与分析

2.1　高密度水产养殖水水质变化情况

在水深 1 m、面积 20 m² 的鱼池中，养殖 800 kg 的鱼，同时通过水泵抽水循环暴气，水质变化情况见图 2。从图 2（a）可以看出，单纯通过水泵抽水循环和多层暴气对降低水体中的 NH_3-N 和 TP 收效甚微，水中 NH_3-N 和 TP 含量呈直线上升，养殖 21 d 后，NH_3-N 含量从 5.25 mg/L 骤升到 77.6 mg/L，TP 含量从 2 mg/L 上升到 23.7 mg/L，分别上升了 13.8 倍和 10.9 倍；而对提高水中 DO 效果也十分有限（图 2b），养殖 3 周后，DO 含量仍从 4.85 mg/L 下降到 1.70 mg/L。为此，我们进行了更换部分池水的试验，以观察水质变化情况。反复多次试验结果显示，更换池容的 1/5 新鲜水后，水中 DO 含量变化不大，NH_3-N 和 TP 分别下降了 17.1% 和 9.3%，经过 5 d 后，水中 NH_3-N 又回复到换水前含量。由此可见，单纯通过换水是无法改善高密度水产养殖的水质，不仅效果不佳，而且浪费宝贵的水资源，容易造成水环境污染。

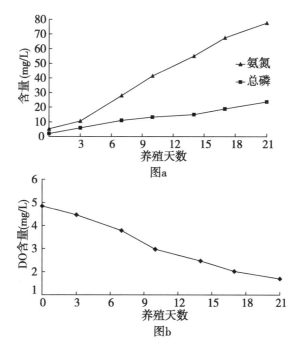

图 2　高密度水产养殖水水质随养殖时间变化情况

2.2　红萍对养殖水体中 DO 的影响

DO 是鱼类养殖水体的关键指标，与鱼的养殖密度相关。高密度水产养殖，易产生 DO 过低，影响鱼的正常摄食和生长，甚至出现中毒、浮头和死亡现象。因此，红萍能否有效提高鱼类养殖水体中的 DO，显得至关重要。图 3 显示 5 个不同流量（5 mL/s、10 mL/s、20 mL/s、40 mL/s 和 100 mL/s）的养鱼水流经红萍后 DO 的变化情况。养鱼水流经多层红萍后

DO 均呈逐层增加的趋势，平均增加量为 0.83 ~ 3.28 mg/L，平均增幅在 16.88% ~ 70.46%。同时，不同流量下，水体中 DO 增加情况不同，随着流量增大，平均增氧幅度反而降低。可以说，小流量的 DO 增加效果比大流量的明显。

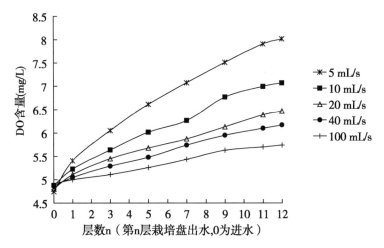

图 3　不同流量下红萍对养殖水体中 DO 的影响

表 1　不同流量下 DO 变化与时间或层数的关系

流量（mL/s）	回归方程	相关系数 R	常数值 K	$D_{6.5}$ 对应层数 X 值
5	y = x/（1.3073 + 0.2364x）+4.74	0.994	8.97	4
10	y = x/（2.6075 + 0.3044x）+4.88	0.995	8.17	9
20	y = x/（2.8024 + 0.4740x）+4.80	0.995	6.91	25
40	y = x/（4.8786 + 0.4651x）+4.86	0.996	7.01	34
100	y = x/（11.103 + 0.4661x）+4.91	0.993	7.06	68

将 5 个不同流量养殖水流经红萍后 DO 变化曲线进行回归分析，回归方程 $y = x/(a + bx) + y0$，列于表 1。从表 1 可以看出，各流量下的回归方程相关系数均达 0.99 以上，呈极显著。水中 DO 上升幅度随着处理层数或经历时数的增加而增大，从急剧上升到缓慢变化，呈非线性关系。当养殖水体流经的层数足够多或者处理的时间足够长，水体的 DO 将无限趋向于一个常数值 K。在常数 K 值范围内给定一个 DO 含量 D_n（DO = n），不同流量下达到 D_n 值所需流经的层数或处理的时间与流量成反比，流量越大，到达预期 DO 含量所需的时间也越长。

2.3　红萍对养殖水体中 NH₃ – N 的去除效果

$NH_3 – N$ 的含量是水质好坏的重要标志之一，尤为高密度水产养殖水体中 $NH_3 – N$ 浓度是相对最高的。因而要考查红萍的净水能力，有必要对红萍净化 $NH_3 – N$ 的效果进行定量分析。试验结果（图 4）显示，在起始浓度基本一致的情况下，红萍对 5 个流量（5 mL/s、10 mL/s、20 mL/s、40 mL/s 和 100 mL/s）处理的养殖水体中 $NH_3 – N$ 都有去除效果，养殖水体中 $NH_3 – N$ 随流经红萍栽培盘的数量增加而下降，但不同流量处理的 $NH_3 – N$ 下降幅度不同。流量越大，水体中 NH_3-N 含量下降幅度越小，既红萍对 NH_3-N 的去除率也越小。在 5 mL/s 流量下，平均 NH_3-N 去除率可达 38.90%，而 100 mL/s 流量下，平均氨氮去除率为 9.86%，仅仅是 5 mL/s 流量时的 1/4。鱼类养殖水体流经红萍栽培床的流量小，说明养殖水体滞留在红萍栽培盘的时间较长，水体中 NH_3-N 被红萍吸收的量也越多。

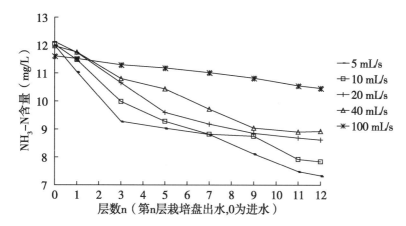

图 4　不同流量下红萍对循环的养殖水体中 NH_3-N 的去除效果

2.4　红萍对养殖水体中 TP 的去除

红萍属喜磷植物，因此试验还考察了红萍对养殖水体中 TP 的去除效果。试验结果（图 5）显示，红萍可以很好起到去除磷的作用，但随流量的变化，去除率变化大。在低流量（5 mL/s）时，红萍对 TP 的去除量可以达到 38.43%，但在高流量（100 mL/s）时，去除率明显下降，仅为 5.80%，不到低流量（5 mL/s）时的 1/6。如此聚变，一方面是由于水体滞留时间短，红萍吸收磷的时间短造成的，另一方面是由于高流量造成水面波动大，不利于红萍的生长，从而导致红萍吸收磷含量急剧下降。

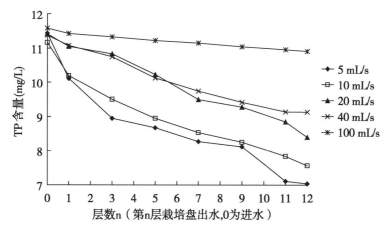

图 5　不同流量下红萍对 TP 的去除效果

3 讨 论

3.1 红萍是净化水产养殖水体的良好材料

本试验选用的水生植物红萍自身存在吸氨的优势，其叶腔中共生着一种固氮蓝藻，它对水中的氮，尤其是 $NH_3 - N$ 具有较强的吸收能力[7]，本试验也证明了这一点。而且红萍根部是个庞大的"生物滤网"，滤网表面形成的生物膜可以将鱼体的排泄物分解为二氧化碳、氨、碳酸盐、磷酸盐等简单化合物[9]；通过调控流经红萍的流量和流速，可以有效降低水体中 $NH_3 - N$ 和 TP 等含量。其次，红萍生长繁殖速度快，是鱼类利用的优质蛋白饲料[10]。可见，红萍本身就是净化水产养殖水体的良好材料，在净化的同时，还能作为鱼饲料加以利用，具有双重优势。

3.2 红萍能有效改善水产养殖水环境

高密度集约化水产养殖的瓶颈通常是水体中 $NH_3 - N$ 含量升高和 DO 含量下降。常规解决瓶颈问题的方法是流水养鱼和机械或化学增氧。流水养鱼需要大量更换水体，既浪费宝贵的水资源，又容易造成环境污染。增氧的方法很多，无论是机械增氧，还是化学增氧，只能短暂性提高水体中 DO 含量，却无法抑制水体中 $NH_3 - N$ 含量持续升高的趋势。试验中，养殖水通过红萍培养架后，$NH_3 - N$ 有明显的去除。此外，红萍在吸收水体 $NH_3 - N$ 过程中，还提高了水体中溶氧量，同时解决上述的 2 个瓶颈问题，有效改善水产养殖的水环境。

关于 $NH_3 - N$ 的去除，途径很多。植物吸收、挥发作用、氨化反应、硝化作用等都是 $NH_3 - N$ 去除的途径。因此要弄清楚红萍在 $NH_3 - N$ 去除过程中所起的作用，是红萍自身生长吸收 $NH_3 - N$ 是主要途径[11]，还是红萍创造的好氧环境导致活跃的微生物活动去除的 $NH_3 - N$ 所占的比例大，这些还需进一步深入的研究。

参考文献

[1] Stepniewska Z, Bennicelli RP, Balakhina TL, *et al*. Potential of *Azolla* caroliniana for the removal of Pb and Cd from wastewaters [J]. International Agrophysics, 2005, 19 (3): 251 - 255.

[2] Shiomi N, Kitoh S. Use of *Azolla* as a decontaminant in sewage treatment [M]. Azolla utilization Manila Philippines: International Rice Research Institute. 1987, 169 - 176.

[3] Sela M, E Tel - Or. Localization and toxic effects of cadmium, copper, and uranium in Azolla [J]. Plant Physiology, 1988, 88 (1): 30 - 6.

[4] Sela M, Garty J, Tel - Or E. The accumulation and the effect of heavy metals on the water fern Azolla filiculoides [J]. New Phytologist. 1989, 112 (1): 7 - 12.

[5] Form C, Chen J, Tancioni L, *et al*. Evaluation of the fern Azolla for growth, nitrogen and phosphorus removal from wastewater [J]. Water Research, 2001, 35 (6):

1592 - 8.

［6］　Zhao M，Duncan JR. Removal and recovery of nicked from aqueous solution and elec-
tro - plating rinse effluent using Azolla filiculiodes ［J］. Process Biochemis-
try. 1998. 33 （3）：249 - 255.

［7］　陈坚，金桂英，唐龙飞. 红萍在植物治污方面的应用研究进展 ［J］. 环境污染
治理技术与设备. 2002，3 （4）：74 - 77.

［8］　陈敏，陆培基，卞祖良. 生态型多层养鳖装置的试验研究 ［J］. 农业工程学报，
2001，17 （5）：92 - 94.

［9］　陈敏，刘中柱，卞祖良. 高密度水产养殖自控生态型大棚的水质净化技术 ［J］.
农业工程学报，2002，18 （6）：95 - 97.

［10］　郝饺. 满江红 Azolla imbricata （Roxb. ） Nak 是鱼类利用的优质蛋白饲料 ［J］.
现代渔业信息，2005 （1）：33 - 33.

［11］　李科德，胡正嘉. 芦苇床系统净化污水的机理 ［J］. 中国环境科学，1995，15
（2）：140 - 144.

【原文发表于《环境工程学报》，2009 （5）：809 - 812，由邓素芳重新整理】

红萍在植物治污方面的应用研究进展

陈　坚　金桂英　唐龙飞

（福建省农业科学院红萍研究中心，福州 350013）

摘　要：植物治污是利用植物清除土壤和水中的各类污染物，进行环境治理。水生蕨类植物红萍具有一定的耐污能力，可以通过植物活体的富集作用和干体的物理吸附作用，从溶液中吸附多种重金属元素及通过植物挥发作用，将吸入的硒盐转化为挥发态。在污水中养萍可以去除 COD 和进行生物脱氮除磷，并设计出相应的养萍盘和生物稳定塘系统进行废水处理；利用红萍干体填充的滤柱可以用于电镀污水中一些重金属元素吸附回收。本文对红萍近年来在植物治污方面的应用和研究进行了描述和展望。

关键词：红萍；植物治污；污水生物处理；富集；吸附；重金属元素

利用植物对土壤和水环境中有害物质进行吸附和清除是很早就提出的一个设想，但植物治污的英文专用名词"Phytoremediation"，却是近年来提出的一个新名词，在国内的文献中也称为"植物修复"或"植物整治"。1994 年 Ilya Raskin 对其作了这样的定义：利用植物进行环境治理，包括从土壤和水中去除金属和有机类污染物[1]。植物治污主要是通过寻找和利用有以下特性之一的植物进行环境的治理，以达到改善环境的目的：能够从环境中富集有害元素并贮存在组织中；能产生降解周围环境中某些有毒有机物的酶；能刺激根际周围具有降解化学物质能力的细菌的生长[2—3]。其中仅根据植物吸附有害元素及其对这些元素进行转化的特点，又提出了不同的植物治污机理和策略，如有些植物的根系能够吸收环境中的有害元素硒和汞，并将其转化为挥发态的二甲基化硒和汞蒸气（H^0），这样就形成植物挥发法治污（Phytovolatilization）；而有些元素如铅被一些植物如毛状剪股颖（*Agrostis capillaris*）的根吸附后能同磷酸盐发生反应，形成不溶的化合物氯磷铅石（pyromorphyte），最终被固定在土壤中，这就被称为植物固定法治污（Phytostabilization）；而大多数的治污策略就是利用植物将土壤中元素吸收富集到植物体内，以减少其在土壤或水环境中的残留量，这就称为植物萃取法治污（Phytoextraction）[4]。植物治污为目前面临的如何清除环境中日益加剧的有毒元素，以及有机残留物带来的污染问题，提供了一条新思路。同化学和工程治污方法相比，它的诱人之处还在于是一种更为廉价的方法，并能带来中长期的环境效益。因此，许多国家，尤其在美国，对利用植物治理污染的研究日渐重视。

由于一些水生植物能富集利用污水中可溶性的离子污染物作为营养，从而净化水质，因此成为植物治污的好材料，其中报道较多的为凤眼莲（*Eichhornia crassipes*）和小青萍（*Lemna minor* L.）。而水生蕨类植物红萍的治污潜能却鲜为人知，本文就红萍在植物治污方面的应用状况，特别是近几年来的研究进展作详细报道。

1 红萍及其耐污能力

红萍是一种在世界范围内广泛分布的水生植物。同其他水生植物相比,它的显著特点在于:其叶腔中共生着一种固氮蓝藻,能够将大气中的氮气转化为植物体可吸收的氨类物质,因此,它能够在营养贫瘠的水体中繁殖生长,并长期以来作为稻田绿肥而广泛使用。红萍的植物学名为满江红(Azolla),在分类学上是属于满江红属。该属在全世界共有7个大种,在我国分布的野生红萍为覆瓦状满江红(Azlloa pinnata var. imbricata)。20世纪70年代,我国中国科学院植物研究所从当时的东德引进了蕨状满江红(Azlloa filiculoides,俗称细绿萍),并使这一品种在我国迅速推广。20世纪80年代以来,福建省农业科学研究院又通过引进筛选和人工培育,获得了一批优良品种,如卡洲萍(Azlloa caroliniana)和杂交萍榕萍1号等[5]。但原来的选育种目标主要是集中于红萍在农业和畜牧业方面的应用。随着城市和工业废水的排放,导致水的污染成为突出的环境问题,污水净化成为当务之急。早年美国新泽西州的药物制造商发现,从含有野生萍河道中抽取的水较容易净化,而后红萍在污水处理方面的研究在国内外逐步开展,特别在国外已较为深入。

对于红萍耐污能力的测试,最早见于我国的报道。从镀铬车间、化工厂、城市排污口,到工业明渠及河沟泵站取样的污水水样和泥样对蕨状满江红的生长测试表明,红萍在大多数的污水中均能生长,属于适污植物。其抗酸碱能力较强,pH的耐受极限为2.8和12.6,具有生活能力的生理抗酸碱范围是pH值是3.5~11.7;耐盐和耐肥能力也很强,多次取样海水或滨海盐渍土浸提液做实验证明,在水中全盐浓度<1.4%的情况下,红萍可以生长,在14%~2.4%浓度范围内,红萍分枝的生长点,尖顶萍芽可以存活。红萍对水环境中氮、磷、钾的耐受极限分别为175 mg/L、800 mg/L和700 mg/L。各类污水在通常的条件下,水中的酸碱度和盐度均达不到红萍的抗性极限.所以能在大多数的污水中生长[6]。

2 红萍的治污机理

2.1 富集作用

在自然界中存在着对有些化学元素,特别是金属元素有超强富集能力的植物表现型。这些植物被称为超强富集者(hyperaccumulator),他们的组织中能含有1 000~10 000 mg/L的某种元素。进一步的研究表明,这些植物的细胞对吸入的元素,特别是重金属元素具有分隔作用和敖合作用,或者具有很强的把元素从根系转运到茎尖的能力。因为在一般植物中根系重金属元素的含量为茎尖的10倍多,而在超强富集植物中茎尖金属元素的浓度远远超过根部[4]。对蕨状满江红富集重金属元素的研究表明,在含有8~15 mg/L的不同重金属元素培养液中生长3~7 d后,萍体内富集的镉含量高达10 000 mg/L,铬含量高达1 990 mg/L,铜含量为9 000 mg/L,镍含量为9 000 mg/L,锌含量为6 500 mg/L。对红萍体内重金属元素含量分布的X-射线微量分析及原子吸收光谱分析表明,Zn和Cd能够较快地从萍体根部转运到茎部,茎部和根部的平均含量比在0.3以上,其中萍体在含有10 mg/L Cd的培养液中生长2 d后,茎部和根部的含镉量基本一致,而Cr、Ni和Cu的移动速度则较慢,茎部和根部的平均含量比在 0.15 以下。分析还表明，吸入的重金属的 98% 是结合在萍体的不溶物部分，如 Cd 主要是沉积在萍体的木质部细胞内[7—8]。我国学者发现细绿萍（Azolla filiculoides）对铅的吸收净化能力大于汞。净化途径除体内固定转化外，根系分泌物的束缚作用可在体外产生净化效应。其中富集铅过程又可分为 3 个阶段：①生理富集期，萍体内的铅含量迅速上升，但不表现受害症状；②平台期，萍体对铅的富集速度基本稳定；③受害富集期，萍体出现受害症状，但体内的铅含量又急剧上升。此外，遮光可使红萍对铅的富集量增加，从而提高其对溶液中铅的净化率[9—10]。

2.2 吸附作用

不仅红萍活体对重金属离子有一定的富集作用，干萍体也对重金属元素有着强烈的吸附作用，吸附试验表明，干萍的最大吸附是发生在 15 min 之内，每克干萍可从含有 1 000 mg/L 重金属的溶液内吸附高达 41 428 mg/L 左右的 Cd、14 144 m/L 左右的 Cr、30 111 mg/L 左右的 Cu、31 619 mg/L 左右的 Ni 以及 3 155 mg/L 左右的 Zn[8]。该试验为利用干萍体回收工业废水中的有害金属打下了基础（见 3.4）。

2.3 挥发作用

在美国加州，由于地表沉积岩中含有大量的硒元素，土壤和灌溉水中的可溶性硒酸盐（SeO_4^{2-}）和亚硒酸盐（SeO_3^{2-}）的浓度很高，影响了许多农作物的生长。但一些芸苔属（Brassica）的蔬菜如印度芥菜（Brassica juncea）等却能将吸收到的硒盐转化成为挥发态的硒。在最适的实验室条件下，培养液中的硒浓度为 1.6 mg/L 时，这些植物日挥发硒达 1.5 ~ 2.5 mg/kg 干重[11]。一些水生植物也有挥发硒的能力，通过一项对 20 种的水生植物的调查比较证明，驴尾草（Hippuris vulgaris L.）和红萍（Azolla caroliniana Willd.）对硒酸盐和亚硒酸盐的挥发速率最高，基本上接近印度芥菜的水平[12]。

3 红萍的治污工艺及效果

3.1 直接放养净化污水

我国学者在污水池中放养蕨状满江红的结果曾发现，8 d 可使水中 DO 增加 60%，一周 COD 降解 95.6%。利用城市排污明渠的污水直接养萍，水中含镉 0.004 mg/L、铅 0.192 mg/L、砷 0.008 mg/L 和锌 0.7 mg/L，以自来水为对照，培养 100 d 后，测得萍体的含镉为 5.48 mg/L，比对照高 59.02%；铅为 81.8 mg/L，比对照高 172.67%；锌为 7 134 mg/L，比对照高 200.38%；砷为 4.49 mg/L，对照则未检出。说明用红萍净化城乡污水，效果显著，方法简便，成本低廉[5—6]。近年于自然条件下研究 7 种水生植物对面源污染的净化率的结果表明，红萍对水体中磷的净化率最高，在 7、8 月份 13 d 的平均累计净化率可达 78.6%；对氮也有净化效果，13 d 的平均累计净化率也达 71.7%[13]。

3.2 养萍盘系统净化生活污水

尽管红萍有固氮能力，但它对水中含有的氮，尤其是铵态氮还是具有较强的吸收能力。

而磷则是红萍生长所需的关键元素，它对磷的吸收作用强烈。日本学者据此设计用养萍盘组成系统来对流动的生活污水进行生物脱氮和除磷，每个养萍盘的容积为 4.6 L，其结构如图 1 所示，整个处理系统由 10 个这样的养萍盘自上而下连接组成，污水泵入顶端的第一个盘，在重力的作用下流经每个盘，最后从底盘流出。在每盘放萍 20 g（全覆盖水面），流速为 15.5 mL/min 条件下，对入流出流口的取样分析表明，氮的去除率达 65%，而磷的去除率达 25%。流速增加，去除率则有所下降，如在流速为 62.2 mL/min 时，磷的去除率则降为 7%[14]。

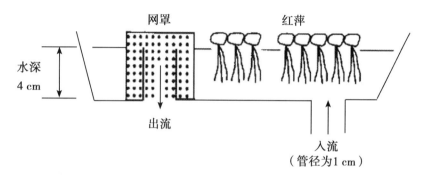

图 1　单个养萍盘结构示意

3.3　生物稳定塘中养萍净化污水

生物稳定塘是进行大规模污水处理的生物系统之一。作者曾在意大利一个水产生态实验站，对工厂化高密度养鱼场排出的废水处理系统中生长的红萍进行了检测，该处理系统主要由 3 个部分组成（如图 2 所示），废水集中沉淀后流经由水生植物组成的处理槽，该槽面积约 150 m×2 m，水流较浅（10～30 cm），内植有各种浮生型和挺生型的水生植物，而后再流入深度净化塘中做进一步自净处理，自净后的水又可以泵回养鱼。经对红萍的测产发现，在冬春季节（2—5 月）平均气温在 14℃，红萍为该体系的优势植物，生物量平均翻番天数为 16.7 d；而在夏秋季节（6—10 月）平均气温在 26℃，其优势逐渐被风眼莲和青萍等其他水生植物所取代，但生物量平均翻番天数为 8.6 d。红萍在该系统中也显示出对氮和磷的高效去除能力[15]。

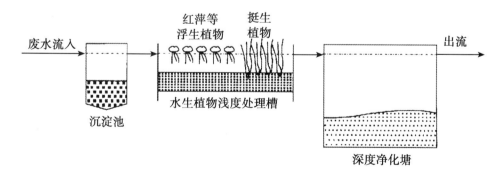

图 2　利用红萍等水生植物组成的生物稳定塘系统处理废水流程示意

3.4　作为柱的填充料过滤回收工业污水中的重金属元素

将鲜萍收获后，洗净烘干，研磨过筛，取 2 mm 左右直径大小的萍体颗粒作为柱的填充剂。研究证实，这样制成的处理柱可以用于水溶液和电镀废液中六价铬离子（CrI^{6+}）和镍离子（Ni^{2+}）的吸附和回收，其中对 Cr^{6+} 的最高吸附量为 41.5 mg/L 干萍（pH 值为 2.5）；对 Ni^{2+} 的最高吸附量为 43.4 mg/g 干萍（pH 值为 6.5）。吸附的离子可以用 0.1~0.25 mol/L H_2SO_4 洗脱下来，回收率高达 80% 以上。同时，该处理柱可重复使用 5 次，具有良好的稳定性[16-18]。此外，以色列的一个小组正在进行将于萍制成生物滤膜的研究，用以吸附工业废水中的重金属元素和放射性核废料，并在一个试验场示范了滤膜样品对反应堆出流的废液中铯和钴的吸附作用。

4　结　语

目前，整个植物的治污技术正处在成长和发展阶段，其中还有许多的细节问题有待于解决，应用范围也有一定的局限性。红萍作为具有治污潜力植物家族中的一员，大量的研究也表明了它对污水的生物处理所显现出的价值。结合红萍在植物治污中的应用现状，建议今后在以下方面可深入开展研究。

4.1　筛选和培育耐污能力强，治污性能好的红萍品种。我国在拥有红萍的品种资源方面有着一定的优势，福建省农业科学研究院的红萍研究中心，同时也是国家的红萍资源中心，是世界上较大的从事红萍品种保存及研究的机构，征集了国内外的 400 多份萍种资源。鉴于我国水环境污染越来越严重，将选育种目标集中于红萍在污水治理方面的应用是十分必要的。同时，为了使红萍育种工作更能面临新的应用领域的挑战，引进如人工诱变和转基因技术等新的育种手段，将是培育和创造新型红萍品种的重要途径。

4.2　加强红萍治污工艺和技术的研究。

根据不同来源的污水，发展不同的生物或物理的处理工艺。实现各种条件的优化组合。不仅使环境中 COD 或 BOD、氮、磷或者有害重金属元素等污染物的去除率达到最高，毒性降至最低，而且要使工艺技术具有一定的可持续性，能产生最佳的环境生态效益和经济效益。

总之，红萍在植物治污中的应用前景正如植物治污技术的总体发展趋势一样，随着现代育种技术赋予植物更强有力的治污能力，开发以植物为主体的治污技术将会带来更大的生态效益和经济效益。

参考文献

［1］　Raskin I, Kumar PBAN, Dushenkov S, et al. Bioconcentration of heavy metal by plants ［J］. Current Opinion in Biotechnology, 1994, 5 (3): 285-290.

［2］　Black H. Absorbing possibilities: phyroremediation ［J］. Environmental Health Perspectives, 1995, 103 (12): 1 106-1 108.

［3］　Shann JR. The role of plants and plant/microbial systems in the reduction of exposure

［J］. Environmental Health Perspectives，1995，103（5）：13－15.

［4］ Chaney RL，Malik M，Li YM，*et al.* Phytoremediation of soil metal［J］. Current Opinion in Biotechnology，1997，8（3）：279－284.

［5］ 刘中柱，郑伟文. 中国满江红［M］. 北京：中国农业出版社，1989，4－26；302－303.

［6］ 郎业广，赵慧琴，刘忠阳，等. 红萍净化污水的研究（国际红萍利用学术讨论会论文）［C］. 福州：福建省农业科学研究院，1985.

［7］ Sela M，Tel－Or E，Fritz E，*et al.* Localization and toxic effects of cadium，copper，and uranium in Azolla［J］. Plant Physiology，1988，88（1）：30－6.

［8］ Sela M，E Tel－Or. The accumulation and the effect of heavy metals on the water fern Azolla filiculoides［J］. New Phytol. 1989，112（1）：7－12.

［9］ 任安芝，唐廷贵. 细绿萍对铅、汞污水的净化作用及其生物学效应［J］. 南开大学学报（自然科学），1996，29（1）：74－79.

［10］ 唐阳，王笑平，高玉葆. 细绿萍富集铅的能力及其损伤性反应［J］. 南开大学学报（自然科学），1999，32（2）：111－115.

［11］ Bañuelos GS，HA Ajwa，N Terry，*et al.* Phytoremediation of selenium laden soils：a new technology［J］. Journal of Soil and Water Conservation，1997，52（6）：426－430.

［12］ Pilon－Smits EAH，de Souza MP，Hong G，*et al.* Selenium volatilization and accumulation by twenty aquatic plant species［J］. Journal of Environmental Quality，1999，28（3）：1 011－1 018.

［13］ 高吉喜，叶春，杜娟，等. 水生植物对面源污水净化效率研究［J］. 中国环境科学，1997，17（3）：247－251.

［14］ Shiomi N，Kitoh S. Use of Azolla as a decontaminant in sewage treatment. Azolla utilization. Manila［J］. Philipines：International Rice Research Institute. 1987. 169－176.

［15］ Forni C，Chen J，Tancionil L，*et al.* Evaluation of the fern Azolla for growth，nitrogen and phosphorus removal from wastewater［J］. Water Research，2001，35（6）：1 592－1 598.

［16］ Zhao M，Duncan JR. Batch removal of sexivalent chromium by Azolla filiculoides［J］. Biotechnol. Appl. Biochem.，1997. 26（3）：179－182.

［17］ Zhao M，Duncan JR. Column sorption and desorption of hexavalent chromium from aqueous solution and electroplating effluent using Azolla filicuiodes［J］. Resource and Environmental Biotechnology. 1997，2：51－64.

［18］ Zhao M，Duncan JR. Removal and recovery of nickel from aqueous solution and electroplating rinse effluent using Azolla filiculiodes［J］. Process Biochemistry，1998，33（3）：249－255.

【原文发表于《环境污染治理技术与设备》，2002，04：74－51，由王俊宏重新整理】

红萍青贮方法及其饲喂适口性初试

林崇光[1] 陈 坚[1] 董晓宁[2]

(1. 福建省农业科学院红萍研究中心；2. 福建省农业科学院
畜牧兽医研究所，福州 350013)

红萍是一种高光效、高固氮、强富钾、繁殖快、产量高的水生肥、饲、饵料物。它营养丰富，含粗蛋白20%～22%，且质地好，氨基酸含量齐全。部分萍种其8种必需氨基酸含量有5种达到或超过鱼粉的蛋白；含粗脂肪2.8%～3.1%；糖类2%左右，对畜禽鱼等饲用价值高，适口性好。在春季、春夏之交及秋季和初冬的适宜温度（20～25℃）和环境条件下，红萍繁殖速度极快，每3～5 d就可繁殖一倍，繁殖量大大超过鱼、禽、畜的需求量。为了使繁殖过量的红萍贮存起来，以备7—9月份在高温酷暑，红萍病虫害猖獗，青黄不接淡季之时，畜禽鱼饲饵料供应不间断，达到一年四季均衡供应的目的，我们在邵武市能源办基地开展了本试验。

1 红萍青贮的原理与方法

1.1 青贮原理

红萍的青贮是利用自然界的厌气乳酸菌、醋酸菌等有益微生物，在生产繁殖过程中产生乳酸和醋酸来抑制有害的杂菌生长，使红萍不但不腐败，霉烂变质，并且还有酸香味，又不降低营养价值。同时青贮后又能提高其消化率。

1.2 青贮方法

把田中捞起的红萍，滴干萍体的水分后，摊开于晒谷席，水泥晒场或室内楼板上阴干2～3 d，每天翻动2～3次，使其体内含水量在60%左右，收起后压装于塑料袋中（每袋25 kg），每压1层红萍撒少量食盐，每袋压装3～4层，食盐数量下层少些，逐层增加，最顶层再用食盐封顶，食盐总用量占红萍总量的0.5%左右，压装完毕，再用绳子扎紧，再套上尼龙袋扎紧，以免破裂漏气。

2 青贮效果及饲喂适口性

青贮试验于7月下旬开始，共青贮10袋计250 kg，经过3个月的保存期，解封时无霉烂变质，发酵作用后的红萍结构疏松并呈棕褐色，略带有醇香味。经取样化验分析：含水量为29%，糖分略有增加，粗蛋白等其他营养物质均没有降低，由于消除毒害物质，因而增加了适口性。此外，青贮的效果同红萍本身萍种的素质有很大关系，用杂交萍"榕萍1－4号"和回交萍"MH3－1号"等本身健壮、翠绿、肥厚的萍种进行试验，只要含水量适中（60%左右），操作严谨，青贮后色泽颇佳，质地圆润，气味好。而用长势差的本地萍、卡洲萍等萍体薄、萍根多、含水量过高（70%以上）的作为青贮料，则青贮效果较差，青贮后色泽偏黑，质地带黏性易结块，适口性也相对差些。

经过将青贮后的红萍进行饲喂猪、鸡、鸭的试验，证明其适口性良好，可以替代部分精料，其中以渗配50%左右的米糠、麸皮等的经济效果最佳。

3　结　语

在春季、初夏等红萍盛繁季节，红萍繁殖量大大超过畜禽鱼的食用量时，均可采用此法大量贮存红萍以满足7—9月份红萍淡季供不应求时的均衡供应，这是一条充分利用饲料资源，调整饲料均衡供应和降低饲料成本的切实可行的有效途径，可在适宜养红萍的地区大力推广。

【原文发表于《饲料研究》，1998，01：29，由王俊宏重新整理】

新耕作体系中红萍配合颗粒饵料的研究

李 弢 张逸清 唐建阳 林永生

(福建省农业科学院红萍研究中心)

1 前 言

新耕作体系旨在有限的耕地上更有效地将太阳能转变为生物能,并引入了红萍这一繁殖快来源广泛的非粮食性饵料源。通过人工调控,使稻、萍、鱼及浮游生物等形成良性循环,以实现低投入高产出,同时保护和改善环境。然而,在夏季高温阶段由于缺少鲜萍造成鱼饵料的短缺,因此利用冬季收获的干萍研制和投喂配合饵料就显得重要了。

1988年李铁城等对红萍深加工研究试验表明。红萍粉作为加工配合饵料的主原料不仅可替代粮食,而且还能促进鱼的生长繁殖,并降低成本。然而,新耕作体系要求干萍粉量占70%,这给研究增加了难度。而且由于干萍质地轻、体积蓬松、黏性低、成型困难,常量的粘合剂无法使之黏合而在水中保持不散,另一方面,干萍适口性差,据报道,干萍含量达40%时,鱼不主动取食,且不同的鱼要求还不尽相同。加上干萍转化率低,可直接利用的有效蛋白质比例小。因此,如何解决上述问题便成为本研究的主要内容。

本文报道有关干萍成分测试,基本饵料组成和配比,添加剂以及简单的制备工艺等方面研究的初步结果。

2 实验方法与结果

2.1 干萍的测试

2.1.1 常规的测定

表1 红萍的营养成分 （干萍%）

种类\名称	粗蛋白	粗脂肪	纤维素	木质素	全氮	全磷(P$_2$O$_5$)	全钾(K$_2$O)	Ca	Na
卡洲萍	22.82		11.75	44.13	3.65	0.772~1.47	2.25~3.25	0.77	
细绿萍	23.98	3.1	17.41	47.05	3.84	0.80~1.54	2.31~3.10	0.64	1.5~2.7
杂交萍	25.27		13.89	47.92	4.04	0.78~3.46	2.46~3.42	0.62	

表1表明:干萍粗蛋白含最高,且P、Ca、Na矿物质含量丰富,但纤维素、木质素、

钾含量偏高，是干萍成型困难、适口性差、转化率低的主要原因。而且不同地区、不同季节的干萍成分变化较大。

2.1.2 氨基酸含量测定

表 2　几种植物性饲料的氨基酸组成及含量

（干萍%）

种类 Aa	卡洲萍	细绿萍	杂交萍	黑麦	大豆	银合欢	木豆
天门冬（Asq）	1.574	1.806	1.598	0.387	1.949	1.527	1.472
苏（Thr）	0.810	0.911	0.864	0.222	0.809	0.729	0.714
丝（Ser）	0.838	0.962	0.762	0.180	0.871	0.851	0.769
谷（Glu）	2.631	2.763	2.011	0.440	2.001	1.814	1.781
脯（Pro）	0.927	0.565	1.220	0.341	1.620	1.349	0.902
甘（Gly）	0.849	1.311	0.974	0.208	0.921	0.864	0.801
丙（Ala）	0.924	1.757	1.398	0.210	0.993	0.924	0.871
胱（Cys）	0.347	1.493	0.387	0.209	0.441	0.315	0.369
缬（Val）	0.918	1.527	1.057	0.239	1.029	0.882	0.889
蛋（Met）	0.732	0.385	0.113	/	0.112	0.337	0.105
异亮（lle）	0.723	1.198	0.745	0.360	0.751	0.637	0.668
亮（Leu）	1.310	2.217	1.438	0.330	1.627	1.390	1.263
酪（Tgr）	0.330	0.765	0.302	0.205	0.277	0.349	0.351
苯丙（Phe）	0.646	1.337	0.631	0.924	0.318	0.291	0.532
赖（Lgs）	0.801	1.232	0.969	0.230	1.313	1.047	0.701
色（Trq）	/	/	/	/	/	/	/
组（His）	0.210	0.394	0.288	0.05	0.350	0.210	0.202
精（Arg）	0.880	1.667	0.838	0.114	0.870	0.774	0.781

表 2 表明，干萍氨基酸含量丰富，种类齐全，特别是鱼所需的精氨酸、组氨酸、色氨酸，赖氨酸、苯丙氨酸，亮氨酸、异亮氨酸、蛋氨酸，缬氨酸和苏氨酸等 10 种必需氨基酸的含量高，仅次于大豆却高于黑麦，由此可见，干萍作为配合饵料主成分是可行的。

2.1.3 矿物质成分的测定

表 3　三种干萍矿物质含量

（单位：mg/kg）

元素 名称	卡洲萍	细绿萍	杂交萍
Ca	6 010	2 530	3 785
Mg	2 167	1 275	3 725

（续表）

名称　　　元素	卡洲萍	细绿萍	杂交萍
Fe	3 063	3 460	6 285
Zn	1 54	72.5	185
Cu	23	7.8	22
Co	/	4.6	/
Mn	64.7	66.7	41.0
Mo	13	11	71
Cr	/	/	11
Se	/	7.5	21.2
Pb	6.3	20	10

从表 3 可见，干萍矿物质含量丰富、种类齐。但 K、Fe、Mo 含量偏高，Zn 含量偏低，造成总体矿物质平衡失调而影响鱼类的吸收和刊用。因此矿物质添加剂的研究在于处理和补充各拮抗矿物元素的均衡。另外，矿物质含量随地区的不同、季节的差异也会有较大变化。

上述测定表明：干萍作为配合饵料的主体在理论上是可行的，但还存在着许多的有待克服的缺陷。

2.2　红萍配合饵料的组成及其制备

2.2.1　组成（详细配比组成略）

配合饵料可分成内容物和外壳两部分。内容物是饵料的主体，本研究以 70% 干萍以及其他成分和添加剂按比例配合组成；外壳起成型、提高适口性和抗水性，诱导鱼主动摄食的作用。

（1）内容物组成筛选试验

结果表明：配合饵料干萍占 70% 的含量虽高，但经软化并配以适当的糖蜜、油脂后效果理想。鱼粪呈黑色线状、正常。外观上鱼体长、宽和厚比例匀称，各鳍大小适中，色泽鲜艳，感触细润。内部解剖观察表明，鱼内脏比例适中，肠塑薄，无脂肪积累。

（2）外壳组成筛选试验

由于外壳的介入，同时外壳又以精料组成，因此彻底地解决了干萍成型和适口性差的困难。

表 4　颗粒饵料外壳粉组成筛选试验

组成　　　项目		外观·性状	附着性	抗水性	适口性（%）
1 号试验	湿	圆柱 4 mm 浅黄	粉层	5 ~ 7 mins	7
	干	圆柱 4 mm 暗黄	牢层	>2 hr	
2 号试验	湿	圆柱 4.5 mm 浅黄	粉层	5 ~ 7 mins	7
	干	圆柱 4 mm 暗黄	牢层	>2 hr	

（续表）

组成 ＼ 项目		外观·性状	附着性	抗水性	适口性（%）
3 号试验	湿	圆柱 5 mm 灰白	密粉层	8 ~ 10 mins	7
	干	圆柱 4 mm 暗灰	极牢层	>2.5 hr	
4 号试验	湿	圆柱 5 mm 灰色	密粉层	10 mins	7
	干	圆柱 4 mm 暗灰	极牢层	>2.5 hr	
5 号试验	湿	圆柱 4 mm 白色	粉层、紧密	15 mins	7
	干	圆柱 4 mm 灰白	极牢层	>3 hr	
6 号试验	湿	圆柱 4.5 mm 淡黄	密粉层	10 mins	7
	干	圆柱 4 mm 暗黄	极牢层	>2.5 hr	

筛选结果表明。外壳组成以单一性物质效果最好，而且其效果随着外壳粉的细度、干燥程度的提高而增强。以可溶性淀粉高的红薯粉一类物质作外壳并不十分理想；玉米粉颗粒粗、效果也差；褐藻酸钠遇水易溶化，也不适合用于外壳；唯面粉的效果较为理想。鱼粉少黏性，虽作外壳不理想，但适量地加入可提高配合饵料的适口性，摄食量达到 10% 以上。

总之，从经济，适口性，成型等诸方面考虑，以第 6 号的配方为最佳。

（3）外壳添加诱食剂筛选试验

表5　外壳粉中添加诱食剂与含量试验

类别 ＼ 名称	柠檬酸	糖精	柠+糖	Nacl	空白
含量	略	略	略	0.5%	/
适口性	好	好	好	稍差	较差
抗水性（hr）	2 hr 以上	1.5 hr	2 hr 以上	1.5 hr	1.5 hr
摄食量（%）	>7	>7	>7	7	7

结果表明：外壳粉中添加少量的柠檬酸或糖精可大大提高配合饵料的适口性，摄食量超过 10%。另外，加入少量的柠檬酸使外壳的抗水性略有增强。

2.2.2　红萍配合颗粒饵料制备工艺的探讨

（1）干萍的处理。用低碱溶液处理红萍，使纤维软化，木质素溶解。同时，蛋白、糖类成分易于吸收。另一方面又可中和红萍的酸性，经加热或隔夜处理后 pH 值在 7 ~ 8 之间。

（2）初颗粒料。按内容物配方将各成分混和，拌均，再用绞肉机加工形成初颗粒料。

（3）颗粒饵料。将初颗粒料置于外壳粉中，滚动、过筛后即成颗粒料。再经晒，烘或凉干即可贮藏和运输。

总之，新制备工艺简单而易行，无须大型大规模的机械设备即可达颗粒饵料的合理成型和较好的适口性的目的。

2.3 红萍配合颗粒饵料添加剂的研究

2.3.1 添加剂的设计和组成 (略)

2.3.2 添加剂的筛选

共试验五组添加剂,以空白和对虾饵科作为对照,在供氧充足,清水的环境下以红萍配合颗粒饵料作投喂试验。

表 6　红萍配合颗粒饵料添加剂筛选

	鱼数量	鱼初重(g)	鱼收货重(g)	增重(g)	投饵量(g)	平均每头增重(g)
对照	12	475	565	90	4	7.5
1 号组	12	400	490	85	6	7.1
2 号组	12	372.5	445	72.5	6	6.1
3 号组	12	410	502.5	82.5	6	6.9
4 号组	12	390	470	72.5	6	6.1
5 号组	12	407.5	487.5	80	6	6.6
空白	12	365	400	35	6	2.9

结果表明,五组添加剂明显高于空白组但略低于对虾饵料组。其中以 1、3 号组添加剂效果最好,鱼长势明显。试验还表明:稀土加腐植酸钠无论用浸泡、泼洒,还是直接、添均可取得防病促生长的效果。

2.4 红萍配合颗粒饵料综合试验

2.4.1　在以上试验的基础上,将添加剂、组成配比用新制备工艺制成 Ⅰ、Ⅱ、Ⅲ、Ⅳ组配合饵料,以对虾饵料为对照。在水温 18~29℃之间、流水、供氧充足的条件下饲喂罗非鱼。每日早、晚投放 2 次饵料,合计 34 d (结果见表 7)

表 7　供氧充足条件下红萍配合颗粒饵料试验结果 (平均值)

组号　　　名称	鱼数量	鱼初重(g)	鱼收获重(g)	增重(g)	投饵重(g)	饵料系数	价格(元)
Ⅰ号配方	11.5	486	820.5	366	820	2.25	1.01
Ⅱ号配方	11	427	725	295.5	814.5	2.74	1.18
Ⅲ号配方	11	414	755	341	986	2.88	1.01
Ⅳ号配方	10	376.5	660	283.5	799.5	2.85	1.09
对虾饵料 (对照)	12	463.5	890	426.5	536	1.27	2.27

注:价格——指每增长 0.5 kg 鱼所需价值

2.4.2　在以上试验的基础上,将添加剂、组成配比用新制备工艺制成 Ⅰ、Ⅱ,Ⅲ、Ⅳ组配合饵料,以对虾饵料为对照。在水温 23~29℃之间的稻田环境下饵喂罗非鱼。每日上、下午各投放 1 次饵料,共计 31 d (结果见表 8)。

表8 稻田环境中红萍配合颗粒饵料试验结果（平均值）

名称 组号	数量	初重 （g）	收获重 （g）	增重 （g）	投饵量 （g）	饵料系数	价格 （元）
Ⅰ号配方	20	700	1 300	600	1 622	2.71	1.08
Ⅱ号配方	19.5	702.5	1 183.5	480	1 635.5	3.41	1.36
Ⅲ号配方	19.5	690	1 245	555	1 630	2.95	1.03
Ⅳ号配方	19.5	682.5	1 212.5	530	1 626	3.07	1.17
对虾饵料（对照）	18.5	552.5	1 187.5	582.5	1 524	2.63	4.47

表7和表8表明。①2组试验结果趋势相同，只是对照组对虾饵料结果差异较大。在含氧充足、投量在3%~4%之间的对虾饵料喂养罗非鱼，其饵料利用及转化较好；而在含氧量低，投量在5%~7%之间的对虾饵料则效果差。从经济的角度考虑，高蛋白、高脂肪的对虾饵料不适合于新耕作体累中鱼的生长，因此，鱼生长的关键在于饵料中的物质平衡以及有高的代谢和转化率。②红萍价廉，因此各组配合饵料的价格降低，每增长0.5 kg鱼所需价值低、成本下降。并且以Ⅰ、Ⅲ号配方效果最好。③观察、试验表明，Ⅰ号效果最佳，鱼个体大小均匀、生长趋势明显。其次是Ⅲ号，简单、易行，易为农民接受。④Ⅰ、Ⅱ组对比可明显看出，稀土、腐植酸钠的效果显著，从而进一步证实了采用浸泡、泼洒、直接添加等方式均可取得良好的收益。

3 讨 论

3.1 测试和试验证明干萍蛋白含量高、矿物质丰富，是一种良好的非粮食性饵料源。干萍经简单加工处理制备配合颗粒饵料适合于新耕作体系中鱼的生长发育，有益于增产和降低成本。

3.2 制备工艺有如下优点

3.2.1 外壳包裹内容物，在不添加任何粘合剂的情况下解决了干萍难以成型的困难。内外界层效应，使颗粒饵料具有极好的抗水性，保证了饵料及添加剂被有效地摄食和利用。同时避免了水体污染，提高通气和透光性，有益于整个体系中稻、萍、鱼和浮游生物的生长发育。

3.2.2 外壳的引入，解决了干萍适口性差的难题。外壳的精料刺激了鱼的感官，促使鱼主动摄食，提高了饱食率。加入柠檬酸、糖精则强化了饵料的适口性。内容物中的添加剂促进了鱼的新陈代谢。总之，外壳和添加剂的引入促进了鱼的摄食与生长。

3.2.3 外壳的抗水性使含70%干萍饵料成为一种浮性饵料。对之进一步的研究将更有利于鱼的摄食和保持水体的良好环境，提高饵料的利用。

3.2.4 外壳中的柠檬酸和糖精还具有抑菌防霉、干扰肠内有害微生物的繁殖。另外，柠檬酸的多羟基可与外壳中糖类交联，提高黏性和抗水性。

3.2.5 外壳量与许多因素相关，变化较大。初颗粒料越湿，外壳粉越干越细，附着量越大。另外还同放置时间，颗粒表面积等因素相关。

3.3 碱处理可软化干萍中纤维素，断裂交联的木质素，中和红萍酸性，从而提高转化率。

此外，加入具轻泻作用的糖蜜，可缓和干萍中纤维素、木质素含量高的矛盾，使蛋易于消化、吸收和排泄，还可补充饵料糖分的不足，提高能量而节约蛋白。总之，干萍与糖蜜的拮抗作用提高了饵料的品质，增强黏性使之易于成型。

3.4　Stickney（1972）、Kanazawa（1980）、竹内正颜（1988）研究表明：饵料中添加脂肪具有节约蛋白、改善生长发育的效果。配合饵料中加入少量油脂目的在于补充必需脂肪酸的不足，同时提高能量、节约蛋白。

3.5　因鱼可用鳃吸收水中无机盐（Lovell，1990）。因此矿物添加剂添加量与畜禽类不同，不仅在于空气与水介质间的差异，还在于新耕作体系中水环境与自然或集约化养殖环境的不同。

3.5.1　Ca、P 及其比例是形成鱼体骨骼、均衡各矿物质吸收和利用的重要环节。鱼易于吸收水中和食物中的 Ca。而水的 P 溶解量少，同时水稻、红萍也需大量的 P。因此配合饵料中添加足量的 P 满足鱼的需求是必要的。

3.5.2　红萍富钾使干萍 K 含量极高，对饵料极为不利。高 K 首先影响了 K、Na 的平衡，破坏渗透性，造成适口性差，食欲下降，尤其是使 Mg 的吸收和利用失调，导致代谢紊乱，造成鱼生长停滞或异常。这样，添加 Na，Mg 以平衡 K 的作用便成为本添加剂一个重要标志。

3.5.3　红萍 Mo、Fe 含量高。Mn 与 Fe 拮抗，Mo 干扰 Cu 等矿物质的吸收，因此添加 Mn、Cu、Co 等矿物质平衡 Mo、Fe 的影响也是十分重要的。

3.5.4　红萍 Zn 含量低，且 Ca 等矿物质高会阻碍 Zn 的吸收，提高"生命元素"Zn 的添加量，防止代谢异常和白内障的出现是必要的。

3.6　氨基酸添加效果同饵料热量和蛋白比例相关，而 Met 还受 Cys、胆碱和 B_{12} 的影响。因此不同季节，氨基酸添加量随红萍蛋白含量高而增加，反之亦然。总之，添加 Met、lys 平衡饵料中氨基酸的组成，消除限制性氨基酸的限制作用，可改善饵料的品质，提高饵料的利用率。

3.7　新耕作体系中，鱼有一定的维生素来源，不至出现明显的维生素缺乏症状，但往往不是最佳的生长状态。因此量少而均衡地加入各种维生素有利于提高鱼的生理代谢，加速鱼的生长。另外，适当高地添加 VitC、B_6、D，肌醇等具有促糖、脂肪、蛋白质代谢的维生素，可大大提高鱼的抵抗力、促进鱼的生长。

3.8　试验表明，稀土和腐植酸钠同时使用取得了明显效果。二者均具有抗鱼病、增食欲、促生长的效果，但是采用浸泡、泼洒、直接添加三种方式的剂量和使用时期还有待更进一步的探讨。

　　注：本文参考文献略。

【原文载于内部刊物《土肥建设》，1990（7），69－75，由王俊宏重新整理】

红萍——反刍动物的潜在饲料源

贾 芬

（福建省农业科学院红萍研究中心，福州 350013）

近 20 年来，随着肉牛业，养禽业的发展配合饲料工业也跟着发展，精料耗用日益增多，单靠精料发展养畜业已终非久远之计。因此，开发新的饲料资源日见紧迫。牛羊业潜在的饲料资源——红萍，已摆入我们的研究日程。

1 红萍营养价值的评价

红萍含 18%～24% 的粗蛋白，且所含各类主要氨基酸成分齐全（见表 1）；一般粗脂肪含量 2%～3%，粗纤维素含量 10%～14%，灰分 14%～18%，无氮浸出物 35%～43%，所以红萍对反刍动物来说，是很有利用价值的饲料源。

表 1 红萍全氨基酸含量

	卡洲萍（%）		卡洲萍（%）
天门冬氨酸	1.636 2	酪氨酸	0.321 9
苏氨酸	0.781 7	赖氨酸	0.699 7
丝氨酸	0.791 2	组氨酸	0.281 5
谷氨酸	2.133 8	精氨酸	0.730 6
脯氨酸	0.761 7	缬草氨酸	0.885 6
甘氨酸	0.886 1	甲硫氨酸	0.297 3
丙氨酸	1.054 9	异亮氨酸	0.749 0
胱氨酸	0.117 7	苯丙氨酸	0.771 5
亮氨酸	1.419 7	合 计	13.839 0

但是，红萍作为反刍动物的饲料也还存在以下一些问题。

1.1 适口性差

由于红萍脂肪含量仅 2%～3%，纤维含量 10%～14%，加上红萍晒干后质地较粗，往往含有各种杂质，如沙土粒等，因而适口性差。

1.2 原干萍可消化率低

红萍消化速度慢，未被消化的残渣等充满瘤胃和消化道，因而进食量受到了限制。经对奶牛进行的试验证明，不经加工处理的干红萍，采食量仅5%左右，达到10%时，奶牛拒食。可见红萍如不经过予处理及加工，其直接饲用价值较差。

2 提高红萍饲用价值途径的研究

针对于红萍适口性差，采食量少，但来源广，价格低廉，含氮量高的情况，我们采取几种方法对红萍进行加工处理，以提高其潜在的营养价值。

2.1 化学法——氨化处理

据近年国外报道，氨化处理目前已广泛应用在秸秆处理上，可提高秸秆的消化率，增加牲畜进食量，同样，氨化也是处理红萍的一条可行途径。红萍的氨化，实际上就是对红萍体内的组份进行氨化，提高红萍的可消化性，又增加了红萍的含氮量（见表2）。从表2中显而易见，经过氨化处理的红萍粗蛋白的含量增加，但对纤维素没有明显的水解作用，其他组份影响也不明显。然而经过氨化处理的红萍，味清香，并具有消毒作用，能防止发霉的效果。

试验证明，氨化处理以5%氨水处理为好，氨水用量为红萍重量的5倍左右为最佳。但原红萍不宜含水过高，以15%～20%为适当。

表2 氨处理对红萍化学组成的影响

（%干物重量）

加入的氨滚度（%）	粗蛋白	粗脂肪	粗纤维	粗灰份	无氮浸出物
0	15.8	2.8	10.2	14.7	42.7
0.5	20.2	2.8	10.3	16.4	37.0

2.2 物理法

以机械为主，主要是粉碎与压粒。

粉碎红萍可增加比表面积，使瘤胃微生物及其所分泌的酶易于与之接触。同时粉碎后的红萍还具有缩短采食与咀嚼时间，增加干物质采食量，减少反刍的作用。对于质量差的红萍，经过粉碎处理后，改进的幅度愈大。由于粉碎红萍在消化道内流通速度的提高，动物（奶牛为例）的进食量大大提高。（见表3）

表3 红萍不同处理对乳牛采食量的影响

加工方式	投放量*（%）	剩余量
无加工	5	0
无加工	10	10（拒食）

（续表）

加工方式	投放量* （%）	剩余量
粉碎	15	0
粉碎	25	0
粉碎	30	0

注：*占饲喂混合精科的百分比

2.3 添加一定量的可溶性碳水化合物

据报道，反刍家畜日粮中易消化碳水化合物不足或过多，其组成成分（糖与淀粉）间及粗蛋白质比例不当，均会引起蛋白质—脂肪代谢紊乱，血中血糖含量过低，酮体含量提高，可引起酮病。如果日粮中添加适量易消化碳水化合物，能使瘤胃微生物有效地利用瘤胃中产生的氨，合成菌体蛋白质，因而使饲料氨的利用率提高。

根据中国科学院南京土壤所分析，红萍的C/N比值差异较大，一般在 12 ~ 19 左右。所以在红萍含氨量丰富，含C量少的情况下在红萍饲料中添加适当的易消化碳水化合物是十分必要的。糖蜜是碳水化合物中最易利用的能源，它用于饲料除直接提供能量外，还可改善饲料适口性，增进食欲，并能减少饲料粉尘的产生和作为颗粒饲料的粘合剂，促进反刍动物第一胃的微生物繁殖，增强瘤胃微生物的活性，使营养物质的消化率提高。我们曾对奶牛进行了试验，在饲料中，增大红萍和糖蜜的比例，奶牛产乳量仍趋正常，（见表4）。

表4 乳牛混合饲料中加入糖蜜的效果

配方号	区别	平均日产乳量（kg）/头
I （对照）	全部精料	7.5
II	大部分精料，少量红萍和糖蜜	7.8
III	大部分精料，增大红萍和糖蜜量	8.2

但是，值得注意，糖蜜饲喂量过大时，反刍动物会排出稀粪便，因此要限制饲喂量：成年牛15%，青年牛8%，绵羊8%比较适宜。

另一改进工艺是氨化后红萍，添入糖蜜，再与精料混拌压成颗粒。除此之外，均应适量添加矿物质微量元素添加剂，以及腐植酸钠等，尽量达到全价。

综上所述，笔者认为，随着我国配合饲料工业和饲养业的发展，精料耗用日益增多，饲料不足的矛盾将会愈加尖锐。因此研究利用红萍作为反刍动物饲料是一个势在必行的重要课题，在加强对红萍饲用的科学研究工作同时，要总结生产利用上的经验，结合我国饲料情况，积极探索利用，为开发利用红萍饲料资源走出一条新路子来。

【原文载于内部刊物《土肥建设》，1987（6）：79 – 81，由王俊宏重新整理】

红萍吸盐改土作用的研究

徐国忠

（福建省农业科学院红萍研究中心，福州 350013）

我国华北、西北以及东西北部和东南滨海地区，分布着大面积的盐碱地，这种土壤土层深厚，地形平坦，适于机耕，但盐碱含量高，作物产量很低，如能消除盐碱，改良土壤，就可充分发挥土壤潜在肥力，增加粮食产量。所以盐碱地的改良利用，是进一步发展农业生产的好办法。

我国古代开始就有进行盐渍地的改良利用，如公元前 600 多年前创造了种稻改良盐碱地的方法，公元前 360 年开始了引黄灌淤，公元前 246 年进行了引水洗盐，公元 125—144 年已大面积地改造低洼易涝盐碱地，采取了开沟排水，洗盐种稻等措施[1]。到目前为止改良盐渍土的措施已发展成以下 4 个方面：水利土壤改良，包括灌溉、排水、冲洗、渠道防渗、种稻等；农业土壤改良，包括平整土地、耕作、客土、施肥、播种、轮作和间作套种等；生物土壤改良主要有种植耐盐作物和牧草，植树造林等；化学改良是施用化学改良物质。

1　材料和方法

1.1　材料

耐盐红萍品系088。

1.2　方法

在 7 个不同浓度梯度（0.1% ~ 0.9% Na^+）的 Y 氏培养液中，分别放入 10 g 的 088 红萍品系，每个浓度梯度重复 3 次。利用结晶皿进行培养，每个结晶皿中加入 1 300 mL 培养液，在温室（25 ℃）开放培养 16 d，分别取原始浓度各 20 mL 和最终浓度各 20 mL 进行 Na^+ 浓度测定，Na^+ 浓度用 Na 灯进行测定（由红萍研究中心化验室测定）。

2　结果与讨论

试验结果见表 1 所示。

表1 红萍对 Na⁺ 的吸收

项目		Na⁺起始浓度（mg/kg）	Na⁺终止浓度（mg/kg）	起始溶液量（mL）	终止溶液量（mL）	红萍吸收的Na⁺量（g）
浓度梯度	1	1 524	3 719	1 500	530	0.009 953
	2	2 025	3 851	1 500	570	0.437 620
	3	2 556	4 611	1 500	593	0.586 742
	4	2 999	5 441	1 500	663	0.289 503
	5	3 294	5 621	1 500	647	0.647 287
	6	4 277	7 243	1 500	653	0.827 789
	7	5 310	8 338	1 500	660	1.399 920

红萍是一种很好的盐渍地的生物改良植物：红萍是一种水生的固氮植物[2]，它是蕨藻共生的植物，因其共生的鱼腥藻具有固氮能力，所以常被利用作绿肥，近来由于育种手段的改进，可以育出所需的各类红萍品系。088是通过γ射线在1500γ辐射而得来的品系，具有高耐盐、耐低磷等特点。088品系的耐盐度能够保持在0.8% Na⁺中生存下来。从表1可以看出红萍具有很强的吸收盐分的能力，因此红萍既是耐盐植物又能吸收盐分。用红萍来改良盐渍地无疑是一种很好的办法。红萍是一种水生植物，适宜用来改良滨海海滩具有水资源的盐碱地，特别是滨海盐荒地，在含盐量较高且不超过0.8%时，可用红萍作为先锋植物来吸收Na⁺达到淡化的目的，因为盐碱地主要为Na⁺危害。红萍一般亩产1 000 kg左右，而且红萍具有繁殖快，一年四季均可生长等特点，根据需要掌握养殖时间。从上面的数据可以看出红萍吸收Na⁺的能力很强。例如一亩红萍按其最高吸收量来算，经过半个月可吸收200×1.4为280 g Na⁺，（如果按一亩滨海海滩土水深10 cm来算，浓度为0.8%含盐量为667×0.1×0.8%×1 000为553.6 g）可见只要经过半个月就可使其浓度降低一半即0.4%左右。由此可见红萍吸收盐的能力是很强的。从上面可以看出，红萍在0.15%含盐量仍具有微量吸收的能力，因此经过一段时间的培养可以把含盐量降低到0.15%以下，从而达到了改良的目的。同时红萍也可结合放养在水稻田中，水稻改良是一种边改良边利用的传统经验[3]，不多叙述。种植水稻田时，在有机肥料不足的情况下多年连作水稻、土壤肥力将日渐降低，而且易使杂草丛生，影响水稻产量。种水稻时结合放养红萍不仅可以更好地达到改良的目的而且还可以克服种植水稻时所产生的不良后果。因为红萍是一种固氮绿肥，它不仅可以作为有机肥料对水稻田进行补充，而且还可抑制杂草生长，并能提供水稻所需的氮肥。也可改良土壤的物理性状。因此红萍是一种很好的盐渍地的生物改良植物。

参考文献

[1] 张汉洁. 我国历史上治黄改碱的儒法斗争［M］. 郑州：河南省革委会黄河河务

局引黄淤灌处选印 . 1975.

［2］ 刘中柱，郑伟文 . 中国满江红 ［M］. 北京：中国农业出版社，1989.

［3］ 中国科学院南京土壤研究所 . 中国土壤 ［M］. 北京：科学出版社，1978. 102.

【原文发表于《土壤资源的特性与利用》，1992：52 – 54，由徐国忠重新整理】

红萍发酵过程中一些营养及理化特性的变化

徐国忠 郑向丽 林觉真 黄银妹

（福建省农业科院农业生态研究所、福建省山地草业

工程研究中心，福州 350013）

摘 要：红萍干萍、米糠等按 C：N 比为 25～30 进行堆肥发酵，利用微生物分解红萍制作红萍有机肥。红萍发酵过程中温度迅速上升直至最高温度，然后开始下降；此时进行适时翻堆，当翻堆后温度又开始升高，然后再次下降；再次进行翻堆，温度又重复如此变化，但每次变化程度都有所不同，呈现不断加剧现象。pH 值则呈不断上升趋势。不同营养成分发生了不同的变化，全 N、P、K 和速效 P、K 呈下降然后再上升趋势，速效 N 呈上升趋势，其含量得到了大大的提高。由此可见采用此方法可以制成优质的红萍有机肥。

关键词：红萍；微生物；发酵；有机肥

满江红[1-2]，俗称红萍，为水生蕨类植物；属满江红科，满江红属；共有 2 个亚属，即三膘亚属和九膘亚属。共有 6 个种，分别为三膘亚属的蕨状满江红（*Azolla filiculoides* Lamarck）、卡洲满江红（*Azolla caroliniana* Willd）、小叶满江红（*Azolla microphylla* Kaulfus）和墨西哥满江红（*Azolla mexicana* Presl）；九膘亚属的羽叶满江红（*Azolla pinnata* R. Brown）和尼罗满江红（Azolla nilotica De Caisne）。我中心是中国唯一的以满江红为重要研究对象的研究单位，拥有中国国家红萍资源圃，现有保存红萍品系 500 多个，是世界上保存红萍品系最多的资源圃，包括了所有 6 大种红萍、并有许多杂交、辐射和重组育种后代。满江红在农业上的养殖利用很早就有记载，很早以前，红萍就开始作为绿肥使用，红萍的含 N 量高，主要矿物质丰富，是一种很好的绿肥作物。然而由于绿肥使用有其许多缺陷，如施用不方便、只能作长期施肥用、运输也不方便，因此限制了其发展，通过发酵制作红萍有机肥[3]，可以解决以上几点缺陷，为红萍有机肥的发展提供了良好的途径。

1 材料与方法

1.1 试验设计

在堆肥室内，以干萍、米糠等按 C：N 比为 25～30 的比例堆集成长 1.5 m、宽 1.5 m、高 1 m 的料堆，加入水进行湿度调节，水分含量控制在 60% 左右，并加入适量的能分解红萍的微生物菌剂 A01（为从红萍发酵中分离出来的一些细菌和真菌，以及能分解纤维素和木

质素的绿霉菌等）进行堆肥发酵[4—8]，制作红萍有机肥，堆肥时室温为 17 ~ 23℃。

1.2 项目测定

温度测定在每天 09：00 进行（温度计放在料堆中央最高温度处，每天测完放回去）。pH 值和样品养分测定由福建省农业科学院土肥所有机肥养分测试中心测定。

2 结果与分析

2.1 料堆中微生物发酵引起的温度变化情况

如图 1 中所示，温度在 2 d 后开始升温，第 2 d 已达到 55℃以上，第 4 d 达到最高，然后开始下降。第 7 d 时进行翻堆，当翻堆后，第 2 d 温度即升到最高，然后又开始下降。当再次翻堆（第 13 d）后，温度又开始升高，然后再次下降。当堆集到达 18 d 后，红萍已分解完毕（从外观上可以分辨出分解完和未解完的红萍）。红萍发酵过程温度变化的原因是这样的，由于红萍含 N 量高（C：N 比值小），在发酵过程中加入适量的米糠（C：N 比值大），使得发酵料堆的 C：N 比为 25 ~ 30，这样就提供了微生物发酵最适的营养生长条件，有利于微生物的快速繁殖，微生物分解能产生热量，因此使得温度变高，由于微生物繁殖快，分解快，温度上升就快，所以第 2 d 温度即可达 55℃以上；第 4 d 时温度已达最高，然后温度开始下降，这是由于料堆中央红萍有效成分第 4 d 时刚好满足微生物的需求，而 4 d 后则不够微生物分解所需，因此温度开始下降，到第 7 d 时，料堆中央的红萍已基本分解完毕，因此需要翻堆；通过翻堆，加入水分，这样把外围未分解的红萍翻到料堆中央，同时又有足够的湿度和氧气，所以翻堆后，微生物分解能迅速进行，因此温度上升更快，第 2 d 即可达到最高值，然而由于有效养分有限，所以接着有效养分就不够微生物分解所需，导致温度呈下降趋势；由于同样的原因，需要第 2 次翻堆，且温度变化也相似，只不过分解的时间越来越短，这是因为养分越来越少，第 18 d 时，所有的红萍已基本分解完毕，分解后的料堆，即为红萍有机肥。

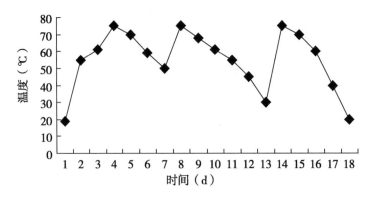

图 1　红萍发酵过程中温度变化

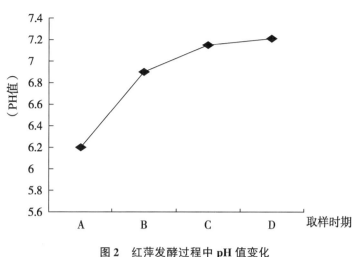

图2 红萍发酵过程中 pH 值变化

A：CK；B：第 1 次翻堆时；C：第 2 次翻堆时；D：分解完成时

2.2 红萍分解过程中各阶段 pH 值变化情况

如图2中所示，pH 值变化呈上升趋势。这是由于红萍是固氮植物，能固定大量的氨，红萍的含氨量较高，微生物分解红萍能产生大量的氨，随着发酵的进程，产生的氨越来越多，因此 pH 值呈增长的趋势。但增长的幅度逐渐变小，这是因为红萍的氨由于微生物的消耗变得更少的原故。

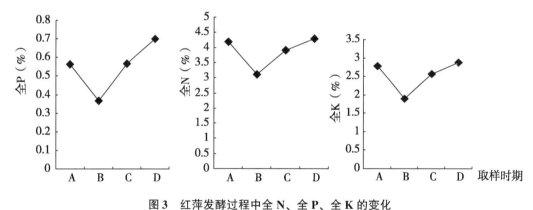

图3 红萍发酵过程中全 N、全 P、全 K 的变化

A：未分解时；B：第一次翻堆时；C：第二次翻堆时；D 分解完时

2.3 红萍分解过程中各阶段营养成分变化情况

如图3、图4中所示，全 N 的含量变化是先下降，然后再上升，最终的含量比未分解前增长了 2.53%；全 P 的含量也是先下降，然后再上升，最终的含量比未分解前增长了 24.51%；全 K 的含量也是先下降，然后再上升，最终的含量比未分解前增长了 3.63%；速效 N 的含量变化呈明显的上升趋势，最终的含量比未分解前增长了 569.37%；速效 P 的含量都是先下降，然后再上升，最终的含量比未分解前增长了 4.94%；速效 K 的含量是先下

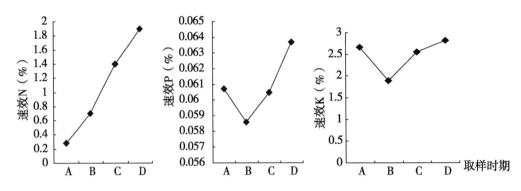

图 4 红萍发酵过程中速效 N、速效 P、速效 K 的变化

A：未分解时；B：第一次翻堆时；C：第二次翻堆时；D：分解完时

降，然后再上升，最终的含量比未分解前增长了 6.01%。产生营养成分变化的原因是，随着微生物的发酵分解，微生物开始消耗碳水化合物、脂酸等有机物质，而 N、P、K 又是构成这些物质的主要成分，因而全 N、全 P、全 K 的含量逐渐减少，同时又由于微生物消耗了大量碳水化合物，使总 C 量减少，相对地所含的 N、P、K 等元素含量得到浓缩，当发酵进展到一定程度，全 N、全 P、全 K 的百分比含量又呈现上升的趋势，当分解完毕，由于 N、P、K 消耗后的比例比原来的比例高，因此最终的结果是全 N、全 P、全 K 最终的含量大于未分解前，但由于消耗的比例不同，因此增长的量也不同，全 N、全 K 最终的含量略大于未分解前，全 P 的含量增长较多；速效 N、P、K 的变化与全 N、P、K 的变化略为不同，速效 P、K 的变化与全 P、K 的变化基本相似，而速效 N 的变化却是一直呈上升的趋势，这主要是由于红萍的 N 原来基本都呈束缚的状态，速效 N 很少，而微生物发酵分解过程中 N 较多地从固定态转化为速效态，因而导致速效 N 的含量呈上升的趋势；另外速效养分 K 最高、速效 N 和 P 较低，这主要是由于植株中 K 以游离态为主，而 N、P 以结合态为主。

3 小 结

红萍通过微生物发酵分解制作成有机肥，这样能够大大增加有效 N 的含量，同时又保持其他养分的含量基本不变或有一定提高，由于红萍是共生固 N 蕨类，含 N 量较高，然而速效 N 的含量却较低，因此一般只能作长期的施肥用，通过发酵制成的红萍有机肥，大大提高了有效 N 的含量，可以作短期施肥用，同时红萍的速效 K 含量较高，且红萍有机肥偏碱性，可以用来改良酸性土壤，特别是南方酸性红壤，因此红萍有机肥是一种较好的有机肥料[9~12]，具有很好的发展前景。

参考文献

［1］ 刘中柱，郑伟文. 中国满江红［M］. 北京：中国农业出版社，1989.

［2］ 陈 坚. 满江红在不同培养条件下的生产性能及其与营养成分变化的关系［J］. 植物营养与肥料学报，2003，9（4）：467－472.

［3］ 贾小红，黄元仿，徐建堂. 有机肥料加工与施用［M］. 北京：化学工业出版

社，2002.

[4] 林天杰，黄建春，龚宗浩，等．稻草发酵过程理化性质变化及其作为栽培基质的研究［J］．上海农学院学报，2000，18（2）：101－106.

[5] 尹涛，宋纪蓉，徐抗震，等．苹果废渣发酵生产有机肥料的速效磷研究［J］．西北大学学报（自然科学版），2004，34（2）：188－190，198.

[6] 吴景贵，吕岩，王明辉，等．有机肥腐解过程的红外光谱研究［J］．植物营养与肥料学报，2004，10（3）：259－266.

[7] 孙晓华，罗安程，仇丹．微生物接种对猪粪堆肥发酵过程的影响［J］．植物营养与肥料学报，2004，10（5）：557－559.

[8] 万鲁长，史之煌，等．作物秸秆发酵转化高效菌株筛选及其初步鉴定［J］．山东农业大学学报（自然科学版），2001，32（4）：438－442.

[9] 田旸，柳丽芬，张兴文，等．秸秆与污泥混合堆肥研究［J］．大连理工大学学报，2003，43（6）：753－758.

[10] 谭周进，冯跃华，刘芳，等．稻作制与有机肥对红壤水稻土微生物及酶活性的影响研究［J］．中国生态农业学报，2004，12（2）：121－123.

[11] 李庆康，杨卓亚，等．生物有机肥肥效机理及应用前景展望［J］．中国生态农业学报，2003，11（2）：78－80.

[12] 倪进治，徐建民，等．不同有机肥料对土壤生物活性有机质组分的动态影响［J］．植物营养与肥料学报，2001.

【原文发表于《江西农业大学学报》，2006，28（5）：669－672，由徐国忠重新整理】

红萍 LPC 提取方法的研究

杨有泉　姜传京　应朝阳　陆丞陆　陈　敏　邓素芳

（福建省农业科学院农业生态研究所，福建山地草业工程技术研究中心，

福建省丘陵地循环农业工程技术研究中心，福州 350013）

摘　要： 以卡洲萍 3001（A. caroliniana Wild. 3001）为代表，通过直接加热法、酸提法、碱提法、酸化加热法、碱化加热法 5 种方法，确定酸化加热法为红萍 LPC 提取的最佳方法。酸化加热法提取红萍 LPC 的最佳工艺条件：料液比 1∶3，打浆时间 4 min，加热温度 65℃，加热时间 7 min，pH3.0。影响红萍 LPC 提取率的主次因素为加热温度 > pH 值 > 料液比 > 打浆时间 > 加热时间。采用上述工艺条件得到的红萍 LPC 的提取率为 33.28%，得率 1.34%。

关键词： 红萍；叶蛋白；提取方法；研究

红萍系蕨类水生植物，由于其营养丰富适口性好，常作为某些畜禽的饲料。红萍粗蛋白含量可达 25%，在水葫芦、番薯藤、象草等 8 种常用青饲料中位居第一。目前，红萍应用大多停留在其鲜萍上，深加工的研究鲜有报道。掌握红萍叶蛋白（LPC）的最佳提取方法，以后红萍开发利用奠定基础[1—4]。

LPC 的提取方法主要有直接加热法、酸提法、碱提法、酸化加热法、碱化加热法等 5 种方法。直接加热法、酸提法、碱提法所提取的 LPC 得率相对低，成品档次不高。直接加热法耗能大，成本高，不利于经济化生产；碱化加热法对 LPC 产品的质地和颜色影响较大；酸化加热法是 LPC 在等电点沉淀和热变性双重因素的共同作用下，使得蛋白质敏感性和凝聚机会增加，加快 LPC 的凝聚速度，凝聚物结构紧密且易分离，提高了 LPC 的提取率及得率，其优点产品质地、颜色较好，耗能小、成本低[5—7]。

本文以红萍 LPC 提取率为指标上述 5 种提取方法。采用单因素及正交试验设计方案探讨最佳提取方法。

1　材料与方法

1.1　试验原料

红萍—卡洲萍 3001（A. caroliniana Wild. 3001）（福建省农业科学院农业生态所国家红萍资源圃提供）取回的新鲜萍洗净、晾干，待用。

1.2 试验方法

1.2.1 红萍 LPC 的提取方法

本文通过预验分别确定了上述 5 种方法提取红萍 LPC 的最佳提取条件，并通过对比 LPC 提取率及得率确定了红萍 LPC 的最佳提取方法。

1.2.2 红萍 LPC 干燥方法

目前，LPC 的干燥方法主要有晾干、热风干燥、喷雾干燥及真空冷冻干燥等。为了获得较高品质的 LPC 产品以便为后续试验做准备，本试验采用真空冷冻干燥法干燥红萍 LPC。

1.2.3 红萍 LPC 提取单因素试验

通过预验对上述 5 种方法的对比，本试验采用酸化加热法对红萍 LPC 的提取进行研究，选用料液比、打浆时间、加热温度、加热时间和 pH 值进行单因素试验，分别考察其对提取效果的影响[8]。本试验中，料液比采用 1∶1、1∶2、1∶3、1∶4、1∶5 个水平；打浆时间采用 1、2、3、4、5 min 个水平；加热温度采用 50、60、70、80、90℃个水平；加热时间采用 3、5、10、15、20 min 个水平；pH 值采用 2、3、4、5、6、7、8、9、10、11 十个水平。

1.2.4 红萍 LPC 提取工艺正交试验因素水平

在单因素试验的基础上采用正交试验对酸化加热法提取红萍 LPC 的工艺参数进行优化，因素水平如表 1 所示。

表 1 正交试验因素水平

水平	料液比（%）	打浆时间（min）	加热温度（℃）	加热时间（min）	pH 值（E）
1	1∶2	2	60	3	2
2	1∶3	3	65	5	3
3	1∶4	4	70	7	4
4	1∶5	5	75	9	5

2 试验测定指标

LPC 提取率；LPC 得率；粗蛋白含量；提取液中蛋白质含量；水分；粗纤维；粗脂肪；灰分[9—10]。

2.1 红萍蛋白质含量测定

2.1.1 红萍粗蛋白质含量的测定：凯氏定氮法[11]。

2.1.2 红萍 LPC 提取液中蛋白质含量的测定：考马斯亮蓝法[12]。

2.1.2.1 标准曲线的制作

取相同规格试管 6 支，按表 2 进行编号并分别加入试剂。

表2　标准曲线溶液参数

试管编号	1	2	3	4	5	6
1 000 μg·mL^{-1}标准蛋白溶液（mL）	0	0.2	0.4	0.6	0.8	1.0
蒸馏水（mL）	1.0	0.8	0.6	0.4	0.2	0
考马斯亮蓝试剂（mL）	5	5	5	5	5	5
蛋白质含量（μg·0.1 mL^{-1}）	0	20	40	60	80	100

另取试管6支，吸取上述各管蛋白质溶液0.1 mL，加入5.0 mL考马斯亮蓝G250试剂，充分振荡混合，放置5 min后，用分光光度计在波长595 nm处测定提取液的光谱吸光度A值。以吸光度为纵坐标，标准蛋白含量为横坐标，绘制标准曲线。

2.1.2.2　样品提取液中蛋白质含量的测定

取3支试管，各吸取样品提取液0.1 mL，加入考马斯亮蓝G250试剂5.0 mL，充分振荡混合，放置5 min后，测定提取液的光谱吸光度A值。根据A值，在标准曲线上求出样品中蛋白质含量。

2.2　数据分析

应用Design – Expert 6.0.5软件对试验数据进行分析。

3　结果与分析

3.1　红萍常规成分含量的确定

采用2.1.1及2.2方法测定得出红萍中常规成分含量如表3所示。

表3　红萍常规成分含量

成分	水分	粗蛋白质	粗纤维	粗脂肪	灰分
含量%	92.48	2.67	1.73	0.24	1.70

3.2　牛血清白蛋白标准曲线的建立

以吸光度为纵坐标，牛血清白蛋白含量为横坐标，绘制牛血清白蛋白标准曲线，如图1所示。由回归处理得到标准曲线对应的方程式为

$$A = 0.008x + 0.0786 \quad R^2 = 0.9995$$

式中：A为吸光度，x为蛋白质含量（μg）。

$$LPC \ 提取率（\%）= \frac{提取液中蛋白质含量}{原料中粗蛋白含量} \times 100$$

$$LPC \ 得率（\%）= \frac{干重}{原料鲜重} \times 100$$

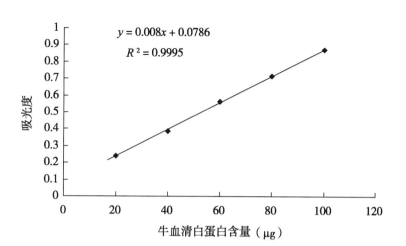

图1 吸光度与牛血清白蛋白含量的关系

3.3 单因素试验

3.3.1 红萍 LPC 提取方法的确定

通过以红萍 LPC 提取率、得率为指标，按 1.4.1.1～1.4.1.5 中的因素条件对直接加热法、酸提法、碱提法、酸化加热法和碱化加热法 5 种提取方法进行了 LPC 提取比较试验，其结果如图 2 所示。

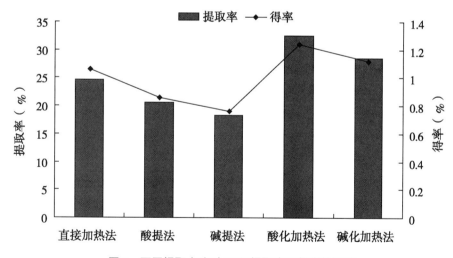

图2 不同提取方法对 LPC 提取率及得率的影响

由图 2 可以看出，5 种提取方法红萍 LPC 提取率、得率由高到低依次为酸化加热法 > 碱化加热法 > 直接加热法 > 酸提法 > 碱提法。

试验过程结合对 LPC 产品质地、颜色以及耗能、成本等方面的考量发现，碱化加热法和碱提法对 LPC 产品的质地和颜色影响较大，直接加热法耗时长耗能大成本高，而酸化加热法无论从 LPC 得率、产品质地、颜色还是成本等方面均优于其他方法。酸化加热法是 LPC 在等电点沉淀和热变性双重因素的共同作用下，使得蛋白质敏感性和凝聚机会增加，加快 LPC 的凝聚速度，使凝聚物结构紧密且易分离，提高了 LPC 的提取率及得率[13～15]。因此，后续试验选用酸化加热法做为红萍 LPC 提取的方法。

3.3.2 料液比对红萍 LPC 提取率及得率的影响

称取 20.0 g 试验原料 5 份，按料液比（g∶mL）1∶1、1∶2、1∶3、1∶4、1∶5 调配，打浆 3 min，离心后调 pH 值至 3.0，70℃水浴保温 5 min，测定提取液吸光度 A 值，计算 LPC 提取率和得率，结果如图 3 所示。

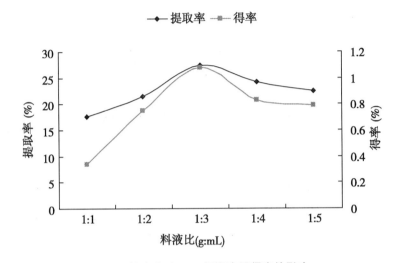

图 3　料液比对 LPC 提取率及得率的影响

由图 3 可以看出，采用酸化加热法提取红萍 LPC，料液比与提取率和得率存在一定相关关系，即随料液比的增大提取率和得率逐步提高，当达到一定比例后，又逐步下降。红萍 LPC 的提取，实质上是固相传递至液相的传质过程，用扩散理论解释，就是溶质从高浓度区向低浓度区溶出的过程。当料液比低于 1∶3 时提取效果较低，其原因可能是溶液过少，料液混合不均匀，提取不充分，使部分蛋白质不能完全得到释放。当料液比高于 1∶3 时，由于溶液量过大，使提取液中蛋白质浓度变稀，影响蛋白质沉淀效果，使得红萍 LPC 的提取率及得率降低。适当料液比有助于提高红萍 LPC 溶出过程的推动力，加快其溶出速度[16]。因此，选择料液比为 1∶3 进行后续试验。

3.3.3 打浆时间对红萍 LPC 提取率及得率的影响

称取 20.0 g 试验原料 5 份，按料液比（g∶mL）1∶3 调配，打浆 1、2、3、4、5 min，离心后调 pH 值至 3.0，70℃水浴保温 5 min，测定提取液吸光度 A 值，计算 LPC 提取率和得率，结果如图 4 所示。

由图 4 可以看出，红萍 LPC 的提取率及得率随着打浆时间的延长逐渐提高。其原因可能是打浆时间越长原料粉碎程度加大，使得原料细度越小，与溶液的接触面积增大，增加了原料的表面能，提取速度加快。但打浆时间高于 3 min 后，红萍 LPC 的提取率及得率趋于平稳，表明原料细度已达到最佳提取效果，过多地延长打浆时间反而会使成本升高[17]。因此，选择打浆时间为 3 min 进行后续试验。

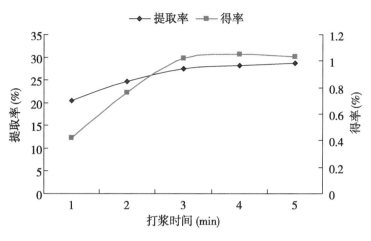

图 4　打浆时间对 LPC 提取率及得率的影响

3.3.4　加热温度对红萍 LPC 提取率及得率的影响

称取 20.0 g 试验原料 5 份，按料液比（g∶mL）1∶3 调配，打浆 3 min，离心后调 pH 值至 3.0，在 50、60、70、80、90℃水浴保温 5 min，测定提取液吸光度 A 值，计算 LPC 提取率和得率，结果如图 5 所示。

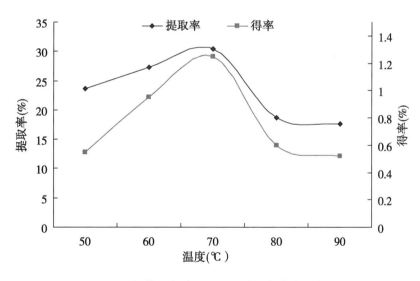

图 5　加热温度对 LPC 提取率及得率的影响

温度对 LPC 提取的影响机理主要是蛋白质的热变性。较高的温度使 LPC 的敏感性和凝聚机会增加，加快了 LPC 的凝聚速度，凝聚物结构紧密且易分离。由图 5 可以看出，不同的加热温度对红萍 LPC 提取率及得率的影响不同，加热温度为 50℃时，LPC 开始迅速凝集，随着温度的升高，沉淀加快，沉淀量增加，温度升高到 70℃时红萍 LPC 提取率及得率达到最大值。随着温度的继续升高，LPC 提取率及得率迅速下降，其原因可能是过高温度使部分蛋白质变性，影响了 LPC 提取率及得率[18]。因此，选择加热温度为 70℃进行后续试验。

3.3.5　加热时间对红萍 LPC 提取率及得率的影响

称取 20.0 g 试验原料 5 份，按料液比 g∶mL) 1∶3 调配，打浆 3 min，离心后调 pH 值至 3.0，70℃水浴保温 3、5、10、15、20 min，测定提取液吸光度 A 值，计算 LPC 提取率和得率，结果如图 6 所示。

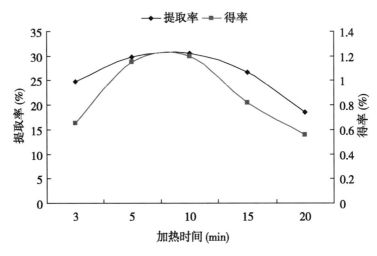

图 6　加热时间对 LPC 提取率及得率的影响

由图 6 可以看出，随着加热时间的延长，红萍 LPC 提取率及得率均增加，当加热时间达 5 min 时，蛋白质已经基本凝聚完全，此时红萍 LPC 的提取率及得率分别为 29.8% 和 1.15%；继续加热到 10 min 时，红萍 LPC 提取率及得率最高，分别为 30.5% 和 1.2%。而此时 LPC 的提取率及得率与加热 5 min 时相差甚微。这可能是由于在 5 min 时红萍 LPC 的凝聚基本上达到稳定状态。当加热时间大于 10 min 时，红萍 LPC 的提取率及得率有了显著降低，其原因可能是长时间加热使部分蛋白质变性[19]，影响了红萍 LPC 的提取率及得率。因此，从降低能耗及节约时间方面考虑，选择加热时间 5 min 进行后续试验。

3.3.6　溶液 pH 值对红萍 LPC 提取率及得率的影响

称取 20.0 g 试验原料 5 份，按料液比（g∶mL）1∶3 调配，打浆 3 min，离心后调 pH 值至 2.0、3.0、4.0、5.0、6.0、7.0、8.0、9.0、10、11，70℃水浴保温 5 min，测定提取液吸光度 A 值，计算 LPC 提取率和得率，结果如图 7 所示。

由图 7 可以看出，溶液中的 pH 值对红萍 LPC 提取率和得率有显著影响。曲线出现 3 个峰值，分别出现在 pH 值为 3、7 和 10 处，表明提取液中至少存在种组分不同的蛋白质。该结果与文献[20]报道的吻合，即 LPC 作为一种复合蛋白，在测定时必然产生多个峰值。

图中表明在 pH 值为 3 时的峰值最高，此时红萍 LPC 蛋白质沉淀物浓缩量最大，红萍 LPC 提取率及得率最高，分别为 31.6% 及 1.12%，说明红萍 LPC 主要为酸性蛋白，等电点约在 pH 值 3，在等电点时，蛋白质分子总净电荷为零，颗粒之间无电荷的排斥使蛋白质的溶解度最小，因此易于沉淀析出。当 pH 为 5 时红萍 LPC 提取率最低，与 pH 为 3 时相差 12 个百分点，这说明红萍 LPC 含有等电点为 5 的蛋白较少或没有；在 pH 值为 10 出现峰值说明红萍 LPC 含有碱性蛋白，但含量较少。本研究为了达到 LPC 的最大沉淀量，选择与最大

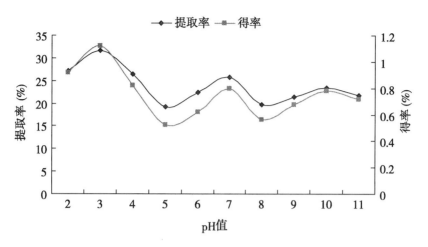

图 7 pH 值对 LPC 提取率及得率的影响

峰值对应的 pH 值进行设置，以便提高产率，即选取 pH 值为 3 的溶液进行后续试验[21]。

3.4 优化试验

红萍 LPC 提取是一个重要的操作单元，主要因素的选择将直接影响提取液的质量。为了进一步研究料液比 A、打浆时间 B、加热温度 C、加热时间 D 及 pH 值 E 等 5 个主因素与 LPC 提取率和得率间的相关关系。在单因素试验和分析基础上，采用 5 因素 4 水平构建正交试验设计表 L_{16}（4^5）进行主因素优化试验，寻找红萍 LPC 提取的最佳工艺条件。表为正交试验方案及试验结果，表为 LPC 提取率方差分析，表为 LPC 得率方差分析（表 4）。

表 4 L_{16}（4^5）试验方案及试验结果

试验号	A	B	C	D	E	LPC 提取率	LPC 得率%
1	1（1:2）	1（2）	1（60）	1（3）	1（2）	19.85	0.66
2	1	2（3）	2（65）	2（5）	2（3）	31.16	1.12
3	1	3（4）	3（70）	3（7）	3（4）	23.45	0.81
4	1	4（5）	4（75）	4（9）	4（5）	20.25	0.69
5	2（1:3）	1	2	3	4	28.21	0.95
6	2	2	1	4	3	21.16	0.76
7	2	3	4	1	2	30.12	1.04
8	2	4	3	2	1	27.65	0.92
9	3（1:4）	1	3	4	2	29.43	0.99
10	3	2	4	3	1	26.64	0.89
11	3	3	1	2	4	21.13	0.75
12	3	4	2	1	3	29.53	1.01
13	4（1:5）	1	4	2	3	22.05	0.79

试验号	A	B	C	D	E	LPC 提取率	LPC 得率%
14	4	2	3	1	4	24.53	0.85
15	4	3	2	4	2	32.06	1.26
16	4	4	1	3	1	27.48	0.91

注：A 为料液比，（g：mL）；B 为打浆时间，（min）；C 为加热温度，（℃）；D 为加热时间，（min）；E 为 pH 值

方差分析结果（表5）表明，影响红萍 LPC 提取率的主次顺序为 $C > E > A > B > D$，即加热温度对提取率的影响最大，其次是溶液 pH 值、料液比，打浆时间对红萍 LPC 提取率的影响明显，加热时间的影响相对较小，可能与试验的取值步长有关。

表5　LPC 提取率方差分析

变异来源	SS	df	MS	F 值	显著水平
A	29.202	3	9.655	13.357	**
B	7.082	3	2.583	3.573	*
C	139.740	3	43.628	60.355	**
$D^{\triangle}$	2.199	3	0.723		
E	98.010	3	30.599	42.331	**
误差 $e^{\triangle}$	2.199	3	0.723		
总和	276.446	15	9.655		

*、** 分别表示差异达 0.05、0.01 显著水平

由 LPC 得率方差分析结果（表6）可以看出，影响红萍 LPC 得率的主次顺序为 $C > E > A > B > D$，即加热温度对提取率的影响最大，其次是溶液 pH 值、料液比，打浆时间对红萍 LPC 提取率的影响相对不明显，同样加热时间的影响最小。

表6　LPC 得率方差分析

变异来源	SS	df	MS	F 值	显著水平
A	0.038	3	0.013	11.250	*
B	0.029	3	0.0097	8.602	
C	0.213	3	0.071	62.867	**
$D^{\triangle}$	0.003	3	0.001		
E	0.103	3	0.034	30.220	**
误差 $e^{\triangle}$	0.003	3	0.001		
总和	0.388	15	0.1297		

*、** 分别表示差异达 0.05、0.01 显著水平

对试验数据进行极差分析，以 5 个因素水平编码为横坐标轴，提取率和得率为纵坐标

轴，绘出试验因素水平与指标值间的关系趋势图，图 8 为因素水平与 LPC 提取率关系趋势图，图 9 为因素水平与 LPC 得率关系趋势图。

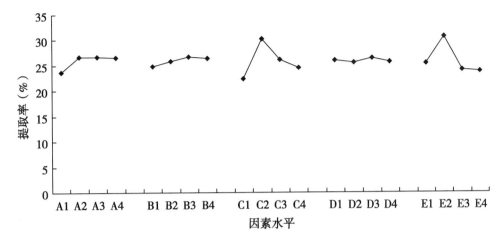

图 8 因素水平与 LPC 提取率关系趋势

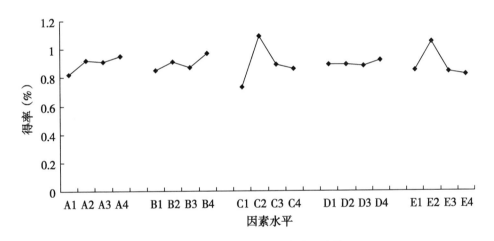

图 9 因素水平与 LPC 得率关系趋势

从图 8 可以看出，以红萍 LPC 提取率为指标的最佳组合条件是 A2B3C2D3E2，即料液比 1:3，打浆时间 4 min，加热温度 65℃，加热时间 7 min，pH 值 3.0。

从图 9 可以看出，以红萍 LPC 得率为指标的最佳组合条件是 A2B4C2D4E2，即料液比 1:3，打浆时间 5 min，加热温度 65℃，加热时间 9 min，pH 值 3.0。

由于红萍 LPC 提取率与得率所对应的最佳组合条件有所不同，因此须通过综合平衡法得出综合的最佳方案。从图 8、图 9 可以看出，因素 B 对于得率和提取率来说均为次要因素，因素 B 水平的选取对得率和提取率的影响比较小，因此，选取 B3 减少打浆时间以节约生产成本。对于得率，D3、D4 两者相差不大，同样从节约生产成本角度来看选取 D3 以减少加热时间。综合上述分析，确定本试验的最佳提取工艺条件为 A2B3C2D3E2，即料液比 1:3，打浆时间 4 min，加热温度 65℃，加热时间 7 min，pH 值 3.0。

由表直观得出红萍 LPC 提取率和得率最好的因素水平组合为 A4B3C2D4E2。因此须进行验证试验。结果表明，按优化组合条件，即料液比 1 : 3，打浆时间 4 min，加热温度 65℃，加热时间 7 min，pH 值 3.0，重复 3 次，取平均值进行统计，得红萍 LPC 的提取率为 33.28%，得率为 1.34%。

4　结论与展望

4.1　通过对直接加热法、酸提法、碱提法、酸化加热法、碱化加热法这 5 种方法的比较，确定酸化加热法为红萍 LPC 提取的最佳方法。酸化加热法提取红萍 LPC 的最佳工艺条件为：料液比 1 : 3，打浆时间 4 min，加热温度 65℃，加热时间 7 min，pH 值 3.0，影响红萍 LPC 提取率的主次因素为加热温度 > pH 值 > 料液比 > 打浆时间 > 加热时间。采用上述工艺条件得到的红萍 LPC 的提取率为 33.28%，得率为 1.34%。

4.2　红萍品系众多，有细绿萍、小叶萍、卡洲萍、羽叶萍等，本试验只用了国家红萍资源圃当家品种卡洲 3001（A. caroliniana Wild. 3001），至于其他品系的萍，在试验中是否存在差异，有关这方面的研究有待进一步试验。

4.3　据广东、云南、湖南、四川和黑龙江等有关单位试验表明，鲜萍喂猪效果相当于甘薯藤，优于青菜；喂养肉鸡或蛋鸡均有良好效果；养鱼结果也表明，鱼的赖氨酸、甲硫氨酸、胱氨酸和谷氨酸等氨基酸含量与用精料或象草饲喂的无明显差异[1]。虽然红萍营养如此丰富，植物蛋白含量如此高，但大都是利用其鲜萍，在深加工方面研究鲜有报道，因此，笔者认为今后应深入研究红萍深加工领域，为红萍进一步应用寻找出路[22]。

参考文献

[1]　刘中柱，郑伟文. 中国满江红 [M]. 北京：中国农业出版社，1989. 292.

[2]　黄毅斌. 稻—萍—鱼体系对稻田土壤环境的影响 [J]. 中国生态农业学报，2001，9 (1)：74 - 76.

[3]　刘如清. 垄栽稻萍鱼技术研究与技术 [J]. 土壤肥料，2000 (3)：38 - 41.

[4]　杨有泉，陈敏，邓素芳. 不同光照强度下红萍在湿养条件中光合作用的对比试验 [J]. 福建热作科技，2008，33 (2)：3 - 4.

[5]　王晋峰，刘凌. 植物叶蛋白提取技术及开发利用研究 [J]. 草业科学，2003，20 (1)：7 - 11.

[6]　秦春兰，涂海根. 从苜蓿中提取蛋白的最佳工艺参数的试验研究 [J]. 黑龙江八一农垦大学学报，1998，10 (3)：17 - 19.

[7]　黄虎平，李志强. 苜蓿干草的蛋白质营养特性 [J]. 中国乳业，2003，(9)：19 - 21.

[8]　付全意，刘冬，李坚斌，等. 膳食纤维提取方法的研究进展 [J]. 食品科技，2008 (2)：225 - 227.

[9]　江敏芳，黄光荣. 柚皮中膳食纤维提取工艺研究 [J]. 食品工程，2006 (1)：31 - 33.

[10]　冯翠萍，庞候英，常明昌，等. 酶法提取芦笋皮中高活性膳食纤维的研究

[J]．农业工程学报，2004，20（3）：188－190．

[11]　陈泽宪，徐辉碧．蛋白质水解阶段对氨基酸组成分析的影响［J］．分析科学学报，2002，18（1）：8084．

[12]　杨丽娥，胡雪华，安　渊．叶蛋白提取方法研究［J］．上海交通大学学报，2003，21：66－7．

[13]　Ansharullah，James AH，Colin FC. Application of Carbohydrases in Extracting Protein from Rice Bran［J］. Journal of the Science of Food and Agriculture，1997，74（2）：141－146．

[14]　Puszta A. Interactions of Proteins with other Polyelectrolytes in a Two－Phase System containing Phenol and Aqueous Buffers at Various pH Value［J］. Biochemical Journal，2006，99（5）：93101．

[15]　李鹃，活泼，杨海燕．茶叶中非水溶性蛋白质提取工艺及功能性质的研究［J］．浙江农业科学，2006，2：150－153．

[16]　惠文森，穆晓峰，王康英．草坪草屑叶蛋白质提取方法研究［J］．草业科学，2009，26（3）：108－110．

[17]　王桃云，马红昌，刘江颖．葎草叶蛋白提取工艺的优化［J］．苏州科技学院学报，2005，22（1）：59－64．

[18]　刘芳，敖常伟．刺槐叶蛋白提取工艺的初步研究［J］．中南林学院学报，1999，19（1）：64－67．

[19]　贺莜蓉，李永泉．紫云英叶蛋白提取工艺研究［J］．天然产物研究与开发，1994，6（4）：98－102．

[20]　金绍黑．植物叶蛋白的加工技术［J］．技术与市场，2004（6）：16－17．

[21]　王　琦．牧草叶蛋白的加工技术［J］．农村实用技术，2007（6）：49－50．

[22]　李中岳．叶蛋白的开发利用［J］．林业科技开发，1991（4）：1920．

【原文发表于《中国食品学报》，2013，7：68－74，由杨有泉重新整理】

红萍有机肥制作的研究

徐国忠　郑向丽　唐龙飞

（福建省农业科学院红萍研究中心、生态农业研究中心，福州 350013）

摘　要：红萍堆肥发酵，利用微生物分解红萍制作红萍有机肥，红萍发酵过程中温度、PH、营养成分等都发生了不同程度的变化，其中速效 N 的含量得到了大大的提高，说明利用此方法可以制成很好的红萍有机肥。

关键词：红萍；发酵；有机肥

很早以前，红萍就开始作为绿肥使用，红萍的含 N 量高，主要矿物质丰富，是一种很好的绿肥作物[1]。然而由于绿肥使用有其许多缺陷，如施用不方便、只能作长期施肥用、运输也不方便，因此限制了其发展，通过发酵制作红萍有机肥[2]，可以解决以上几点缺陷，为红萍有机肥的发展提供了良好的途径。

1　材料与方法

1.1　试验材料

干萍，米糠等。

1.2　试验处理

以干萍、米糠、等按 C：N 比为 25 ~ 30 的比例堆集成长 1.2 m、宽 1.2 m、高 1 m 的料堆并加入水，水分含量控制在 60% 左右，进行发酵[3]，制作红萍有机肥。

2　试验结果

2.1　料堆中微生物发酵引起的温度变化情况

如表 1 中所示，温度在 2 d 后开始升温，温度在第 2 d 已达 55℃ 以上，第 4 d 达到最高，然后开始下降。第 7 d 时进行翻堆，当翻堆后，第 2 d 温度即升到最高，然后又开始下降。当再次翻堆（第 13 d）后，温度又开始升高，然后再次下降。当堆集到达 18 d 后，红萍已分解完毕。红萍发酵过程温度变化的原因是这样的，由于红萍含 N 量高（C：N 比值小），在发酵过程中加入适量的米糠（C：N 比值大），使得发酵料堆的 C：N 比为 25 ~ 30，这样就提供了微生物发酵最适的营养生长条件，有利于微生物的快速繁殖，微生物分解能产生热量，因此使得温度变高，由于微生物繁殖快，分解快，温度上升就快，所以第 2 d 温度即可达 55℃以上；4 d 时温度已达最高，然后温度开始下降，这是由于料堆中央红萍有效成分第 4 d 时刚好满足微生物的需求，而 4 d 后则不够微生物分解所需，因此温度开始下降，到第 7 d 时，料堆中央的红萍已基本分解完毕，因此需要翻堆；通过翻堆，加入水分，这样把外围未分解的红萍翻到料堆中央，同时又有足够的湿度和氧气，所以翻堆后，微生物分解能迅速进行，因此温度上升更快，第 2 d 即可达到最高值，然而由于有效养分有限，所以接着有效养分就不够微生物分解所需，导致温度呈下降趋势；由于同样的原因，需要第 2 次翻堆，且温度变化也相似，只不过分解的时间越来越短，这是因为养分越来越少，第 18 d 时，所有的红萍已基本分解完毕，分解后的料堆，即为红萍有机肥。

表 1　红萍发酵程中温度的变化

时间（d）	1	2	3	4	5	6	7	8	9	10	11	12	13	14	15	16	17	18
温度（℃）	20	56	60	73	64	50	44	73	70	60	50	40	30	73	70	60	40	20

2.2　红萍分解过程中各阶段 PH 值变化情况

如表 2 中所 pH 变化呈上升趋势。这是由于红萍是固氮植物，能固定大量的氮，微生物分解红萍能产生大量的氮，随着发酵的进程，产生的氮越来越多，因此 pH 值呈增长的趋势。

表 2　红萍发酵过程中 pH 值变化

项目	1 未分解时	2 第 1 次翻堆时	3 第 2 次翻堆时	4 分解完后
pH	6.2	6.7	7.0	7.2

2.3　红萍分解过程中各阶段营养成份变化情况

如表 3、表 4 中所示，全 N 的含量变化是先下降，然后再上升，最终的含量略大于未分解前；全 P 的含量也是先下降，然后再上升，最终的含量略大于未分解前；全 K 的含量也是先下降，然后再上升，最终的含量略小于未分解前；速效 N 的含量变化呈明显的上升趋势；速效 P 的含量都是先下降，然后再上升，最终的含量略大于未分解前；速效 K 的含量是先下降，然后再上升，最终的含量略小于未分解前。产生营养成分变化的原因是，随着微生物的发酵分解，微生物开始消耗碳水化合物、脂酸等有机物质，而 N、P、K 又是构成这些物质的主要成分，因而全 N、全 P、全 K 的含量逐渐减少，同时又由于微生物消耗了大量碳水化合物使总 C 量减少，相对地所含的 N、P、K 等元素含量得到浓缩，当发酵进展到一定程度，全 N、全 P、全 K 的百分比含量又呈现上升的趋势，当分解完毕，由于 N、P 消耗后的比倒比原来的比例略高，而 K 消耗后的比例比原来的比例 N 低，因此最终的结果是全 N、全 P 最终的含量略大于未分解前，全 K 最终的含量略小于未分解前；速效 N、P、K 的变化与全 N、P、K 的变化略为不同，速效 P、K 的变化与全 P、K 的变化基本相似，而速效

N 的变化却是一直呈上升的趋势，这主要是由于红萍的 N 原来基本都呈束缚态的状态，速效 N 很少，而微生物发酵分解过程中 N 较多地从固定态转化为速效态，因而导致速效 N 的含量呈上升的趋势；另外速效养分 K 最高、速效 N 和 P 较低，这主要是由于植株中 K 以游离态为主，而 N、P 以结合态为主。

表 3　红萍发酵过程中 NPK 的变化

项目	1 未分解时	2 第 1 次翻堆时	3 第 2 次翻堆时	4 分解完后
全 N%	4.1	3.1	3.8	4.2
全 P%	0.5	0.3	0.5	0.6
全 K%	2.9	2.0	2.2	2.5

表 4　红萍发酵过程中速效 NPK 含量变化

项目	1 未分解时	2 第 1 次翻堆时	3 第 2 次翻堆时	4 分解完后
速效 N%	0.2	0.5	0.7	1.0
速效 P%	0.06	0.03	0.07	0.09
速效 K%	2.8	1.6	2.0	2.7

3　小　结

红萍通过微生物发酵分解制作成有机肥，这样能够大大增加有效 N 的含量，同时又保持其他养成的含量基本不变，由于红萍是共生固 N 蕨类，含 N 量较高，然而速效 N 的含量却较低，因此一般只能作长期的施肥用，通过发酵制成的红萍有机肥，大大提高了有效 N 的含量，可以作短期施肥用，同时红萍的速效 K 含量较高，且红萍有机肥偏碱性，可以用来改良酸性土壤，特别是南方酸性红壤，因此红萍有机肥是一种较好的有机肥料，具有很好的发展前景。

参考文献

[1]　刘中柱，郑伟文. 中国满江红［M］. 北京：中国农业出版社，1989.

[2]　贾小红，黄元仿，徐建堂. 有机肥料加工与施用［M］. 北京：化学工业出版社，2002.

[3]　林天杰，黄建春，龚宗浩，等. 稻草发酵过程理化性质变化及其作为栽培基质的研究［J］. 上海农学院学报，2000，18（2）：101 - 106.

【原文发表于《福建省土壤肥料学会第八次代表大会暨学术年会论文集》，2004，150 - 152，由徐国忠重新整理】